食物蛋白质控制酶解技术

崔 春 编著

中国轻工业出版社

图书在版编目（CIP）数据

食物蛋白质控制酶解技术 / 崔春编著. —北京：
中国轻工业出版社，2018.6
ISBN 978-7-5184-1724-7

Ⅰ. ①食… Ⅱ. ①崔… Ⅲ. ①食物 - 蛋白酶 - 研究
Ⅳ. ①Q556

中国版本图书馆 CIP 数据核字（2017）第 292637 号

责任编辑：钟　雨　罗晓航
策划编辑：伊双双　　　　责任终审：滕炎福　　封面设计：锋尚设计
版式设计：华　艺　　　　责任校对：吴大鹏　　责任监印：张　可

出版发行：中国轻工业出版社（北京东长安街 6 号，邮编：100740）
印　　刷：三河市万龙印装有限公司
经　　销：各地新华书店
版　　次：2018 年 6 月第 1 版第 1 次印刷
开　　本：710×1000　　1/16　　印张：36
字　　数：830 千字
书　　号：ISBN 978-7-5184-1724-7　　定价：80.00 元
邮购电话：010-65241695
发行电话：010-85119835　　传真：85113293
网　　址：http://www.chlip.com.cn
Email：club@chlip.com.cn
如发现图书残缺请与我社邮购联系调换
151543K1X101ZBW

前　　言

蛋白质控制酶解技术具有反应条件温和、安全性高、得率高、清洁等优势，逐渐成为食品工业应用范围最广、行业关联度最大的关键技术之一，其生产和研发水平能直接或间接地反映出该国家或地区食品工业的发展水平。蛋白质经水解后得到的蛋白水解物是典型的功能性食品配料，已广泛应用于餐饮、调味品、冷冻食品、方便食品、肉制品、保健食品、乳制品等食品行业中。但由于人们对蛋白酶解技术本质认识不够深入及国外技术壁垒和技术封锁，造成蛋白质控制酶解技术在工业化应用中仍存在诸多问题。目前这一领域研究人员众多，部分研究成果已产业化，但大部分研究侧重于酶解工艺优化，国内尚未见系统、全面论述蛋白质控制酶解技术的专著。

本书以编者近十年在食物蛋白质资源深加工领域所获得的科研成果、产业化经验以及国内外大型食品公司和高等院校的授权专利为主体内容，对食物蛋白质资源控制酶解技术进行了系统介绍，以提升我国食物蛋白质资源酶解工业的技术水平，促进相关产业更好地发展。

本书全面地介绍了近 50 年来蛋白质酶解科学的发展过程、学科全貌、基本原理、最新进展和发展前景。本书在传播知识的同时，也描绘出蛋白质酶解科学发展的脉络与起伏，以及与多种学科的交叉、渗透的联系。本书从蛋白酶的酶学特性和催化特性出发，针对不同食物蛋白质资源的组成和结构特征，沿着蛋白控制酶解技术应用的脉络，从原理、技术、工艺、应用和设备等多方面系统论述了我国重要食物蛋白质资源控制酶解技术的研究进展。

本书首先介绍了蛋白酶的相关基础理论；其次，从蛋白质酶解工程的上游、中游和下游论述蛋白质控制酶解技术的影响因素和关键技术；

再次，分别从谷物、油料种子、畜禽及其加工副产物、鱼类、微生物、虾贝和乳等食物蛋白质资源的控制酶解技术和工艺进行介绍；最后，基于编者对食物蛋白质资源控制酶解的研究和认识，提出这一领域的发展前景。

在本书的编写过程中，参考了国内外前辈和同行撰写的书籍和期刊论文资料，在此一并表示衷心感谢。

由于编者知识和语言能力有限，错误在所难免，敬请读者指导。

崔 春

2018 年 1 月

华南理工大学

cuichun@ scut. edu. cn

目　　录

1 蛋白酶的基本性质

1.1 蛋白酶的分类和命名

酶的分类比较复杂，常用的是习惯命名法和国际系统分类法。蛋白酶的分类和命名尤为复杂，包括多种习惯命名法、酶学委员会分类法和MEROPS 系统分类。这些分类和命名方法互相交叉，相互补充。

1.1.1 习惯命名法

（1）根据酶催化的反应性质分类，分为六大类：① 氧化还原酶；② 转移酶；③ 水解酶；④ 裂合酶；⑤ 异构酶；⑥ 合成酶。蛋白酶属于水解酶。

（2）根据酶在代谢调节中的作用分类，分为三大类：① 组成酶；② 潜在酶，包括酶原、非活力型酶和与抑制剂结合的酶；③ 调节酶，包括诱导酶、同工酶等。

（3）根据酶的来源和作用底物分类，分为三大类：① 动物酶；② 植物酶；③ 微生物酶。

（4）根据酶在细胞合成后存在部位，可分为胞内酶和胞外酶。

1.1.2 国际系统分类法及编号

1978 年国际生物化学与分子生物化学联盟命名委员会 [（Nomenclature Committee of the International Union of Biochemistry and Molecular Biology, NC – IUBMB），http：//www. chem. qmul. ac. uk/iubmb/enzyme/] 将已发现的 2000 多种酶根据催化反应的性质进行分类，分别用 1、2、3、4、5、6 表示；再根据底物中被作用的基团或化学键等特点，将每一大类分为若干亚类、次亚类；最后，再排列各个具体的酶，采用四位数字编号系统，其中第一位数表示酶的大类，第二位数表示亚类，第三位数表示次亚类，第四位数表示次亚类中具体酶的编号，前面冠以 E. C. 标志，为酶学委员会"Enzyme Commission"的缩写。这种分类法比较科学，每种酶都有特定的编号，并可从中了解酶的性质，新发现的酶也可对号入座，不会造成紊乱，也便于检索。如表 1.1 所示。

表 1.1　　　　　　　　　　酶的编号和分类

1. 氧化还原酶	3.2　作用于糖苷键
1.1　作用于供体的 CH—OH 基团	3.3　作用于醚键
1.2　作用于供体的醛或桥氧基团	3.4　作用于肽键
1.3　作用于供体的 CH—CH 基团	3.5　作用于碳—氮键，肽键除外
1.4　作用于供体的 CH—NH$_2$ 基团	3.6　作用于酸酐
1.5　作用于供体的 CH—NH 基团	3.7　作用于碳—碳键
1.6　作用于 NADH 或 NADPH	3.8　作用于卤化物键
1.7　作用于供体的其他含氮化合物	3.9　作用于磷—氮键
1.8　作用于供体的含硫基团	3.10　作用于硫—氮键
1.9　作用于供体的血红素基团	3.11　作用于碳—磷键
1.10　作用于供体的二酚和相关物质	4. 裂合酶
1.11　作用于受体的过氧化氢	4.1　碳—碳裂合酶
1.12　作用于供体的氢	4.2　碳—氧裂合酶
1.13　作用于单个供体同时并入分子氧	4.3　碳—氮裂合酶
1.14　作用于成对供体同时并入分子氧	4.4　碳—硫裂合酶
1.15　作用于受体的超氧化合物基	4.5　碳—卤化物裂合酶
1.16　氧化金属离子	4.6　磷—氧裂合酶
1.17　作用于 CH$_2$ 基团	4.7　其他裂合酶
1.18　作用于供体的还原型铁氧化还原蛋白	5. 异构酶
1.19　作用于供体的还原型黄素氧化还原蛋白	5.1　外消旋酶和表异构酶
1.20　其他氧化还原酶	5.2　顺—反异构酶
2. 转移酶	5.3　分子内氧化还原酶
2.1　转移 1 – 碳基团	5.4　分子内转移酶
2.2　转移醛或酮残基	5.5　分子内裂解酶
2.3　酰基转移酶	5.6　其他异构酶
2.4　糖基转移酶	6. 连接酶
2.5　转移烷基或烯基、甲基除外	6.1　形成碳—氧键
2.6　转移含氮基团	6.2　形成碳—硫键
2.7　转移含磷基团	6.3　形成碳—氮键
2.8　转移含硫基团	6.4　形成碳—碳键
3. 水解酶	6.5　形成磷脂键
3.1　作用于酯键	

1.1.3 蛋白酶的分类和命名

蛋白酶（protease、proteinases、proteolytic enzymes、peptidase）是描述一种分解蛋白质的酶的术语，从内部切割多肽链生成大片段的酶被称为蛋白水解酶（proteinase）或内肽酶（endopeptidase）；有些酶在靠近多肽链的末端发挥作用，切下一个或几个氨基酸残基的产物，这种酶被称为外肽酶（exopeptidase）。肽酶（peptidase）是 NC – IUBMB 推荐的一个词，作为所有蛋白水解酶的一种术语。蛋白酶和肽酶本质上均是指分解蛋白质的酶，但在国内肽酶往往指外切蛋白酶，这是在阅读文献时需要注意的地方。

蛋白酶的分类方法较多，比较复杂，常用的分类方法如下。

按蛋白酶的来源可分为动物蛋白酶、植物蛋白酶和微生物蛋白酶，如胰蛋白酶（trypsin）、木瓜蛋白酶（papain）和微生物碱性蛋白酶（alcalase）。微生物内源性蛋白酶中内切蛋白酶和羧肽酶以微生物 + 英文字母命名，如羧肽酶 Y；而氨肽酶用微生物 + 罗马字母命名，如酵母蛋白酶 A。

一些蛋白酶以它们水解的特定蛋白质或多肽来简单命名，如角蛋白酶、胶原酶、弹性蛋白酶。

按蛋白酶作用的最适 pH，可分为酸性蛋白酶、碱性蛋白酶和中性蛋白酶。

按蛋白酶的作用方式可分为内肽酶（内切蛋白酶）和外肽酶（外切蛋白酶）。内肽酶包括动物蛋白酶，如胰蛋白酶、胰凝乳蛋白酶、胃蛋白酶等；植物蛋白酶，如木瓜蛋白酶、菠萝蛋白酶、无花果蛋白酶、生姜蛋白酶、合欢蛋白酶、贯筋藤蛋白酶等；微生物蛋白酶，如丹麦诺维信公司生产的碱性蛋白酶、中性蛋白酶以及国产的碱性蛋白酶地衣型芽孢杆菌 2709、中性蛋白酶枯草杆菌 1.398、酸性蛋白酶黑曲霉 3350 等。大量实验数据均表明内肽酶也有一定的外切蛋白酶活力。以碱性蛋白酶为例，添加大豆蛋白 0.3% 的碱性蛋白酶，55℃水解 30min，酶解产物中游离氨基酸占总氮含量的 0.3%。

外肽酶按作用方式可分为氨肽酶、羧肽酶、二肽酶和三肽酶。氨肽酶从多肽的 N 端水解出游离氨基酸，按有限水解氨基酸的种类可分为亮氨酸氨肽酶、丙氨酸氨肽酶、半胱氨酸氨肽酶、三肽 – 氨肽酶、脯氨酸氨肽酶、精氨酸氨肽酶和谷氨酸氨肽酶等，其酶学国际系统分类号分别为 E. C. 3. 4. 11. 1 – E. C. 3. 4. 11. 7。目前已分离纯化出来的氨肽酶超过 26

种。羧肽酶从多肽的 C 端水解出游离氨基酸。羧肽酶按活性中心可分为丝氨酸羧肽酶、金属羧肽酶和半胱氨酸羧肽酶，其中以金属羧肽酶最为常见。食品工业中常用的牛羧肽酶 A（E.C.3.4.17.1）可从 C 端释放出游离氨基酸，但当 C 端含有 Asp、Glu、Arg、Lys 或 Pro，无法水解。二肽酶按作用机制可分为两类：一类是从多肽链的 C 端或 N 端水解产生二肽，命名为肽基二肽酶（dipeptidyl - peptidase 或 peptidyl - dipeptidase）；另一类是水解二肽产生游离氨基酸，命名为二肽酶（dipeptidase）。三肽酶一般既可以从多肽链的 C 端或 N 端水解产生三肽，又可以水解三肽产生二肽，命名为 tripeptidyl - peptidases。商品化的肽酶一般是多种蛋白酶、肽酶的混合物，如丹麦 Novozymes 公司生产的风味蛋白酶（Flavourzyme）就含有羧肽酶和氨肽酶。外切酶在食品工业上的一个重要应用是能够把处于肽链末端的氨基酸逐个水解出来，降低水解液的苦味。

根据蛋白酶的水解特异性，还可将蛋白酶命名为：脯氨酸内切蛋白酶（脯氨酰内切蛋白酶）、组氨酸内切蛋白酶（组氨酰内切蛋白酶）、谷氨酸内切蛋白酶（谷氨酰内切蛋白酶）等。

然而，目前国内外广泛使用的蛋白酶分类方法是根据蛋白酶的活性中心，将蛋白酶分为 6 类：天冬氨酸型、半胱氨酸型、金属型、丝氨酸型、苏氨酸型蛋白酶和未知型，其中天冬氨酸型、半胱氨酸型、金属型和丝氨酸型最为常见。如表 1.2 所示。

表 1.2 **蛋白酶的催化类型**

类型	实例	典型的抑制剂
天冬氨酸型	胃蛋白酶、组织蛋白酶 E	胃蛋白酶抑制剂
半胱氨酸型	木瓜蛋白酶、组织蛋白酶 K	碘乙酸
金属型	嗜热菌蛋白酶、脊椎动物胶原酶、羧肽酶 A	1,10 - 二氮菲、EDTA
丝氨酸型	胰蛋白酶、脯氨酸寡肽酶	氟磷酸二异丙酯
苏氨酸型	蛋白酶体	（乳胞素可抑制一些蛋白酶体）
未知型	gpt 内肽酶，Ⅳ型 prepilin 蛋白酶	上述抑制剂都无效

过去，通常用不同类型的抑制剂来鉴定蛋白酶活性位点的催化类型。如果一种酶与催化类型已知的蛋白酶具有同源性，则通常可以根据其氨基酸序列进行识别，如果不行，对可能的催化残基进行位点特异性突变可能会有所帮助。

丝氨酸蛋白酶的活性中心是由一个丝氨酸残基连接一个咪唑基和天冬氨酸羧基构成的，其编码的前三位为 E. C. 3. 4. 21。丝氨酸蛋白酶几乎全是内肽酶，胰蛋白酶、糜蛋白酶、弹性蛋白酶、枯草杆菌碱性蛋白酶、凝血酶（thrombin）均属于此类。胰蛋白酶（E. C. 3. 4. 21. 4）专一性水解赖氨酸与精氨酸羧基形成的肽键，具有消化蛋白质的功能，在脊椎动物、昆虫、甲壳动物等体内主要起蛋白消化作用，此外还可激活所有胰腺分泌的酶原，迅速地激活其他蛋白酶原（糜蛋白酶原、羧肽酶原、弹性蛋白酶原）而行使消化功能。

半胱氨酸蛋白酶，又称巯基蛋白酶，是一种活性中心由半胱氨酸、组氨酸两种必需基团组成的内肽酶。半胱氨酸蛋白酶的活性依靠巯基（—SH）来维持，一些重金属离子、烷化剂、氧化剂可抑制半胱氨酸蛋白酶的活性。半胱氨酸蛋白酶编码的前三位为 E. C. 3. 4. 22。目前，已有报道的动物消化系统中的半胱氨酸蛋白酶在酸性条件下活性较高，在碱性条件下几乎无活性，主要种类有组织蛋白酶 B、组织蛋白酶 L 和组织蛋白酶 S。此外，木瓜蛋白酶、无花果蛋白酶、菠萝蛋白酶以及某些链球菌蛋白酶也属于此类。

金属蛋白酶是一种活性中心含有二价金属阳离子的水解酶，化学修饰试验表明其活性中心可能存在至少一个酪氨酸残基和一个咪唑基与金属盐离子结合。金属蛋白酶的活性中心含有镁、锌、铁、铜等金属离子，金属螯合剂如乙二胺四醋酸（EDTA）、邻菲绕啉（OP）等能将金属原子从酶金属剥离而引起失活，失活的酶重新加入金属可使酶的活性恢复，这种酶也可受到氰化物和其他金属离子的强烈抑制。这一类的蛋白酶包括许多微生物中性蛋白酶、胰羧肽酶 A 和某些氨肽酶。

天冬氨酸蛋白酶是一类在酸性 pH 条件下具有较高的催化活性和稳定性的内肽酶，活性中心含有两个天冬氨酸残基的羧基端，能被对 – 溴苯甲酰甲基溴（P – BPB）或重氮试剂如重氮乙酰正亮氨酸甲酯（DAN）不可逆地失活。

这种分类仍不完善，如宛氏拟青霉（*PaE. C. ilomyces varioti*）蛋白酶最适 pH 为 3 ~ 5，但它的活性中心含有 SH 基。紫色链霉菌（*Streptomyces violaceus*）蛋白酶的最适 pH 为 9.5，不能被 DFP 所抑制，而对 EDTA 敏感，在酶的抑制性质上像典型的金属蛋白酶，因此上述分类仍有待改进。

1.1.3.1　酶学委员会分类法

在 EC（酶学委员会）系统中，所有酶被分成 6 类，其中水解酶为第 4 类，而蛋白酶为第 3.4 亚类。表 1.3 所示为本亚类的 14 种亚亚类。

表1.3 蛋白酶分类的 EC 系统

亚亚类	肽酶类型	亚亚类	肽酶类型
3.4.11	氨肽酶	3.4.19	ω 肽酶
3.4.13	二肽酶	3.4.21	丝氨酸内肽酶
3.4.14	二肽基肽酶	3.4.22	半胱氨酸内肽酶
3.4.15	肽基二肽酶	3.4.23	天冬氨酸内肽酶
3.4.16	丝氨酸型羧肽酶	3.4.24	金属内肽酶
3.4.17	金属羧肽酶	3.4.25	苏氨酸内肽酶
3.4.18	半胱氨酸型羧肽酶	3.4.99	未知类型的内肽酶

常见的蛋白酶及其酶学编号，如表1.4所示。

表1.4 常见的蛋白酶及其酶学编号

蛋白酶	编号	蛋白酶	编号
胰凝乳蛋白酶	E. C. 3. 4. 21. 1	胰蛋白酶	E. C. 3. 4. 21. 4
木瓜蛋白酶	E. C. 3. 4. 22. 2	凝乳酶	E. C. 3. 4. 4. 3
木瓜凝乳蛋白酶	E. C. 3. 4. 22. 6	枯草杆菌中性蛋白酶	E. C. 3. 4. 24. 4
木瓜蛋白酶 Ω	E. C. 3. 4. 22. 30	米曲霉酸性蛋白酶	E. C. 3. 4. 23. 6
甘氨酸内切蛋白酶	E. C. 3. 4. 22. 25	米曲霉碱性蛋白酶	E. C. 3. 4. 21. 14
菠萝蛋白酶	E. C. 3. 4. 22. 4	氨肽酶	E. C. 3. 4. 1. 11
二肽酶	E. C. 3. 4. 1. 3	牛羧肽酶 A	E. C. 3. 4. 17. 1
羧肽酶	E. C. 3. 4. 16. 17	米曲霉中性蛋白酶	E. C. 3. 4. 24. 4
钙激活蛋白酶	E. C. 3. 4. 22. 17	谷氨酰内切蛋白酶	E. C. 3. 4. 21. 19
Aspergillopepsin Ⅰ	E. C. 3. 4. 23. 18	胃蛋白酶	E. C. 3. 4. 23. 1
Aspergillopepsin Ⅱ	E. C. 3. 4. 23. 19	胃亚蛋白酶	E. C. 3. 4. 23. 3
小牛凝乳酶	E. C. 3. 4. 23. 4		

1.1.3.2 MEROPS 系统分类

目前国际上较为流行的蛋白酶分类方法是基于蛋白酶活性中心的氨基酸种类以及蛋白酶的一级结构。根据蛋白酶活性中心氨基酸种类的不同，可将蛋白酶分为天冬氨酸蛋白酶家族（A）、半胱氨酸蛋白酶家族（C）、丝氨酸蛋白酶家族（S）、苏氨酸蛋白酶家族（T）、谷氨酸蛋白酶家族（G）、金属蛋白酶家族（M）、天冬酰胺蛋白酶家族（N）等。同一蛋白酶家族，再根据蛋白酶的氨基酸序列的同源性，用字母加阿拉伯数字进一步划分，如胃蛋白酶属于天冬氨酸蛋白酶 A1 家族，木瓜蛋白酶属于半胱氨酸蛋白酶 C1 家族。MEROPS the Peptidase Database 是基于这一分类方法建立的数据库，可按照蛋白酶名称、MEROPS Identifier、蛋白酶来源（Source organism）、基因名称（Gene name）、家族名称（Family name）以及蛋白酶的酶切位点进行检索。每一个条目下列出所催化的反应和酶的来源、功能、活性中心、分子结构、抑制剂、生物功能、专一性等，并有指向其他多种数据库以及文献的链接。MEROPS 酶学数据库囊括了几乎所有已鉴定的蛋白酶类及蛋白酶抑制剂。

在 MEROPS 系统中，使用结构特性来分解蛋白酶，相信结构特质能够反映进化关系。使用氨基酸序列的相似性来分类家族中关系密切的肽酶，具有共同起源证据的家族类型被一起分类到氏族（clan）中，通过以下方式，围绕着一个基本成员或类型实例（如胃蛋白酶在 A1 家族中）来形成每个蛋白酶家族：已经被鉴定的负责蛋白质水解活性的分子部分，被称为"肽酶单元"，然后加入氨基酸序列与类型实例（或家族中另一个已经存在的成员）肽酶单元具有统计学意义相似性的蛋白酶，以此方式建立蛋白酶家族。

每个家族被分配了一个简单的标识符，第一个字母表示它含有的肽酶催化类型（即 A、C、M、S、T、或 U 表示天冬氨酸型、半胱氨酸型、金属型、丝氨酸型、苏氨酸型或未知型）。家族标识符的最后是一个数字，连续的分配，以在 MEROPS 分类中识别各个家族。亚家族名称来源于家族名称，是家族名称加上一个连续分配的字母。例如，M10 家族再细分为 M10A、M10B 和 M10C。

尽管不同的家族蛋白酶的氨基酸序列无明显的相似性，但是仍然会有证据表明它们具有共同的起源，这可能来自于相似的三级结构或催化氨基酸附近的保守序列基序，表现出这些远缘关系的肽酶家族被一起分类到一个氏族内。在 MEROPS 系统中，一个氏族是按字母表连续分配的，可识别一个氏族。少数的氏族含有一个以上类型 C、S 和 T 的家族，在其标识符中使用了字母 P。在 MEROPS 系统中识别的家族和氏族，包括每种蛋白酶的 MEROPS 标识符，它来源于家族标识符，当必要时，补充至 3 个字符，之后是一个小数点和一个三位数字。

1.1.4　常见蛋白酶及特性

1.1.4.1　木瓜蛋白酶

木瓜、菠萝、生姜、剑麻、无花果、罗汉果等植物均产蛋白酶，但以木瓜蛋白酶产量最大，应用面最广，研究历史也最长。1879 年，Wurtz

和 Bouchet 把番木瓜青果乳汁中能水解蛋白质的物质命名为木瓜酶，后来成为木瓜蛋白酶粗粉的统称。严格意义上说，木瓜酶和木瓜蛋白酶是有一定区别的。木瓜酶是从未成熟青果中割取出来的白色乳汁的粗粉，是木瓜蛋白酶、几丁质酶、溶菌酶等多种酶制剂的混合物。木瓜蛋白酶则是木瓜蛋白酶、木瓜凝乳蛋白酶、木瓜蛋白酶 Ω 和番木瓜蛋白酶Ⅳ 四种蛋白酶混合物的总称。酶清产自番木瓜，是一种液体木瓜蛋白酶，其活力大于或等于国内标准 6 万 U/mL，它在啤酒和清酒中添加，可解决低温引致的蛋白质和多酚物质的混浊问题；在糖化过程中添加，可提高麦汁中游离氨基氮的含量。学术界和工业界常将这两者混淆。此外，不同企业生产的木瓜蛋白酶除活力有差异外，四种蛋白酶的比例以及非蛋白酶活力的大小是造成木瓜蛋白酶在应用上存在差异的主要原因。

番木瓜未成熟青果中割取出来的白色乳汁含有丰富的蛋白酶，分离、纯化后可得到四种半胱氨酸蛋白酶，即木瓜蛋白酶（papin，E. C. 3. 4. 22. 2）、木瓜凝乳蛋白酶（chymopapain，E. C. 3. 4. 22. 6）、木瓜蛋白酶 Ω（papaya proteinase Ω，E. C. 3. 4. 22. 30）和番木瓜蛋白酶Ⅳ（papaya proteinase Ⅳ，E. C. 3. 4. 22. 25）。木瓜蛋白酶 Ω，又称木瓜蛋白酶Ⅲ（papaya proteinase Ⅲ）、木瓜蛋白酶 A（papaya peptidase A）或 Caricain。木瓜蛋白酶Ⅳ又称木瓜凝乳酶 M（chymopapain M）或甘氨酸内切蛋白酶（glycyl endopeptidase）。

四种木瓜蛋白酶在木瓜青果中都是以酶原的形式表达的，酶原区的主要功能是抑制蛋白酶的活性，此外还能协助成熟的木瓜蛋白酶折叠成正确的高级结构。四种木瓜蛋白酶的催化活性中心均为保守的 Cys25 和 His159 残基（在木瓜蛋白酶Ⅳ中是 Cys23）。Cys25 和 His159 分别位于两个结构域组成的缝隙的相对位置上，形成一个电荷系统，Cys25 中游离的—SH 对底物进行亲核进攻，His159 作为质子受体。此外，位于结构域缝隙处的一些其他残基在四种酶中也是保守的，它们虽不是酶活性所必需的，却能限制酶的活性。Asn175 能和 His159 形成氢键，它的突变会极大地影响酶的热稳定性，Asn175 虽不能参与电荷系统的形成，却能将His159 侧链定位在最佳的结构。同时，四种木瓜蛋白酶水解特异性的差异也是因为缝隙中氨基酸不同，酶的空间构象不同，所以最适宜的反应底物不同。木瓜蛋白酶活性中心含有巯基，存放过程中易被氧化而失去活性，商品化的木瓜蛋白酶常与焦亚硫酸盐等还原剂混合保存。

人们对木瓜蛋白酶的研究最早，也最广泛。它是一种代表性的半胱氨酸蛋白酶，由 212 个氨基酸的单一多肽链构成，分子质量 23406u。对其三级结构的测定表明，木瓜蛋白酶分子呈椭圆形，有两个结构域组成，交界处为一狭沟。酶的活性中心就位于此狭沟。位于此狭沟的氨基酸残基中，除了催化反应必需的 Cys25 和 His159，还有很多维持活性中心结构所必需的氨基酸残基，其中少数氨基酸的不同，可能会影响酶的特异性。

木瓜蛋白酶能在不同程度上水解大多数肽键，而水解的速度相差很大，可达三个数量级。除水解肽键外，木瓜蛋白酶还能水解酰胺键和酯键等。最近还有报道认为木瓜蛋白酶能水解内酰胺键。木瓜凝乳酶也可作用于很多肽键，但一般反应速度要慢很多，它水解的优势在于对酸性氨基酸和芳香氨基酸形成的肽键比较敏感。而甘氨酸内切蛋白酶则对较小的氨基酸如 Ser、Gly、Ala 等组成的肽键比较敏感，尤其是对 Gly 组成的肽键。这主要是因为，其他三种酶的 S1 特异性口袋中高度保守的 Gly156 和 Gly198，在木瓜蛋白酶Ⅳ中被 Glu 和 Arg 置换。如表 1.5 所示。

表 1.5   **四种木瓜蛋白酶特性的比较**

	木瓜蛋白酶	木瓜凝乳蛋白酶	木瓜蛋白酶 Ω	甘氨酸内切蛋白酶
系统命名	E. C. 3. 4. 22. 2	E. C. 3. 4. 22. 6	E. C. 3. 4. 22. 30	E. C. 3. 4. 22. 25
氨基酸个数	212	218 或 227	216	216
氨基酸同源性	58%	100%	67%	70%
等电点	9. 55	10. 1 ~ 10. 6	11. 4	10. 4
活性巯基数目	1	2	1	1
占乳汁蛋白比例	5%	45%	20%	28%
测得 X 衍射结构时间	1962 年	1996 年	1991 年	1995 年

木瓜蛋白酶具有良好的热稳定性，80℃处理 1h，木瓜蛋白酶的残留酶活力在 50% 以上。木瓜蛋白酶对鸡蛋源的半胱氨酸抑制剂不敏感。木瓜蛋白酶还具有较好的耐盐性能，10% 的食盐溶液中木瓜蛋白酶的酶活力保留 80% 以上。但木瓜蛋白酶对氧化剂和二价铜离子敏感，储存过程中易因氧化而失去活性，商品化木瓜蛋白酶常添加焦亚硫酸盐类以防止木瓜蛋白酶的活性降低。200mg/L 的铜离子溶液可使木瓜蛋白酶的活力丧失，催化机制如图 1.1 所示。

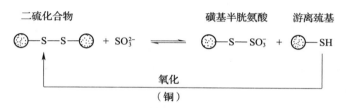

图 1.1 铜离子催化木瓜蛋白酶机制

市场上常见的木瓜蛋白酶是番木瓜中四种木瓜蛋白酶的混合物，它在食品工业中具有广泛的应用。在啤酒生产工业中，木瓜蛋白酶常用于去除啤酒中多余的蛋白复合物，从而防止冷混浊的形成，提高啤酒的清晰度。在肉类加工时，使用木瓜蛋白酶可使肌肉纤维逐渐水解，使肌肉变得柔软嫩滑。在面粉加工时添加木瓜蛋白酶可降低面粉的筋度，进而使生产的糕点、饼干等酥松，口感好。在改性大豆蛋白生产中，可利用木瓜蛋白酶的耐高温稳定性限制性水解 β - 伴球蛋白。在酵母工业中，常利用木瓜蛋白酶水解啤酒酵母或面包酵母制备酵母抽提物。

1.1.4.2　胰酶及胰蛋白酶

胰酶是从动物（猪、牛）胰脏中提取的一种混合酶制剂，含有胰蛋白酶、胰凝乳蛋白酶、弹性蛋白酶、氨肽酶、胰淀粉酶、胰脂肪酶、磷脂酶、激肽释放酶、谷氨酰转肽酶和核糖核酸酶等，其中胰蛋白酶、胰凝乳蛋白酶、胰淀粉酶和胰脂肪酶是胰酶的主体成分。胰酶呈白色或淡黄色无定形粉末，有特殊的气味，部分溶于水及低浓度的乙醇液中，不溶于高浓度的乙醇、丙酮和乙醚等有机试剂。我国有多家胰酶生产企业，其产品主要用于医药、食品行业。胰酶具有来源广泛、价格便宜、水解效率高、催化专一性强等特点，近年来在食品行业中应用日益广泛。

胰蛋白酶（E.C.3.4.21.4）是由胰蛋白酶原（相对分子质量为24000）经肠激酶从 N 端水解下一个六肽转变而成。在脊椎动物体内，胰蛋白酶不仅起消化酶的作用，而且还能限制分解糜蛋白酶原、羧肽酶原、磷脂酶原等其他酶的前体，起活化作用。在低温下，胰蛋白酶切断肽键的专一性最强，它优先切断赖氨酸和精氨酸右侧（羧基端）的肽键，裂解之后产生的是以赖氨酸和精氨酸为羧基末端的肽段，对于氨基端含有脯氨酸的肽键无法水解。当酶解温度升高到40℃或以上时，胰蛋白酶的专一性变弱，酶切位点与胰凝乳蛋白酶 + 胰蛋白酶相似。胰蛋白酶具有相对较强的耐酸性，在0℃，pH 为4.0下保温30min，酶活力仅丢失23%；在25℃，pH 为4.0下保温30min，酶活力丢失80%，如图1.2所示。

牛胰凝乳蛋白酶又名糜蛋白酶（E.C.3.4.21.1），是一种典型的丝氨酸蛋白酶，由糜蛋白酶原（相对分子质量24000）借助于游离胰蛋白酶和糜蛋白酶的作用，将其酶原中含有的四个二硫键水解断开两个，并脱去分子中的两个二肽。1976 年 Gilleland 等发现胰凝乳蛋白酶在低 pH 条件下能可逆地自缔结形成单体 - 二聚体平衡。胰凝乳蛋白酶优先水解酪氨酸、苯丙氨酸、色氨酸、亮氨酸等具有疏水侧链基团的氨基酸右侧（羧基末端）的肽键，水解速度要比其他肽键快得多，在 pH 为 7～8 具有最高活性。

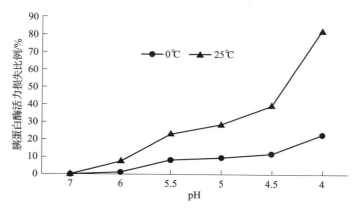

图 1.2　不同 pH、温度对胰蛋白酶酶活力的影响

　　弹性蛋白酶由 240 个氨基酸残基组成的单一肽链，相对分子质量约为 25000，等电点为 9.5。弹性蛋白酶原在胰蛋白酶的作用下转变为弹性蛋白酶，主要水解肽链的酸基末端为中性氨基酸（如丙氨酸、甘氨酸、异亮氨酸、亮氨酸或缬氨酸）的肽键。羧肽酸 A（相对分子质量 34000）含有 Zn^{2+} 离子，能水解几乎所有羧基末端的肽键，而羧肽酶 B 能水解由精氨酸或赖氨酸构成的 C 末端残基。因此胰蛋白酶作用后形成的肽，可被羧肽酶 B 进一步水解，而胰凝乳蛋白酶和弹性蛋白酶水解剩余的肽可被羧肽酶 A 进一步分解。

　　胰蛋白酶酶原和胰凝乳蛋白酶酶原的氨基酸序列见下图。每一个环代表一个氨基酸，实心环为两者相似的氨基酸，两者的催化中心都含有 His^{57}，Asp^{102} 和 Ser^{195}，如图 1.3 所示。

　　对于一些碱性蛋白质而言，含有赖氨酸和精氨酸的数量多，用胰酶水解得到的肽段太多，这种情况下用胰凝乳蛋白酶水解可以得到适度大小的肽段。肽段经过胰蛋白酶裂解之后应该得到 $n+1$ 个肽段，n 是赖氨酸和精氨酸的总数。在典型的蛋白质中，赖氨酸和精氨酸约占氨基酸总数的 10% 左右。因此，用胰蛋白酶水解蛋白质后，所得水解物的平均长度为 10 个左右氨基酸残基的肽段。纯化的不含胰凝乳蛋白酶的胰蛋白酶价格昂贵，市面上常见的是胰蛋白酶、胰凝乳蛋白酶、胰淀粉酶和胰脂肪酶的混合物。在对国内某酶制剂企业生产的胰酶进行活力测定时发现其蛋白酶活力为 30.8 万 U/g，脂肪酶活力为 2582.67U/g（以三丁酸甘油酯为底物），α – 淀粉酶活力为 2600U/g。

　　胰酶及胰蛋白酶在食品工业中有非常广泛的应用，如水解酪蛋白生产酪蛋白磷酸肽、水解动物骨蛋白、水解水产品等。特别值得一提的是

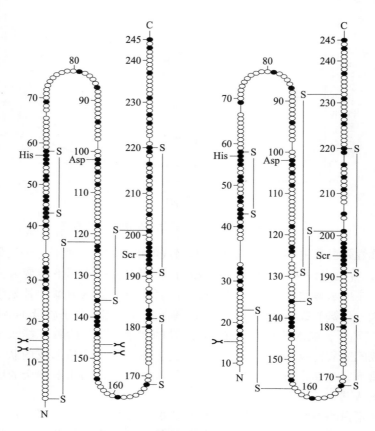

图 1.3 胰蛋白酶和胰凝乳蛋白酶在一级结构上的差异

胰酶可激活动物内脏及消化道中蛋白酶酶原、胰蛋白酶酶原等，具有添加量小、蛋白质水解效果突出等优势。

但在胰酶的使用过程中以下几点特别值得注意：胰酶中胰脂肪酶在水解过程中会对蛋白质原料中油脂进行降解，可导致酶解产物产生异味，腥味增加。酶解过程中油脂的部分降解产物可与蛋白质或肽形成复合物，造成酶解产物分离困难。

对植物来源的蛋白质资源添加胰酶、胰凝乳蛋白酶或胰蛋白酶进行加工需特别慎重，因加工所得蛋白质降解产物可能用于素食食品。在酱油发酵过程中添加胰酶进行强化蛋白质降解会导致发酵油脂降解产生 1,3 – 氯丙醇，其最高浓度可达到 0.020mg/kg，视酱油发酵原料、发酵时间和发酵周期不同而异。

1.1.4.3 霉菌蛋白酶

霉菌具有比细菌产生更多种类的胞外蛋白酶的能力。食品工业中常见产蛋白酶的霉菌有米曲霉、酱油曲霉、毛霉、栖土曲霉、黑曲霉、少孢根霉和青霉等。米曲霉、酱油曲霉、黄曲霉以及栖土曲霉等曲霉产的蛋白酶以中性、碱性蛋白酶为主。米曲霉固态发酵分泌大量蛋白酶，从最适 pH 来看包括中性蛋白酶、酸性蛋白酶和碱性蛋白酶；从酶切方式来看包括外切蛋白酶、内切蛋白酶、二肽酶和三肽酶等，其蛋白酶种类及基因数量，如表 1.6 所示。米曲霉蛋白酶常用于蛋白质水解产物的脱苦。黑曲霉、少孢根霉、青霉、担子菌的许多菌株主要生产酸性蛋白酶。真菌酸性蛋白酶的最适 pH4.0 ~ 4.5，在 pH 为 2.5 ~ 6.0 范围内稳定。因其较窄的反应 pH 和稳定特异性，故在乳酪生产工业中具有特殊的用途。部分曲霉、担子菌、根霉、放线菌生产的蛋白酶具有强烈的凝乳作用，如微小毛霉（*Mucor pusillus*）、栗疫霉（*Endothia parasitica*）产的蛋白酶对蛋白质的水解力小，而凝乳力强，故可代替仔牛胃凝乳酶来生产干酪。青霉（*Penicillium chrysogenum*）生产的特异性脯氨酰蛋白酶广泛应用于饼干及面粉中面筋蛋白降解、防止啤酒生物浑浊以及 ACE 抑制肽的制备。

表 1.6　　　米曲霉固态发酵分泌的蛋白酶种类及基因数量

	酶学编号	基因数量
外切蛋白酶		
氨肽酶	3.4.11. –	19
二肽酶	3.4.13. –	3
二肽酶或三肽酶	3.4.14. –	9
丝氨酸羧肽酶	3.4.16. –	12
金属羧肽酶	3.4.17. –	12
未知肽酶		14
合计		69
内切蛋白酶		
丝氨酸蛋白酶	3.4.21. –	11
半胱氨酸蛋白酶	3.4.22. –	12
天冬氨酸蛋白酶	3.4.23. –	14
金属蛋白酶	3.4.24. –	18
未知蛋白酶	3.4.99. –	10
合计		65

米曲霉（*Aspegillus oryzae*）、毛霉（*Actinomucor elegans*）和少孢根霉（*Rhizopus oligosporus*）是传统发酵豆制品的常用发酵剂，也是蛋白酶的主

要生产菌株。国内学者比较了酱油生产菌株、腐乳生产菌株以及天培生产菌株产生蛋白酶的条件和所产蛋白酶的性质。结果表明：米曲霉可以产生酸性、中性及碱性蛋白酶，所产生的蛋白酶活力显著高于少孢根霉和毛霉，所分泌的蛋白酶系在 pH5.0~9.0 的范围内有很强酶活，在 pH6.0~8.0 的范围内稳定性强。毛霉可以产生酸性、中性及碱性蛋白酶，但酶活力明显低于米曲霉，毛霉在中性偏酸性（pH5.5）的介质中产酸性蛋白酶的能力较强，但介质的酸碱度对毛霉产中性及碱性蛋白酶没有影响，在 28℃时产酸性、中性和碱性蛋白酶的能力都比较强，毛霉所分泌的蛋白酶系在 pH5.0~9.0 的广泛 pH 范围内有活力，在 pH5.0~6.0 时酶活力最高，在 pH5.0~7.0 时稳定性强。少孢根霉主要产生酸性蛋白酶，在 pH2.5~4.0 的酸性介质中、32℃条件下培养时产酶能力较强，所分泌的蛋白酶系在 pH5.0 时酶活力最高，在 pH5.0 左右时最稳定。

目前，我国用于食品工业的霉菌蛋白酶仅允许来自米黑根毛霉（*Rhizomucor miehei*）、米曲霉（*Aspergillus oryzae*）、黑曲霉（*Aspergillus niger*）、微小毛霉（*Mucor pusillus*）、蜂蜜曲霉（*Aspergillus melleus*）、寄生内座壳（*Cryphonectria parasitica*）。

1.1.4.4　碱性蛋白酶

碱性蛋白酶一般泛指由微生物发酵，最适 pH 在碱性范围内的一类蛋白酶的总称。碱性蛋白酶广泛应用于洗涤、食品、摄影、皮革、丝绸等诸多行业，在洗涤行业中用量尤为巨大。

据伍先绍等人报道，碱性蛋白酶广泛存在于细菌、放线菌和真菌中，主要的微生物种属有枯草芽孢杆菌、解淀粉芽孢杆菌、地衣芽孢杆菌、嗜碱性芽孢杆菌、嗜热脂肪芽孢杆菌、马铃薯芽孢杆菌、纳豆芽孢杆菌、黏质赛氏杆菌、节杆菌属、假单胞菌属、赫曲霉、萨氏曲霉、硫曲霉、蜂蜜曲霉、立德链霉菌、费氏链霉菌、灰色链霉菌、蓝棕青霉、头孢霉、稻根耳霉、冠状耳霉、镰刀菌、细极链格孢、小球菌、嗜热圆酵母、解脂假丝酵母、微球菌属、黄杆菌属、异单胞菌属、耶尔森氏菌属、希瓦氏菌属、鳗弧菌、栖热菌属等。从中国南海 2100m 深海筛选出一株产多种胞外碱性蛋白酶的解淀粉芽孢杆菌，该菌株可在浓度为 20% 的盐水中生长，所产碱性蛋白酶对大豆蛋白、小麦面筋蛋白等植物蛋白具有较好的水解效果。目前，商业中应用的碱性蛋白酶主要来源于芽孢杆菌，如地衣芽孢杆菌、枯草芽孢杆菌、解淀粉芽孢杆菌等。

到目前为止，已经分离鉴定出超过 300 种微生物碱性蛋白酶，其中一半以上的碱性蛋白酶的氨基酸序列已经阐明。这些微生物碱性蛋白酶在蛋白质空间结构、活性中心、酶学性质上与枯草杆菌蛋白酶（subtilisin）有一定相似性，被统称为 subtilases superfamily。Subtilisin 又名 subtilisin carlsberg、subtilopeptidase A、bacterial alkaline protease。丹麦酶制剂生产商诺维信公司的碱性蛋白酶是由地衣芽孢杆菌发酵制备而成的微生物碱性蛋白酶，是目前产量最大应用范围最广的碱性蛋白酶。碱性蛋白酶属于 S8 内切蛋白酶家族，是由一条未糖基化的单肽链组成，不含二硫键，分子质量为 27ku。碱性蛋白酶专一性较弱，对 P1 位置含有未电离氨基酸残基具有弱专一性。碱性蛋白酶中还含有谷氨酸内切蛋白酶活力。

大多数微生物碱性蛋白酶的活性中心含有丝氨酸，属于丝氨酸蛋白酶，其重要特征是遇到作用于丝氨酸的试剂二异丙基氟磷酸（DFP）失活。对于大多数的碱性蛋白酶而言，甘油、硫酸钠、氯化钙能提高蛋白酶的储存稳定性，并且提高蛋白酶的耐热性。在高温下，钙离子对某些菌株产生的碱性蛋白酶的稳定性至关重要。如芽孢杆菌 AR – 009 菌株产生的碱性蛋白酶，钙离子的存在不仅影响该蛋白酶的最适反应温度，而且还影响高温时该蛋白酶的稳定性。因此许多商品化碱性蛋白酶酶制剂中一般含有 0.1% ~ 0.4% 的氯化钙以保持碱性蛋白酶的稳定。此外，不同菌株产生的碱性蛋白酶，金属离子对其的影响不同。大多数碱性蛋白酶发挥作用时不需要特定的激活剂，但是需要金属离子激活，必须金属离子有 Mn^{2+}、Mg^{2+}、Zn^{2+}、Co^{2+}、Fe^{2+} 等。某金属离子对某菌株产生的碱性蛋白酶的作用是激活，而对另一菌株产生的碱性蛋白酶的作用则可能是抑制或者无作用。

碱性蛋白酶种类繁多，不同微生物菌株发酵生产的碱性蛋白酶的温度适应范围也较广，其最适作用温度一般在 30 ~ 75℃。低温碱性蛋白酶在 20℃ 以下的低温仍能保持较高的活性，适合用于洗涤行业。耐热碱性蛋白酶则能适应 50℃ 以上的温度，但主要是嗜中温。耐热碱性蛋白酶适合于食物蛋白质水解、饲料造粒等行业。如博仕奥公司 XP 碱性蛋白酶对酪蛋白的最适温度为 65℃，在含水量为 25% 时，90℃ 水浴加热 5min，蛋白酶活力可保留 82%。

碱性蛋白酶具有活性的 pH 范围很广，最宽的 pH 范围可增宽为 3.0 ~ 12.0，有效 pH 范围在 5.0 ~ 11.5。图 1.3 比较了酸性蛋白酶、中性蛋白酶和碱性蛋白在不同 pH 的相对酶活力。大多数微生物菌株产生的碱性蛋白酶对表面活性剂和氧化剂稳定，这一特点对碱性蛋白酶在洗涤剂行业的应用尤为重要。

碱性蛋白酶专一性较弱，对疏水性氨基酸、碱性氨基酸和芳香族氨基酸残基均有较好的水解效果，具有水解速度快、水解效率高、价格较低等优点。较为特殊的是谷氨酰内切蛋白酶（E. C. 3. 4. 21. 19）可专一性地水解蛋白质多肽链 C 末端的谷氨酸和（或）天冬氨酸残基 α 羧基形成的肽键。1992 年 Ib Svendsen 等人从 Alcalase 中分离出谷氨酰内切蛋白酶。谷氨酰内切蛋白酶具有严格的底物特异性，仅能水解多肽链中谷氨酸和（或）天冬氨酸残基的 α 羧基形成的肽键。如图 1.4 所示。

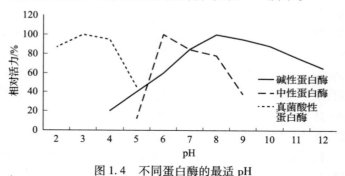

图 1.4　不同蛋白酶的最适 pH

1.1.4.5　酸性蛋白酶

　　酸性蛋白酶是一类在酸性 pH 条件下具有较高的催化活性和稳定性的内切蛋白酶。酸性蛋白酶主要有胃蛋白酶和真菌酸性蛋白酶，大部分酸性蛋白酶的活性中心含天冬氨酸，故又称天冬氨酸蛋白酶，等电点一般为 pH 3 ~ 4.5。重氮乙酰正亮氨酸甲酯（DAN）和 1,2 - 环氧 - 3 - （对硝基苯氧）丙烷（EPNP）是这类蛋白酶的专一性抑制剂。大部分酸性蛋白酶一般耐热性较差，在 50℃ 下保持稳定，其中胃蛋白酶的最适温度为 37℃，而真菌酸性蛋白酶的最适温度范围为 40 ~ 50℃。

　　目前从动物胃中分离纯化的胃蛋白酶主要有三种：胃蛋白酶（E. C. 3. 4. 23. 1）、凝乳酶（E. C. 3. 4. 23. 4）、胃亚蛋白酶（E. C. 3. 4. 23. 3）。胃蛋白酶在酸性条件下稳定，在 pH 高于 6 时迅速失活，其最适 pH 为 2.0 ~ 4.0。动物胃蛋白酶的最适 pH 范围为 2.1 左右，而真菌酸性蛋白酶的最适 pH 范围一般在 2.5 ~ 3.5。胃蛋白酶优先水解苯丙氨酸、酪氨酸和色氨酸残基两侧的肽键，由于其催化专一性相对较强，主要用在蛋白质改性、特定一级结构的生物活性肽制备方面。胃蛋白酶和其酶原的最显著的不同在于胃蛋白酶酶原比胃蛋白酶多 44 个氨基酸，即以共价键与胃蛋白酶的 N 端相连的前片段（前肽）。胃蛋白酶酶原的前片段部分不仅覆盖了活性位点，还包含了大量正电荷残基。胃蛋白酶原前片段的 44 个残基中有 13 个是带正电荷的，包括 9 个 Lys、2 个 Arg、2 个 His，而胃蛋白酶只含有 4 个正电荷残基，2 个 Arg，1 个 Lys，1 个 His。正是这些带正电的残基的数量和分布导致了胃蛋白酶与其酶原的 pH 稳定性的差别，当 pH 上升时胃蛋白酶表面所带的大量负电荷去质子化产生静电排斥导致了状态的不稳定，当在酸性条件下胃蛋白酶原的负电荷残基被中和，导致前片段的水解，胃蛋白酶从而被激活。胃蛋白酶和酶原的另一个差别是 N 端片段的位置。在酶原及活化过程中，N 端片段位于活性位点 cleft，在活化之后 N 端片段则转移到蛋白另一端。推测这个片段对胃蛋白酶原在中性 pH 环境下的稳定性有重要作用。研究表明胃蛋白酶的变性开始于 N 端的变性，说明了 N 端与酶的交互作用对酶的稳定很重要。

真菌酸性蛋白酶的主要生产菌株有黑曲霉（*A. niger*）、大孢子黑曲霉突变体（*A. niger var. macrosporus*）、斋藤曲霉（*A. saitoi*）、泡盛酒曲霉（*A. awamori*）等黑色曲霉和中华根霉（*Rhizopus chinensis*）、爪哇根霉（*Rh. javanicus*）、苹果青霉（*P. expansum*）、细交链孢（*Alternaria tenuis*）等。微生物酸性蛋白酶可分成两大类型，即胃蛋白酶型和凝乳酶型，产生前一类型酶的微生物主要是曲霉、根霉、青霉，产生后一类型酶的菌种有栗疫霉、毛霉等。目前用于生产酸性蛋白酶的菌种主要有黑曲霉和宇佐美曲霉等。黑曲霉主要用于固体发酵，而宇佐美曲霉主要用于液体发酵。1964 年 Y. Koaze 等首次发现大孢子黑曲霉突变体能产生两种不同的酸性蛋白酶：即酸性蛋白酶 A（aspergillopepsin A，aspergillopepsin Ⅱ，proctase A）和酸性蛋白酶 B（aspergillopepsin B，aspergillopepsin Ⅰ，proctase B）。它们主要的区别在于酸性蛋白酶 A 活性中心无天冬氨酸残基，而酸性蛋白酶 B 含有。酸性蛋白酶 A 的分子质量为 22265u，由两条肽链非共价连接，DAN 和 EPNP 不能使其失活。酸性蛋白酶 A 的最适温度为 60~70℃，最适 pH 为 1.5~3.0；酸性蛋白酶 B 的最适温度为 55℃，最适 pH 为 2.6，其特性与普通微生物酸性蛋白酶接近。从大孢子黑曲霉突变体发酵产物中提取的酸性蛋白酶 A 和酸性蛋白酶 B 的混合物商品名为 proctase。

大部分微生物的酸性蛋白酶的专一性类似胃蛋白酶，但不像胃蛋白酶的专一性那样，它可切开广泛氨基酸所构成的肽键，尤其是切开点为芳香族氨基酸与其他氨基酸所构成的肽键。但酸性蛋白酶 A 的专一性比较特殊，酸性蛋白酶 A 以氧化核糖核酸酶 A 为底物，对 Tyr – X、Phe – X、His – X、Asn – X、Asp – X、Gln – X 和 Glu – X 具有肽腱专一性。

我国微生物酸性蛋白酶研究始于 20 世纪 60 年代，1970 年上海工业微生物研究所率筛选出一株产酸性蛋白酶的黑曲霉 3.350，填补了我国酸性蛋白酶酶制剂的空白。1977 年中国科学院微生物研究所和新疆生物土壤沙漠研究所共同研制出一株经宇佐美曲霉诱变、筛选的 537 高产酸性蛋白酶菌种。目前国内用于酸性蛋白酶生产的微生物菌种主要是黑曲霉、宇佐美曲霉和青霉及其突变株。

酸性蛋白酶能在 pH 偏酸性条件下有效水解蛋白质，广泛应用于乳制品、酒精、白酒、啤酒、酿造等食品加工行业以及饲料、皮革加工等行业。最新研究表明，proctase 对去除酒类蛋白质浑浊效果显著。此外，酸性蛋白酶还可催化脱酰胺反应和转肽反应，但作用机制尚不明确。

1.1.4.6 外切蛋白酶

目前，酶学委员会（E. C.）列出了 72 种不同的外肽酶。外切蛋白酶只是在蛋白质和多肽的肽链的一侧末端起作用，在肽链 N 末端断裂肽键的酶称为氨肽酶，在游离 C 末端断裂肽键的酶称为羧肽酶。MEROPS 数据库提供了所有目前已知肽酶的信息。

氨肽酶（aminopeptidase）可以分为 3 大亚类：催化多肽链的 N 末端第一个肽键发生断裂，同时释放出 1 个氨基酸残基的氨肽酶（E. C. 3. 4. 11）；从多肽链上释放出 1 个二肽或 1 个三肽的二肽基肽酶或三肽基肽酶（E. C. 3. 4. 14）；催化二肽和三肽水解的二肽酶（E. C. 3. 4. 15）和三肽酶（E. C. 3. 4. 14. 4）。此外，根据其活性部位对抑制剂的敏感性，氨肽酶可分为如下 3 个亚家族：金属氨肽酶、半胱氨酸氨肽酶和丝氨酸氨肽酶，最大的氨肽酶家族是金属氨肽酶。许多氨肽酶是锌金属酶类，锌离子与底物的配基有关。多数微生物氨肽酶是单链多肽，其他的含有两个、四个或六个亚基。一些氨肽酶和羧肽酶含有糖，但都不含脂蛋白。

最常见的氨肽酶是亮氨酸氨肽酶（leucine aminopeptidase，LAP）。亮氨酸氨肽酶是氨肽酶 M1 或者 M17 家族的成员，它不仅仅水解以亮氨酸为 N 末段残基的多肽链，同样也可作用于 N 末端的其他氨基酸，因其水解亮氨酸残基效率最高而得名。这些亮氨酸氨肽酶具有不同的活性温度、最适 pH 条件以及必需的二价阳离子。亮氨酸氨肽酶对 N 末端各种氨基酸残基的水解速度不同。N 末端为极性氨基酸时，水解速度慢。N 端第二个氨基酸是脯氨酸时，它不能水解。以芳香族氨基酸为 N 末端时，水解速度仍不算快，而以非极性的侧链基团的氨基酸（如亮氨酸）为 N 末端时水解速度最快。食品工业正是利用亮氨酸氨肽酶对 N 端疏水性氨基酸具有较高的水解效率和选择性对蛋白水解物进行脱苦处理。此外，在发芽的黄豆中还鉴定出具有谷氨酸外切活力的谷氨酸氨肽酶。

与氨肽酶的分类相类似，羧肽酶（carboxypeptidase）也有两种分类方式，一种是根据酶活性部位的作用机制，另一种是根据底物特异性。这两种分类方法互相交叉，相互补充。根据第一种分类方式，活性部位含有丝氨酸残基的羧肽酶称为丝氨酸羧肽酶（E.C. 3.4.16），活性部位含有金属的羧肽酶称为金属羧肽酶（E.C. 3.4.17），而活性部位含有半胱氨酸的羧肽酶称为半胱氨酸羧肽酶或巯基羧肽酶（E.C. 3.4.18）。

丝氨酸羧肽酶在酸性条件下具有外切蛋白酶、酯酶和脱酰胺活性。羧肽酶 C（E.C. 3.4.16.5）是典型的丝氨酸羧肽酶，因可水解所有具有羧基末端的氨基酸（羟脯氨酸除外），已成为蛋白质多肽链 C 末端分析中常用工具酶；此外羧肽酶 C 还可通过转肽反应将其他氨基酸衍生物或亲核物质以取代肽链末端的氨基酸残基从而形成新肽。

金属羧肽酶在中性或弱碱性条件下具有最大催化活性，常见金属羧肽酶包括特异性作用于芳香氨基酸和支链氨基酸的羧肽酶 A（E.C. 3.4.17.1，CPA）和作用于带正电的赖氨酸和精氨酸的羧肽酶 B（E.C. 3.4.17.2，CPB）、赖氨酸羧肽酶（E.C. 3.4.17.3）、甘氨酸羧肽酶（又名羧肽酶 S，E.C. 3.4.17.4）、作用于 N-乙酰基-L-天冬氨酰-L-谷氨酸的谷氨酸羧肽酶和作用于肽羧基次末端是脯氨酸的脯氨酰羧肽酶等。

半胱氨酸羧肽酶（E.C. 3.4.18.1）又称组织蛋白酶 X（cathepsin X）、组织蛋白酶 Z（cathepsin Z）、酸性羧肽酶，是一类由 Cys84、His233 和 Asn254 组成活性中心，催化功能结构域中包含半胱氨酸的羧肽酶。存在于动物的消化道、脑、眼、心脏、肝等组织的细胞液中，对 C 末端氨基酸具有广谱活性，但对 C 末端 Pro 无活性作用。

根据第二种分类方式，从 C 末端依次释放出单个的氨基酸残基或二肽等，对应的酶分别称为羧肽酶和肽基二肽酶等。此外，羧肽酶根据酶活作用的最适 pH、亚单位、酶的分泌特点及异构体基因序列的差异等分为不同的亚家族。对于羧肽酶结构的认识，人们较为熟悉的是 CPA 和 CPB 的三维晶体构型。X-射线扫描结果表明，牛 CPA 与 CPB 的结构十分相似。CPA 存在于哺乳动物胰脏中，相对分子质量 346000，每个酶分子含有一个 Zn^{2+} 作为辅基，酶蛋白是单一的多肽链，约有 300 个氨基酸残基。牛 CPB 分子也有 1 个 Zn^{2+}，肽链有 308 个氨基酸残基，其中 49% 的氨基酸顺序与羧肽酶 A 相同，三维结构也非常相似。与 Zn^{2+} 配位的氨基酸残基是 His69、Glu72 和 His196，其催化活性部位包括束缚 C 末端羧基的 Arg145，作用于肽键的 Glu270 和 Tyr248。不同的是，CPB 的活性部位还包括 Asp255，而 CPA 的 Ile255 不是活性部位。CPB 的三斜晶体结构显示，Tyr248 在溶剂水分子暴露，从而使该酶的疏水性和亲水性之间存在细微的平衡，甚至会影响到底物结合以及酶的动力学效率。

所有的外肽酶作用的底物 N 末端必须有 1 个游离的氨基，或者 C 末端必须有 1 个游离的羧基，或者两种结构都需要，而且，当外肽酶从肽链末端水解 1 个肽键时，释放的残基不会多于 3 个。在多肽末端的特定氨基酸、与被裂解的肽键相邻的数个其他氨基酸残基的性质、多肽链的结构和长度共同决定外肽酶的活性。大多数氨肽酶的最适 pH 在中性范围，最适温度介于 37 ~ 50℃；与前者相比，羧肽酶具有较宽的作用 pH 范围（4.0 ~ 8.5）和较宽的温度范围（25 ~ 80℃）。

微生物是人类获得外肽酶的主要来源。微生物外肽酶研究最多的是曲霉属、芽孢杆菌、乳酸菌和酵母外肽酶。最新发现米曲霉中存在 gdaA 基因编码的 S_{12} 家族的 Gly – D – Ala – 氨肽酶，该酶水解生成的多种游离氨基酸和肽类物质对发酵食品的风味提升至关重要。酵母类也能分泌不同的外肽酶，如面包酵母分泌多种蛋白质水解酶，其中的羧肽酶属于丝氨酸羧肽酶，见表 7.5；乳酸菌中的外肽酶几乎都是氨肽酶。

近年来世界范围内酶制剂公司的并购、重组日益频繁，所幸的是食品级酶制剂的商品名很少随公司并购重组而改变，因此本书中所涉及酶制剂一般仅涉及商品名。商品化的外肽酶种类较多，各酶制剂公司均有相应的产品，大部分均以米曲霉、枯草芽孢杆菌和乳酸菌经过固体或液体发酵制备而成，如诺维信公司的风味蛋白酶 Flavourzyme 500MG 和 Flavourzyme 1000L（属于内切、外切复合酶）；AB 公司 Corolase LAP（液体氨肽酶）；新日本化学工业株式会社的 Sumizyme FP；日本天野酶制品株式会社有系列外切蛋白酶 Protease A、Protease R 和 Protease M；帝国生物技术公司提供两种用于脱苦的外肽酶混合制剂 Accelase 和 Debirase；Valley Research 公司的 Valdase 的 FP 31（内肽酶: 外肽酶 = 2 : 1），而 FP Ⅱ（内肽酶: 外肽酶 = 1 : 4）。

风味蛋白酶 Favourzyme 是一种由筛选的未经基因改造的米曲霉菌株经深层液体发酵生产的蛋白酶/肽酶混合物，含有内切蛋白酶和外切蛋白酶两种活力，其中外切蛋白酶包括氨肽酶和羧肽酶活力。根据诺维信公司自己的报道，风味蛋白酶中至少含有 5 种或更多种蛋白酶，其大致分子质量分别为 23ku、27ku、31ku、32ku、35ku、38ku、42ku、47ku、53ku 和 100ku。这种酶复合物的最佳 pH 范围为 5.0 ~ 7.0，其外切蛋白酶的最佳 pH 为 7.0，脱苦反应的最佳 pH 也是 7.0，最佳温度为 50 ~ 55℃。

大部分外切蛋白酶的活性均受其酶解产物游离氨基酸的抑制，德国汉诺威大学（UNIHAN）的研究者以 100g/L 小麦面筋蛋白水溶液为底物，在 pH 为 6.0、温度 45℃ 的条件下，添加 10kAU/mL 的 Favourzyme 和

25mmol/L 游离氨基酸水解 20h，分别测定各种游离氨基酸对风味蛋白酶的抑制作用，结果如表 1.7 所示。

表 1.7　　　　　　游离氨基酸对风味蛋白酶水解效率的抑制率

氨基酸名称	水解产物中游离氨基酸抑制率/%	水解产物中多肽抑制率/%
半胱氨酸	—	—
酪氨酸	—	—
天冬氨酸	—	—
谷氨酸	—	—
色氨酸	—	—
苏氨酸	—	6.5
亮氨酸	42.4	26.5
苯丙氨酸	34.9	37.1
蛋氨酸	—	—
异亮氨酸	54.5	34.4
组氨酸	39.5	48.3
丝氨酸	—	—
缬氨酸	28.6	14.0
丙氨酸	—	23.1
甘氨酸	—	—
脯氨酸	—	—
精氨酸	—	—
赖氨酸	—	—
谷氨酰胺	23.5	48.9
天冬酰胺	—	26.4

　　由表 1.7 可见，异亮氨酸、亮氨酸、组氨酸、苯丙氨酸和谷氨酰胺是风味蛋白酶的强抑制剂。采用电渗析去除酶解液中上述游离氨基酸可显著提高风味蛋白酶对小麦面筋蛋白的酶解效率。

　　外肽酶可单独使用，也可与内切蛋白酶共同作用于蛋白质多肽链的末端肽键，生成游离氨基酸、寡肽等风味物质或风味前体物质。外肽酶用于食品蛋白质水解可提高水解产物的风味、功能性和营养特性，如降低水解产物的苦味，提高其风味嗜好性，这对于开发新型呈味基料及调味品有重要意义；或制备 ACE 抑制肽、抗疲劳肽和免疫刺激肽等营养基料。乳酪生产中通常使用外肽酶降解酪蛋白，减弱酶解产物的苦味。

1.2　酶的化学本质和结构

1.2.1　酶的化学本质和化学组成

酶的本质是蛋白质。化学分析的数据证实酶是由 100~2500 个氨基酸构成的蛋白质。天然界存在 20 种 L-氨基酸，按不同的排列次序、数量，形成种类繁多的蛋白质或酶。不能说所有蛋白质都是酶，只是具有催化作用的蛋白质才能称作酶。酶的相对分子质量很大，其水溶液具有亲水胶体的性质，不能透析。在体外，蛋白酶能被自身或其他蛋白酶水解而失活。

根据酶的组成成分可分为简单酶和复合酶两类。

有些酶只需要蛋白质部分进行催化功能，如胰蛋白酶、胰凝乳蛋白酶等，称为简单酶。另一些酶的活性还需要有非蛋白质成分参与，称为复合酶。复合酶的非蛋白质成分称为辅基，一些金属蛋白酶需要镁、铁、锌等金属作为辅基，如羧肽酶的活力需要锌离子，将锌离子除去（添加EDTA）导致酶失活，加入锌离子可以使酶活力恢复。在这类酶中，锌离子显然是酶的整体结构中的一部分。激酶的活力需要镁离子，然而有证据表明，镁离子实际上是与底物而不是与酶结合。酶的蛋白质部分称为酶蛋白，酶蛋白与其辅基一起称为全酶。

在催化反应中，酶蛋白和辅基所起的作用不同，酶促催化反应的专一性和高效性取决于酶蛋白本身，而辅基则直接对电子、原子或某些化学基团起传递作用。常见的辅基有金属离子、铁卟啉、黄素核苷酸、烟酰胺核苷酸、硫辛酸、泛醌、辅酶 A、磷酸腺苷及其他核苷酸类、焦磷酸硫胺素、磷酸吡哆醛和磷酸吡哆胺、生物素（维生素 H）、四氢叶酸等。蛋白酶中常见的辅基以金属离子为主。

1.2.2　酶的空间结构

酶蛋白同其他蛋白质一样，主要是由氨基酸组成。因此，也具有两性电介质的性质，并且有一、二、三级结构。

酶的一级结构即为基本结构，是由许多氨基酸按特定顺序排列成肽链，氨基酸之间通过肽键连接。酶的一级结构和酶的催化性质有着密切的关系。例如，几乎所有哺乳动物的磷酸甘油醛脱氢酶的一级结构都相同；猪肉和龙虾肌肉来源的酶的一级结构仅有 28% 的差别，而且这种差别仅存在于活性中心以外的部位；胰蛋白酶、胰凝乳蛋白酶、弹性蛋白酶以及凝血酶可能来源于共同的祖先，在进化过程中为适应各种底物，一级结构产生了某些突变，从而表现出不同的专一性，但它们结构中和催化有关的片段序列仍表现出高度的相似性。不仅如此，还有一种"趋同进化"（convergent evolution）现象，即在亲缘关系上相距甚远的生物的相似功能酶中，常可找到某些共同的与催化活性有关的一级结构序列。如枯草杆菌来源的蛋白酶和牛胰凝乳蛋白酶的一级结构虽有 83 个氨基酸不同，但活性所必需的肽段应完全相同。

酶的二、三级结构是指酶分子在不同水平上的三维结构。其中二级结构是指肽链相邻区段借助氢键等轴方向建立的规则折叠和螺旋结构；三级结构则是指在二级结构的基础上，肽链进一步折叠、盘绕，这样在多肽链中原来相距较远的序列就有可能集中在一个区域。

酶和蛋白二级结构包括：α - 螺旋、β - 折叠、β - 转角以及无规则卷曲结构。根据它们的分布，酶和蛋白质可分为四种类型：① 全 α - 蛋白，即蛋白质仅由 α - 螺旋组成；② 全 β - 蛋白，即主要为 β - 折叠结构的蛋白，如胰凝乳蛋白酶；③ α + β 蛋白，即由 α - 螺旋与 β - 折叠组成的蛋白，如嗜热菌蛋白酶、溶菌酶、核糖核酸酶等；④ α/β 蛋白，即 α - 螺旋与 β - 折叠交替出现的蛋白，如激酶、脱氢酶均属于此类。

大量研究表明，酶需要高级结构才能表现出活力，若高级结构被破坏，酶的活力也就丧失了。任何破坏稳定蛋白质二级结构的氢键或稳定三级结构的二硫键、盐键、酯键、范德华力、金属键等因素，均会导致酶空间构象被破坏，蛋白质结构松散，溶解度降低，从而失去其生物学功能，此过程称为蛋白质变性。变性作用学说是 20 世纪 30 年代由我国著名生物化学家吴宪教授提出的，这一理论在食品生物科技领域和生产实践中得到广泛的应用。酶的空间构象受到破坏，便会导致其变性从而失去其催化活性。某些物理因素（加热、搅拌、紫外线照射等）及化学因素（酸、碱、有机溶剂等）都会导致酶变性。但值得指出的是，酶的一级结构是基础，它本身就包含了形成高级结构的因素；从热力学的角度而言，肽键通常选取最稳定的折叠方式来形成活性的酶。

1. 2. 3　酶的活性部位和别构部位

酶一般都有球状结构，在其表面一般都有一凹穴（或称裂缝），一般是酶的活性结构区域；酶分子不是以整个分子，而是以活性区域来参与催化反应的，这个区域就是酶的活性部位。这个区域通常还可进一步划分为结合部位和催化部位，如在激酶类和脱氢酶类中就可区分出与核苷酸结合的相同和彼此不同的催化部位；其中与核苷酸相结合的部位由螺旋和折叠共同构成。上述两个部位还可相对移动为酶发挥催化功能创造适宜的构象。

1.2.3.1　酶活性部位

如前所述，在酶蛋白分子上不是全部组成多肽的氨基酸都起催化作用，只有少数的氨基酸残基和酶的催化活性直接相关。这些氨基酸残基一般集中在酶蛋白的一个特定区域，这个区域称为酶的活性部位或活性中心（active site or active center）。按 1963 年 Koshland 的提法，活性部位是由酶分子中少数几个氨基酸残基（包括含辅基、辅酶、金属的酶）组成，它们在蛋白质一级结构上的位置可能相差甚远，肽链的折叠、盘绕，使得它们的空间位置很接近，可构成一个特定的空间区域。因此，活性部位不是一个点或一个面，而是一个小的中心区域。所以，活性部位的提法较为确切，但也有人将其称为活性中心。

酶活性部位包括结合部位（combining site of substrate）和催化部位（catalytic site）。前者只能与相适应的底物分子结合（如特定底物分子大小、形状及电荷等），决定着酶的专一性，而后者是催化反应中直接参与电子传递的部位（含酶的辅酶或金属部分）。

1.2.3.2　别构部位

从生物学角度来看，酶分子不仅具有催化功能，同时，也具有催化活力调节功能。1963 年 Monod 等人提出，在酶的结构中不仅存在着酶的活性部位（或活性中心），而且存在调节部位（或调节中心），称为别构部位（allosteric site）。别构部位不同于活性部位，活性部位是结合配体（底物），并催化配体转化，而别构部位也是结合配体的部位，但结合的不是底物，而是别构配体，这种配体称为效应剂。效应剂在结构上可能与底物毫无共同之处，效应剂结合到别构部位上引起酶分子构象上的变化，从而导致活性部位构象的变化。这种改变可能增进催化能力，也可能降低催化能力。增强催化活力者称为正效应剂，反之，称为负效应剂。例如，天冬转氨甲酰酶，它存在活性部位，也存在别构部位，这类酶同时具有催化功能和调节功能。

受别构调节控制的酶，一般为寡聚酶，即具有四级结构的酶。具有别构部位的酶和其他恒态酶在动力学形态上是不同的。它往往偏离米氏动力学方程，酶促催化反应速度与底物浓度间不是呈矩形双曲线关系，而是表现为 S 型曲线或双曲线特征。鲜见蛋白酶别构部位的报道，因此本书对此不再赘述。

1.2.3.3 酶在生物体的存在

所有的生物体中都含有许多种类的酶。食品加工一般以动物、植物和微生物及其加工副产物作为原料，这些食品原料都含有数以百计的不同种类的酶。这些酶在原料的成熟、保存和加工过程中起着重要的作用。在食品加工过程中由于酶的去区域化常导致酶的活力增加，品质发生变化。例如，肉在保存过程中由于受到内源性蛋白酶的作用而嫩化；苹果和马铃薯的切片受到多酚氧化酶的作用发生褐变；番茄成熟后由于果胶酶活力的提高而使番茄组织软化。

酶在生物体内的分布是不均匀的。一种酶往往仅存在于细胞中的一类细胞器中，如组织蛋白酶 A、组织蛋白酶 B、组织蛋白酶 C、组织蛋白酶 D、组织蛋白酶 E 和胶原酶存在于溶酶体中；苹果酸脱氢酶、谷氨酸脱氢酶、细胞色素氧化酶、琥珀酸脱氢酶存在于线粒体中。测定一种特殊的酶存在于哪一种细胞器的方法有差示离心法和组织化学法。

在完整的细胞内酶的活力可通过以下各种方式得到控制：隔离分布在亚细胞膜内；被细胞器控制；酶结合于膜或细胞壁；酶作用的底物结合于膜或细胞壁；酶和底物分离，例如将氧气从组织中排除等。控制酶活力的其他方式还有依靠酶原的生物合成和生理上重要的内源性酶抑制剂控制。例如，哺乳动物的胰脏分泌到消化系统中的胰蛋白酶原和胰凝乳蛋白酶原，每种酶原都是由二硫键交联的单一多肽链组成的，它们在到达十二指肠以前，一直是不具备活力的，而到达十二指肠后则被活化的蛋白酶水解而活化。

1.3 酶的催化本质和专一性

1.3.1 酶及蛋白酶的生物活性

1.3.1.1 酶是生物催化剂

酶作为生物催化剂和一般催化剂相比有以下共性。

（1）用量少而催化效率高 酶与一般催化剂一样，虽然在细胞中的相对含量较低，却能使一个慢速反应变为快速反应。

（2）不改变化学反应的平衡点　和一般催化剂一样，酶仅能改变化学反应的速度，并不能改变化学反应的平衡点。酶本身在化学反应平衡前后不发生变化。

（3）可降低反应的活化能　催化剂，包括酶在内，能降低化学反应的活化能。在催化反应中，只需较少的能量就能使反应物进入"活化态"。

酶作为生物催化剂，其独特之处在于：

（1）催化效率高　以分子比表示，酶催化反应的反应速度比非催化反应高 $10^8 \sim 10^{20}$ 倍，比其他催化反应高 $10^3 \sim 10^{11}$ 倍。以转化数（每分钟每个酶分子能催化多少个反应物分子发生变化）表示，大部分酶为 1000，最大的可达一百万以上。

（2）高度的专一性　一般而言，一种酶只作用于某一个或某一类底物。通常把被酶作用的物质称为该酶的底物。这就是酶的专一性。

（3）酶易失活　一般催化剂在一定条件下会发生中毒而失去催化能力，而酶却比其他催化剂更为脆弱，更易失去活性。强酸、强碱、高温等条件都能使酶被破坏而完全失去活性。酶作用一般要求比较温和的条件，常温、常压、接近中性的酸碱度等。

（4）酶活力的调节控制　酶的活力是受到调节控制的，它的调控方式很多，包括抑制剂调节、共价修饰调节、反馈调节、酶原激活及激素控制等。

（5）酶的催化活力与辅酶、辅基和金属离子有关　有些酶是复合蛋白质，其中的小分子物质（辅酶、辅基和金属离子）与酶的催化活性密切相关。若将他们除去，酶就失去活性。

高效率、专一性及温和的催化条件使酶在生物体新陈代谢中发挥强有力的作用，酶的活力调控使生命活动中的各个反应得以有条不紊地进行。

1.3.1.2　酶催化作用的本质

分子一般通过相互碰撞而传递能量。要使化学反应能够发生，反应物分子必须发生碰撞。但是，并非所有的分子碰撞都是有效的，只有那些具有足够能量的反应物分子碰撞之后，才能发生化学反应，这种碰撞称作有效碰撞。

具有足够能量，能发生有效碰撞的分子称为活化分子。活化分子所具有的能量超过反应特有的能阈。能阈是指化学反应中作用物分子进行反应时所必须具有的能量水平，每一个反应有它一定的能阈。为了使反应物分子超越反应能阈变为活化分子，从外部供给的额外能量称为活化能。反应的能阈越低，即需要的活化能越少，反应就越容易进行。催化作用本质就是降低反应的能阈，即降低所需的活化能，从而使反应加速进行，如图1.5所示。

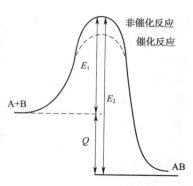

图1.5　催化反应与非催化反应的能量关系

从图 1.5 可知，在可逆反应 A + B $\rightleftharpoons$ AB 中，当反应 A + B $\longrightarrow$ AB 进行时，所需的活化能是 E_1，反应结果放出热量 Q。而当可逆反应 AB $\longrightarrow$ A + B 进行时，所需的活化能为 E_2，反应结果是吸收热量 Q。

酶作为一种高效能的催化剂，与一般催化剂比较，可使反应的能阈降得更低，所需的活化能会大为减少，如表1.8所示。所以，酶的催化效率比一般催化剂高得多，同时能够在温和条件下充分地发挥其催化功能。

表1.8　催化剂对一些反应的活化能（E_a）和相对速度的影响

底物	催化剂	$E_a/$（kcal/mol）	相对速度（25℃）
H_2O_2	无	18.0	1.00
	I^-	13.5	2.07×10^3
	过氧化氢酶	6.4	3.47×10^8
蔗糖	H^+	25.6	1.00
	转化酶	11.0	5.58×10^{10}
碳酸	无	20.5	1.00
	碳酸酐酶	11.7	2.98×10^6
脲	H^+	24.5	1.00
	脲酶	8.7	4.25×10^{11}

注：1kcal = 4.186kJ

1.3.1.3　蛋白酶的生物学重要性

所有种类生物的生存都需要蛋白酶。例如，生物大部分是由蛋白质组成的，通常需要通过分解已存在的蛋白质分子来得到合成新蛋白质的氨基酸单元，也可以说细胞以及多细胞器官组织的生产和重塑（remodeling）过程需要分解已存在的蛋白质分子，从而合成新的蛋白质。

许多新合成的蛋白质分子需要蛋白质水解加工转化成具有生物学活性的形式。病毒通常需要依赖于蛋白酶将多聚蛋白片段化，在原核细胞和真核细胞的分泌通道中，分泌型蛋白质需要进行蛋白质水解除去信号肽。许多蛋白酶本身被合成为酶原，这些酶原无催化活性，随后在生物学适当的时段由蛋白质酶解将其激活。

蛋白质酶解还能够终止蛋白质的活性，这与蛋白质酶解能够激活蛋白质一样容易，Caspase 通过切割对细胞生命至关重要的酶来介导细胞凋亡。这种方式是一个典型的实例，当然还有许多其他的方式。例如，通过蛋白质酶解破坏具有信号功能的蛋白质和多肽，能够将生物学信号局限在适当的时空内。

蛋白质酶解还能够介导生物之间生命和死亡的相互作用，因动物是由蛋白质组成的，所以会受到蛋白质酶解的侵害，而蛋白质酶解也构成了防御系统，如在激发免疫反应的外源蛋白质肽段的识别中发挥作用。

1.3.2　酶及蛋白酶的催化专一性

酶的另一个显著的特性是它们高度的催化专一性。不同的酶具有不同程度的专一性。酶的催化专一性可分为下列三种情况。

1.3.2.1　蛋白酶酶切位点的 Schechter 和 Berger 命名法

描述底物与蛋白酶相互作用的命名法已在 1967 年由 Schechter 和 Berger 引入，现在已被广泛用于蛋白酶酶切位点研究的相关文献中。在该系统中，考虑多肽底物的氨基酸残基与活性位点中所谓"亚位点"（Subsite）的结合，约定俗成地，蛋白酶在这些亚位点被称为 S，相应的氨基酸残基被称为 P。易断开的肽键的 N 末端侧的氨基酸残基被编号为 P_3、P_2、P_1，C 末端的那些残基被编号为 P_1'、P_2'、P_3'。P_1 或 P_1' 残基是定位于易断开的键旁边的氨基酸残基。切割位点周围的底物残基可被编号直到 P_8。蛋白酶上与底物结合残基互补的相应亚位点被编号为 S_3、S_2、S_1、S_1'、S_2'、S_3' 等，如图 1.6 所示。肽结合位点中亚位点的编号决定了蛋白酶在特定的点切割某些特定氨基酸序列的编号。底物氨基酸序列应当与亚位点展示出的编号一致。针对某底物的特异性明显取决于针对该底物的结合亲和性，以及易断开的键随后被水解的速度。

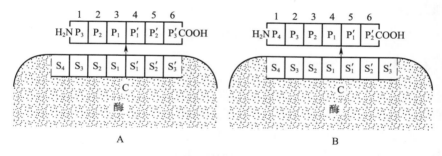

图 1.6 Schechter 和 Berger 命名法示意图

通常，人们可将蛋白酶的专一性分为强、中和弱。一些蛋白酶以它们水解的特定蛋白质或多肽来简单命名，如角蛋白酶、胶原酶、弹性蛋白酶。强专一性的蛋白酶可能由其水解一种特定的氨基酸或者一条特异的序列命名。当蛋白酶显示出对于 P_1 或 P_1' 位置的一种氨基酸的特别偏好时，该氨基酸的名称可能成为限定词。例如，脯氨酰氨肽酶从肽的氨基末端水解脯氨酸（脯氨酸是 P_1 残基）。当脯氨酸氨基侧的键被切开时（脯氨酸是 P_1' 残基时），使用"X – Pro"或"脯氨酸"，例如，脯氨酸羧肽酶从羧基末端水解脯氨酸。脯氨酰内切酶（或者 Pro – X）在脯氨酸之后进行切割，而脯氨酸内切蛋白（X – Pro）在脯氨酸之前进行切割。在易断开的肽键之后的氨基酸残基指将氨基贡献给肽键的氨基酸残基。根据传统，氨基酸链从氨基末端（起始）到羧基末端（结尾）进行编号。内切蛋白酶还可显示出对于 P_1 或 P_1' 位特定氨基酸的明显偏好，如甘氨酰内切酶、肽 – 赖氨酸内切蛋白酶、谷氨酸内切肽酶。此外，蛋白酶可展示出对于共有某种相似之处的某组氨基酸的偏好。此类被偏好的氨基酸组可能包含：疏水氨基酸、仅大体积的疏水氨基酸、小的疏水氨基酸，或者小的氨基酸、大的带正电荷的氨基酸等。除了对 P_1 或 P_1' 残基的偏好之外，还可能对蛋白酶上的其他亚位点偏好的残基存在特定偏好或排除（exclusion）。此类多种偏好导致了蛋白酶仅对同时满足多种结合要求的那些序列具有水解效果。一般而言，大部分蛋白酶是专一性相当弱的酶。即使是具有强催化特异性的蛋白酶仍可切割不符合通常观察到的该蛋白酶偏好的肽端。下面着重介绍蛋白酶的催化专一性。

1.3.2.2　绝对专一性

有些酶的专一性是绝对的，即除了一种底物外，其他任何物质它都不起催化作用，这种专一性称为绝对专一性。若底物分子发生细微的变化，便不能作为酶的底物。例如，脲酶只能分解脲，对脲的其他衍生物则完全不起作用。

$$(NH_2)_2CO + H_2O \xrightarrow{\text{脲酶}} 2NH_3 + CO_2$$

1.3.2.3　相对专一性

另外一些酶能够对在结构上相似的一系列化合物起催化作用，这类酶的专一性称为相对专一性。它又可分为基团专一性和键专一性两类。

现以水解酶为例说明这两种类型的专一性，假设 A、B 为其底物的两个化学基团，两者之间以一定的键连接，当水解酶起作用时，反应如下：

$$A - B + H_2O \rightarrow AOH + BH$$

（1）基团专一性　有些酶除了要求 A 和 B 之间的键合适外，还要求对其所起所用键两端的基团具有不同的专一性。例如，A - B 化合物，酶常常对其中的一个基团具有较高的甚至是绝对的专一性，而对另一个基团则具有相对的专一性。这种酶的专一性称为基团专一性。例如，α - D - 葡萄糖苷酶能水解 α - 1,4 - 糖苷键的 D - 葡萄糖苷，这种酶对 α - D - 葡萄糖基团和 α - 糖苷键具有绝对专一性，而底物分子上的 R 基团则可以是任何糖和非糖基团。所以这种酶既能催化麦芽糖的水解，又能催化蔗糖的水解。

（2）键专一性　有些酶的专一性更低，它只要求底物分子上有适合的化学键就可以起催化作用，而对键两端的 A、B 基团的结构要求不高，只有相对专一性。大部分蛋白酶仅具有键专一性。

1.3.2.4　立体专一性

一种酶只能对一种立体异构体起催化作用，而对对映体则无作用，这种专一性称为立体专一性。自然界有许多化合物呈立体异构体存在；氨基酸和糖类有 D - 型及 L - 型的异构体，如 D - 氨基酸氧化酶能催化许多 D - 氨基酸氧化，但对 L - 氨基酸则完全不起作用。蛋白酶只能水解由 L - 氨基酸组成的肽键。天然存在的蛋白质或多肽都是由 L - 氨基酸组成的。

1.3.2.5　蛋白酶催化专一性对酶解产物特性的影响

蛋白酶的种类很多，催化专一性各不相同。人们曾一度认为，酶的催化专一性表现为酶对不同大小的底物分子的水解能力不同，所以把酶区分为蛋白酶和肽酶。后来对大量的合成底物进行研究才认识到决定因素不是底物的分子大小，而是与被水解的键邻接的氨基酸侧链的性质。编者认为蛋白酶的催化专一性主要表现在：蛋白酶对不同氨基酸侧链形

成的肽键具有不同的水解速度。以胰蛋白酶、胰凝乳蛋白酶和胃蛋白酶
为例，利用固相合成法人工合成不同氨基酸组成的肽、酯或酰胺，可能
带有不同保护基的各种各样的合成底物。研究蛋白酶对这些底物酶解速
度的影响，如表 1.9、表 1.10 和表 1.11 所示。

表 1.9　　　　　　　　　　　胰蛋白酶对合成底物的作用

底物	作用
赖氨酸乙酯	＋＋＋＋
苯甲酰甘氨酰赖氨酰胺	＋＋＋＋
苯甲酰精氨酰胺	＋＋
苯甲酰赖氨酰胺	＋＋
甘氨酰赖氨酰胺	＋
酪氨酰酪氨酰赖氨酰谷氨酰酪氨酸	＋
赖氨酰胺	±
苯甲酰精氨酸	—
苯甲酰赖氨酸	—

注：＋越多，作用速度越快；±表示作用慢；—表示无作用。

表 1.10　　　　　　　　　胰凝乳蛋白酶对合成底物的作用

底物	作用
苯甲酰酪氨酸乙酯	＋＋＋＋＋
苯甲酰（硝基）酪氨酸乙酯	＋＋＋＋＋
苯甲酰苯丙氨酸甲酯	＋＋＋＋
乙酰苯丙氨酰胺	＋
苯丙氨酰胺	±
苄氧羰酰酪氨酰甘氨酸	—
苄氧羰谷酪氨酰酪氨酸	—
苄氧羰酰酪氨酰苯丙酰胺	—

注：＋越多，作用速度越快；±表示作用慢；—表示无作用。

表 1.11　　　　　　　　　　胃蛋白酶对合成底物的作用

底物	作用
乙酰苯丙氨酰苯丙氨酸	＋＋＋＋＋
苄氧羰酰酪氨酰苯丙氨酸	＋＋＋＋＋
苄氧羰酰半胱酰酪氨酸	＋＋＋＋
苄氧羰酰谷氨酰酪氨酸	＋＋＋＋
半胱酰酪氨酸	＋＋
苄氧羰酰苯丙氨酰谷氨酸	＋
酪氨酰半胱氨酸	＋
谷氨酰酪氨酸	±

注：＋越多，作用速度越快；±表示作用慢；—表示无作用。

在低温时（37℃），胰蛋白酶优先水解碱性氨基酸（Arg、Lys）的羧基形成的肽键、酯键或酰胺键，此碱性氨基酸的侧链碱基被取代，蛋白酶便完全不作用，但 α – NH$_2$ 被取代却有利于酶的作用。另外，被水解键的邻近若有酸性侧链则不利于被水解键的水解。胰蛋白酶虽然是蛋白水解酶，但其水解酯速度远比肽键快。在高温时（ > 40℃），胰蛋白酶对碱性氨基酸（Arg、Lys）和疏水性氨基酸的羧基形成的肽键具有较好的水解效果。

胰凝乳蛋白酶（chymotrypsin）与胰蛋白酶类似，能水解肽键、酯键、酰胺键。水解酯速度大于肽键。要求被水解的键有芳香族氨基酸（苯丙氨酸、酪氨酸）的羧基参与，其邻近不能有自由羧基存在。芳香族氨基酸的 α – NH$_2$ 被酰化，增强胰凝乳蛋白酶的作用速度。胰凝乳蛋白酶的水解专一性受水解温度和 pH 调控。1987 年日本山口大学（Yamaguchi University）的 Akio Kato 发现在 pH 为 10.0 时，胰凝乳蛋白酶具有较强的脱酰胺活力，水解活力较弱。胰凝乳蛋白酶对溶菌酶和大豆 7S 球蛋白的脱乙酰度分别为 21% 和 24%，但水解度仅为 0% 和 5%。

胃蛋白酶只作用于肽键而不能作用于酯键和酰胺键。要求被水解的肽芳香族氨基酸（酪氨酸和苯丙氨酸）的氨基和酸性氨基酸（谷氨酸、天冬氨酸）、蛋氨酸的羧基形成的肽键，酸性氨基酸的侧链羧基必须是未取代的。另外，邻近氨基酸不能有自由氨基。

尽管大部分蛋白酶水解蛋白质时显示出较弱的催化专一性，但也有部分蛋白酶显示出较高的专一性。如来自地衣芽孢杆菌和金黄色葡萄球菌 V$_8$ 菌株的谷氨酰内切蛋白酶（glutamyl endoproteinase，E. C. 3. 4. 21. 19）属于丝氨酸蛋白酶，具有严格的底物特异性，能水解多肽链中谷氨酸和（或）天冬氨酸残基的 α – 羧基形成的肽键（P$_1$ 位置）；由黑曲霉发酵产生的一种脯氨酸内切蛋白酶，能专一性水解脯氨酸的 α – 羧基形成的肽键（P$_1$ 位置）。

上述各蛋白酶专一性不是很严格，不能满足上述条件的底物被水解时速度减慢，减慢的程度也很不相同。在数据库 CutDB 上可查询已知内切蛋白酶的特异性。

蛋白酶这种催化专一性为定向水解制备具有特定结构的呈味肽或生物活性肽提供了可能，同时也对酶解液的蛋白回收率、水解度、风味、溶解性、稳定性等理化特性产生深刻影响。下以胰蛋白酶和胰凝乳蛋白酶为例，说明酶切位点对酶解产物理化特性的影响。

β – 乳球蛋白是反刍动物如牛、羊和单胃动物如猪、马、猫中的主要乳清蛋白，人乳和啮齿动物乳中含量极微，β – 乳球蛋白已被提纯分离，进行了广泛的研究。β – 乳球蛋白分子质量相对较小，其一级结构和二级结构明确的蛋白质。单个 β – 乳球蛋白的分子质量为 18200u，二聚体为 36000u。β – 乳球蛋白含有 7% ~ 10% 的 α – 螺旋，43% ~ 51% 的反平行 β – 折叠，其余部分呈任意构象。

Paule 等人以 10% 的 β – 乳球蛋白溶液为原料，用 2mol/L 氢氧化钠调溶液 pH 至 8.0，加热至 40℃，分别采用胰蛋白酶 + 胰凝乳蛋白酶（CT）和胰蛋白酶 + 胰凝乳蛋白酶 + TPCK 对 β – 乳球蛋白进行水解，探讨了不同酶处理的酶解位点以及产物的分子质量分布，如表 1.12 所示。TPCK 全称是 1 – 氯 – 3 – 甲苯磺酰胺基 – 4 – 苯 – 丁酮 – 2，TPCK 与胰凝乳蛋白酶保温，两者能共价结合，进而抑制胰凝乳蛋白酶活力。研究表明，TPCK 与胰凝乳蛋白酶的 his – 57 结合，结合繁盛在咪唑环 N^3 上。

表 1.12　　　　　β – 乳球蛋白不同酶处理后产物的分子质量分布

	胰蛋白酶 + 胰凝乳蛋白酶 + TPCK	胰蛋白酶 + 胰凝乳蛋白酶（CT）
水解度	10.4	11.7
分子质量分布		
> 10000u	2.6	8.3
5000 ~ 10000u	19.5	2.6
2000 ~ 5000u	29.4	26.8
< 2000u	48.6	62.6

注：摘自 *International Dairy Journal* 13（2003）887 – 895。

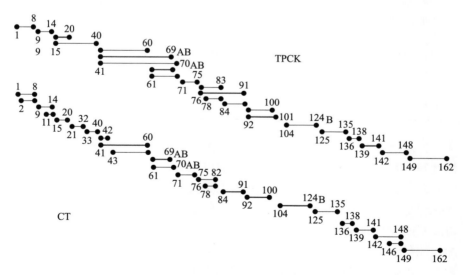

图 1.7　β – 乳球蛋白经 CT 以及 TPCK 水解后的分子质量分布

由图 1.7 可见，采用胰蛋白酶和胰凝乳蛋白酶复合酶对 β-乳球蛋白进行水解，酶解位点多，产物中分子质量 <2000u 的小分子肽占 62.6%，分子质量 >10000u 的肽段占 8.3%，分子质量在 5000~10000u 的肽段占 19.5%；TPCK 抑制胰凝乳蛋白酶活力后，β-乳球蛋白的酶解位点明显降低，酶解产物的分子质量增加，产物中分子质量 <2000u 的小分子肽占 48.6%，分子质量 >10000u 的肽段占 2.6%，分子质量在 5000~10000u 的肽段占 2.6%。

从溶解性来看，乳球蛋白经过 CT 水解得到的酶解产物在酸性条件下（pH 为 3~6）浑浊度明显高于 TPCK+CT 组，其主要原因是乳球蛋白经过胰凝乳蛋白酶水解后，释放出大量疏水性肽。这些疏水性肽在酸性条件下聚集、絮凝，导致酶解液浑浊度上升。这也是 CT 组酶解液中分子质量 >10000u 组分显著高于 TPCK+CT 的主要原因。

表 1.13 列出了部分常见商品化蛋白酶的主要酶切位点。

表 1.13 　　　　　　　　　**一些常见蛋白酶的酶切位点**

蛋白酶	来源	主要作用位点
胃蛋白酶	胃黏膜	Phe-，Leu-
胰蛋白酶	胰脏	Arg-，Lys-
胰凝乳蛋白酶	胰脏	Tyr-，Trp-，Phe-，Leu-
羧肽酶 B	胰脏	碱性氨基酸
弹性蛋白酶	胰脏	Ala-，Gly-，Ser-
羧肽酶 A	胰脏	芳香氨基酸
木瓜蛋白酶	木瓜果实	Arg-，Lys-，Phe-
菠萝蛋白酶	菠萝果实	Lys-，Ala-，Tyr-，Gly-
碱性蛋白酶	*Carlsberg* 枯草杆菌	Ala-，Leu-，Val-，Tyr-，Phe-，Trp-
复合蛋白酶	*Bacillus* 杆菌	—
风味蛋白酶	*Aspergillus oryzae* 米曲霉	—
碱性蛋白酶	枯草杆菌	Trp-，Tyr-，Phe-

另外值得指出的是：蛋白酶种类繁多，其催化专一性与溶剂、底物浓度等因素有关。在水溶液中，蛋白酶以水解反应为主，而在有机溶剂中则以酶促合成为主。蛋白酶在适当的条件下能催化酯、酰氨、肽和碳水化合物的水解与合成。例如，通过正确选择的蛋白酶，将具有伯氨基、硫醇基或羧基的其他化合物连接起来。此外，还可通过某些蛋白酶合成酯、硫羟酯和酰胺。蛋白酶已显示在对单糖、二糖和三糖，核苷和核黄素的酰化中展示出区域选择性。木瓜蛋白酶在蛋白质水解过程中只要 pH 在 6 左右和肽浓度超过 30%~35% 就能催化形成肽键。蛋白酶水解实质

上是肽键的酰基被转移到一个亲核受体分子（通常是水）上，然而如果另一个亲核试剂如胺基（氨基酸）的浓度足够高，那么蛋白酶将会按照它们的亲核性和相对浓度在水核氨基酸的多肽之间分配。类似地，采用蛋白酶可制备一种优越的表面活性剂，即明胶的月桂酰基衍生物。而且，采用与水不能互溶的有机溶剂代替部分水能促进此类生物合成反应的进行。

文献报道蛋白酶酶制剂具有多种催化活性，如表 1.14 所示。应该注意的是，许多蛋白酶酶制剂可能含有除蛋白酶外的其他酶催化活力，如木瓜蛋白酶酶制剂中可能含有壳聚糖酶活力。

表 1.14　　　　　　　蛋白酶酶制剂的催化底物及化学键类型

蛋白酶	底物	催化类型	化学键类型
所有蛋白酶	食物蛋白质	水解	肽键
碱性蛋白酶、真菌酸性蛋白酶	大豆蛋白	水解	酰胺键
胰蛋白酶	赖氨酸乙酯	水解	酯键
木瓜蛋白酶、胰蛋白酶、胃蛋白酶	壳聚糖	水解	糖苷键
胰蛋白酶	氨基酸/甾体	合成	肽键、酰胺键
木瓜蛋白酶	明胶/月桂酸	合成	酰胺键

大部分商品化蛋白酶酶制剂具有一定的谷氨酰胺酶催化活力，这可能是商品化酶制剂中本身含有谷氨酰胺酶，也可能是蛋白酶具有谷氨酰胺酶催化活力。谷氨酰胺酶活力定义为：催化谷氨酰胺酶水解产生谷氨酸和氨离子。一个谷氨酰胺酶单位（GTU）定义为：在 37℃，pH6.0 条件下将 L-谷氨酰胺（浓度 1%）转化为 1μmol 的 L-谷氨酸所需要的酶量。编者对几种常见的商品酶制剂的谷氨酰胺酶活力进行了测定，结果如表 1.15 所示。

表 1.15　　　　　　　　谷氨酰胺酶活力测定

种类	酶活力	单位
谷氨酰胺酶（阳性对照）	112.05	GTU/g
风味蛋白酶 500MG	0.14	GTU/g
木瓜蛋白酶	1.88	GTU/g
中性蛋白酶 6 号	18.49	GTU/g
中性蛋白酶	0.78	GTU/g
碱性蛋白酶	0.45	GTU/mL
丹尼斯克碱性蛋白酶	2.72	GTU/mL
丹尼斯克酸性蛋白酶	3.94	GTU/g

1.3.2.6 蛋白质丰度与酶解选择性

食物蛋白质资源一般是由多种蛋白质组成。据估算一个细胞可能包含 1000 种以上不同的蛋白质，高低丰度的蛋白质的表达差异量大于 12 个数量级。大多数的食品蛋白质资源，在我们研究范围内的蛋白质大概含量为 mg/mL 级，低丰度蛋白质无法检测到。有些高丰度的蛋白质在某些部位和器官中属于高丰度，但是它往往也存在于其他组织和器官中，以低丰度的形式存在。对于人血清来说，几种高丰度蛋白质的总含量约占体系中总蛋白质含量的 90%，中等丰度的蛋白质大概占体系中蛋白质含量的 10%，低丰度蛋白质只占中等丰度蛋白质含量的 1%。此外，每一个蛋白质存在 20 种不同的糖基化形式以及 10 种不同切割后的变型体。即一种蛋白质将存在 200 种形式，这还不包括其中一部分蛋白质存在许多翻译后修饰和其中一些剪接变异体。以鸡蛋清为例，高、中丰度蛋白质大约有十余种，如表 5.4 所示，而利用蛋白质组学的方法在鸡蛋清中能够鉴定出来的蛋白质已有 156 种（截至 2011 年）。对于一条鱼而言，其蛋白质组样品中存在数以十万计的不同蛋白质。

最新研究表明，食物蛋白质资源中低丰度的蛋白质可能具有多种生理活性，如蛋清中的诸多低丰度蛋白质很可能在维持蛋清完整的生物功能方面发挥重要作用，或是在保护蛋黄方面发挥生物作用，另外一些可能是输卵管中上皮细胞的降解腐烂衍生而来，或者是狭区分泌物的残余产物和峡部制造的蛋壳膜组成成分，在卵发育进程中最终的组成部分。

传统理论认为高丰度蛋白质由于其相对浓度高而具有更高的反应速度，因此将首先被酶解。基于这一认识，可以利用分段酶解的方法将高丰度蛋白质先酶解去除。中科院大连化物所生物分离分析新材料与新技术研究团队叶明亮等深入研究蛋白质的酶解速度与其丰度的关系，利用定量蛋白质组学技术研究了胰蛋白质酶酶解复杂蛋白质样品的动力学，通过定量比较酶解的两个时间点产生的肽段，获得了酶解的动态数据。研究结果表明：① 具有不同酶解速率的酶切位点与其周围的氨基酸残基有关，周围残基是中性的肽键酶解速度比较快，而周围残基是带电的肽键酶解速度比较慢；② 肽段的酶解速率与蛋白质的丰度没有明显的相关性，说明高丰度蛋白质并没有被优先酶解。这一研究结果表明在复杂蛋白质组样品的酶解过程中，各个蛋白质的酶解速度（消耗速度）主要与该蛋白质酶切位点的数量和动力学特点有关，而与其丰度基本无关。

1.3.3 酶的催化机制

酶的催化本质是降低反应所需的活化能，加快反应的进行。为了达到减少活化能的目的，酶与底物之间必然要通过某种方式而互相作用，并经过一系列的变化过程。酶和底物的相互作用和变化过程，称为酶的催化机制。

关于酶的催化作用机制，有如下几种假说，彭志英教授在其著作《食品酶学导论》中有详细介绍，本章仅简单介绍。

1.3.3.1 中间产物学说

1913 年 Michaelis 和 Menten 首先提出中间产物学说。他们研究认为首先酶（E）和底物（S）结合生成中间产物 ES，然后中间产物再分解成产物 P，同时使酶重新游离出来。

$$E + S \rightleftharpoons ES \longrightarrow E + P$$

对于有两种底物的酶促催化反应，该学说可用下式表示：

$$E + S_1 \longrightarrow ES_1$$
$$ES_1 + S_2 \longrightarrow E + P$$

中间产物学说的关键，在于中间产物的形成。酶和底物可以通过共价键、氢键、离子键和络合键等结合成中间产物。中间产物是不稳定的中间复合物，分解时所需活化能少，易于分解成产物并使酶重新游离出来。

根据中间产物学说，酶促催化反应分两步进行，而每一步反应的能阈较低，所需的活化能较少，如图 1.8 所示。

从图 1.8 可知，当非催化反应时，反应 S $\longrightarrow$ P 所需的活化能为 a，而在酶的催化下，由 S + E $\longrightarrow$ ES，活化能为 b，再由 ES $\longrightarrow$ E + P，需要活化能为 c。b 和 c 均比 a 小得多。所以酶促催化反应比非酶促催化反应所需的活化能少，从而加快反应的进行。

中间产物学说已为许多试验所证实。其中间产物的存在也已得到确证。例如，过氧化物酶 E 可催化过氧化氢（H_2O_2）与另一还原型底物 AH_2 进行反应。按中间产物学说，其反应过程如下：

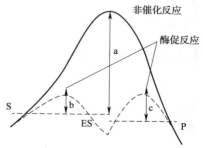

图 1.8 酶促催化反应减少
所需的活化能

$$E + H_2O_2 \longrightarrow E - H_2O_2$$
$$E - H_2O_2 + AH_2 \longrightarrow E + A + 2H_2O$$

在此过程中，可用光谱分析法证明中间产物 $E-H_2O_2$ 的存在。首先对酶液进行光谱分析，发现过氧化物酶在 645、587、548、498nm 处有四条吸收光带。接着向酶液中加进过氧化氢，此时发现酶的四条光带消失，而在 561、530nm 处出现两条吸收光带，说明酶已经与过氧化氢结合而生成了中间产物 $E-H_2O_2$。然后加进另一还原型底物 AH_2，这时酶的四条吸收光带重新出现，证明中间产物分解后使酶重新游离出来了。

1.3.3.2　诱导契合假说

早在 20 世纪 40 年代 Fischer 提出锁钥假说，他认为只有特定的底物才能契合于酶分子表面的活性部位，底物分子（或其一部分）像钥匙那样专一地嵌进酶的活性部位上，而且底物分子化学反应的敏感部位与酶活性部位的氨基酸残基具有互补关系。一把钥匙只能开一把锁，此假说能解释酶的立体异构专一性，但不能解释酶的其他专一性。

后来 Koshland 提出了诱导契合假说，他认为酶分子与底物分子相互接近时，酶蛋白受底物分子的诱导，酶的构象发生相应的形变，变得有利于与底物结合，导致彼此互相契合而进行催化反应。对于这一假说，许多研究已得到证实。

1.3.3.3　邻近效应

化学反应速度与反应物浓度成正比，若反应系统的局部区域的底物浓度增高，反应速度也随之增高。因此，提高酶促催化反应速度的最简单的方式是使底物分子进入酶的活性部位，即增大活性部位的底物有效浓度。酶的活性部位（区域）与底物可逆地接近结合，这种效应称为邻近效应（Approximation）。有试验证实，当底物浓度由 0.001mol/L 提高到 100mol/L 时，其酶的活性可提高 10^5 倍左右。

1.3.3.4　亲核催化作用

若一个被催化的反应，必须从催化剂供给一个电子对到底物才能进行时，称为亲核催化作用。这种亲核"攻击"在一定程度上控制着反应速度。

一个良好的电子供体必然是一个良好的亲核催化剂。例如，许多蛋白酶和脂酶类在其活性部位上存在亲核的氨基酸侧链基团（丝氨酸的羟基、—SH、组氨酸的咪唑基团等）可以作为肽类和脂类底物上酰基部分的供体，然后把酰基转移。由于酶分子中可提供一对电子对的基团有 His－咪唑基、Ser—OH、Cys—SH 等。因此，亲核催化作用对阐明酶的催化作用具有重要作用。

1.3.3.5　微环境概念

1977 年 A. R. Fersht 提出微环境概念。根据 X－射线分析表明，在酶分子上的活性部位是一个特殊的微环境。例如，溶菌酶的活性部位是由多个非极性氨基酸侧链基团所包围的，与外界水溶液有着显著不同的微环境。根据计算表明，这种低介电常数的微环境可能使 Asp－52 对正碳离子的静电稳定作用显著增加，从而可使其催化速度得以增大 3×10^6 倍。

下面简单介绍胰凝乳蛋白酶的催化机制。

胰凝乳蛋白酶的活性部位的结构，是由丝氨酸 195、组氨酸 57 和天冬氨酸 102 组成。其中和底物直接作用的是丝氨酸 195 的—OH 基和组氨酸 57 的咪唑基，而天冬氨酸 102 也作为电子传递系统的一员担负重要的任务。

胰凝乳蛋白酶的活性部位的平面图如图 1.9 所示。天冬氨酸 102 的羧基处于由组氨酸 57、丙胺酸 55、半胱氨酸 58、异亮氨酸 199、酪氨酸 94、丝氨酸 124 所形成的疏水的微环境中，使质子不能接近而保持解离状态。当 pH 在中性以上，即组氨酸 57 的咪唑基的亚氨基（＞NH）能解离的条件下（pK＝6.7），可提供一个质子，使天冬氨酸 102 的羧基结合成—COOH，其电子则通过氢键和咪唑环被传递到丝氨酸 195 上，结果使催化部位上的丝氨酸 195 的羟基氧形成活化的阴离子状态。如图 1.9 所示。

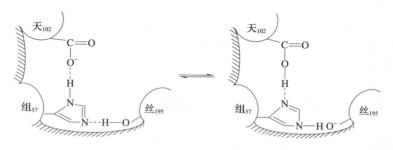

图 1.9　α－胰凝乳蛋白酶的活性部位平面图

当底物（蛋白质）进入活性部位时，丝氨酸 195 的活化的羟基氧阴离子攻击底物肽键上的羰基，同时组氨酸 57 咪唑环上的亚氨基与底物肽键上的 N 形成氢键。从而引起肽键断裂，并使酶发生酰基化，生成酰基化酶这一中间产物。然后，这个中间产物加水进行脱酰基的过程，而生成羧酸并使酶重新游离出来，如图 1.10 所示。

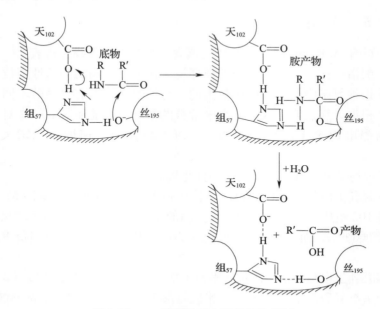

图 1.10 α - 胰凝乳蛋白酶的催化机制

1.4 酶催化反应动力学

酶催化反应动力学主要研究酶促催化反应速度、反应过程的规律及各种环境因素对酶促催化反应速度的影响，这对于深入了解酶催化作用的本质、机制以及对于酶的分离纯化及应用等方面均具有重要的意义。下文将以蛋白酶为例，重点介绍蛋白酶活力的测定、蛋白酶酶解动力学以及影响蛋白酶酶解效率的因素。

1.4.1 酶促催化反应速度的测定

酶促催化反应速度和普通化学反应一样，可用单位时间内底物的减少量或产物的增加量来表示。酶促催化反应的速度愈大，酶的催化活力愈大。一般测定产物在单位时间的增加量来表示较多，因为测定起来比较灵敏，可制作出产物浓度与时间关系的曲线。酶促催化反应的速度随反应时间的延长呈逐渐下降的趋势，仅在最初一段时间内其产物与时间成比例关系。其原因是随着酶促催化反应的进行，底物浓度降低，产物浓度增加，产物对酶的抑制作用、pH 的改变等因素的影响使酶促催化反应的速度下降。因此，为准确表示酶活力，酶促催化反应一般用初速度来表示。鉴于酶促催化反应的初速度与底物浓度呈正比，一般所用底物浓度至少要比酶的 K_m 值大 5 倍以上。

1.4.1.1　酶活力的定义

在一定条件下，酶所催化的反应速度称为酶活力，即一定时间内的底物分解量或产物生成量，用单位数表示。1961 年国际生化协会规定：在特定条件下（如温度 25℃，pH 及底物浓度均采用最适宜的），每分钟催化 $1\mu mol$ 的底物转化为产物所需要的酶量称为 1 个单位（U），即国际单位。对不同种类的酶而言，其活力单位没有严格的标准，不同的酶的催化能力不能用活力单位数来进行比较。

根据《蛋白酶制剂》（GB/T 23527—2009），蛋白酶活力以蛋白酶活力单位表示，定义为 1g 固体酶粉（或 1mL 液体酶），在一定温度和 pH 条件下，1min 水解酪蛋白产生 $1\mu g$ 酪氨酸的量，即为 1 个酶活力单位，以 U/g（U/mL）表示。其测定原理如下：蛋白酶在一定的温度和 pH 条件下，水解酪蛋白底物产生含有酚基的氨基酸（如酪氨酸、色氨酸等），在碱性条件下，将福林试剂（Folin）还原，生成钼兰和钨蓝，用分光光度计于波长 680nm 下测定溶液的吸光度。酶活力与吸光度可成比例，由此可以计算酶制剂的酶活力。

酶的比活力是指在固定条件下，每毫克酶蛋白所具有的酶活力。酶的比活力主要用于表征酶的纯化程度。蛋白酶比活力一般是指在一定 pH、温度、时间的标准反应条件下，每分钟水解底物酪蛋白产生 $1\mu g$ 酪氨酸的蛋白酶量，为 1 个活力单位。对液体状态酶活力常以酶活力单位/mL（酶液）表示。

$$比活力 = 酶活力/毫克酶蛋白$$

1.4.1.2　内切蛋白酶和氨肽酶的活力测定方法

酸性蛋白酶、碱性蛋白酶和中性蛋白酶的活力测定方法详见 GB/T 23527—2009。应该指出的是：由于蛋白酶的酶促催化反应受许多条件的影响，在测定酶活力时要尽量使反应条件保持恒定，对于温度和 pH 的要求尤为严格。

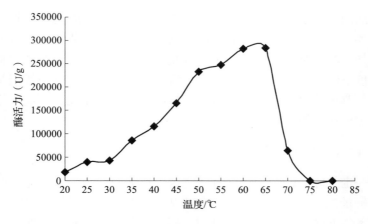

图 1.11　不同温度下利用 GB/T 23527—2009 测定的蛋白酶活力

由图 1.11 可见，随着测定温度从 37℃ 升高到 60℃，该蛋白酶的酶催化活力提高了近 3 倍。蛋白酶的酶活力是蛋白酶在特定条件下（温度、pH、底物浓度等）催化特定底物生成含有酚基的氨基酸的能力。蛋白酶活力与其应用效果之间不存在对应的关系。不同催化专一性的蛋白酶，如外肽酶和内肽酶，即使蛋白酶活力相同，其酶解产物也大相径庭。此外，不同催化专一性的蛋白酶对不同底物具有不同的催化活性，故许多商品化蛋白酶都有自己的酶活力测定方法。

氨肽酶和羧肽酶是食品行业中广泛应用的外切蛋白酶，其活力测定方法与 GB/T 23527—2009 有较大差异。考虑到氨肽酶及其商品酶制剂在食品行业中的广泛应用，下面简单介绍氨肽酶的活力测定方法：

将氨肽酶稀释数倍，取 0.4mL 加入 6mL pH 为 8.0 的 Tris – HCl 缓冲液中，在 40℃ 水浴中预热 5min，加 0.4mL 26mmol/L L – 亮氨酸对硝基苯胺（L – leucine – 4 – nitroanilide，LNA）乙醇溶液（对照加蒸馏水），准确反应 10min，立即放置冰浴中，5min 后于 405nm 处比色。氨肽酶酶活力的定义：在 40℃、pH 为 8.0 的条件下，每分钟水解生成 1μg 对硝基苯胺（p – NA）所需的酶量定义为一个酶活力单位。如表 1.16 所示。

表 1.16　　　　　　　　几种常见商品蛋白酶的氨肽酶活力

蛋白酶名称	氨肽酶活力/ （U/g）	蛋白酶名称	氨肽酶活力/ （U/g）
风味蛋白酶 500MG	83467	中性蛋白酶 0.8L	16
蛋白酶 M	103077	碱性蛋白酶	198
复合蛋白酶	111	木瓜蛋白酶 PS_1	159
37071 水解蛋白酶	161	PR_{68} 纯氨肽酶	175866

由表 1.16 可见，风味蛋白酶 500MG、蛋白酶 M 和 PR$_{68}$纯氨肽酶具有较高的氨肽酶催化活力，表明这三种蛋白酶富含外切蛋白酶活力，而复合蛋白酶、37071 水解蛋白酶、中性蛋白酶 0.8L、碱性蛋白酶和木瓜蛋白酶 PS$_1$等蛋白酶仅具有较弱的氨肽酶催化活力，属于内切蛋白酶。

1.4.2　蛋白酶酶促催化反应动力学及 K_m 值

蛋白质及多肽的酶促催化反应属于单底物酶促催化反应，其反应动力学符合 Michaelis – Menten 假说。1902 年 Henrri 在研究蔗糖酶催化水解蔗糖的反应中发现其反应速度随着底物浓度的增加而上升，当其底物增加到一定时，其反应速度达到恒定状态即最大值，[S] 对 v 作图，便形成"双曲线"图形，并提出中间产物学说以解释酶的催化原理。1913 年 L. Michalis 和 M. L. Menten 根据中间产物学说对"双曲线"反应图形加以数学推导，提出所谓快速平衡假定（Rapid Equilibrium 即 R. E 假定）。彭志英教授专著《食品酶学导论》（第二版）一书中对 Michaelis – Menten 假说、Brigg – Haldane 假说、米氏常数 K_m 值及 V_m 值的计算有详细介绍，本书不再赘述。

米氏常数 K_m 值的涵义：K_m 值是酶促催化反应速度达到最大反应速度一半时的底物浓度。k_{cat} 描述的是 ES 复合物分解为产物的一级反应速度常数。K_m 数值为酶催化常数，但可在严格规定的条件下测定出来，通常以 mol/L 表示。实质上 K_m 值是酶与底物亲和力的量度，K_m 值大表明 K_1 小，E 和 S 的亲和力小，反之，K_m 值小表明 K_1 大，E 和 S 的亲和力大。k_{cat}/K_m 值是底物和游离态酶之间的二级反应常数，可以很好地评估酶的催化效率和选择性，因为该值可以在酶和底物都没有限制的条件下估量酶的催化作用和结合状态。这些值对比较酶对不同底物的催化效率非常有用。胰凝乳蛋白酶对底物的特异性有一个很宽的范围，但根据 k_{cat}/K_m 值可以证明含有苯丙氨酸的芳香族残基的肽链催化效率更高。当使用氨基酸甲酯作为底物时，侧链是苯丙氨酸要比侧链是甘氨酸的二级反应速度常数（k_{cat}/K_m 值）大 10^7 倍，如表 1.17 所示。

表 1.17　　　胰凝乳蛋白酶对氨基酸甲酯底物的特异性

氨基酸甲酯	k_{cat}/K_m 值	氨基酸甲酯	k_{cat}/K_m 值
甘氨酸	0.13	亮氨酸	3000
缬氨酸	360	苯丙氨酸	100000

1.4.3 底物浓度对蛋白质酶解的影响

就底物浓度的变化而言，许多酶促催化反应初始速度呈现一级反应，即在其他条件都相同的情况下，反应初始速度与底物浓度呈正相关。按照米氏理论，酶促催化反应底物浓度的增加是有一个极限的，当底物浓度过高时反应速度会下降。然而，酶促催化反应的初始速度与酶促催化反应的效率并不总呈正相关。就食物蛋白质的酶解而言，蛋白质的酶法水解过程极其复杂，表现为反应组分多样，部分水解得到的肽段既是产物又是进一步酶解反应的底物，蛋白酶的主要底物包括蛋白质、多肽和寡肽；反应种类多元，大量不同敏感程度的肽键平行或连串降解，并发生类蛋白反应；反应网络庞杂，酶失活与各种抑制现象相互制约、高度偶联等特点。底物浓度对蛋白质酶解效率的影响不仅取决于酶解条件（酶解温度、pH、酶解时间），还取决于底物蛋白质资源种类、底物的分子质量大小等诸多因素。本书第 3 章、第 4 章和第 7 章将分别介绍不同高浓食物蛋白体系对酶解效率的影响。下面简单介绍不同食物蛋白质资源浓度对蛋白酶解的影响。

瓦赫宁根大学（Wageningen University）的研究者探讨了水解液中固形物（小麦面筋）浓度对产物水解度和分子质量分布的影响。研究者配制了固形物含量在 10%～60% 的小麦面筋–水混合物，其中固形物含量为 10% 的小麦面筋–水混合物为液态，固形物含量为 20%～30% 的小麦面筋–水混合物为膏状，而 40%～60% 的小麦面筋–水混合物为半固态。水解条件为：添加小麦面筋重量 1% 的风味蛋白酶，50℃水解不同时间后，灭酶，测定水解度，结果如表 1.18 所示。由表 1.18 可见，随着酶解反应体系中小麦面筋含量的增加，相同水解时间内，酶解产物的水解程度明显降低，底物浓度增加显著抑制了小麦面筋蛋白的水解效率。凝胶色谱显示酶解产物中分子质量大于 25ku 的肽段含量明显增多。提高底物浓度，蛋白质酶解效率降低的主要原因包括：底物浓度增加导致蛋白酶和酶解产物难以有效扩散、高底物浓度下传热不均匀、酶解产物对蛋白酶有抑制作用等。

编者以活性面包酵母细胞为原料，配制了固形物含量在 10%～40% 的面包酵母细胞–水混合物，并添加面包酵母细胞重量 0.5% 的木瓜蛋白酶（活力为 50 万 U/g），55℃水解不同时间后灭酶，离心取上清液，测定上清液的水解度（氨态氮/总氮）发现，水解 21h 前，水解度与面包酵母细胞的浓度呈正相关，但水解 21h 后，各浓度下面包酵母细胞的水解度基

表 1.18　　　　水解液中小麦面筋浓度对产物水解度的影响

序号	固形物含量/%	水解时间/min	水解度
1	10	45	3.2
2	10	55	4.4
3	10	105	6.2
4	10	130	8.4
5	10	155	10.2
6	20	60	3.0
7	20	75	4.9
8	20	165	9.1
9	40	60	4.5
10	40	150	6.7
11	40	200	9.4
12	60	110	3.8
13	60	145	5.5
14	60	360	8.8
15	60	420	9.2

本差异不大，其原因可能与面包酵母细胞器中含有丰富的内源性蛋白酶有关，面包酵母的水解主要发生在面包酵母细胞器内，具体实验数据见 7.2.5。

对于多肽、寡肽或蛋白水解产物而言，其分子质量相对较小，黏度低，在水溶液中的质量浓度可以达到 50% 或以上。随着酶解液中多肽和寡肽浓度的增加，其对蛋白酶活力的影响逐渐增大。底物浓度对蛋白酶的影响主要表现在两个方面。一是相对低浓度下，寡肽和多肽对蛋白酶解反应起了抑制作用，其原因有如下几点：① 酶促催化反应是在水溶液中进行的，水在反应中有利于分子的扩散和运动。当底物浓度过高时就使水的有效浓度降低，使反应速度下降；② 过量的底物与酶的激活剂（如某些金属离子）结合，降低了激活剂的有效浓度而使反应速度下降；③ 一定的底物是与酶分子中一定的活性部位结合的，而形成不稳定的中间产物。过量的底物分子聚集在酶分子上就可能生成无活性的中间产物。这个中间产物是不能分解为反应产物的。其反应式如下：

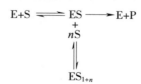

其中：nS 为过量的底物分子群；ES_{1+n} 为无活性的中间产物。

二是当多肽和寡肽浓度在 25% ~30% 以上时，类蛋白反应会占主导地位。类蛋白反应的具体反应条件、反应机制及应用见 4.3.3。

1.4.4　蛋白酶浓度对酶促催化反应的影响

根据中间产物学说，蛋白酶水解的速度决定于中间产物 ES 的浓度。[ES] 越高，反应速度也就越快。在底物大量存在时，形成中间产物的量取决于酶的浓度，酶分子越多，则底物转化为产物的量也就相应增加。这就意味着底物的有效转化会随着酶浓度的增加而增加。大量实践也表明，增加蛋白酶的浓度可提高蛋白质的水解度，但其机制随着蛋白酶浓度的增加，蛋白酶对蛋白质的酶切位点会增加，蛋白质的水解度会提高。1979 年，Indiana University 的研究者以氧化胰岛素 B 链为底物，胰蛋白酶为催化剂，研究了不同蛋白酶/底物浓度对酶解产物组成的影响。氧化胰岛素 B 链的分子质量为 3495.89u，由 30 个氨基酸残基组成，其一级结构如下：

Phe – Val – Asn – Gln – His – Leu – Cys（SO$_3$H） – Gly – Ser – His – Leu – Val – Glu – Ala – Leu – Tyr – Leu – Val – Cys（SO$_3$H） – Gly – Glu – Arg – Gly – Phe – Phe – Tyr – Thr – Pro – Lys – Ala。

胰蛋白酶是一种切断肽键的专一性较强蛋白酶，它只能切断赖氨酸和精氨酸右侧（羧基段）的肽键。其酶解产物是以赖氨酸和精氨酸为 C 末端的肽段。从氧化胰岛素的一级结构可以看出，胰蛋白酶水解氧化胰岛素 B 链的酶切位点主要是 – Arg22 – Gly23 和 – Lys29 – Ala30。然而在低蛋白酶/底物浓度下，如当胰蛋白酶/氧化胰岛素的摩尔浓度比值为 1:400 时，酶解主要是水解 Arg22 – Gly23，水解产物以八肽 Gly – Phe – Phe – Tyr – Thr – Pro – Lys – Ala 为主，酶解产物中八肽的降解产物 Gly – Phe – Phe – Tyr – Thr – Pro – Lys 和 Ala 含量较低。然而，当胰蛋白酶/氧化胰岛素的摩尔浓度比值为 1:20 或以上时，发现酶解产物主要以 Gly – Phe – Phe – Tyr – Thr – Pro – Lys 和 Ala 为主。上述结果表明，随着胰蛋白酶/氧化胰岛素的摩尔浓度的增加，胰蛋白酶的酶切位点增加。这一结果利用简单模型解释了为何在实际生产中增加蛋白酶添加量可提高蛋白质水解度。

1.4.5　抑制剂和激活剂对酶促催化反应的影响

酶促催化反应是一个复杂的化学反应，有许多物质可以减弱、抑制甚至破坏酶的作用，但也有化学物质能对它起促进作用，前者称为酶的抑制剂，后者称为酶的激活剂。

酶的抑制剂有许多种：重金属离子（如 Ag^+、Hg^{2+}、Cu^{2+} 等）、一氧化碳、硫化氢、氰氢酸、氟化物、有机阳离子（如生物碱、染料等）、碘代乙酸、对氯汞苯甲酸、二异丙基氟磷酸、乙二胺四乙酸以及表面活性剂等。在日常生活中许多酶的抑制剂以药物、防腐剂、毒物、毒素等形式出现，如磺胺药物能抑制细菌体内叶酸的合成，因而对治疗细菌性疾病有效。许多农药实际上也是酶的抑制剂，如有机磷化合物能有效地杀死许多种类的害虫，主要是因为有机磷化合物能抑制害虫体内的脂肪酶，特别是能抑制胆碱脂酶和乙酰胆碱脂酶。另外，一氧化碳和氰化物是大家所共知的毒物，这是因为它们作为抑制剂可抑制呼吸链中细胞色素氧化酶。

1.4.5.1　抑制剂对蛋白酶酶促催化反应的影响

蛋白质酶解产物对蛋白酶的抑制作用已有多篇文献报道过。河南工业大学王金水等人研究了木瓜蛋白酶、复合蛋白酶和胰蛋白酶水解小麦面筋蛋白后的酶解产物对蛋白酶酶解效率的抑制作用。结果表明：水解产物的抑制率与水解产物的水解度相关，超过某一水解度（3 种酶分别为 5%、7%、4%）时，酶解产物对酶促催化反应的抑制率保持恒定。将酶解产物利用截留相对分子质量分别为 20000、10000 和 5000 的超滤膜分离后，可得到相对分子质量不同的 4 种组分，原始酶解产物和这 4 种组分对木瓜蛋白酶、复合蛋白酶和胰蛋白酶的酶促催化反应的抑制率分别为 49.8%、4.9%、32.6%、38.1%、63.2%（木瓜蛋白酶），48.4%、4.7%、27.9%、29.1%、54.9%（复合蛋白酶）和 63.1%、8.5%、28.3%、37.6%、85.7%（胰蛋白酶）。SE‐HPLC 分离后发现抑制剂（肽）的相对分子质量主要集中在 5000 以下。其他常见的蛋白酶及其抑制剂，如表 1.19 所示。

酶的抑制作用可分为两类：可逆抑制和不可逆抑制。可逆抑制又包括竞争性抑制、非竞争性抑制和反竞争性抑制三种。

不可逆抑制是靠共价键与酶的活力部分相结合，使酶的活力降低，甚至丧失的。丧失活性的酶不能用透析、超滤等方法除去抑制剂而恢复活性。例如，二异丙基氟磷酸能不可逆地抑制乙酰胆碱酯酶。

表 1.19   **常见蛋白酶的抑制剂及性质**

抑制剂	蛋白酶名称	抑制剂性质
Acetyl – Pepstain	天冬氨酸蛋白酶	可逆的天冬氨酸蛋白酶抑制剂，有效浓度 50 ~ 200nmol/L，溶于 50% 醋酸。
AEBSF	不可逆的丝氨酸蛋白酶抑制剂，抑制胰蛋白酶，糜蛋白酶，纤溶酶，凝血酶及激肽释放酶	可溶于水，其 pH 为 7 的水溶液在 4℃可保持稳定 1 ~ 2 个月，在 pH >8 的情况下会发生缓慢水解
Cystatin，Egg White	可逆的半胱氨酸蛋白酶抑制剂，可抑制半胱氨酸蛋白酶，包括二肽酰肽酶 I 及 III，木瓜蛋白酶，无花果蛋白酶及 Cathepsin B	非常稳定，热稳定性好，冷冻保存于 20% 的 pH 为 7.5 的甘油溶液或其他缓冲液
EDTA，4Na	金属蛋白酶的可逆性螯合物，可能同时影响其他金属依赖性生物过程	水溶液很稳定，其贮存液（pH8.5 的 0.5mol/L 水溶液）在 4℃可保存数月
TPCK	不可逆的丝氨酸蛋白酶抑制剂，抑制胰蛋白酶样丝氨酸蛋白酶，包括菠萝蛋白酶，糜蛋白酶，无花果蛋白酶及木瓜蛋白酶	工作液稳定期为几个小时，贮存液（10mmol/L 甲醇溶液）在 4℃下可保持稳定几个月

可逆抑制剂与酶结合成复合物的过程是可逆的，可用透析、超滤等方法除去抑制剂而恢复酶的活性。有些化合物特别是在结构上与底物相似的化合物可与酶的活性中心可逆地结合，所以在反应中抑制剂可与底物竞争同一部位。酶 – 抑制剂复合物不能催化底物反应，因为 EI 的形成是可逆的，而且底物和抑制剂不断竞争酶分子上的活性中心，这种情况被称为竞争性抑制作用（competitive inhibition），这是一种比较常见的可逆抑制作用。

有些化合物既能与酶结合，也能与酶 – 底物复合物结合，称为非竞争性抑制剂。非竞争性抑制剂与竞争性抑制剂的不同之处在于非竞争性抑制剂能与酶 – 底物复合物结合，形成酶 – 底物 – 抑制剂复合物；而底物也可与酶 – 抑制剂复合物结合，形成酶 – 底物 – 抑制剂复合物。

酶－底物－抑制剂复合物不能进一步降解为产物，因此酶促催化反应的速度会降低。高浓度的底物不能使这种类型的抑制作用完全逆转，因为底物不能阻止抑制剂和酶结合。

反竞争性抑制剂不能与酶直接结合，而只能与酶－底物复合物可逆结合生成酶－底物－抑制剂复合物。反竞争性抑制剂的抑制程度随底物浓度的增加而增加。反竞争性抑制剂不是一种完全意义上的抑制剂，之所以造成对酶促催化反应的抑制作用，完全是因为它使 V_{max} 降低而引起的。表 1.20 所示为无抑制剂、竞争性抑制剂、非竞争性抑制剂和反竞争性抑制剂对 V_{max} 和 K_m 的影响。

表 1.20　　　　　　　　　　抑制剂对 V_{max} 和 K_m 的影响

抑制类型	V_{max}	K_m
无抑制剂	—	—
竞争性抑制剂	不变	增加
非竞争性抑制剂	降低	不变
反竞争性抑制剂	降低	降低

1.4.5.2　激活剂对蛋白酶酶促催化反应的影响

与抑制作用相反，许多酶促催化反应必须在有其他适当物质存在时，才能表现出酶的催化活性或加强其催化效力。这种作用被称为酶的激活作用。引起激活作用的物质称为激活剂。它和辅酶或辅基（或某些金属作为辅基）不同，如果有无激活剂存在时，酶仍能表现一定的活性，而辅酶或辅基不存在时，酶则完全不呈活性。

激活剂种类很多，其中有无机阳离子如 Na^+、K^+、Rb^+、Cs^+、NH_4^+、Mg^{2+}、Ca^{2+}、Zn^{2+}、Cd^{2+}、Cr^{3+}、Mn^{2+}、Fe^{2+}、Co^{2+}、Ni^{2+}、Al^{3+} 等，无机阴离子如 Cl^-、Br^-、I^-、CN^-、NO_3^-、PO_4^{3-}、AsO_4^{3-}、S^{2-}、SO_4^{2-}、SeO_4^{2-} 等；有机物分子如维生素 C、半胱氨酸、巯乙酸、还原型谷胱甘肽以及维生素 B_1、B_2 和 B_6 的磷酸酯等化合物和一些酶。

1.4.5.2.1　无机离子的激活和抑制作用

金属离子的激活作用在蛋白酶的应用过程中是一个比较常见的例子，如 Ca^{2+}、Mg^{2+} 对解淀粉芽孢杆菌蛋白酶的激活作用，如图 1.12 所示。

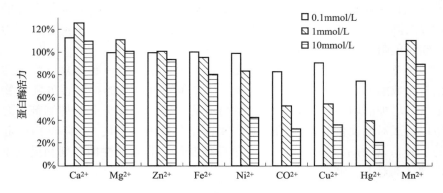

图 1.12　金属离子对解淀粉芽孢杆菌蛋白酶活力的影响

从图 1.12 可知，在 1mmol/L 的 Mg^{2+}、Zn^{2+} 及 Mn^{2+} 存在时，蛋白酶的活力可提高 10% ～25%，但当这些离子超过一定限度时则反应速度反而减弱。一般认为，金属离子的激活作用是由于金属离子与酶结合，此结合物又与底物结合成三位一体的"酶－金属－底物"的复合物，这里金属离子使底物更有利于同酶的活性（部位）的催化部位和结合部位相结合，使反应加速进行。金属离子在其中起了某种搭桥的作用。Co^{2+}、Hg^{2+}、Cu^{2+} 等存在时，蛋白酶的活力显著降低，且随着金属离子浓度的增加，蛋白酶的活力下降更为明显。

至于无机负离子对酶的激活作用，在实际生产中也是常见的现象。例如，氯离子（Cl^-）为淀粉酶活性所必需，当用透析法去掉 Cl^- 时，淀粉酶即丧失其活性。又因 Cl^-、NO_3^-、SO_4^{2-} 为枯草杆菌（BE－7658）淀粉酶的激活剂，其作用机制还不大清楚，有人认为这里负离子为酶的活性所必需的因子，而且对酶的热稳定性亦起保护作用。

1.4.5.2.2　酶原的活化

有些酶在细胞内分泌出来时处于无活性状态（称为酶原）。它必须经过适当物质的作用才能变为活性的酶。若酶原被具有活性的同种酶所激活称为酶的自身激活作用。

例如，胰蛋白酶原在胰蛋白酶或肠激酶的作用下，使酶原变为活性的胰蛋白酶。这种转变的实质是在酶原肽链的某些地方断裂而失去一个六肽，使得酶原被隐蔽的活性部位显露出来。

1.4.6　pH 对蛋白酶酶促效率和酶切位点的影响

氢离子浓度对酶促催化反应速度的影响很大。每种酶都有特定的最适 pH，大于或小于这个数值，酶的活力就要降低，甚至会使酶蛋白变性而丧失活性。若以酶的活力或反应速度对 pH 作图，可得到一个 pH 活力曲线。处于曲线高点的 pH 称为最适 pH，在最适 pH 处酶的活力最大。每种酶都有其最适 pH。这是酶作用的一个重要特征。但是，最适 pH 值并不是一个酶的特定常数，因为它会受其他因素的影响，如酶的纯度、底物种类和浓度、缓冲剂的种类和浓度以及抑制剂等。因此，它只有在一定条件下才是有意义的。pH 对酶促效率和酶切位点存在影响，主要因为 pH 可改变底物的带电状态和聚集解离状态、蛋白酶酶分子的带电状态和蛋白酶的酶切位点。

1.4.6.1　pH 改变底物的带电状态和聚集解离状态

当底物为蛋白质、肽或氨基酸等两性电解质时，它们会随着 pH 的变化而表现出不同的解离状态；带正电荷或带负电荷或不带电荷（兼性离子）。而酶的活性部位往往只能作用于底物的一种解离状态。此外，溶液 pH 对底物蛋白的聚集和解离状态也有显著影响，不同温度和 pH 下 β - 乳球蛋白的聚集状态见 9.1.2.1。

1.4.6.2　pH 可改变蛋白酶酶分子的带电状态

酶的化学本质是蛋白质，故具两性解离特性。pH 的改变会改变酶活性部位的有关基团的解离状态，从而影响酶与底物的结合。假定酶在某一 pH 时，酶分子的活性部位上存在一个带正电荷的基团和带负电荷的基团，此时酶最易与底物相结合，当 pH 偏高或偏低时，活性部位带电情况会改变，酶与底物的结合能力便降低，从而使酶的活力降低。例如胃蛋白酶只有当它处于 pH 为 2.0 ~ 3.0 时，才具有最大的酶活力，而在偏酸或偏碱的溶液中酶活力都要降低或丧失。每种蛋白酶都有其最适 pH，如表 1.21 所示。

表 1.21　　　　　几种常见商品蛋白酶的最适 pH 和温度

酶的名称	pH 范围	有效温度范围/℃	推荐最适 pH 和温度/℃
碱性蛋白酶	6.5 ~ 8.5	40 ~ 65	pH = 8；55
木瓜蛋白酶	5.0 ~ 7.0	30 ~ 80	pH = 7；60
胰酶	6.0 ~ 9.0	30 ~ 60	pH = 8.5；50
PTN 6.0S	6.0 ~ 8.5	30 ~ 55	pH = 7；50
Protex 6L	7.0 ~ 10.0	30 ~ 70	pH = 7；60
Flavourzyme 500MG	5.0 ~ 7.0	30 ~ 60	pH = 7；50

续表

酶的名称	pH 范围	有效温度范围/℃	推荐最适 pH 和温度/℃
PR23	3.0 ~ 5.0	30 ~ 50	pH = 4；50
Newlase F	2.0 ~ 7.0	30 ~ 55	pH = 3；50
Pepsin 389P	2.0 ~ 5.5	40 ~ 55	pH = 3；50
Promod 258P	3.5 ~ 7.5	40 ~ 50	pH = 5.5；45
Promod 184P	5.0 ~ 7.0	45 ~ 55	pH = 6；50
PEM	6.0 ~ 8.0	30 ~ 45	pH = 8；50
Protamex	5.5 ~ 7.5	30 ~ 60	pH = 7；50
菠萝蛋白酶	5.0 ~ 7.5	30 ~ 55	pH = 7；50
胃蛋白酶	2.0 ~ 3.0	30 ~ 40	pH = 2；37
Protex 26L	2.5 ~ 6.5	30 ~ 55	pH = 3；50
Protex 50FP	3.0 ~ 6.0	25 ~ 60	pH = 3；50
Corolase 7089	6.0 ~ 9.0	30 ~ 65	pH = 7；55
BIOPRASE AL – 15FG	6.0 ~ 11.0	30 ~ 70	pH = 10；65
Bosar 碱性蛋白酶	4.0 ~ 10.0	30 ~ 70	pH = 9；65
Acid Protease A	2.0 ~ 6.0	30 ~ 55	pH = 2.5；55

1.4.6.3 pH 改变蛋白酶的酶切位点

在相对低温下，胰蛋白酶是一种专一性切断赖氨酸和精氨酸右侧（羧基段）的肽键的蛋白酶，水解之后产生的是以赖氨酸和精氨酸为 C 末端的肽段。β – 乳球蛋白一级结构中含有多个赖氨酸和精氨酸，分别为位于 f8、f14、f40、f60、f69、f70、f71、f75、f83、f91、f100、f101、f124、f135、f138、f141 和 f148，其详细一级结构见 9.1.2.1。Seronei Chelulei Cheison 等人利用 MALDI – TOF – MS/MS 研究了不同 pH（pH 为 5、6、7、7.8）下胰蛋白酶对 β – 乳球蛋白酶切位点水解效率的影响。

研究结果表明当水解液 pH 偏离蛋白酶的最适 pH 时，胰蛋白酶对 β – 乳球蛋白酶解效率降低，但胰蛋白酶的各酶切位点水解效率受到 pH 改变的影响并不一致，即部分 β – 乳球蛋白的酶切位点的水解效率选择性降低。由表 1.22 和表 1.23 可见，降低酶解液 pH 对 β – 乳球蛋白 N 段 f1 – 40 酶切位点水解效率的影响较小，低浓度下（2.5% 和 5%）Arg[40] – Val[41]、Lys[8] – Gly[9] 和 Lys[14] – Val[15] 的水解几乎不受明显影响。降低酶解液的 pH 对 β – 乳球蛋白核心区域酶切位点的水解效率有明显影响。在酶解液 pH 为 5 时，肽段 f78 ~ 83 和肽段 f84 ~ 91 均难以检测到。造成这一差异的主要原因是肽段 f76 ~ 91 在 β – 乳球蛋白中以 β – 折叠的构型存在。

表 1.22　　　　　不同水解 pH 对 β – 乳球蛋白 N 段酶
切位点酶解效率的影响（37℃）

	pH7.8			pH7			pH6			pH5		
	2.5%	5%	15%	2.5%	5%	15%	2.5%	5%	15%	2.5%	5%	15%
f（1~40）	5s	5s	5s	5s	5s	5s	5s	5s	5s	5s	5s	30s
f（1~8）	5s	5s	5s	10s	5s	15s	10s	5s	5s	5s	10s	45s
f（15~40）	5s	5s	15s	5s	10s	15s	10s	15s	1min	2.5min	2.5min	7.5min
f（9~14）	15s	15s	45s	10s	15s	30s	ND	15s	2.5min	10min	2.5min	ND

注：s 为秒，min 为分钟，ND 为未检测到。

表 1.23　　　　　不同 pH 和水解温度对 β – 乳球蛋白
核心区域酶切位点的影响

	pH7.8	pH7					pH6				
	37℃	20℃	30℃	37℃	50℃	60℃	20℃	30℃	37℃	50℃	60℃
f（76~83）	10s	5s	45s	45s	30s	ND	7.5min	2.5min	15s	2.5min	1min
f（84~91）	15s	1min	45s	45s	1min	ND	2.5min	2.5min	15s	2.5min	ND
f（78~83）	2.5min	2.5min	7.5min	2.5min	5min	ND	ND	ND	ND	ND	ND

	pH5				
	20℃	30℃	37℃	50℃	60℃
f（76~83）	15s	45s	7.5min	2.5min	ND
f（84~91）	ND	ND	7.5min	ND	ND
f（78~83）	ND	ND	ND	ND	ND

注：s 为秒，min 为分钟，ND 为未检测到。

1.4.7　温度对酶解效率和酶切位点的影响

1.4.7.1　水解温度对酶解效率的影响

温度直接决定了初始酶促催化反应的速度。对蛋白酶而言，水解温度直接影响水解速度、酶切位点、底物选择性、产物性质等。在生产和研究过程中发现蛋白质酶解温度对酶解产物的分子质量分布、酶解产物游离氨基酸组成均有巨大的影响。也就是说，底物相同，蛋白酶相同，酶解温度不同，即使在水解度相同的情况下，酶解产物也有非常显著的区别。与普通化学反应一样，在酶的最适温度以下，温度每升高 10℃，其反应速度相应地增加 1~20 倍。温度对酶促催化反应速度通常用温度系数 Q_{10} 来表示：

$$Q_{10} = \frac{\text{在（}T° + 10℃\text{）的反应速度}}{T°\text{时的反应速度}}$$

一般认为，在酶的有效作用温度范围下，酶促催化反应的温度系数 Q_{10} 通常较无机催化反应和非催化的同样反应为小。应该指出 Q_{10} 仅能表征酶促催化反应温度对酶促初始反应速度的影响，实际酶促催化反应过程中 Q_{10} 的大小与酶促催化反应时间密切相关。蛋白酶的 Q_{10} 值与蛋白质的最终水解度基本无关，如图 1.11 所示。各种蛋白酶的反应有其最适的温度，在此温度下，酶的反应效率最高。当温度超过酶的最适温度时，酶蛋白就会逐渐产生变性而减弱甚至丧失其催化活性。一般的蛋白酶的耐温程度不会超过 70℃，但有的蛋白酶（木瓜蛋白酶）其热稳定性比较高。另外，蛋白酶与一些无机离子、甘油等多元醇或牛血清蛋白混合，可增加其热稳定性和储存稳定性。

酶的最适温度并不是酶的特征常数，这与 K_{m} 值不同。以蛋白酶为例，蛋白酶的最适温度与蛋白酶的底物、酶解时间等因素有关。在底物相同的情况下，反应时间长，则最适温度要低一些；反应时间短，则最适温度要高一些。以木瓜蛋白酶为例，木瓜蛋白酶的有效作用温度范围是 20~80℃，最佳酶解温度是 50~60℃，最适温度必然受作用时间的影响，较短的作用时间必须有较高的最适温度，较长的作用时间必须有较低的最适温度，这是木瓜蛋白酶与其他蛋白酶的共同特点。这个温度范围既适合木瓜乳汁生产粗木瓜酶的温度，也适合木瓜蛋白酶在一定条件下的活性反应作用。超过 80℃ 时，木瓜蛋白酶活性下降，当温度升到 90℃ 时木瓜蛋白酶会钝化。因此在应用酶制剂前必须做蛋白酶的温度试验，找出符合生产工艺要求的最适温度。

1.4.7.2　水解温度对蛋白质酶解位点的影响

　　水解温度不仅影响蛋白酶的水解效率，而且对蛋白质的酶切位点有显著的影响。在水解温度为 0 ~ 10℃时，水解液中微生物生长会受到抑制，蛋白酶催化活力降低，蛋白酶活性稳定性增强，尽管蛋白质酶解速度较慢，但在足够长的时间里也能达到较高的水解度。此外，在这一温度下水解，蛋白质酶解产物中亲水性氨基酸如谷氨酸含量相对较高；在水解温度为 25 ~ 40℃时，蛋白质水解液中的微生物易生长，酶解液易腐败变质，因此在这一温度段进行水解的样品均需调整 pH 至酸性条件或添加食盐进行防腐，如酱油、腐乳、豆瓣酱的发酵，或在相对无菌的条件下进行，如首先对底物进行热处理，降低底物的微生物基数；在蛋白质酶解反应的水解温度为 45 ~ 65℃时，这一温度下蛋白质酶解速度较快，微生物风险低，但蛋白酶失活也较快。表 1.24 所示为冷水解和常温水解对小麦面筋蛋白酶解产物氨基酸组成的影响。

表 1.24　　水解温度对小麦面筋蛋白酶解产物氨基酸组成的影响

氨基酸名称	常温水解	冷水解	氨基酸名称	常温水解	冷水解
磷酸丝氨酸	0.01	0.01	亮氨酸	0.47	0.35
天冬氨酸	0.21	0.13	酪氨酸	0.09	0.18
苏氨酸	0.17	0.15	苯丙氨酸	0.32	0.28
丝氨酸	0.30	0.28	色氨酸	0.06	0.04
谷氨酸	0.56	0.88	脯氨酸	0.53	0.65
谷氨酰胺	0.18	0.40	赖氨酸	0.11	0.10
甘氨酸	0.20	0.16	组氨酸	0.12	0.09
丙氨酸	0.18	0.18	精氨酸	0.20	0.01
瓜氨酸	0.01	0.16	γ - 氨基丁酸	0.02	0
缬氨酸	0.28	0.26	β - 丙氨酸	0.03	0
胱氨酸	0.09	0.07	羟赖氨酸	0.01	0
蛋氨酸	0.09	0.08	鹅肌肽	0.05	0
异亮氨酸	0.30	0.20	肌肽	0.04	0
β - 氨基异丁酸	0	0.01	鸟氨酸	0	0.02

　　常温水解的条件为 18% 的食盐，pH 为 6.5，25℃水解 30d；冷水解的条件为 5℃水解 14d 后，升温至 25℃，添加 18% 的食盐，水解 16d。由表 1.24 可见，降低水解温度后，水解产物中谷氨酸和谷氨酰胺两种氨基

酸的含量明显提高。其可能原因是低温水解有利于谷氨酸和谷氨酰胺的释放；低温下，谷氨酰胺转化为焦谷氨酸的速度变慢。如图 1.13 所示。

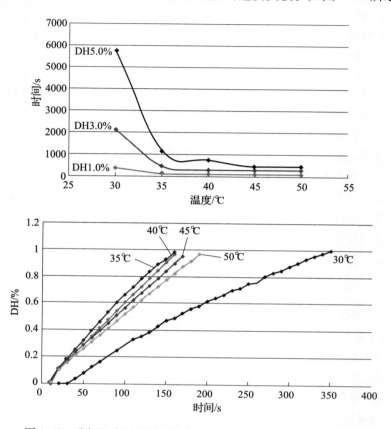

图 1.13　酶解温度对胰蛋白酶水解 β – 乳清蛋白酶解速度的影响

Seronei Chelulei Cheison 等人利用 MALDI – TOF – MS/MS 研究了不同酶解温度下胰蛋白酶对 β – 乳球蛋白酶切位点的影响。在相同的水解度下，随酶解温度从 30℃ 升高到 40℃，β – 乳球蛋白的酶切位点增加了 4 处，分别在 Leu^{10} – Asp^{11}、Arg^{40} – Val^{41}、Lys^{83} – Ile^{84}、Leu^{143} – Pro^{144}。酶解温度从 40℃ 升高到 45℃ 时，β – 乳球蛋白的酶切位点增加了 2 处，分别在 Ile^2 – Val^3、Tyr^{20} – Ser^{21}。显然，酶解温度越高，胰蛋白酶的酶切位点越多，水解专一性与胰凝乳蛋白酶相似，对羧基端含有疏水基团的肽键表现出专一性。此外，将胰蛋白酶的水解温度降低到 30℃ 并延长水解时间情况下，其酶切专一性也与胰凝乳蛋白酶相似，对羧基端含有疏水基团的肽键表现出专一性。胰蛋白酶对 β – 乳球蛋白的酶切位点，如图 1.14、图 1.15 和图 1.16 所示。

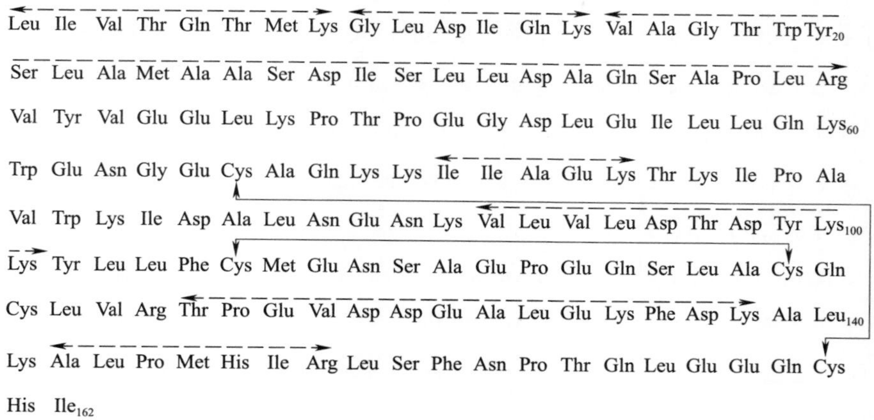

Leu Ile Val Thr Gln Thr Met Lys Gly Leu Asp Ile Gln Lys Val Ala Gly Thr Trp Tyr$_{20}$

Ser Leu Ala Met Ala Ala Ser Asp Ile Ser Leu Leu Asp Ala Gln Ser Ala Pro Leu Arg

Val Tyr Val Glu Glu Leu Lys Pro Thr Pro Glu Gly Asp Leu Glu Ile Leu Leu Gln Lys$_{60}$

Trp Glu Asn Gly Glu Cys Ala Gln Lys Lys Ile Ile Ala Glu Lys Thr Lys Ile Pro Ala

Val Trp Lys Ile Asp Ala Leu Asn Glu Asn Lys Val Leu Val Leu Asp Thr Asp Tyr Lys$_{100}$

Lys Tyr Leu Leu Phe Cys Met Glu Asn Ser Ala Glu Pro Glu Gln Ser Leu Ala Cys Gln

Cys Leu Val Arg Thr Pro Glu Val Asp Asp Glu Ala Leu Glu Lys Phe Asp Lys Ala Leu$_{140}$

Lys Ala Leu Pro Met His Ile Arg Leu Ser Phe Asn Pro Thr Gln Leu Glu Glu Gln Cys

His Ile$_{162}$

图 1.14 30℃下胰蛋白酶水解 β-乳球蛋白的酶切位点（水解度为 1%）

Leu Ile Val Thr Gln Thr Met Lys Gly Leu Asp Ile Gln Lys Val Ala Gly Thr Trp Tyr$_{20}$

Ser Leu Ala Met Ala Ala Ser Asp Ile Ser Leu Leu Asp Ala Gln Ser Ala Pro Leu Arg

Val Tyr Val Glu Glu Leu Lys Pro Thr Pro Glu Gly Asp Leu Glu Ile Leu Leu Gln Lys$_{60}$

Trp Glu Asn Gly Glu Cys Ala Gln Lys Lys Ile Ile Ala Glu Lys Thr Lys Ile Pro Ala

Val Trp Lys Ile Asp Ala Leu Asn Glu Asn Lys Val Leu Val Leu Asp Thr Asp Tyr Lys$_{100}$

Lys Tyr Leu Leu Phe Cys Met Glu Asn Ser Ala Glu Pro Glu Gln Ser Leu Ala Cys Gln

Cys Leu Val Arg Thr Pro Glu Val Asp Asp Glu Ala Leu Glu Lys Phe Asp Lys Ala Leu$_{140}$

Lys Ala Leu Pro Met His Ile Arg Leu Ser Phe Asn Pro Thr Gln Leu Glu Glu Gln Cys

His Ile$_{162}$

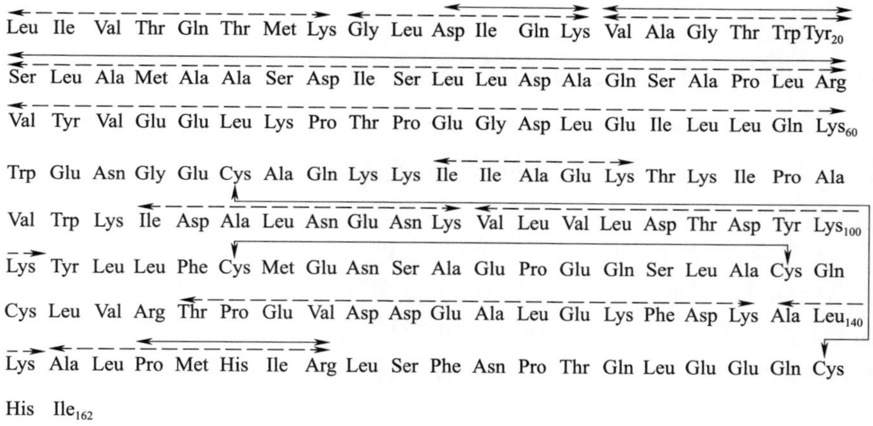

图 1.15 40℃下胰蛋白酶水解 β-乳球蛋白的酶切位点（水解度为 1%）

在实际生产实践中，蛋白酶水解温度的选择是多种因素相互制约、制衡的结果。酶解温度的选择不仅取决于蛋白酶的热稳定性，还取决于蛋白酶的专一性、酶解时间、原料的微生物基数、酶解产物等多因素的需要。

此外，酶解温度对酶解产物的影响还表现在不同酶解温度下蛋白酶对酶解底物的选择性上。不同酶解温度下木瓜蛋白酶对大豆蛋白酶解产物和酶切位点的影响见 4.2.1。

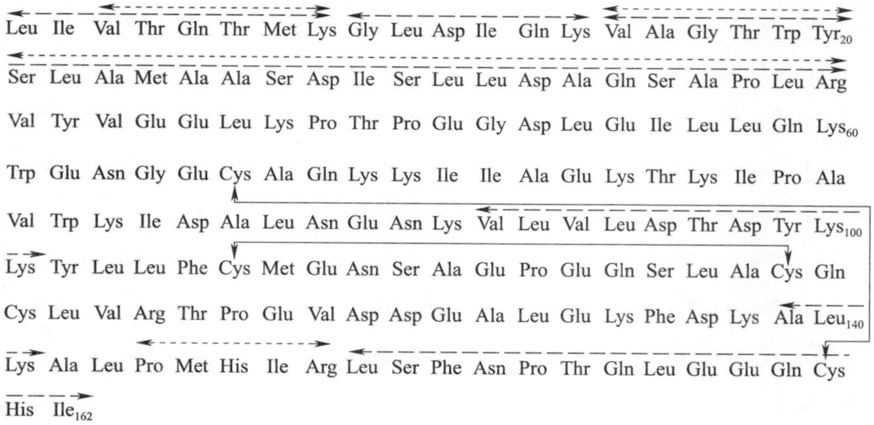

Leu Ile Val Thr Gln Thr Met Lys Gly Leu Asp Ile Gln Lys Val Ala Gly Thr Trp Tyr$_{20}$

Ser Leu Ala Met Ala Ala Ser Asp Ile Ser Leu Leu Asp Ala Gln Ser Ala Pro Leu Arg

Val Tyr Val Glu Glu Leu Lys Pro Thr Pro Glu Gly Asp Leu Glu Ile Leu Leu Gln Lys$_{60}$

Trp Glu Asn Gly Glu Cys Ala Gln Lys Lys Ile Ile Ala Glu Lys Thr Lys Ile Pro Ala

Val Trp Lys Ile Asp Ala Leu Asn Glu Asn Lys Val Leu Val Leu Asp Thr Asp Tyr Lys$_{100}$

Lys Tyr Leu Leu Phe Cys Met Glu Asn Ser Ala Glu Pro Glu Gln Ser Leu Ala Cys Gln

Cys Leu Val Arg Thr Pro Glu Val Asp Asp Glu Ala Leu Glu Lys Phe Asp Lys Ala Leu$_{140}$

Lys Ala Leu Pro Met His Ile Arg Leu Ser Phe Asn Pro Thr Gln Leu Glu Glu Gln Cys

His Ile$_{162}$

图 1.16　45℃下胰蛋白酶水解 β - 乳球蛋白的酶切位点（水解度为 1%）

1.5　影响蛋白酶活力的因素

1.5.1　黏度对酶活力及水解效率的影响

　　在冷冻食品过程中，由于 90% 以上的"自由"水在通常的冷藏温度下已被冻结，与此同时未冻结相的黏度会显著提高（由于溶质浓度的增加和温度的下降），在这样条件下黏度的变化或许会显著地影响冷冻食品原料中的酶的活力。Bowski 等认为反应体系中黏度增加是导致酶活力下降的一个原因。反应体系黏度的增加会导致各个反应组分的移动性降低，而使酶的活力下降。然而，在 10% 的大豆蛋白水溶液中以甘油替代 20% ~40% 的水，增加酶解体系的黏度，发现体系黏度增加，相同时间内碱性蛋白酶的水解度提高 1.5% ~3.0%，风味蛋白酶的水解度提高 1.2% ~2.7%。添加黄原胶增加大豆蛋白 - 水溶液的黏度也有相似的效果。这表明黏度增加本身并不会导致水解效率的降低。有文献报道甘油等多元醇具有稳定蛋白酶三级结构的作用，这可能是添加甘油提高蛋白酶水解效率的原因。

　　反应体系中蛋白质的浓度是影响反应体系黏度另一重要的因素。蛋白质是天然大分子，其溶液的黏度在一定范围内与溶液中蛋白质浓度呈指数函数，即蛋白质浓度增加导致反应液黏度呈指数函数升高，进而导致反应液搅拌困难，反应体系温度不均一，酶解产物、酶解底物和酶蛋白均难以有效扩散。反应体系中大豆蛋白的浓度与黏度如图1.17所示。因此，在实际应用过程中酶解反应体系中蛋白质的浓度呈"自限制"现象，其"经济浓度"一般在8%～16%。

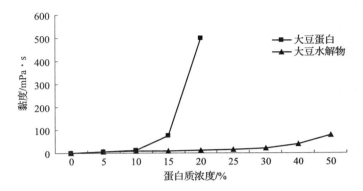

图1.17　大豆蛋白和大豆蛋白水解物对溶液黏度的影响

采用分步添加底物可打破酶解反应体系中蛋白质的浓度呈"自限制"现象。以大豆蛋白和小麦面筋蛋白为例进行说明。在大豆蛋白浓度为10%的酶解反应液中添加少量外切蛋白酶，水解1～3h使水解液的黏度显著降低，随后再加入6%～8%的大豆蛋白使反应体系中总大豆蛋白浓度达到16%～18%后，再加入剩下的蛋白酶。对小麦面筋蛋白而言，蛋白质浓度可以更高。在3600kg水中，加入1600kg小麦面筋，搅拌并加入蛋白酶，水解1～2h使水解液的黏度显著降低，再加入1200kg小麦面筋，酶解12h，灭酶，得到固形物浓度为43%左右的面筋蛋白水解物。这一方法可显著提高设备产能，降低产品浓缩能耗，但对蛋白酶的水解效率有一定影响。

1.5.2　压力对酶活力的影响

在通常的食品加工过程中，所采用的压力不至于高到使酶失去活性。然而在采用几种处理方式相结合的加工过程中，如压力－高温处理和压力－高剪切处理，都能导致酶失去活性。挤压机在高于食品加工中通常使用的压力下操作时，高剪切可造成食品更高的流动性、组织化、化学变化和高温。显然，在这样的加工条件下食品原料中大多数酶难以存活。在单独使用静水压力的情况下，只要食品组织还能保持完整，那么食品原料中的酶就不会完全失去活性。

在高压处理下蛋白酶水解效果有可能较常压好。Bonomi F. 等研究了胰凝乳蛋白酶和胰酶对常压及高压（600MPa）处理后水解 β – Lg 的效果。结果发现，在常压状态下，胰凝乳蛋白酶或胰酶不能接近并水解 β – Lg 的内部疏水区域；在高压状态下，这一区域能得到有效地水解。造成这一结果的主要原因可能是底物蛋白质在高压状态下发生结构改变。

压力对酶活力的影响还与酶的结构有关。对于多亚基酶，高压会导致酶蛋白酶解成单体，这显然不利于酶的稳定性和它的催化活力。

1.5.3 剪切对酶活力的影响

在食品加工过程中的一些操作，例如混合、管道输送和挤压会产生明显的剪切作用。导致酶失活的剪切条件显然与酶的性质有关。例如，当剪切力［剪切速度（s^{-1}）×作用时间（s）］大于 10^4，可以检测出凝乳酶的失活。当剪切值达到 10^7 时，凝乳酶、羧肽酶和过氧化氢酶失去50% 的酶活。然而，凝乳酶因剪切作用而失去活力，在剪切作用停止后会部分地再生，这一现象类似于酶热失活后的部分再生现象。

1.5.4 超声能量对酶活力的影响

超声能量能使酶失活。采用超声处理食品体系时产生的空化作用会导致酶蛋白的界面变性，这个观点在研究木瓜蛋白酶时得到证实。木瓜蛋白酶因超声波作用而失活的程度与酶的浓度呈反比，酶失活过程不符合一级动力学。

但也有文献报道，采用超声频率为 20kHz、22kHz、25kHz、28kHz、33kHz、40kHz，功率为 10～200W 的超声波处理 5～30min，蛋白酶的活力可提高30% ～70%，蛋白酶的水解效率可提高10% 左右。下面举例说明：

采用超声频率40kHz，分别将碱性蛋白酶（alcalase）和胰酶稀释至1% 的浓度，采用不同功率和超声时间的超声波对碱性蛋白酶和胰酶进行处理，其蛋白酶酶活力变化规律，如表1.25 所示。

表 1.25 不同功率和作用时间对碱性蛋白酶和胰酶酶活力的影响

单位：kU/g

	碱性蛋白酶酶活力	胰蛋白酶酶活力
原酶液	21.5	146.0
100W，10min	20.2	132.6
100W，20min	18.5	130.8

续表

	碱性蛋白酶酶活力	胰蛋白酶酶活力
100W，30min	16.3	128.0
150W，10min	21.4	113.2
150W，20min	17.2	115.6
150W，30min	17.2	94.1
200W，10min	29.7	117.1
200W，20min	27.7	89.4
200W，30min	23.0	90.4

由表1.25可见，超声处理条件对不同蛋白酶酶活力的影响明显不同。200W功率处理10min可显著提高碱性蛋白酶活力40%以上，但对胰蛋白酶而言，上述条件的超声处理基本均导致酶活力的降低。

江苏大学马海乐等报道：称取中性蛋白酶20g，加水调配成蛋白酶质量比为0.01%的酶溶液后进行超声波处理，分别在酶溶液等位放入超声波频率为28kHz的聚能式超声波探头4只，超声功率为200W，超声时间30min。超声波处理过程中持续对料液进行搅拌，以保证超声波处理均匀。处理结束后加入玉米黄粉20kg，酶解温度55℃，pH为6.5，酶解过程中维持温度和pH不变，酶解30min后煮沸10min灭酶，酶解液6000r/min离心25min，上清液300目过滤得酶解液。经测定，与同样条件下未经超声波处理过的酶的酶解效率相比，玉米黄粉蛋白的水解效率提高12.1%。天津科技大学郑捷等研究了超声波功率对碱性2709蛋白酶水解大豆蛋白粉水解效率的影响。结果表明，超声波作用效果与超声波功率有关，40kHz、128W的超声波处理，可使大豆蛋白的水解度提高6.48%~30.86%，平均提高21.18%，有效地促进了大豆蛋白的酶解。

1.5.5 离子辐射作用对酶活力的影响

当食品原料受离子辐射时，食品原料中的酶可能失活。研究表明，使酶失活所需的离子辐射剂量高于使微生物孢子死亡所需剂量的10倍。例如经辐射的肉中微生物数目已降到很低的水平，然而由于蛋白酶的活力，肉的质构会在保存期间变坏。

一些因素影响辐射使酶失活的速度。酶在经受辐射时，处在干燥状态时的稳定性高于潮湿状态，这是因为水经辐射时产生的自由基是使酶失活的重要原因。低温状态的酶相对室温更能耐受辐射处理。能加快酶的离子辐射失活的因素还包括：氧气、金属离子、不饱和脂、脂肪酸和酶的纯化。pH 对酶的辐射失活没有显著的影响。

1.5.6 溶剂和溶质对蛋白酶酶活力的影响

与水不能互溶的溶剂具有稳定酶的作用。然而能与水互溶的溶剂在浓度超过 5% ~10% 时一般都能使酶失活。这个效应还与温度有关，当温度较低时，蛋白酶在与水互溶的环境溶剂中较为稳定。以碱性蛋白酶为例，为取得良好的稳定效果，可添加以下稳定剂：丙二醇、甘油、山梨醇等多元醇，浓度在 20% 以下；$CaCl_2$，浓度在 0.01 ~0.1mol/L；乙醇，浓度为 2% ~10%。三者混合效果更好。

食盐溶液能显著抑制蛋白酶制剂的活力，食盐浓度越高，蛋白酶活力越低。具体结果如表 1.26 所示。食盐对蛋白酶酶活力的抑制作用是可逆的，通过稀释法降低食盐浓度后蛋白酶酶活力可部分恢复。

表 1.26 不同食盐浓度对蛋白酶活力的影响

单位：g/100mL

蛋白酶种类	水溶液	10% 食盐浓度	14% 食盐浓度	18% 食盐浓度
复合蛋白酶	100%	43.09%	25.99%	17.60%
胰酶	100%	63.14%	43.04%	35.61%
木瓜蛋白酶	100%	82.35%	69.29%	52.30%
中性蛋白酶	100%	68.38%	51.77%	38.76%
碱性蛋白酶	100%	79.43%	62.44%	55.43%

1.5.7 脉冲电场对酶活力的影响

脉冲电场（pulsed electric field，PEF）对酶的活力也有一定影响。Yeom 和 Zhang 在 4μs 高压平方波脉冲，20 ~50kV/cm，频率 1.5kHz 的条件下，研究了木瓜蛋白酶的失活情况。脉冲数在 200 ~500，150mL 的木瓜蛋白酶以 0.77mL/s 的流速流过一套四个共场的流式管状处理室，每对处理室之间的介质温度冷却到 10℃。处理过程中温度增加不超过35℃。处理后发现 PEF 对木瓜蛋白酶的影响不是很大，其活力变化在5% 左右。但是在 4℃ 下保藏 24h 和 48h 后，发现木瓜蛋白酶出现较大的不可逆性失活。在 500 个脉冲，20 ~50kV/cm 的处理条件下，4℃ 保藏 24h 后，无论场强如何变化木瓜蛋白酶的活性都减少了 85%。随着脉冲数的增加，木瓜蛋白酶的活力也降低。PEF 引起木瓜蛋白酶失活的主要原因是破坏其 α – 螺旋结构。PEF 对蛋白酶的失活作用还与蛋白酶的介质有关。

1.5.8　其他酶制剂对蛋白酶效率的影响

有文献表明，蛋白质酶解过程中添加纤维素酶、果胶酶、半纤维素酶可提高蛋白酶的酶解效率。如湖北工学院生物工程系邱雁临对单酶和双酶水解啤酒糟蛋白及添加纤维素酶预处理原料等进行了对比试验，发现用纤维素酶预处理原料可提高啤酒糟蛋白酶解率 10% 以上。湖北工学院生物工程系王金华在水解蚕蛹蛋白过程也发现了类似的规律，将纤维素酶加入到木瓜蛋白酶酶解蚕蛹蛋白过程中，可使酶解液中氨态氮含量提高 9% ~11%，与不加纤维素酶的对照处理之间有明显的差异显著性（p < 0.05）。Nestec S. A. 的研究者发现风味蛋白酶与半纤维素酶共同作用时，水解产物中谷氨酸含量明显增多。

编者在 10t 酱油发酵液中添加了 2kg 果胶酶、纤维素酶和木聚糖酶的混合物，采用天然晒制法发酵两个月后进行压榨，发现酱油原油中氨基氮含量提高了 5% ~9%，总氮含量提高了 3% ~5%，还原糖含量提高了 10% ~15%，压榨酱油渣中总氮含量降低了 3%，压榨后酱油原油重量增加 0.4t。这表明酱油天然晒制法发酵过程中添加纤维素酶和木聚糖酶可提高大豆蛋白的发酵效率。

1.6　酶制剂的安全性

酶制剂作为食品添加剂的一种，广泛应用于食品加工过程中，其安全性在日益严重的食品安全问题中逐渐凸显出来。酶的安全性包括三个方面：酶制剂作为一种广泛使用的食品配料和食品添加剂，其本身的安全性问题；酶制剂在食品加工过程中对操作者健康造成的影响；酶制剂对包装材料的安全性要求。下面拟对酶制剂近年来在食品工业中的安全问题作简单介绍。

1.6.1　酶制剂产品的安全性要求

对酶制剂产品的安全性要求，联合国粮食及农业组织（FAO）和世界卫生组织（WHO）食品添加剂专家委员会（Joint FAO/WHO Export Committee on Food Additives，JECFA）早在 1978 年 WHO 第 21 届大会就提出了对酶制剂来源安全性的评估标准：

（1）来自动植物可食部位即传统上作为食品成分，或传统上用于食品的菌种所生产的酶，如符合适当的化学与微生物学要求，即可视为食品，而不必进行毒性试验。

（2）由非致病的一般食品污染微生物所产的酶要做短期毒性试验。

（3）由非常见微生物所产生的酶要做广泛的毒性试验，包括老鼠的长期喂养试验。

这一标准为各国酶的生产提供了安全性评估的依据。生产菌种必须是非致病性的，不产生毒素、抗生素和激素等生理活性物质，菌种需经各种安全性试验证明无害才准许用于酶制剂的生产。对于毒素的测定，除化学分析外，还要做生物分析。

英国对添加剂的安全性是由化学毒性委员会（COT）进行评估的，并向食品添加剂和污染委员会（FACE）提出建议。COT 成员关心的是菌种毒性问题，建议微生物酶制剂至少要做 90d 的老鼠喂养试验，并以高标准进行生物分析。COT 认为菌种改良是必要的，但每次改良后应做生物检测。

美国对酶制剂的管理制度有两种：一是符合 GRAS（General Recognized As Safe）物质；二是符合食品添加剂要求。被认为 GRAS 物质的酶制剂，在生产时只要符合良好操作规范（Good Manufacturing Practice，GMP）就可以。而认为食品添加剂的酶，在上市前须经批准，并在美国联邦法规（The Code of Federal Regulation，CFR）上登记。申请 GRAS 要通过两大评估，即技术安全性和产品安全性试验结果的接受性评估。GRAS 的认可除美国食品和药物管理局（FDA）有权进行外，任何对食品成分安全性具有评估资格的专家也可独立进行评估。

在美国，用以生产食品酶制剂的动物性原料必须符合肉类检验的各项要求，并执行 GMP 生产，而植物原料或微生物培养基成分在正常使用条件下进入食品的残留量不得有碍健康。所用设备、稀释剂、助剂等都应是适用于食品的物质。须严格控制生产方法及培养条件，使生产菌不至成为毒素与有碍健康的来源。微生物食品酶制剂生产协会（AMFEP）于 1994 年根据英国化学法典（Food Chemical Code，FCC）的意见制订酶制剂的最低化学与微生物指标为 As $< 3 \times 10^{-6}$ g/g；Pb $< 10 \times 10^{-6}$ g/g；重金属 $< 40 \times 10^{-6}$ g/g；真菌毒素：阴性；抗生素：阴性；大肠菌群 < 30 CFU/g；大肠杆菌：阴性/CFU25g；沙门氏菌：阴性/CFU25g；总活

菌数<50000CFU/g。中国食品监督检验所制订的指标基本上是参照以上标准制定的。

　　食品中应用的绝大部分酶制剂其化学本质是蛋白质，与其他蛋白质一样，一般并无毒副作用，但是，食品工业用酶制剂主要是靠微生物发酵生产的，酶制剂生产过程的每一个环节均可对酶制剂的安全性产生重大影响，所以对微生物菌种的监控是保证产品高效、安全的关键；其次，有害微生物及重金属污染也是酶制剂产品安全性的重大隐患；最后，由于基因重组等高新技术在菌种改造中的应用，给酶制剂的发展开拓了很大的发展空间，但由于这项技术及其应用尚未十分完善，对基因工程菌株的安全性评价问题尚待解决，酶制剂产品使用的安全性也无法在短期内确证，所以，利用基因重组甚至转基因技术改造菌种来生产酶制剂时，要充分认识该技术的安全性和可靠性，由此而产生的对人体健康的影响也要经长期的考察。

　　根据《食品安全国家标准　食品工业用酶制剂》（GB 25594—2010）的规定：酶制剂是由动物或植物的可食或非可食部分直接提取的，或由传统或通过基因修饰的微生物（包括但不限于细菌、放线菌、真菌菌种）发酵、提取制得的，用于食品加工，具有特殊催化功能的生物制品。GB 25594—2010还对生产酶制剂的原料进行了要求：用于生产酶制剂的原料应符合良好的生产规范或相关要求，在正常使用条件下不应对最终食品产生有害健康的残留污染。来源于动物的酶制剂，其动物组织应符合肉类检疫要求。来源于植物的酶制剂，其植物组织不得霉变。微生物生产菌种应进行分类学和（或）遗传学的鉴定，并应符合有关规定。菌种的保藏方法和条件应保证发酵批次之间的稳定性和可重复性。酶制剂的重金属残留和微生物指标需满足表1.27的要求。

表1.27　　　　　　　　　　酶制剂的重金属残留和微生物指标

项目		指标	检验方法
铅（Pb）含量/（mg/kg）	≤	5	GB 5009.12—2017
无机砷含量/（mg/kg）	≤	3	GB 5009.11—2014
菌落总数/（CFU/g或CFU/mL）	≤	50000	GB 4789.2—2016
大肠菌群/（CFU/g或CFU/mL）	≤	30	GB 4789.3—2016平板计数法
大肠杆菌（25g或25mL）		不得检出	GB 4789.38—2012
沙门氏菌（25g或25mL）		不得检出	GB 4789.4—2010

　　由基因重组技术的微生物生产的酶制剂不应检出生产菌。微生物来源的酶制剂不得检出抗菌活性。

　　我国《食品安全国家标准　食品添加剂使用标准》（GB 2760—2014）

规定微生物蛋白酶可来源于以下微生物：寄生内座壳（栗疫菌）（*Cryphonectria Parasitica*）、地衣芽孢杆菌（*Bacillus Licheniformis*）、黑曲霉（*Aspergillus Niger*）、解淀粉芽孢杆菌（*Bacillus amyloliquefaciens*）、米曲霉（*Aspergillus Oryzae*）、米黑根毛霉（*Rhizomucor miehei*）、乳克鲁维酵母（*Kluyveromyces lactis*）、枯草芽孢杆菌（*Bacillus Subtlis*）、微小毛霉（*Mucor pusillus*）、蜂蜜曲霉（*Aspergillus melleus*）等。

1.6.2　酶制剂对操作者健康造成的影响和控制

根据肥皂和洗涤剂协会（SDA）资料可知："暴露于酶中可能会引起疼痛或呼吸道过敏。"暴露于酶中的主要途径有：与皮肤和眼睛接触、吸入。酶中的安全性方案的目的是预防通过这些途径使人在酶中的暴露，通过安全产品设计、机械控制、安全操作和自我保护装置等方法进行酶的安全处理。

（1）与皮肤和眼睛接触　蛋白酶能把复杂的蛋白质分解成简单的物质。皮肤和眼睛一旦与它接触就会产生疼痛感，其他类型的酶无刺激作用或很少对人体产生刺激。因此，为安全起见，必须查阅每种产品的原材料数据库以获取数据资料，并将人体暴露的部分用手、眼睛保护器和防护性织物加以保护。当暴露不能连续进行时，疼痛感就会消失，还没有明确的证据来证明酶过敏是由皮肤接触引起的。

（2）吸入　正如呼吸系统外的蛋白质，反复地吸入含有烟雾剂（尘埃和雾）的酶制剂时可能会引起某些人的呼吸道过敏。呼吸道过敏亦称作第一类快速超敏性，它的发展主要有两个阶段：第一阶段称作敏感性，即人体吸入了诸如酶制剂、灰尘或花粉之类引起的过敏，正如 SDA 所述，"如果吸入了大量的酶制剂，人体就会意识到酶制剂是一种异体，从而就会产生过敏性抗体，一旦产生，就认为人体敏化了。"但是，因为在这一阶段并没有过敏性症状出现，所以敏化并不是一种疾病。在第二阶段，敏化的人再次暴露于酶之类的过敏性物质中，它就有可能引起临床过敏症关，酶制剂引起的过敏症状与尘埃、动物皮屑或花粉引起的过敏症状无任何区别，症状有：喷嚏、充血、咳嗽、流泪或流鼻涕。若单纯是由于酶制剂吸入而产生的这些症状，中断暴露后即可消失。但并非所有敏感的人都能产生过敏症状，它的形成依赖于个人的敏感性和所暴露酶的浓度。

酶制剂安全性方案的目的是为了将操作人员暴露于酶制剂中的量控制在对人体健康有害的浓度之下，安全性方案包括以下几个因素：酶制剂的产品形式、机械控制和自我保护装置。

酶制剂的物理形式极大地影响着气溶胶形成的潜在性，因此，产品的形式决定了所选择的工程控制、处理过程和保护装置，从而为使用者提供足够的保护。酶制剂气溶胶可能以液滴、雾、固体颗粒或尘埃等形式存在，粉状酶制剂很容易气溶胶化，所以其暴露在潜在性最大，为了避免粉状酶释放进入大气中，必须将其胶囊化。尽管它们成灰性很低，但不能将它压碎，当将液状酶制剂装入容器或清除溢出物时，任何机械搅拌都可能气溶胶化。

工程控制是为特殊的产品及加工过程所设计的，有经验的通风设备专家应对控制措施进行评价和设计。方案的关键组成包括对工厂和装置的设计、性能的鉴定、系统的维护、加工过程的设计和过程变化的管理。工程控制中以包覆或废气排放控制酶制剂的接触是最为有效的方法，将包覆和废气排放并用，有助于制备中与操作者相分离，主要应用于以下区域：酶制备中添加酶的地方、材料输送地和含酶制剂产品打包中。

在实践应用中控制酶气溶胶也是很重要的，它通常与工程控制、保护装置并用，在操作中确保无明显的尘埃或再溢流现象，尽可能减少皮肤的接触，避免延长设备的临时补修时间，预防气溶胶的形成。酶制备的每一个加工点应有好的内部管理和工作经验，避免酶气溶胶的形成和直接与皮肤接触是很重要的。安全操作包括：正确的酶输送、清理过程、溢出物的清理和良好的个人卫生，溢出物不应用刷子刷，应用水洗设备，并且进行良好的维修，且保持良好的个人卫生。有关酶对健康的影响，对员工及老板都应进行入门和持续教育，以便更好地理解和遵守操作安全。

1.6.3　酶制剂对包装材料的安全性要求

低分子质量物质（如单体、低聚物、降解产物）从聚合物包装材解析下来或者迁移至食品中，在食品被摄食时它们就会称为一个严重的问题，即会影响包装内容物的安全性和内容物的质量，如通过感观可辨别的变化（气味和/或口味）或中毒现象表现出来。

目前研究表明：大部分酯类塑料材料如己二酸酯、乙二醇酯、丁二醇酯等，在与蛋白酶接触后，其酯键均有可能受到蛋白酶的水解作用而释放出来，迁移进入食品体系，从而导致食品的安全性问题。

参考文献

［1］ 崔春，赵谋明，胡庆玲，等. 一种植物蛋白脱酰胺的方法：201310322937.6［P］.

［2］ 崔春，赵谋明，钟鸿波，等. 地衣芽孢杆菌及其应用：201310214063.2［P］.

［3］ 崔海英. 牡蛎酶解产物胰蛋白酶抑制活性的研究［D］. 青岛：中国海洋大学，2005.

［4］ 马海乐，骆琳，何荣海，等. 一种提高蛋白酶利用效率的方法：ZL 200810235768.1［P］.

［5］ 邱雁临. 纤维素酶对啤酒糟蛋白酶解率的影响［J］. 粮油加工与食品机械，2001（7）：39－40.

［6］ 钟泓波，郁惠杰，雷芬芬，崔春. 产蛋白酶深海细菌的筛选及其蛋白酶酶学性质［J］. 食品与发酵工业，2013，39（8）：108－112.

［7］ 郁惠杰，钟泓波，雷芬芬，崔春. 产蛋白酶海洋细菌的筛选、鉴定及发酵培养基的研究［J］. 食品工业科技，2013，34（24）：181－185.

［8］ 彭志英，食品酶学［M］. 中国轻工业出版社，2002.

［9］ 陶慰孙，李惟，姜涌明，等. 蛋白质分子基础［M］. 人民教育出版社，1981.

［10］ 伍先绍，贺稚非，刘琳，等. 碱性蛋白酶产生菌株的筛选及其酶学性质研究进展［J］. 中国食品添加剂，2008，（03）：58－61

［11］ 王金华，夏服宝. 酶解蚕蛹蛋白制备氨基酸饮料［J］. 粮油加工与食品机械，2003（7）：61－63.

［12］ 王金水，赵谋明，杨晓泉. 酶解产物对小麦面筋蛋白酶水解过程抑制作用的研究［J］. 河南工业大学学报：自然科学版，2005，26（4）：5－8.

［13］ 吴静，闵柔，邬敏辰，等. 羧肽酶研究进展［J］. 食品与生物技术学报，2012，31（8）：793－801.

［14］ 胡爱军，郑捷. 大豆蛋白酶解技术比较［J］. 精细化工，2005，22（6）：461－463.

［15］ 闫爱新. 有机溶剂中蛋白酶催化形成肽键及非肽类酰胺键的研究［D］. 北京大学，2001.

［16］ 付静. 食品外肽酶的研究进展［J］. 食品科学，2013，34（7）：349－354.

［17］李礼，姜旭淦. 谷氨酰内切酶的催化特性研究与应用进展［J］. 江苏大学学报：医学版，2012（1）：83－85.

［18］郑元平，袁康培，朱加虹等. 微生物酶制剂在食品工业中的应用与安全［J］. 食品科学，2003，24（8）：256－260.

［19］Adler - Nissen J.. Enzymatic hydrolysis of food protein［M］. London：Elsevier applied science publishers，1986：12－14.

［20］Anwar A，Saleemuddin M. Alkaline proteases：a review［J］. Bioresource Technology，1998，64（3）：175－183.

［21］Bee Gim Lim，Thang Ho Dac. Production of hydrolysate seasoning：US6569476B2［P］.

［22］Cheison S C，Lai M Y，Leeb E，et al. Hydrolysis of β - lactoglobulin trypsin under acidic pH and analysis of the hydrolysates with MALDI - TOF - MS/MS［J］. Food Chemistry，2011，125（4）：1241－1248.

［23］Cheison S C，Schmitt M，Leeb E，et al. Influence of temperature and degree of hydrolysis on the peptide composition of trypsin hydrolysates of β - lactoglobulin：analysis by LC - ESI - TOF/MS［J］. Food Chemistry，2010，121（2）：457－467.

［24］Donald E. Bowman. Limited proteolysis patterns of the B chain of insulin［J］. Biochemical and Biophysical Research Communication，1979，87（1）：78－84.

［25］F B，A F，H F，et al. Reduction of immunoreactivity of bovine beta - lactoglobulin upon combined physical and proteolytic treatment［J］. Journal of Dairy Research，2003，70（1）：51－59.

［26］I Schechter，A Berger. On the size of the active site in proteases. I. Papain［J］. Biochemical & Biophysical Research Communications，1967，27：157－162.

［27］Jr Koshland D. Correlation of structure and function in enzyme action.［J］. Science，1963，142：1533－1541.

［28］N. A. Hardt，A. J. van der Goot，R. M. Boom. In fluence of high solid concentrations on enzymatic wheat gluten hydrolysis and resulting functional properties［J］. Journal of Cereal Science，2013（57）：531－536.

［29］Koaze Y，Goi H，Ezawa K，et al. Fungal proteolytic enzymes［J］. Agricultural and Biological Chemistry，1964，28（4）：216－223.

［30］Kato A，Tanaka A，Lee Y，et al. Effects of deamidation with chymotrypsin at pH 10 on the functional properties of proteins [J]. Journal of Agricultural & Food Chemistry, 2002, 35 (2): 285 –288.

[31] Perea A, Ugalde U. Continuous hydrolysis of whey proteins in a membrane recycle reactor [J]. Enzyme and Microbial Technology, 1996, 18 (1): 29 –34.

[32] Gonzàlez – Tello P, Camacho F, Jurado E, et al. Enzymatic hydrolysis of whey proteins: I. Kinetic models [J]. Biotechnology and Bioengineering, 1994, 44 (4): 523 –528.

[33] Roland J. Siezen, Jack A. M. Leunissen. Subtilases: the superfamily of subtilisin – like serine proteases [J]. Protein Science, 1997, 6: 501 –523.

[34] Rawlings N D, Barrett A J, Bateman A. MEROPS: the database of proteolytic enzymes, their substrates and inhibitors [J]. Nucleic acids research, 2012, 40 (D1): D343 –D350.

[35] Ye M, Pan Y, Cheng K, et al. Protein digestion priority is independent of protein abundances [J]. Nature methods, 2014, 11 (3): 220 –222.

[36] Y. Koaze, H. Goi, K. Ezawa, Y. Yamada, T. Hara. Fungal proteolytic enzymes. Part I. Isolation of two kinds of acid – proteases excreted byAspergillus niger var. macrosporus [J]. Agricultural and Biological Chemistry, 1964, 28 (4): 216 –223.

[37] Takahashi K. The specificity of peptide bond cleavage of acid proteinase A from aspergillus niger var. macrosporus toward oxidized ribonuclease A [J]. Bioscience Biotechnology & Biochemistry, 1997, 61 (2): 381 –383.

[38] Svendsen I, Breddam K. Isolation and amino acid sequence of a glutamic acid specific endopeptidase from Bacillus licheniformis [J]. European Journal of Biochemistry, 1992, 204 (1): 165 –171.

2 食物蛋白质酶解工程技术基础

蛋白质酶解工程技术研究可分为上游工程、中游工程、下游工程及辅助工程四部分。上游工程包括蛋白酶菌种选育、发酵工艺优化、酶制剂的提取和制备以及物料的运输和原料的预处理。中游工程包括酶解罐设计、选型和计算、酶解工艺优化、酶解过程检测、酶解过程动力学等。下游工程包括酶解产物提取、分离和精制。辅助工程包括水处理与供水系统、加热与制冷等。本章将围绕食物蛋白质酶解工程的中游和下游工程中的相关基础理论和关键技术进行论述。

2.1 食物蛋白质酶解工艺及设备

2.1.1 蛋白质酶解过程控制

2.1.1.1 蛋白酶酶制剂的剂型和使用

为了适应各种需要，并考虑到经济和应用效果，酶制剂常以四种剂型供应：液态酶制剂、固态酶制剂、纯酶酶制剂和固定化酶制剂。商品化蛋白酶酶制剂主要以液态酶制剂和固态酶制剂为主。液态蛋白酶酶制剂包括稀酶液和浓缩酶制剂，稀酶液一般在除去菌体等杂质后，不再纯化而直接制成，比较经济，但不稳定，且成分复杂，只适合直接使用，如酶清。浓缩酶制剂一般是将发酵液低温真空浓缩，或超滤浓缩等方法减少水分，加入甘油等多元醇、醋酸钠、牛血清蛋白（BSA）、硫酸钠等稳定剂制成，具有蛋白酶活力高，稳定性好，适合长期保存的特点。这些辅料具有稳定酶制剂活力、避免蛋白酶在保存过程中失活和提高蛋白酶热稳定性的作用，如牛血清蛋白对碱性蛋白酶的热稳定性有明显提升作用，如表2.1所示。固态酶制剂生产方式多样，有的是发酵液经过杀菌后直接冷冻干燥、粉碎而成；有的是发酵液超滤去除菌体后浓缩，在酶粉中添加不具活力的盐类和其他无害无毒添加物制成的粉状酶制剂；有的则是添加特定颗粒大小的小麦粉、麦芽糊精、食盐等填充料；还有的则是冷冻干燥后，粉碎而成。颗粒状酶制剂是将粉状酶通过造粒技术制作成具有一定形状的颗粒，粉颗粒均匀，无结块。固态酶制剂便于运输、储存。

表 2.1　BSA 对 *P. chrysogenum* 碱性蛋白酶的稳定性影响

BSA 浓度/（μg/mL）	60℃保温 30min 后残留蛋白酶活力	BSA 浓度/（μg/mL）	60℃保温 30min 后残留蛋白酶活力
0	11	2.0	102
0.5	68	5.0	105
1.0	72	10.0	100

　　液态酶制剂在使用时可直接添加到酶解罐中。固态酶制剂在使用时，宜先与食品蛋白质原料混合均匀后，再直接添加到酶解罐中。

2.1.1.2　食物蛋白质资源预处理

　　食物蛋白质资源预处理的目的多样，包括杀灭致病菌、改变蛋白质的空间结构以实现酶解产物分子质量的控制、提高蛋白质资源的酶解敏感性、富集特定分子质量或特定肽段、满足后续酶解的特殊要求等。大量研究文献表明对食物蛋白质资源进行预处理可提高蛋白质酶解效率、控制酶解产物分子质量分布、改善酶解产物风味和功能特性以及获得特定一级结构的肽段。常见的预处理方法分为物理处理和化学处理，包括热处理、均质处理、粉碎处理、高压均质处理、化学改性处理、初分离等，其中以热处理最为常见。

　　热处理对植物蛋白质和动物蛋白质的酶解效率明显不同。目前普遍接受的观点是：热处理不利于动物蛋白蛋白质的酶解，而适当的热处理可提高植物蛋白质的酶解效率。这可能是因为动物蛋白蛋白质（肌球蛋白、肌动蛋白）富含巯基（—SH），而植物蛋白蛋白质（如小麦面筋蛋白、大豆球蛋白）中巯基主要以 S—S 键形式存在，所以动物蛋白蛋白质经热处理后，往往导致 SH 破坏（半胱氨酸、胱氨酸间氧化缩合），形成更稳定的 S—S 键，不利于水解酶的作用，引起蛋白质消化性下降。此外，动物蛋白质和植物蛋白质加热后，蛋白质二级结构和聚集状态改变也会影响其酶解效率。

　　在以酪蛋白为原料生产酪蛋白磷酸肽时，对酪蛋白进行热处理可降低原料微生物基数，为后续低温选择性水解奠定基础；对大豆蛋白酶解而言，适当的热处理可降低酶解产物的平均分子质量；在以酵母细胞为原料生产酵母抽提物时，高压均质预处理（40MPa 均质两次）可破碎酵母细胞壁，显著提高酵母酶解液的氨态氮、总氮、总糖和 I + G 含量；对小麦面筋蛋白而言，脱酰胺可显著提高面筋蛋白酶法敏感性，脱酰胺度为 60% 的小麦面筋蛋白经胰酶水解 10h 后，其蛋白质回收率提高 20% 以上，水解度提高 5% 以上，水解产物中谷氨酸含量显著增加。在制备生物活性肽时，对食物蛋白质资源进行初步分离，富集富含目标肽段的蛋白质组分是制备富含生物活性肽的有效手段。

2.1.1.3　蛋白质酶解工艺参数控制

控制五个酶解参数可以获得理想的水解度，这五个酶解参数分别是：酶解液中蛋白质浓度、酶料比、pH、酶解温度和酶解时间。适宜的蛋白质浓度要从技术和经济角度进行考虑，蛋白质浓度高将会造成料液的高黏度，致使酶解液中存在不溶解的蛋白质、蛋白酶和产物的扩散困难、传热不均匀。此外，搅拌高浓度的酶解液势必会产生大量的气泡，这将对后续的热处理和过滤产生影响。蛋白质浓度低会影响产率，致使设备产出低下。在多数酶解工艺中，蛋白质的浓度通常为 8% ~15%。高浓蛋白质酶解技术将在第 3 章和第 7 章进行详细讨论。

酶料比是酶制剂添加量与物料蛋白质质量的比值。一般经验是，酶料比越高，水解速度越快，相同时间下水解度越高。在商业化生产中，酶料比取决于水解度、水解时间以及生产成本。在酶解过程中，水解度可通过 pH – stat 法、游离氨态氮与总氮的比率（AN/TN）、对苯二醛法等方法进行监测。各种方法的优缺点将在 2.4 中阐述。

酶解温度和 pH 不仅影响蛋白质酶解反应的速度，而且也会对蛋白质的酶切位点产生影响，详见 1.4.6 和 1.4.7。为了避免应用防腐剂来抑制水解过程中的微生物生长，经 pH 调节的蛋白质溶液可经过 UHT 处理，然后再冷却至最佳酶解温度。在大多数商业生产过程中，酶解温度一般在 37 ~60℃，以进一步规避微生物风险。在最初的酶解阶段，酶解速度相当快，之后逐渐下降，一般呈曲线上升过程。酶解液的 pH 主要由蛋白酶的最适 pH 值决定。对酸性蛋白酶而言，酶解液的 pH 一般在 2.0 ~ 5.0，对中性蛋白酶和碱性蛋白酶而言，其水解 pH 一般在 5.5 ~9.0。

酶解时间是影响酶解产物水解度、理化特性和生理活性的另一重要参数。一般的规律是，随着水解时间的延长，水解度提高，蛋白质被降解为多肽、各种寡肽和游离氨基酸。从酶解产物的化学组成来看，完整的蛋白质含量下降，游离氨基酸含量增加，各种多肽和寡肽的生成和降解同时进行，此消彼长。酶解时间对酪蛋白的胃蛋白酶水解液中 ACE 抑制肽含量的影响，如表 2.2 所示。

表 2.2 　　酶解时间对水解液中 ACE 抑制肽含量的影响

水解时间/h	RYLGY 含量/ （mg/g）	AYFYPEL 含量/ （mg/g）	IC_{50}/ （μg/mL）	游离氨基含量/ （mmol Leu/mL）
1	0.08a ± 0.01	1.61a ± 0.03	77.0a ± 11.4	20.20a ± 1.34
2	0.21a ± 0.01	2.46b ± 0.06	63.7a ± 9.5	24.63ab ± 0.21
3	0.40b ± 0.01	3.04c ± 0	65.8a ± 10.7	23.68ab ± 1.84
4	0.76c ± 0.05	3.80d ± 0.01	69.8a ± 26.2	29.05b ± 1.65
5	1.05d ± 0.08	4.01d ± 0.01	58.6a ± 4.9	29.29b ± 2.49
6	1.32e ± 0.04	4.11d ± 0.07	62.1a ± 2.9	30.54b ± 2.21
8	1.51f ± 0.01	3.90d ± 0.19	70.1a ± 13.5	31.10b ± 1.59

由表 2.2 可见，随着时间的延长，游离氨基酸含量不断增加，水解物中 ACE 抑制肽 RYLGY 的含量在 8h 时达到最大值，而 AYFYPEL 的含量在水解 6h 达到最大值，水解物的 IC_{50} 值在 5h 时达到最小值。

2.1.1.4　酶解罐的设计要求

食品级蛋白质酶解物的商业化生产一般采用大型酶解反应器，也称作反应罐。食物蛋白质的水料液与酶制剂混合于酶解反应罐中，并保持合适的温度与 pH 直到目标水解度达到。目前国内酶解反应罐都配有搅拌装置和保温装置，体积以 8～20t 为主。众所周知，大多数情况下食物蛋白质的酶解是一个有菌条件下的非均一相的复杂生化过程，因而，反应罐的设计需要考虑食物蛋白质酶解温度和 pH 的控制、进料和出料方便、充分搅拌以便于底物和产物的扩散、方便清洗和杀菌。在有些特定情况下，还需要考虑在罐底通入无菌压缩空气，利用气体的扩散进行氧的传递和产物的扩散。因此，酶解反应罐的几何尺寸中反应罐的 H/D 是重要的技术参数，对搅拌的效率、氧气的利用率均有影响。此外，罐体的设计还需要考虑工厂布局和厂房的高度，因此，反应罐的 H/D 之比，既有工艺的要求，也必须综合经济和工程问题考虑后予以确定。

酶解过程中，可用 70～80℃ 的热水在搅拌的情况下溶解食物蛋白质原料，其优点在于：① 对食物蛋白质原料进行初步杀菌；② 高温下蛋白质溶液黏度低，溶解速度较快。食物蛋白质原料分散溶解均匀后，再将溶液的 pH 调整到蛋白酶的最佳 pH。在制备功能性食品配料时，要慎重选择应用何种酸或碱来调整基料的 pH，以免使最终产品的矿物元素超标。例如，当酪蛋白应用于制备具有降血压效果的酶解物时，应采用氢氧化钾对酪蛋白基料进行 pH 调节时要注意钠不能超过最终产品的标准要求。在以低值烟叶为原料，通过深度酶解、美拉德反应制备烟用香精时，采用柠檬酸和氢氧化钾来调节 pH，两者的中和产物具有助燃、降低烟气中一氧化碳含量的作用。

2.1.2　酶解液的灭酶

当所期望的水解度达到后，酶解反应应被迅速终止。两种方法可使蛋白酶失活：调整酶解液 pH 灭酶和热灭酶。在调整溶液 pH 灭酶中，溶液 pH 应迅速调整至蛋白酶不可逆丧失活性的水平，并保持 30~45min 以确保酶的完全失活。例如，碱性蛋白酶在 50℃，pH 为 4.0~4.2 保持 30min 就可以完全失活；黑曲霉酸性蛋白酶在 50℃，pH 为 7.0 以上保持 30min 就可以使之完全失活。常使用的酸有盐酸、磷酸、苹果酸、乳酸以及任何食品级酸来调整酶解液的 pH。常采用的碱有：氢氧化钠、氢氧化钾和氢氧化钙以及任何食品级碱来调整酶解液的 pH。调整溶液 pH 灭酶是非常方便的，可使酶活性快速丧失。然而，它却是商业化生产蛋白质酶解物中最不常用的灭酶方法，因为中和过量的酸、碱会带来大量氯化钠或氯化钾的形成，由此产生的脱盐过程势必会增加成本。脱盐，一般应用电渗析方法，但这种方法脱盐不充分，只是最终的水解物含有过量的阳离子与阴离子，对最终制备营养食品造成困难。此外，酶解液本身是一个缓冲体系，中和操作耗时长，且需要有一定的操作经验。调整溶液 pH 灭酶仅用于热敏性蛋白物料的灭酶。

热灭酶是商业化生产中应用最为广泛的灭酶方法。有些酶，例如胰蛋白酶，对酸性条件稳定性较好，热处理成了唯一可行的灭酶方法。商品化的生产蛋白质酶解液的热灭酶常采用以下两种方法：① 将酶解反应罐加热至 85~95℃，保持 15~30min。由于酶解反应罐普遍采用夹层蒸汽加热，从酶解温度加热到灭酶温度耗时较长，在选择灭酶时间时需要把这一误差计算在内。② 将酶解液在短时间内通过相对高温的热交换器，然后迅速冷却，以避免不期望的一些副反应发生（例如美拉德反应）和营养成分的损失。通常，大多数蛋白酶经 110~120℃ 温度下十几秒至几分钟时间的作用便失去活力。

热灭酶对酶解液的风味有明显的影响，其原因是热灭酶促进了酶解液的美拉德反应。酶解液的美拉德反应见 2.3.2。

2.1.3 酶解液的后处理

2.1.3.1 酶解液的分离、精制

（1）酶解液的分离 食物蛋白质原料往往还含有碳水化合物（细胞壁）、脂肪、矿物质（如骨头），酶解过程中蛋白质降解成可溶性蛋白质、小分子肽和游离氨基酸溶于水中，其他组分则悬浮于酶解液表面或沉淀于酶解液底部，因此大部分情况下灭酶后的酶解液需要进一步分离、精制才能进行进一步应用于食品配料中。工业上，酶解液可通过振动筛、离心机、板框过滤、硅藻土过滤等分离设备中的一种或多种进行分离处理，视酶解液的澄清要求以及酶解残渣的用途而定。如在面包酵母酶解液的分离工艺中，经过灭酶处理的酵母酶解液直接通过碟片离心机，分为轻相（酶解上清液）和重相（酵母细胞壁）；在罗非鱼骨架酶解液的分离工艺中，经过灭酶处理的罗非鱼骨架酶解液首先通过振动筛去除鱼骨头，再通过板框过滤去除酶解液中悬浮物和小颗粒，得到酶解清液。对于肉类蛋白，如猪肉、牛肉、鱿鱼等高价值原料，酶解结束后一般利用胶体磨将酶解残渣粉碎、乳化后直接应用，以最大限度的利用蛋白质原料。

一般情况下，分离得到的酶解残渣要经水进一步冲洗以回收可溶性酶解物。经冲洗后的酶解残渣一般水分含量较高，在60%~80%，蛋白质含量低，易腐败变质，价格低廉。通过高压压榨结合干燥技术可高效去除酶解残渣中的水分，提高酶解残渣的蛋白质含量，延长储存期，提升酶解残渣价值。

在对酶解残渣进行分析测定时，应特别注意酶解残渣的不均一性。实验室规模配制大豆蛋白浓度为8%，Alcalase 添加量为 18AU/kg，pH 为8.0，酶解温度为50℃，在水解度达到10.0时终止反应，离心分离上清液和酶解残渣。对酶解残渣的顶层、中层和底层分别测定蛋白质含量、干物质含量以及蛋白占干物质的比例，结果如表2.3所示。

表 2.3	大豆蛋白酶解残渣的蛋白质含量及干物质含量		单位:%
	蛋白质含量	干物质含量	蛋白占干物质比例
顶层	18.3	23.7	77
中层	13.6	27.1	50
底层	13.7	33.1	41

由表 2.3 可见，大豆蛋白酶解残渣顶层、中层和底层的蛋白质含量、干物质含量以及蛋白质占干物质比例差异明显。其中顶层酶解残渣的蛋白质含量最高，底层蛋白质含量最低；与之相反，顶层酶解残渣的干物质含量最低，底层蛋白质含量最高。

（2）酶解液的精制　许多蛋白质酶解物都经过活性炭处理的过程，这个单元操作对于生产低过敏性蛋白质酶解物相当重要，因为活性炭可以去除高分子质量的易于引起过敏的多肽。经活性炭处理，还会改善产品的色泽，去除一些不良气味和苦味。一些芳香族氨基酸会吸附在活性炭上。例如，经胰蛋白酶深度酶解的大豆蛋白，其氨态氮与总氮比（AN/TN）为 0.48，经活性炭处理后，发现色氨酸损失 70% ~ 80%，苯丙氨酸和酪氨酸也损失 18% ~ 20%。活性炭处理一般是悬浮一定量的活性炭（1% ~ 2%，以蛋白质计算）于酶解液中，在 45 ~ 55℃温度下保持大约 30min。悬浮的活性炭经板框过滤器或硅藻土过滤器等类似设备过滤回收。

膜过滤是一种与膜孔径大小相关的筛分过程，以膜两侧的压力差为驱动力，以膜为过滤介质，在一定的压力下，当原液流过膜表面时，膜表面密布的许多细小的微孔只允许水及小分子物质通过而成为透过液，而原液中体积大于膜表面微孔径的物质则被截留在膜的进液侧，因而实现对原液中大分子物质去除而达到澄清的效果。超滤是以压力为推动力的膜分离技术。近年来，超滤技术已在许多领域的浓缩、分离过程中得到应用。随着各种性能优良的聚合物膜的开发，潜在的应用领域也日益增加。目前，超滤技术已被广泛应用蛋白质酶解液的分级、分离、去除酶解液中大分子蛋白。编者以狗棍鱼为原料，添加碱性蛋白酶于 50℃水解 2h 得酶解液。采用截留分子质量（CMW）为 1000u 的板式超滤对狗棍鱼酶解产物进行超滤处理，超滤过程采用截留液全回流操作方式，工作压力为 0.1MPa，操作温度为 20℃。酶解液经过超滤处理后，对其截留液和透过液的蛋白质含量和肽含量进行分析，如表 2.4 所示。由表 2.4 可见，超滤处理后，透过液中肽含量相对于狗棍鱼酶解液降低，而截留液中肽含量增加。但如果监测分子质量小于 1000u 肽段含量的变化，可以预计这部分肽段在透过液中含量一定高于狗棍鱼酶解液和截留液。

表 2.4　超滤处理后截留液和透过液组分含量的对比　　　　单位：g/100mL

	总蛋白含量	肽含量	肽含量/%
酶解液	11.42	7.89	69.09
截留液	13.19	10.76	81.58
透过液	8.08	4.68	57.92

注：肽含量为总蛋白含量——游离氨基酸含量。

María del Mar Contreras 等人研究了截留分子质量为 3ku 的超滤膜对酪蛋白胃蛋白酶水解产物中降血压肽含量的影响，如表 2.5 所示。由表 2.5 可见，超滤处理降低了酶解产物中蛋白质的含量，但对降血压肽的含量有明显提高作用。如降血压肽 RYLGY 的含量提高了 60% 以上，降血压肽 AYFYPEL 的含量提高了 10% 以上，酶解产物的 IC50 显著下降。在上述例子中，截留分子质量为 3ku 的超滤膜具有浓缩低分子质量 RYLGY 和 AYFYPEL 的作用。

表 2. 5　　　　　　　超滤对酪蛋白胃蛋白酶水解产物中
降血压肽含量的影响

	干燥方式	蛋白质含量/ %	RYLGY 含量/ mg/g	AYFYPEL 含量/ （mg/g）	IC_{50}/ （μg/mL）
水解液	冷冻干燥	71. 33 ± 1. 55	1. 09a ± 0. 08	5. 46 ± 0. 42	53. 93a ± 4. 47
	喷雾干燥	69. 77a ± 0. 76	1. 20a ± 0. 14	6. 17a ± 0. 59	39. 47a ± 11. 6
3k 透过液	冷冻干燥	50. 93b ± 1. 38	1. 78b ± 0. 08	6. 76 ± 0. 62	29. 54a ± 7. 37
	喷雾干燥	50. 46b ± 2. 02	1. 97b ± 0. 13	7. 43b ± 0. 64	31. 82a ± 4. 79

必须指出的是超滤对酶解产物的影响与其截留分子质量、酶解产物的水解度等因素密切相关。表 2.4 和表 2.5 中超滤膜的截留分子质量较小，酶解产物的水解度也不高，因此经过超滤处理后，蛋白质含量和目标肽含量均发生较大改变。酱油是大豆和小麦及其副产物在微生物酶的催化作用下分解而成并经浸滤提取的调味汁液，可看作大豆和小麦蛋白的米曲霉蛋白酶深度酶解产物，水解度达到 60% 以上。采用截留分子质量为 100ku 的超滤膜对酱油原油 A 和酱油原油 B 进行超滤处理，结果如表 2.6 所示。由表 2.6 可见，超滤处理后酱油 pH、密度、可溶性总固形物、可溶性无盐固形物、氨态氮、总酸和氯化钠含量等指标影响较小，对细菌总数、总固形物等指标影响较为明显。总体来说，酱油原油超滤后，透明性提高、细菌总数显著下降，溶液中总氮含量也有所下降。

表 2. 6　　　　　　　超滤对添加灭菌后酱油理化指标的影响

单位：g/100mL

	原液 A	截留液 A	透过液 A	原液 B	截留液 B	透过液 B
pH	4. 84	4. 84	4. 85	4. 85	4. 84	4. 85
粗略密度/（g/mL）	1. 147	1. 158	1. 146	1. 161	1. 162	1. 161
可溶性总固形物	38. 25	35. 73	37. 97	36. 48	35. 69	36. 34
氯化钠含量	19. 627	19. 217	19. 38	19. 208	20. 046	19. 637

续表

	原液 A	截留液 A	透过液 A	原液 B	截留液 B	透过液 B
可溶性无盐固形物	18.623	16.513	16.59	17.272	15.644	16.703
总固形物	29.761	48.644	29.742	32.978	49.81	30.745
总酸	0.962	1.064	0.983	0.998	1.076	0.979
氨基酸态氮	0.647	0.686	0.640	0.672	0.685	0.672
全氮	1.189	1.234	1.162	1.191	1.257	1.15
铵盐	0.166	0.136	0.161	0.152	0.140	0.148
细菌总数/（CFU/mL）	550	8800	10	1300	12200	<10
大肠杆菌/（MPN/100mL）	<30	<30	<30	<30	<30	<30

超滤还可改善酶解液的色泽、风味、去除酶解液中的微生物、截流高分子质量的易于引起过敏的多肽或生产一些特定分子质量系列的有特定用途的酶解物。采用截留分子质量为 5ku 的超滤膜对珍珠贝酶解液进行超滤，发现透过液澄清度显著提高，腥味减弱，色泽也明显变浅，其原因可能是超滤膜截留了油脂颗粒、疏水性小分子肽聚集物和大分子质量的色素。

近年来，膜反应器应用于食物蛋白质的酶解引起了广泛的关注。膜反应器是一种超滤设备，料液与蛋白酶在反应器中混合，并在酶最大活性的 pH 和温度条件下进行反应。反应混合物经膜过滤后，特定分子质量的多肽被截留。透过液经特定容器收集，其含有可透过膜的多肽和氨基酸。截流部分返回反应器继续参与反应。这样，膜反应器可以使酶解反应变成一个连续的反应过程。其他优点还包括：通过特定型号膜的使用可很好的控制酶解液的分子质量；省去了灭酶过程，因为在反应过程中酶不能透过膜；膜可以重复利用，降低了成本。尽管膜反应器拥有如此多的优点，但尚未见商业化应用的报道。

2.1.3.2　酶解液的干燥技术

酶解液干燥前需进行浓缩，提高酶解液的固形物浓度。常见的工业级的干燥方法主要是喷雾干燥。喷雾干燥的进出风温度的选择不仅涉及到干燥速度和干燥能力，还与酶解液的固形物浓度有关，并影响到酶解物产品的密度、吸湿性和微观结构。同时，喷雾干燥进出风温度应相匹配，进风温度过高或出风温度过低将导致水分散失过快，产品黏壁现象严重，得率下降。山东大学陈秀兰等采用芽孢杆菌属 SM98011 蛋白酶水解牡蛎（*Crassostrea giga*）蛋白，比较了实验室规模、中试规模（100L）

和工业化规模（1000L）下，不同干燥技术对酶解产物氨基酸组成的影响。由表 2.7 可见，实验室规模冷冻干燥、100L 规模喷雾干燥和 1000L 规模喷雾干燥所得到的酶解物在氨基酸组成上差异不大，其中 1000L 规模喷雾干燥的氨基酸损失率最小。

表 2.7　　　规模及不同干燥方式对酶解液氨基酸组成的影响

单位：g/100g

氨基酸组成	实验室规模冷冻干燥	100L 规模喷雾干燥	1000L 规模喷雾干燥	氨基酸组成	实验室规模冷冻干燥	100L 规模喷雾干燥	1000L 规模喷雾干燥
Asp	6.26	6.39	6.63	Cys	0.23	0.22	0.21
Ser	2.69	2.75	2.98	Tyr	0.65	0.65	0.76
Glu	9.15	9.24	9.27	Val	1.52	1.55	1.64
Gly	3.85	3.66	3.51	Met	3.82	3.82	3.94
His	1.71	1.65	1.77	Lys	4.24	4.21	4.42
Arg	7.98	8.40	8.12	Ile	3.91	3.96	4.17
Thr	2.82	2.72	2.76	Leu	6.17	6.30	6.53
Ala	3.70	3.67	3.86	Phe	6.15	5.85	6.28
Pro	2.74	2.76	2.97	合计	67.59	67.80	69.82

2.1.3.3　酶解产物的储存和稳定性

（1）酶解液的储存　精制后蛋白质酶解液营养丰富，含有大量游离氨基酸、寡肽、多肽和蛋白质，是微生物生长的优质培养基，极易腐败变质。因此，酶解液应迅速通过减压浓缩处理至固形物含量达到 65% ~ 80%，直接灌装、包装成品。浓缩过程中的温度和固形物含量要特别注意，以免一些特殊氨基酸结晶。浓缩酶解物也可经过喷雾干燥、冷冻干燥制成粉末。因酶解粉末容易吸潮，故所得粉末通常应用多层聚乙烯袋包装，以免其吸潮。低温、去除包装中氧气等技术手段有利于延长酶解物的保质期。

但在某些情况下，酶解液需要储存长短不一的时间，以满足生产、运输的特殊要求。在生产实践中发现以下保存方法较有效：添加食盐保存、调整酶解液的 pH、升高酶解液的温度等方法。添加食盐保存主要是将酶解液的食盐浓度调整到 18% ~ 20%，以抑制微生物的生长。这一方法主要用在呈味基料及调味品的保存上，因其带来大量的食盐，优点是价格低廉，保存时间较长，且可进一步去除酶解液中的油脂和沉淀。采用有机酸或盐酸调整酶解液 pH 至 4.0 或以下可实现酶解液的短期保存，其缺点是中和产生近 1% 的食盐。升高酶解液的温度仅用于酶解液的短期保存，缺点是导致酶解液的颜色加深。

（2）酶解产物的储存稳定性　食物蛋白酶解产物的储存稳定性受水分活度、储存温度和储存状态等多因素影响。根据食物在室温下的水分活度（A_w）不同，可将食物分为三类：低水分食物（$A_w < 0.6$）、中等水分食物（$0.6 < A_w < 0.85$）和高水分食物（$A_w > 0.85$）。一般而言，水分活度和温度越低，越有利于酶解产物的储存稳定性。对不同水解度的蛋白质水解产物而言，水分活度与水分含量是有一定差异的，如图 2.1 所示。

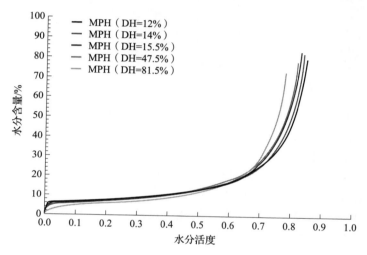

图 2.1　罗非鱼肌纤维蛋白（MPH）水解度对水分活度和水分含量的影响

水分活度对蛋白质酶解产物的影响包括两个方面：① 物理聚集（非共价键交联）；② 化学反应（共价键交联、美拉德反应）。普遍的规律是：在低水分活度下，蛋白酶酶解产物色泽和物理状态较稳定；在较高的水分活度下，蛋白酶酶解产物色泽变深，并发生结团现象。在不同水分活度下，酶解产物的色泽和物理聚集状态会发生变化，如图 2.2 所示。

酶解产物的储存状态也对其稳定性有着举足轻重的影响。多肽和寡肽是蛋白质酶解产物中的主要含氮化合物。下面对多肽和寡肽的储存稳定性进行简单论述。肽的固体形态比相应的液体形态稳定。液体中，溶剂的性质、浓度、pH 及温度对稳定性有很大影响。附着于器壁上，失活、消旋化、氧化、脱酰化、链裂解、形成二酮哌嗪及重排等是导致肽类在溶液中不稳定性的重要因素。固态下，导致化学不稳定性的因素与在溶液中相似（键断裂、形成、重排或取代）。最典型的反应是 Asn 和 Gln 的脱酰基作用、Cys 和 Met 上硫原子的氧化、Cys 二硫键的交换、肽

$A_w=0.05$ $A_w=0.33$ $A_w=0.54$ $A_w=0.76$

$A_w=0.12$ $A_w=0.43$ $A_w=0.64$ $A_w=0.85$

图 2.2　水分活度对酶解产物的储存稳定性的影响

键裂解、β - 消除和二聚化/聚集。湿度、温度和制剂的赋型剂（如多聚物）是影响固体肽和蛋白质的化学不稳定性的重要因素。固态下质子活性对稳定性的影响认为与溶液中的 pH 对稳定性的影响相似。在医药上，肽一般以乙酸盐或盐酸盐的形式进行保存。肽药物的稳定性需要通过其在不同温度、不同时间来确定。

　　酶解产物在储存过程中常见的化学反应包括：美拉德反应、蛋白质氧化、二硫键交联。

2.1.3.4　酶解液中混浊物形成机制及去除

　　在对牡蛎、珍珠贝、大豆蛋白、小麦面筋蛋白等蛋白质资源进行控制酶解时，酶解过程中酶解液常出现浑浊现象。这一现象与所使用的蛋白酶种类、水解度、pH、水解时间、离子强度等因素有关。其中，国外研究小麦面筋蛋白的浑浊现象较多，研究表明面筋蛋白酶解液中形成的浑浊物质能够溶解于尿素和十二烷基磺酸钠（SDS）溶液，据此证明这些物质可能是蛋白质降解产生的肽通过静电相互作用和疏水相互作用形成的，这些肽的分子质量范围在 2000～6000u。

　　酶解液的浑浊程度可用浑浊度来表示，其与混浊物含量、混浊物颗粒的粒径大小有关，可用酶解液在 420nm 的吸光值表示。根据编者经验，酶解过程中酶解液的浑浊度大小与混浊物的粒径大小呈正相关。酶解液中混浊物颗粒大小分布可用纳米级激光粒度仪测定，一般在 200～2000nm，受蛋白质种类、蛋白质水解度、酶制剂种类、热处理条件等多因素影响。SDS 或二硫苏糖醇（DTT）可明显降低酶解液混浊物颗粒的粒径大小，这表明疏水相互作用或二硫键在酶解液中混浊物质形成中扮演了重要角色。

Zeta 电位测定仪（Zeta Potential Analyzer）显示蛋白质酶解液中混浊物表面带负电荷，混浊物颗粒粒径小、负电荷形成的斥力是导致浑浊物质存在于酶解液中不至于沉淀的主要原因。根据这一发现，在酶解液中添加壳聚糖、聚合氯化铝、氯化钙、氯化镁等带正电荷的加工助剂以及活性炭等具有强疏水相互作用的加工助剂可改善酶解液的浑浊现象。

清澈的酶解液在储存过程中也容易析出沉淀，对于水解度较高的酶解液（水解度大于 50%）尤为如此。这些沉淀主要是水溶性较低的氨基酸，主要为酪氨酸和苯丙氨酸。池鱼深度酶解液（水解度为 60%）中沉淀物的总氨基酸组成分析，如表 2.8 所示。在腐乳、黄豆酱等发酵产品中常见的白色结晶即为酪氨酸结晶。添加表面活性剂可抑制酪氨酸形成结晶。

表 2.8　　池鱼深度酶解液沉淀物的氨基酸组成分析　　单位：g/100g

氨基酸名称	含量	氨基酸名称	含量
Tau	0.44	Ser	0.15
Asp	0.24	Glu	0.30
Thr	0.21	Tyr	50.75
Phe	11.03		

2.2　蛋白质酶解产物的功能特性变化

蛋白质及其酶解产物的功能性质（functionality）是指在食品加工、储藏和销售过程中蛋白质对食品特征做出贡献的那些物理和化学性质。其可分为 3 个主要方面：① 水化性质，取决于蛋白质与水的相互作用，包括水的吸收与保留、湿润性、溶胀、黏着性、分散性、溶解度和黏度等。② 蛋白质－蛋白质相互作用有关的性质，指控制沉淀、胶凝和形成各种其他结构时起作用的那些性质。③ 表面性质，指与蛋白质表面张力、乳化作用、起泡特性有关的性质。上述几类性质并不是完全独立的，而是相互间存在一定内在联系的。如胶凝作用不仅包括蛋白质－蛋白质相互作用，而且还有蛋白质－水相互作用；黏度和溶解度是蛋白质－水和蛋白质－蛋白质的相互作用的共同结果。蛋白质及其酶解产物的生物活性是指对生物机体的生命活动有益或具有特殊生理作用的性质。

蛋白质酶解物的大多数功能特性和生物活性很大程度上都与其分子

质量、水解度有关。同时它们也受到所用蛋白酶的专一性、母体蛋白质的一级结构以及水解条件的影响。工艺参数如 pH、离子强度、离子型溶质的类型和浓度，以及加工过程的热处理、回收温度等都会对最终产品中的酶解物的功能特性和生物活性产生显著的影响。特定的功能特性和生物活性起着非常重要的作用并最终决定酶解物的应用。例如，蛋白质酶解物的低致敏性是应用于婴儿食品的一个非常重要的生物活性。

广义上说，蛋白质在水解过程中发生 3 个主要变化：① 可电离基团的增加（游离的氨基和羧基），同时伴随着亲水性和静电荷的增加；② 多肽链分子大小的下降，并导致其抗原性的急剧下降；③ 多肽分子形状的改变导致内部隐藏疏水性基团暴露于水环境中。这些变化的程度将显著地影响到在最终产品中的蛋白质酶解物的功能特性。

因此，酶解产物的功能特性和生物活性主要取决于以下因素：① 蛋白酶的种类和专一性；② 蛋白质的水解度；③ 蛋白质预处理条件；④ 蛋白质水解参数（底物浓度、酶制剂浓度、温度、pH、离子强度、激活剂、抑制剂等）；⑤ 灭酶方法（热灭酶、调整 pH 灭酶、膜处理）。

食物蛋白质经酶法降解得到的蛋白质酶解物拥有一些独特的功能特性，这些功能特性一方面可拓展食物蛋白质的应用范围，另一方面也可能会在食品制造过程中带来一些麻烦。蛋白质酶解物的功能特性包括影响加工过程、储存稳定性、感官品质和最终产品的营养与生物效价的各种物理化学特性。

2.2.1　溶解性

蛋白质是高分子化合物，相对分子质量一般在 1 万 ~ 100 万 u。当蛋白质分子置于溶剂中，首先外层胀大，再由外层向内层胀大，胀大的高聚物消失在溶剂中，形成均一溶液。蛋白质颗粒分散在水中所形成的是胶体溶液，称为溶胶，属于亲水胶体。在等电点时，整个蛋白质分子呈电中性，水化作用在此状态下最弱，溶解度值最低；在非等电点时，由于蛋白质分子带电，可形成强的水化层，使蛋白质分子的体积增大，原来聚在一起的蛋白质颗粒彼此分得很开，足以阻碍颗粒互相碰撞聚集成大颗粒，从而大大增强了蛋白质胶体溶液的稳定性。蛋白质的许多功能特性都与蛋白质的溶解度有关，特别是增稠、起泡、乳化和胶凝作用等，不溶性蛋白质在食品中的应用非常有限。

相对母体蛋白质而言，蛋白质酶解物最重要的功能特性之一就其在较宽 pH、温度、氮含量和离子强度范围内的溶解度提高。大豆蛋白、小麦面筋蛋白、玉米蛋白、油菜籽蛋白、扁豆蛋白、肉类蛋白、乳蛋白等食物蛋白经过多种蛋白酶部分酶解或深度酶解后，会显著增加其溶解度。蛋白质酶解物的溶解度随溶液的 pH 上升而增加，在等电点仍然有最低溶解度，但明显高于未酶解蛋白质。蛋白质水解度较高时，其溶解度受溶液 pH 的影响不明显。此外，蛋白质酶解后其等电点要向高 pH 变化。大豆蛋白不同水解度下溶解度的变化趋势如图 2.3 所示。

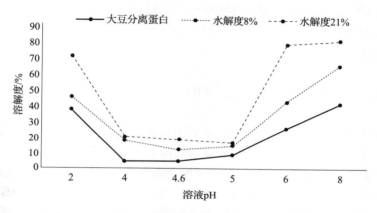

图 2.3　不同水解度的大豆分离蛋白溶解度的变化趋势

　　蛋白质酶解物溶解性的增加是与蛋白质酶解产物分子链长短、分子表面亲水基团和疏水基团的比例和分布密切相关的。蛋白质酶解降解成多肽、寡肽和游离氨基酸，使—NH₂ 和—COOH 的数目增多，极性增加，电荷密度增大，亲水性增强，从而提高了溶解性，表现为 NSI 值的增高。酶解小麦面筋蛋白的溶解度与其水解度呈正相关，如图 2.4 所示。

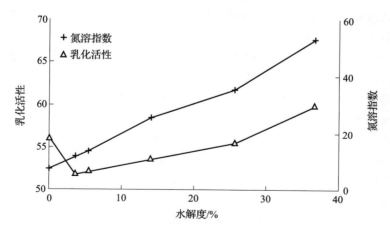

图 2.4　水解度对小麦面筋蛋白的溶解度和乳化活性变化

利用蛋白质酶解物在等电点时溶解度增加的特性，可提高酸性饮品中氮含量，提升产品的营养品质。当酸性饮料中含有还原糖产品时，低 pH 可使产品的美拉德褐变反应降低至最小，因此蛋白质酶解物在等电点时的溶解度显得尤为重要。另一方面，由于二价阳离子（如 Ca^{2+}、Mg^{2+} 等）会导致乳蛋白的不稳定性，在二价阳离子存在的情况下，蛋白质酶解物优异的溶解度和热稳定性使其可应用于流体营养产品的制造。如水解度为 10% 的乳清蛋白胰蛋白酶酶解液在 134℃ 保持 5min，0.03mol/L 氯化钙和 pH3 ~ 11 范围内仍具有良好的溶解度，而母体乳清蛋白则表现出较差的热稳定性。

2.2.2　水合性质和持水性能

蛋白质与水的相互作用是其重要的物理化学性质。蛋白质与水的相互作用可区分为结合水性能（或吸水性能）和持水性能两种基本作用方式，前者是"化学结合"，后者是"物理截留"。当干蛋白质粉与相对湿度为 90% ~95% 的水蒸气达到平衡时，每克蛋白质所结合的水的克数即为蛋白质结合水性能，有时也称为水合能力。蛋白质的水合是通过蛋白质的肽键和氨基酸残基侧链基团与水分子间的相互作用来实现的。这些相互作用包括：① 水与蛋白质分子中具有形成氢键的能力基团的相互作用。蛋白质多肽链上侧链基团羟基、氨基、羧基、酰胺基、亚氨基有两种可能的方式和水分子作用。② 水与蛋白质中非极性基团（疏水性基团）的相互作用。③ 氨基酸残基带电基团与水的离子进行偶极相互作用。

在宏观水平上，蛋白质与水结合是一个逐步的过程。在低水分活度时，高亲和力的离子基团首先是溶剂化，然后是极性和非极性基团结合水。对于大多数蛋白质来说，所谓的单分子层覆盖出现在水分活度（A_w）为 0.05 ~ 0.30 时。单分子层中水主要与离子化基团缔合，不能冻结，不能作为溶剂参与化学反应，常被称作为"结合水"，其流动性受到阻碍。这部分水中的多数在 0℃ 时不能冻结。在水分活度为 0.3 ~ 0.7 时，除形成单分子水层外，水还形成多分子水层。当 $A_w > 0.9$ 时，大量的液态水凝聚在蛋白质分子结构的裂缝中或不溶性蛋白质的毛细管中。这部分水的性质类似于体相水，被称为流体动力学水。

蛋白质分子中各种极性和非极性基团结合水的能力，如表 2.9 所示。含带电基团的氨基酸残基结合约 6mol H_2O/mol 残基，不带电的极性残基结合约 2mol H_2O/mol 残基，而非极性残基结合约 1mol H_2O/mol 残基。表 2.9 是一些常见氨基酸残基的水合能力数据。

表 2.9　　　　　　　　**氨基酸残基的水合能力**　单位：molH$_2$O/mol 残基

氨基酸残基	水合能力	氨基酸残基	水合能力
极性残基		离子化残基	
Asn	2	Asp$^-$	6
Gln	2	Glu$^-$	7
Pro	3	Tyr$^-$	7
Ser，The	2	Arg$^+$	3
Trp	2	His$^+$	4
Asp（非离子化）	2	Lys$^+$	4
Glu（非离子化）	2	非极性残基	
Tyr	3	Ala	1
Arg（非离子化）	3	Gly	1
Lys（非离子化）	4	Phe	0
		Val、Ile、Leu、Met	1

　　蛋白质在水解过程中发生的主要变化之一是大量可电离侧链基团的暴露，同时伴随着亲水性和静电荷的增加，这导致蛋白质酶解产物的水合能力随着水解度的增加而增大。由图 2.5 可见，在相同的水分活度下，高水解度的面筋蛋白其水合能力也显著提高。从宏观来看，喷雾干燥的具有较高水解度的蛋白质水解物暴露在空气中极易吸潮，通过造粒减少蛋白质酶解产物与空气的接触面积是解决蛋白质水解物易吸潮的有效手段。

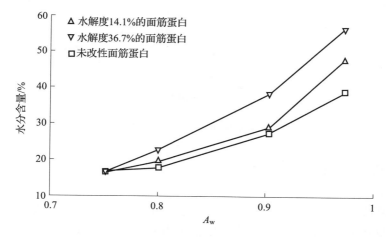

图 2.5　水解度对酶解小麦面筋蛋白水合性质的影响

　　将干燥蛋白质与液态水直接作用，所吸收的水分称为持水性，它在本质上是一种超分子水平作用，与蛋白质吸水性能相比是一种宏观现象。一般认为，持水性能是蛋白质溶胀、黏度增加、形成凝胶等一系列物理化学反应的综合效应。蛋白质酶解产物的持水性能受蛋白质种类、水解度、蛋白酶的酶切位点等多种因素的影响。东北农业大学陈靓等人发现随着水解度的升高，大豆分离蛋白碱性蛋白酶、中性蛋白酶和风味蛋白酶水解产物的持水率逐渐降低；而木瓜蛋白酶水解产物的持水性先升高后降低。当大豆分离蛋白木瓜蛋白酶水解产物水解度为 5.38% 时，其持水性最高为 6.05g/g，持水性最好；而其他蛋白酶水解产物持水率均低于大豆分离蛋白本身。如图 2.6 所示。

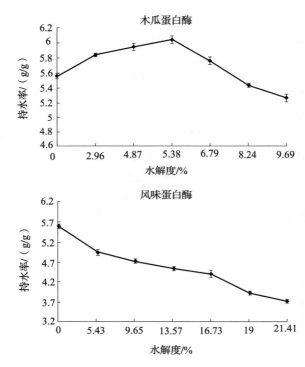

图 2.6　木瓜蛋白酶和风味蛋白酶对大豆分离蛋白持水性的影响

2.2.3　黏度

　　高浓度的蛋白质溶液不具有牛顿流体的性质；当剪切速度增加时黏度系数减小，这种性质被称为假塑性或剪切变稀，其原因是蛋白质分子具有将它们的主轴沿着流动方向定向的倾向。依靠微弱的相互作用形成的二聚体和低聚体解离成单体也是蛋白质溶液剪切变稀的原因。当蛋白质溶液的剪切或流动停止时，它的黏度可能或不可能回升至原来的数值，这取决于蛋白质分子松弛至随机定向的速度。纤维状蛋白质，像明胶和肌动球蛋白，通常保持定向，不能很快地恢复至原来的黏度。球状蛋白质溶液，如大豆蛋白质和乳清蛋白质，当溶液停止流动时，它们很快地恢复至原来的黏度，这样的溶液被称为假塑体系。

由于存在着蛋白质－蛋白质之间的相互作用和蛋白质分子与水之间的相互作用，大多数蛋白质溶液的黏度（或稠度）系数与蛋白质浓度之间存在着指数关系。在高浓度蛋白质溶液或蛋白质凝胶中，由于存在着广泛而强烈的蛋白质－蛋白质相互作用，蛋白质显示出塑性黏弹性质。在这种情况下，需要对体系施加一个特定数量的力，即"屈服应力"，才能使它开始流动。

蛋白质中肽键的断裂降低了肽的疏水性，增加了净电荷，使肽产品在缺乏蛋白胶凝时，其疏水性及吸引力和排斥力之间保持严格的平衡，与母体蛋白质相比黏度急剧下降，且肽溶液黏度通常不受热处理的影响，恒温加热也不会产生胶凝。例如，明胶水解时，它的黏度随水解度的增加而降低。然而，当食物蛋白质的水解度达到某一特定值后，水解度的增加也不能进一步降低其表观黏度。与母体蛋白质溶液相比，蛋白质酶解液，特别是蛋白质深度酶解液，其性质与牛顿流体接近，丧失了假塑性或剪切变稀性质。其原因是蛋白质酶解产物分子质量变小，无法将主轴沿着流动方向定向，或形成的二聚体和低聚体。

酶解对蛋白质溶液黏度的影响也有一些较复杂的情况。赵新淮等报道，对于溶解度很差的玉米谷蛋白，其限制性水解可大大提高其黏度，并认为黏度的提高主要是由于溶解性能改善、蛋白质构象变化、蛋白质水合能力提高而产生的。然而，大豆分离蛋白、酪蛋白等具有一定溶解度的食物蛋白质在水解过程中也出现了类似的现象。生活中最常见的例子是牛乳经过乳酸菌发酵后（发酵乳的蛋白酶活力为 $2 \sim 10U/mL$），黏度明显增大。

蛋白质酶解液黏度的降低可明显缓解因高黏度导致的热交换器的污染，并有利于物料的输送、搅拌、浓缩以及最后的喷雾干燥，特别是当产品配方中含有其他持水性较好的组分（如膳食纤维、亲水胶）时。在这类产品中，可应用中度酶解的蛋白质酶解液代替部分蛋白质，可改善产品的流体特性，方便加工。用部分酶解的蛋白质酶解液部分或全部代替完整蛋白质泵输浓缩产品至干燥设备时可提高其固形物含量，从而提高其生产效率，降低能耗。如明胶的中度水解液在固形物浓度为 40% ~ 50% 时，仍然黏度降低，可顺利喷雾干燥。

2.2.4　乳化特性

评价蛋白质或蛋白酶解产物乳化特性的指标一般使用乳化活性（emulsifying activity index）、乳化容量（emulsion capacity）和乳化稳定性（emulsion stability）。蛋白质的乳化特性与其表面疏水性、溶解性、分子质量以及分子柔性有关。蛋白质的乳化性质与它的表面疏水性存在着一个弱正相关联，但与平均疏水性没有这种关系。蛋白质的溶解度对其乳化性质有重要的作用，但当蛋白质的溶解度在25%～80%时，不存在蛋白质溶解度和乳化性质之间的确定关系。需要指出的是蛋白质或蛋白酶解产物形成乳化分散体系的能力方面和稳定乳化分散体系方面不存在相关性。

蛋白质酶法水解对其水解产物乳化特性的影响已有大量文献报道。许多研究者已就不同酶在不同水解条件下所得水解物的乳化性进行了系统的研究，通常认为通过水解度（DH）的适度控制可以提高蛋白水解物的乳化性。水解使包埋于内部的疏水性残基暴露，提高了在界面的吸附，形成了内聚性膜。同时，疏水性残基与油相互作用，亲水性残基则与水相互作用。但随着水解程度的提高，蛋白质的极度降解也会导致水解产物乳化性的急剧下降。这是由于水解物分子质量过小所致，因为，肽链至少应具有 >20 个氨基酸残基才能具有良好乳化性。小肽分子可以迅速扩散，并能在界面进行吸附，但它们不能折叠并在界面如蛋白质一样取向，因此不能有效地降低界面张力，且小肽分子能被界面吸附趋势更强的大肽分子取代，所以小肽分子的乳化稳定性差。

但关于限制酶解或控制性酶解制备的酶解液的乳化性报道中有一些相互矛盾的现象。Adler – Nissen 和 Olson 发现应用真菌蛋白酶酶解大豆分离蛋白至水解度为5%时，水解物的乳化能力会有一个明显的升高，而水解度达到9%时水解物的乳化能力又急剧下降。Chobert 等也报道胰蛋白酶酶解酪蛋白和乳清蛋白至水解度为 2.5%～9.9% 时，其乳化活性会升高；Haque 和 Mozaffer 也发现在用胰蛋白酶和胰凝乳蛋白酶酶解酪蛋白至水解度为2%～5%时，其乳化活性会升高。但是，Casella 和 Whitaker 则报道胰蛋白酶限制酶解玉米蛋白至水解度为 1.42%～1.87% 时，酶解液的乳化活性要低于母体蛋白质。Mahmoud 等报道在胰蛋白酶深度酶解酪蛋白制备婴儿营养食品时，酪蛋白酶解液的乳化活性与水解度之间存在负相关。目前较为公认的是中度和深度酶解（DH >10%）会导致蛋白质酶解产物乳化能力的丧失；随着水解度的增加，其乳化性会大幅下降。

实际上，蛋白质酶解产物的乳化特性取决于蛋白质本身、所用蛋白酶、蛋白质的水解度、食品体系的 pH 等因素。赵淮新等人报道了不同大豆蛋白原料经中性蛋白酶水解后其乳化特性的变化，如表 2.10 所示。由表 2.10 可见，脱脂大豆经中性蛋白酶水解后，乳化能力明显下降，而乳化稳定性显著增加。对大豆浓缩蛋白和分离蛋白而言，经中性蛋白酶水解后其乳化能力明显提高，而乳化稳定性略有提高。

表 2.10　不同大豆蛋白原料经中性蛋白酶水解后其乳化特性的变化

蛋白质	乳化能力/（g 油/g 蛋白质）			乳化稳定性/min		
	未水解	中性蛋白酶水解		未水解	中性蛋白酶水解	
		DH = 2%	DH = 4%		DH = 2%	DH = 4%
脱脂大豆	1054	497	485	61	241	254
大豆浓缩蛋白	366	677	709	66	78	91
大豆分离蛋白	344	725	820	62	87	99

影响蛋白酶解物乳化性的一个重要因素是所用蛋白酶的专一性。因为其强烈影响所得多肽的分子大小和疏水性。选择性作用于亲水性氨基酸残基肽键的蛋白酶水解产物乳化性及其稳定性高于选择性作用于疏水性氨基酸残基的蛋白酶水解产物。因此，若干个疏水残基可联结形成一个独特的区域，可以使多肽更高效地吸附在其表面。这样，具有特殊专一性的蛋白酶可以专一地切断一些肽键，而使多肽保留在那些疏水区域中。例如，胰蛋白酶可以切断连接赖氨酸和精氨酸的肽键，其酶解所产生的多肽由于完整地保留了那些疏水区域，从而增强其乳化性能。相反，胰凝乳蛋白酶会切断芳香族氨基酸色氨酸、酪氨酸和苯丙氨酸所连接的肽键，破坏疏水区域，所得多肽在结构中只含有少量的疏水性氨基酸。Turgeon 等人报道胰凝乳蛋白酶酶解所得的乳清蛋白酶解液的乳化性要差于胰蛋白酶酶解所得的酶解液。一些研究者指出要获得良好的乳化性必须具有合适的分子质量或多肽链长。例如，Lee 等指出多肽至少要具有 20 个氨基酸残基才会具有良好的乳化性。Gauthier 等发现，β-乳球蛋白的胰蛋白酶水解产物中 f21 ~ 40 和 f41 ~ 60 序列具有较 β-乳球蛋白更好的乳化特性。Huang 等报道，β-乳球蛋白的 f41 ~ 100 和 f149 ~ 162 序列的乳化特性更佳。

2.2.5　渗透压和水分活度

渗透压可定义为每千克的溶剂中含有的有渗透压活性的微粒的物质的

量（mmol），通常被表示为每千克水中溶质的量（mmol）。渗透压是婴儿和成人营养食品模式中非常重要的一个物理特性。同渗重摩，是指在1kg溶剂中所溶解的有渗透作用的微粒的量，通常表示为（mOsm/kg）。高同渗重摩溶液，即高压或高渗透压产品会从小肠中吸取大量水分，引起严重腹泻，甚至会出现脱水和破坏电解质平衡，也会引发恶心、呕吐和腹胀，因此，理想状态下产品的渗透压不能超过人体血液的血浆渗透压。渗透压与产品中的可电离的微粒、分子的大小和数量存在密切相关。在以天然蛋白质为基础的营养产品中，电解质、可溶性微量元素以及小的碳水化合物是影响渗透压的决定因素。氨基酸和多肽，由于其分子质量较小，对于以蛋白质酶解液为基础的食品的渗透压贡献较大。蛋白质酶解程度越高，产品的渗透压就越大。在相同的氮浓度下，水解度与酶解液渗透压呈正相关。显然，对于同渗重摩，游离氨基酸 > 肽 > 蛋白质。Parrado 等也报道向日葵蛋白酶解物随着水解度的增加，渗透压也线性增加，如图2.7所示。

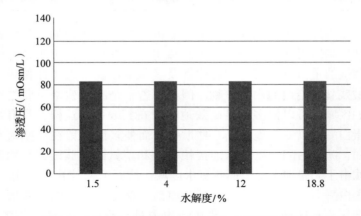

图 2.7　不同蛋白酶解液的渗透压与水解度的函数关系

　　水分活度是指食品中水分存在的状态，即水分与食品的结合程度（游离程度）。水分活度值越高，其结合程度越低；水分活度值越低，其结合程度越高。一般而言，蛋白质的持水能力高于其降解产物——多肽和氨基酸，因此，蛋白质的降解过程伴随着酶解液的水分活度下降。

　　图 2.8 所示为不同固形物浓度的小麦面筋蛋白在木瓜蛋白酶水解作用下，酶解液的水分活度随酶解时间变化的趋势。由图 2.8 可见，随着酶解时间的延长，低底物浓度（8%～16%）酶解液的水分活度下降幅度较小；但高底物浓度酶解液随酶解时间的延长，其水分活度有显著降低。底物浓度为 40% 的酶解液初始水分活度为 0.9831，酶解 30h 后，水分活度降低为 0.9694。

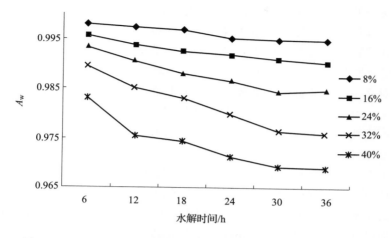

图 2.8　不同固形物浓度小麦面筋蛋白酶解液的水分活度变化情况

2.2.6　凝胶作用

　　蛋白质的胶凝作用使蛋白质从"溶胶状态"转变成"似凝胶状态"。在适当条件下，加热、酶作用和二价金属离子的参与能促使蛋白质出现这样的转变。所有这些因素诱导蛋白质形成一个网状结构，即凝胶。胶凝作用是某些蛋白质很重要的功能，在许多食品的制备中起着重要作用，使食品具有期望的质构和口感。例如，蛋白质的胶凝对各种乳品、果冻、明胶凝胶、各种加热的碎肉或鱼丸、豆腐、膨化或喷丝的组织化植物蛋白和面包面团等食品的感官品质具有重要作用。蛋白质的胶凝不仅可用来形成固态黏弹性凝胶，而且还能增稠，提高吸水性和颗粒黏结、乳状液或泡沫的稳定性。蛋白质的凝胶所涉及到的相互作用主要是氢键、离子键、二硫键和疏水相互作用，这些作用力的相对贡献取决于蛋白质的类型、加热条件、变性程度和环境条件。

　　凝胶网状结构对热和机械力的稳定性取决于每单体链所形成的交联数目。蛋白质凝胶硬度的平方根与相对分子质量呈线性关系，因此蛋白质水解度增加，则凝胶强度会下降。但蛋白质的凝胶性能并不是总随着水解度的增加而下降。目前公认的是，食物蛋白质经过深度水解成游离氨基酸、寡肽和多肽后，酶解过程中造成的静电荷的增加可能会导致多肽间电荷排斥的增加，显著降低了其凝胶形成的能力。对轻度水解的食物蛋白质而言，其凝胶特性的变化和应用更为复杂，主要取决于不同的蛋白质结构和形成凝胶的条件。通常氢键形成的凝胶结构是可逆的，例如，明胶的网络结构主要是靠氢键来稳定的，明胶在加热（约30℃）时熔融，冷却后再次胶凝，并且这种凝结－熔融可反复进行多次。含半胱氨酸和胱氨酸的蛋白质在加热时能形成二硫键，这种通过共价相互作用生成的凝胶是不可逆的，卵清蛋白和β－乳球蛋白的凝胶通常属于这一种。对这类依靠氢键和二硫键形成的凝胶而言，其水解度与凝胶强度呈负相关。由于蛋白质的凝胶形成性是与浓度相关的，蛋白质酶解物的弱凝胶形成性在高蛋白高热量食品配方中有着广泛的应用，可平缓因加热与冷却导致的体系黏度的巨大变化。此外，蛋白质酶解物本身凝胶性变弱并不意味着在食品体系中凝胶性变差。发现蛋清蛋白在水解度为3%～4%时，自身的凝胶性能变弱，但与脱壳虾肉混合后，虾肉的质构和保水性能较未水解的蛋清蛋白更佳。其原因可能是蛋清蛋白经过轻度酶解后，分子质量变小，使得其能更好渗入虾肉组织中。

疏水相互作用形成的凝胶网络结构强度可随温度的升高而增加。蛋白质轻度水解可使蛋白质内部的疏水基团暴露，促进基于疏水作用而形成的凝胶强度。江南大学杨欣将木瓜蛋白酶分别作用于两种蛋白质的溶液和不同7S/11S比例的蛋白质溶液，结果表明11S蛋白是大豆蛋白中形成酶促凝胶的主要组分；7S蛋白形成凝胶所用的酶浓度高于11S蛋白所用的酶浓度，但11S蛋白形成的凝胶的弹性强度却远高于7S蛋白。广东的地方特产"姜撞奶"也是利用生姜汁中生姜蛋白酶对乳蛋白进行轻度水解，暴露疏水基团，而形成热诱导凝胶的。巯基和二硫键能促进聚合作用。

2.2.7 发泡性

泡沫通常是指气泡分散在含有表面活性剂的连续液相或半固相中的分散体系。泡沫的基本单位是液膜所包围的气泡，气泡的直径从$1\mu m$到数厘米不等，液膜和气泡间的界面上吸附着表面活性剂，起着降低表面张力和稳定气泡的作用。许多加工食品是泡沫型产品，如搅打奶油、蛋糕、蛋白甜饼、面包、蛋奶酥、冰激凌、啤酒、奶油冻和果汁软糖等。蛋白质在泡沫食品体系的泡沫的形成和稳定中起着重要作用。蛋白质的起泡性质是指蛋白质在气－液界面形成坚韧的薄膜使大量气泡并入和稳定的能力。

一种蛋白质的起泡能力（foam ability 或 foaming capacity）是指蛋白质能产生的界面面积的量，有几种表示的方式，如膨胀率（overrun）、稳定状态泡沫值（steady－state foam value）、起泡力（foaming power, PF）或泡沫膨胀（foam expansion）。泡沫稳定性（foam stability），也称持久性，是指单位体积的气体保持在泡沫中的时间，涉及到蛋白质稳定处在重力和机械力下的泡沫的能力，通常采用 50% 液体从泡沫中排泄出所需要的时间或者泡沫体积减少 50% 所需要的时间来表示。泡沫的强度或硬度是指泡沫在破裂前能忍受的最大重量，可采用测定泡沫黏度的方法来进行评价质。

蛋白质能作为起泡剂主要决定于蛋白质的表面活性和成膜性，例如鸡蛋清中的水溶性蛋白质在鸡蛋液搅打时可被吸附到气泡表面来降低表面张力，又因为搅打过程中的变性，逐渐凝固在气液界面间形成有一定刚性和弹性的薄膜，从而使泡沫稳定。

常采用起泡力来比较在指定浓度下各种蛋白质起泡性质。表 2.11 所示为一些常见食品蛋白质在 pH 为 8.0 和浓度为 5g/L 时的起泡力。

表 2.11 蛋白质溶液的起泡力（FP）

蛋白质	在蛋白质浓度为 5g/L 时的起泡力/%	蛋白质	在蛋白质浓度为 5g/L 时的起泡力/%
牛血清清蛋白	280	β-乳球蛋白	480
乳清分离蛋白	600	血纤维蛋白原	360
鸡蛋蛋清	240	大豆蛋白（经酶水解）	500
卵清蛋白	40	明胶（酶法加工猪皮明胶）	760
牛血浆	260		

采用风味蛋白酶或木瓜蛋白酶对鸡蛋清蛋白进行轻度酶解可明显提高其起泡能力。周颐等人发现脱脂蛋黄蛋白经过木瓜蛋白酶水解后，在水解度为 5% 时起泡性最佳。李玉珍等人研究了中性蛋白酶（AS.1398）、碱性蛋白酶（2709）和双酶协同作用水解大豆分离蛋白的酶解液水解度与起泡功能特性的关系。发现酶解液起泡性随水解度的增加呈上升趋势，起泡性以中性蛋白酶（单酶）酶解液最好。当水解度为 20% 时，起泡性达到了（360±2.46）%。

2.2.8 蛋白质酶解物与碳水化合物相互作用

2.2.8.1 蛋白质酶解物与淀粉的交互作用

蛋白质酶解物与淀粉的相互作用对含有蛋白质酶解液和淀粉的食品的色泽、流变特性和储藏稳定性有很大的影响。淀粉或变性淀粉作为增稠剂、稳定剂、保水剂和填充剂，广泛应用于食品工业中，因此许多流体食品同时含有蛋白质酶解物与淀粉或变性淀粉，如蚝油、鸡汁、营养食品等，因此研究蛋白质酶解物与淀粉或变性淀粉的交互作用具有实际意义。

加工过程中的蛋白质酶解物与淀粉的相互作用也会显著影响到淀粉形成凝胶的网状结构并改变产品的流变学特性。Pradeep K. Goel 研究了玉米淀粉与酪蛋白、不同水解度的酪蛋白水解物的交互作用。研究表明，与酪蛋白相比，添加水解度为 40% 的酪蛋白水解物体系的峰值黏度（peak viscosity）、95℃黏度以及 95℃保持 30min 后的黏度均降低，这是由于酪蛋白质水解物的黏度远远低于酪蛋白。与酪蛋白相比，添加水解度为 40% 的酪蛋白水解物体系的凝胶温度显著上升，40℃黏度增大，这说明蛋白质酶解液分子可以增加淀粉区的稳定性。

一般而言，在蛋白质酶解产物存在的情况下，淀粉的凝胶峰值会升高，并随着水解度的增加而升高。蛋白质酶解产物的存在还会提高淀粉的回生焓值。如表 2.12 所示。

表 2.12　酪蛋白和酪蛋白水解物与玉米淀粉交互作用对黏度和凝胶温度的影响

配比	凝胶温度/℃	峰值黏度/BU	95℃黏度/BU	95℃30min 后黏度/BU	40℃黏度/BU
CS	85.0 ± 0.5	144 ± 2	142 ± 2	134 ± 2	295 ± 5
CS + A$_1$	84.0 ± 0.5	195 ± 2	178 ± 2	195 ± 2	335 ± 5
CS + A$_2$	83.5 ± 0.5	204 ± 2	192 ± 2	212 ± 2	350 ± 5
CS + A$_3$	81.5 ± 0.5	212 ± 4	196 ± 2	215 ± 2	360 ± 5
CS + A$_4$	81.0 ± 0.5	222 ± 4	200 ± 4	225 ± 4	365 ± 5
CS + B$_1$	85.0 ± 0.5	160 ± 2	155 ± 2	190 ± 2	365 ± 5
CS + B$_2$	86.0 ± 0.5	165 ± 2	165 ± 2	195 ± 2	385 ± 5
CS + B$_3$	86.0 ± 0.5	168 ± 2	168 ± 2	200 ± 2	395 ± 5
CS + B$_4$	86.0 ± 0.5	172 ± 2	172 ± 2	204 ± 2	400 ± 5

注：CS 为玉米淀粉；A$_1$ 为酪蛋白取代 11.11% 的玉米淀粉；A$_2$ 为酪蛋白取代 22.22% 的玉米淀粉；A$_3$ 为酪蛋白取代 33.33% 的玉米淀粉；A$_4$ 为酪蛋白取代 44.44% 的玉米淀粉；B$_1$ 为水解度 40% 的酪蛋白取代 11.11% 的玉米淀粉；B$_2$ 为水解度 40% 的酪蛋白取代 22.22% 的玉米淀粉；B$_3$ 为水解度 40% 的酪蛋白取代 33.33% 的玉米淀粉；B$_4$ 为水解度 40% 的酪蛋白取代 44.44% 的玉米淀粉。

应用 DSC 评价了不同水解度的酪蛋白酶解液（DH = 20%、37% 和 55%）和乳清蛋白酶解液（DH = 12%、20% 和 30%）对冷冻浓缩的木薯淀粉和蜡质玉米淀粉凝胶的玻璃态转化温度的影响。研究结果表明所有的蛋白质酶解液都会对淀粉起到增塑作用。两种淀粉凝胶的玻璃态转化温度与酶解液和淀粉的比例呈现负相关关系，其也随着水解度的增加而降低，同时也与蛋白质酶解液的平均分子质量呈线性关系。

此外，食物成分中的淀粉也会对蛋白质的酶解效率产生影响。最典型的实例是含有小麦淀粉的小麦面筋蛋白的水解效率在相同的温度、料液比和加酶量下明显高于不含小麦淀粉的谷朊粉，其原因是小麦淀粉可抑制小麦面筋蛋白的聚集，提高酶解效率。

2.2.8.2 蛋白质酶解物降低蒸煮过程中易消化淀粉含量

1992 年，英国学者 HN Englyst 和 SM Kingman 等人在体外模拟的条件下，依据淀粉的生物可利用性将淀粉分为三类：易消化淀粉（ready digestible starch，RDS），指那些能在口腔和小肠中被迅速消化吸收的淀粉（<20min），属于快速释放能量的高血糖食品；慢消化淀粉（slowly digestible starch，SDS），指那些能在小肠中被完全消化吸收但速度较慢的淀粉（20~120min），这些慢消化淀粉可持续缓慢释放能量，维持餐后血糖稳态，防止出现胰岛素抵抗；抗性淀粉（resistant starch，RS），指在人体小肠内无法消化吸收的淀粉（>120min），类似于膳食纤维只在大肠中被微生物发酵利用，促进肠道健康。

编者将大豆蛋白水解物 1 号（DH = 12.5%）、大豆蛋白水解物 2 号（DH = 23.15%）、小麦面筋蛋白水解物 1 号（DH = 15.34%）和小麦面筋蛋白水解物 2 号（DH = 32.69%）分别与小麦淀粉按 1:1 质量比混合，于 95℃加热 30min 后，测定小麦淀粉中 SDS 含量的变化。空白样为小麦淀粉于 95℃加热 30min。实验结果如表 2.13 所示。

表 2.13　　　　蛋白质水解物对小麦淀粉中 RDS 含量的影响

蛋白质水解物种类	RDS 含量/%	蛋白质水解物种类	RDS 含量/%
空白	62.1	小麦面筋蛋白水解物 1 号	57.4
大豆蛋白水解物 1 号	59.1	小麦面筋蛋白水解物 2 号	56.3
大豆蛋白水解物 2 号	53.7		

由表 2.13 可见，添加大豆蛋白水解物后，小麦淀粉中 RDS 含量明显降低，其中大豆蛋白水解物 2 号对小麦淀粉中 RDS 含量下降最为明显。蛋白质水解物降低淀粉中 RDS 含量的机制尚不明确。

2.2.8.3 蛋白质酶解物与寡糖和单糖的交互作用

蛋白质酶解物与母体蛋白质相比，含有更多的活性基团，因此具有更强的反应活性。Liu 等人将猪血浆蛋白酶解后，加入三种单糖（葡萄、果糖、半乳糖）在95℃分别反应 0 ~ 6h 得到美拉德反应产物。研究结果发现，反应体系的 pH 和游离氨基含量显著下降，而褐变程度、中间产物的产量、美拉德产物的还原能力、ABTS 和羟自由基清除能力均随着加热时间的延长而显著增加。将蛋白质酶解物与麦芽糊精、葡萄糖、蔗糖等单糖或寡糖混合后易发生美拉德反应，导致产品在储存期内色泽变深。这一反应在室温下反应速度较慢，但长期储存过程后会对产品的色泽和品质产生较大影响。生活中最常见的实例之一是酱油（可将酱油看作大豆蛋白和小麦面筋蛋白的水解产物）在储存过程中颜色变深。在这种情况下，可通过降低体系的 pH，使产品颜色加深速度降至最低。或使用淀粉、杂多糖代替寡糖、还原糖，以降低产品的渗透压，减缓美拉德反应发生的速度。

2. 2. 8. 4　蛋白质酶解物与多糖的交互作用

蛋白质水解物与多糖反应，可以增强水解物的起泡性；而对具有一定生物活性的抗菌肽、抗内毒素肽等水解物与多糖反应，可以增强水解物的抗菌、抗内毒素活性。Herasimenka 等用铜绿假单胞菌、洋葱伯克霍尔德菌和肺炎克雷伯菌生产出来的细菌多糖与 SMAP – 29 和 LL – 37 抗菌肽复配来研究阻止肺病原体先天免疫系统效应的可能机制，体外试验表明，这两种肽的抗菌活性由于加入了三种多糖受到了不同程度的抑制；圆二色谱试验表明，抗菌肽与多糖之间的交互作用诱导了 α – 螺旋构象的形成；荧光测量结果也表明抗菌肽与多糖之间确实发生了交互作用。Martinez 等人研究适当水解的向日葵蛋白与不同种类多糖复配对多糖起泡性的影响，结果发现水解程度较低时，这种复配增加了多糖的泡沫逸出和泡沫稳定性，而水解程度较高时，却没有增加多糖的泡沫逸出和泡沫稳定性，黄原胶相对其他多糖的黏度更高，可以更好的提高起泡性，因此，根据多糖与水解物复配后泡沫的体积和表面的流变性质，蛋白质的水解程度会极大地影响多肽与多糖之间的交互作用。

2. 3　蛋白质酶解过程的其他化学反应

食物蛋白质原料往往含有多种营养成分，包括蛋白质、脂肪、碳水化合物、矿物质、维生素、食品色素等。在食物蛋白质酶解过程中，蛋白质在蛋白酶的催化下肽键断裂生成小分子蛋白质、多肽、寡肽和氨基酸是酶解过程中的主导反应。应该指出的是食物蛋白质资源中的其他营养物质也可能伴随发生多种复杂的化学反应，包括氨基酸、脂肪酸和维生素的氧化反应、美拉德反应、蛋白质与多酚的交互作用、蛋白质与脂肪的反应等。这些化学反应可能会对酶解产物造成明显的影响，了解和控制这些化学反应对提高水解效率、精确控制酶解过程和制备高品质的蛋白质酶解物均具有重要的意义。

2.3.1　氧化反应

氧化是氨基酸和小分子肽降解的主要途径之一。氧化剂广泛存在于食品加工过程中，如暴露在空气中的氧气、用于牛乳的灭菌剂如过氧化氢和过氧化甲酰、用于分离蛋白和鱼浓缩蛋白的漂白剂、用于面粉的杀菌剂次氯酸钠以及加工过程中产生的一些内源性的氧化剂。常见内源性氧化剂主要有脂肪氧化、化合物（例如核黄素和叶绿素）经受光氧化和食品经受非酶褐变期间产生的自由基。这些高活性的氧化剂能导致酶解液中游离氨基酸及肽链中一些敏感的氨基酸残基的氧化。氧化氨基酸的不可利用性和相互交联导致消化性降低从而使得蛋白质和蛋白质酶解产物的营养价值降低。对氧化反应最敏感的氨基酸是含硫氨基酸和色氨酸，其次是酪氨酸和组氨酸。蛋白质深度酶解常涉及较长的水解时间，在这一过程中可以明显地观察到色氨酸、蛋氨酸和半胱氨酸的损失。

2.3.1.1　含硫氨基酸的氧化

蛋白质中蛋氨酸的氧化常发生在热处理工艺中，如杀菌、酶解前的热处理等。酶解过程中蛋氨酸容易被氧化成蛋氨酸亚砜，蛋氨酸亚砜可进一步被氧化成蛋氨酸砜和高磺基丙氨酸。在蛋白质长时间酶解过程中，这一现象尤为明显，表现在酶解液中蛋氨酸含量在酶解后期显著下降。蛋氨酸亚砜在胃中可重新转变成蛋氨酸，尽管这一过程非常缓慢。蛋氨酸一旦被氧化成蛋氨酸砜就称为生物上无效。

半胱氨酸的氧化可以产生硫化氢和硫。含硫氨基酸可以转化成无数的氧化产物，包括半胱氨酸磺化、磺酸、单亚砜和二亚砜等。L-胱氨酸的单-和二亚砜是生物上有效的，据推测它们在体内被重新还原成L-胱氨酸。然而，L-胱氨酸的单-和二砜衍生物是生物上无效的。类似地，半胱氨酸次磺酸是生物上有效的，而半胱氨酸亚磺酸是生物上无效的。在酸性食品中，有关这些氧化产物形成的速度和程度还未见充分的实验结果。

2.3.1.2 色氨酸的氧化

色氨酸是仅次于半胱氨酸、蛋氨酸和赖氨酸的具有较强反应活性的氨基酸。氧化和辐射均能破坏色氨酸的稳定性。双氧水以及氧以自由基的形式或者氧的活化形式能够和色氨酸反应，产生不同的氧化产物。Friedman 和 Cuq（1988）提出有氧的存在下色氨酸热分解的次序，最后形成犬尿氨酸，如图 2.9 所示。

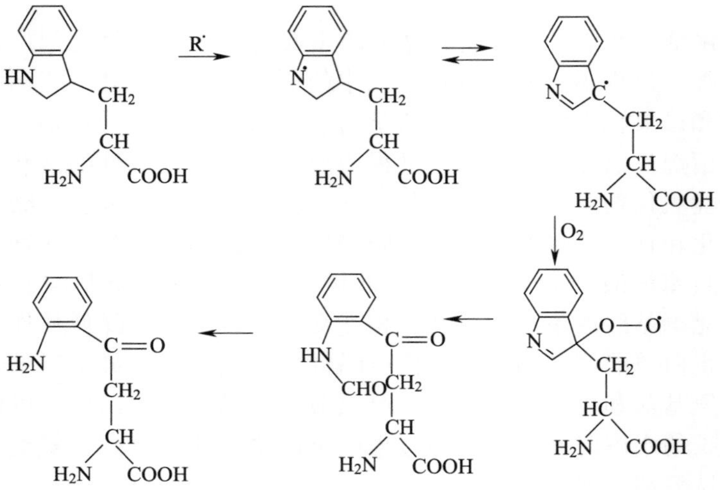

图 2.9　色氨酸的氧化过程

蛋白质酶解并不能导致酶解液中色氨酸的大量损失，损失比例主要取决于蛋白质的水解度、酶解时间和搅拌强度等因素。寡肽和多肽中色氨酸的稳定性较色氨酸单体高。寡肽中色氨酸的氧化稳定性与其一级结构有关。H. Steinhart 研究了含色氨酸二肽（Ala – Trp 和 Phe – Trp）对 0.1 ~ 0.2mol/L 双氧水的稳定性，且 Phe – Trp 的稳定性高于 Ala – Trp。在 25、60 和 100℃ 条件下超过 90% 的色氨酸被降解了。

2.3.1.3 组氨酸和酪氨酸的氧化

酶解液中的组氨酸和酪氨酸在氧气、过氧化物酶和过氧化氢作用下，组氨酸可以被氧化成天冬氨酸，如图 2.10 所示，酪氨酸被氧化成二酪氨酸，如图 2.11 所示。目前已在天然蛋白质如节枝弹性蛋白、弹性蛋白、角蛋白和胶原蛋白中发现此类交联。

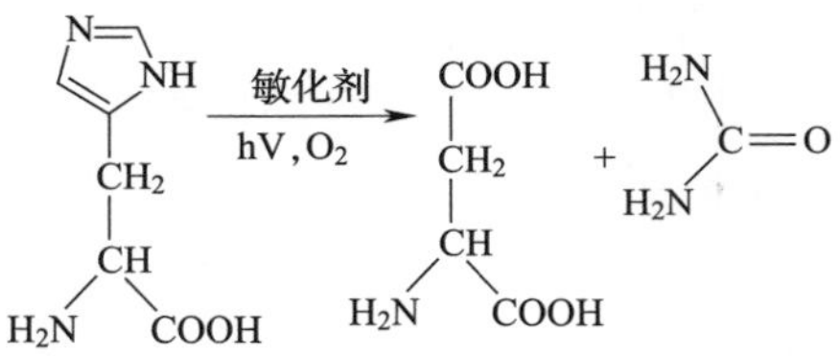

图 2.10　组氨酸的氧化降解及产物 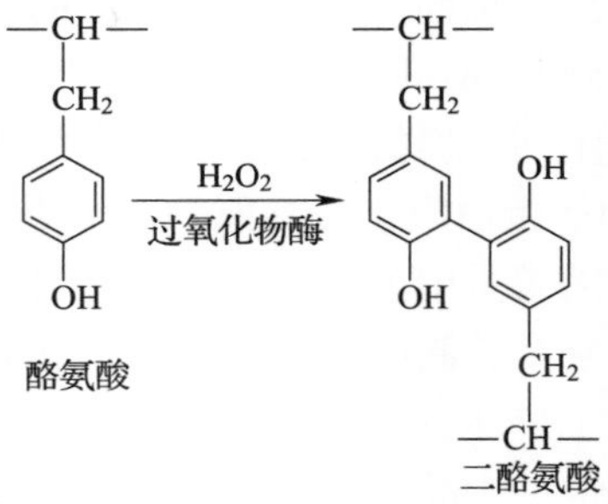　　　图 2.11　酪氨酸的氧化过程

2.3.2　美拉德反应

　　法国化学家美拉德（Maillard）于 1921 年发现，当甘氨酸与葡萄糖的溶液共热时，会形成褐色色素（也称类黑精），以后这种反应就被称为美拉德反应。美拉德反应是一组复杂的反应，它由氨基和羰基化合物之间的反应所引发，在升温的情况下，分解和最终缩合成不溶解的褐色产物类黑素。此反应不仅存在于食品的加工、储存过程中，而且也发生在食物蛋白质资源酶解过程中。在这两种情况下，蛋白质、多肽和氨基酸提供了氨基组分，而还原糖（醛糖和酮糖）、抗坏血酸和由脂肪氧化而产生的羰基化合物提供了羰基组分。

2.3.2.1　美拉德反应对食品品质的影响

　　美拉德反应损害蛋白质营养价值，而且反应的一些产物可能有毒，不过在食品中所出现的浓度或许还不会造成危险。由于赖氨酸的 ε - 氨基是蛋白质中伯胺的主要来源，因此它经常参与羰胺反应，当此反应发生时，它一般遭受生物有效性的重大损失。Lys 损失的程度取决于褐变反应的阶段。在褐变的早期阶段，包括席夫碱的形成，赖氨酸是生物上有效的。这些早期衍生物在胃的酸性条件下被水解成赖氨酸和糖。然后，超过酮胺（Amadori 产物）或醛胺（Heyns 产物）阶段，赖氨酸不再是生物上有效的，这主要是由于这些产物在肠内难以被吸收。有必要着重地指出，在美拉德反应的这个阶段并没有出现褐变现象。在褐变中产生的二羰基化合物所形成的蛋白质交联降低了蛋白质的溶解度和损害了蛋白质的消化率。美拉德反应不仅造成赖氨酸的重要损失，而且在褐变反应中形成的不饱和羰基和自由基造成其他一些必需氨基酸，尤其是 Met、Tyr、His 和 Trp 的氧化作用。

美拉德反应包括赖氨酸的自由氨基和乳糖的醛基在酸水解后产生糠氨酸和 pyridosine。这些复合物可以作为蛋白质在加热过程中发生变化的指示剂。糠氨酸在不同的产品中含量不同，其范围为生胡萝卜中 0.1mg/100g 蛋白质，在煮熟的胡萝卜和生鸡蛋中含有 12mg/100g 蛋白质，在煮熟的鸡蛋中为 140mg/100g 蛋白质。羧甲基赖氨酸在很多食品中都含有，特别是乳制品和肉制品中。在香肠制造中，更多的羧甲基赖氨酸产生是由于抗坏血酸，而不是葡萄糖的反应。此复合物在由于长时间的加热而制成的食品中也可以作为赖氨酸丢失的指示剂。

从好的方面来考虑，一些美拉德反应产物，尤其是还原酮，确实具有抗氧化活力，这是因为它们具有还原性质和螯合金属离子如铜和铁的能力，而这些金属离子都是助氧化剂。从三碳糖还原酮与氨基酸如 Gly、Met 和 Val 反应形成的氨基还原酮显示卓越的抗氧化活性。此外，美拉德反应产物对食品的风味有贡献，不论是直接形成挥发性物质还是间接地作为产生风味物质的前体。

美拉德反应可以被用于多糖和蛋白质的共价结合，其目的在于提高蛋白质的功能性质。半乳甘露聚糖和干燥的鸡蛋蛋白相连是由于它的还原端的羰基和蛋白质中赖氨酸残基的 ξ-氨基发生反应，反应的条件是冻干的混合物在 60℃，相对湿度为 79% 下保持两周。产物和干燥的鸡蛋蛋白相比，具有较高的热稳定性和乳化性质，动物试验证明是无毒的，艾姆斯氏试验是阴性的。

2.3.2.2　酶解过程中美拉德反应的影响因素及抑制

酶解前的热变性处理、酶解过程中保温水解以及酶解产物的灭菌灭酶处理均会应用到热处理，这些处理势必会促进美拉德反应，进而导致产品的褐变和营养成分的损失。

食物蛋白质资源酶解过程中美拉德反应对酶解反应的影响主要表现在酶解液颜色随酶解时间延长变深、酶解液中 Lys、Trp 等敏感氨基酸的含量随酶解时间的延长上下波动和酶解后期（24h 以后）酶解液中还原糖含量显著降低上。食物蛋白质资源酶解过程中美拉德反应程度与酶解液的 pH、酶解温度、蛋白质和还原糖浓度以及酶解产物的一级结构密切相关。与美拉德反应关系最为密切的是还原糖、寡肽和氨基酸含量。特别值得指出的是，寡肽对酶解液中美拉德反应的影响可由表 2.14 的实验结果得到证明。

表 2.14 氨基酸和肽对美拉德反应的贡献

氨基化合物	褐变量（A_{550nm}）	氨基化合物	褐变量（A_{550nm}）
甘氨酸	0.144	丙氨酸	0.107
Gly – Gly	1.503	Ala – Ala	0.606
Gly – Gly – Gly	0.518	肽溶液	0.156
Gly – Gly – Gly – Gly	0.632		

一般认为，降低温度、控制水分含量、改变 pH、添加亚硫酸盐处理、形成钙盐、使用不易褐变的原料等方法可以抑制美拉德反应的发生。但能实际应用到抑制酶解体系美拉德反应的主要方法有以下几点。① 降低酶解液中还原糖含量。如前所述，美拉德反应需要氨基化合物和羰基化合物的共同参与，因此去除酶解液中羰基化合物（包括醛糖、酮糖、抗坏血酸和由脂肪氧化而产生的羰基化合物提供了羰基组分）可抑制酶解过程中美拉德反应的发生，所得酶解产品在储存过程中也比较稳定。常用的方法包括添加葡萄糖氧化酶、利用酵母发酵去除原料中微量葡萄糖等方法。② 添加微量亚硫酸盐。亚硫酸盐能抑制褐变色素的形成，而且对活性中心含有巯基的蛋白酶有一定保护作用，但是它不能防止赖氨酸有效性的损失，这是由于亚硫酸盐不能阻止 Amadori 或 Heyns 产物的形成。

鉴于酶解液中可利用的氨基化合物会与碳水化合物中的还原组分相互作用，所以在含蛋白质水解物产品配方中，碳水化合物的选择尤为重要。产品的褐变程度取决于碳水化合物中还原物质的还原力的大小。还原力的衡量可以由葡萄糖当量（dextrose equivalent value，DE）表达。将深度酶解的酪蛋白酶解液（DH = 55%，pH = 6.6）和同等浓度的蔗糖（DE = 0）、麦芽糊精（DE = 5、10）、玉米糖浆（DE = 27、42）或葡萄糖（DE = 100）混合，储存 1 年后，发现添加蔗糖的产品（非还原糖）呈现乳白色，随着碳水化合物 DE 值的增加，颜色褐变加深。

2.3.3 肽的水解反应

在酸性 pH 和碱性 pH 条件下，强烈的热处理会导致肽键断裂。含有天冬氨酰残基的肽键对水解反应最为敏感，水解反应能发生在 Asp 的 C 端或 N 端。在中性 pH 条件下，强烈加热含肽的溶液能导致含有天冬氨酰残基的肽键断裂。由于 Pro 的高碱性，Asp – Pro 相对于 Asp 与其他氨基酸相连的肽链更加不稳定，也更易被水解。此外，肽键 N 段与 Ser 以及 Thr 相连的肽键也不稳定，易于被水解。与之相反，许多疏水性肽表现出很强的稳定性。特别值得指出的是，金属离子对于一些特殊结构的肽段也有水解作用。

在金属离子锌、铜等的存在下，含有丝氨酸、苏氨酸的肽键容易发生断裂。pH7.0，70℃下将 10mmol/L 的肽和 10mmol/L 的金属离子混合保温 24h，二肽发生不同程度的降解，具体如表 2.15 所示。

表 2.15   金属离子催化的二肽水解

金属离子	二肽	降解率/%
ZnCl$_2$	Gly – Ser	84
	Ser – Gly	5
	Gly – Thr	36
	Ala – Ser	94
	Gly – Ala	0
	Gly – Asp	0
	Gly – Gly	0
LaCl$_3$	Gly – Ser	28
CuCl$_2$	Gly – Ser	6

由表 2.15 可见，Gly – Ser，Gly – Thr，Ala – Ser 等含有羟基的二肽较易因金属离子的存在而降解，而 Gly – Gly，Gly – Asp，Gly – Ala 几乎不降解。在金属离子中，锌离子催化效果最佳，镧离子催化效果次之，铜离子催化效果最差。此外，金属离子的催化有高度专一性，如 Gly – Ser 的降解较快，而 Ser – Gly 的降解速度就慢很多了，这可能与 β – OH 的立体构型有关。

2.3.4　与多酚的反应

酚类化合物，如对羟基苯甲酸、儿茶酚、咖啡酸、棉酚、绿原酸、咖啡酸、表儿茶素、香豆酸和阿魏酸几乎存在于所有的植物组织中。这些酚类物质易与蛋白质、多肽和蛋白酶等生物大分子发生络合，并且在一定程度上改变这些生物大分子的生物活性，导致酶解效率降低。华南理工大学黄惠华等人从绿茶中提取了含有 5 种儿茶素单体的茶多酚，对菠萝蛋白酶、大豆分离蛋白、酪蛋白、细胞色素 2、胰蛋白酶、淀粉酶以及木瓜蛋白酶等蛋白质进行络合、沉淀及回收。在特定的蛋白质浓度下，茶多酚与各种蛋白质络合时的起混浓度分别是猪胰蛋白酶为 0.5%，大豆分离蛋白、木瓜蛋白酶及 α - 淀粉酶为 0.1%，菠萝蛋白酶为 0.3%，细胞色素 C 为 0.4%。浓度为 0.7% 的茶多酚对菠萝蛋白酶的蛋白质最大回收率为 60%，而对木瓜蛋白酶活性的最大回收率可达 78%。

另一方面在植物组织酶解过程中，这些酚类物质在多酚氧化酶的催化下可氧化为醌类物质。醌类物质具有高度的反应活性，可与蛋白酶、蛋白质、多肽和氨基酸的巯基和氨基发生不可逆的反应。

2.3.5　与脂肪的反应

氧化脂类 - 蛋白质及降解产物之间的相互作用是有害的，不仅降低酶解产物中几种氨基酸的有效性，降低其消化率、蛋白质的功效比和生理价值，而且会对酶解液的分离及精制造成极大的困难。

不饱和脂肪的氧化导致形成烷氧化自由基和过氧化自由基，这些自由基继续与蛋白质及其水解产物反应生成脂 - 蛋白质自由基。而脂 - 蛋白质结合自由基能使蛋白质聚合物交联。下面方程式中 L 为脂肪，P 为蛋白质。

$$LH + O_2 \rightarrow LOOH$$
$$LOOH \rightarrow LO^* + {}^*OH$$
$$LOOH \rightarrow LOO^* + H^*$$
$$LO^* + PH \rightarrow LOP + H^*$$
$$LOP + LO^* \rightarrow {}^*LOP + LOH$$
$${}^*LOP + O_2 \rightarrow {}^*OOLOP$$
$${}^*OOLOP + PH \rightarrow POOLOP + H^*$$
$$LOO^* + PH \rightarrow LOOP + H^*$$
$$LOOP + LOO^* \rightarrow {}^*LOOP + LOOH$$
$${}^*LOOP + O_2 \rightarrow {}^*OOLOP$$
$${}^*OOLOOP + PH \rightarrow POOLOOP + H^*$$

此外，脂肪自由基能在蛋白质的半胱氨酸和组氨酸侧链引发自由基，然后再产生交联和聚合反应。

$$LOO^* + PH \rightarrow LOOH + P^*$$
$$LO^* + PH \rightarrow LOH + P^*$$
$$P^* + PH \rightarrow P - P^*$$

$$P - P^* + PH \rightarrow P - P - P^*$$

$$P - P - P^* + P^* \rightarrow P - P - P - P$$

食品中脂肪过氧化物的分解导致醛和酮的释出,其中丙二醛尤其值得注意。这些羰基混合物与经羰胺反应的蛋白质的氨基反应,生成席夫碱。丙二醛向赖氨酰基侧链的反应导致蛋白质的交联和聚合。过氧化脂肪与蛋白质的反应一般对蛋白质的营养价值产生损害效应,羰基化合物与蛋白质的共价结合也会产生出不良风味。

大部分蛋白质水解产物均具有一定抗氧化活性,主要表现在 DPPH 自由基清除能力、OH 自由基清除能力、金属离子螯合能力、抑制亚油酸氧化等方面。然而特别应该指出的是,上述抗氧化能力对抑制食品体系的油脂氧化尚需要试验证明。鱼肉蛋白水解产物中含有大量不饱和脂肪酸,导致鱼肉蛋白水解产物的氧化。

此外,酶解过程中释放出来的疏水性肽和蛋白质易于脂肪形成蛋白质 – 脂肪复合体,这些蛋白质 – 脂肪复合体漂浮在酶解液的上层,多的时候占酶解液清液的 10% ~ 20%,造成酶解清液损失,油脂回收困难。编者在利用蛋白酶深度水解海产小杂鱼制备呈味基料时,发现蛋白质 – 脂肪复合体占酶解液清液的 5%。这一现象也是制约水 – 酶法制油产业化的技术瓶颈之一。

2.4 蛋白质酶解产物的分析技术

蛋白质酶促催化水解反应是在一种或多种蛋白酶的催化作用下使蛋白质水解生成小分子蛋白质、多肽、寡肽和游离氨基酸等低分子质量产物的过程。由于食物蛋白质资源中蛋白质种类繁多,且蛋白质高级结构复杂、酶作用位点众多,使得酶解产物具有多样性和反应复杂性等特点。宏观层面上,食物蛋白质酶解产物的表征至少包括以下内容:蛋白质的水解度;蛋白质酶解产物的分子质量分布;氨态氮、可溶性总氮、TCA可溶性氮的含量。微观层面上,食物蛋白质酶解产物的表征包括:游离氨基酸和总氨基酸的组成;小分子蛋白质、多肽和寡肽的种类和含量;蛋白质水解产物结构的变化。实际研究和生产过程中,可根据生产的需要选择性的监控指标。

蛋白质酶解产物,如多肽和寡肽在性质上与蛋白质有较大的差别,因此,其分离、分析和鉴定技术与蛋白质有着较大的差别。

2.4.1 蛋白质水解度的测定

水解度（degree of hydrolysis，DH）是衡量蛋白质水解程度的指标，一般指蛋白质分子中由于生物的或化学的水解而断裂的肽键占蛋白质分子中总肽键的比例。大量研究表明，蛋白酶在水解蛋白质过程中释放出的多肽的风味和功能特性不仅与所用蛋白酶有关，更与水解度息息相关。深度水解（extensive hydrolysis）是制备具有较好风味特征呈味基料和生物活性肽的关键技术之一。有限酶解（Limited hydrolysis）能改善蛋白质的乳化性。如对大豆蛋白而言，3.0% 的水解度能显著提高蛋白质的各项功能指标，而无苦味产生；水解度为 10% ~20% 左右的大豆酶解产物具有多种生理活性，商品名为大豆肽；40% ~50% 的水解度可获得具有显著鲜味和厚味的呈味基料。因此，为了获得理想的风味和功能特性，必须严格控制蛋白质的水解度。

测定蛋白质水解度的方法很多，它们都是依据以下三个原则：测定释放出的质子、测定水解过程中释放的 N 以及测定水解过程中释放的自由 α – 氨基。目前国内外常用采用测定蛋白质水解度的方法有 pH – stat 法、甲醛滴定法（formol titration）、对苯二醛法（OPA method，o – phthaldialdehyde method）、三硝基苯磺酸法（Trinitrobenzenesulphonic acid，TNBS）、茚三酮比色法（ninhydrin）和 TCA 可溶性氮法等。下面进行分别叙述。

2.4.1.1 pH – stat 法

pH – stat 法测定水解度是由 Adler – Nissen 于 1986 年首先提出，其原理是在中性和碱性条件下，酶解过程中产生的游离氨基酸和多肽释放出氢离子导致酶解液 pH 降低，酶解液的水解度可以从保持酶解液 pH 稳定所消耗的碱量中估计出来。该法常常用于在线测定控制酶解的水解度上，具体计算方法如下：

$$DH(\%) = 100VN \times \left(\frac{1}{\alpha}\right) \times \left(\frac{1}{MP}\right) \times \frac{1}{h_{tot}}$$

式中，V——消耗碱的体积，mL；

N——消耗碱的浓度，mmol/mL；

MP——水解蛋白质的分子质量，g；

h_{tot}——每克蛋白质中肽键数目的量，mmol/g；

α——氨基酸的平均解离系数。α 取决于肽键的长度、温度和 α –

氨基的 pK 值。具体计算公式如下:

$$\alpha = \frac{10^{(pH-pK)}}{1 + 10^{(pH-pK)}},$$

pK——α - 氨基的解离系数。

在蛋白质的正常水解温度下 (50℃),中性 pH 下,pK 为 7.1,α 等于 0.44,$1/\alpha$ 为 2.27。

不同蛋白质 h_{tot} 值不同,如乳清蛋白的 h_{tot} 为 8.8mmol/g;大豆分离蛋白的 h_{tot} 为 7.75mmol/g;沙丁鱼的 h_{tot} 为 7.8573mmol/g,常见蛋白质的凯氏常数和 h_{tot} 系数,如表 2.16 所示。

表 2.16　　　　　　　常见蛋白质的凯氏常数和 h_{tot} 系数

蛋白质种类	凯氏常数	h_{tot} 系数	蛋白质种类	凯氏常数	h_{tot} 系数
酪蛋白	6.38	8.2	大豆蛋白	6.25	7.8
乳清蛋白	6.38	8.8	鱼肉蛋白	6.25	8.6
猪肉蛋白	6.25	7.6	小麦面筋蛋白	5.7	8.3
血球蛋白	6.25	8.3	玉米蛋白	6.25	9.2
胶原蛋白	5.55	11.1			

凯氏常数表征的是每克蛋白质中氮元素含量相当于多少蛋白质的质量 (g);h_{tot} 系数表征的是每克蛋白中肽键数目的量 (mmol)。由表 2.16 可见,凯氏常数与 h_{tot} 系数无相关性。

h_{tot} 系数是 pH - stat 法、OPA 法和 TBNS 法测定蛋白质水解度的重要技术参数。h_{tot} 系数的具体计算方法如下:$h_{tot} = 1/MW$,MW 为蛋白质的氨基酸平均分子质量。下面以沙丁鱼和红三鱼为例,分别计算其 h_{tot} 值,两种鱼肉糜的氨基酸组成分析,如表 2.17 所示。

表 2.17　　　　　　　两种鱼肉糜的氨基酸组成分析

氨基酸名称	沙丁鱼质量比/%	沙丁鱼摩尔比/%	红三鱼质量比/%	红三鱼摩尔比/%
天氨酸 (Asp)	10.07	9.63	9.28	8.76
谷氨酸 (Glu)	16.62	14.38	15.51	13.26
丝氨酸 (Ser)	4.55	5.50	4.61	5.51
甘氨酸 (Gly)	5.89	9.98	7.40	12.39
组氨酸 (His)	5.09	4.18	5.19	4.21
精氨酸 (Arg)	6.91	5.05	7.57	5.47
苏氨酸 (Thr)	5.14	5.50	5.07	5.36
丙氨酸 (Ala)	6.56	9.37	6.75	9.53
脯氨酸 (Pro)	5.02	5.54	5.32	5.81

续表

氨基酸名称	沙丁鱼质量比/%	沙丁鱼摩尔比/%	红三鱼质量比/%	红三鱼摩尔比/%
酪氨酸（Tyr）	3.66	2.57	3.45	2.40
缬氨酸（Val）	4.57	4.97	4.31	4.63
蛋氨酸（Met）	2.32	1.98	2.04	1.72
半胱氨酸（Cys）	0.30	0.31	0.23	0.24
异亮氨酸（Ile）	4.03	3.92	3.76	3.61
亮氨酸（Leu）	7.56	7.33	7.32	7.02
苯丙氨酸（Phe）	4.03	3.10	4.09	3.11
赖氨酸（Lys）	7.68	6.69	8.09	6.97
色氨酸（Try）	—	—	—	—
合计	100	100	100	100

注：酸水解过程中色氨酸被破坏。

从表 2.17 的实验结果，可计算出沙丁鱼蛋白的氨基酸平均分子质量为 127.27u，而红三鱼蛋白的氨基酸平均分子质量为 125.78u；沙丁鱼的每克原料蛋白质的肽键量（h_{tot}）为 7.8573mmol/g，而红三鱼的每克原料蛋白质的肽键量（h_{tot}）为 7.9504mmol/g。

采用 pH-stat 法测定水解度简单，允许实时监控水解度。值得指出的是，用外肽酶进行水解时，采用 pH-stat 法测定的水解度比其他测定方法低，其原因是外肽酶水解生成大量游离氨基酸以及二肽、三肽，α-氨基的 pK 值较真实值偏低。若在酸性条件下进行水解时，不能采用 pH-stat 法测定水解度。基于同样的原因，深度酶解也不适合采用 pH-stat 法进行测定。

2.4.1.2 甲醛滴定法

甲醛滴定法是在国内被广泛应用于测定蛋白质水解度的一种方法。甲醛可与氨基酸和肽上的 —NH^{3+} 结合，形成 —NH—CH$_2$OH、—N(CH$_2$—OH)$_2$ 等羟甲基衍生物，使 —NH^{3+} 上的 H$^+$ 游离出来，这样就可以用碱滴定 NH^{3+} 放出 H$^+$，通过测出酶解过程被释放出来的氨基，可计算出水解度。

这个方法在实际中应用的最大不方便是确定理想的参数非常困难。美国官方的方法是调整酶解液的 pH 到 7.0，加入甲醛溶液，接着用碱性溶液将其滴定到 pH 为 9.0。美国 AOAC 的方法似乎更合理，因为溶液 pH 为 9.2（酚酞的变色范围）是甲醛反应的最佳 pH 平衡点。甲醛滴定方法不同导致的结果是不同的。特别是对于微弱的水解物。通过这种方法测定的氨基氮和总氮的比率可能会高于实际值。值得指出的是，脯氨酸与甲醛作用生成的化合物不稳定，导致滴定后结果偏低；因此采用甲醛滴定法测定富含脯氨酸的原料（如胶原蛋白的水解产物），其结果偏低。酪氨酸含酚基结构，可导致甲醛滴定法滴定结果偏高。采用甲醛滴定法测定微弱的水解物的水解度时，误差较大。甲醛滴定方法在胺盐存在时不能使用，因为胺盐可以和甲醛反应产生白色结晶，导致结果偏高。

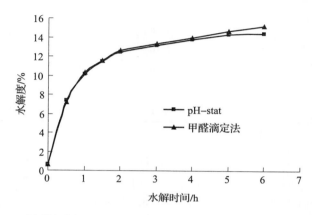

图 2.12　甲醛滴定法和 pH – stat 法测定碱性蛋白酶水解大豆分离蛋白

　　姚玉静等人采用碱性蛋白酶水解大豆分离蛋白，并分别用甲醛滴定法和 pH – stat 法测定大豆分离蛋白水解度。由图 2.12 可见，pH – stat 法和甲醛滴定法测定的大豆蛋白水解度结果接近，均为典型的酶解曲线，前 2h 酶解速度较快，水解度分别为 12.54% 和 12.59%，随着酶解时间的延长，水解度的增长速度趋缓。酶解 6h 后，最终水解度分别达到 14.43% 和 15.20%，甲醛滴定法的测定值略高于 pH – stat 法。碱性蛋白酶是一种内切蛋白酶，其大豆蛋白酶解产物主要为多肽，鲜有游离氨基酸和寡肽。采用其他内切蛋白酶如木瓜蛋白酶、胰蛋白酶等也可得到相同的结果。

　　将 5% 大豆蛋白液加入风味蛋白酶 1500U/g 蛋白质，酶解温度 50℃，调节酶解液 pH 为 7.0，水解 6h 后，分别用甲醛滴定法和 pH – stat 法测定大豆分离蛋白水解度，结果如图 2.13 所示。

　　由图 2.13 可见，采用风味蛋白酶水解大豆分离蛋白时，采用甲醛滴定法与 pH – stat 法对水解度的测定结果相差较大，且随着水解时间的延长水解度的增加，甲醛滴定法的测定明显高于 pH – stat 法。风味蛋白酶水解 6h 后，甲醛滴定法和 pH – stat 法测定的水解度分别为 14.76% 和 9.07%。风味蛋白酶是外切蛋白酶和内切蛋白酶的混合物，常用于蛋白

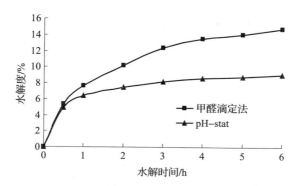

图 2.13 甲醛滴定法和 pH – stat 法测定风味蛋白酶水解大豆分离蛋白

质酶解液的脱苦或深度酶解蛋白质。大豆蛋白的风味蛋白酶酶解产物富
含游离氨基酸、二肽、三肽等小分子肽。

2.4.1.3 邻苯二醛法

邻苯二醛法（o – phthaldialdehyde，OPA）是一个快速而简单的测定
蛋白质水解物水解度的方法，不需要很长时间的反应。邻苯二醛法测定
水解度国内使用相对较少，国外研究者使用较多，现将其测定方法介绍
如下所述。

（1）OPA/NAC 溶液的配制　将 50mmol/L 的 OPA 甲醇溶液 10mL，
50mm 的 NAC（N – 乙酰半胱氨酸，N – acetyll – cysteine）溶液 10mL，
200g/L SDS 溶液 5mL，0.1mmol/L，pH 为 9.5 的硼酸缓冲溶液 75mL，混合
均匀后避光保存。

（2）将 20μL 样品（标准品）与 2.4mL OPA/NAC 溶液混合，室温反
应 10min，340nm 测定其吸光值。以 0 ~ 2mg/mL 的异亮氨酸为标准品做
标准曲线。

蛋白质水解产生的游离氨基酸、寡肽和多肽中氨基可与 OPA 反应形
成一种黄色络合物。根据反应所生成黄色的深浅，可用分光光度计在
340nm 下测量其吸光度。氨基酸衍生物的低稳定性是这种方法的一个缺
点。OPA 和半胱氨酸之间发生一个弱且不稳定的反应；OPA 与脯氨酸不
发生反应。因此这种方法不适合用于含有丰富半胱氨酸和脯氨酸底物水
解度的测定。

2003 年 D. Spellman 等人利用碱性蛋白酶 2.4L 和 Debitrase HYW20 两
种蛋白酶对乳清蛋白进行水解，并分别采用 pH – stat 法、OPA 法和 TBNS
法测定了水解产物的水解度，结果如下所述。

图 2.14 所示为采用不同水解度测定方法对 Debitrase HYW20 水解乳

清蛋白的水解度进行测定。从测定结果来看，TNBS 法 > OPA 法 > pH –
stat 法。水解6h 后，TBNS 法测定的水解度为19.3% ；OPA 法测定的水解
度为16.8% ；pH – stat 法测定的水解度为12.3% 。造成 TNBS 法与 pH –
stat 法相差较大的主要原因如下所述。

Debitrase HYW20 是一种富含外切蛋白酶活力的复合蛋白酶制剂，水
解产物中富含二肽、三肽等寡肽。因 pH – stat 法中水解度的计算与 $1/\alpha$
有关，而 α 取决于温度、溶液的 pH 和氨基的解离度（pK）。当酶解液的
温度和 pH 不变的情况下 α 仅与氨基的解离度 pK 有关。如50℃下，多肽
和蛋白质氨基的解离系数 pK 为7.1，而游离氨基酸、二肽、三肽氨基的
解离系数为7.6，因此，pH 为7.0时，多肽混合物和游离氨基酸、二肽、
三肽混合物的 α 值分别为0.44和0.20，与之对应 $1/\alpha$ 分别为2.27和
5.0。对 $1/\alpha$ 的低估导致 pH – stat 法测定的结果偏低。TNBS 法和 OPA 法
在水解度测定上的差异主要是由于乳清蛋白含有丰富的半胱氨酸，而半
胱氨酸与 OPA 反应物的吸光值明显偏低。

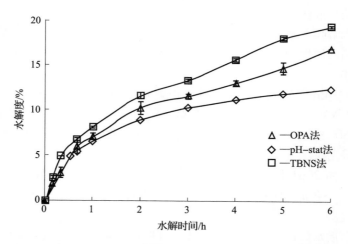

图 2.14　不同水解度测定方法对碱性蛋白酶水解乳清蛋白进行的水解度测定

2.4.1.4　三硝基苯磺酸法

三硝基苯磺酸法（trinitrobenzenesulphonic acid，TNBS）是由 Satake
等人于1960 年首次提出，并由 Adler – Nissen J. 于1979 年进行修改完善，
其原理是在弱碱性条件下，TNBS 和氨基酸的氨基反应生成发色基团。这
种方法需要将样品在37℃ 反应1h，在室温冷却30min，接着测其在
420nm 处的吸光度值。这种方法的不利之处是所需时间长，被苦味酸污染
的试剂的空白值很高，降低了糖和氨基的相互作用，并且脯氨酸和羟脯

氨酸之间缺少相互关系，而赖氨酸的 ε – 氨基能够和 TNBS 发生反应，改变测定结果，并且该法中所需的试剂在一般实验室不太常见。不同氨基酸与 OPA 和 TNBS 试剂反应的吸光值，如表 2.18 所示。

表 2.18　　　不同氨基酸与 OPA 和 TNBS 试剂反应的吸光值

氨基酸种类	OPA 法	TNBS 法	氨基酸种类	OPA 法	TNBS 法
丙氨酸	6160	12350	亮氨酸	6750	11790
精氨酸	6570	10990	赖氨酸	11420	18780
天冬酰胺	5870	12270	蛋氨酸	6250	12180
天冬氨酸	6010	10350	苯丙氨酸	6100	11430
半胱氨酸	1330	11800	脯氨酸	—	—
谷氨酸	6020	11900	丝氨酸	6550	14190
谷氨酰胺	6490	13540	苏氨酸	6320	11450
甘氨酸	5870	13400	色氨酸	5730	9900
组氨酸	5890	14660	酪氨酸	4980	10160
异亮氨酸	6350	14630	缬氨酸	6130	13780

三硝基苯磺酸与氨基酸的反应机制如图 2.15 所示。

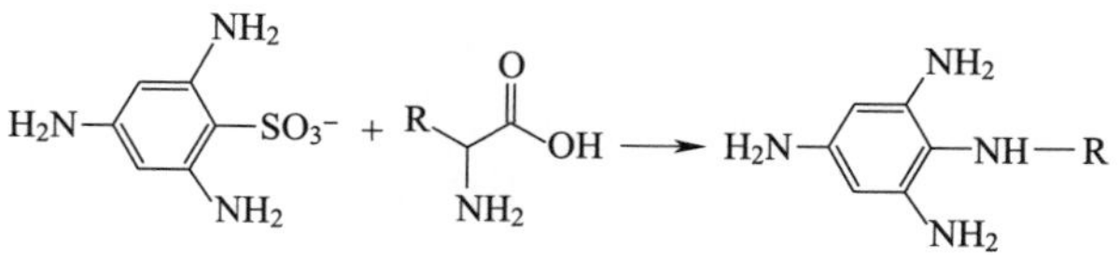

图 2.15　三硝基苯磺酸与氨基酸反应机制

2.4.1.5　茚三酮比色法

α – 氨基酸与水合茚三酮（2，2 – dihydroxyindane – 1，3 – dione）一起在水溶液中加热，可发生反应生成紫色化合物（茚三酮与脯氨酸和羟脯氨酸反应呈黄色）。该反应的第一步是氨基酸被氧化分解生成醛，放出氨和二氧化碳，水合茚三酮则生产还原型茚三酮。还原型茚三酮与氨、1 分子水合茚三酮缩合生成紫色化合物。根据反应所生成紫色深浅，在 570nm 可比色测定氨基酸的含量。该反应对多肽和蛋白质也能显色，但分子质量越大，灵敏度越差。

应用茚三酮比色法来测定蛋白质水解物的水解度是一种比较古老的

方法。这种方法是非常灵敏的，但是一般配制成的显色剂稳定性较差（试剂对氧非常敏感），并可导致比色测定时读数不够稳定。分析时加热和冷却都需要很长时间。此外，由于茚三酮比色法采用的是单一氨基酸作标准，而不同的氨基酸对茚三酮的呈色度不同，因此采用茚三酮比色法的结果会有偏差。针对这一缺陷，郭兴风对此方法进行了改进，利用待水解原料的完全水解液作为标准，一定程度上消除了因不同氨基酸与茚三酮结合产物的呈色度不同对测定结果造成的误差。但这一修正方法未考虑到蛋白酶的专一性，导致水解释放出来的氨基酸组成与蛋白质的氨基酸组成有明显差异。因此，采用郭兴风修正的方法并不适合于不同蛋白酶水解产物之间的水解度比较。

2.4.1.6　三氯乙酸可溶性氮指数

三氯乙酸（trichloroacetic acid，TCA）可溶性氮指数的定义是：在10%的TCA水溶液中酶解液中可溶性含氮物质（游离氨基酸、寡肽）占总氮的比例。TCA是一种蛋白质沉淀剂，它可以沉淀蛋白质和大分子的肽段。在《大豆肽粉》（GB/T 22492—2008）的测定方法中，运用15%的TCA溶液处理大豆肽粉，滤液中的TCA可溶性蛋白质减去游离氨基酸含量即为小分子肽的含量。溶于TCA溶液肽段的最大分子质量与酶解产物的一级结构、亲疏水性等因素有关，目前尚未见TCA溶液中可溶解肽段的最大分子质量报道。就特定底物而言，TCA可溶性氮指数越高，表明酶解液中较短肽段的含量越高。因此，TCA可溶性氮指数不仅反映了水解产物的溶解性能，同时也表明了蛋白质水解产物的小分子肽段的含量，在一定程度上也是蛋白质水解程度的一种表征。实际应用中常用TCA可溶性氮指数表征食物蛋白质酶法改性的水解度。其原因在于TCA可溶性氮指数在酶解初期灵敏度高，随酶解时间的延长，TCA可溶性氮指数的变化幅度较大。

郭兴风等利用风味蛋白酶水解菜籽蛋白，并比较了TCA可溶性氮指数、甲醛滴定法和茚三酮比色法对同一菜籽蛋白水解物水解度的测定结果。随着水解反应的进行，蛋白质被切成大小不等的片段，TCA可溶性氮指数提高。与甲醛滴定法、茚三酮比色法相比，采用三氯乙酸沉淀法测定的结果偏高1倍以上，这是由于三氯乙酸可溶物中除了氨基酸外还有小分子肽。张静采用复合蛋白酶水解大豆蛋白和酪蛋白，并分别用甲醛滴定法和TCA可溶性氮指数测定了水解物的蛋白质水解度，研究表明大豆蛋白酶解物甲醛滴定法测出水解度为3.96%，而TCA氮溶指数为56.54%；酪蛋白酶解物甲醛滴定法测出水解度为4.25%，而TCA氮溶指数为 76.22%。与郭兴风等人的研究相比，张静研究结果中 TCA 氮溶指数与甲醛滴定法测定结果相差更大，造成这一差异的主要原因是张静使用的复合蛋白酶为内切蛋白酶和外切蛋白酶的混合物，水解产物中小分子质量肽段含量更高。

表 2.19　　　　　不同的测定方法测定的水解液水解度结果　　　　　单位:%

方　　法	1	2	3
三氯乙酸可溶性氮指数	39.2	45.4	49.5
甲醛滴定法	15.8	20.7	24.8
茚三酮比色法（亮氨酸为标准）	15.5	21.8	24.9
茚三酮比色法（完全水解液为标准）	17.5	24.3	28.6

由表 2.19 可见，四种不同测定结果中 TCA 可溶性氮指数的测定值最高，甲醛滴定法和茚三酮比色法（亮氨酸为标准）两种方法测定的水解度值接近，而茚三酮比色法（完全蛋白水解液为标准）测定的水解度较甲醛滴定法偏高。编者认为这四种方法中甲醛滴定法和茚三酮比色法（亮氨酸为标准）最为准确。

2.4.2　蛋白质酶解产物的分离分析技术

通常，蛋白质酶解产物的分析依赖于一系列分离技术。在很多情况下，蛋白质酶解产物的分离效果也就是其分析结果，如凝胶过滤色谱既可以用于分离酶解产物，其分离结果也可以表征酶解产物的分子质量分布。蛋白质酶解产物的分离一般基于以下原理：① 酶解产物分子质量的大小，如超滤、凝胶过滤色谱、电泳等；② 基于酶解产物带电性质的方法如离子交换树脂法、毛细管电泳等；③ 基于酶解产物疏水性差异的分离方法如 HPLC 法。不同分离分析方法的优缺点，如表 2.20 所示。

表 2.20　　　　　　　不同分离分析方法的优缺点

方法	评　　价
反相 HPLC	最广泛应用于分离肽和蛋白质
离子交换树脂	蛋白质纯化最常用方法，可用于制备
分子排阻色谱	主要基于分子质量大小的分离，峰容量小
多维电泳	可精确定量地分析样品，与质谱兼容
超滤	根据分子质量进行分离，缺乏选择性
毛细管电泳	基于肽和蛋白质在电场中迁移的差异进行分离

蛋白酶解产物常见的分析测试方法有：SDS－聚丙烯酰胺电泳、凝胶过滤色谱、离子交换色谱和反相色谱等四种，下面着重介绍前三种。

2.4.2.1 SDS－聚丙烯酰胺凝胶电泳

带电颗粒在电场的作用下，向着与其电性相反的电极方向移动，这种现象称为电泳（electrophoresis）。电泳技术是根据各种带电粒子在电场中迁移速度的不同而对物质进行分离的实验技术。蛋白质及其降解产物在电场中移动的速度决定于它的分子形状、相对分子质量大小、分子的带电性质及数目，还与分离介质的阻力、溶液黏度及电场强度等因素有关。

聚丙烯酰胺凝胶电泳，可以分离从 50～500ku 范围的蛋白质分子及其酶解产物。蛋白质在聚丙烯酰胺凝胶中电泳时，它的迁移率取决于其所带的净电荷以及分子的大小和形状等因素。1967 年 Shapiro 等人发现，若在聚丙烯酰胺凝胶系统中加入十二烷基硫酸钠（sodium dodecyl sulfate，SDS），则蛋白质分子的电泳迁移率主要取决于它的分子质量，而与所带电荷和分子形状无关。SDS－聚丙烯酰胺凝胶电泳（SDS－polyacrylamide gel electrophoresis，SDS－PAGE）因其易于操作和广泛的用途，如蛋白质纯度分析、分子质量测定、浓度测定、水解分析、修饰鉴定等，已成为蛋白质酶解产物研究的一项重要分析技术。

SDS－PAGE 是依据蛋白质和多肽的分子质量进行分离、比较以及特性鉴定的一种经济、快速且可重复的方法。SDS 是一种阴离子表面激活剂，在蛋白质溶液里加入 SDS 和巯基乙醇后，巯基乙醇能使蛋白质分子中的二硫键还原，SDS 能使蛋白质分子中的氢键、疏水键打开并结合到蛋白质分子上，形成蛋白质－SDS 复合物。这是用 SDS－PAGE 电泳法测定蛋白质的相对分子质量的原理：在一定条件下，SDS 与大多数蛋白质的结合比例为 1.4gSDS:1g 蛋白质。因为十二烷基硫酸根带负电，使各种蛋白质－SDS 复合物都带上相同密度的负电荷，它的量大大超过了蛋白质原有的电荷量，所以掩盖了不同种类蛋白质间原有的电荷差别。SDS 与蛋白质结合后，还引起了蛋白质构象的改变，蛋白质－SDS 复合物的流体力学和光学性质表明，它们在水溶液中的形状，近似于雪茄烟形的长椭圆棒，不同的蛋白质－SDS 复合物的短轴长度都一样，约为 1.8nm，而长轴长度则随蛋白质的相对分子质量成正比地变化。基于上述原因，蛋白质－SDS 复合物在凝胶电泳中的迁移率，不再受蛋白质原有电荷和分子形状的影响，而只是椭圆棒的长度即蛋白质相对分子质量的函数。

SDS－PAGE 有薄片胶和管状胶两种，目前实验室多采用薄片状凝胶，主要是因其可在同一块胶上跑很多样品，使聚合、染色、脱色具有一致性，分辨率高，样品用量少，耗时少，重复性好。实验室常采用 Bio – Rad 小凝胶系统，丙烯酰胺在凝胶中所占百分比影响着分离胶的分辨范围，如占 15%，分离胶的分辨范围为 15 ~ 45ku；占 10%，分离胶的分辨范围为 15 ~ 60ku；占 7.5%，分离胶的分辨范围为 30 ~ 120ku。因此不同凝胶浓度适用于不同的蛋白质相对分子质量范围。一般地，蛋白质的相对分子质量越大，其相对最适凝胶浓度越低。染料易被阳性电荷离子基团吸引（如 Lys、Arg），因此碱性蛋白质染色较深，一些酸性蛋白质则不易检测。

不连续系统电泳因介质具有分子筛效应，主要取决于待分离蛋白质的相对分子质量大小和形状。同时由于 SDS – 不连续系统具有较强的浓缩效应，其分辨率比 SDS – 连续系统电泳要高得多，故通常不连续系统电泳更广泛地用于蛋白质亚基相对分子质量以及纯度的测定。

考马斯亮蓝法染色包括 R – 250、G – 250 染色，其中 R – 250 尤其适合 SDS 电泳微量蛋白质染色，它与不同蛋白质结合呈现出基本相同的颜色，并且在比较宽的范围内（15 ~ 20μg），扫描峰的面积与蛋白质量呈线性关系，染色后呈红蓝色；G – 250 灵敏度不如 R – 250，也常用于小肽的染色。但是这两种染色法的缺点在于用乙酸脱色时蛋白质会不同程度地被洗脱下来，对于颜色浅的蛋白质条带甚至会丢失。固定液中的酸和醇不能固定一些碱性蛋白质和小肽，可以用甲醛固定，甲醛将蛋白质上氨基酸的氨基与聚丙烯酰胺凝胶上的氨基交联形成亚甲基桥，从而达到固定的目的。

蛋白质酶解产物的分子质量分布较广，且相当一部分多肽和寡肽的分子质量较低，采用常规 Tris – Gly – 盐酸系统达不到应用的分辨率。这是因为低相对分子质量多肽（分子质量低于 15ku）在 SDS 溶液中形成的多肽 – SDS 复合物的形状不同，区别在于蛋白质亚基 – SDS 复合物为长椭圆形，它们的长度和直径相差较大，SDS 的结合可以完全覆盖其本身的电荷；而多肽 – SDS 复合物为圆形，它们的长度和直径在同一数量级上，SDS 的结合不能完全覆盖其本身的电荷，所以偏离了相对迁移率和相对分子质量对数的相互关系。事实上，分子质量小于 6000u 的多肽在 SDS 电泳的标准条件下都有相同的迁移率，此时凝胶的孔径对于多肽来说已经没有了阻滞作用，凝胶失去了分子筛效应。低相对分子质量多肽 – SDS 复合物在 SDS 不连续凝胶电泳时堆积在浓缩胶中，大部分不能进入分离胶。这表明在样品通过浓缩胶和分离胶界面时，尾随离子迁移率的增加不能将多肽带到分离胶中，也就是在 pH 为 6.8 的环境中，电泳不起作用。

根据上述低相对分子质量多肽 SDS 电泳的特点，对缓冲液和凝胶改良方法总结如下：① 用 Tricine［三（羟甲基）甲基甘氨酸］代替甘氨酸，这样改变了尾随离子，能在相对分子质量在 1000 ~ 100000 范围内得到较好的线性关系。② 采用交联度达 $C = 10\%$ 的方法调节凝胶的孔径，在 SDS 凝胶中添加 8mol/L 尿素，使相对分子质量小于 6000 的多肽的测定值接近预期值。③ 用连续电泳或高浓度梯度凝胶电泳，能分离 SDS – 肽复合物。

2. 4. 2. 2　凝胶过滤色谱

凝胶过滤色谱法是由 Porath 和 Flodin 于 1959 年首先提出的，现已广泛应用于酶、蛋白质、蛋白质酶解产物及其他生物活性大分子的分离和纯化过程。由于凝胶色谱的理论发展、实验技术和应用开发应用于生物化学和高分子化学等多个不同的领域内。对这项新技术，不同的工作者采用了不同的命名，这就造成了文献中命名的混乱。文献中用过的名称有：凝胶过滤（gel filtration）、分子筛色谱（molecular sieve chromatography）、凝胶排除色谱（gel exclusion chromatography）、有限扩散色谱（restricted diffusion chromatography）、凝胶扩散色谱（gel diffusion chromatography）、体积色谱（steric chromatography）、凝胶渗透色谱（gel permeation chromatography）和体积排除色谱（size exclusion chromatography）。在本书中我们采用凝胶过滤色谱的名称。

凝胶过滤层析是根据蛋白质或多肽分子质量不同而达到分离效果的，凝胶过滤填料中含有大量微孔，只允许缓冲液及小分子质量蛋白质或多肽通过，而大分子蛋白质及多肽则被阻挡在外。因此，高分子质量的蛋白质在填料颗粒间隙中流动，会比低分子质量蛋白质更早地被洗脱下来。最大的蛋白质分子最早流出柱子，因为它们在到达柱底前经过的体积最小。中等大小的蛋白质可以进入填料分子中较大的孔内，因为它们较晚到达柱底，而小分子蛋白质可以进入所有填料的孔内，有最大的通过体积，故最后到达柱底。其分离原理，如图 2. 16 所示。

凝胶过滤色谱的原理简单易懂，实验操作也比较简单。由于它的分离并不依赖于流动相和固定相间的相互作用力，所以没有必要使用梯度洗脱装置。凝胶过滤色谱具有以下优点。

（1）活性多肽可得以回收　填料和样品间的相互作用在所有的液相色谱技术中，本法是最温和的。因此，活性多肽几乎可以全部被回收，除非流动相中含有变性剂，如尿素等。

（2）分离是在固定比例的水溶液中进行的　流动相通常为缓冲液。为了防止多肽和固定相之间的非特异性吸附，可加入少量的食盐或磷酸盐。

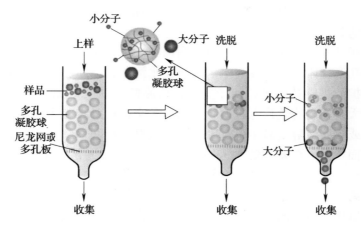

图 2.16 凝胶过滤色谱的工作原理

（3）分离是根据蛋白质或多肽在溶液中相应的有效粒径而进行的
当多肽或蛋白质具有相同的形状（如球状或纤维状）时，通常可以根据
分子质量来预示组分的洗脱顺序，故可用来测定酶解液多肽的分子质量
分布。

就某一特定的多肽而言，其保留体积与 lg 分子质量、紫外吸收值与
摩尔浓度存在线性关系。但由于酶解产物复杂多样，且大部分多肽呈不
规则线形，因此同一峰可能是由多种分子质量相近的多肽和氨基酸组成
的；不同多肽的紫外吸收值不尽相同，这导致紫外吸收值与摩尔浓度的
线性关系不显著。此外，多肽的保留体积还与其亲/疏水性、分子形状等
密切相关。尽管如此，凝胶过滤色谱依然可以定性地表述不同分子质量
范围的多肽的变化趋势。

凝胶过滤色谱的峰容量较小，适合用于蛋白质酶解液的分析。凝胶
过滤色谱对含有分子质量差别比较大的蛋白质酶解液的分离是较有效的，
不能分离具有相同或非常相似分子质量大小的多肽。对于蛋白质酶解液
可以首先用它来初步分离，以便于进一步选用其他方法作更细致的分离。
虽然凝胶过滤色谱法对肽纯化能力有限，但仍是分析、表征、分离蛋白
质酶解产物的有效方法。

2.4.2.3 离子交换色谱法

Sober 和 Peterson 于 1956 年首次将离子交换基团结合到纤维素上，制
成了离子交换纤维素，成功地应用于蛋白质的分离过程。从此使生物大
分子的分级分离技术方法得以发展。近年来离子交换色谱技术已经广泛

应用于蛋白质及其酶解产物、酶、核酸、肽、寡核苷酸、病毒、噬菌体和多糖的分离和纯化领域。

树脂又有分凝胶型和大孔型树脂两类。凝胶型树脂是一种呈透明状态的无孔聚合体。在水溶液中，树脂吸水溶胀，树脂相内产生微孔，反离子可扩散进微孔内进行离子交换，树脂的交联度越低，吸水量越大，溶胀也大，产生的微孔也越大。大孔离子交换树脂在整个树脂内部无论干、湿或收缩、溶胀都存在着比一般凝胶型树脂更多、更大的孔道，因而比表面积大。在离子交换过程中，离子容易迁移扩散，交换速度较快。

离子交换层析是由带有电荷的树脂或纤维素组成的。带有正电荷的称为阴离子交换树脂；而带有负电荷的称为阳离子树脂。离子交换层析同样可以用于酶解液中多肽的分离纯化。由于不同多肽具有不同的等电点，当多肽处于不同的 pH 条件下，其带电状况也不同。阴离子交换基质结合带有负电荷的蛋白质，所以这类蛋白质被留在柱子上，然后通过提高洗脱液中的盐浓度等措施，将吸附在柱子上的蛋白质洗脱下来。结合较弱的蛋白质或多肽首先被洗脱下来。反之阳离子交换基质结合带有正电荷的蛋白质或多肽，结合的蛋白或多肽可以通过逐步增加洗脱液中的盐浓度或提高洗脱液的 pH 而被洗脱下来。离子交换层析的分离机制，如图 2.17 所示。

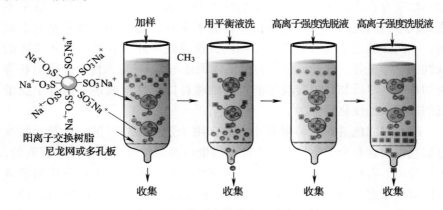

图 2.17　离子交换树脂的分离机制

离子交换树脂按带电性质分为两大类，即阳离子交换树脂和阴离子交换树脂。各类交换剂根据其解离性大小，还可分为强、弱两种。树脂中强酸阳离子交换树脂如上海树脂 732、Dowex 50、Zerolit 225 等。碱型阴离子交换树脂如 201、Dowex1、Dowex2、Zerolit FF 等。聚苯乙烯、纤维素、聚丙烯酰胺和葡聚糖聚合物是离子交换柱的优选载体，可用四级胺、二乙氨基乙基（DEAE）或聚乙烯基亚胺功能化后，进行阴离子交换，用磺酸基或羧基功能化后则可进行阳离子交换。

离子交换树脂的优点：① 具有开放性支持骨架，大分子可以自由进入和迅速扩散，故吸附容量大。② 具有亲水性，对大分子的吸附不大牢固，用温和条件使其可以被洗脱，不致引起蛋白质变性或酶失活。③ 多孔性，比表面积大，交换容量大，回收率高，可用于分离和制备。如采用南开大学化工厂生产 D – 201 型大孔强碱性阴离子交换树脂纯化酪蛋白磷酸肽具有较好的效果。

2.4.3 蛋白质酶解产物的分析鉴定技术

2.4.3.1 酶解产物的氨基酸组成分析

蛋白质酶解产物的氨基酸组成分析可为其营养评价、功能评价及生理活性评价提供基本信息。蛋白质酶解产物的氨基酸组成分析一般包括酶解产物的完全水解和游离氨基酸的定量分析两步。用于这一分析的化学和酶降解方法有多种，主要包括酸水解、碱水解和酶水解，但没有一种方法单独应用时能让人完全满意。除了用 6mol/L HCl 在 120℃ 水解12h，或稀碱溶液（2 ~ 4mol/L NaOH）在 100℃ 反应 4 ~ 8h 的方法外，肽酶混合物也可用来完全水解肽。在酸性水解条件下，多肽溶于 6mol/L HCl 并密封在真空管中可最大限度地减少特殊氨基酸的分解。色氨酸和半胱氨酸/胱氨酸对氧尤其敏感。为了完全游离脂肪族氨基酸，有时需要长达 100h 的水解时间。但在如此强烈的条件下，含羟基的氨基酸（Ser、Thr、Tyr）会部分降解，大部分 Trp 被降解。而且，Gln 和 Asn 分别转化为 Glu 和 Asp 的铵盐，因此只能确定各混合氨基酸的含量，如 Asx(= Asn + Asp)，Glx(= Glu + Gln) 和 NH_4^+(= Asn + Gln)。Trp 经碱性水解大部分没有被破坏，因而这一氨基酸的含量可以采用碱水解确定，但碱水解会引起 Ser 和 Trp 的部分分解，Arg 和 Cys 也可能会被破坏。从灰色链霉菌得到的相对非专一性的肽酶混合物链霉蛋白酶常用于酶解。但肽酶的添加量不应超过被蛋白质水解产物重量的 1%，否则，肽酶自身降解的副产物可能污染最终的结果。由于已述原因，酶解方法大部分用来确定 Trp、Asn 和 Gln 的含量。肽链中的 Gln 经二三氟乙酸碘苯（BTI）处理后转化为 L – 2,4 – 二氨基丁酸（DABA），对酸水解稳定，这是测定 Gln 的另一方法。

目前，HPLC 和气 – 液色谱（GLC）等分配色谱已广泛应用于氨基酸的定量分析中。氨基酸的衍生化是必需的步骤，引入荧光基团则可利用紫外/可见光谱吸收或荧光特征进行 HPLC 定量分析，或将氨基酸转化为挥发性衍生物用于 GLC 分析。用于 HPLC 的各种衍生化方法是利用具有荧光和紫外吸收的标记物与氨基酸反应，如丹酰、芴甲氧羰酰氯、荧光黄胺、异吲哚基 [邻苯二甲醛（OPA）+ 2 - 巯基乙醇] 来缩合产物和 Edman 试剂的。现代自动化氨基酸分析仪能在小于 60min 内完成一个氨基酸混合物样品的分析，灵敏度可达 1pmol/氨基酸。

2.4.3.2 质谱分析技术

传统蛋白质及其降解产物肽的测序方法包括 N 末端序列测定的 Edman 法、C 末端酶解法、C 末端化学降解法等。但这些方法都存在一些缺陷，如测序速度慢、样品用量大、样品纯度要求高、易错误识别修饰后氨基酸残基等。20 世纪 80 年代末基质辅助激光解析电离技术（matrix - assisted laser desorption ionization，MALDI）和电喷雾电离技术（eletrospray ionization，ESI）的发明使质谱分析技术在生物领域广泛应用，尤其是寡肽、多肽和蛋白质的序列分析。与传统测序方法相比，质谱具有高灵敏度、高准确度、易操作性、快速性和很好的普适性，倍受各国学者的青睐。

质谱技术能应用于生物大分子的分析主要得益于 ESI 和 MALDI 两种"软电离"技术的发展。"软电离"的特点是样品分子在电离时，可保证整个分子的完整性，不会形成碎片。该法具有高灵敏度和高分子质量检测范围，使得在 fmol（10^{-15}）乃至 amol（10^{-18}）检测相对分子质量高达几十万的生物大分子成为可能。

MALDI 技术是由 Karas 和 Hillenkamp 提出的，其原理是：将分析物分散在基质分子（尼古丁酸及同系物）中形成晶体，再受激光（337nm 的氮激光）照射；基质吸收激光后转换成电子激发能，发生瞬间气化而形成基质离子，待测中性样品分子与基质离子或质子发生碰撞而发生离子化。目前，常用的基质有芥子酸、2,5 - 二羟基苯甲酸、2 - 氰基 - 4 - 羟基肉桂酸、3 - 吲哚丙烯酸、蒽三酚等。MALDI 源产生的离子多为单电荷离子，质谱中的谱峰与样品每个组分的质量数一一对应，因此它最适合分析成分较简单的多肽或蛋白质混合物。MALDI 源的离子化效率非常高，灵敏度很高，可完成极微量的样品（fmol - amol）的分子质量测定。MALDI 常与非常灵敏的飞行时间（TOF）检测器结合起来，如使用经源后衰减（post - source decay，PSD）的 MALDI - TOF 技术，寡肽可以直接测序，但对蛋白质和多肽而言，预先裂解为合适的碎片片段是一个必需的先决条件。

ESI 在生物大分子鉴定领域的突破性进展出现在 1988 年美国旧金山的学术会议上。当时，Fenn 报道了利用 ESI 技术多电荷电离蛋白质和多肽，可获得质量偏差仅为 0.01% 的实验结果。ESI 的原理是：样品溶液从毛细管流出，在电场和辅助气流作用下喷成雾状带电微液滴；在加热气流作用下液滴逐渐蒸发，直径不断变小，表面电荷密度逐渐增大，强的静电斥力使其产生库仑爆炸；无数次的破裂直到把样品离子从液滴中解析出来进入质量分析器。ESI 可与液相色谱、毛细管电泳（CE）等进行联用，其优点是可解决极性大、热不稳定蛋白质和多肽分子的离子化、大分子质量测定、一级结构和共价修饰位点等的测定问题。ESI 电离最适用的体系为多肽、蛋白质、糖蛋白、核酸以及其他多聚物生物分子。

待测多肽离子在质谱中经活化后具有较高的能量，发生碰撞诱导解离（collision induced dissociation，CID）后，产生多组不同类型的碎片峰。因此，首先要区分各组峰的类型归属，才可比较相邻的同种离子质量差，确定相应的氨基酸残基。大多数氨基酸有各自独特的分子质量，因此，序列信息可由此获得。只有亮氨酸/异亮氨酸和赖氨酸/谷氨酰胺不能区分，其他 16 个氨基酸均具有不同的分子质量。此外，它们各自独特的结构也会影响其质谱碎裂行为，这使得利用碎裂行为来分析和鉴定多肽序列成为可能。而且，用 MALDI/MS 对蛋白质中二硫键进行确定也是可能的。

当多肽含有 Pro 时，其在 CID 过程的特殊碎裂行为有助于多肽的质谱鉴定。Breci 等利用 Finnigan 公司的离子阱质谱分析了 N 端断裂 Pro 残基的碎片峰现象。他们发现：当 Xxx 为 Val、His、Asp、Ile 和 Leu 时，多肽键 Xxx – Pro 较易发生断裂，产生信号极强的碎片峰；而当 Xxx 为 Gly 和 Pro 时，多肽键 Xxx – Pro 不易发生断裂，对应碎片峰的丰度也较小。

当两个或两个以上的 Gly 连续出现在多肽序列中时，通常很难使它们之间发生断裂，相应产生的碎片丰度较低。这种现象同样发生在 Gly – Ala 中。由于 Gly – Gly 与 Asn 的分子质量相同，Gly – Ala 与 Gln 分子质量也相同并与 Lys 分子质量相当，在多肽碎片分析过程中，极有可能将 Gly – Gly 和 Gly – Ala 误分析为 Asn 或 Gln/Lys。

Ser 和 Thr 两个羟基氨基酸在质谱碎裂中很容易丢失 H_2O，而使其对应的碎片质核比（m/z）减小 18u。此外，这种丢失现象还常常发生在距离碎片产生较远的位置，使碎片离子 m/z 偏移数倍 18u。

如果多肽中含有 Cys，且该 Cys 在分子内或分子间与另一个 Cys 通过二硫键连接时，则该肽的 CID 谱图将变得异常复杂。在试验中，常常利用碘乙酰胺、碘乙酸、乙烯基嘧啶还原 Cys，断裂二硫键，并使该残基的分子质量分别增加 159、160、208u。还原后的 Cys 在 CID 中的碎裂行为与 Ser 相似。当多肽含有 His 时，则其 CID 谱图中将存在丰度很高的碎片离子 m/z110，这是 His 的特有性质，可用于判断多肽序列中是否存在 His。其他氨基酸残基均无法在该位置产生碎片。

2.4.3.3　NMR 技术

NMR 谱是最广泛应用的结构分析技术之一。目前，多维 NMR 方法常用于肽和小蛋白质的共振和结构确证。^{1}H 是未标记的肽和蛋白质所检测的核，而用 ^{13}C 和 ^{15}N 均匀标记的蛋白质能提供进一步的信息。而且可使用异核 NMR 技术。用来阐明蛋白质三维结构的 NMR 研究依赖于同位素 ^{13}C 和 ^{15}N 标记及与之联用的三维和多维 NMR 方法。标记的蛋白质可由超表达系统在同位素富集的培养介质中得到。蛋白酶解产物的分子质量和稳定的聚集/折叠状态是 NMR 成功解析结构的两个决定因素。

NMR 研究能应用于液相或固相。液相 NMR 使用非晶态的样品。肽或蛋白质溶于水或非水溶剂中，溶剂也可含表面活性剂（用于分析蛋白质在类膜环境中的状态）。近年来，固相 NMR 越来越多地用于膜蛋白质结构分析。它也是研究固定于固体表面的肽或肽聚介物如淀粉样纤维的一种有吸引力的方法。

如何得到蛋白质结品，是 X - 射线结构分析的主要障碍，而对于 NMR 研究，则不需要结晶。溶液条件（pH、温度、缓冲体系）可有较大变化范围。现在，甚至可以用 NMR 研究蛋白质的折叠过程。此时，部分折叠的蛋白质常被认为是动态再折叠过程中的过渡态模型。而且，NMR 研究提供了被研究蛋白质的动态图像。

化学位移值是 NMR 结构分析的经典参数之一。但较大分子的不充分信号分散需要其他参数。典型的参数有标量耦合（通过键联）和偶极耦合（通过空间关联，NOE）用于核的确定。NOE 能提供关于核间的空间相互关系的有价值的数据。通常，这些核间距（如质子间）对于阐明三维结构是必不可少的，它们与其他几何限制元素（共价键距和键角）一起，应用于蛋白质或肽的三维结构计算。

为了确定肽的三维结构，对 NMR 谱的所有信号，应确定其相应氨基酸残基的归属。如果肽序列已知，通常是合成或超表达获得的化合物，其一级结构可用残基间 NOE 信号证实。如果序列是未知的，可由 NOESY 谱的分析建立起来。

NOESY 谱的交叉峰体积积分也为相应的核提供有关距离的信息。用已知的核间距（如邻位质子）标定这些交叉峰体积，可以将这些交叉峰体积直接转换为质子间距离。连续的键距 d（H^a，H^N）、d（H^N，H^N）和 d（H^β，H^N）依赖于键的扭角。因此，依 Karplus 方程，两个质子间的耦合常数能提供有关这一两个质子间的扭角的信息。规则的二级结构骨架质子间的各种中、长距离可以用 NOE 观察。螺旋和转角通常具有连续的短程或中程$^1H-^1H$距离，而 β 折叠通常显示连续的短程和长程骨架$^1H-^1H$距离。

当应用于构象限制的肽时，NMR 在确定其三维结构的研究上尤其有用，如环肽或含立体位阻的氨基酸的肽。在溶液中，线性的非限制性肽通常极具伸缩性而没有优势构象。

酰胺的 N–H 在 D_2O 溶液中的交换速率和 NH 质子化学位移、温度系数（temperature coefficient）等数据是有助于肽和蛋白质构象分析的又一有价值的信息。暴露于溶剂的 NH 质子与 D_2O 的交换要快得多。酰胺质子的化学位移与温度变化呈线性关系，其斜率为温度系数。一般地，伸展的肽链结构中，酰胺质子共振的温度系数在 $-6\times10^{-9}\sim-10\times10^{-9}/K$，而处于溶剂不能触及的环境或参与氢键形成时，温度系数值较大（$>-4\times10^{-9}/K$）。因此，较高的温度系数对应缓慢交换的酰胺质子，这些数据可依次结合起来，用于确定规则的二级结构，尤其是对于小线性肽或环肽。

基于模式识别技术，人们已设计出自动化程序并应用于识别自旋系统，以利于序列专一性的确认。一旦从 NMR 数据计算出三维结构群，则应针对几何限制因素进行优化。除了测定溶液中的三维蛋白质结构外，NMR 还对蛋白质的局部结构、构象动力学和与小分子的相互作用提供有价值的信息。因此，目前 NMR 是一种具有很多用途的工具，如工业药物研究中，因为它能检测到仅毫摩尔浓度级结合常数的配体–蛋白质相互作用。在这种情况下，转移 NOE（transferred NOE）技术应特别提及，如果小相对分子质量配体与蛋白质的结合存在一个快速平衡，这种技术就可以揭示小相对分子质量配体与蛋白质结合时的构象。而且，根据 Fesik 等人的报道，由 NMR 技术获得的 SAR 是药物发现工作过程的有力工具。

2.4.3.4　圆二色谱（CD）

线性极化光由两个反向旋转的环形极化光组成，它们具有同样的频率、速度和强度。当线性极化光通过一个光学活性介质时，如光学活性化合物的一个对映异构体的溶液，左旋光和右旋光的速度是不一样的（折射率不同）。于是，就可观察到线性极化光的极化面的净旋转。因此，纯的对映异构体或富集的光学活性化合物可以用旋光指数和旋光色散来鉴定。然而，不仅两个环形极化光的速度不同，手性发色团的消光性质也不同。在这种情况下就可观察到椭圆形极化光。CD 谱正是检测这种椭圆形的波长依赖性，当右旋或左旋极化光被吸收较强时，就可以观察到正的或负的 CD 图谱。

CD 是快速确定蛋白质和肽二级结构的方法。蛋白质通常是几个经典的二级结构元素（α 螺旋、β 折叠、β 转角）的复杂组合。除了这些规则的区域外，其他部分可能呈无规卷曲形态。CD 是能区分 α 螺旋、β 折叠、β 转角和无规卷曲构象的高灵敏方法。相对 NMR 和 X – 射线衍射，虽然从 CD 谱获得的信息有限，但 CD 数据的价值在于作为肽和蛋白质构象研究的初步基础，使人们可进一步研究它们在广泛条件下的构象转变。

酰胺基是用 CD 谱观察肽和蛋白质的最重要的发色团。已确定它的两种电子迁移方式。$n – \pi^*$ 迁移通常很弱，在 220nm 附近呈一个负带。它的能量（波长）对氢键的形成敏感。$\pi – \pi^*$ 迁移一般较强，在 192nm 附近出现一个正带，在 210nm 附近出现一个负带。

α 螺旋、β 折叠构象和无规卷曲的比例可用 CD 谱确定。α 螺旋构象的特征是常在 222nm（$n – \pi^*$）和 208nm 处出现负带，在 192nm 处出现正带。短肽在溶液中通常不形成稳定的螺旋；但加入 2，2，2 – 三氟乙醇（TFE）能使大多数肽的螺旋成分增加。与 α 螺旋比较，β 折叠具有不确定性，可以以平行或反平行方式形成。它的特征性 CD 谱是在 216nm 处有一个负带，在接近 195nm 处，有一个相当大的正带。无规卷曲构象（不规则构象）的 CD 通常在 200nm 以下有一个强的负带。利用几种计算方法可以对肽和蛋白质的二级结构进行计算分析，将观察到的光谱和以上提及的三种二级结构的特征吸收比较。一个有趣的方法是将蛋白质分为几个合成肽，然后用 CD 分析。在特殊情况下，氨基酸的芳香侧链和二硫桥也可作为发色团，从 CD 谱上可显示出来。

参考文献

［1］ Adler – Nissen J. Enzymatic hydrolysis of food protein ［M］，London：Elsevier Applied Science Publishers，1986，12 – l4.

［2］ Adler – Nissen J. Determination of the degree of hydrolysis of food protein hydrolysates by trinitrobenzenesulfonic acid ［J］. Journal of Agricultural and Food Chemistry，1979，27（6）：1256 – 1262.

［3］ Spellman D，McEvoy E，O'cuinn G，et al. Proteinase and exopeptidase hydrolysis of whey protein：Comparison of the TNBS，OPA and pH stat methods for quantification of degree of hydrolysis ［J］. International

Dairy Journal, 2003, 13 (6): 447 –453.

[4] Zhu H Y, Tian Y, Hou Y H, et al. Purification and characterization of the cold – active alkaline protease from marine cold – adaptive *Penicillium chrysogenum* FS010 [J]. Molecular biology reports, 2009, 36 (8): 2169 –2174.

[5] Casella M L A, Whitaker J R. Enzymatically and chemically modified zein for improvement of functional properties [J]. Journal of Food Biochemistry, 1990, 14 (6): 453 –475.

[6] Parrado J, Millan F, Hernandez – Pinzon I, et al. Characterization of enzymic sunflower protein hydrolysates [J]. Journal of Agricultural and Food Chemistry, 1993, 41 (11): 1821 –1825.

[7] Contreras M M, Sevilla M A, Monroy – Ruiz J, et al. Food – grade production of an antihypertensive casein hydrolysate and resistance of active peptides to drying and storage [J]. International Dairy Journal, 2011, 21 (7): 470 –476.

[8] Bombara N, C. Anón, A. M. R. Pilosof M. Functional properties of protease modified wheat flours [J]. Lebensmittel – Wissenschaft and Technologie, 1997, (5): 441 –447.

[9] Goel P K, Singhal R S, Kulkarni P R. Studies on interactions of corn starch with casein and casein hydrolysates [J]. Food Chemistry, 1999, 64 (3): 383 –389.

[10] M I Mahmoud, W T M, C T Cordle. Enzymatic hydrolysis of casein: Effect of degree of hydrolysis on antigenicity and physical properties [J]. Journal of Food Science, 1992, 57 (5): 1223 –1229

[11] Friedman M, Cuq J L. Chemistry, Analysis, Nutritional Value, and Toxicology Of Tryptophan In Food. A Review [J]. J. Agric. Food Chem, 1988, 36 (5): 1079 –1093.

[12] Steinhart H. Stability of tryptophan in peptides against oxidation and irradiation [J]. Advances in Experimental Medicine & Biology, 1991: 29 –40.

[13] Rao Q, Rocca – Smith J R, Schoenfuss T C, et al. Accelerated shelf – life testing of quality loss for a commercial hydrolysed hen egg white powder [J]. Food Chemistry, 2012, 135 (2): 464 –472.

[14] Rao Q, Labuza T P. Effect of moisture content on selected physicochemical properties of two commercial hen egg white powders [J]. Food

Chemistry, 2012, 132 (1): 373 –384.

[15] Rao Q, Rocca – Smith J R, Labuza T P. Moisture – induced quality changes of hen egg white proteins in a protein/water model system [J]. Journal of Agricultural and Food Chemistry, 2012, 60 (42): 10625 – 10633.

[16] Turgeon S L, Gauthier S F, Paquin P. Interfacial and emulsifying properties of whey peptide fractions obtained with a two – step ultrafiltration process [J]. Journal of Agricultural and Food chemistry, 1991, 39 (4): 673 –676.

[17] Turgeon S L, Sanchez C, Gauthier S F, et al. Stability and rheological properties of salad dressing containing peptidic fractions of whey proteins [J]. International Dairy Journal, 1996, 6 (6): 645 –658.

[18] Hardt N A, Boom R M, Goot A J V D. Starch facilitates enzymatic wheat gluten hydrolysis [J]. Food Science and Technology, 2015, 61: 557 –563.

[19] Turgeon S L, Gauthier S F, Paquin P. Emulsifying property of whey peptide fractions as a function of pH and ionic strength [J]. Journal of Food Science, 1992, 57 (3): 601 –604.

[20] Walter T, Wieser H, Koehler P. Production of gluten – free wheat starch by peptidase treatment [J]. Journal of Cereal Science, 2014, 60 (1): 202 –209.

[21] 陈靓. 大豆分离蛋白酶解程度与功能性关系及分散型蛋白开发 [D]. 哈尔滨: 东北农业大学, 2011.

[22] 黄惠华, 王少斌, 王志, 等. 茶多酚 – 蛋白质之间的络合及沉淀回收研究 [J]. 食品科学, 2002, 23 (1): 26 –30.

[23] 郭兴凤. 蛋白质水解度的测定 [J]. 中国油脂, 2000, 25 (6): 176 –177.

[24] 林伟锋. 可控酶解从海洋鱼蛋白中制备生物活性肽的研究 [D], 广州: 华南理工大学, 2003

[25] 杨欣. 木瓜蛋白酶酶促大豆蛋白形成凝胶的机理研究 [D]. 无锡: 江南大学, 2005.

3 谷物蛋白质控制酶解技术

谷物是指能产出可食性谷粒的一类植物,例如小麦、玉米、黑小麦、大麦,燕麦和大米都是谷物。全世界食品热量的大部分以及一半以上的蛋白质是由谷物提供的。其中,小麦、玉米和大米是最重要的谷物。

谷物蛋白质常用分类方法是传统的奥斯本 – 门德尔(Osborne – Mendel)分离法。根据这一方法可将谷物蛋白质分为四类。清蛋白类(albumins):溶于水,加热凝固,可被强碱、金属盐类或有机溶剂沉淀,能被饱和硫酸铵盐析。球蛋白类(glubulins):不溶于水,溶于中性稀盐溶液,加热凝固,可被有机溶剂沉淀,添加硫酸铵至半饱和状态时则沉淀析出。醇溶蛋白类(prolamins):不溶于水及中性盐溶液,可溶于70% ~ 90% 的乙醇溶液,也可溶于稀酸及稀碱溶液,加热凝固。谷蛋白类(glutelin):不溶于水、中性盐溶液及乙醇溶液,但溶于稀酸及稀碱溶液,加热凝固。一般而言,醇溶蛋白是谷物种类中的主要储存蛋白质(如小麦、大麦、黑麦、玉米和高粱),而在豆类植物中,主要的储存蛋白质是球蛋白。但也有例外。例如,大米中的主要储存蛋白质是谷蛋白,仅含有少量醇溶蛋白;然而在燕麦中,这两种蛋白质的含量几乎相等。如表3.1 所示。

表 3.1　　　　　不同谷物中谷物蛋白质的种类和含量　　　　　单位:%

谷物种类	清蛋白	球蛋白	醇溶蛋白	谷蛋白	赖氨酸含量
小麦	5 ~ 10	5 ~ 10	40 ~ 50	30 ~ 45	2.3
大米	2 ~ 5	2 ~ 10	1 ~ 5	75 ~ 90	3.8
玉米	2 ~ 10	2 ~ 20	50 ~ 55	30 ~ 45	2.5
大麦	3 ~ 10	10 ~ 20	35 ~ 50	25 ~ 45	3.2
高粱	5 ~ 10	5 ~ 10	55 ~ 70	30 ~ 40	2.7
燕麦	5 ~ 10	50 ~ 60	10 ~ 16	5 ~ 20	4
黑麦	20 ~ 30	5 ~ 10	20 ~ 30	30 ~ 40	3.7

谷物蛋白质氨基酸组成与其他植物蛋白质有明显的区别，从氨基酸组成来看，富含谷氨酰胺等疏水性氨基酸；从蛋白质组成来看，富含醇溶蛋白和谷蛋白。因此，谷物蛋白质的预处理、酶解条件、酶解产物与其他动物、植物蛋白质有明显的区别。本章从蛋白质组成、结构决定酶解特性这一基本原理出发，首先介绍小麦面筋蛋白和玉米醇溶蛋白的组成和结构特征，接着从小麦面筋蛋白和玉米醇溶蛋白的预处理、控制酶解技术以及酶解产物的功能特性等方面展开论述，希望能为谷物蛋白质资源的深加工提供理论和技术指导。

3.1　小麦面筋蛋白控制酶解技术及应用

3.1.1　小麦面筋组成及结构特征

小麦属植物学的稻科小麦属。商品分类法很多，如冬小麦和春小麦、赤小麦和白小麦、硬质小麦（hard wheat）和软质小麦（soft wheat）。我国食用小麦多属软质小麦，近年来也开始了硬质小麦的栽培。小麦中含有75%左右淀粉（22%～26%为直链淀粉），12%～14%蛋白质，6.3%不溶性木聚糖和1.8%可溶性木聚糖，0.4%不溶性β-葡聚糖和0.4%可溶性β-葡聚糖，2%纤维素，0.2%甘露寡糖和0.3%果胶。

1728年，意大利科学家Bailey首次从小麦粉中分离出小麦面筋，又名谷朊粉。"面筋"指的是用水冲洗生面团，去除淀粉和水溶性蛋白质之后剩下的复杂黏性蛋白质，一般占小麦蛋白的80%。小麦面筋，又称谷朊粉，其化学组成根据生产工艺条件的差异有所不同。根据《谷朊粉》（GB/T 21924—2008）谷朊粉国家标准要求，一级谷朊粉水分含量≤8%；粗蛋白含量（N×6.25，干基）≥85%；灰分含量（干基）≤1.0%；脂肪含量（干基）≤1.0%；粗细度：CB30号筛通过率≥99.5%，且CB36筛通过率≥95%；吸水率（干基）≥170%。小麦面筋的吸水率和蛋白质含量是衡量谷朊粉品质的主要指标。吸水率指标是以蛋白质形成面筋的吸水性能来衡量谷朊粉活性的，是反映谷朊粉活性大小的主要评判指标。目前，国内外谷朊粉生产厂家均把吸水率作为评判产品质量标准的一项主要技术指标。

从面筋蛋白的基本化学组成可见，小麦面筋是一种高蛋白含量、低脂肪含量、低热量的蛋白质资源。在小麦面筋中，淀粉和纤维包埋在蛋白基质中，在淀粉和蛋白质分离过程中很难将其完全分离，所以一般商业用小麦面筋中都含有一定数量的多糖，以淀粉为主。在分离小麦淀粉和小麦面筋过程中添加纤维素酶、果胶酶等非淀粉多糖水解酶有利于进一步提高小麦面筋中蛋白质的含量，并降低非淀粉多糖的含量。此外，谷朊粉中脂肪含量过高，会导致谷朊粉在储藏过程中氧化变质。在现代的制粉工艺中，由于采用了先进的提胚工艺，最大限度的剔除了小麦胚芽，小麦面筋中脂肪含量可降到较低水平。

1907 年，Osborne 因小麦蛋白在不同溶剂中的溶解度不同，采用连续提取的方法，将小麦蛋白分为清蛋白、球蛋白、醇溶蛋白和谷蛋白四种蛋白质，规定溶于水或稀盐溶液的是清蛋白，溶于 10% 氯化钠溶液的是球蛋白，溶于体积百分比为 70% 乙醇溶液的是醇溶蛋白，溶于稀酸或稀碱溶液的是麦谷蛋白。另外还有一些残渣蛋白质，不溶于上述溶剂，因其生化特性与麦谷蛋白相似，一般纳入麦谷蛋白含量。Osborne 这一分类方法为系统研究小麦蛋白功能特性奠定了理论基础，是一种应用最为广泛的小麦蛋白质分类方法。

不同产地不同品种小麦面筋蛋白样品中氨基酸组成，如表 3.2 所示。小麦面筋蛋白的氨基酸分析表明：面筋蛋白中含有 41.26% 的谷氨酰胺和谷氨酸，12.13% 的脯氨酸，6.89% 的亮氨酸，5.11% 的苯丙氨酸，4.37% 的丝氨酸，4.10% 的缬氨酸，3.75% 的酪氨酸，3.66% 的异亮氨酸，3.45% 的精氨酸，3.35% 的甘氨酸，3.16% 的天冬酰胺和天冬氨酸，3.17% 的半胱氨酸，其他氨基酸含量均小于 3%。由小麦面筋蛋白的氨基酸组成分析可见，富含谷氨酰胺和脯氨酸是小麦面筋蛋白氨基酸组成的重要特点，也是小麦面筋蛋白的结构不同于其他蛋白质的原因之一。此外，小麦面筋蛋白中所含的碱性氨基酸（精、组、赖氨酸）较少，但富含非极性氨基酸残基，如亮氨酸、缬氨酸、苯丙氨酸。对于大多数的食物蛋白质，用换算系数 6.25 可将氮含量转换为蛋白质含量。然而，对于小麦面筋蛋白来说，换算系数为 5.7，这进一步验证了面筋蛋白中谷氨酰胺和天冬酰胺含量很高。应该指出：GB/T 21924—2008 中所采用的换算系数仍然是 6.25。

表 3.2　　　　　　　　　**小麦面筋蛋白样品的氨基酸组成**　　　单位：mg/g 蛋白质

中文名称	英文名称	平均值	变幅	变异系数
必需氨基酸				
赖氨酸	Lys	17.27	14.14~20.57	9.78
苯丙氨酸	Phe	51.07	48.21~53.13	2.98
蛋氨酸	Met	16.29	15.41~17.76	4.20
苏氨酸	Thr	24.17	21.96~26.19	4.52

续表

中文名称	英文名称	平均值	变幅	变异系数
亮氨酸	Leu	68.89	65.20 ~ 71.48	3.14
异亮氨酸	Ile	36.62	34.55 ~ 37.85	3.07
缬氨酸	Val	40.98	38.62 ~ 43.32	3.38
半必需氨酸				
精氨酸	Arg	34.46	29.97 ~ 39.33	7.39
甘氨酸	Gly	33.54	30.46 ~ 36.35	4.81
丝氨酸	Ser	43.66	40.81 ~ 45.55	3.75
酪氨酸	Tyr	37.47	35.47 ~ 39.54	3.25
半胱氨酸	Cys	31.74	27.94 ~ 34.46	6.21
非必需氨基酸				
谷氨酸 + 谷氨酰胺	Glu	412.58	391.65 ~ 439.85	3.52
脯氨酸	Pro	121.30	111.97 ~ 133.62	6.13
天冬氨酸 + 天冬酰胺	Asp	31.61	27.63 ~ 35.16	6.17
丙氨酸	Ala	25.26	22.69 ~ 27.72	5.32
组氨酸	His	20.76	19.45 ~ 22.10	4.06

注：所有指标均以干基计。

面筋蛋白中半胱氨酸含量并不高，仅占 2% ~ 3%，但是对面筋蛋白的结构和功能有着非常重要的作用，大部分的半胱氨酸以氧化的形式存在，在籽粒成熟、碾磨、面团加工烘焙过程中形成蛋白质分子内或分子间的二硫键（S—S）。断开面筋蛋白中的二硫键，面筋黏度会急剧下降。

小麦面筋蛋白是已知的天然存在的分子质量最大的蛋白质，主要包括麦谷蛋白（聚合体蛋白质）和醇溶蛋白（单体蛋白质），这两种蛋白质在小麦面筋中几乎以 1:1 的比例存在，均不溶于水。在常规提取条件下，无法用水提取出来。小麦籽粒中麦谷蛋白和醇溶蛋白的含量和功能特性是影响面团流变学特性和最终面制食品品质的主要因素，尤以麦谷蛋白为主。麦谷蛋白水合物具有黏结性和弹性，主要体现在面团的强度和弹性上，而醇溶蛋白水合物主要为面团提供黏性和延伸性。河南工业大学王金水教授对麦谷蛋白和醇溶蛋白的结构特征做了较为详细的论述，下面进行简单介绍。

3.1.1.1 麦谷蛋白

麦谷蛋白分子是自然界最大的蛋白质分子之一，内含 β - 折叠结构较多，富含 Gln 和 Cys，是由多肽链通过分子间二硫键连接而成的非均质的大分子聚合体蛋白质，由 17～20 个多肽亚基构成，呈纤维状。分子质量为 $5 \times 10^4 \sim 1 \times 10^7 u$。一般认为，麦谷蛋白由高分子质量麦谷蛋白亚基（HMW–GS）和低分子质量麦谷蛋白亚基（LMW–GS）组成。HMW–GS 分子质量为 $8 \times 10^4 \sim 1.3 \times 10^5 u$，占麦谷蛋白的 10%。LMW–GS 分子质量为 $1 \times 10^4 \sim 7 \times 10^4 u$，占麦谷蛋白的 90%。

LMW–GS 是麦谷蛋白的主要部分。RP–HPLC 分析表明，LMW–GS 比 HMW–GS 有更高的表面疏水性。LMW–GS 包括 N、C 末端区域，N 末端区域中的重复单元富含谷氨酰胺（Gln）和脯氨酸（Pro），如 QQQPPFS；C 末端区域（图 3.1 中序列片断Ⅲ–Ⅴ）和 α/β–、γ–醇溶蛋白序列片断Ⅲ、Ⅴ相似。LMW–GS 包含 8 个 Cys 残基，其中 6 个残基所在的位置和 α/β–、γ–醇溶蛋白的相似，形成链内 S—S 键，另外 2 个半胱氨酸残基分别位于片断Ⅰ和Ⅳ处，由于空间位置，它们只能和其他的谷蛋白形成链间

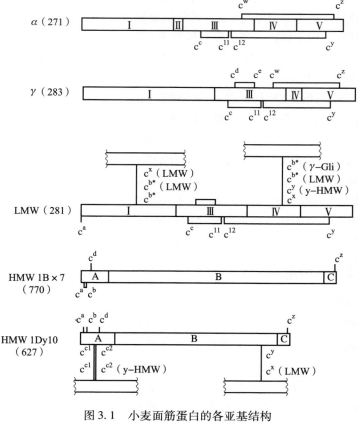

图 3.1　小麦面筋蛋白的各亚基结构

S—S 键。LMW‒GS 的 N 末端重复区域存在大量的 β‒转角结构，形成规则的螺旋结构，具有刚性。而非重复的 C 末端区域富含 α‒螺旋结构，形成紧凑的结构。PFPQQPFPQ、LQLQPFPQPQLPYPQPQLPYPQPQLPYPQPQPF、QQQPP、LGQQQPFPPQQPYPQPQPF、PQPQLPYPQPQLPY 和 SQQQFPQPQQPF-PQQP 等序列被认为是小麦面筋蛋白引起过敏反应的主要氨基酸序列之一。

HMW‒GS 占麦谷蛋白的一小部分。HMW‒GS 包含 3 个结构区域如图 3.1 所示。无重复的 N 末端区域（A），包含 81～104 个氨基酸残基；重复的中心区域（B），包含 480～680 个氨基酸残基；无重复的 C 末端区域（C），包含 42 个氨基酸残基。其中区域 A 和 C 含有大量的带电残基和绝大多数甚至全部的 Cys 残基，其中一部分用于形成分子间二硫键以稳定高分子麦谷蛋白多聚体；区域 B 含有大量的 Gln、Pro、Gly 和少量的 Cys（0 或 1），以重复的六肽 QQPGQG 作为主链，中间串插六肽（如 YYPTSP）和三肽（如 QQP 或 QPG）。

HMW‒GS 中心区域重复序列通过 β‒转角形成松弛的 β‒螺旋结构，这是一种特殊的超二级结构，β‒转角呈重复规则的分布，在 β‒转角区域中疏水性和形成氢键能力强的氨基酸较多。β‒螺旋结构对面团的弹性具有决定性的作用。无重复的区域 A 和 C 是含有规则的 α‒螺旋的球状结构，HMW‒GS 和 LMW‒GS 如同"扩链剂"一样，通过链间 S—S 键增大聚合体，来提高面团强度和稳定性。"扩链剂"重复区域大的比重复区域小的更能有效提高面团的强度和稳定性。HMW‒GS 聚合体的主链是通过尾尾或首尾相连的，侧链至少含有 4 个不同的 Cys 残基。LMW‒GS 通过 N、C 末端区域上的 Cys 形成线形的聚合体。聚合的终止区是谷胱甘肽或含有奇数个 Cys 残基的醇溶蛋白。麦谷蛋白聚合体主要是通过分子间形成的 S—S 键来稳定结构。利用 NMR 和 AFM 对 HMW‒GS 的研究发现，在相邻 HMW‒GS 之间及 HMW‒GS 和其他蛋白质之间形成的氢键在稳定面筋蛋白结构方面起着重要的作用。而氢键的形成主要是由于 HMW‒GS 中存在大量的 Gln。

3.1.1.2　醇溶蛋白

醇溶蛋白可用 70% 乙醇或其他有机溶剂从面筋蛋白中抽提出来。大多数的醇溶谷蛋白都包含较高比例的脯氨酸、谷氨酰胺、一种或多种其他氨基酸，如苯丙氨酸、甘氨酸、组氨酸。在大多数情况中，这种独特的组成导致重复序列的出现和/或该区域富含特种氨基酸。醇溶蛋白为单体蛋白质，结构紧密呈球形，分子质量为 $3 \times 10^4 \sim 7.5 \times 10^4$ u。根据其各组分在低 pH 下电泳中的迁移率，可分为 α‒（迁移最快）、β‒、γ‒、ω‒醇溶蛋白（迁移最慢）。后来根据氨基酸和 N 末端序列分析将醇溶蛋白主要分为 3 组，$\alpha/\beta-$、$\gamma-$、$\omega-$醇溶蛋白。根据氨基酸序列及组成和分子质量，又可细分为 $\alpha/\beta-$、$\gamma-$、$\omega5-$、$\omega1,2-$醇溶蛋白。其中 $\alpha/\beta-$醇溶蛋白平均分子质量为 3.1×10^4u，$\gamma-$醇溶蛋白为 3.5×10^4u，$\omega-$醇溶蛋白为 $4 \times 10^4 \sim 7 \times 10^4$u。从分子质量来看，$\omega5->\omega1,2-$醇溶蛋白。醇溶蛋白分子无亚基结构，单肽依靠分子内二硫键和分子间的氢键、范德华力、静电力及疏水键连接，形成较紧密的三维结构，氨基酸组成多为非极性的。

从各组分氨基酸组成来看，$\alpha/\beta-$、$\gamma-$醇溶蛋白为富硫醇蛋白，$\omega-$醇溶蛋白为贫硫醇蛋白。$\omega-$醇溶蛋白富含 Gln、Pro、Phe，约占整个组成的 80%，蛋氨酸含量 <0.1%，完全缺乏 Cys，故不能形成 S—S 键。然而，$\omega-$醇溶蛋白表面疏水性不如 $\alpha/\beta-$、$\gamma-$醇溶蛋白高。由于它的一些侧链带电残基的存在，使得 $\omega-$醇溶蛋白是面筋蛋白中亲水性最强的一部分。$\omega-$醇溶蛋白 N 末端区域主要的重复序列富含 Gln 和 Pro 残基，如 PQQPFPQQ。$\omega-$醇溶蛋白中 Gln 和 Pro 的含量比 $\alpha/\beta-$、$\gamma-$醇溶蛋白中的高。$\alpha/\beta-$、$\gamma-$醇溶蛋白中亮氨酸（Leu）含量较高，基本氨基酸含量较低，硫含量较高。$\alpha/\beta-$、$\gamma-$醇溶蛋白有着明显不同的 N、C 末端区域。N 末端区域（占整个蛋白质的 40% ~50%）主要的重复序列富含 Gln、Pro、Phe、Tyr，并且 $\alpha/\beta-$、$\gamma-$醇溶蛋白的各不相同（图 3.1 中序列片断 Ⅰ 和 Ⅱ）。$\alpha/\beta-$醇溶蛋白的重复单元为 12 肽，如 QPQPFPQQP-YP，通常重复 5 次并且伴有单个残基的替换。$\alpha/\beta-$、$\gamma-$醇溶蛋白的 C 末端区域是相似的（图 3.1 中序列片断 Ⅲ－Ⅴ）。C 末端区域无重复序列，与 N 末端区域相比，谷氨酰胺（Gln）和脯氨酸（Pro）的含量要少。通常，$\alpha/\beta-$、$\gamma-$醇溶蛋白的 C 末端区域分别含有 6 和 8 个 Cys，相应形成 3 和 4 个分子内 S—S 键，阻止和麦谷蛋白形成交联。从二级结构来看，$\omega-$醇溶蛋白的结构不是紧密压实的，主要为 $\beta-$转角和少量的 $\alpha-$螺旋、$\beta-$折叠结构，虽然 $\beta-$转角有规则地分布于整个肽链，但由于分子中 Cys 的缺乏，肽链间不能交联形成弹性聚合物。$\alpha/\beta-$、$\gamma-$醇溶蛋白的 N 末端区域具有 $\beta-$转角结构，这点和 $\omega-$醇溶蛋白相似，但由于 $\beta-$转角在肽链上分布的不规则，使之不能形成 $\beta-$螺旋结构，因而分子不具有弹性；C 末端区域含有大量的 $\alpha-$螺旋和 $\beta-$折叠结构，主要含有球状结构，以 $\alpha-$螺旋为主。醇溶蛋白中三种组分比例，因小麦种类和生长环境不同而有所区别，一般，$\alpha/\beta-$、$\gamma-$醇溶蛋白含量较多是主要成分，$\omega-$醇溶蛋白含量较少。由于基因点突变，一小部分醇溶蛋白含有奇数个 Cys，它们或者自己结合，或者和麦谷蛋白相连接。醇溶蛋白的这种形式被认为是麦谷蛋白聚合的终止子。

3.1.2 小麦面筋的预处理

在许多方面，小麦面筋蛋白与其他植物蛋白质并没有太多的不同。然而，小麦面筋蛋白的独特之处在于：当小麦粉（小麦面筋蛋白）与水混合后，混合物表现出来的黏弹性。小麦面筋蛋白这种独特的黏弹性可使面粉阻留气泡，使得生面团大范围适用于制作大量不同种类的食品，如面包、面条、意大利面、饼干、蛋糕、面粉糕饼和许多其他食品。小麦面筋蛋白这种独特的性质不仅使全球大量种植小麦，也导致小麦面筋蛋白的预处理资源与其他植物蛋白质资源明显不同。

小麦面筋在水中分散性能差，直接加水混合易形成黏结的一团，搅拌困难，造成蛋白酶难以与面筋蛋白有效接触，酶解效率低，因此小麦面筋的预处理对提高小麦面筋的酶解效率极为重要。小麦面筋常见的预处理方法较多，有热处理、脱酰胺处理、粉碎处理、超声处理、螺杆挤压处理、亚硫酸处理等，下面对重要和常用的预处理方法进行分述。

3.1.2.1 小麦面筋的热处理

对小麦面筋进行热处理可降低小麦面筋原料的细菌总数，降低微生物污染风险；同时还可使面筋蛋白变性，失去黏弹性以便于工业化操作，提高酶解敏感性。常见的热处理方法包括湿热处理和干热处理。

湿热处理是指对小麦面筋水溶液进行热处理，这一方法无须引入特殊的或昂贵的热处理设备，热处理时间和温度容易控制，是食品工业中常用的热处理方法。常见的工艺是：① 在乳化罐中泵入 80～100℃ 热水，添加热水重量 10%～30% 的谷朊粉，乳化至无明显大颗粒为止，保温既定时间后，通过热交换器降温至酶解温度。② 在乳化罐中添加冷水重量 10%～30% 的谷朊粉，乳化至无明显大颗粒为止，通过热交换器升温至 80～100℃，保温既定时间后，通过热交换器降温至酶解温度。乳化后面筋颗粒的大小、是否存在气泡对其能否有效通过热交换器有非常大的影响。日本味之素株式会社的研究者发现当蛋白质原料颗粒平均直径大于 300μm 时，则有阻塞热换热器液流路径的可能，严重时料液甚至无法通过换热器。解决方案是将植物蛋白质（小麦面筋蛋白、大豆粕和玉米黄粉等）粉碎到平均直径小于 300μm，以避免物料在热交换器中沉淀。此外，研究者还发现，如有气泡存在于植物蛋白质分散液中，那么在紧接进行的灭菌步骤中即使高温处理也不能达到预期的灭菌效果，而且在灭菌操作过程中还可能出现堵塞现象，其原因是气泡存在于分散物中时，热量无法均匀地散发到分散液中，且不能作用于气泡包围的细菌细胞。

王金水等对面筋蛋白溶液在 60～100°C 处理 30min 后，用木瓜蛋白酶和复合蛋白酶进行酶解，发现 60～90°C 的热处理可明显提高面筋蛋白的水解度和肽提取率，但经 100°C 预热处理后再酶解，DH 反而下降。

小麦面筋的干热处理一般是指对小麦进行焙炒，其目的是破坏小麦组织结构，降低小麦微生物基数，糊化小麦淀粉，使面筋蛋白得到变性。采用小麦焙炒机可以得到焙炒程度一致的小麦，工作效率高，这一技术已广泛应用于酱油、豆酱等传统发酵工业中。一般原料小麦的水分为 12%～14%，经过焙炒后的小麦水分为 4%～6%，放至次日可降低到 3%。焙炒小麦的温度一般为是 160～170°C，判断焙炒度的标准有两方面，一是色泽、焦糊粒、沉降度、膨化度等物理特性，二是 α-化度、蛋白质消化试验等化学方法。过度的焙炒（热处理强度过高）会降低小麦面筋蛋白的酶解敏感性。在干热处理过程中，面筋蛋白的水分含量和热处理强度对其理化性质和酶解效率均有较大的影响。Weegels 等报道，小麦面筋在水分含量达到 20% 以上，80°C 处理 30min 后，其中的 α/β-、γ-醇溶蛋白变性，面筋蛋白基本丧失了面团形成的能力，而水分含量低于 20%，加热强度需进一步提高才能达到相同的效果。

小麦的干法热处理一般与破碎处理同时操作，热处理使小麦面筋蛋白失去"活性"，便于工业操作；破碎处理增加小麦面筋蛋白与蛋白酶的接触面积。破碎是将大块的物料借助机械外力粉碎成适宜碎块或细粉的过程。目的在于增加固体颗粒的均一性和比表面积。比表面积的增加有利于可溶性成分的溶出和难溶性成分的降解，提高原料的利用率。破碎的方法有很多，常见的有扎碎、气流粉碎等。扎碎是原料预处理上常用的方法，通过机械把物料扎碎。气流粉碎是通过粉碎室内的喷嘴把压缩空气形成的气流束变成能量促进固态颗粒之间产生强烈撞击来达到粉碎目的。

3.1.2.2 小麦面筋的脱酰胺处理

蛋白质的脱酰胺处理是指将蛋白质中天冬酰胺和谷氨酰胺侧链酰胺基脱去氨基，变成天冬氨酸和谷氨酸的过程。蛋白质经脱酰胺处理后，电荷密度增加，溶解度提高，乳化性、起泡性等功能特性得以改善。脱酰胺可通过化学方法（酸或碱作用）、热处理或酶法进行，酸碱脱酰胺一般在较温和的条件下进行。在一定温度范围内，碱法脱酰胺较酸法脱酰胺速度快，但碱法脱酰胺可能导致氨基酸发生消旋反应，破坏半胱氨酸，因此实际应用中使用较少。下面着重介绍酶法脱酰胺、热处理脱酰胺和酸法脱酰胺。

　　酶法脱酰胺一般是利用谷氨酰胺酶、蛋白酶或转谷氨酰胺酶对蛋白质及其水解产物进行脱酰胺处理的。谷氨酰胺酶专一性强，且具有较好的耐盐性，对天然植物蛋白质和动物蛋白质的脱酰胺作用较弱，但对蛋白质水解物的脱酰胺作用较强，常用于呈味基料的制备。蛋白酶，如胰凝乳蛋白酶、无花果蛋白酶，在 pH 为 10、20℃ 条件下对卵白蛋白、溶菌酶进行处理，蛋白质脱酰胺度可达到 20%，但水解度也达到 8% 左右。值得一提的是编者发现酸性蛋白酶对植物蛋白质具有较强的脱酰胺作用。称取 10g 小麦面筋蛋白粉，加入 50mL 水，搅拌均匀后，再边搅拌边加入 HCl 调节 pH 至 2.0、3.0 和 4.0，加入 100U/g 底物的酸性蛋白酶，在 40℃ 下反应 10h，停止反应，80℃ 灭酶 30min，干燥，制得产品，测定面筋蛋白的脱酰胺度和水解度，如图 3.2 和图 3.3 所示。

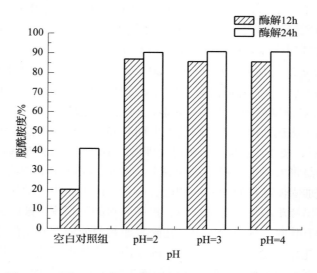

图 3.2　不同 pH 下酸性蛋白酶对面筋蛋白脱酰胺度的影响

　　对食物蛋白质进行热处理也会导致谷氨酰胺和天冬酰胺的脱酰胺作用。脱酰胺作用的速度和程度取决于蛋白质本身的性质、加热的温度、时间和 pH。小麦面筋蛋白、大豆蛋白、酪蛋白在 0% ~80% 的含水量下，115℃ 加热 2h，大约发生 3% ~18.5% 脱酰胺作用。这表明在食品加工中常用到的热处理过程，不可能导致严重的蛋白质脱酰胺结果。在加热过程中，氨释放出来可能与加热产物中的蛋白质以及糖类发生不同的反应，可形成不同的风味化合物。

　　酸法脱酰胺是利用盐酸、柠檬酸、琥珀酸、磷酸等食品级有机酸或无机酸对蛋白质进行脱酰胺处理的过程。一般而言，有机酸脱酰胺要求

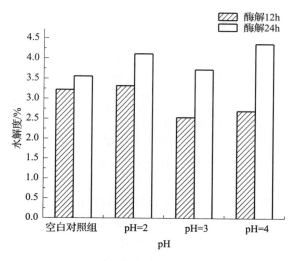

图 3.3 不同 pH 下酸性蛋白酶对面筋蛋白水解度的影响

有机酸浓度较高，达溶液质量浓度的 1% ~ 2% ；脱酰胺温度较高，达 110 ~ 120℃ ；无机酸脱酰胺相对酸浓度低，脱酰胺温度也较低。

编者以小麦面筋蛋白溶液为原料，从脱酰胺时间、盐酸浓度等因素优化了摇床条件下小麦面筋的脱酰胺工艺。小麦面筋蛋白脱酰胺过程中盐酸浓度也是影响小麦面筋蛋白脱酰胺度和水解度的重要因素。Wu 等用 1.0mol/L HCl，75℃，30min 对面筋蛋白脱酰胺产生较好功能特性的蛋白质，但由于脱酰胺盐酸浓度较高，盐酸中和将产生大量食盐，因此降低盐酸浓度对后期酶解和浓缩是有利的。小麦面筋蛋白脱酰胺的其他条件：小麦面筋蛋白浓度为 24% ，脱酰胺温度 65℃ ，脱酰胺时间 24h，结果如图 3.4 所示。

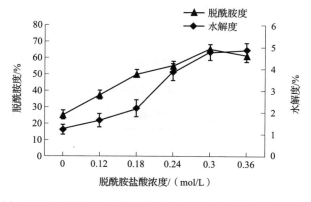

图 3.4 盐酸浓度对小麦面筋蛋白脱酰胺度及水解度的影响

由图 3.4 看出，盐酸浓度小于 0.30mol/L 时，小麦面筋蛋白脱酰胺度和水解度均随着盐酸浓度的增大而增大；当盐酸浓度增加至 0.36mol/L 时，脱酰胺度反而呈降低的趋势，而面筋蛋白的水解度继续上升。盐酸浓度 0.30mol/L，脱酰胺温度 65℃，脱酰胺时间 24h 后，脱酰胺度为 64%，水解度为 4.7%。盐酸是挥发性酸，长时间脱酰胺过程中易挥发损失，脱酰胺结束后小麦面筋蛋白溶液的 pH 为 3.4 左右。

脱酰胺时间的长短直接关系到小麦面筋蛋白脱酰胺度和水解度。脱酰胺条件：小麦面筋蛋白浓度为 24%，盐酸浓度 0.30mol/L，温度 65℃，结果如图 3.5 所示。

由图 3.5 可知，盐酸处理小麦面筋蛋白显著提高了小麦面筋蛋白的脱酰胺度和水解度。样品脱酰胺度在处理时间 0~5h 内增加较缓慢。这一阶段，小麦面筋在盐酸的作用下，二硫键断裂，颗粒变小，流动性增强，黏度迅速下降。在 5~36h 内，脱酰胺度随盐酸处理时间增加而快速增大，并且在 24h 处达到最高脱酰胺度 65.67%，当处理时间延长至 36h，小麦面筋蛋白的脱酰胺度反而下降。小麦面筋蛋白的水解度变化趋势与其脱酰胺度的变化趋势相似，在脱酰胺时间为 24h 时达到 4.63%。因此，选择盐酸热处理脱酰胺时间为 24h 最佳。

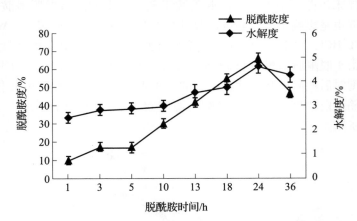

图 3.5　脱酰胺时间对小麦面筋蛋白脱酰胺度及水解度的影响

表 3.3　不同脱酰胺度的脱酰胺小麦面筋蛋白表面疏水性与粒径的比较

样品	表面疏水性（H_0）	颗粒粒径/μm	
		$d_{3,2}$	$d_{4,3}$
小麦面筋蛋白（WG）	27.954 ± 3.0	50.276 ± 2.5	98.276 ± 4.0
30% 脱酰胺度 WG	179.49 ± 4.0	13.94 ± 1.0	40.843 ± 2.2

续表

样品	表面疏水性 （H_0）	颗粒粒径/μm	
		$d_{3,2}$	$d_{4,3}$
45% 脱酰胺度 WG	195.71 ± 4.5	8.363 ± 1.1	32.927 ± 1.5
55% 脱酰胺度 WG	210.62 ± 3.8	8.038 ± 1.3	32.408 ± 1.9
60% 脱酰胺度 WG	198.84 ± 3.5	8.256 ± 1.2	33.627 ± 1.4

由表 3.3 看出，与未脱酰胺的小麦面筋蛋白相比，盐酸脱酰胺显著提高了小麦面筋蛋白的表面疏水性，这可能是由于盐酸脱酰胺过程中肽键打开的影响使更多原本包埋在蛋白质内部的疏水性基团暴露，从而增大了脱酰胺小麦面筋蛋白的表面疏水性。基于表面疏水性的定义，目前的结果显示暴露在脱酰胺小麦面筋蛋白中的疏水氨基酸随着脱酰胺度的增大而增多，并且当脱酰胺度为 60% 时，表面疏水性稍稍降低。从小麦面筋蛋白水溶液的粒径来看，脱酰胺小麦面筋蛋白的分子粒径随脱酰胺度的增加而减小，然而当脱酰胺度进一步增大到 60% 时，其粒径可能由于粒子凝聚左右又略微增大。

利用拉曼光谱对小麦面筋蛋白和不同脱酰胺度的小麦面筋蛋白进行分析，通过羧基—COOH 在拉曼光谱 1740 ~ 1800cm^{-1} 处的伸缩振动强度证实盐酸脱酰胺过程中谷氨酰胺发生了脱酰胺反应转变为了谷氨酸；通过拉曼光谱的二硫键与巯基键的振动吸收峰强度变化证实小麦面筋蛋白的二硫键断裂。这是盐酸脱酰胺过程中小麦面筋蛋白粒径变小的主要原因。利用傅立叶红色光谱对小麦面筋蛋白和不同脱酰胺度的小麦面筋蛋白进行分析，发现小麦面筋蛋白二级结构发生显著变化，α - 螺旋/β - 折叠的比值变小，小麦面筋蛋白的分子柔性增加。

小麦面筋蛋白脱酰胺前后经胰酶、风味蛋白酶和碱性蛋白酶酶解过程中蛋白质回收率与水解度的比较，如图 3.6 所示。与未经盐酸脱酰胺的酶解样品对比，盐酸脱酰胺后使各酶解液蛋白质回收率相对未脱酰胺的样品均有提高。对于在最佳脱酰胺工艺下的小麦面筋蛋白，其胰酶酶解效果优于风味蛋白酶和碱性蛋白酶，蛋白质回收率均在酶解时间 36h 时增长趋势渐于平缓，当酶解时间延长至 48h 时，蛋白质回收率基本不增长甚至减小。经酸脱酰胺后蛋白质酶解液的水解度均比对照样有明显提高，表明脱酰胺会增加蛋白质分子间静电斥力并减少氢键作用，暴露出更多的酶结合位点，提高了蛋白质对蛋白酶的敏感性，各酶解液的水解度在 36h 后变化趋于平缓。胰酶酶解液的回收率和水解度均高于风味蛋白酶与碱性蛋白酶酶解液，且各酶解液的回收率和水解度在酶解 36h 后变化均趋于平缓。胰酶 CK 为未经过脱酰胺处理的小麦面筋蛋白样品。

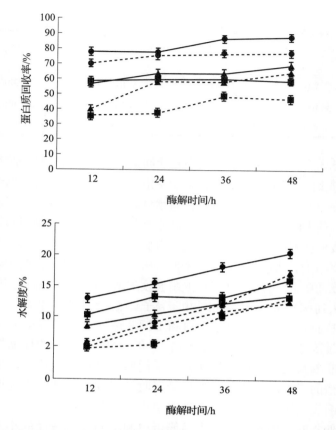

图 3.6　脱酰胺处理对小麦面筋蛋白酶解过程中水解度和蛋白质回收率的影响

　　●—　胰酶　　--●--　胰酶 CK　　■—　风味酶　　--■--　风味酶 CK
　　▲—　碱性酶　　--■--　碱性酶 CK

　　脱酰胺处理提高小麦面筋蛋白酶解过程中水解度和蛋白质回收率，其机制可能是适当的脱酰胺处理可增加小麦面筋蛋白表面疏水性，降低小麦面筋蛋白粒度，从而更有利于蛋白酶起作用。

3.1.2.3　小麦面筋的挤压预处理

　　20 世纪 90 年代，利用双螺杆挤压机在高水分条件下生产植物蛋白质挤压组织化产品成为国际上的研究热点之一。高水分条件通常是指物料的含水率在 40% ~ 80%，低水分条件则是指物料的含水率在 40% 以下，但两者之间的区分并不十分严格。孙照勇将植物蛋白质高水分挤压组织化技术定义为：在高水分（40% 以上）条件下，以食品挤压机为生产设备，改变植物蛋白质的结构，通过蛋白质的物理改性，生产可食用的、具有肉类纤维结构的植物蛋白质产品。我国从 20 世纪 70 年代开始研究食品挤压技术，利用挤压技术使谷物、油料加工得到了快速发展。将螺旋压榨机用于制油工业，使油料挤压熟化、挤压膨化，蛋白质充分变性，油脂分离，提高了制油效率；研制米粉自熟挤压机，用于米粉、粉丝加工，带动了米制品行业发展；对食品、饲料挤压机的引进、消化与国产化，促进了国内组织植物蛋白质和膨化饲料、颗粒饲料行业的发展。

挤压处理实质上是对物料进行混合、加压、加热、熟化、改性、杀菌和膨化等多种单元操作一次性完成，可以在极短时间内实现蛋白质、淀粉等大分子化合物的直接或间接的空间结构改变。从宏观结构来看，挤压膨化处理后小麦面筋变得疏松多孔，丧失其特有的"活性"；从微观分子结构来看，原有的面筋蛋白结构发生了改变，其表面电荷重新分布且趋向均一化，分子间共价键、氢键、疏水键和二硫键等次级键部分断裂，维持蛋白质的二、三、四级结构的结合力变弱，使蛋白质分子沿流动方向呈线性定向排列。华南理工大学赵谋明团队的研究表明：挤压后，面筋蛋白二级结构中的 α - 螺旋或无规则卷曲结构减少，β - 转角结构增加，酰胺 II 中 N—H 增加，证明面筋蛋白挤压后其结构发生了重组，大分子肽链断裂，少量氨基酸游离出来。

小麦面筋挤压预处理控制参数包括：加水量、挤压温度、螺杆转速等。根据编者的经验，小麦面筋的挤压预处理较优条件为：加水量40% ~ 50%、温度 145 ~ 150℃、螺杆转速 120 ~ 150r/min。经挤压预处理后，小麦面筋酶解效率显著提高，水解度和蛋白质回收率均大幅度上升。底物浓度为 15%，碱性蛋白酶添加量为面筋质量的 0.6%，55℃水解 24h后，空白酶解样品的蛋白质回收率为 65.45%，水解度为 14.56%；经过挤压处理后，蛋白质回收率达到 82.16%，水解度达到 18.32%。

3.1.3 高底物浓度体系中小麦面筋的酶法改性

小麦面筋蛋白吸水后形成具有网络结构的湿面筋，其具有优良的黏弹性、延伸性、热凝固性、薄膜成型性等特性，在烘焙行业中被广泛应用。然而小麦面筋蛋白在液体类食品（如饮料、乳制品）中应用受到了诸多限制，主要是谷朊粉溶解性和分散性差、乳化和发泡等功能性质尚不能满足液态食品加工需要。蛋白质酶法改性由于其可反应条件温和、安全性高及副产物少等优点在蛋白质改性领域被广泛应用。因此，采用蛋白质控制酶解技术改善谷朊粉功能性质对拓宽其应用范围具有重要意义。

常规底物浓度下酶解液黏度相对较低，传热迅速，酶制剂、底物和酶解产物易扩散，在实际生产中易于操作；另一方面，传统理论认为提高底物浓度易产生产物抑制、蛋白酶失活等现象，导致酶解效率降低。因此，食物蛋白质控制酶解工业中酶解液的蛋白质浓度一般在 10% ~ 20% 。令人惊讶的是，国内改性谷朊粉（lightly hydrolyzed wheat protein）和小麦面筋蛋白肽（wheat protein peptide）制备工业普遍采用的底物浓度（即谷朊粉的浓度）一般在 30% ~40% 。

提高蛋白质酶解体系中底物的浓度具有诸多优点，如显著提高生产设备利用率，提升单位设备的产能；高固形物酶解体系需水量少，反应加热冷却以及产物浓缩干燥所耗能量少；单位产品产生较少的废水，废水治理成本降低。

3.1.3.1 高底物浓度体系的定义及特点

编者认为高底物浓度体系是指底物占酶解液（底物和水）总重量的 30% 以上，把底物占酶解液（底物和水）总重量的 50% 以上的浓度体系定义为超高浓度底物体系。底物浓度增加带来了一系列的新的变化：① 蛋白质浓度增加导致酶解液体系的黏度显著增加，蛋白质酶解反应初期酶解系统的传热、传质和传动效率低，常规酶解反应罐和酶解工艺难以满足高底物浓度体系的需要。② 高底物浓度体系中，蛋白质降解产物中小分子肽和氨基酸与还原糖发生美拉德反应更为剧烈，酶解产物颜色也较深。③ 高底物浓度体系中酶解液上清液的密度更大，这导致酶解上清液和酶解残渣之间的密度差变小，分离较困难。④ 高底物浓度体系中，蛋白质易聚集，溶解度降低，分散性能差。⑤ 在超高底物浓度体系中，蛋白质及其降解产物的浓度较高，转肽反应和类蛋白反应更容易发生。高底物浓度与常规底物浓度体系的特点比较如表 3.4 所示。

表 3.4　　　　　　　高底物浓度与常规底物浓度体系的比较

高底物浓度体系	常规底物浓度体系
产物浓度高，一般在 30% 以上	产物浓度低，一般低于 20%
冷却、浓缩能耗低	冷却、浓缩能耗高
生产用水消耗量低	生产用水消耗高
单位设备的生产效率高	单位设备的生产效率低
需要特殊设备满足传热、传动和传质要求，操作难度大	不需要特殊的传热设备，操作难度小
增加了操作能耗，设备投资较小	操作能耗较低，设备投资大
相关基础理论尚不明确	相关基础理论明确

续表

高底物浓度体系	常规底物浓度体系
酶解产物的后处理难度大	酶解产物的后处理容易
美拉德反应更加剧烈，产品颜色较深	发生美拉德反应，产品颜色较浅
酶解产物的生理活性和理化性质与低底物浓度明显不同	

瓦赫宁根大学的研究者 A. J. van der Goot 等采用风味蛋白酶水解底物浓度分别为 10%、20%、40% 和 60% 的小麦面筋水溶液，比较了小麦面筋蛋白水解度达到 4.5% 时，不同底物浓度对生产能耗、水耗和水解罐产率的影响，如表 3.5 所示。

表 3. 5　　　　不同底物浓度对生产能耗、水耗和反应器
产率的影响（水解度为 4.5%）

底物浓度	水消耗量/ （L/kg 面筋）	蒸发热/ （MJ/kg 面筋）	水解罐产率/ 〔kg 面筋/（m³·h）〕
10%	9.0	20.3	112.3
20%	4.0	9.0	189.5
40%	1.5	3.4	446.4
60%	0.7	1.5	352.2

由表 3.5 可见，当底物浓度从 10% 增加到 40% 时，水消耗量降低了 6 倍，蒸发热降低了 5.97 倍，水解罐产率提高了 3.97 倍。可见，高底物浓度体系酶解面筋蛋白具有降低水消耗量和蒸发热，提高反应器产率的作用。

3.1.3.2　高底物浓度体系酶解改善小麦面筋溶解性和起泡性

谷朊粉通过限制酶水解作用可以使其乳化性、乳化稳定性和水溶性等功能特性得到显著改善，提高消化吸收率。从国内外相关文献报道中得知，水解度、蛋白酶的种类和酶解体系中固形物浓度是影响面筋蛋白功能特性的主要因素。如王金水等利用木瓜蛋白酶对谷朊粉乳化性进行改良的结果表明，采用木瓜蛋白酶对谷朊粉进行水解提高其乳化性的最佳水解条件是：谷朊粉质量分数 11.0%，酶浓度 25u/g 谷朊粉，pH 为 7.0，反应时间 2.0h，反应温度 55℃。当谷朊粉的水解度达到 3.5%，其乳化活性由 57.4% 提高到 72.4%，乳化稳定性由 53.7% 提高到 75.5%，溶解度由 7.7% 提高到 15.3%。齐军茹等采用中性蛋白酶水解小麦面筋蛋

白，并对酶解物功能性质进行研究。结果表明，酶解后小麦面筋蛋白溶解度、乳化能力和起泡能力都大大提高，且溶解度随着 DH 不断上升而增加，在一定 DH 范围内，提高其 DH 值可以使其乳化特性及起泡能力显著上升，但当水解度超过一定值后，乳化特性及起泡能力又明显下降。Yves Popineau 等采用胰凝乳蛋白酶限制性水解谷朊粉，并采用两种分子质量分别为 50ku 和 150ku 的无机超滤膜分离水解产物。结果表明，在 pH4.0 和 6.5 及 0.2% 和 2% NaCl 条件下，酶解滞留物均具有稳定起泡性，并且其乳化性优于其他水解产物。Drago 等采用真菌蛋白酶水解热处理过的谷朊粉发现，谷朊粉溶解度随着水解度的增加而增加，但起泡性在超出一定 DH 范围时将被破坏。当水解度适中（DH14%）时，不仅可以使谷朊粉溶解度增大，而且在 pH 为 9 和 pH 为 6.5 时，可以获得较高起泡性，从而扩大谷朊粉应用范围。因此，要获得较高功能特性酶解面筋蛋白，必须把面筋蛋白 DH 控制在一定范围内。上述面筋蛋白酶法改性研究中大部分属于常浓度体系。

哥本哈根大学的 A. J. van der Goot 等利用风味蛋白酶水解不同固形物浓度的小麦面筋蛋白发现：① 随着酶解体系中固形物浓度的增加，面筋蛋白的水解度呈下降趋势，即高底物浓度抑制面筋蛋白的水解。② 在 40% 和 60% 的固形物浓度下，酶解产物中分子质量大于 25ku 的肽段显著高于低固形物浓度下的酶解产物。③ 在相同的水解度下，小麦面筋蛋白酶解产物的溶解度与固形物浓度几乎无关。④ 当面筋蛋白的水解度低于 8% 时，其泡沫稳定性与固形物浓度无关，但当面筋蛋白的水解度高于 8% 时，提高底物的固形物浓度，可增加改性蛋白质的泡沫稳定性。如图 3.7 所示。

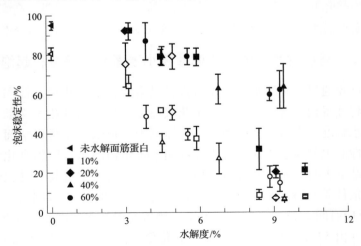

图 3.7 水解度对不同固形物浓度酶解产物起泡性的影响

3.1.3.3　高底物浓度体系酶法制备分散型面筋蛋白

谷朊粉经过有限酶解后只要在水中有较好的分散性即可大大拓展它的用途，如用于豆腐、火腿肠等凝胶型和蛋白质饮料等液体型食品的开发，也可用于可降解性食品包装材料蛋白膜中。因此，制备高分散性面筋蛋白对拓展面筋蛋白的应用范围具有重要意义。

郑州轻工业学院食品与生物工程学院王章存教授以谷朊粉为原料，优化了底物浓度、反应温度、加酶量和反应时间对酶解产物分散稳定性、胶黏性和蛋白质聚集粒径的影响，实验结果如图3.8和图3.9所示。

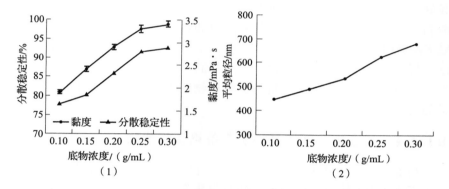

图3.8　底物浓度对面筋蛋白酶解产物黏度、分散性和粒径的影响

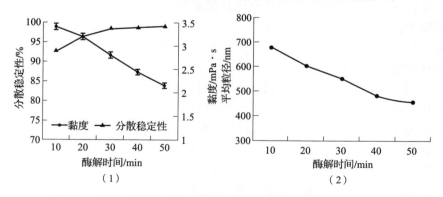

图3.9　酶解时间对面筋蛋白酶解产物分散稳定性和粒径的影响

分别配制不同底物浓度 10~30g/100mL 的谷朊粉悬浮液 500mL 进行酶解，酶解温度为 50℃，加酶量 E/S 为 0.50%，pH 为 8.5，酶解时间 10min。反应结束后，分别取样稀释至规定浓度后，测定不同样品的分散性和分散稳定性、黏度及蛋白质分子粒径。由图3.8可见，随着底物浓度

的增加，谷朊粉酶解物的分散稳定性及黏度都有所提高，当底物浓度超过25g/100mL后，上述指标增加幅度有所减缓，当底物浓度达30g/100mL时上述指标增长趋于平缓。用激光粒度仪测定结果也表明，高浓度酶解后蛋白质分子的平均粒径大于低浓度时的平均粒径，且低浓度酶解的产物中分子质量分布离散度较大。因此，确定最适的底物浓度为30g/100mL。

配制谷朊粉浓度30g/100mL溶液500mL，酶解温度50℃，加酶量为0.50%和pH为8.5时，测定不同酶解时间（10、20、30、40、50min）后的酶解物的分散特性、黏度及蛋白质分子粒径。由图3.9可见，随着酶解时间的增加，谷朊粉酶解物的分散稳定性呈上升趋势，而黏度呈下降趋势（左图）。这可能是酶解时间越长，蛋白质分子越小，在水中分散性较好，呈溶解状态而不容易沉淀的原因。但是，小蛋白质分子之间不易胶黏，溶液黏度会大大下降。从粒径分析的结果（右图）也可以看出，随着酶解时间延长，酶解物中蛋白质分子的平均粒径也不断下降。虽然随着酶解时间的延长，分散性会略有提高，但相差并不是很大，而胶黏性却下降得很多，不利于谷朊粉酶解产物的进一步应用。因此，确定最适的酶解时间为10min。

3.1.3.4　高底物浓度体系酶法制备鸡蛋替代物

鸡蛋是一种营养丰富又易被人体消化吸收的食品。作为食品配料，鸡蛋不仅能为人体提供极为均衡的蛋白质等营养物质，而且具有良好的功能特性。鸡蛋及鸡蛋蛋白具有优良的起泡、乳化和凝胶功能特性，能够赋予食品独特的质构和风味，是食品工业重要的食品配料，在烘焙工业中被广泛应用，如蛋糕、饼干、面包等的制作。鸡蛋的功能特性主要包括起泡性和乳化性。

（1）起泡性　当鸡蛋蛋白被强烈搅打时，空气会被卷入蛋液中，同时搅打的作用也会使空气在蛋液中分散而形成泡沫，最终泡沫的体积可以变为原始体积的6～8倍。鸡蛋搅打形成的泡沫受热时，包裹在小气室中的空气膨胀，包围这些小气室的蛋白质受热到一定程度会因其变性而凝固，从而使这些膨胀了的小气室固定下来，形成蛋糕的多孔组织。

（2）乳化性　鸡蛋中含有多种天然的乳化剂，如蛋黄中的卵磷脂等。卵磷脂可与蛋白质相互作用，这种相互作用能使油、水和食品组分均匀地混合到一起，促进烘焙制品的组织细腻、质地均匀、疏松可口，使烘焙制品保持一定的水分，在储藏期内抑制淀粉老化，保持组织柔软。

以固形物浓度为30%的面筋蛋白为原料，通过添加面筋蛋白重量0.1%的风味蛋白酶，55℃水解3h后，灭酶，喷雾干燥，得到改性面筋蛋白。将改性面筋蛋白分别取代 25% 、50% 和 100% 的鸡蛋白和全蛋粉，制作蛋糕，分别测定硬度、弹性和体积率，如表 3.6 所示。

表 3.6 改性面筋蛋白取代不同比例鸡蛋白和全蛋粉对蛋糕品质的影响

	鸡蛋白替代			全蛋替代		
	硬度/g	弹性/%	体积率/%	硬度/g	弹性/%	体积率/%
空白	327	51	113	328	51	106
取代 25%	326	52	113	326	52	111
取代 50%	340	51	105	342	51	116
取代 100%	217	47	85	212	45	83

由表 3.6 可见，改性面筋蛋白分别取代 25% 和 50% 的鸡蛋白和全蛋粉，对蛋糕的质构和口感几乎没有明显的影响，完全取代鸡蛋白和全蛋粉则会导致蛋糕的硬度、弹性和体积率显著下降。从风味评价来看，替代 25% 的鸡蛋白和全蛋粉与空白样品无明显区别。

3.1.4 小麦面筋控制酶解制备谷氨酰胺肽

谷氨酰胺（glutamine）是谷氨酸的 γ - 羧基酰胺化的氨基酸，是构成蛋白质的氨基酸之一，分子质量 146.15u，分解温度 185℃，等电点 5.65，属中性氨基酸。作为 20 种构成蛋白质的基本氨基酸之一，谷氨酰胺占人体全身游离氨基酸一半以上，是机体含量最丰富的氨基酸，人体内的谷氨酰胺主要储存于脑、骨骼肌和血液中。因此，谷氨酰胺被认为是目前所知的最重要的氨基酸之一，并被称为"条件性必需氨基酸"。谷氨酰胺用途广泛，但其应用上也有不小的局限性：首先，谷氨酰胺水溶液极不稳定，受热后会形成焦谷氨酸（pyroglutamic acid，pGlu），如图 3.10 所示。其次，谷氨酰胺侧链不带电荷，水溶性不好，20℃时溶解度为 3.5g/100g 水。再次，机体对游离氨基酸的适应性较差，容易产生过敏现象。

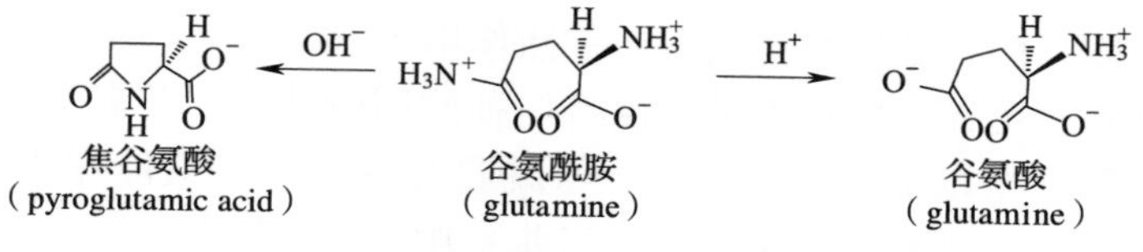

焦谷氨酸　　　　　　谷氨酰胺　　　　　　谷氨酸
（pyroglutamic acid）　（glutamine）　　　（glutamine）

图 3.10 谷氨酰胺在不同条件下的化学反应

149

谷氨酰胺肽是一类含有谷氨酰胺肽的总称。由于谷氨酰胺在肽链的氮端处不稳定，易转化为焦谷氨酸，因此，谷氨酰胺肽常指当含有非氮端谷氨酰胺的肽类。与游离谷氨酰胺相比，谷氨酰胺肽的稳定性和溶解性都会大大提高，因此谷氨酰胺肽是实现游离谷氨酰胺稳定化的有效途径。谷氨酰胺肽的活性常用肽中非氮端谷氨酰胺的含量和肽的分子质量来表示。

3.1.4.1 谷氨酸、谷氨酰胺和焦谷氨酸的相互转化和检测

如前所述，谷朊粉富含谷氨酰胺和谷氨酸，占总氨基酸的 30% ~ 40%。谷氨酰胺、谷氨酸和焦谷氨酸在一定条件下可相互转化。谷氨酰胺在酸性条件下或经热处理易脱酰胺生成谷氨酸。在溶液中，游离谷氨酰胺和肽的氮端谷氨酰胺极易发生环化生成焦谷氨酸；焦谷氨酸在强酸性条件下 105℃ 水解可重新生成谷氨酸。谷氨酸在 145 ~ 150℃ 保持 45min，分子内脱去一分子水可重新形成焦谷氨酸。在谷朊粉水解液中上述三种氨基酸可能以肽和游离氨基酸的形式同时存在，因此确定三者的测定方式是非常必要的。

游离的谷氨酸、谷氨酰胺和焦谷氨酸可衍生化后通过氨基酸分析仪直接测定。目前蛋白质和肽中氨基酸的分析均采用酸水解法，常用的条件是 6mol/L 的盐酸，121℃ 水解 6h。通过盐酸将蛋白质水解为游离的氨基酸，然后采用色谱技术（离子交换或反相色谱）分离和测定各种氨基酸的含量。但酸水解时蛋白质中的谷氨酰胺和焦谷氨酸均水解为谷氨酸，因此，采用这一方法测得的谷氨酸含量实际上是蛋白质或多肽中谷氨酸、焦谷氨酸和谷氨酰胺三种氨基酸的总和。

（1）结合态谷氨酰胺的测定 目前关于结合态谷氨酰胺的测定方法主要分为三种：一是依靠 cDNA 技术、Edman 序列仪实现的基因或序列分析法。该方法只要适用于纯蛋白质或肽样品中谷氨酰胺含量的分析，对混合物无能为力，并且这一方法检测成本较高，操作繁琐；二是酶解法，其原理是采用酶制剂将谷氨酰胺水解成为谷氨酸和氨，通过测定氨的量来间接测定谷氨酰胺。所用酶包括谷氨酰胺酶（E.C.3.5.1.2）和谷氨酰胺合成酶（E.C.6.3.1.2）两种，其中谷氨酰胺酶专一性作用于肽的羧基端谷氨酰胺，而谷氨酰胺合成酶专一性作用于氨基端或内部谷氨酰胺残基。因此在测定谷氨酰胺含量时需将两种酶同时使用。谷氨酰胺酶可以作用于五肽甚至以上的肽链，而谷氨酰胺合成酶最多只能作用于四肽，此酶解法多用于测定小肽（二肽或三肽）中谷氨酰胺的含量；三是利用微量弥散皿法测定蛋白质或蛋白质水解物中结合态氨的含量，这一方法

实际上测定的是样品中游离氨、谷氨酰胺和天冬酰胺的总含量；四是 Kuhn 于 1996 年建立的 BTI 衍生法，主要是非氮端谷氨酰胺经二三氟乙酸碘苯（BTI）处理后转化为 L-2,4-二氨基丁酸（DABA），经氨基酸衍生剂衍生后由 HPLC 检测。DABA 对酸稳定，可以抵抗盐酸的水解，从而使得蛋白质和肽中结合态谷氨酰胺含量的测定成为可能。这一方法中测定的是肽链非氮端谷氨酰胺。

（2）结合态焦谷氨酸的测定　一般而言，在溶液中肽链中的谷氨酰胺较为稳定，但肽链氮端的谷氨酰胺极易发生环化生成焦谷氨酸。据 Kenji Sato 等人报道，氮端含有焦谷氨酸的肽链可耐受胃蛋白酶和胰蛋白酶的降解，故命名为不可消化焦谷氨酸肽，见 3.1.4.3。采用焦谷氨酸氨肽酶（pyroglutamate aminopeptidase）可专一性地将不可消化焦谷氨酸肽氮段的焦谷氨酸水解下来，使人们分析焦谷氨酸成为可能。

3.1.4.2　小麦源谷氨酰胺肽的制备

以谷朊粉为原料，经调浆、蛋白酶酶解、分离、过滤、喷雾干燥等工艺制成小麦面筋蛋白酶解产物，商品名为小麦低聚肽。面筋蛋白酶解产物或小麦低聚肽中均含有大量谷氨酰胺肽。2012 年中华人民共和国国家卫生和计划生育委员会根据《中华人民共和国食品安全法》和《新资源食品管理办法》有关规定，批准了小麦低聚肽作为新资源食品。

据中食都庆（山东）生物技术有限公司报道，小麦低聚肽具有保护胃肠黏膜、抗氧化、增强免疫力、缓解运动疲劳和提升耐缺氧能力等活性。杨小军等发现对 SD 大鼠灌喂小麦蛋白的胃蛋白酶解物，能够提高 SD 大鼠免疫器官的重量，增加肠道 SIgA 的分泌量，改善肠道免疫功能。周业飞等利用弹性蛋白酶制得的小麦蛋白酶解物可提高 AA 肉鸡免疫器官的重量和免疫器官指数。王石等研究表明，在仔猪断乳日粮中添加小麦蛋白酶解物能有效降低仔猪的腹泻率，且效果优于血浆蛋白添加组。

关于谷氨酰胺肽的制备主要有两种途径：一是通过化学法合成，目前已上市的主要是二肽，有丙氨酰谷氨酰胺（Ala-Gln）和甘氨酰谷氨酰胺（Gly-Gln）两种，这两种肽主要是通过化学合成法合成的，以注射类液体药剂的形式存在；二是通过控制酶解植物蛋白质如小面面筋蛋白获得富含谷氨酰胺的肽段。这两种方法各有利弊：化学合成法存在价格高和有机试剂难以完全去除等潜在安全隐患，优点是产品中谷氨酰胺含量较高，目前主要用于医药领域；蛋白酶酶解谷朊粉制备谷氨酰胺肽反应条件温和，无有毒有害成分生成，但酶解产物中谷氨酰胺的含量相对低，目前酶解产物主要用于食品及保健食品领域。根据面筋蛋白控制酶解制备谷氨酰胺肽体系溶剂的不同，可分为水体系和乙醇体系。下面分别进行介绍。

1992年，日本学者Tanabe等首次以小麦面筋蛋白水溶液为原料，采用蛋白酶Molsin在37℃酶解24h后，采用蛋白酶Actinase E在pH为7.0、37℃条件下酶解24h后制得谷氨酰胺肽，经Sephadex G-15纯化后得到谷氨酰胺肽中非氮端Glx（谷氨酰胺＋谷氨酸）含量达50.33g/100g。将该谷氨酰胺肽喂养节食大鼠和饲料中添加甲氨蝶呤的大鼠，结果发现谷氨酰胺肽与模拟氨基酸混合物相比，能增加节食大鼠的黏膜蛋白质含量，改善甲氨蝶呤诱导的小肠结肠炎。近年来，中国学者对谷氨酰胺肽的酶解制备工艺进行了深入的研究。吉林农业大学马洪龙利用碱性蛋白酶水解小麦面筋蛋白的最适条件：pH为8.0，温度70℃，酶浓度4%，底物浓度7%，反应时间150min，水解小麦面筋蛋白，酶解产物中的有效谷氨酰胺含量为17.65%，占酶解样品中Glx（Gln与Glu之和，含量22.83%）的77.31%，三氯乙酸氮溶指数为77.86%，蛋白质含量76.03%，游离氨基酸含量2.06%，说明酶解产物的有效Gln含量高，且肽含量高。刘文豪采用胰蛋白酶和碱性蛋白酶双酶连续酶解小麦面筋蛋白制备谷氨酰胺肽，在底物浓度3g/100mL、pH8.0的条件下，先经胰蛋白酶在48℃下酶解2h，再用碱性蛋白酶在68℃条件下酶解80min后制得含量较高的谷氨酰胺肽，经10000u透析后产品中的有效谷氨酰胺含量为21.35g/100g。蔡木易等公开了一种以小麦谷朊粉为原料，采用碱性蛋白酶和木瓜蛋白酶分两步酶解制得小麦谷氨酰胺肽的方法。下面介绍其制备工艺：将小麦谷朊粉以100:6~12（L:kg）的液料比与水混配调浆，调整pH范围为9~11，加热至50~80℃，保温搅拌20~60min。然后将反应罐中的碱性料液泵入片式离心机中，分离成清液和渣料。之后，收集渣料，将渣料加水稀释，加热至50~80℃，搅拌并进行分离。同样的处理方式重复3次。纯化后的渣料以100:40~50的水渣比加水混合、搅拌，调pH至7~9，加热至40~60℃，按每克蛋白质2000~5000U加入碱性蛋白酶，反应3~5h。然后，按每克蛋白质1000~2000U酶量加入木瓜蛋白酶，调整温度至45~55℃，酶解1~2h。最后，将酶解液加热灭酶。小麦蛋白酶解液用管式离心机离心，取离心清液，用孔径0.05~0.1μm的微滤和超滤设备进行过滤。小麦蛋白酶解液经浓缩、脱色、膜过滤和喷雾干燥，得小麦谷氨酰胺肽粉。经检测，该方法所制备的谷氨酰胺肽混合物中分子质量小于1000u的组分占90%以上，谷氨酰胺-精氨酸-谷氨酰胺（Gln-Arg-Gln，QRQ）的含量在2.0%以上。谷氨酰胺肽中的谷氨酰胺含量达到23.54%。

上述工艺制备的面筋蛋白酶解物中谷氨酰胺含量普遍在 25% 左右，明显低于母体谷朊粉中谷氨酰胺的含量，其原因：① 部分蛋白酶有一定的谷氨酰胺酶活性；② 酶解产生部分游离谷氨酰胺和氮端含谷氨酰胺的肽，这两者均不稳定；③ 热处理和酸碱处理导致面筋蛋白发生脱酰胺。

酶解过程中采用氨水调节 pH 有利于提高酶解产物中谷氨酰胺的含量。此外，在乙醇水溶液中进行谷朊粉的酶解也有利于提高酶解产物中谷氨酰胺的含量。江南大学刘玉芳等率先提出在乙醇/水体系中酶解谷朊粉，得到的水解产物中游离氨基酸含量少，谷氨酰胺活性肽分子质量适中，得率较高，并申请发明专利。陈思思等在此基础上比较了 50℃，pH 为 7.5 的条件下，Alcalase 2.4L FG 分别在水体系和 30% 乙醇体系中酶解谷朊粉制备谷氨酰胺肽的效果，如表 3.7 所示。

表 3.7　　　　不同体系对酶解谷朊粉理化指标的影响

	水体系	30% 乙醇体系
蛋白质含量/（g/L）	56.15	65.09
水解度/%	13.26	8.39
酰胺氮含量/（mmol/g 蛋白质）	2.64	2.84
多肽含量/（mg/mL）	39.67	44.88

酰胺氮含量是利用微量弥撒皿法测定出的水解产物中结合态的谷氨酰胺和天冬酰胺的总和。由表 3.7 可见，30% 乙醇酶解体系中，水解度更低，酰胺氮、多肽和蛋白质含量更高。其原因一方面是乙醇部分抑制蛋白酶的活力导致水解度降低，另一方面是 30% 乙醇体系有助于酶解产物寡肽、多肽和蛋白质的溶解。在此基础上，以酰胺氮含量和水解度为主要指标，通过单因素试验和正交试验确定酶解工艺条件。结果表明，当乙醇浓度 40%，温度 47.5℃，底物浓度 14%，加酶量 7000U/g，反应时间 3.5h 时，水解液的水解度为 14.26%，酰胺氮含量为 3.07mmol/g。

3.1.4.3　酶解液中不可消化焦谷氨酸肽

焦谷氨酸又名 L-焦性麸质酸，学名为 L-2-吡咯烷酮-5-羧酸，熔点 162~163℃，能溶于水、醇、丙酮和冰醋酸，微溶于乙酸乙酯，不溶于醚。比旋光度 -11.9°。由 42% 谷氨酸水溶液经加热脱水、浓缩、结晶、洗涤、干燥制得。焦谷氨酸是皮肤天然保湿因子的主要组分之一，其保湿能力远超过甘油及丙二醇等，无毒、无刺激，是现代护肤、护发化妆品的优良原料。焦谷氨酸还对酪氨酸氧化酶的活性有抑制作用，从而阻止"类黑素"物质在皮肤中沉积，对皮肤具有增白作用。焦谷氨酸对角质有软化作用，可用于指甲化妆品。此外，焦谷氨酸在食品中广泛存在。以酱油为例，据报道，在酱油中焦谷氨酸占总酸的20%左右。

目前，对焦谷氨酸肽安全性、生物活性、制备方法的研究不多。在溶液中，氮端含有谷氨酰胺的肽极易发生环化生成焦谷氨酸，因此含有焦谷氨酸的肽（焦谷氨酸肽）在蛋白质水解物中广泛存在。在有些植物蛋白质水解物中，焦谷氨酸肽占总肽含量的10%以上。由于动植物蛋白质水解物作为功能型食品配料已被广泛应用于食品工业中以提高产品营养价值、降低过敏性、改善风味、提供特殊的功能特性，因此有理由相信口服焦谷氨酸肽对人体无有害影响。小分子肽的氮端含焦谷氨酸的肽不能被胃蛋白酶和胰蛋白酶降解，故称不可消化焦谷氨酸肽（indigestible pyroglu-tamyl peptides）。焦谷氨酸肽在人体内吸收代谢情况尚不明确。焦谷氨酰氨肽酶是专一地裂解N末端含焦谷氨酰的外肽酶，常用于降解焦谷氨酸肽。

事实上，部分含有焦谷氨酸的肽具有特殊的生理活性，如L－精氨酸－L－焦谷氨酸盐可有效增加人体荷尔蒙的水平，增强人体肌腱和韧带的机能，增加运动时的爆发力。促甲状腺激素释放激素（L－焦谷氨酰－组氨酰－脯氨酸酰胺）可使促甲状腺激素（TSH）从垂体释放，并提高全身血循环中TSH和催乳激素的浓度。海洋药物爱森藻（Eisenine）中含有两种三肽：pyroGlu－Gln－Ala（L－焦谷氨酰－L－谷氨酰－L－丙氨酸）和pyroGlu－Gln－Gln（L－焦谷氨酰－L－谷氨酰－L－谷氨酰胺）。雀巢公司的研究着发现从小麦面筋蛋白的水解液中分离出来的pyroGlu－Pro－Ser、pyroGlu－Pro、pyroGlu－Pro－Glu、pyroGlu－Pro－Gln具有强烈的鲜味。京都府立大学的研究者从工业化生产的谷氨酰胺肽中分离鉴定出13种焦谷氨酸肽，并发现这些焦谷氨酸肽不被胃蛋白酶和胰蛋白酶降解，如表3.8所示。

表3.8　　　谷朊粉水解物中不可消化焦谷氨酸肽

一级序列	来源
pyroGlu－Asn－Pro－Gln	α/β－醇溶蛋白
pyroGlu－Gln－Gln－Pro－Gln	低分子质量麦谷蛋白
pyroGlu－Gln－Pro－Gln	γ－醇溶蛋白
pyroGlu－Gln－Pro－Gly－Gln－Gly－Gln	高分子质量麦谷蛋白
pyroGlu－Gln	醇溶蛋白，麦谷蛋白
pyroGlu－Gln－Pro	醇溶蛋白，麦谷蛋白

续表

一级序列	来源
pyroGlu – Ile – Pro – Gln	γ – 醇溶蛋白
pyroGlu – Ile – Pro	γ – 醇溶蛋白
pyroGlu – Gln – Pro – Leu	γ – 醇溶蛋白
pyroGlu – Gln – Phe – Pro – Gln	γ – 醇溶蛋白
pyroGlu – Ser – Phe – Pro – Gln	γ – 醇溶蛋白
pyroGlu – Phe – Pro – Gln	γ – 醇溶蛋白
pyroGlu – Gln – Pro – Pro – Phe – Ser	低分子质量麦谷蛋白

3.1.5 多菌种混合制曲－液态发酵制备呈味基料

谷朊粉一级结构中富含谷氨酸和鲜味肽序列，是生产呈味基料和高品质调味品的重要原料。早在 1866 年瑞士的 Julius Maggi 公司就开始以小麦谷朊粉、玉米黄粉为原料，通过强酸水解制备酸水解植物蛋白（HVP），推出后在欧洲颇为畅销。2002 年，雀巢公司的 Schlichtherle – Cerny 和 Amadò 等人就发现了小麦谷朊粉经盐酸脱酰胺后，经添加风味蛋白酶水解后得到的水解物具有较强的鲜味。研究发现水解产物中除了谷氨酸和某些有机酸之外还有其他关键的鲜味成分。通过凝胶渗透色谱和 RP – HPLC 分析，得到了系列含有焦谷氨酸的短肽（pyroglutamyl peptides）：pGlu – Pro – Ser、pGlu – Pro、pGlu – Pro – Glu 以及 pGlu – Pro – Gln。2005 年日本味之素公司的 Takeshi Iwasakid 等人以小麦谷朊粉和大豆蛋白为原料，经过米曲霉36℃液态发酵72h、活性炭过滤、固液分离，得到具有较好鲜味的发酵液。随后从发酵液中分离鉴定出两种具有增加食物厚味的糖肽，其结构如图 3.11 所示。

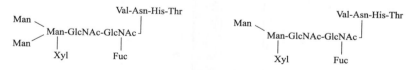

图 3.11　从谷朊粉发酵液中分离出来糖肽的结构图

编者以小麦面筋为原料，通过米曲霉固态多菌种制曲－液态发酵制备出具有强烈鲜味的面筋蛋白水解产物，并从水解液中鉴定出一种鲜味肽：Asp – Cys – Gly。Asp – Cys – Gly 的鲜味阈值为 100mg/L，是味精鲜味阈值的1/3, 对 MSG 没有显著的鲜味增强作用; 但 Asp – Cys – Gly 对浓度为 200mg/L 的 I + G 溶液有明显的鲜味增强作用。下面简单介绍小麦面筋蛋白多菌种混合制曲 – 液态发酵制备呈味基料的工艺。

3.1.5.1　小麦制曲工艺优化

固态制曲是以培养好曲霉以生成强大水解酶系为主要目的的工程。谚语"一曲、二醪、三熬油"可以看出固态制曲的重要性,该技术已成熟应用于多种传统发酵食品的生产和新产品的开发研究中。固态制曲过程中所采用的曲霉种类及发酵代谢调控方法,决定了发酵后期原料的利用率及最终发酵产品的风味。

下面以焙炒小麦为原料,介绍原料粗细度、培养湿度控制、曲料初始水分含量和培养时间对成曲中性、酸性蛋白酶和淀粉酶的影响。

原料粉碎的目的是增加曲霉的繁殖及酶的作用面积。同时,若原料粉碎较粗,原料就不能充分均匀地润水,制曲时米曲霉的菌丝很难深入到颗粒内部。这样不利于菌丝的生长,使各种酶的活力偏低。若原料粉碎过细,制曲时曲料密实,会造成通风不畅,影响成曲的质量,不利于菌丝的生长。合适的固体颗粒的比表面积有利于曲霉菌的呼吸、散热,且其生产过程简单易行,成本低,适合工业大规模生产。原料粗细度对成曲酶活力的影响如图 3.12 所示。图 3.12 结果表明,不同原料粗细度对酶活力有显著差异 ($p < 0.05$),成曲的三种酶活力均随着原料的颗粒粉碎程度呈现出先增加后减少的趋势。其中,20 目过筛原料中的各种酶活性最高,中性蛋白酶活力达到了 1160U/g,酸性蛋白酶活力达到了 333U/g。因此,在生产过程中原料颗粒大小粉碎在 20 目左右较为适宜。

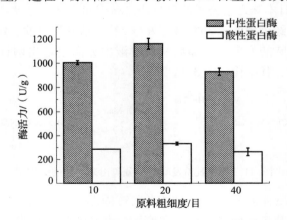

图 3.12　原料粗细度对成曲酶活力的影响

　　湿度对米曲霉孢子的形成及孢子的增殖具有重要影响，培养湿度影响了原料水分热能的散失，进而影响孢子的生长和曲霉的增值，若固体制曲过程中保湿效果不好，会造成大曲的菌丝不丰满，影响产酶。培养湿度对成曲酶活力的影响结果，如图 3.13 所示。由图可知，0 ~ 24h 为 95% 的湿度；24 ~ 36h 为 90% 的湿度；36 ~ 40h 为 80% 的湿度；40 ~ 44h 为 70% 湿度的这种控制培养湿度的条件下成曲中性蛋白酶活为 1449U/g，酸性蛋白酶活为 388U/g，相对于自然湿度条件下培养所得成曲的中性蛋白酶提高了 11.29%，酸性蛋白酶提高了 28.90%。

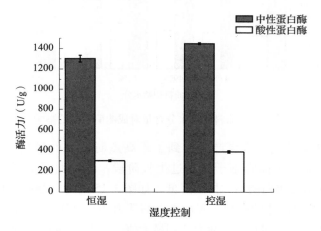

图 3.13　培养湿度对成曲酶活力的影响

　　各类微生物对水分的要求各不相同，一般培养曲霉菌曲料的初始水分在 45% ~ 55%，此时原料能充分吸收水分，体积膨胀，有利于曲霉的生长繁殖。若初期曲料水分含量过多，则易于曲料中的杂菌生长繁殖，如芽孢杆菌或产酸菌会迅速繁殖，使大曲质量受到严重影响；曲料水分含量较少时，曲霉的繁殖就不充分，甚至提前结孢子，变成老曲，菌丝瘦而短，大曲酶系的活力低。曲料初始水分含量对成曲酶活力的影响，如图 3.14 所示，随着曲料初始水分含量的增加，成曲的中性蛋白酶和酸性酶活力先增加后减少，原料初始水分含量为 51% 时，酶活力达到最大值。

　　米曲霉的生长过程包含有孢子发芽期、菌丝生长期、菌丝繁殖期和孢子着生期四个时期。中性和酸性蛋白酶这两种酶的酶活力随固体制曲培养时间的变化，如图 3.15 所示。培养初期孢子刚开始萌发，米曲霉正在菌丝的生长期，产生了大量的菌丝体，此时的中性及酸性蛋白酶活力均较低。在 36 ~ 48h 孢子着生后，随着产酶的增加，酶活力迅速升高，曲料

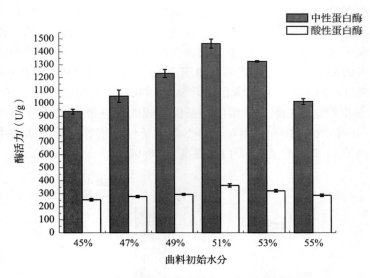

图3.14　曲料初始水分含量对成曲酶活力的影响

的颜色呈现淡黄色，直至产酶达到了最高点时曲料的颜色呈嫩黄绿色。随着时间延长，米曲霉孢子处于过生长阶段，即米曲霉孢子进入生长后期，中性和酸性蛋白酶活力持续降低。如图3.15所示，制曲的最佳培养时间为48h，此时成曲的中性、酸性蛋白酶活力明显高于（$p < 0.05$）其余培养时间的酶活力，同时两者活力达到最大值，分别为1462和364U/g。

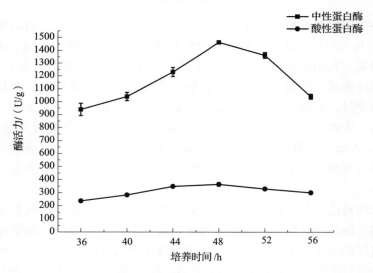

图3.15　培养时间对成曲酶活力的影响

利用小麦制曲的最佳工艺：制曲 0 ~ 24h 控制湿度为 95%；24 ~ 36h 为 90% 湿度；36 ~ 40h 为 80% 的湿度；40 ~ 44h 为 70% 湿度。这种湿度控制有利于小麦曲酶活力的提高，相对于自然湿度条件下培养的成曲的中性蛋白酶提高了 11.29%，酸性蛋白酶提高了 28.90%。小麦制曲的最优条件为：焙炒小麦粉碎 20 目、曲料初始水分为 51%、培养时间 48h、培养温度 32℃。此时大曲中性蛋白酶活可达 1583U/g 干重，酸性蛋白酶活 497U/g 干重，氨肽酶活力 1221U/g 干重。

3.1.5.2 米曲霉 – 乳酸菌种混合制曲对小麦曲品质的影响

乳酸菌是发酵糖类且主要产物为乳酸的一类无芽孢、革兰染色阳性细菌的总称。凡是能使葡萄糖或乳糖的发酵过程中产生乳酸的细菌统称为乳酸菌。我国固体制曲多采用敞口的方式，而此种方式容易造成空气中的有害菌种落入，若固体制曲过程控制不当，会使有害菌种大量繁殖（尤其是枯草杆菌），从而造成大曲发黏，有异样的臭味，严重影响大曲的品质。乳酸菌可将原料中的糖类转化成乳酸，可达到降低大曲 pH，从而抑制腐败菌、致病菌等有害菌的生长的目的。

编者发现在小麦制曲过程中接种乳酸菌 CICC6064，乳酸菌在制曲过程中生长更加良好，且乳酸菌 CICC6064 对米曲霉生长无明显抑制作用，可明显改善小麦曲的品质。KP 为纯种米曲霉制曲的小麦大曲；KR 为接种乳酸菌的小麦大曲。

米曲霉 3.042 最适 pH 为 6 ~ 7，正常成曲 pH 近中性，因此一般以中性蛋白酶的高低代表成曲质量的优劣。全小麦制曲中，不同乳酸菌接种量成曲的中性蛋白酶活力随培养时间的变化，如图 3.16 所示。在制曲 0 ~ 24h 内，米曲霉生长处于菌丝生长及繁殖期，中性及酸性蛋白酸性蛋白酶活力均较低。从 24h 开始，是产酶的旺盛时期，孢子着生，酶活力迅速升高，KR（接种乳酸菌样品）和 KP（未接种乳酸菌）大曲的中性蛋白酶活力显著增加（$p < 0.05$），曲料呈现淡黄色直至嫩黄绿色。制曲 48h 时，KR 工艺中 10^6 和 10^7CFU/g 乳酸菌接种量的成曲的中性蛋白酶活力都高于 KP 工艺的，其中 KR 中 10^7CFU/g 乳酸菌接种量的中性蛋白酶活力最高，为 1259U/g，比 KP 高 18.99%。这种蛋白酶活力的提高可能是因为添加了适量的乳酸菌使米曲霉的生长处于更适宜分泌蛋白酶的 pH 状态下，这种 pH 状态有利于蛋白酶含量的提高。

制曲过程中大曲的总酸随时间的变化，如图 3.17 所示。从图 3.17 中可以看出制曲初期 KR 和 KP 的总酸含量接近，这是因为制曲初期乳酸菌还没有大量繁殖。制曲 12 ~ 48h，KR 的总酸含量显著高于 KP 的（$p < 0.05$），

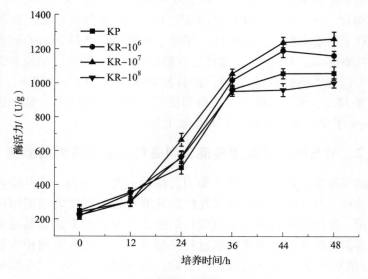

图 3.16 制曲过程中中性蛋白酶活力的比较

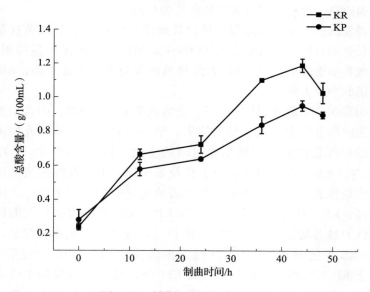

图 3.17 制曲过程中总酸的变化

制曲结束时，KR 大曲的总酸含量为 1.02g/100mL，比对照组 KP 高14.38%。因为乳酸菌的大量繁殖，抑制了芽孢杆菌的繁殖，并且分解代谢产生了乳酸，生成的更多乳酸导致了 KR 的总酸含量高于 KP 工艺的总酸含量。

多菌种混合制曲对大曲的风味物质有较大的影响。从图3.18可知，两种成曲中总共鉴定出了20种挥发性组分，其中醇类6种、酮类5种、醛类3种、酯类2种、含硫化合物2种、酸类1种和酚类1种，本试验并未将烷烃和烯烃统计在挥发性香气物质之内，因其对大曲的贡献可以忽略不计，KR和KP成曲工艺中所含香气物质的种类基本相同，但其含量差异很大。如图3.18所示，可知相对含量最高的风味化合物均是醇类化合物，在KR和KP中分别占总量的35.05%和35.76%；其次为醛类化合物，分别占总量的32.55%和21.99%。通常，醛和醇多具有芳香气味，醛类化合物阈值最低，酮类次之，醇类较高，因此，认为成曲的主要风味化合物为醇类和酮类化合物。

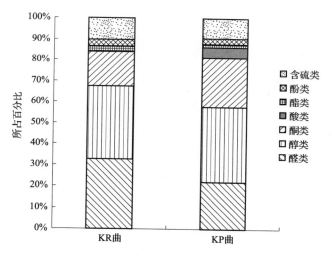

图3.18　不同大曲挥发性成分相对含量的变化图

大曲培养是酱油香气物质形成的关键步骤之一。从表3.9中得知，醇类化合物中，3-甲基丁醇含量最高，其具有药材香和金属味，是酱油中重要的风味活性物质，其KR工艺相对KP工艺的大曲含量提高了24.28%。1-辛烯-3-醇具有土壤味、中草药味、蘑菇味，被认为是孢子的特征风味物质之一，接种乳酸菌成曲后，含硫化合物含有5.39mg/kg，是不添加乳酸菌成曲的1.17倍，这和图3.17中制曲过程中接种乳酸菌可抑制大曲孢子生长的结论一致。含硫化合物具有强烈的香气，3-甲硫基丙醛（酱香）是酱油中的关键风味化合物，能增加厚味感，含量的差异是造成样品间感官属性差异的重要原因，添加乳酸菌使成曲含量提高了16.7%。大曲培养过程中，醛类物质已经大量产生，对酱油风味形成的贡献较大。在醛类化合物中，3-甲基丁醛（麦芽香）、苯甲醛（蜜香）分别提高了 21.49% 和 25.71% ，它们是酱油中的关键香气物质。因此接种乳酸菌的混合制曲工艺可以提高大曲中特征风味物质的含量。

表 3.9 　　　　　　　　大曲主要风味物质的 GC – MS 分析

名称	保留时间/min	中文名称	KR 曲含量/（μg/L）	KP 曲含量/（μg/L）
醛类化合物	2.82	3 – 甲基正丁醛	2.94	2.42
	10.71	苯甲醛	4.89	3.89
	13.44	反 – 2 – 辛烯醛	9.07	4.56
醇类化合物	1.62	乙醇	1.47	1.17
	2.53	2 – 甲基丙醇	1.45	1.03
	4.12	3 – 甲基 – 1 – 丁醇	10.75	8.65
	5.62	2,3 – 丁二醇	2.08	2.70
	10.90	1 – 辛烯 – 3 – 醇	1.81	3.74
	12.46	2 – 乙基己醇	0.64	0.38
酮类化合物	1.72	1 – 甲氧基 – 2 – 丙酮	0.95	0.61
	3.27	2 – 戊酮	0.31	0.27
	9.38	2 – 甲基 – 3 庚酮	1.72	1.72
	10.81	1 – 辛烯 – 3 – 酮	4.89	3.83
	11.00	6 – 甲基 – 3 – 庚酮	0.56	5.05
酸类化合物	7.46	3 – 甲基丁酸	0.14	2.67
酯类化合物	1.84	乙酸甲酯	0.97	0.41
	4.88	异戊酸甲酯	0.26	0.22
酚类化合物	26.35	2,4 – 二叔丁基苯酚	1.63	1.47
含硫化合物	1.56	甲硫醇	0.15	0.13
	11.28	3 – 甲硫基丙醇	5.24	4.49

3.1.5.3 混合制曲对面筋发酵液品质的影响

蛋白质被蛋白酶水解成肽类，肽类又被肽酶分解成分子质量更小的氨基酸。而肽和氨基酸的含量是发酵液的主要呈味物质，蛋白质的水解程度决定着产品的质量和产率，因此原料蛋白质利用率和氨基酸转化率是检验成品质量的重要指标，而通过全氮和氨基酸态氮的定量测定可用来衡量这两个重要的指标。混合制曲对小麦面筋蛋白发酵过程中全氮和氨基酸态氮的影响，如图3.19所示。由图3.19可知，发酵10d时，KR的全氮（TN，以氮计）和氨基酸态氮（AN，以氮计）分别为1.31和0.54g/100mL是KP含量的1.07和1.17倍。发酵前30d时KR和KP工艺的TN和AN都随着时间的增加而增加，且KR的TN和AN含量都显著高于KP（$p < 0.05$）。发酵60d时KR的TN和AN分别为1.97g/100mL和1.07g/100mL，是KP的1.07和1.13倍。从而可知采用添加乳酸菌后的混合制曲工艺对发酵过程中全氮含量和氨基酸态氮含量的提高是有益的。

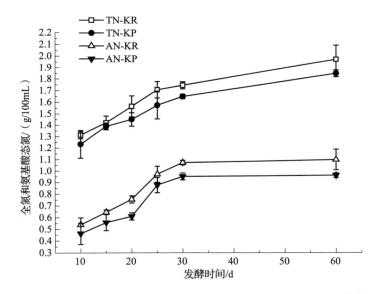

图3.19 发酵过程中全氮（TN）和氨基酸态氮（AN）的变化趋势

制曲过程中添加乳酸菌对发酵液中的游离氨基酸组成和含量的影响，如表3.10所示。KR和KP发酵60d时总游离氨基酸含量分别为9323.98和7849.05mg/100mL，KR工艺的游离氨基酸总量约为KP工艺的1.19倍，这与KR和KP工艺中的菌种酶活力差异有很大关系。呈鲜味的游离氨基酸包括谷氨酸和天冬氨酸，鲜味氨基酸在KR和KP工艺中的含量分别为872.57和680.61mg/100mL，占总游离氨基酸的比例分别为9.35%和8.68%。其中谷氨酸在KR和KP中的含量分别为610.91和491.79mg/100mL，KR工艺的谷氨酸含量与KP工艺相比提高了24.21%。如表3.10所示所检测的KR和KP两种工艺的19种游离氨基酸中，谷氨酰胺和脯氨酸是其中含量最高的两种游离氨基酸，谷氨酰胺在KR和KP工艺中的含量分别为 1241.46 和 1094.05mg/100mL，脯氨酸在 KR 和 KP 工艺中的含量分别为 1272.60 和 1002.85mg/100mL。这与酿造发酵原料小麦面筋蛋白中氨基酸成分相关。表 3.10 中呈味氨基酸中所占比例最大，在 KR 和 KP 工艺中分别占到了 58.09% 和 58.76%。KR 和 KP 两种工艺发酵液中，人体所必需的 8 种氨基酸 Lys、Trp、Phe、Met、Thr、Ile、Leu、Val 所占比例分别为 41.36% 和 42.26%。发酵液中富含丰富的必需氨基酸，这表明这两种发酵液作为呈味基料，其营养价值都比较高。

表 3.10　　　　　　　发酵液中游离氨基酸种类和含量　　　　单位：mg/100mL

	氨基酸	KP	KR	KR + C - 102
鲜味	谷氨酸	491.79	610.91	984.13
	天冬氨酸	188.82	261.66	261.35
苦味	组氨酸	169.05	220.30	216.35
	精氨酸	516.35	558.75	568.45
	缬氨酸	502.13	610.08	605.38
	酪氨酸	166.46	168.17	166.24
	蛋氨酸	185.47	214.54	215.65
	亮氨酸	721.93	864.15	866.35
	异亮氨酸	397.18	503.05	502.98
	苯丙氨酸	764.69	880.41	884.34
	脯氨酸	1002.85	1272.6	1259.35
	赖氨酸	185.72	135.36	153.24
甜味	丝氨酸	464.57	589.17	588.69
	甘氨酸	241.19	306.72	308.26
	丙氨酸	252.62	314.76	319.35
	苏氨酸	237.33	301.78	312.57
无味	半胱氨酸	221.55	214.54	220.16
	色氨酸	45.30	55.57	58.36
	谷氨酰胺	1094.05	1241.46	896.45
总计		7849.05	9323.98	9376.86

　　此外，在制曲过程中添加 0.1% ~ 0.2% 的酵母抽提物 C - 102，可进一步提高水解液中游离谷氨酸的含量，如表 3.10 所示。与未添加酵母抽提物 C - 102 的样品相比，水解产物中谷氨酸的含量增加了 50% 以上，同

时谷氨酰胺的含量降低了 30%，其他氨基酸含量变化不明显。推测这可能表明酵母抽提物 C－102 一方面可以促进谷氨酰胺向谷氨酸转化，另一方面可以防止谷氨酸转化为无味道的焦谷氨酸。

　　外源性蛋白酶能够促进大分子蛋白质及多肽水解为寡肽和氨基酸，改善酶解液呈味特性。乳酸菌添加至大曲中对发酵液的感官评价结果，如图 3.20 所示。在两类发酵液的滋味评价中，鲜味和咸味尤为突出，是主导滋味，苦味均较弱。方差分析结果显示，KR 发酵液的鲜味、浓厚味和整体协调性明显（$p < 0.05$）强于 KP 发酵液，感官指标优于不添加乳酸菌发酵液，与谭五丰等研究混合曲生产酱油品质好、口感醇厚的结果一致。由以上分析可以看出，混合制曲能提高发酵液的鲜味，使整体滋味协调。

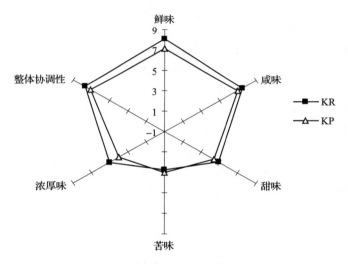

图 3.20　不同大曲发酵液的感官评价分值

3.1.5.4　控制酶解制备咸味增强肽

　　食盐是最普通的咸味剂，是人们生活中不可或缺的调味剂。它在食品工业中具有举足轻重的作用，对产品风味、质构的形成、货架期及加工过程等都起着至关重要的作用。食盐也是具有重要生理功能的呈味基料，它可调节细胞与血液之间的渗透平衡和人体正常的水盐代谢，还可调节血流量、血液的酸碱平衡及血压的平衡，参与神经冲动的传递等，是人体一系列组织器官进行正常活动的必需品。然而，过多的食盐摄入会导致不良的生理反应并引起一系列的疾病，严重影响人体健康。大量的流行病学调查表明，长期高钠饮食会导致血压升高，进而增加患心血管疾病及肾脏病的风险。此外，高钠饮食对中风、心室肥大具有直接的影响，并与肾结石、骨质疏松症的发生有关。人类生理需求每天的食盐摄入量应小于0.25g，世界卫生组织建议成人食盐适宜摄入量为5g/d，而世界大多数国家食盐平均摄入量达9～12g/d，许多亚洲国家甚至超过12g/d，我国北方人群的食盐摄入量甚至达到12～18g/d，是世界卫生组织建议值的三倍以上。随着社会经济的发展，人们生活水平的不断提高，人们越来越注重饮食的健康，所以降低食盐摄入量非常重要。

食盐替代物主要可分为两大类：非钠盐替代物和咸味肽。由于钾盐、钙盐、镁盐等具有与氯化钠相似的物化性质，因而将非钠盐类作为食盐替代物部分替代氯化钠是目前研究采用最多的途径，并广泛应用于低盐肉制品的研究中。Zanardi等使用KCl、$MgCl_2$、$CaCl_2$替代50%的经传统工艺加工的意大利Salami肠中的NaCl，Salami肠中的钠含量降低了40%，Zanardi还发现这对Salami肠的感官特性、pH、水结合能力游离脂肪酸的组成等理化指标基本无影响，但脂肪过氧化明显增加。Blesa等选用KCl、$MgCl_2$、$CaCl_2$部分替代西班牙干腌香肠中的NaCl，结果发现使用替代盐的香肠需要更长的腌制时间才能达到与对照组相同的水分活度，但实验组与对照组之间的微生物数量并没有显著差异，且实验组中的微生物群显著降低。Gou等使用乳酸钾部分代替发酵肠中的NaCl，发现乳酸钾替代40%的NaCl，对其感官效果无任何影响。但是当替代超过40%时，发酵肠会出现异味。此外，已有许多学者研究了食盐替代物在乳酪、面包等中的应用。Mutlag等在白色盐渍乳酪的制作过程中用乳清盐代替NaCl，发现乳酪的硬度明显增强且苦味明显减少。阿尔贝托－卡尔佛有限公司（Alberto－Culver Co. Ltd.）研发的名为Papa Dash的无钾低钠咸味调味料，其钠含量不足普通食盐的一半，但具有与普通食盐相似的咸度。然而，非钠盐替代物也存在着一定的问题，如KCl具有苦味而镁盐具有金属味，因而需要与掩蔽剂一起使用。

风味增强剂一般本身没有咸味，但是当其与食盐一起使用时，能够增强人体咸味的感知。其主要机制是风味增强剂能够激活口腔及舌上的味觉受体，从而补偿由于食盐含量降低而引起的感观差异。此外，一些物质能够掩盖混合盐中的异味，达到增强咸味的效果。例如在钾盐与NaCl的混合盐中，氨基酸及核苷酸能够掩盖钾盐的苦味，增强混合盐的咸味。目前主要的风味增强剂有氨基酸、核苷酸、乳酸盐、酵母提取物等。

咸味肽最早是Tada等于1984年在对酪蛋白水解物BPIa的N端类似物的合成过程中偶然发现的。接着他们又发现了几种呈咸味的二肽，其中 Orn – Tau·HCl、Lys – Tau·HCl、Orn – Gly·HCl 和 Lys – Gly·HCl 有着与 NaCl 相同，甚至比 NaCl 咸味还强的味道。Seki 于 1990 年研究了咸味二肽 Orn – β – Ala 的理化性质，发现二肽的咸味与氨基的解离程度以及是否有相对离子有关。Seki 等经进一步研究认为多肽溶液的 pH 与呈咸味的特性有很大关系。2003 年美国专利（US20030091721A1）公开了一种利用小麦面筋蛋白或大豆蛋白制备具有咸味增强作用的肽的制备方法，此方法包括以下步骤：① 对富含酸性氨基酸的蛋白质原料进行脱酰胺处理；② 酶解；③ 在酶解液中添加碱性氨基酸。下面介绍其制备工艺。

谷朊粉 134g（总氮 118mg/g，氨态氮 1.88mmol/g）分散于 866g 盐酸浓度为 0.6mol/L 的水溶液中，于 120℃加热 2h，得到 910mL 脱酰胺谷朊粉分散液。用 2mol/L 氢氧化钠将分散液的 pH 调节到 8.0，加入 Multifect P – 3000 蛋白酶，在 40℃条件下水解 20h。在水解过程中，始终用氢氧化钠保持分散液的 pH 稳定。水解结束后，用盐酸将分散液的 pH 调节到 6.0，加热至 80℃持续 20min 灭酶后，加入 10g 活性炭脱色，过滤，得到 1200mL 具有咸味增强活性的面筋蛋白水解液。面筋蛋白水解液的氮含量为 12.8g/L，食盐含量为 0.505mol/L。

将 100ml 水解液与 1mol/L 的食盐溶液 50mL 和 850mL 水混合，溶液的食盐含量为 0.1mol/L，但感官评价结果为其咸度与 0.125mol/L 的食盐溶液相似。

3.1.6　小麦面筋蛋白水解物的制备及其在饲料行业中的应用

小麦面筋蛋白水解物在乳猪、仔鸡、犊牛、水产养殖等饲料生产行业中有广泛的应用。试验表明：采用这类饲料使禽畜的饲养在日采食量增加（适口性好）、降低腹泻率、增强免疫力、减缓断奶应激、降低料肉比、提高生长性能等方面有较好的效果。下面简单介绍小麦面筋蛋白水解物的制备及其在饲料行业中的应用效果。

3.1.6.1　应用于早期断奶仔猪饲料的小麦面筋蛋白水解物的制备方法

规模化猪场普遍采用仔猪早期断奶技术，尽管该技术有诸多优点，但早期断奶仔猪由于自身生理机制尚未发育完善和断奶应激的影响，会普遍出现腹泻和生长停滞等生理机能紊乱的早期断奶综合征。为了帮助仔猪获得有效的营养供应，需要在仔猪日粮中添加多种营养物质和功能因子，如益生菌、易消化蛋白质物质等。其中易消化蛋白质物质原料包括乳清粉、血浆蛋白、酵母、发酵豆粕、发酵鱼浆等蛋白质资源的水解物。蛋白原料水解不仅可降解抗营养因子，而且能够产生小肽、乳酸、维生素、益生菌和未知促生长因子。

深圳安佑康牧科技有限公司邵海涛等人公开了一种应用于早期断奶仔猪饲料的小麦面筋蛋白水解物的制备方法。其工艺是：将小麦面筋蛋白与 5 ~ 10 倍小麦面筋蛋白重量的水混合，升温至 40 ~ 60℃，添加木瓜蛋白酶、菠萝蛋白酶或胰酶中任意一种蛋白酶搅拌水解至水解度为 25% ~ 35%，升温至 80 ~ 90℃保持 30 ~ 60min 灭酶，得小麦面筋蛋白水解液；将小麦面筋蛋白水解液降温至 30 ~ 40℃，添加小麦面筋蛋白水解液固形物重量 1% ~ 3% 的葡萄糖、蔗糖和果糖中的任意一种，1L 小麦面筋蛋白酶解液通入 200 ~ 600mL/min 的无菌空气，保持 1 ~ 6h 进行氧化处理；将氧化处理后的小麦面筋蛋白水解液过胶体磨，浓缩，喷雾干燥后，得小麦面筋蛋白水解物（GPH）。

表 3.11   小麦面筋蛋白水解物对断奶仔猪体重的影响

指标	乳清粉，5%	乳清粉，10%	GPH，5%	GPH 2 号，10%
初重/（kg/头）	6.07	6.12	6.09	6.05
末重/（kg/头）	16.32	16.64	17.03	17.21
日增重/（g/d）	342.67	350.67	364.67	372.00
腹泻率/%	5.23	4.95	3.96	3.12

由表 3.11 可见，添加小麦面筋蛋白水解物后，断奶仔猪的日增重明显增加，而腹泻率随小麦面筋蛋白水解物添加量的增加，呈下降趋势。

表 3.12   小麦面筋蛋白水解物对断奶仔猪消化道乳酸菌和
大肠杆菌的影响（lgCFU/g）

指标	乳清粉，5%	乳清粉，10%	GPH 1 号，5%	GPH 2 号，10%
乳酸菌				
十二指肠	4.45	4.35	5.15	5.45
空肠	5.10	5.26	5.59	5.97
回肠	5.16	5.32	5.45	6.06

续表

指标	乳清粉, 5%	乳清粉, 10%	GPH 1 号, 5%	GPH 2 号, 10%
盲肠	6.03	6.31	6.94	7.12
结肠	6.59	6.67	7.02	7.53
大肠杆菌				
十二指肠	8.76	8.77	8.22	8.01
空肠	8.87	8.56	8.36	8.13
回肠	8.62	8.42	8.39	8.33
盲肠	8.85	8.81	8.64	8.72
结肠	9.31	9.21	9.09	9.13

由表 3.12 可见，添加小麦面筋蛋白水解物后，断奶仔猪中十二指肠、空肠、回肠、盲肠和结肠中乳酸菌数量呈上升趋势，而大肠杆菌数量呈下降趋势。此外，随着小麦面筋蛋白水解物添加量的增加，断奶仔猪中十二指肠、空肠、回肠、盲肠和结肠中乳酸菌数量增加趋势更为明显。

3.1.6.2 面筋蛋白水解物对肉仔鸡免疫功能的影响

檀晓萌等以谷朊粉为原料，利用酸性蛋白酶在 pH 为 3.0，45℃恒温条件下水解 3h 后，调 pH 至中性，在 75℃条件下保持 30min 灭酶，得到面筋蛋白水解物。选用 108 只肉鸡，随机分为对照组、谷朊粉组和酶解组，每组 3 个重复。对照组饲喂全价基础日粮，谷朊粉组饲喂添有 1.2% 谷朊粉的日粮，酶解组饲喂添有 1.2% 谷朊粉酶解液的日粮，面筋蛋白水解物对肉仔鸡免疫功能的影响，如表 3.13 和表 3.14 所示。

表 3.13　　　　酶解谷朊粉对肉仔鸡免疫器官指数的影响

组别	胸腺指数		脾脏指数		法式囊指数	
	21 日龄	42 日龄	21 日龄	42 日龄	21 日龄	42 日龄
对照组	4.5 ± 0.063	3.81 ± 0.118	1.56 ± 0.033	1.95 ± 0.123	4.82 ± 0.182	3.46 ± 0.21
谷朊粉组	4.79 ± 0.029	3.88 ± 0.173	1.64 ± 0.018	1.99 ± 0.102	4.97 ± 0.305	3.50 ± 0.041
酶解组	5.27 ± 0.074	3.93 ± 0.075	1.66 ± 0.092	2.10 ± 0.056	5.69 ± 0.068	3.59 ± 0.149

表 3.14   日粮添加谷朊粉和酶解液对肉仔鸡新城疫 HI 滴度
及 T 淋巴细胞百分率的影响

组别	新城疫 HI 滴度（$\log_2 N$）		T 淋巴细胞百分率/%	
	21 日龄	42 日龄	21 日龄	42 日龄
对照组	3.45 ± 0.25	3.00 ± 0.55	38.33 ± 11.65	43.14 ± 1.20
谷朊粉组	4.25 ± 0.25	4.33 ± 0.78	40.87 ± 1.27	44.43 ± 0.68
酶解组	4.40 ± 0.29	5.57 ± 0.33	40.28 ± 1.58	46.27 ± 0.58

由表 3.13 可知，各试验组肉仔鸡在 21、42 日龄时的胸腺指数、脾脏指数和法氏囊指数都比对照组呈不同程度提高，其中酶解组效果最好，21 日龄时酶解组肉仔鸡的胸腺指数、法氏囊指数较对照组有显著提高（$p < 0.05$），但谷朊粉组和酶解组两组之间差异不显著（$p < 0.05$）。42 日龄时，各处理组肉仔鸡的胸腺指数、法氏囊指数差异均不显著（$p > 0.05$）。在脾脏指数方面，无论是 21 日龄还是 42 日龄，添加谷朊粉或酶解谷朊粉后，脾脏指数均呈升高趋势。

由表 3.14 可见，肉仔鸡日粮中添加谷朊粉和谷朊粉酶解液能够提高新城疫 HI 滴度和外周血 T 淋巴细胞百分率。在 21 日龄时，谷朊粉组和酶解组新城疫 HI 滴度分别比对照组提高 23.89% 和 27.54%（$p < 0.05$）；在 42 日龄时，谷朊粉组和酶解组较对照组分别提高 44.33%（$p > 0.05$）和 85.67%（$p < 0.05$）。外周血 T 淋巴细胞百分率在 21 日龄时各处理组之间未见显著差异，42 日龄时谷朊粉组和酶解组较对照组分别提高 2.99%（$p > 0.05$）和 6.63%（$p < 0.05$）。

3.1.6.3   具有肠黏膜损伤修复效果的小麦肽制备

王延州对比研究了胰酶、碱性蛋白酶、中性蛋白酶等 8 种蛋白酶对小麦蛋白的水解作用。以获得高 Gln 低聚肽为目标，筛选出碱性蛋白酶和复合蛋白酶为最佳水解酶。与其余蛋白酶相比，碱性蛋白酶和复合蛋白酶酶解产物有效 Gln 含量可达 20% 以上，分子质量 <3000u 的水解产物高达 95%，尤其是碱性蛋白酶 1 酶解产物中分子质量 <1000u 的水解产物含量达到 75% 左右。以筛选出的碱性蛋白酶 1 和 1 号小麦蛋白为原料，对酶解制备谷氨酰胺肽的适宜工艺进行了初步探讨，研究发现 DH 与 Gln 含量存在显著的对数负相关关系。因此制备谷氨酰胺肽时，需要综合考虑 DH 和 Gln 两个指标以保证谷氨酰胺肽的得率。在加酶量 0.5% ~2% 范围

内，将水解度控制在 16% 左右，则所制备的谷氨酰胺肽有效 Gln 含量
>22%，分子质量 <3000u 的谷氨酰胺肽含量大于 90%，其中分子质量
<1000u 的谷氨酰胺肽含量占到 78% 左右。

对谷氨酰胺肽的理化性质进行分析，谷氨酰胺肽的蛋白质含量为
84.98%，Glx 含量为 460.88mg/g 蛋白质；谷氨酰胺肽在 pH2~12 范围内
具有良好的溶解性；在 50~90℃，30min 条件下，谷氨酰胺肽具有良好的
稳定性。此外，人们对谷氨酰胺肽的抗氧化性进行了初步探讨，发现谷
氨酰胺肽具有较好的—OH 自由基清除活性，其 IC_{50} 值为 9.27mg/mL，
ABTS 自由基清除率和 Fe^{2+} 螯合能力效果一般。

动物试验表明：Gln 组、谷氨酰胺肽组较氨甲喋呤（MTX）组对小肠
黏膜组织形态和分析生理生化指标均有不同程度的改善，这证明了 Gln 对
MTX 致肠道黏膜损伤有一定的修复作用，可减轻肠黏膜损伤的程度，促
进黏膜炎好转。同时研究发现，谷氨酰胺肽组比 Gln 组对肠黏膜修复效果
更佳，这可能是因为谷氨酰胺肽较 Gln 更易被大鼠小肠直接利用。

3.1.7　小麦面筋蛋白控制水解技术的其他应用

3.1.7.1　小麦面筋水解可改善饼干脆性，降低自裂率

在饼干的生产中，如果小麦粉中面筋含量较高会导致饼干质量出现
各种问题，如脆性不好、外形和表面不均匀一致、色泽欠佳、产品难以
成型或难以印制出准确清晰的花纹等问题。此外，对于韧性饼干，特别
是薄脆型产品而言，往往在储存时就出现了自然破碎的现象，饼干的这
种自然破碎会给企业带来不同程度的经济损失，因此如何最大程度地减
少韧性饼干的自然破碎是各饼干工厂的技术人员普遍关心的问题。为了
避免这些问题，食品工业中一般采用低小麦面筋蛋白含量的软质小麦为
原料，另一方面，还在小麦粉中添加面筋柔软剂，如常用的偏重亚硫酸
钠（SMS）等还原剂。目前很多饼干工厂不得不过量地添加这类添加剂，
致使许多产品中残留的二氧化硫远远超出了国家规定的标准，有些工厂
的产品中二氧化硫竟然超出了国家规定标准的 3 倍以上。长期摄入这种
高二氧化硫含量的产品不仅对成年人的心脏有严重的危害，而且对儿童
的生长发育带来十分不利的影响。大量二氧化硫的残留还使得饼干易回
潮、易破碎，产品的风味和储存期也会受到影响。随着人们对健康的日
益重视，使用蛋白酶代替偏重亚硫酸钠生产饼干将成为韧性饼干发展的
新趋势。

常用于饼干的酶制剂包括：中性蛋白酶（Neutrase）、脯氨酰内切蛋白酶、木瓜蛋白酶等。中性蛋白酶 Neutrase 是诺维信公司推出的一种颗粒直径在 150μm 左右，可以自由流动，无粉尘，易与面粉以任意比例混合的颗粒酶制剂。中性蛋白酶的活力为 5AU/g，最适 pH 为 5.5 ~ 7.5，在 75℃ 左右的温度下，具有最佳的作用效果，但当温度提升至 80℃ 时，它便会在面团中迅速失活，因此，在最终的产品中并没有活性酶的存在。

研究表明，面粉中添加蛋白酶可改变面团的流变学性质，使面团的弹性显著降低，衰落度明显增加，可代替亚硫酸盐生产无硫韧性饼干，其作用机制如图 3.21 所示。此外，面粉中添加蛋白酶还可显著降低韧性饼干的自裂率，添加量一般在 10 ~ 20mg/kg（以面粉质量计），如图 3.22 所示。需要注意的是蛋白酶添加量过高会导致面筋蛋白的过度水解，进而使产品产生不愉快的苦味。

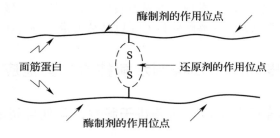

图 3.21　蛋白酶与还原剂的作用位点

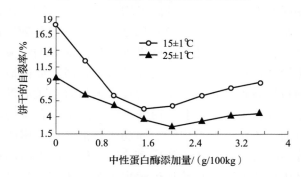

图 3.22　中性蛋白酶对饼干的自裂率的影响

3.1.7.2　小麦 B 淀粉多酶水解制备含氮复合糖浆

淀粉糖浆类产品如用于发酵食品、生化制药等的发酵原料，其具有碳源足够而有机氮源含量明显不足的特点，因此开发制备含有有机氮源的复合糖浆可拓展淀粉糖浆类产品的使用范围，增加其附加值。

小麦 B 淀粉是生产商品小麦淀粉的副产物。以低等级的面粉为原料，将面粉加水混合成硬面团，在水中揉搓面团，由于小麦面筋自身的黏结作用使其形成粘聚力极强的黏聚体，淀粉不断地从面筋团中被冲洗出。洗涤出的淀粉乳液用碟式离心机进行精制、洗涤、离心脱水、气流干燥，得到小麦淀粉的主体部分在工业上称为 A 淀粉，即商品小麦淀粉。小麦 A 淀粉由大颗粒的晶体淀粉粒和一部分小颗粒球形淀粉粒组成，其蛋白质、脂肪、灰分含量低，淀粉纯度高。在精制、浓缩时排出的小颗粒淀粉、损伤的淀粉粒（由面粉在干法磨粉过程中产生的）及水不溶性的戊聚糖、蛋白质等其他微颗粒物质，可组成小麦 B 淀粉，又称为尾淀粉或淤浆淀粉。小麦 B 淀粉一般为淀粉总量的 5% ~ 10%（与面粉原料及制造工艺、设备、控制有关）。

小麦 B 淀粉纯度低，蛋白质的含量可达 4% ~ 5%，戊聚糖、脂肪等其他杂质含量也较高，这些杂质对小麦 B 淀粉的深加工与应用产生了不利的影响。比如制取变性淀粉，蛋白质、戊聚糖也会参与改性反应并且阻碍精制，变性不易控制；蛋白质还容易产生颜色反应，影响产品外观与应用。如用于生产淀粉糖浆，小麦 B 淀粉中的戊聚糖会产生黏滞性，严重阻碍过滤的进行；蛋白质易产生气泡、絮凝物和水溶性蛋白质，也会促进糖液颜色的产生与加深，这些杂质要通过沉淀、吸附、过滤、离子交换等方法除去，才能保证淀粉糖浆产品的质量符合国家标准，精制的强度、难度大，成本高。因此，小麦 B 淀粉的用途受限，淀粉厂家一般只能低价销售。

华南理工大学黄立新等公开了一种小麦 B 淀粉多酶法制取发酵用含氮糖浆的方法，该方法采用淀粉酶、蛋白酶、戊聚糖酶、脂肪酶等多种酶，高效酶解小麦 B 淀粉材料的淀粉、蛋白质、戊聚糖、脂肪等组分，制取发酵用含氮淀粉糖浆，具体步骤如下所述。

（1）调浆　在调浆罐加入水，开动搅拌，加入小麦 B 淀粉，控制粉浆液干固物的浓度为 25% ~ 45% 重量。粉浆浓度太低，后面浓缩耗能高；浓度太高，对液化、糖化和过滤精制不利，收得率降低，生产成本同样提高。根据现有的条件和设备，米粉浆液干固物的浓度为 30% ~ 40% 比较合适。加入氯化钙，控制浆液 Ca^{2+} 的含量 20 ~ 45mg/kg，调节粉浆液的 pH 为 5.6 ~ 6.4（或者根据出产的高温 α – 淀粉酶酶制剂商品的特性、规格和使用指导说明进行操作），最后加入 0.2 ~ 1.2kg/t（对淀粉干基，下同）的高温 α – 淀粉酶，搅拌混合均匀，准备液化。

（2）液化　按一般的连续喷射液化操作进行液化和 95 ~ 100°C 的保温处理，时间 60 ~ 140min，一般在 80 ~ 120min。

（3）糖化　液化液经闪蒸或热交换器，调节降温至 $50 \sim 65℃$，pH 为 $4.1 \sim 6.0$，加入 $0.005 \sim 1.50kg/L$ 的各种糖化酶进行协同水解，并且加入 $0.001 \sim 0.02kg/t$ 的戊聚糖酶、Lipolase、Lipopan、Palatase 等脂肪酶，水解体系内的戊聚糖和脂肪，水解时间 $25 \sim 70h$。

（4）蛋白质转化　糖化结束后，控制物料温度为 $45 \sim 65℃$，pH 为 $5.0 \sim 8.0$，加入 $0.005 \sim 0.5kg/t$ 的木瓜蛋白酶和/或菠萝蛋白酶等植物蛋白酶和/或中性蛋白酶、碱性蛋白酶、风味蛋白酶等微生物蛋白酶，不断搅拌反应，时间控制为 $2 \sim 10h$，最后得到几乎无固体絮凝物或颗粒的较清澈的液体。

（5）加入助滤剂、活性炭进行过滤，浓缩，最后得到浓度为 $60\% \sim 80\%$（w/w）的含氮淀粉糖浆。

这一专利具有以下优势。采用酶法以小麦 B 淀粉为原料水解淀粉制取糖浆的过程中，也（酶）降解戊聚糖成可发酵的低聚糖和单糖，大大降低体系的黏度，过滤容易；用蛋白酶转化其中的蛋白质成水溶性的多肽氨基酸，脂肪酶水解其中的脂肪，增加水溶性，产生的少量甘油、脂肪酸不影响糖浆产品的发酵用途，可减少后续操作泡沫的形成及数量，对精制和提高回收率有利。这些水溶性的杂质水解物一起"混杂"于淀粉的水解产物之中，不仅使生产过程的滤渣废料大大减少，产品得率提高，而且这种既含糖、又含有机氮的含氮淀粉糖浆，比一般纯净的葡萄糖、麦芽糖的淀粉糖浆更适于酱油、味精、啤酒、有机酸等发酵的用途。

在转化阶段，加入的蛋白酶不仅用于水解小麦 B 淀粉中原有的蛋白质，又可以水解先前加入的各种糖化酶、戊聚糖酶、脂肪酶的蛋白质，控制蛋白质酶解的反应条件，能够得到高含量的 α - 氨基氮营养元素的产物。

3.1.7.3　控制水解制备不含面筋蛋白的（gluten free）淀粉

麸质过敏症（celiac disease，又称乳糜泻）是一种消化道疾病，主要起因于人体肠道对面筋蛋白的不良反应，导致肠道自体的免疫反应。麸质过敏症不但造成肠胃不适，影响养分吸收，更可能引发下痢、便秘，甚至是贫血等症状。对于婴幼儿来说，麸质过敏症主要表现为跟消化功能有关的症状，如腹胀、慢性腹泻、呕吐、便秘等。对于成人来说，麸质过敏症的表现更加多样。有的人有多种症状，有的人只有一种甚至没有明显症状。可能的症状有缺铁性嗜睡、疲劳、忧郁、焦虑、手足麻木、口疮、癫痫，以及与关节有关的疾病比如关节痛、关节炎和骨质疏松等。

到目前为止，麸质过敏症是无法治疗的。幸运的是，只要不吃含有面筋蛋白的食物，症状就不会发作。这就是"无面筋蛋白"食品出现的原因。就粮食而言，面筋蛋白存在于小麦、大麦和燕麦的面粉中，在其他粮食原料中并不存在。

麸质过敏症患者对于面筋蛋白非常敏感，很少量的面筋蛋白就能够引发症状。FDA 和欧盟委员会（European Commission）分别在 2007 年和 2009 年发布了对"无面筋蛋白"食品的标注要求，规定含量不超过 20mg/kg 才可以称为"无面筋蛋白"，含量不超过 100mg/kg 才可称为"低面筋蛋白"。小麦淀粉在烘焙行业中广泛使用，其具有良好的吸水性、面团密度大，且面包体积大等特点。此外，小麦淀粉还是麦芽糊精、葡萄糖浆、果葡糖浆等食品配料的生产原料。商品化小麦淀粉中面筋蛋白的含量变化较大，可能低于 20mg/kg，也有可能高于 500mg/kg，因此通过控制酶解降低小麦淀粉中面筋蛋白的含量具有重要意义。

德国食品化学研究中心（German Research Center for Food Chemistry）的 Peter Koehler 等人分别以小麦醇溶蛋白、肽 1（PQPQLPYPQPQLPY）和肽 2（SQQQFPQPQQPFPQQP）为底物，测定了黑曲霉来源的脯氨酸特异性蛋白酶和发芽大麦、小麦提取物的面筋蛋白的水解活性，结果表明脯氨酸特异性蛋白酶的活力是发芽大麦、小麦提取物的 690000 倍。在此基础上，以面筋蛋白含量分别为 110、1679、2070mg/kg 的三种小麦面粉（小麦面粉 1、小麦面粉 2 和小麦面粉 3）为原料，比较了不同来源的脯氨酸特异性蛋白酶（proline – specific endopeptidases）对小麦淀粉的降解效率，发现脯氨酸特异性蛋白酶对三种淀粉中的面筋蛋白降解效率最高。处理 5g 淀粉，脯氨酸特异性蛋白酶的活力为 0.12U，水解 24h，三种淀粉中的面筋蛋白含量均小于 20mg/kg；脯氨酸特异性蛋白酶的活力为 0.58U，水解 4h，也可达到相同的效果。如表 3.15 所示。

表 3.15　水解时间和酶活力对三种淀粉中面筋蛋白含量的影响

蛋白酶活力 /U	水解时间 /h	小麦面粉 1 /（mg/kg）	小麦面粉 2 /（mg/kg）	小麦面粉 3 /（mg/kg）
1.2×10^{-6}	4	108 ±4	n. d.	n. d.
1.2×10^{-5}	4	106 ±7	1862 ±247	2012 ±33
1.2×10^{-4}	4	41 ±0	1498 ±36	2220 ±304
1.2×10^{-3}	4	11 ±1	1400 ±48	1717 ±9
	24	n. d.	206 ±5	153 ±46

续表

蛋白酶活力 /U	水解时间 /h	小麦面粉 1 /（mg/kg）	小麦面粉 2 /（mg/kg）	小麦面粉 3 /（mg/kg）
5.8×10^{-3}	4	n. d.	317 ± 89	172 ± 55
	24	n. d.	107 ± 28	118 ± 11
1.2×10^{-2}	4	< LOQ	1772 ± 126	1481 ± 19
	24	n. d.	31 ± 2	20 ± 11
1.2×10^{-1}	4	< LOQ	38 ± 3	23 ± 11
	24	n. d.	< LOQ	< LOQ
	24	n. d.	< LOQ[c]	< LOQ[c]
2.8×10^{-1}	4	n. d.	< LOQ[d]	< LOQ[d]

注：n. d. 表示未测定；LOQ 表示低于检出限。

值得指出的是，蛋白酶处理后小麦淀粉的黏度略有下降，解决方法是增加蛋白酶的用量，降低酶解时间。

3.1.7.4　小麦面筋蛋白水解物对酵母增殖代谢及啤酒发酵的影响

华南理工大学赵谋明教授及其团队系统研究了小麦面筋蛋白控制酶解工艺、面筋蛋白酶解产物对酵母增殖代谢及啤酒发酵的影响，现将其研究成果介绍如下。① 在氮源充足条件下小麦面筋蛋白水解物并不能被充分利用，也不能发挥促发酵效果，在氮源相对匮乏时，水解度为 16% 的胰酶水解物促啤酒酵母增殖效果最明显，能使稳定期酵母生物量提高 37%，发酵时间缩短 14%。② 胰酶水解物最适添加量为 0.3%，能够提高初始游离氨基酸水平达到 40.22mg/L，同时发酵结束时利用率为 79%，利用效率较高。麦汁氮源和水解物在发酵性能上差别不大，外加氮源能够替代部分麦汁氮源，有效促进酵母生长，产生略多的乙醇，能够应用于啤酒的发酵。③ 酵母对麦汁中不同分子肽段吸收不同，发酵过程中大于 10ku 和 5～10ku 的分子肽段几乎都保持在 97% 和 93% 之间，几乎不被吸收利用。1～5ku 的分子肽段吸收量在 20%～33%。酵母主要吸收分子质量小于 1ku 的肽段，吸收量在 50% 左右。④ 小麦面筋蛋白肽的添加能够促进酵母生长和发酵，其中分子质量小于 3ku 的肽段增加了最多的初始 FAN 水平，且发酵结束时 FAN 利用率为 58%，较空白提高了 11%，酵母增长最多，促发酵效果也最佳。小分子小麦面筋蛋白肽的添加并不影响啤酒的感官品质，总醇增加了 68%，总酯降低了 17%，使啤酒口感更加醇厚。如图 3.23 所示。

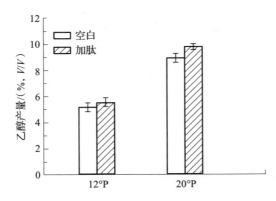

图 3.23 小麦面筋蛋白肽对啤酒乙醇产量的影响

3.1.7.5 蛋白酶去除啤酒中混浊的应用

冷藏过程中出现混浊是啤酒生产中的需解决的关键质量问题之一。引起啤酒混浊的原因很多，一般可以分为生物混浊和非生物混浊两大类。

生物混浊包括酵母混浊和细菌混浊。引起酵母混浊的酵母有啤酒酵母和野生酵母。引起啤酒混浊的细菌有乳酸杆菌、醋酸杆菌、四联球菌等，啤酒在生产过程中被它们污染，则发生发黏、变酸、风味恶化等现象。非生物混浊包括：蛋白质－多酚引起的混浊、糊精混浊、酒花树脂混浊、无机盐引起的混浊（如草酸钙结晶沉淀、硅氧化物和硅酸盐混浊等）。其中蛋白质－多酚引起的啤酒混浊最为常见，包括冷雾浊、杀菌浑浊和氧化浑浊三种。其机制是由啤酒中存在来源于麦芽和啤酒花中的大分子蛋白质或多肽，这些多肽和蛋白质在啤酒冷却、加热和储存过程中与多酚结合使啤酒出现混浊现象。混浊的产生严重地损坏了啤酒的外观和产品质量，因此在啤酒生产过程中预防和去除浑浊非常重要。

实践生产中常加入单宁、PVPP、蛋白酶、果胶酶等添加剂预防和去除非生物沉淀，以蛋白酶效果为佳。如唐晓珍等在啤酒中加入生姜蛋白酶作为啤酒澄清剂；梁德模等人研究了将木瓜蛋白酶作为澄清剂应用于啤酒；魏晓琨在啤酒生产中使用木瓜蛋白酶改善啤酒品质；于莹在玉米糖浆啤酒酿造新工艺的研究中亦使用了中性蛋白酶来改善啤酒品质。

由表 3.16 可知，在加入各种蛋白酶后，啤酒浊度均有不同程度的降低，色度下降明显，持泡性总体上略有提高。添加蛋白酶后对啤酒的 pH 影响不大。除中性蛋白酶与原啤酒总体风格不符外，其他三种蛋白酶对啤酒主要理化指标的影响不大。实际生产中，蛋白酶需与果胶酶、β-葡聚糖酶、木聚糖酶等多种酶制剂共同混合使用。

表 3.16　　　　几种蛋白酶对啤酒理化指标和浊度的影响

蛋白酶的种类	浊度/EBC	色度/EBC	持泡性/s	pH	感官评分
对照	9.0	9.6	78	4.57	83.75
中性蛋白酶	9.1	2.8	89	4.55	82.53
木瓜蛋白酶	5.8	2.0	100	4.51	88.33
菠萝蛋白酶	8.3	2.4	128	4.52	89.13
脯氨酸内切蛋白酶	5.9	1.9	123	4.53	90.67

3.2　玉米蛋白控制酶解技术及应用

　　玉米是世界上的三大粮食作物之一，同时也是我国主要的粮食作物。玉米中蛋白质包括玉米清蛋白、玉米球蛋白、玉米谷蛋白和玉米醇溶蛋白（zein）。玉米清蛋白和玉米球蛋白主要存在于玉米胚芽中，玉米谷蛋白分布在玉米胚芽和胚乳中，而玉米醇溶蛋白几乎仅存在于胚乳中，如表 3.17 所示。

表 3.17　　　　　　玉米蛋白在玉米籽粒中的分布　　　　　　单位:%

蛋白质	溶解性	玉米籽粒	胚乳	胚芽
清蛋白	水	8	4	30
球蛋白	盐	9	4	30
谷蛋白	碱	40	39	25
醇溶蛋白	醇	39	47	5

　　玉米籽粒经湿磨法工艺制得粗淀粉乳，经淀粉分离机分出的蛋白质称为麸质水，麸质水用浓缩离心机或沉淀池浓缩后，再经脱水干燥制成玉米蛋白粉（corn gluten meal，CGM）。玉米蛋白粉是外观呈现金黄色的颗粒状粉末，有玉米发酵产生的一种特殊的气味，硬度高，水分含量少，难溶于水，具有蛋白质含量高、资源量大、价格便宜等优势。玉米蛋白粉含 50% ～70% 的蛋白质，其他成分包括 20% 左右的淀粉和 10% ～15% 的纤维素、维生素 A、类胡萝卜素（玉米黄素、α - 胡萝卜素、β - 胡萝卜素、叶黄素等）及十几种无机盐等。干酒精糟及其可溶物（distiller dried grains with solubles，DDGS）是玉米籽粒为原料，生产燃料乙醇或酒

精的副产物，其蛋白质含量在 20% ～30% ，油脂含量在 13% 左右，甘油、有机酸和纤维素等副产物占 50% 以上。不同用途、不同生产工艺生产的玉米蛋白粉化学成分不同且变化程度很大，如表 3.18 所示。

表 3.18　　　　玉米籽粒及其加工副产物的化学组成　　　　单位:%

化学组成	籽粒	玉米籽粒及其加工副产物					
		胚乳	胚芽	表皮	玉米籽粒尖端	CGM	DDSS
淀粉	62.0	87	8.3	7.3	5.3	20	—
蛋白质	7.8	8	18.4	3.7	9.1	65	27
油	3.8	0.8	33.2	1	3.8	4	13
灰分	1.2	0.3	10.5	0.8	1.6	1	4
其他①	10.2	3.9	29.6	87.2	80.2	10	56②
水	15.0	—	—	—	—	—	—

注：① 包括纤维素、植酸、糖等物质；② 乙醇发酵的副产物。

我国科研工作者在玉米蛋白的深加工领域做了大量研究，拥有一大批从事玉米蛋白深加工的高科技企业，如北京中食海氏生物技术有限公司、广州华缘食品科技有限公司、中食都庆（山东）生物技术有限公司、山东天骄生物技术有限公司、武汉天天好生物制品有限公司的部分成果已实现产业化。2006 年华南理工大学吴晖教授利用控制酶解技术、非水相生物催化技术等技术集成制备出高品质玉米肽，并系统研究了玉米肽的醒酒机制，获得国家发明专利多件，随后相关技术在广州华缘食品科技有限公司实现产业化，推出醒酒玉米肽产品 "酣乐"，市场反馈良好。2009 年，中国食品发酵工业研究院与北京中食海氏生物技术有限公司合作，建成年产 1500t 玉米低聚肽工业化生产线，并制定出玉米低聚肽企业质量标准。2010 年该项目生产的玉米低聚肽产品被卫生部批准为首个肽类新资源食品 （卫生部 2010 年第 15 号公告），并制定出《玉米低聚肽粉》（QB/T 4707—2014）。同期，吉林大学与吉林阳光肽科技有限公司合作推出系列玉米肽产品。

在玉米肽的开发利用方面，日本处于世界领先水平。1996 年，日本食品化工株式会社 Magoichi Yamaguchi 等首先报道玉米肽除降血压外，还具有抑制乙醇中毒和恢复机体疲劳作用；随后日本烟草公司利用玉米肽开发出了低热量饮料、降血压玉米肽混合物 "缩氨酸" 等商品化产品。此外，欧洲、美国等也相继有玉米肽产品上市。

3.2.1 玉米蛋白组成及结构特征

玉米蛋白粉主要由醇溶蛋白（zein，65%～68%）、谷蛋白（glutelin，22%～33%）、球蛋白（globulins，1.2%）和白蛋白（albumin）组成。从氨基酸组成来看，玉米蛋白中含有高比例的亮氨酸、异亮氨酸、丙氨酸、缬氨酸等疏水性氨基酸和谷氨酰胺、脯氨酸等，而缺乏如赖氨酸、精氨酸、色氨酸等必需的氨基酸；玉米蛋白中谷氨酰胺与谷氨酸的摩尔数之比为 53:1，换算成百分数则谷氨酰胺仅占（谷氨酰胺＋谷氨酸）总数的 98.15%。这种独特的氨基酸组成使玉米蛋白具有良好吸水性、持油性、湿润性、凝胶性，但持水性较差，乳化能力略低于大豆分离蛋白。水溶性差，营养与食用价值较低，加之玉米蛋白粉外观呈黄色颗粒状，硬度大，有特殊的气味，限制了其在食品中的应用。

玉米醇溶蛋白是由平均分子质量为 10～50ku 的蛋白质组成的混合物，具有独特的溶解性。它不溶于水，也不溶于无水乙醇，但可以溶解于 60%～95% 的醇类水溶液中。玉米蛋白的分类方法较多，包括 1924年 Osborne 分类法、1968年 Moureaux 和 Landry 分类法、1970年 Landry 和 Moureaux 分类法、1985年 Wilson 分类法、1987年 Asim Esen 分类法以及 1990年 Wallace 分类法，其中以 Esen 分类法最为清晰。根据溶解度的区别 Esen 将玉米醇溶蛋白分为 α - 醇溶蛋白、β - 醇溶蛋白和 γ - 醇溶蛋白三大类。α - 醇溶蛋白溶于 50%～95%（V/V）的 2 - 丙醇溶液，不溶于 30% 的 2 - 丙醇和 30mmol/L 醋酸钠的混合溶液中。α - 醇溶蛋白占总醇溶蛋白的 75%～85%，SDS - PAGE 电泳表明其主要由 21～25ku 的多肽链和 10ku 的多肽链组成。β - 醇溶蛋白能溶于含有还原剂 30%～85% 的 2 - 丙醇溶液，不溶于 90% 的 2 - 丙醇溶液、30% 的 2 - 丙醇和 30mmol/L 醋酸钠的混合溶液。β - 醇溶蛋白占总醇溶蛋白的 10%～15%。γ - 醇溶蛋白能溶于含有还原剂的 0%～80% 的 2 - 丙醇溶液以及 30% 的 2 - 丙醇和 30mmol/L 醋酸钠的混合溶液。γ - 醇溶蛋白主要由富含脯氨酸的分子质量为 16、27、50ku 的多肽链构成，占总醇溶蛋白的 5%～10%。

从氨基酸组成来看，α - 醇溶蛋白、β - 醇溶蛋白和 γ - 醇溶蛋白在氨基酸组成上也各有特色。其中 α - 醇溶蛋白、β - 醇溶蛋白和 γ - 醇溶蛋白的脯氨酸含量分别为 10%、8% 和 25%，谷氨酰胺含量分别为 20%、19% 和 16%。此外，γ - 醇溶蛋白富含脯氨酸（25%）和组氨酸（8%）；β - 醇溶蛋白富含蛋氨酸（10%）和酪氨酸（8%）；α - 醇溶蛋白富含亮氨酸（20%）和苯丙氨酸（6%）。玉米醇溶蛋白、小麦面筋蛋白和豌豆蛋白的氨基酸组成，如表 3.19 所示。

| 表 3.19 | 三种植物蛋白质的氨基酸组成分析 | | 单位：g/100g |
氨基酸组成	玉米醇溶蛋白	小麦面筋蛋白	豌豆蛋白
天冬氨酸 + 天冬酰胺	6.49	2.88	13.25
苏氨酸	3.55	2.84	4.75
丝氨酸	8.33	6.19	7.62
谷氨酸 + 谷氨酰胺	20.54	35.44	20.88
甘氨酸	4.54	6.25	8.51
丙氨酸	15.81	3.68	7.85
缬氨酸	3.05	4.61	3.96
半胱氨酸	0.37	0.99	0.34
蛋氨酸	1.79	1.22	0.89
异亮氨酸	2.09	2.84	2.89
亮氨酸	13.14	6.55	8.13
酪氨酸	3.31	2.15	2.69
苯丙氨酸	2.58	4.01	3.37
赖氨酸	0.98	1.26	5.04
组氨酸	1.12	1.44	1.35
精氨酸	1.15	2.41	4.22
脯氨酸	10.89	15.24	4.23

玉米醇溶蛋白不溶于水和稀盐溶液，溶于 60% ~ 95% 的乙醇溶液中。圆二色谱显示，玉米醇溶蛋白含有 50% ~ 60% 的 α - 螺旋。超速离心和双折射研究显示 α - 玉米醇溶蛋白近似棒状或圆柱形，高轴比为 7:1 和 28:1。小角度 X 光衍射研究表明，溶于含还原剂的 70% 乙醇的 α - 玉米醇溶蛋白为不对称球状，长度为 13nm，高轴比为 6:1。而利用原子力显微镜研究表明，棒状玉米醇溶蛋白的高度在 150 ~ 550nm，直径在 50 ~ 150nm。上述差异主要是玉米醇溶蛋白在不同条件下发生聚集造成的。

3.2.2 玉米黄粉前处理技术及酶解工艺优化

玉米黄粉本质上是天然高分子物质，这些高分子物质组成了结构致密、组分复杂的多层次超分子结构，其中主要的高分子物质有玉米醇溶蛋白、淀粉、纤维素等。由于玉米蛋白特殊的氨基酸组成，以及疏水键和二硫键在分子中的作用，天然玉米蛋白一般以聚集体形式存在，并可进一步与淀粉、纤维素、油脂、矿物质等结合。超分子结构的存在使得玉米黄粉溶解性差、结构稳定、具有抗生物降解性，也增加了玉米黄粉生物在催化与转化过程中的不均一性和复杂性。因此，玉米黄粉的前处理对提高玉米醇溶蛋白的酶解敏感性和均一性具有重要意义。

有效和常见的前处理技术主要包括双螺杆挤压技术和淀粉酶解技术。在双螺杆挤压技术方面，2012年吉林大学林松毅公开了一种快速提高玉米蛋白粉酶解效果的方法。发现采用双螺杆挤压处理玉米黄粉后，碱性蛋白酶对玉米醇溶蛋白的水解度在3h内可由25.4%提高至40.2%，此期间双螺杆主机的前、中、后工作区的温度分别控制在90~130℃、80~120℃和30~80℃。2015年丰益（上海）生物技术研发中心有限公司的研究者采用济南赛信膨化机械有限公司的DS32-Ⅱ型双螺杆试验机对玉米蛋白粉进行挤压处理，人们发现在挤压温度为150℃，物料含水量为50%，螺杆转速为140r/min时，玉米醇溶蛋白的消化率（即蛋白质回收率）可达到70.45%，消化率比挤压前提高了5.53倍。双螺杆挤压处理提高玉米醇溶蛋白水解效率的主要机制在于：① 挤压处理增加了蛋白酶和底物的接触空间。玉米蛋白粉原料微观表面凹凸不平，相互聚集，呈非常紧密的状态。挤压后的玉米蛋白粉粒径变大，紧密的空间结构被打开后，表面凹凸加剧，比表面积增加，并可观察到孔洞结构。② 玉米醇溶蛋白的二级结构改变。挤压处理后，玉米醇溶蛋白二级结构中α-螺旋和β-转角转化为β-折叠和无规卷曲，热学性质中玉米醇溶蛋白变性温度降低。

玉米黄粉除了玉米醇溶蛋白之外，还含有21%~26%的碳水化合物，其中淀粉占12%~15%。傅里叶变换红外光谱仪（FT-IR）分析显示玉米醇溶蛋白在1150~1020cm^{-1}处出现多糖的吸收峰，这表明醇溶蛋白中含有一定量的多糖。多糖，特别是淀粉对玉米黄粉酶解有较大的影响。一是淀粉与玉米醇溶蛋白结合紧密，限制了蛋白酶与玉米醇溶蛋白的有效解除，降低了酶解效率；二是酶解结束后的灭酶处理工序中的热处理会导致淀粉糊化，糊化过程中的淀粉吸收大量水分，阻碍酶解液出清，降低酶解产物的得率。常见的淀粉去除酶解工艺为：水解液温度 $60 \sim 80℃$，pH 为 6.0，添加 α – 淀粉酶保持 $2 \sim 3h$ 后，酶解液中淀粉含量可降低到 0.5% 以下。淀粉酶解产生的麦芽糊精、葡萄糖等物质可通过过滤去除，也可保留在酶解液中。

在玉米醇溶蛋白的酶解工艺优化方面，国内外学者也做了大量研究工作，其主要结论是碱性蛋白酶在水解玉米醇溶蛋白方面具有较大优势，水解温度控制在 $45 \sim 60℃$，水解时间控制在 $3 \sim 12h$，具体水解环境可视所需酶解产物的功能而定。

3.2.3　玉米黄粉控制酶解制备醒酒肽

3.2.3.1　酒精的吸收和代谢机制

人们饮酒后，酒精很快便被机体吸收，通过胃和小肠的毛细血管进入血液。乙醇水溶性极强，极易被消化道吸收。一般情况下，一次标准量饮酒后，饮酒者血液中酒精的浓度（blood alcohol concentration，BAC）在 $30 \sim 60min$ 内将达到最大值，随后逐渐降低。一次标准量饮酒是指一次性饮用的酒精总量相当于 $34.1g$ 纯酒精。酒精在血液内积累会产生毒性作用，当 BAC 超过 $100mg/dL$ 时，将可能引起明显的酒精中毒。摄入体内的酒精除少量未被代谢而通过呼吸和尿液直接排出外，吸收后的乙醇 98% 通过生物氧化被清除。乙醇代谢的主要器官是肝脏、胃和肾脏等处，其中肝脏代谢至少占全部乙醇代谢总量的 80% 以上。

肝脏是乙醇分解代谢的主要器官，在肝细胞的不同亚结构中，存在着氧化乙醇的不同酶系，其中重要的乙醇氧化途径有三种。

（1）ADH 途径　在肝细胞胞液及线粒体中，有乙醇脱氢酶（ADH）及醛脱氢酶（ALDH），可分别催化乙醇氧化为乙醛，乙醛再氧化为乙酸。在线粒体中，部分乙酸在辅酶 A 参与下可被激活为 CO_2 和 H_2O，并释放出少量能量。少量乙醇，一般对健康无害，而且，由于乙醇对消化系统、心血管系统及神经系统的轻微刺激可促进消化液分泌，增进食欲，加速血液循环，兴奋神经，并具有舒适感。此途径所产生的能量营养学上称之为"空白热量"。

（2）MEOS 途径　乙醇摄入较多时，肝细胞滑面内质网的微粒体氧化酶系（MEOS）启动，在分子氧存在下，氧化乙醇成乙醛，并产生水及 $NADP^+$。

（3）CAT 途径　存在于肝细胞内过氧化物体中的过氧化氢酶（CAT）也可催化乙醇和 H_2O_2 反应生成乙醛和水。

3.2.3.2　利用玉米黄粉制备玉米解酒肽

1987 年东京科学大学（Science University of Tokyo）的 Hitoshi Saito 等人首先提出在 70% 的乙醇溶液中利用木瓜蛋白酶水解玉米醇溶蛋白。水解 24h 后，水解产物的水解度接近 20%，分子质量集中在 2～4ku。圆二色谱表明，玉米醇溶蛋白及其酶解产物中均存在 α - 螺旋结构。1996 年日本食品化工株式会社（nihon shokuhin kako co. ltd.）的 Magoichi Yamaguchi 等首次发现玉米肽与蛋白质和游离氨基酸相比，具有更强的促酒精代谢的能力。他们利用碱性蛋白酶（产自 Alkalophilic bacillus）水解玉米醇溶蛋白得到的分子质量在 2000u 左右，氨基酸组成与玉米醇溶蛋白相似的玉米肽。研究结果表明：在喝酒前摄入玉米肽可显著降低易发性高血压大鼠血液中的乙醇浓度，升高血液中乙醛的浓度。随后，1997 年 Magoichi Yamaguchi 等进一步通过人体试验比较了玉米肽、小麦肽、豌豆肽、丙氨酸和亮氨酸的醒酒效果，发现玉米肽的解酒、醒酒效果显著优于丙氨酸、亮氨酸、小麦肽和豌豆肽；并进一步推测了玉米肽解酒、醒酒效果并非延缓酒精在肠胃中的吸收，而是通过玉米肽可提高血浆中游离丙氨酸和亮氨酸的浓度来达到的。这一发现揭开了玉米醒酒肽研究和产业化的序幕。华南理工大学、华中农业大学、齐齐哈尔大学、吉林大学、山东轻工业学院等科研院所在玉米肽的制备、活性评价及解酒机制方面做了大量研究工作，现简单介绍如下。

2008 年华中农业大学隋玉杰等采用中性蛋白酶和碱性蛋白酶水解玉米醇溶蛋白，通过羟基自由基清除能力试验、激活乙醇脱氢酶（ADH）活性试验及动物试验探讨了玉米肽对小鼠血清中乙醇浓度的影响，并结合玉米肽对 D - 氨基半乳糖（D - Gal）及乙醇诱导急性肝损伤模型鼠的保护作用进行研究，初步探讨了玉米肽的醒酒保肝作用机制。研究发现中性蛋白酶的玉米醇溶蛋白水解产物（水解 2h、酶底比 0.5%、料液比 1:25）能使小鼠血醇浓度降低 54.06%，但该方法的蛋白质回收率太低。碱性蛋白酶的玉米醇溶蛋白水解产物（水解 4h、酶底比 0.5%、料液比 1:20）的醒酒活性高，并存在剂量效应关系，其剂量为 800mg/kg·bw 时，小鼠血醇浓度可降低 62.80%，且蛋白质回收率高，具有较高的商业化价值。进一步研究表明玉米肽对 ADH 有激活作用。由于该酶在肝脏和胃黏膜中均存在，玉米肽有 3 种醒酒作用机制：一是通过激活胃 ADH，加强乙醇在胃肠道的首过代谢；二是通过激活肝脏 ADH，增强乙醇的代谢，即发挥代谢增强剂的作用；三是可通过提高血液中丙氨酸、亮氨酸的浓度，产生稳定的辅酶（NAD^+），抑制血液中乙醇浓度的升高。应该指出的是，上述酶解工艺中蛋白质浓度较低（以料液比 1∶20，玉米黄粉蛋白含量为 65% 计算，酶解液中蛋白质浓度仅为 3%），浓缩能耗较高。

2015 年齐齐哈尔大学彭楠等利用碱性蛋白酶和复合蛋白酶对底物质量浓度（10g/100mL）玉米蛋白进行水解，研究水解条件对蛋白水解物的乙醇脱氢酶（ADH）激活率、·OH 清除活性和蛋白质回收率的影响。结果表明碱性蛋白酶水解玉米蛋白的适宜条件为酶解温度 65℃，pH 为 8.0，加酶量 2.5%，时间 2h，该条件下蛋白质水解物的 ADH 激活率为 18.62%，·OH 清除率为 82.9%，蛋白质回收率为 25.08%；复合蛋白酶水解玉米蛋白的适宜条件为酶解温度 55℃，pH 为 7.0，加酶量 2.5%，时间 2h，该条件下玉米蛋白水解物的 ADH 激活率为 9.67%，·OH 清除率为 82.0%，蛋白质回收率为 17.63%。碱性蛋白酶和复合蛋白酶顺序协同水解（酶底比为 1.5% + 1.5%）所得玉米蛋白水解物的 ADH 激活率达到 19.71%，·OH 的清除率达到 76.7%，蛋白质回收率为 52.63%。优化酶解条件下，玉米蛋白水解物多肽分子质量主要分布在 1000u 以下。

此外，大量试验表明玉米肽还具有抗氧化、抗疲劳、降血压、护肝等多种生理活性。

3.2.4　玉米蛋白粉控制酶解制备高 F 值寡肽

支链氨基酸（BCAA：Val、Ile、Leu）与芳香族氨基酸（AAA：Tyr、Phe）含量的摩尔数比值称为 F 值（Fischer ratio）。高 F 值寡肽是指在氨基酸组成中 F 值较高的寡肽的混合物。高 F 值寡肽具有辅助治疗肝性脑病、提供能量、抗疲劳、改善手术后和卧床病人的蛋白质营养状态等多种生理活性，现将其生理活性和制备方法介绍如下。

3.2.4.1　高 F 值肽的生理活性

高 F 值肽混合物在临床和现实生活中都具有特殊的生理活性，经过动物试验和临床试验表明，高 F 值肽混合物能够通过纠正血浆及脑中氨基酸的病态模式、降低血氨等方式来帮助辅助治疗肝性脑病；改善手术后和卧床病人的蛋白质营养状况；同时还能具有抗疲劳、耐缺氧、降血脂等生理功能。

缬氨酸具有维持神经系统正常、辅助治疗肝昏迷、增强免疫功能、调节肌肉共济运动的功能。异亮氨酸具有辅助治疗精神障碍、维持体力、抗昏迷、增进食欲、抗贫血等功能。亮氨酸具有降低血糖、缓解或辅助治疗头晕、促进皮肤伤口及骨伤愈合、维持机体正常生长的功能。

BCAA 是唯一的主要在肝外组织氧化的必需氨基酸，有特殊的抗分解代谢的效能。这些特点使得高 F 值肽在人体代谢中具有极为特殊的生理功能。

（1）高 F 值肽辅助治疗肝性脑病　肝功能衰竭时出现的特征性神经症状称为肝性脑病。如果能纠正血浆中不正常的氨基酸模式，降低血浆中氨浓度而使单胺能神经递质的前体 AAA 进入大脑的量减少，就能恢复中枢神经系统正常的单胺能神经递质代谢，减轻或消除肝性脑病的病情。对于肝病（肝性脑病）患者来说，其血浆 F 值可以反映出患者肝病的严重程度。另外，注射高 F 值制剂也可以辅助治疗做过肝脏切除手术的患者。在肝硬化和慢性肝病病人中静脉注射或口服肝醒灵，30min 后血中 BCAA/AAA 比值达到高峰，接近或大于 3:1，并能有效地维持血中支链氨基酸的浓度。

（2）高 F 值肽有提供能量、抗疲劳作用　支链氨基酸主要是在肌肉组织中进行代谢的，基于其节氮原理，补充外源性 BCAA 可节省肌肉蛋白质的分解，从而起到节氮提供能量的作用。支链氨基酸代谢与运动性疲劳的发生关系密切，但机制尚不明朗。支链氨基酸由于能降低机体在运动过程中大脑中的 5 - 羟色胺的积累，防止中枢神经疲劳，被人们作为一种运动营养补剂而广泛使用。美国一公司制造了提供骨骼肌对锻炼适应性的营养配方，其组成包括肉毒碱、谷酰胺、亮氨酸、异亮氨酸和缬氨酸等。支链氨基酸在体内分解产生 ATP 的效率高于其他氨基酸，可使高强度体力、脑力工作者和运动员及时补充支链氨基酸，不仅有利于体力的快速恢复，疲劳的快速消除，运动机能的提高，还能有效保护肌肉组织，减轻肌肉组织损伤。动物试验表明，饮用富含支链氨基酸饮料的小鼠体重增加显著，运动能力增强，耐热、抗疲劳和耐缺氧能力明显提高。

（3）改善手术后和卧床病人的蛋白质营养状态　皮伤和外科手术病人，特别是对于有严重消化障碍病人，食物蛋白质吸收受到严重限制，体内蛋白质合成代谢减弱，而蛋白质分解代谢增强，机体处于负氮平衡状态，蛋白质、氨基酸循环被破坏，靠饮食补充蛋白质营养就较困难。如果摄入正常膳食蛋白质往往会出现血氨增高，血液及脑中氨基酸模式会发生改变，引发昏迷现象。BCAA 具有促进氮储留和蛋白质合成、抑制蛋白质分解等作用。现在 BCAA 已广泛应用于提高高代谢疾病如烧伤、外科手术、脓毒血症和长期卧床鼻饲等病人的蛋白质营养水平，并取得了令人满意的效果。

（4）治疗苯丙酮尿症　苯丙酮尿症（PKU）是一种先天性代谢障碍病，由苯丙氨酸代谢途径中的酶缺陷所致，因患儿尿液中排出大量苯丙酮酸等代谢产物而得名。低苯丙氨酸饮食疗法是目前治疗 PKU 的唯一方法，可将血中苯丙氨酸浓度控制在 20～100mg/L，因此以低苯丙氨酸含量的高 F 值低聚肽来限制膳食中苯丙氨酸的过多摄入就是行之有效的治疗方法。此外，富含亮氨酸等疏水性氨基酸的寡肽，能刺激胰高血糖素的分泌，降低胆固醇；增加甲状腺素分泌，造成内源性胆固醇代谢亢进；促进粪便中甾醇的排泄，降低血清胆固醇的浓度。摄入含有大量支链氨基酸的蛋白肽类对酒精代谢有积极的作用。服用高 BCAA 含量的制剂还能缓解和减轻运动障碍性疾病病情，并降低血糖。

（5）其他功能　富含亮氨酸、异亮氨酸和缬氨酸等疏水性氨基酸的玉米肽，能够刺激机体甲状腺素的分泌，造成内源性胆固醇代谢亢进，降低胆固醇；还能促进甾醇的排泄，从而降低体内血清胆固醇的浓度。此外，摄入含有大量支链氨基酸的寡肽对酒精代谢有积极的影响。高 BCAA 含量的制剂对运动障碍性疾病具有良好的作用，能够达到缓解及减轻病情的效果。另外，高值玉米肽还能抑制癌细胞增殖，缓解癌症患者病情并有降低血糖等作用，见 9.4.9。

3.2.4.2　控制酶解制备高 F 值寡肽

玉米醇溶蛋白的氨基酸组成独特，其支链氨基酸如亮氨酸、异亮氨酸等含量高，而芳香族氨基酸如酪氨酸、苯丙氨酸含量很低，是制备高 F 值寡肽的天然理想原料。制备高 F 值寡肽的一般方法是利用胃蛋白酶对芳香族氨基酸的水解专一性，将酪氨酸、苯丙氨酸等形成的肽键打开，再利用链霉蛋白酶、风味蛋白酶、羧肽酶或氨肽酶将侧链上的芳香氨基酸释放出来，最后通过活性炭吸附制备出高 F 值寡肽。然而，由于胃蛋白酶对玉米醇溶蛋白的水解效率较低，碱性蛋白酶水解效率高，目前普遍使用碱性蛋白酶作为内切蛋白酶。

1998 年无锡轻工大学（现名江南大学）王梅等比较了 18 种颗粒及粉状活性炭吸附玉米寡肽混合物中芳香族氨基酸的能力，证明了通过活性炭吸附可使玉米寡肽的 F 值达到 20 以上。2003 年东北农业大学林莉在 pH 为 8.0，温度为 55℃，碱性蛋白酶与底物浓度比为 3%，底物浓度为 5%，水解时间为 4h 的条件下，水解度可达 11.62%。将玉米醇溶蛋白酶解的产物进行超滤、离子交换树脂脱盐、活性炭脱色后，低聚肽 F 值为 34.71，游离氨基酸含量 6.42%，产品得率为 11.59%。产品为澄清透明的溶液，无苦味和异味，含盐量较少，相对分子质量大多集中在 1000～

1300u。2004 年中国农业大学郑喜群等人论证了利用枯草芽孢杆菌碱性蛋白酶和米曲霉固态发酵产羧肽酶制备玉米高 F 值寡肽的可行性。2012 年山东轻工业学院（现名齐鲁工业大学）刘金伟利用正交分析确定玉米醇溶蛋白的水解条件为 2709 碱性蛋白酶的加酶量 4%、水解时间 2h、温度 50℃、pH 为 9.0；风味蛋白酶加酶量 4%、水解时间 3.5h、温度 45℃、pH 为 7.0，在此条件下水解玉米蛋白粉，水解度达到 26.3%。2013 年济南大学郑明洋在 pH 为 11.0，温度 55℃，底物浓度为 112g/L，碱性蛋白酶和中性蛋白酶配比为 5∶1，E/S 为 48000U/g 的条件下，酶解时间为 120min，水解度达到 30.23%。水解产物经过活性炭吸附、离子交换树脂、超滤后所得的产品分子质量为 624～120u，寡肽的 F 值为 21.92。2014 年山东省医学科学院蒋竹青等人采用碱性蛋白酶 Protex 6L、中性蛋白酶 Protex 7L 和木瓜蛋白酶 3 种酶复合酶解玉米黄粉（CGM），经活性炭吸附、超滤得到寡肽混合物，其寡肽混合物的 F 值为 28.40。

3.2.5　玉米蛋白来源的生物活性肽

3.2.5.1　玉米蛋白来源的 ACE 抑制肽

高血压是目前困扰全球人类的一个疾病。据世界卫生组织统计全球大约有超过 5 亿人患高血压，除此之外，高血压又是冠心病、脑卒中、肾功能衰竭以及心功能衰竭的主要引发因素，被国际上认为是"无形的杀手"，因此对高血压病的防治工作也成为全球医务工作者的重要任务。随着居民生活水平的提高，我国居民患此病的速率逐年上升，特别是近 20 年以来，高血压的患病率大大提高。一项涉及 94 万人的调查结果显示：我国仅有 26.8% 的患者知道自己是高血压病人。国家卫生健康委员会（原卫生部）已于 1998 年宣布将每年的 10 月 8 日定为高血压日。

正常人体的血压受到很多因素的调节，其中最为关键的调节系统就是肾素 - 血管紧张素调节系统（RAS）和激肽释放酶 - 激肽系统（KKS）。血管紧张素转化酶（angiotensin converting enzyme, E.C.3.4.15.1, ACE）是一种含锌二肽羧基肽酶。ACE 是 RAS 系统和 KKS 系统中的关键酶。ACE 在血压调节中的作用有以下两个方面：一方面，在 RAS 系统中血管紧张素Ⅰ在 ACE 的作用下催化系统中血管紧张素Ⅰ脱去 C 末端两个氨基酸残基，形成活性很强的血管紧张素Ⅱ。血管紧张素Ⅱ能刺激血管收缩使血压升高，同时血管紧张素Ⅱ也能促使醛固酮分泌，直接对肾脏起作用，引起钠储量和血溶量增加，从而使血压升高。另一方面，在

KKS 系统中，ACE 可作用于缓激肽，将其催化并从其末端脱去两个氨基酸残基，使其失活。高血压患者通过服用含有 ACE 的抑制剂，降低 ACE 的活性，则血管紧张素 II 的生成减少，缓激肽的破坏减少，在二者的共同作用下可以有效地降低血压。食源性降血压肽能够有效地抑制 ACE 的活性，它们对 ACE 活性区域的亲和力远远大于对血管紧张素 I 和缓激肽对 ACE 的亲和力，且这些降血压肽一旦与 ACE 活性区域结合就很难再释放出来，这就可抑制血管紧张素 I 转化为血管紧张素 II，从而减少对缓激肽的破坏。两个系统的共同作用可起到降血压的作用。

降血压肽，又称血管紧张素转化酶抑制肽（angiotensin converting enzyme inhibitory peptides，ACEIP），或 ACE 抑制肽。ACE 抑制肽的作用机制主要是其与底物竞争结合 ACE，或与底物、ACE 一起结合形成三元复合物，从而抑制 Ang I 转化为 Ang II，同时抑制缓激肽的降解。ACE 抑制肽的活性与自身的结构特性有着极其紧密的关系。一般观点认为：大多数天然的 ACE 抑制肽具有 Pro、Ala – Pro 或 Pro – Pro 的羧基末端，而分离到的具有抗高血压活性或者 ACE 抑制活性的肽，大多数肽的末端是 Pro 残基，如 Val – Pro – Pro、Ile – Pro – Pro、Leu – Pro – Pro、Met – Ala – Pro、Ile – Thr – Pro 等。此外，Trp、Tyr 和 Phe 在肽链的羧基端时，ACE 抑制活性也较高。另外研究还发现，C 末端带正电的 Arg 和 Lys 对提高抗高血压肽的 ACE 抑制活性具有重要的作用。降血压肽的 N 端对于抑制 ACE 的活性也有相当重要的作用。N 末端最具活性的是长链或者具有支链的疏水性氨基酸。当 N 端氨基酸为缬氨酸、异亮氨酸、精氨酸时，ACE 抑制活性较高，而当 N 末端为脯氨酸时其活性降低。N 端氨基酸为苯丙氨酸、天冬酰胺、丝氨酸和甘氨酸时，对 ACE 的抑制活性依次降低。此外，Kohmura 等人认为疏水性氨基酸肽较亲水性氨基酸肽段的抑制效果要强。对于二肽而言 N 端的芳香族氨基酸与 ACE 结合是最有效的。

特别值得指出的是，尽管目前许多体外 ACE 抑制活性试验已经揭示和证明了多种寡肽具有 ACE 抑制活性，但考虑到 ACE 抑制肽需要在体内血液中循环才能显示出降血压效果，因此有活性的 ACE 抑制肽应能抵抗胃肠蛋白酶水解消化系统的降解，并应在随后穿过肠壁的转运过程中保持完整，才能发挥其降血压作用。因此，部分 ACE 抑制肽可能不具有降血压活性。

1991 年 Miyoshi S. 等以 α – 玉米醇溶蛋白为原料，采用嗜热菌蛋白酶在 65℃，pH 为 8.0 的条件下水解，并从水解液中分离鉴定出系列玉米蛋白来源的 ACE 抑制肽，如表 3.20 所示。由表可见，Leu – Arg – Pro 是表中

ACE 抑制活性最强的三肽，然而，对 SHR 大鼠静脉注射 30mg/kg 的 Leu − Arg − Pro 后，血压有下降趋势，但 5min 后大鼠血压又回到初始水平。

表 3.20 α − 玉米醇溶蛋白来源的 ACE 抑制肽

肽的结构	IC_{50}/μmol/L	肽的结构	IC_{50}/μmol/L
Leu − Arg − Pro	0.27	Leu − Ser − Pro	1.7
Val − Ser − Pro	10	Leu − Gln − Pro	1.9
Leu − Asn − Pro	43	Leu − Leu − Pro	57
Val − Ala − Tyr	16	Leu − Ala − Tyr	3.9
Phe − Tyr	25	Ile − Arg − Ala	6.4
Leu − Ala − Ala	13	Leu − Gln − Gln	100
Val − Ala − Ala	13	Ile − Arg − Ala − Gln − Gln	160
Pyr − Gly − Leu − Pro − Pro − Arg − Pro − Lys − Ile − Pro − Pro	4.2	Pyr − Gly − Leu − Pro − Pro − Gly − Pro − Pro − Ile − Pro − Pro	25

1999 年，韩国大学的 H. J. Suh 等利用 Pescalase 在 60℃条件下水解玉米醇溶蛋白 6h 后，使之通过截留分子质量为 10000u 的超滤膜，并从透过液中分离鉴定得到一种新的 ACE 抑制肽 Pro − Ser − Gly − Gln − Tyr − Tyr，得率为 96mg/100g 面筋蛋白。Pro − Ser − Gly − Gln − Tyr − Tyr 的 IC_{50} 值为 0.1mmol/L，对 SHR 大鼠静脉注射 30mg/kg 的 Pro − Ser − Gly − Gln − Tyr − Tyr 有明显降血压作用。2003 年 H. J. Suh 等进一步比较了风味蛋白酶、Pescalase、Protease 等六种蛋白酶水解玉米黄粉所得酶解产物的苦味和 ACE 抑制活性，发现风味蛋白酶的酶解产物具有最强的 ACE 抑制活性。2007 年江南大学 Yang Yanjun 等以玉米黄粉为原料，添加 30U/g 的 α − 淀粉酶，在 70℃条件水解 3h 后，采用碱性蛋白酶、复合蛋白酶、中性蛋白酶、胰蛋白酶分别对玉米蛋白进行水解，并分析了其酶解产物的 ACE 抑制活性，如表 3.21 所示。

表 3.21 玉米醇溶蛋白的不同蛋白酶水解产物的 ACE 抑制活性

蛋白酶种类	ACE 抑制率/%	水解度/%
复合蛋白酶	13.94	0.85
中性蛋白酶	47.43	2.48
碱性蛋白酶	85.26	16.96
胰蛋白酶	72.8	8.97

由表3.21可见，四种蛋白酶中碱性蛋白酶水解产物的水解度最高，同时其ACE抑制率也最大；复合蛋白酶水解产物的水解度最低，同时其ACE抑制率也最小；酶解产物的水解度与其ACE抑制率呈正相关。对碱性蛋白酶水解产物的进一步分离纯化表明，Ala - Tyr是ACE抑制的活性成分，其IC_{50}值为14.2μmol/L。对麻醉的SHR大鼠静脉注射50mg/kg的Ala - Tyr后，血压最高降幅达到9.5mmHg。

3.2.5.2　玉米蛋白来源的抗氧化肽

玉米蛋白富含组氨酸、亮氨酸等具有较强金属离子螯合能力的氨基酸，经蛋白酶酶解后得到的产物具有较强螯合铜离子及明显的自由基淬灭能力和还原力。从目前的研究报道来看，玉米抗氧化肽的制备所用到蛋白酶酶制剂主要是Novozymes公司的碱性蛋白酶，其酶解效率及酶解产物的抗氧化活性均明显高于其他蛋白酶。原因在于碱性蛋白酶对于肽链碳端不带电荷的氨基酸肽键，如芳香族和脂肪族氨基酸（Ile、Leu、Val、Met、Phe、Tyr、Trp），具有较好的水解效果。

2004年吉林大学张学忠等人以玉米醇溶蛋白为原料，利用碱性蛋白酶在pH为8.0的条件下将其进行水解，获得了一种新的小分子抗氧化肽Leu - Asp - Tyr - Glu（LDYE），并通过H_2O_2/Fe^{2+}诱导线粒体损伤，从亚细胞水平上探讨了LDYE对线粒体的膨胀、膜的流动性、脂质过氧化及细胞色素C氧化酶（CCO）和ATPase活性的影响。研究表明LDYE具有明显的抗心肌线粒体氧化损伤和清除自由基的作用。2006年齐齐哈尔大学Xi - qun Zheng等同样以挤压玉米黄粉为原料，在经过70℃水解3h去除淀粉后，在pH为8.5，65℃条件下利用碱性蛋白酶水解2h后，得到水解度为39.54%（挤压处理）和31.16%（未挤压处理）的水解产物，并从酶解产物中分离鉴定出一种新的抗氧化肽Phe - Pro - Leu - Glu - Met - Met - Pro - Phe。2008年江南大学代衍峰以30g/L玉米蛋白为原料，采用碱性蛋白酶在pH为9.0，50℃下水解4h时，水解物具有最好的抗氧化性活性，10mg/mL浓度的水解物DPPH自由基清除率为35.7%，ABTS自由基清除率为58.0%，超氧阴离子清除率为11.1%，并从酶解产物中分离鉴定出两个抗氧化肽Tyr - Ala和His - Cys - Met - Leu。2013年吉林大学Hong Zhuang等利用广西庞博公司的碱性蛋白酶和风味蛋白酶水解玉米蛋白，并从酶解产物中分离鉴定得到三种抗氧化肽Leu - Pro - Phe（375.46u）、Leu - Leu - Pro - Phe（488.64u）和Phe - Leu - Pro - Phe（522.64u）。同年Hong Zhuang等又从玉米醇溶蛋白酶解产物中分离鉴定出一种新的抗氧化肽Gly - His - Lys - Pro - Ser（507.2u）。2014年齐齐哈尔大学 Xiao - lan Liu 等比较了碱性蛋白酶和复合蛋白酶对经挤压处理和脱淀粉处理的玉米黄粉的水解效果，发现碱性蛋白酶的水解效果远高于复合蛋白酶，两者对玉米黄粉的水解度分别为 40.34% 和 30.87%。对玉米蛋白的碱性蛋白酶水解产物进行分离鉴定后，可得到一种新的抗氧化肽 Gln - Gln - Pro - Gln - Pro - Trp（782.34u），其对应 γ - 玉米醇溶蛋白的 f（50 - 55）。研究者对分离得到的 Gln - Gln - Pro - Gln - Pro - Trp 进行合成，并进一步评价了 DPPH 的清除能力。ABTS 清除能力、羟自由基清除能力和铁离子螯合能力的 EC_{50} 值，分别为 0.95、0.0112、4.43 和 6.27mg/mL。值得指出的是由于 Gln - Gln - Pro - Gln - Pro - Trp 的氮段含有 Gln，这一抗氧化肽在储存过程中可能不稳定，易转化为 p - Glu - Gln - Pro - Gln - Pro - Trp。

3.2.5.3　玉米蛋白来源的厚味肽

厚味（kokumi）一般指"持续性好，有厚度的强烈味道"。厚味肽，又称厚味增强肽（kokumi - imparting peptides），是具有赋予食物持续性、有厚度的强烈味道的肽类物质的总称。目前国际上关于厚味肽的报道较少，谷胱甘肽（GSH）是最早被报道具有厚味增强作用的寡肽，随后 Andreas 等发现 γ - 谷氨酸残基的小分子肽是对豆类发酵产品的厚味起主要作用的物质。国际专利 WO 2007/055393 报道，γ - Glu - X、γ - Glu - X - Gly 和 γ - Glu - Val - Gly（X 为除半胱氨酸以外的任意氨基酸）等寡肽具有典型的厚味。国际专利 WO 2007/042288 报道羧烷基化 β - Asp 和 γ - Glu 肽（S - /O - carboxyalkylated γ - glutamyl or β - asparagyl peptides）同样具有厚味增强作用。值得指出的是，上述两个专利中所公开的寡肽均不含巯基，这意味着它们在食品加工中较谷胱甘肽更加稳定。日本研究者 Masashi Ogasawara 等人对大豆蛋白酶解液中 1000～5000u 的组分与木糖反应制备所得的美拉德反应肽进行比较，发现美拉德反应肽具有较好的厚味。

2015 年广东食品药品职业技术学院姚玉静等人发现利用谷氨酰胺转氨酶和蛋白酶共同水解植物蛋白质，特别是玉米蛋白时，水解产物具有较为浓郁的厚味。具体方法如下：① 将植物蛋白与 5～10 倍重量的水混合，升温至 40～60℃，添加蛋白酶搅拌水解至水解度为 8%～20%，升温至 80～90℃保持 30～60min 灭酶，得到植物蛋白质水解液；② 将植物蛋白质水解液降温至 40～60℃，添加植物蛋白质重量 0.05%～0.5% 的谷氨酰胺转氨酶反应 3～5h；③ 在处理后的植物蛋白质水解液中添加蛋白酶水解至水解度达到 40%～55% 后，升温至 80～90℃保持 30～60min 灭酶；

④ 离心去除残渣，浓缩，喷雾干燥后，可得到厚味肽。该厚味肽在 0.2% 的浓度下对鸡汤具有明显的厚味增强效果。

参考文献

［1］ 崔春，陈嘉辉，王炜. 一种玉米肽的制备方法及应用：201610161147.8［P］.

［2］ 崔春，赵谋明，唐胜，赵海锋，任娇艳，赵强忠. 一种利用小麦面筋生产呈味基料的方法，专利号：ZL200810219500.9［P］.

［3］ 崔春，赵谋明，胡庆玲，任娇艳，赵海锋. 一种植物蛋白脱酰胺的方法：201310322937.6［P］.

［4］ 崔春，彭皖皖，任娇艳，赵海锋，等. 米曲霉和乳酸菌混合制曲对小麦大曲品质的影响［J］. 现代食品科技，2014，30（5）：156－160.

［5］ 陈思思，张晖，谷中华，等. 乙醇溶液中酶解谷朊粉制备谷氨酰胺肽［J］. 食品与发酵工业，2014，40（3）：20－24.

［6］ 陈相艳，李晓玲，孙华，等. 一种从玉米蛋白中提取玉米黄色素的方法：201310045280.3［P］.

［7］ 赵海锋，柴华，赵谋明，等. 挤压预处理后小麦面筋蛋白酶解特性的变化［J］. 食品工业科技，2010（2）：93－96.

［8］ 黄婵媛，崔春，赵谋明. 小麦面筋蛋白的米曲霉蛋白酶系酶解特性研究［J］. 食品与发酵工业，2010（9）：38－41.

［9］ 唐胜，崔春，赵谋明. 小麦面筋蛋白深度酶解过程中呈味物质变化趋势的研究［J］. 食品与发酵工业，2009，35（3）：32－35.

［10］ 胡庆玲，尹文颖，崔春，等. 小麦面筋蛋白盐酸脱酰胺工艺优化及其酶解敏感性［J］. 食品与发酵工业，2013，39（4）：7－11.

［11］ 黄敏. 玉米醒酒肽产品研制及其功效研究［D］. 齐齐哈尔大学，2012.

［12］ 刘新华，赵晨霞，李治龙，等. 碱性蛋白酶酶解玉米蛋白工艺条件的优化［J］. 粮食加工，2009，34（1）：54－56.

［13］ 刘振春，董源，王朝辉. 碱性蛋白酶水解玉米蛋白工艺条件的研究［J］. 食品科学，2008，29（11）：130－133.

［14］ 贾光锋，范丽霞，王金水. 小麦面筋蛋白结构、功能性及应用［J］. 粮食加工，2004，29（2）：11－13.

［15］ 林松毅，王可，刘静波，等. 一种快速提高玉米蛋白粉酶解效果的方法：ZL201210310945.4［P］.

［16］ 莫芬. 小麦面筋蛋白水解物对酵母增殖代谢及啤酒发酵的影响研究
　　　 ［D］. 广州：华南理工大学，2014.

［17］ 权文吉. 酸性蛋白酶水解玉米蛋白粉的研究 ［D］. 大连理工大学，
　　　 2007.

［18］ 彭晥晥，崔春，赵谋明. 豆豉中鲜味组分的分离与鉴定 ［J］. 食品
　　　 工业科技，2012，33 （23）：129 – 135.

［19］ 宋占兰. 玉米蛋白的生物法水解及产物的性质研究 ［D］. 齐齐哈
　　　 尔大学，2012.

［20］ 檀晓萌，贾淑庚，张楠楠，等. 酶解谷朊粉对肉仔鸡免疫功能的影
　　　 响 ［J］. 现代畜牧兽医，2014 （7）：21 – 24.

［21］ 赵冬艳，王金水，严忠军. 碱性蛋白酶水解提高谷朊粉乳化性的研
　　　 究 ［J］. 粮食与饲料工业，2003 （8）：39 – 41.

［22］ 孙旭. 挤压玉米蛋白粉酶法生物活性肽制备及特性 ［D］. 哈尔滨：
　　　 东北农业大学，2013.

［23］ 王延州，刘丽娅，钟葵，等. 不同来源谷朊粉谷氨酰胺肽释放特性
　　　 的比较分析 ［J］. 现代食品科技，2013，29 （8）：1878 – 1882.

［24］ 王淼，刘玉芳. 一种在醇体系中酶法制备谷氨酰胺活性肽的方法：
　　　 201010581555.1 ［P］.

［25］ 王金水. 酶解 – 膜超滤改性小麦面筋蛋白功能特性研究 ［D］. 广
　　　 州：华南理工大学，2007.

［26］ 王怡然，王金水，赵谋明，等. 小麦面筋蛋白的组成、结构和特性
　　　 ［J］. 食品工业科技，2007，28 （10）：228 – 231.

［27］ 张九勋，李雷，张学军，张贵文. 从玉米蛋白粉中酶法制取玉米蛋
　　　 白多肽的工业生产方法：200710016176.6 ［P］.

［28］ 郑明洋，王元秀，张桂香，孙纳新. 响应面法优化玉米黄粉蛋白的
　　　 酶解工艺 ［J］. 食品科学，2012，33 （4）：71 – 76.

［29］ 赵新淮，徐红华，姜毓君. 食品蛋白质：结构，性质与功能 ［M］.
　　　 北京：科学出版社，2009.

［30］ 邵海涛，徐国武，陈国寿. 小麦面筋蛋白水解物及其制备方法与在
　　　 早期断奶仔猪饲料中的应用：201310516794 ［P］.

［31］ 陆晓滨，耿建华，李敬龙，等. 中性蛋白酶对抑制韧性饼干自然断
　　　 裂的影响 ［J］. 食品工业科技，2003 （3）：19 – 21.

［32］ 唐胜，崔春，赵谋明. 小麦面筋蛋白深度酶解过程中呈味物质变化
　　　 趋势的研究 ［J］. 食品与发酵工业，2009 （3）：32 – 35.

［33］ 秦波. 焦谷氨酸的生理活性与应用研究 ［J］. 中兽医医药杂志，

1995 (1): 45 – 46.

[34] Cui C, Hu Q, Ren J, et al. Effect of the structural features of hydrochloric acid – deamidated wheat gluten on its susceptibility to enzymatic hydrolysis [J]. Journal of Agricultural and Food Chemistry, 2013, 61 (24): 5706 – 5714.

[35] Cui C, Zhao H, Zhao M, et al. Effects of extrusion treatment on enzymatic hydrolysis properties of wheat gluten [J]. Journal of Food Process Engineering, 2011, 34 (2): 187 – 203.

[36] Esen A. A proposed nomenclature for the alcohol – soluble proteins (zeins) of maize (Zea mays L.) [J]. Journal of Cereal Science, 1987, 5 (2): 117 – 128.

[37] Liao L, Zhao M, Ren J, et al. Effect of acetic acid deamidation - induced modification on functional and nutritional properties and conformation of wheat gluten [J]. Journal of the Science of Food and Agriculture, 2010, 90 (3): 409 – 417.

[38] Higaki – Sato N, Sato K, Esumi Y, et al. Isolation and identification of indigestible pyroglutamyl peptides in an enzymatic hydrolysate of wheat gluten prepared on an industrial scale [J]. Journal of Agricultural and Food Chemistry, 2003, 51 (1): 8 – 13.

[39] Zhuang H, Tang N, Yuan Y. Purification and identification of antioxidant peptides from corn gluten meal [J]. Journal of Functional Foods, 2013, 5 (4): 1810 – 1821.

[40] Takeshi Iwasaki, Naohiro Miyamura, Motonaka Kuroda, et al. Novel glycopeptide and peptide having a kokumi taste imparting function, and method of imparting the kokumi taste to foods: US 20060083847 A1 [P].

[41] Yamaguchi M, Takada M, Nozaki O, et al. Preparation of corn peptide from corn gluten meal and its administration effect on alcohol metabolism in stroke – prone spontaneously hypertensive rats [J]. Journal of Nutritional Science & Vitaminology, 1996, 42 (3): 219 – 231.

[42] Yamaguchi M, Nishikiori F, Ito M, et al. The effects of corn peptide ingestion on facilitating alcohol metabolism in healthy men. [J]. Bioscience Biotechnology & Biochemistry, 1997, 61 (9): 1474 – 1481.

[43] Fukudome S I, Yoshikawa M. Opioid peptides derived from wheat gluten: Their isolation and characterization [J]. Febs Letters, 1992,

296 （1）：107 – 11.

[44] Kuhn K S, Stehle P, Fürst P. Quantitative analyses of glutamine in pep-
tides and proteins ［J］. Journal of Agricultural and Food Chemistry,
1996, 44 （7）：1808 – 1811.

[45] Sato K, Nisimura R, Suzuki Y, et al. Occurrence of indigestible pyro-
glutamyl peptides in an enzymatic hydrolysate of wheat gluten prepared on
an industrial scale ［J］. Journal of Agricultural and Food Chemistry,
1998, 46 （9）：3403 – 3405.

[46] Yang Y, Tao G, Liu P, et al. Peptide with angiotensin I – converting
enzyme inhibitory activity from hydrolyzed corn gluten meal ［J］. Jour-
nal of Agricultural and Food Chemistry, 2007, 55 （19）：7891 –
7895.

[47] Schlichtherle – Cerny H, Amadò R. Analysis of taste – active compounds
in an enzymatic hydrolysate of deamidated wheat gluten ［J］. Journal of
Agricultural and Food Chemistry, 2002, 50 （6）：1515 – 1522.

[48] Tanabe S, Watanabe M, Arai S. Production of a high – glutamine oli-
gopeptide fraction from gluten by enzymatic treatment and evaluation of
its nutritional effect on the small intestine of rats ［J］. Journal of Food
Biochemistry, 1992, 16 （4）：235 – 248.

[49] Tanabe S, Arai S, Yanagihara Y, et al. A major wheat allergen has a
Gln – Gln – Gln – Pro – Pro motif identified as an IgE – binding epitope
［J］. Biochemical and Biophysical Research Communications, 1996,
219 （2）：290 – 293.

[50] Weegels P L, Verhoek J A, De Groot A M G, et al. Effects on gluten
of heating at different moisture contents. I. Changes in functional proper-
ties ［J］. Journal of Cereal Science, 1994, 19 （1）：31 – 38.

[51] Weegels P L, De Groot A M G, Verhoek J A, et al. Effects on gluten
of heating at different moisture contents. II. Changes in physico – chem-
ical properties and secondary structure ［J］. Journal of Cereal Science,
1994, 19 （1）：39 – 47.

[52] Walter T, Wieser H, Koehler P. Production of gluten – free wheat starch
by peptidase treatment ［J］. Journal of Cereal Science, 2014, 60
（1）：202 – 209.

[53] Wang X J, Zheng X Q, Kopparapu N K, et al. Purification and evalu-
ation of a novel antioxidant peptide from corn protein hydrolysate ［J］.

Process Biochemistry, 2014, 49 (9): 1562 – 1569.

[54] Zheng X Q, Li L T, Liu X L, et al. Production of hydrolysate with antioxidative activity by enzymatic hydrolysis of extruded corn gluten [J]. Applied Microbiology & Biotechnology, 2006, 73 (4): 763 – 770.

[55] Miyoshi S, Ishikawa H, Kaneko T, et al. Structures and activity of angiotensin – converting enzyme inhibitors in an alpha – zein hydrolysate. [J]. Agricultural & Biological Chemistry, 1991, 55 (5): 1313 – 1318.

[56] Yanjun Y, Guanjun T, Ping L, et al. Peptide with Angiotensin I – Converting Enzyme Inhibitory Activity from Hydrolyzed Corn Gluten Meal [J]. Journal of Agricultural & Food Chemistry, 2007, 55 (19): 7891 – 7895.

[57] Suh H J, Whang J H, Lee H. A peptide from corn gluten hydrolysate that is inhibitory toward angiotensinI converting enzyme [J]. Biotechnology Letters, 1999, 21 (12): 1055 – 1058.

[58] Kim J M, Whang J H, Kim K M, et al. Preparation of corn gluten hydrolysate with angiotensin I converting enzyme inhibitory activity and its solubility and moisture sorption [J]. Process Biochemistry, 2004, 39 (3): 989 – 994.

4 豆类和油料种子蛋白质控制酶解技术

　　油料种子是指主要用于加工成食用油的植物种子，包括大豆、花生、向日葵、亚麻籽、核桃和芝麻等。豆类及油料作物的种子中除了油脂以外，还含有丰富的蛋白质，因此提取油脂后的饼粕或粉粕是重要的植物蛋白质资源。大豆粉粕中含有 44% ~ 50% 的蛋白质，是目前最重要的植物蛋白质来源。用乙醇水溶液提取大豆粉粕中的糖分和小分子肽，残余物中蛋白质含量以干基计可达 70% 以上，称为大豆浓缩蛋白。采用碱溶酸沉法或直接酸沉法可制备出浓度更高的大豆分离蛋白。大多数豆类和油类种子内主要贮集的蛋白质为球蛋白，葵花籽和花生球蛋白占总蛋白质的 50% ~ 55%，豌豆、大豆、羽扇豆中球蛋白占总蛋白质的 60% ~ 90%。但清蛋白是油菜籽蛋白中的主要组分（超过 50%），谷蛋白是核桃蛋白中的主要成分（超过 60%）。一般而言，豆类和油料种子中蛋白质的氨基酸组成中赖氨酸丰富，但相对来说缺乏蛋氨酸。

　　大豆蛋白是豆类和油料种子蛋白质中产量最大、应用面最高的植物蛋白质之一。国内外对大豆蛋白的分子结构、功能特性、大豆蛋白酶法修饰、大豆蛋白控制酶解制备生物活性肽技术以及大豆蛋白深度酶解制备呈味基料等技术和产品进行了大量深入的研究，取得了系列成果。目前，已成功开发出高乳化型大豆蛋白、高分散型大豆蛋白、凝胶型大豆蛋白、减肥肽、抗氧化肽、大豆肽等 80 多种产品，广泛应用于肉制品、乳制品、保健食品、面制品、啤酒饮品、方便食品、冷冻食品、婴儿配方食品及蛋白质强化营养品等系列食品中。本章将围绕大豆蛋白质的蛋白质组成、结构特征、酶解特性及酶解产物的功能特性与应用展开论述，系统介绍国内外高校、科研院所及跨国公司在大豆蛋白控制酶解方面所取得的成果。

198

4.1 大豆蛋白组成、结构特征及酶解

4.1.1 大豆蛋白组成特征

大豆中约90%的蛋白质是以储藏蛋白质的形式存在的。根据免疫反应不同,可分为大豆球蛋白(glycinin)、β-伴大豆球蛋白(β-conglycinin)、α-伴大豆球蛋白和γ-伴大豆球蛋白等。如表4.1所示。

表4.1 大豆蛋白的组成特征

蛋白质	蛋白含量/%	等电点	分子质量/ku	巯基	二硫键
大豆球蛋白	36.5~51.0	6.4	360	12~20	5~13
酸性亚基				6	
A₃			45.0	4	
A₁,₂,₄,₅			33.6~37.0	6	
碱性亚基		8.0-8.5	20.7	6	
β-伴球蛋白	27.8~40.7	4.9~5.0	150~200	2	0
α'亚基			72.0~82.2	1	
α亚基			68.0~70.6	1	
β亚基			48.4~52.0	0	
γ-伴球蛋白	5.0~6.2		163~177		
碱性7S球蛋白	3.6	9.1~9.3	168		
Kunitz胰蛋白酶抑制剂(2S)	2.9~4.1	3.8	20.1	4	2

用水抽提脱脂大豆可得90%的蛋白质,在离子强度为0.5mol/L的介质中,应用超速离心分离方法对大豆蛋白进行分析,可将其分为2S大豆蛋白、7S大豆蛋白、11S大豆蛋白和15S大豆蛋白4个不同组分(S是蛋白质超速离心机组分分离时的单位,$1S = 1/10^{13} s$),它们的比例成分为9.4%、43%、43.6%和4.6%。通常,人们所说的大豆蛋白是指大豆球蛋白(glycinin)和β-伴大豆球蛋白(β-conglycinin),即为11S和7S球蛋白,两者约占大豆蛋白的80%以上。如表4.2所示。

表 4.2　　　　　　　　　　水提大豆蛋白的超离心组成

沉降系数（S_{W20}）	含量/%	组成	相对分子质量
2S	15	2S 球蛋白	18200 ~ 32600
		胰蛋白酶抑制剂	8000 ~ 21500
		细胞色素 C	12000
7S	34	β - 淀粉酶	110000
		血红细胞凝集素	102000
		脂肪氧合酶	61700
		7S 球蛋白	180000 ~ 210000
11S	43	11S 球蛋白	350000
15S	8	球蛋白聚集物	600000

4.1.2　大豆 11S 球蛋白的结构特征

大豆蛋白中的 11S 组分单一，目前仅发现一种 11S 球蛋白，也就是大豆球蛋白（glycinin，以下简称 11S）。11S 是由酸性多肽（acidic polypeptides）和碱性多肽（basicpolypeptides）组成，分子质量约为 360ku，变性温度为 94.1℃，等电点为 6.4。每一多肽也是一个球状分子，其中已发现有六种酸性多肽（A_1a、A_1b、A_2、A_3、A_4、A_5）和五种碱性多肽（B_1a、B_1b、B_2、B_3、B_4）。每种酸性多肽与一种碱性多肽通过二硫键连接，形成比较稳定的中间结构，即 AB 肽链。碱性亚基的分子质量 B_1、B_2、B_3、B_4 为20700u，酸性亚基 A_1、A_2、A_4、A_5 为 34800u，A_3 为 45000u。酸性亚基 A_1、A_2、A_3 的等电点为 pH5.15、pH5.40、pH4.75，碱性亚基 B_1、B_2、B_3 的等电点为 pH8.0、pH8.25、pH8.5。12 个亚基组成 2 个相同的六角形结构。11S 球蛋白分子为扁椭圆形状，有一定的刚性，在溶液中几乎成主轴180A°，次轴约 20A°的扁椭圆体。目前已发现有五种 AB 肽链，它们分别是由五个不同的基因所编码，即 A_1bB_2、A_2B_1a、A_1aB_1b、$A_5A_4B_3$ 和 A_3B_4。

天然状态下的 11S 大豆球蛋白组分蛋白质分子结构是十分紧密的，不容易被蛋白酶催化水解。11S 球蛋白中蛋氨酸含量低，而赖氨酸含量高，疏水的丙氨酸、缬氨酸、异亮氨酸和苯丙氨酸与亲水的赖氨酸、组氨酸、精氨酸、天冬氨酸和谷氨酸的比例为 23.5% 比 46.7%。在酸性 pH下，大豆球蛋白含有大量分子间二硫键且带大量正电荷的亚基表面会诱导六聚体向三聚体转变。

11S 大豆球蛋白组分在醋酸钠 - 氯化钙缓冲溶液中，当 pH 为 4.64 时，溶解度随离子强度和温度而变化，甚至在 pH 为 4.6、离子强度 0.25mol/L

和温度 0～2℃下，11S 组分几乎不溶，但在离子强度 0.8mol/L 下，这种蛋白质又有很高的溶解度（8mg/mL）。在工业生产和试验研究中，豆浆中形成了许多 11S 蛋白的多聚体，使其黏度增加，甚至无法进行浓缩，但加入半胱氨酸、巯基乙醇等破坏二硫键作用的试剂，可以提高蛋白质的浓度和溶解度。11S 大豆球蛋白的氨基酸组成，如表 4.3 所示。

表 4.3		大豆球蛋白的氨基酸组成		单位：g/100g	
氨基酸种类	含量	氨基酸种类	含量	氨基酸种类	含量
Asp + Asn	12.2	Met	1.2	Tyr	3.6
Glu + Gln	21.8	Cys	1.4	Lys	5.2
Ser	5.1	Val	4.3	Ala	3.5
His	2.5	Phe	4.9	Arg	8.0
Gly	4.2	Ile	4.2	Leu	7.3
Thr	3.6	Trp	1.3		

4.1.3　大豆 7S 球蛋白的结构特征

大豆 7S 组分是由几种不同种类的蛋白质组成：血球凝集素、脂肪氧化酶、β - 淀粉酶和 7S 球蛋白等，其中 7S 球蛋白（又称 β - 大豆伴球蛋白，β - conglycinin）所占比例最大。在很多文献中，大豆 7S 组分和 β - 大豆伴球蛋白常常被混用。β - 大豆伴球蛋白是大豆种子中主要的储藏蛋白质之一，其分子质量为 150～200ku，变性温度为 76.7℃。β - 伴大豆球蛋白是一种三聚体蛋白质，由三种亚基组成：α（分子质量为 68.0～70.6ku）、α'（分子质量为 72.0～82.2ku）和 β（分子质量为 48.4～52.0ku），其等电点分别为 pH4.9、pH5.2 和 pH5.7，所有的亚基都是 N - 糖基化的。目前已鉴定出六种类型的 7S 球蛋白，分别是 $\alpha\alpha'\beta$、$\alpha'\beta\beta$、$\alpha\beta\beta$、$\alpha\alpha\beta$、$\alpha\alpha\alpha'$ 和 $\alpha\alpha\alpha$。另外，还存在一种 $\beta\beta\beta$ 类型。Koshiyama 和 Yamauchi 等用链霉蛋白酶酶解 β - 伴大豆球蛋白发现产物中含糖组分由葡糖胺和甘露糖组成的糖链通过 N - 乙酰葡糖胺 - 天冬酰胺键连接于肽链上，含有 3.8% 甘露糖和 1.2% 葡糖胺，即每个 7S 球蛋白分子含有 38 分子甘露糖及 12 分子葡萄糖胺。7S 球蛋白具有致密折叠的高级结构，其中 α - 螺旋结构、β - 片层结构和不规则结构，分别占 5%、35% 和 60%。分子中三个色氨酸残基几乎全部处于分子内部；四个半胱氨酸残基，每两个结合在一起形成二硫键。7S 球蛋白的次单元结构较复杂，容易因离子强度及酸碱值的影响而发生改变。β - 大豆伴球蛋白的氨基酸组成，如表 4.4 所示。

表 4.4 β - 大豆伴球蛋白的氨基酸组成   单位：g/100g

氨基酸种类	含量	氨基酸种类	含量	氨基酸种类	含量
Asp + Asn	11.6	Met	0.9	Tyr	3.1
Glu + Gln	24.0	Cys	0.8	Lys	6.9
Ser	4.2	Val	4.0	Ala	2.8
His	3.0	Phe	6.6	Arg	8.7
Gly	2.6	Ile	4.8	Leu	7.7
Thr	2.4	Trp	0.6		

4.1.4   大豆 2S 球蛋白的结构特征

大豆 2S 球蛋白是大豆乳清的主要组成部分，主要包括胰蛋白酶抑制剂 KTI、胰蛋白酶抑制剂 BBI 和细胞色素 C 等成分。胰蛋白酶抑制剂是大豆乳清蛋白中的主要成分之一，能调节大豆蛋白的合成和分解。大豆中分离出的胰蛋白酶抑制剂主要有：Kunitz 抑制剂（简称 KTI）和 Rowman – Birk 抑制剂（简称 BBI），二者在大豆中的平均含量分别为 1.4% 和 0.6%，两者的结构已被阐明。前者的分子质量为 21500u，氨基酸残基数为 197，后者的分子质量为 7985u，氨基酸残基数为 72。前者对热酸和胃蛋白酶不稳定，而后者不仅稳定，而且对胰凝乳蛋白酶的抑制作用能力强。在生产工艺中采用 pH 为 4.6 的等电点生产分离大豆蛋白，上述两种胰蛋白酶抑制剂成分都因其不凝而残留于乳清水之中。

胰蛋白酶抑制剂被认为是大豆中的抗营养因子，它可以抑制胰蛋白酶和胰凝乳蛋白酶活性，降低蛋白质的消化和吸收利用，同时它还可造成胰腺肥大或增生，因此，在过去的几十年里人们采用各种方法尝试抑制其抗营养作用。但近几年来，越来越多的证据表明，低浓度的胰蛋白酶抑制剂，主要是 BBI，具有降低多种癌症发病率的作用。低浓度的胰蛋白酶抑制剂是广谱抗致癌因子，能预防结肠癌、肝癌、口腔癌、肺癌等多种癌症的发生，还有降低胆固醇水平的作用；能增强胰脏生长和增加胰消化酶的活性，且对动物内皮细胞生长因子具有活化作用；能控制肾小球肾炎或肾盂肾炎的一些炎症发展过程。

KTI 的一级结构如下：MKSTIFFALF LVCAFTISYL PSATAQFVLD TDDDPLQNGG TYYMLPVMRG KGGGIEVDST GKEICPLTVV QSPNELDKGI GLVFTSPLHA LFIAERYPLS IKFGSFAVIT LCAGMPTEWA IVEREGLQAV KLAARDTVDG WFNIERVSRE YNDYKLVFCP QQAEDNKCED IGIQIDDDGI RRLVLSKNKP LVVQFQKFRS STA。

BBI 的一级结构如下：MVVLKVCLVL LFLVGGTTSA NLRLSKLGLL MKSDHQHSND DESSKPCCDQ CACTKSNPPQ CRCSDMRLNS CHSACKSCIC ALSYPAQCFC VDITDFCYEP CKPSEDDKEN。

4.2　大豆蛋白选择性酶解制备改性蛋白质

大豆球蛋白和大豆伴球蛋白在氨基酸组成、二硫键含量、等电点、空间结构、变性温度等物化指标上有较明显的差异。大豆球蛋白的分子质量大，富含巯基和二硫键，热稳定性好，变性温度为 94.1℃；大豆伴球蛋白的分子质量小，巯基和二硫键含量低，等电点为 pH 为 6.4，变性温度为 76.7℃。大豆伴球蛋白的溶解性要比大豆球蛋白好，在 0～2℃ 的条件下，大豆球蛋白具有冷沉特性，原因是在水中大豆球蛋白比大豆伴球蛋白能形成更多的氢键和疏水键，从而使疏水作用增强。pH 和离子强度对大豆球蛋白的聚合和解离作用影响比大豆伴球蛋白小。大豆球蛋白制成的膜弹性好，张力强度大，而大豆伴球蛋白制成的膜硬而脆，且张力强度较小。在加热条件和钙盐作用下大豆球蛋白和大豆伴球蛋白都可以形成凝胶，且大豆球蛋白凝胶具有较好的硬度、保水性、韧性、拉应力和剪切力，其所形成的凝胶浑浊、硬而不脆，而大豆伴球蛋白凝胶质地柔软细腻，透明度和弹性更好。造成这种差别的主要原因是大豆球蛋白比大豆伴球蛋白含有更多的二硫键，加热或者尿素处理会引起两种组分所含的巯基和二硫键在胶凝过程中的变化不同所致。

利用大豆球蛋白和大豆伴球蛋白在物化性质方面的差异，选择预处理条件和酶解条件可实现大豆蛋白的选择性水解。

4.2.1　选择性水解 7S 伴球蛋白制备注射型大豆分离蛋白

蛋白质自身亚基结构、氨基酸组成的不同对功能特性影响显著，7S 和 11S 大豆球蛋白结构上的差异而表现出的这些不同功能特性，使其在食品加工过程中的应用范围也有所不同。7S 具有较好的溶解性、乳化能力和稳定性，适于饮料、香肠、胶浆和蛋糕等食品的加工；11S 则具有良好的黏结性、凝胶保水性和硬度，比较适合用作肉类、乳酪、汤料和肉汁等的添加剂。采用经济有效、简便快速的方法从大豆蛋白中提取分离 11S 和 7S 这两种功能性大豆蛋白制品，并针对不同终端产品分别应用于产品中，是大豆蛋白精深加工及高值化应用的重要途径之一。

　　国内外研究者对大豆蛋白组分（11S 和 7S）分离做了大量研究，如根据分子结构特性（大小、体积、亲水疏水性等）的差异提出了超速离心法、分馏法、超滤法、反向高效液相色谱法。基于 11S 和 7S 在钙盐溶液或缓冲液中溶解度存在的差异而提出了 Saio 法和 Thanh 法。利用 11S 组分为冷不溶组分的特性提出了冷沉法。Nagano 法在 Thanh 法的基础上进行了改进，用亚硫酸氢钠替代巯基乙醇作为还原剂，有效地增加了 7S 组分的纯度，11S 和 7S 组分得率分别为 12% 和 6%，两组分纯度达 90% 以上。Nagano 改良法分离的 11S、7S 和中间混合组分的比例为 9.4% : 10.3% : 4.8%，三组分得率约为 25%。Wu 采用 pH 调整和超滤膜分离可得到 11S 富集组分和 7S 富集组分的简便方法，两组分得率之和约为 30%，11S 组分的得率和纯度与 Nagano 改良法相差不大，7S 富集组分得率升高一倍（19.6%），纯度比 Nagano 改良法低 9%（62.6%）。Golubovic 等利用充二氧化碳气体降低体系 pH，通过气体压力可以很好控制 pH，不需要透析脱盐，能够回收 40% 的大豆球蛋白，纯度高达 98%，但相关工艺对设备要求较高。上述研究大部分得率较低，或设备要求高，难以实现工业化。下面介绍一种利用蛋白质控制酶解技术选择性水解 7S 伴球蛋白的方法。

　　1997 年不二制油株式会社的研究人员发现：未经过变性处理的大豆球蛋白和伴球蛋白在不同温度下，酶解敏感性差异显著。具体来说，在温度为 60 ~ 80℃ 时，大豆 7S 伴球蛋白的酶解敏感性远远高于大豆球蛋白。具体研究成果如下。

　　以正己烷脱脂处理后的大豆粕（氮溶指数大于 60%）为原料，利用碱溶酸沉工艺制备出酸沉大豆蛋白乳后，采用氢氧化钠调整 pH 至 7.0 左右。加水使大豆蛋白乳中蛋白质含量为 15%，分别升温至 80℃（泳道 5）、70℃（泳道 4）、60℃（泳道 3）和 37℃（泳道 2），添加蛋白质重量 0.05% 的木瓜蛋白酶水解 30min，140℃ 灭酶 15s 得改性大豆蛋白。对照样为将用氢氧化钠调整 pH 至 7.0 的大豆蛋白乳液经 90℃ 热处理 30min 使大豆蛋白变性，升温至 70℃，添加蛋白质重量 0.05% 的木瓜蛋白酶水解 30min 后，140℃ 灭酶 15s，可得改性大豆蛋白（泳道 6）。不同酶解温度下大豆蛋白酶解产物 SDS 电泳图，如图 4.1 所示。

　　由图 4.1 可见，随大豆蛋白酶解温度的上升，7S 伴大豆球蛋白含量显著降低，而经过热处理的大豆蛋白样品（泳道 6）中 7S 伴大豆球蛋白和 11S 大豆蛋白均出现明显降解。将上述改性蛋白质进行 SDS 电泳分离，用光密度剂检测每一泳道经考马氏亮蓝染色的光密度，并计算大豆球蛋白/β - 伴球蛋白的比值。上述改性蛋白质的 SDS 电泳图和大豆球蛋白/β - 伴球蛋白比值，如表 4.5 所示。

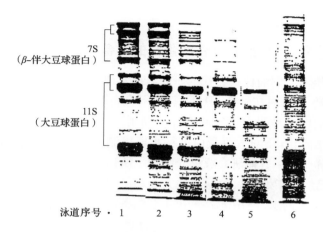

图 4.1 不同酶解温度下大豆蛋白酶解产物 SDS 电泳图

表 4.5 不同酶解温度对大豆蛋白酶解产物中大豆球蛋白/β - 伴球蛋白的影响

酶解温度/℃	大豆球蛋白/β - 伴球蛋白	TCA 可溶性氮含量/%
80	17.1	15
70	7.9	7
60	5.0	5
37	1.4	4
70（热变性后）	2.0	25

由表 4.5 可见，随着酶解温度的升高，未变性的大豆蛋白酶解产物中大豆球蛋白/β - 伴球蛋白的比值逐渐升高，酶解温度为 70℃ 时，大豆球蛋白/β - 伴球蛋白的比值为 7.9，TCA 可溶性氮比例为 7%；酶解温度为80℃时，大豆球蛋白/β - 伴球蛋白的比值为 17.1，TCA 可溶性氮含量为15%；而热变性处理的大豆蛋白酶解产物中大豆球蛋白/β - 伴球蛋白的比值为 2.0，TCA 可溶性氮含量为 25%。大豆球蛋白/β - 伴球蛋白的比值表征蛋白酶选择性水解 β - 伴球蛋白的程度，TCA 可溶性氮含量表征酶解液中小分子肽的相对含量。因此，为获得较好的应用效果，建议采用70℃水解大豆蛋白。

4.2.2　选择性水解 11S 大豆球蛋白

如前所述，11S 凝胶具有较好的硬度、保水性、韧性、拉应力和剪切力，其所形成的凝胶浑浊、硬而不脆，而 7S 凝胶质地柔软细腻，透明度和弹性更好。因此制备富含 7S 大豆伴球蛋白对拓宽大豆蛋白的应用具有重要意义。

4.2.2.1 富含7S组分大豆球蛋白的制备

1997年不二制油株式会社的研究人员发现：大豆蛋白的主要成分11S球蛋白和7S球蛋白在酸性pH下具有不同程度的变性。即在酸性pH下，11S球蛋白比7S球蛋白更容易变性。利用这一原理，采用胃蛋白酶、酸性蛋白酶在低pH下对大豆蛋白进行水解可制备富含7S大豆球蛋白的大豆蛋白水解产物。具体研究成果介绍如下所述。

以正己烷脱脂处理后的低变性大豆粕（氮溶指数大于60%）为原料，添加10倍重量的水，利用碱溶酸沉工艺制备出酸沉大豆蛋白乳后，采用盐酸分别调整pH至2.0（泳道2）、2.5（泳道3）、2.8（泳道4）、3.5（泳道5），添加酸沉大豆蛋白乳固形物重量0.05%的胃蛋白酶，37℃水解30min，140℃灭酶15s，喷雾干燥得改性大豆蛋白。泳道1为以正己烷脱脂处理后的低变性大豆粕（氮溶指数大于60%）为原料，添加10倍重量的水，利用碱溶酸沉工艺制备出酸沉大豆蛋白乳后，添加氢氧化钠中和至pH为7.0，140℃热处理15s，喷雾干燥可得改性大豆蛋白。泳道6为90℃热处理30min大豆蛋白，添加酸沉大豆蛋白乳固形物重量0.05%的胃蛋白酶，37℃水解30min，140℃灭酶15s，喷雾干燥得改性大豆蛋白。

将上述改性蛋白进行SDS电泳分离，用光密度剂检测每一泳道经考马氏亮蓝染色的光密度，并计算大豆球蛋白/β-伴球蛋白比值。如图4.2所示。上述改性蛋白的SDS电泳图和大豆球蛋白/β-伴球蛋白比值，如表4.6所示。

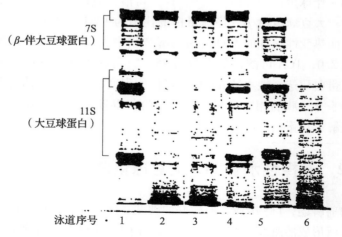

图4.2 不同酶解pH下大豆蛋白酶解产物SDS电泳图

表4.6 不同酶解 pH 下大豆蛋白酶解产物中大豆球蛋白/β - 伴球蛋白含量的影响

酶解 pH	11S 球蛋白减少率/%	7S 伴球蛋白减少率/%
2.5	96	4
2.0	98	15
2.8	65	2
3.5	8	2
2.5（热变性处理）	96	94

由表4.6可见，对未经过热变性处理的大豆蛋白而言，在 pH 为 2.0 ~ 2.5 的条件下，11S 大豆球蛋白降解了90%以上，而7S 大豆伴球蛋白降解比例仅在4% ~ 15%。对经过热变性处理（90℃，30min）的大豆蛋白而言，在 pH 为2.5 的条件下，11S 大豆球蛋白和7S 大豆伴球蛋白的降解程度均达到90%以上，这表明热变性处理显著减低了大豆蛋白酶解的选择性。

4.2.2.2 具有红曲色素吸附能力的大豆11S组分

华南理工大学杨晓泉等人利用具有严格底物专一性的谷氨酰内肽酶对大豆球蛋白（11S）进行轻度水解，分析了大豆11S 酶解后表面疏水性的变化，并将水解产物与红曲色素形成蛋白质/色素复合体，对两者之间的结合特性（结合常数、结合量）和复合体的光稳定性进行了研究。研究发现谷氨酰内肽酶对11S 的表面性质及红曲色素稳定性均具有显著影响。经谷氨酰内肽酶修饰后，由于内部疏水基团的暴露，11S 的表面疏水性会随水解度的增加而增加，与红曲色素的结合位点也随之变多。在中性条件下，水解度为1.50%、质量分数为3%的11S 与红曲色素的结合常数达到最大值，最大结合量为215.00U/g 蛋白质。复合体经24h 光照后，红曲色素的色价保留率达90%，这大大提高了红曲色素的光稳定性。如表4.7 所示。

表4.7 不同水解度11S 与红曲色素的结合常数

样品	Kb/U	R^2	SD
天然大豆球蛋白	0.48	0.999	0.16
水解度0.5%	0.61	0.988	0.06
水解度1.0%	0.63	0.961	0.04
水解度1.5%	0.78	0.988	0.11

4.2.3 限制性水解7S制备高白度、低凝胶温度改性大豆产物

尽管大豆蛋白是一种优质植物蛋白质,但灰色的颜色限制了其在食品中的广泛应用;另一方面,大豆蛋白通常需要较高的温度和固形物含量才能形成凝胶,因此制备高白度、低凝胶温度的大豆水解产物具有广泛的市场前景。

索莱有限责任公司(Solae,Llc)和诺沃兹美斯公司(Novozymes A/S)的研究者发现以天然大豆蛋白为原料,采用来自地衣芽孢杆菌(*Bacillus lichenformis*)的丝氨酸蛋白酶进行水解,水解产物中富集47ku的多肽片段,其含量可达到蛋白质总量的10%~60%,水解产物具有更高的白度和更低凝胶温度,具体工艺介绍如下所述

(1)蛋白质原料的选择 国内专家对大豆蛋白的热处理可提高大豆蛋白酶解敏感性问题做了大量密集的研究,热处理的条件一般为70~90℃处理10~30min。研究结果表明对大豆分离蛋白或大豆浓缩蛋白进行热处理可显著提高大豆蛋白的水解度,降低水解产物的分子质量分布,其原因是热处理部分打开了大豆蛋白紧密的结构,使胰蛋白酶抑制剂失去活性。实际上,大豆蛋白在喷雾干燥过程中所经受的热处理强度已能显著影响酶解产物的分子质量分布了,如图4.3所示。

第一泳道为SUPRO 500E大豆分离蛋白,第二泳道为自制大豆分离蛋白,3~5泳道为大豆分离蛋白添加不同量丝氨酸蛋白酶的电泳图,其添加量分别为12、24和48mg/kg蛋白质,泳道6为标准分子质量。由图4.3可见,大豆分离蛋白在丝氨酸蛋白酶的作用下,水解产物呈明显的随机性;丝氨酸蛋白酶的添加量越大,分子质量小于21.5ku的肽段含量越多,未见45ku肽段富集。

第一泳道为标准分子质量;第二泳道为碱溶酸沉大豆蛋白;第3~5泳道为丝氨酸蛋白酶添加量分别为12、24和48mg/kg蛋白质,水解30min样品;第6~8泳道为丝氨酸蛋白酶添加量分别为12、24和48mg/kg蛋白质,水解

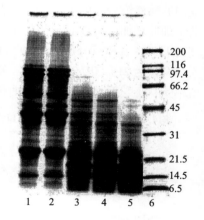

图4.3 大豆分离蛋白丝氨酸蛋白酶水解产物电泳图

60min 样品；第 9～11 泳道为丝氨酸蛋白酶添加量分别为 12、24 和 48mg/kg 蛋白质，水解 120min 样品；第二泳道为商品化 SUPRO 500E 大豆分离蛋白。由图 4.4 可见，未经过喷雾干燥处理的大豆蛋白经丝氨酸蛋白酶水解后，47ku 肽段含量明显增加。这表明为在酶解产物中富集 47ku 肽段，需采用未经过热处理、经碱溶酸沉制备的天然大豆蛋白。

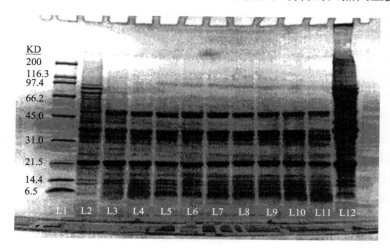

图 4.4　碱溶酸沉大豆蛋白酶解产物电泳图

（2）蛋白酶的选择　丝氨酸蛋白酶种类繁多，不同微生物来源的丝氨酸蛋白酶的酶切位点也不同，其酶解产物的功能特性差异明显。来自地衣芽孢杆菌的丝氨酸蛋白酶专一性地水解谷氨酸和天冬氨酸残基的 C 端。图 4.5 比较了不同微生物来源丝氨酸蛋白酶对碱溶酸沉大豆蛋白白度指数的影响。

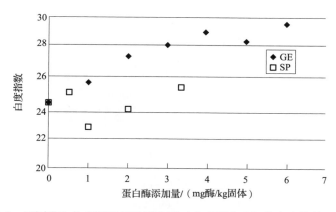

图 4.5　不同微生物来源丝氨酸蛋白酶对大豆蛋白酶解物白度指数的影响

白度指数通常使用色度计进行测定，色度计提供组合物的 L、a、和 b 颜色值，由此可使用白度指数（WI）的标准表达式 $WI = L - 3b$ 计算白度指数。L 组分一般指示样品的白度或"亮度"；L 值接近 0 指示黑色样品，而 L 值接近 100 指示白色样品。b 值指示样品中存在的黄色和蓝色；正的 b 值指示黄色的存在，而负的 b 值指示蓝色的存在。a 值可用于其他颜色的测量，它指示红色和绿色；正值指示红色的存在，而负值指示绿色的存在。

GE 为来自地衣芽孢杆菌的丝氨酸蛋白酶；SP 为来自葱绿拟诺卡氏菌的丝氨酸蛋白酶。由图 4.5 可见，采用 GE 水解得到的大豆水解物的白度指数显著高于 SP 样品。

（3）47ku 肽段的富集　添加 4.8mgGE/kg 水解大豆蛋白，在水解液中添加 2% 的氯化钠，75℃混合 30min，3000×g 离心 10min，可得样品 V。

图 4-6 中：I：指示用 4.8mgGE/kg 蛋白处理的初始样品；II：描述在 2%氯化钠中溶解蛋白质并在 75℃混合 30min 的过程；III：描述在 3000×g 将 NaCl 处理的样品离心 10min 的过程；IV：指示主要富集 11S 和 7S 的 β 亚基片段组成的上清液片段；V：描述主要由富集 47ku 多肽片段组成的沉淀片段；VI：指示完整的大豆蛋白。由图 4.6 可见，IV 组分中主要是 11S 和 7S 的 β 亚基片段，而沉淀中（V 组分）富集了 47ku 多肽片段。

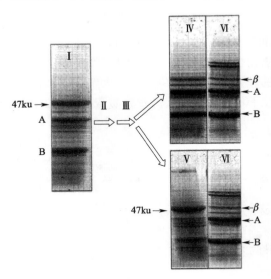

图 4.6　示出来自 NaCl 处理的 GE 水解产物的 47ku 多肽的富集程度

（4）47ku 肽段的功能特性　热水合比率（THR）测试是一种用于测定大豆蛋白在 2%盐溶液中加热发生的水合比率的测试方法。THR 值指示不同产品中的大豆蛋白的水结合能力，例如肉类、酸乳、布丁。在 THR

测试方法中，制备 2% 的盐溶液，并且 50g 该溶液与按无水计 2g 大豆蛋白产物组合并混合以获得分散体。分散体离心后从上清液中分离固体。通过 325 目的不锈钢织物过滤上清液以获得滤液。然后给滤液称重。通过下式测定 THR：$THR = (A + B - C)/D$。其中，A 是盐溶液重量。B 是大豆蛋白产物的样品重量，经调整后包括水分。如果大豆蛋白产物的含水量是 4.22%，无水含量是 95.78%。当包括水分时，2g 大豆蛋白产物按无水计重为 2.09g（2/0.9578 = 2.09）。C 是滤液重量。D 是按无水计 2g 的大豆蛋白产物。

　　由图 4.7 可见，随 GE 酶添加量的增加，所得大豆蛋白肽的平均 THR 值呈上升趋势。此外，从产品的白度指数来看，对照样品的白度指数为 23.2，用较高 GE 浓度处理的蛋白产物的白度指数比未经 GE 处理的蛋白产物高 12.2 个单位。

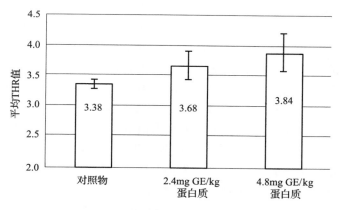

图 4.7　不同蛋白酶添加量对大豆蛋白肽平均 THR 值的影响

4.2.4　选择性水解制备高乳化性和搅打能力大豆多肽

　　不二制油株式会社公开了一种独立水解大豆蛋白的 7S 成分和 11S 成分，以获得大豆多肽的方法。这种大豆多肽含有 7S 和 11S 成分的水解产物，且具有良好的乳化和搅打能力，可用于冰淇淋、蛋白酥皮、饮料等。具体研究成果介绍如下。

　　选择性水解大豆蛋白中的 7S 成分或 11S 成分，接着水解含有非水解组分而不必从含有水解成分的组分中分离含有非水解成分的组分，以便获得含有该两个组分的水解产物的大豆多肽。其中，在选择性水解 11S 成分的情况下，选择性水解进行 4h 至在 0.22mol/L 三氯乙酸中溶解度达到

10% ~50%；含有非水解成分的组分的水解在高于3.0的pH下，或者在高于45℃的温度下进行；在选择性水解7S成分的情况下，选择性水解进行2h至在0.22mol/L三氯乙酸中溶解度达到10% ~50%；含有非水解成分的组分的水解在pH为3.0或更低并且温度在45℃或更低的条件下进行。

（1）大豆多肽T-1的制备　以正己烷脱脂处理后的大豆粕为原料，加入10倍重量40℃的热水，添加氢氧化钠调节pH至7.0。温和搅拌1h后，离心去除不溶性沉淀，得上清液。将上清液用盐酸调pH至4.5，离心得沉淀大豆蛋白浆液。大豆蛋白浆液的固形物含量为40%，蛋白质占总固形物的90%。大豆蛋白浆液的DSC分析结果显示两个吸热峰。

在大豆蛋白浆液中加入水使大豆蛋白的浓度达到10%，用盐酸调pH至2.0，加胃蛋白酶37℃酶解30min（第一降解反应）。将酶解产物进行SDS-PAGE分析，大豆蛋白的11S成分被选择性水解。利用氢氧化钠将酶解液的pH调到4.5，离心分别得到上清液（降解的11S成分）和沉淀（富含7S成分）。酶解液在0.22mol/L三氯乙酸中溶解度为25%，上清液为72%。上清液的体积回收率为80%，固体回收率为24%。

在沉淀的组分中加入水，利用盐酸将混合物调节到pH为2.0，并且固体含量为7%后，加入胃蛋白酶，升温至60℃水解20min（第二降解反应）。第二降解反应混合物的0.22mol/L三氯乙酸中溶解度为46%。第二降解反应混合物与上面第一降解反应混合物的上清液组分混合，并调pH值到6.5，喷雾干燥得大豆多肽（T-1）。大豆多肽T-1的化学组成如下：蛋白质84%，灰分11%，水分5%，在0.22mol/L三氯乙酸中溶解度为52%。

（2）大豆多肽T-2的制备　将水加入大豆多肽T-1中获得的大豆蛋白浆液中，使浆液中大豆蛋白的质量浓度为10%，并且利用盐酸调浆液到pH为3.5。在浆液中加入胃蛋白酶，并且在70℃进行水解30min（第一降解反应）。酶解液冷却至37℃，用盐酸调节pH至2.0，加入胃蛋白酶，继续酶解30min。用氢氧化钠将得到的反应混合物调节到pH为6.5，喷雾干燥得大豆多肽T-2。T-2的化学成分如下：蛋白质80%，灰分10%，水分5%，在0.22mol/L三氯乙酸中溶解度为56%。

对大豆多肽T-1和T-2进行分子质量分布、乳化能力和搅打能力分析，结果见表4.8。由表可见，大豆多肽T-1和T-2的主峰分子质量均为8000u左右，具有良好的乳化能力和搅打能力。其中乳化能力的测定方法：通过调节pH到4.0、5.5或7.0的3mL样品溶液（含有1%重量的样品）中加入1mL大豆油，将溶液超声处理制备乳化液，利用0.1%的SDS溶液稀释乳化液1000倍，然后测定溶液在500nm的吸光值。搅打能力的测定方法：在含有5%重量的样品的100mL水溶液中加入4mL

大豆油。利用均浆器在 10000r/min 处理混合物 1min，接着转移到量筒，以便测定泡沫体积，如表 4.9 所示。

表 4.8 大豆多肽样品的分子质量分布

样品	面积/%		主峰分子质量/u
	分子质量 5000~30000u	小于 5000u	
T-1	94	1.0	8000
T-2	90	5.6	8000

表 4.9 大豆多肽样品的乳化能力和搅打能力

	T-1	T-2
乳化能力（500nm），pH4.0	0.36	0.25
乳化能力（500nm），pH5.5	0.65	0.60
乳化能力（500nm），pH7.0	1.4	1.2
搅打能力，搅打后马上测定	460	400
搅打能力，1h 后测定	415	390

4.2.5 低植酸含量的改性大豆蛋白的制备及应用

植酸（phytatic acid）又称肌酸、1,2,3,4,5,6-六全亚磷酸氧环己烷。它主要存在于植物的籽、根干和茎中，其中以豆科植物的籽、谷物的麸皮和胚芽中含量最高。植酸既可与钙、铁、镁、锌等金属离子产生不溶性化合物，使金属离子的有效性降低；植酸盐也可与蛋白质类形成配合物，使金属离子更加不易被利用。因此说植酸是影响矿质元素吸收的主要抗营养成分。

植酸具有 6 个带负电的磷酸根基团，有 12 个可解离的 H 质子，其中 6 个是强酸性（$pK_a = 1.84$），在水溶液中是完全解离的，两个弱酸基团（$pK_a = 6.3$）和 4 个很弱的酸基团（$pK_a = 9.7$），它可以与大多数的金属离子生成络合物或称配合物（complex）。络合物的稳定性与食物的酸碱性及金属离子的性质有密切的关系。一般在 pH 为 7.4 时，一些必需的矿物质元素与植酸生成络合物的稳定性顺序为：$Cu^{2+} > Zn^{2+} > Co^{2+} > Mn^{2+} > Fe^{3+} > Ca^{2+}$。当植酸与蛋白质或与 Ca^{2+}、Mg^{2+} 结合时，通常生成水溶性的化合物，然而它同大多数重金属生成微溶性的络合物，特别当有 Ca^{2+} 离子存在时，可促进生成锌-钙-植酸混合金属络合物，这种三元络合物在 pH3~9 的范围内溶解度非常小，以沉淀形式析出，其中在 pH 为 6

时溶解度最小。然而，作为小肠吸收必需微量元素主要部位的十二指肠和空肠的上半部，pH 正是 6 左右。

植酸除了影响食品中微量元素的吸收外，由于它在植物源食物中含量较多，未被络合的植酸还有结合由胰液、胆汁等各种脏器向小肠分泌排出的内源性锌、铜等元素。由此可见，植酸不但影响了食物源中微量元素的利用度，同时还阻碍了内源性微量元素的再吸收。商品化大豆分离蛋白中，植酸的含量一般为 1.5% 左右。

植酸具有很强的螯合能力，除与金属阳离子结合外，还可与蛋白质分子进行有效的络合，从而降低人体对蛋白质的消化率。当 pH 低于蛋白质的等电点时，蛋白质带正电荷，由于强烈的静电作用，易与带负电的植酸形成不溶性复合物；蛋白质上带正电荷的基团，很可能是赖氨酸的 ε – 氨基、精氨酸和组氨酸的胍基；当 pH 高于蛋白质等电点时，蛋白质的游离羧基和组氨酸上未质子化的咪唑基带负电荷，此时蛋白质则以多价阳离子如 Ca^{2+}、Mg^{2+}、Zn^{2+} 等为桥，与植酸形成三元复合物。植酸、金属离子及蛋白质形成的三元复合物，不仅溶解度很低，而且消化利用率会下降。表 4.10 是植酸及植酸酶对蛋白质溶解度的影响。由表 4.10 可知，pH 对蛋白质的溶解度（溶液中可溶性蛋白质占总蛋白质的比率）有重要的影响，同是酪蛋白，在 pH 为 2 时能 100% 溶解，而在 pH 为 3 时，几乎不能溶解；如果在 pH 为 2 的酪蛋白质溶液中加入植酸，则会使酪蛋白几乎不溶解，但当加入植酸酶后，则可大大提高其溶解度。来自玉米、葵花籽、豆粕及细米糠等的蛋白质也同酪蛋白一样，当与植酸共存时，它们的溶解度都大为下降；而加入植酸酶使植酸被破坏之后，溶解度又大大提高，有的蛋白质的溶解度甚至还有所提高，如源自细米糠、菜籽的蛋白质。

表 4.10　　　　　植酸及植酸酶对蛋白质溶解度的影响

蛋白质种类或来源	pH = 2			pH = 3		
	A	B	C	A	B	C
酪蛋白	93	1	100	4	0	3
玉米	100	28	100	42	33	42
细米糠	57	16	22	47	33	39
菜籽	95	63	91	82	81	89
葵花籽	90	26	100	28	23	34
豆粕	90	2	100	60	32	60

注：A 处理：蛋白质 + 植酸 + 植酸酶；B 处理：蛋白质 + 植酸；C 处理为：蛋白质对照。

4.2.5.1 用于婴儿配方乳粉的低植酸大豆蛋白的制备

大豆 7S 蛋白植酸含量为 0.21%（g/100g 干重，下同），大豆 11S 蛋白植酸含量为 1.70%，大豆分离蛋白中植酸含量为 1.29%。大豆分离蛋白中基本矿物磷的 30% 以植酸形式存在，植酸的存在导致磷的生物可利用率差。因此，基于大豆分离蛋白的婴儿配方乳粉中总磷水平比基于牛乳的婴儿配方乳粉高约 20%，基于牛乳的婴儿配方乳粉不包含肌醇六磷酸盐。对于基于大豆的婴儿配方乳粉，植酸形成额外的营养缺陷，因为肌醇六磷酸盐结合矿物，尤其是钙和锌，并降低它们的生物利用度。

索莱有限责任公司公开了一种用于婴儿配方乳粉的低植酸大豆蛋白的制备方法，该分离大豆蛋白具有以下特点。① 水解度为 0.5% ~ 30%；② 以干基计，肌醇 - 6 - 磷酸盐含量、肌醇 - 5 - 磷酸盐含量、肌醇 - 4 - 磷酸盐含量和肌醇 - 3 - 磷酸盐含量的和小于 8.0μmol/g 大豆蛋白；③ 亚硝酸盐含量小于 10mg/L。此外，用于婴儿营养配方乳粉的分离大豆蛋白中游离氨基酸含量小于 25%（以大豆蛋白计）。另外，用于营养配方乳粉的分离大豆蛋白的钙含量为 1.0% ~ 12%。其生产工艺如下所述。

以脱脂豆粕为原料，添加重量比 5 ~ 16 倍的水，采用碱溶酸沉法提取大豆蛋白，其中碱为氢氧化钠，酸为盐酸、硫酸、硝酸或乙酸。将沉淀得到的大豆蛋白溶于水中，使大豆蛋白浆液中大豆蛋白重量浓度达到 5% ~ 20%，以 10% ~ 18% 为佳。采用酸性磷脂酶对大豆蛋白浆液中植酸进行降解，使肌醇 - 6 - 磷酸盐含量、肌醇 - 5 - 磷酸盐含量、肌醇 - 4 - 磷酸盐含量和肌醇 - 3 - 磷酸盐含量以干基计小于约 8.0μmol/g 大豆蛋白，以小于约 3.0μmol/g 大豆蛋白为佳。

磷酸酶酶解结束后，添加磷酸钙，121℃ 杀菌 8s 灭酶，添加半胱氨酸蛋白酶水解至大豆蛋白水解度为 0.5% ~ 30%，以 10% ~ 15% 为佳。酶解结束后，灭酶，均浆，喷雾干燥得用于婴儿配方乳粉的低植酸大豆蛋白。

4.2.5.2 酸溶性大豆蛋白的制备

大豆蛋白中必需氨基酸含量丰富、比例协调，是优质蛋白质的重要来源。由于大豆蛋白的等电点 pH 在 4.4 ~ 4.6，当环境的 pH 在偏酸性的范围内时，其溶解性降低，易沉淀、浑浊，影响产品的口感和外观，因此传统大豆蛋白在酸性饮料加工领域的应用十分有限。酸性饮料包括碳酸饮料、果汁、酸乳饮料、茶饮料、功能性饮料以及酸性固体饮料等，占据了60%以上的饮料市场。因此，研究在酸性条件下具有高溶解性、高稳定性、低黏度和口感好的大豆蛋白产品，对于拓展大豆蛋白在食品行业中的应用具有重要意义。

大豆中存在的植酸钙镁对大豆蛋白的溶解度曲线有较大影响，如添加植酸酶将其除去，大豆蛋白的溶解度曲线将向碱性方向移动，最低溶解度的pH向碱性方向移动约0.8。在pH为4时，不溶解的大豆蛋白大部分都能溶解。基于这一发现，国内外许多学者研究了利用蛋白酶和植酸酶水解大豆蛋白制备酸溶性大豆蛋白的优化工艺。

日本不二制油株式会社公开了一种涩味和苦味少、具有极好风味，且满足用作酸性食品和饮料所要求的理化特性，如低黏度、高溶解性、高稳定性酸溶性的大豆蛋白制备工艺。其研究者发现，在制备酸溶性大豆蛋白质的工序中，通过增加一个工序，与以前进行的在低于大豆蛋白等电点的pH下进行消化的情形相比，可抑制不受欢迎的苦味，同时显著降低涩味，具体制备工艺如下所述。

（1）大豆蛋白浆液的制备　以大豆、脱脂豆粕或大豆分离蛋白为原料，采用碱溶酸沉法提取大豆蛋白，调节pH至6.0~8.0，得大豆蛋白浆液。

（2）酶解　将大豆蛋白浆液在100℃以上进行热处理，冷却，添加蛋白酶水解至0.22mol/L的TCA溶解度为10%以上，特别优选溶解度为15%~60%。当溶解度不足10%时，大豆蛋白的涩味未被充分降低。超过70%时，水解产物以小分子肽为主，产品苦味明显。

（3）酸增溶处理　将大豆蛋白浆液的pH调节至4.5以下，（A）添加植酸酶进行降解，或（B）添加壳聚糖进行处理，或（C）在等电点更低的pH下100℃以上热处理。进行何种酸增溶处理还取决于酸性食品和饮料的pH或形态。单独采用（C）的处理，产品在pH为2~3.5时有较好的溶解度。为了在更宽的pH范围内增溶蛋白质，（A）和/或（B）的处理是有效的。当在进行了（A）和/或（B）的处理之后进行（C）的处理时，蛋白质在宽的酸性pH范围内可溶，且水溶液含有高透明度的大豆蛋白。在超过等电点的pH下进行蛋白酶处理之后，调节溶液至酸性，进行植酸酶处理，然后进行高温加热处理是最有效的方法。表4.11为经过各种酸增溶处理后的大豆蛋白的风味比较。

由表4.11可见，添加植酸酶酶解后，在等电点更低的pH下经100℃以上热处理，可得到风味更佳的大豆蛋白产品。

表 4.11　　经过各种酸增溶处理后的大豆蛋白的风味比较

消化前的高温处理	蛋白酶处理	植酸酶处理	酸性高温处理	TCA含量/%	稀酸NSI/%	各组成含量/%				感官评价		
						CP	Na	磷酸	植酸	涩味	苦味	评价
实施例1	–	pH6.5/复合蛋白酶	+	+	33	97	87	0.9	3.0	0.2	2.3	1.8	◎
实施例2	–	同上	–	+	33	92	86	1.0	3.0	2.5	2.3	1.8	◎
实施例3	–	同上	+	+	33	91	86	1.0	3.0	0.2	2.3	1.8	◎
实施例4	+	同上	+	+	33	97	86	1.0	3.0	0.2	1.8	2.0	◎◎

注：◎表示风味较好，◎◎表示风味佳；CP 为蛋白质含量；Na 为钠含量。

尽管这一发明很好地解决了大豆蛋白在酸性条件下的溶解性、口感，但由于工艺中需将含有大豆蛋白的溶液用蛋白酶在高于大豆蛋白等电点的 pH 下消化，然后将 pH 值调节至低于大豆蛋白等电点的水平，这使最终产品中食盐含量较高，达到2%以上。

华南理工大学杨晓泉等人发现植酸酶单独作用大豆蛋白时，大豆蛋白在 pH 为 4.0 时的 NSI 为 (41.74 ± 2.02)%，酸性蛋白酶单独作用大豆蛋白时，其 NSI 为 (29.64 ± 1.56)%，而二者结合后 NSI 为 (81.84 ± 1.84)%，可见二者的结合处理效果要大大高于单独处理效果。同年，华南理工大学杨晓泉等人公开了一种酸溶性大豆蛋白的制备方法，该方法先进行预处理，然后进行植酸酶的酶解，将大豆蛋白分离物用去离子水稀释至 2% ~ 9% 质量浓度，按每克蛋白质加 10 ~ 300U 的植酸酶，在 20 ~ 70℃ 下酶解 10 ~ 50min；再进行蛋白酶的酶解，接着进行连续水热处理：将蛋白质溶液加入喷射蒸煮器内，控制温度在 100 ~ 180℃，压力为 0.1 ~ 10MPa，处理时间设为 30 ~ 120s，最后喷雾干燥。制得的酸溶大豆蛋白几乎无苦味和涩味，由此获得的大豆蛋白可应用于类似果汁的酸性饮料中。应用该发明制备的酸溶大豆蛋白其分子质量在 30ku 左右，pH 为 3.8 时的氮溶指数为 90% 或更高。其步骤如下所述。

（1）预处理　将大豆脱脂豆粕以固液质量比 1:10 至 1:20 溶于去离子水中，用 NaOH 溶液调 pH 为 7.0 ~ 10.0，搅拌均匀，然后 1000 ~ 5000r/min 离心 10 ~ 30min，取上清液用 HCL 溶液调 pH 为 3.0 ~ 6.0，然后 1000 ~ 8000r/min 离心 10 ~ 30min，取沉淀，以固液质量比 1:5 至

1:15的比例加水，用 NaOH 溶液调 pH 为 6.0～9.0，搅拌直至沉淀物溶解，可制得大豆蛋白分离物。

（2）植酸酶的酶解　将大豆蛋白分离物用去离子水稀释至 2%～9% 质量浓度，按每克蛋白质加 10～300U 的植酸酶，在 20～70℃下酶解 10～50min。

（3）蛋白酶的酶解　将植酸酶酶解过的大豆蛋白分离物加入蛋白质质量 0.01%～1% 的酸性蛋白酶，在 20～70℃下酶解 10～50min。

（4）连续水热处理　将上述蛋白质溶液加入喷射蒸煮器内，控制温度在 100～180℃，处理时间设为 30～120s，在出料口接料。

（5）喷雾干燥　将上述蛋白质溶液用喷雾干燥设备干燥，喷雾干燥仪器进口温度设为 150～200℃，出口温度设为 50～100℃。

4.3　大豆蛋白控制酶解制备生物活性肽

大豆肽的研究始于 20 世纪 60 年代初美国，90 年代初大豆肽被美国食品药品监督管理局（FDA）批准为"肠道营养剂"，美国 Deltown Specialities 公司建成了年产 5000t 的蛋白肽工厂，目前大豆蛋白肽相关产品在美国年销售额达上千亿美元。日本 20 世纪 80 年代也开展此方面的研究，不二制油株式会社以及雪印、森永等乳业公司均已成功地将大豆蛋白肽应用于食品工业领域。20 世纪 90 年代中国食品发酵工业研究院、华南理工大学、江南大学、广州轻工研究所、哈工大等科研院所一直进行着大量大豆肽的研究与开发工作，部分研究成果已经实现了产业化。2008 年帝斯曼公司食品配料部与中食都庆（山东）生物技术有限公司和中国食品发酵工业研究院签订合作协议，作为中国首家大豆生物活性低聚肽的生产企业和国内最大的大豆低聚肽生产商，中食都庆将按照帝斯曼公司的产品要求，对现有生产设备进行改造更新和品质管理，并生产大豆肽产品。

《大豆肽粉》（GB/T 22492—2008）对大豆肽粉的定义是：以大豆粕或大豆蛋白为原料，用酶解或生物发酵法生产，相对分子质量在 5000 以下，主要成分是肽的粉末状物质。大豆肽具有很好的溶解性、低黏度、高浓度下良好的流动性、热稳定性、在体内吸收快、利用率高等优点。以大豆蛋白为原料，通过控制酶解、分离富集、精制等技术手段可制备出具有抗高血压、抗胆固醇、抗血栓形成、改善脂质代谢、防止动脉硬化、增强人体体能和肌肉力量、抗疲劳等诸多活性的大豆活性肽。已鉴定的大豆肽一级结构及活性，如表 4.12 所示。

表 4.12　　　　　　　　　已鉴定的大豆肽一级结构及活性

生物活性	一级结构
抗肿瘤活性	X – Met – Leu – Pro – Ser – Try – Ser – Pro – Try
降血压活性	Tyr – Val – Val – Phe – Lys、Ile – Pro – Pro – Gly – Val – Pro – Try – Trp – Thr
抗肿瘤活性（露纳辛）	SKWQHQQDSCRKQKQGVNLTPCEKHIMEKIQGRGDDDDDDDDD
降胆固醇活性	LPYPR
降血压活性	HHL、PGTAVFK
ACE 抑制活性	Val – Ala – His – Ile – Asn – Val – Gly – Lys、Tyr – Val – Trp – Lys
吞噬刺激肽	His – Cys – Gln – Arg – Pro – Arg、Gln – Arg – Pro – Arg
降胆固醇活性	LRVPAGTTFYVVNPDNDENLRMIA

下面首先对肽的命名法、构象、溶解性、稳定性及吸收机制做简单介绍，再着重介绍国内外一些重要的大豆肽的制备工艺及功效。

4.3.1　肽的概述

4.3.1.1　肽的命名法

根据所连接的氨基酸的数目，用希腊字母作为前缀对肽进行分类，表示为二肽（dipeptide）、三肽（tripeptide）、四肽（tetrapeptide）、五肽（pentapeptide）、八肽（octapeptide），九肽（nonapeptide）、十肽（decapeptide）等。对于较长的肽，可用阿拉伯数字代替希腊字母前缀，如十肽可叫做 10 肽，同时十二肽被称为 12 肽。

以前常将含氨基酸残基数小于 10 的肽叫寡肽（oligopeptide），希腊文 oligo 表示"少"的意思，将含 10 ~ 100 个氨基酸残基的肽称为多肽。但从化学角度看，多肽和蛋白质的区别并无明确界线。根据现今接受的命名法则，"寡肽"为组成少于 15 个氨基酸的肽，"多肽"含 15 ~ 50 个氨基酸残基。含超过 50 个氨基酸的肽衍生物则常定义为"蛋白质"。

命名法则在形式上将肽作为 N – 酰基氨基酸。只有氨基酸残基处于肽链羧端，可使用原名不需加后缀，其他的一律采用原始名 + 后缀 – 酰。肽 H – Ala – Lys – Glu – Tyr – Leu – OH 命名为丙氨酰 – 赖氨酰 – 谷氨酰 – 酪氨酰 – 亮氨酸。

$$H – Ala – Lys – Glu – Tyr – Leu – OH \qquad ①$$
$$H – Ala – Lys – Glu – Tyr – Leu – O^- \qquad ②$$
$$+ Ala – Lys – Glu – Tyr – Leu – O^- \qquad ③$$
$$+ Ala – Lys – Glu – Tyr – Leu – OH \qquad ④$$

　　用三个字母的代码表示氨基酸，使肽的分子式描述更加简化。一般线性肽的序列依水平方向写出，从左边的氨基端开始依次向右至羧基端。当三位代码的左右均无任何连接时，则可理解为氨基（常在左侧）和羧基均未被修饰，如 Ala – Ala = H – Ala – Ala – OH。用末端基团表示游离末端是错误的。H_2N – Ala – Ala – COOH 表示一端为肼基，另一端为 α – 酮酸衍生物。在分子式右端用 H 表不游离的羧基也是不对的。它表示 C 端醛基。若缩写的三联字母周围无任何表示，则说明侧链无取代，有取代则用括弧或上、下垂直键表示。

　　肽①中，Ala 是 N 端氨基酸，Leu 是 C 端氨基酸，Ala – Lys – Glu – Tyr – Leu 代表五肽不处于离子化状态，如果需要强调个别肽的离子化状态，则分子②、③、④可分别表示阴离子、两性离子和阳离子。

4.3.1.2　肽的构象及溶解性

　　肽最重要的理化性能之一即在大幅度 pH、温度、离子强度、氮浓度范围内的可溶性。许多学者研究表明：蛋白质的有限或部分水解作用都会使最终水解物的溶解性增加，特别是在其母本蛋白的等电点 pH 为 4 ~ 5 时。溶解性的增加可能是由于水解物肽的分子质量减小及水解新产生的肽可离解的氨基和羧基基团增加了水解物的亲水性的原因。如低水解度（8%）的乳清胰蛋白酶水解物与 0.03mol/L 的 $CaCl_2$ 在 pH 为 3 ~ 11 的溶液中经过高温长时间（134℃，5min）处理后，仍有 80% 含氮组分保持可溶。相同条件下，蛋白质的溶解性极差。再如，酪蛋白的胰蛋白酶和凝乳胰蛋白酶水解物（2% ~ 5%）经 100℃，30min 处理后，仍保持溶解。蛋白水解物可以作为透明果汁饮料中氮的强化物，且其稳定性极佳。

　　总的来说，肽比蛋白质有更好的溶解性和柔性。通常情况下，在溶液中，小的线性肽没有构象倾向性。能形成稳定二级结构的长肽常常会与部分折叠结构形成一个平衡状态。因此，线形肽的构象分析不仅困难，而且模棱两可，除非它们能形成稳定的二级结构，如 α – 螺旋、β – 折叠、转角和其他的折叠形式。一般线形肽都相当柔软。

4.3.1.3　肽的稳定性

　　肽的稳定性是指含水解物的产品的热稳定性、与其他组分共处时的稳定性及储存稳定性。肽的固体形态比相应的液体形态稳定。肽在液体中，溶剂的性质、浓度、pH 及温度对肽的稳定性有很大影响。肽附着于器壁上，失活、消旋化、氧化、脱酰化、链裂解、形成二酮哌嗪及重排等是导致肽类在溶液中不稳定的重要因素。肽在固态形态下，导致肽化学不稳定的因素与在溶液中相似（键断裂、键形成、重排或取代）。最典型的反应是 Asn 和 Gln 的脱酰基作用、Cys 和 Met 上硫原子的氧化、Cys 二硫键的交换、肽键裂解、β - 消除和二聚化/聚集。湿度、温度和制剂的赋型剂（如多聚物）是影响固体状态下肽和蛋白质的化学不稳定性的重要因素。固态下质子活性对稳定性的影响与溶液中的 pH 对稳定性的影响相似。在医药上，肽一般以其乙酸盐或盐酸盐形式保存。肽药物的稳定性需要通过在不同温度、不同时间储存来确定。

4.3.1.4 金属离子对肽稳定性的影响

溶液中金属离子的存在对于肽的稳定性有较大的影响。在金属离子锌、铜等的存在下，含有丝氨酸、苏氨酸的肽键容易发生断裂。在 pH 为7.0，70℃条件下将 10mmol/L 的肽和 10mmol/L 的金属离子混合保温24h，二肽会发生不同程度的降解，具体如表 4.13 所示。

表 4.13   金属离子对二肽的水解效率的影响

金属离子	二肽	降解率/%
Zn^{2+}	Gly - Ser	84
	Ser - Gly	5
	Gly - Thr	36
	Ala - Ser	94
	Gly - Ala	0
	Gly - Asp	0
	Gly - Gly	0
La^{3+}	Gly - Ser	28
Cu^{2+}	Gly - Ser	6

由表 4.13 可见，Gly - Ser、Gly - Thr、Ala - Ser 等含有羟基的二肽较易因金属离子的存在而降解，而 Gly - Gly、Gly - Asp、Gly - Ala 几乎不降解。在金属离子中，锌离子的催化效果最佳，镧离子催化效果次之，铜离子催化效果最差。此外，金属离子的催化有高度专一，如 Gly - Ser 的降解较快，而 Ser - Gly 的降解速度就慢很多了，这可能与 β - OH 的立体构型有关，具体如图 4.8（1）所示。Gly - Ser - Gly 降解为 Gly 和 Ser - Gly，而非 Gly 和 Gly - Ser 的混合物也是这个道理，如图 4.8（2）所示。金属离子在反应中的作用是激化氨基酸的羧基，促使羟基的亲核进攻。羧肽酶 A 中锌离子的作用与之相似。

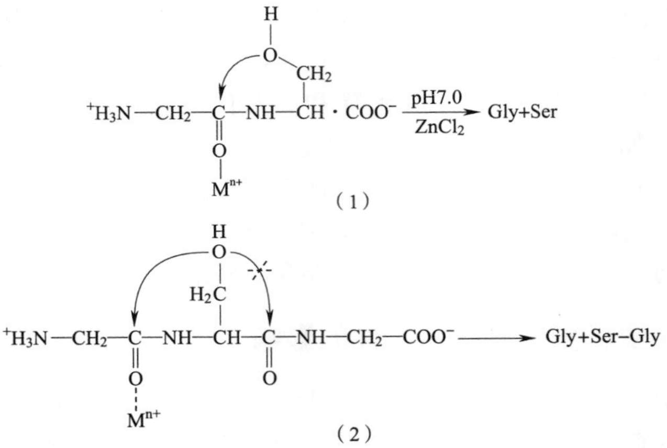

$$^{+}H_3N-CH_2-\underset{\underset{M^{n+}}{\overset{\|}{O}}}{C}-NH-CH\cdot COO^{-} \xrightarrow[ZnCl_2]{pH7.0} Gly+Ser$$

（1）

$$^{+}H_3N-CH_2-\underset{\overset{\|}{O}\cdots M^{n+}}{C}-NH-CH-\underset{\overset{\|}{O}}{C}-NH-CH_2-COO^{-} \longrightarrow Gly+Ser-Gly$$

（2）

图 4.8　金属离子催化寡肽水解的可能机制

4.3.2　肽的体内吸收机制

消化系统中小肠是营养素吸收的主要器官之一，对于不同营养物质（如碳水化合物、脂质、矿物质、蛋白质、维生素）的吸收方式完全不同，其中以蛋白质的吸收机制最为复杂。自然界的蛋白质大多是由十八种氨基酸以肽键（peptide bound）键合的形式所组成的，或再与其他物质（如矿物质、脂质、碳水化合物）结合形成复合形式蛋白质（complex proteins）。在人体消化过程中，通过消化道中不同的蛋白质水解酶可将其分解成氨基酸、寡肽和小分子蛋白质。事实上，食物蛋白质在体内的消化产物大部分是以较小分子质量的肽形式存在的，游离氨基酸和小分子蛋白质含量较少。据报道，食物蛋白质消化产物中 2~6 个氨基酸组成的小肽可占蛋白质含量的 80%。

因此，蛋白质最终被肠道吸收有三种形式：氨基酸、寡肽及少量蛋白质。在早期的研究及一般人的观念中，认为分子质量越低的物质越容易被吸收，所以认为氨基酸要比寡肽好吸收。但是近期的研究却发现事实并非如此：小分子质量的寡肽要远比相同浓度下某些游离的氨基酸更容易被肠道吸收。先前提到，在肠道吸收的途径与机制上十分复杂，对于氨基酸、寡肽及蛋白质可因分子大小及化学结构特性来加以区别。根据蛋白质消化产物分子质量的大小和性质，其吸收途径大致上可区分成细胞间路径（paracellular route）与经细胞路径（transcellular route）。细胞间路径指的是蛋白质消化产物透过细胞间的密集交界（tight junction）而进入血液或组织内的方式，较大分子的寡肽及蛋白质通常都是透过此种方式才能被吸收。而经细胞路径又可进一步分为携带者中介系统（carrier – mediated system）、内吞作用（endocytosis）等方式。对于蛋白质在消化道被水解后所释出的游离态氨基酸与小分子寡肽，大多透过小肠刷状缘膜的运输系统也就是携带者中介系统吸收。在食品营养及临床营养配方食品中，游离态氨基酸和小分子寡肽普遍存在，因此细胞路径与体内氨基酸及小分子寡肽被吸收的关系最为密切。

4.3.2.1 小肠刷状缘膜对氨基酸和寡肽的吸收

由于小肠表面广泛分布着一些指状突起的绒毛（villi），且每个绒毛表面被一层表皮细胞覆盖，其上还有一些小突起物，称为微绒毛（micro – villi），又称为刷状缘（brush border）。小肠的这一特殊结构使其与营养素的接触面积和吸收面积都大为增加。它们负责将氨基酸及寡肽运输进入细胞，因此又被称为运输系统（transport system）。不过氨基酸与寡肽并非共用相同的运输系统。这些运输系统的作用，是透过不同的运输蛋白质（transport protein）或称作转运子（transporter）作为携带者的，再配合其他条件（如钠离子、氢质子的浓度梯度等）携同作用而生效的。

氨基酸吸收根据氨基酸物理及化学特性之不同，有不同的运输系统，如表 4.14 所示。早期的吸收观点，认为这些运输系统跟葡萄糖的钠离子协同运输机制一样，只有在钠离子运输的同时才发生。但人们从后来的研究中发现，有部分系统并不需要靠钠离子的存在，同时也有些系统不单单需要钠的存在，同时还需要其他离子（如氯离子、钾离子）的配合才能起到运输作用。

表 4.14　　　　　小肠刷状缘膜上的氨基酸运输系统

运输系统	氨基酸	钠离子梯度	其他离子
B	中性 α – 氨基酸	需要	
$B^{0, +}$	中性 α – 氨基酸	需要	
	碱性氨基酸		
	半胱氨酸		
$B^{0, +}$	中性 α – 氨基酸	不需要	
	碱性氨基酸		
	半胱氨酸		
Y^+	碱性氨基酸	不需要	
IMINO	亚氨酸	需要	氯离子
B	β – 氨基酸	需要	氯离子
X_{AG}^-	碱性氨基酸	需要	钾离子

　　寡肽的运输系统与氨基酸不同，这些运输系统上具有特别的运转子，目前已发现有两大类共计数十种之多。这些运转子在各个脏器、组织甚至菌种的细胞膜上都可被找到，其中人类肠道细胞上有 Human $PepT_1$ 及 Human $PepT_2$。不过，四个氨基酸以上的寡肽并不是透过这些肠细胞居间途径的运输系统，而是由其他非居间运输机制（nonmediated mechanisms）吸收进入体内的。寡肽运输系统大多以转运二肽、三肽为主。

　　肠道寡肽运输系统为主动运输（active process），在某些条件限制下，如低氧状态（hypoxia）、去除三磷酸腺酶（ATP）以及代谢抑制剂等抑制细胞电子传递键及能量生成的条件下，都可以抑制寡肽运输作用，故人们认为寡肽运输需要代谢能量（metabolic energy）来推动；其次，肠壁细胞内外氢离子梯度（H^+ gradient）也是影响寡肽运输的重要因素，从 Minami 等人（1992）的研究中发现，他们利用调整肠道细胞内外酸碱度的不同，来造成细胞内外氢离子浓度高低的不同，形成氢离子梯度。当细胞内 pH 高于细胞外 pH（$pH_o < pH_i$）时，胞内氢离子向胞外移动，二肽甘氨酸–谷氨酰胺（Gly–Gln）运输进入细胞速度加快；如果细胞内外酸碱度相等（$pH_o = pH_i$），细胞内外氢离子浓度达平衡。当无氢离子梯度形成时，二肽甘氨酸–谷氨酰胺运输进入细胞速度较慢。而这种细胞内外 pH 的改变，并未对氨基酸–谷氨酰胺进入细胞速度快慢上有所影响，如图 4.9 所示。

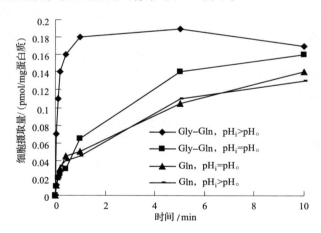

图 4.9　人类小肠刷状缘膜细胞肠道寡肽运输系统需要氢离子梯度

　　事实上小肠刷状缘膜是主要是在肠腔与营养素第一次接触的部分，当所有营养素进入细胞后，会从接近血管或淋巴管一侧的膜再进入到血液中，参与循环，这一侧则称为基底侧膜（basolateral membrane）。在基底侧膜上有一推动小肠刷状缘膜上氨基酸与寡肽运输系统的初级机制（primary mechanism）－钠钾离子－三磷酸腺苷水解酶（$Na^+ - K^+ - ATPase$）转运输系统。小肠刷状缘膜则有 5 种不同系统来运输氨基酸与寡肽，包括钠离子梯度、钾离子梯度、氯离子梯度、氢离子梯度及膜电位能（membrane potential）。钠钾离子－三磷酸腺苷水解酶转输系统所扮演的角色，是将肠壁细胞内的钠离子输送出胞外（透过基底侧膜到血液或淋巴管中），而将胞外（血液或淋巴管侧）钾离子输送入胞内，并将胞内的三磷酸腺苷水解成二磷酸腺苷并释放出能量（Pi）。这些动作可以提供小肠刷状缘膜上氨基酸与寡肽运输系统能量，也使肠腔与细胞内两侧产生离子梯度，进而让氨基酸与寡肽得以运输进入胞内。

4.3.2.2　小肠基底侧膜对氨基酸和寡肽的吸收

蛋白质在经过胃或胰脏内蛋白酶分解之后，到达小肠的除了极少量未消化的蛋白质以外，大多数是氨基酸及 2～6 个氨基酸组成的寡肽，其中寡肽又因为水解位置及效率不同，可能被切成 2～3 个氨基酸组成的小分子质量寡肽及更多氨基酸组成的大分子质量寡肽。肠腔中的这些大分子质量寡肽会再被小肠刷状缘膜上的蛋白酶水解成氨基酸或小分子质量寡肽。这一连串的水解动作，目的不外乎是有助肠道细胞对蛋白质的吸收。不过当小分子质量寡肽吸收入肠细胞后，并非就全然以吸收时的寡肽形式，直接穿过基底侧膜（the intestinal basolateral membrane）进到血液中，而仍有可能遇到细胞内的蛋白酶，再度被分解成氨基酸或更短的寡肽。

在胞内的这些氨基酸与寡肽并非就此完全被人体吸收，因为基底侧膜上也有类似刷状缘膜上的运输系统存在，氨基酸或寡肽必须透过这些系统进入血液，才能算是真正地被动物体吸收。小肠基底侧膜上的氨基酸运输系统目前被发现至少有 5 种，如表 4.15 所示，但只有 2 种需要靠钠梯度变化驱动，这与刷状缘膜上氨基酸运输系统大多数需钠梯度变化才能驱动的理论有所不同。但寡肽运输系统则与刷状缘膜并无太大不同，一样需要氢离子梯度。所以需钠离子（Na^+ dependent）氨基酸运输系统，被认为是操控肠腔氨基酸吸收速率及效率上的要素，而不需钠离子（Na^+ independent）氨基酸运输系统则是掌握将肠细胞内的氨基酸再转送到血液中的关键。

表 4.15　　　　　　小肠基底侧膜上的氨基酸运输系统

运输系统	寡肽	钠离子梯度
A	中性 α - 氨基酸	需要
	亚氨酸	
ASC	三或四碳的中性氨基酸	需要

续表

运输系统	寡肽	钠离子梯度
Asc	三或四碳的中性氨基酸	不需要
L	疏水性、中性氨基酸	不需要
Y^+	碱性氨基酸	不需要

4.3.2.3　肠道氨基酸与寡肽运输的调节机制

小肠吸收氨基酸和寡肽的能力受限于许多因素，包括发育期、怀孕、泌乳期、疾病以及摄取食物的质与量等，除了疾病所造成的影响外，大体上可分为发育、激素以及膳食等三大调节机制。

在相同的培养时间和浓度下，当细胞外培养液 pH（pH_0）低于细胞内 pH（pH_i）时，甘氨酸 – 谷氨酰胺二肽被细胞吸收的速度比细胞内外 pH 相等时快。游离氨基酸形式的谷氨酰胺被细胞吸收的速度则不受细胞内外 pH 变化的影响。

就发育而言，有相关文献指出对于氨基酸的吸收能力与年龄有关。如以相同重量的肠组织而言，小肠吸收氨基酸的速率会随年龄的增大而减低。一般而言，刚出生的老鼠对氨基酸的吸收速率比成熟的老鼠高 2.5 ~ 5 倍。以牛磺酸为例，其氨基酸运输系统即随年龄的增长而减少，故使得牛磺酸的吸收能力变差。

就激素而言，有许多种激素及次级信息物质（second messengers）已经被发现具有改变肠道氨基酸运输系统的活性，如生长激素抑制素（somatostatin）会造成肠道甘氨酸、缬氨酸及赖氨酸运输系统效率降低。相反的，神经降压素和胆囊收缩素则可增强缬氨酸运输系统的效率。其他如甲状腺激素、儿茶酚胺及睾固酮素等激素，在体内的浓度变化也都会改变肠道氨基酸运输系统的表现。

另外，在膳食调节方面，在小肠肠腔中，多数营养素运输速率的快慢与这些营养素的浓度有关，但机制十分复杂。一般说来，膳食中含有高量的蛋白质或氨基酸，应该可以增加所有肠道氨基酸运输系统的活性。然而实际上，蛋白质和氨基酸在不同的氨基酸运输系统间却有截然不同的表现。如果在膳食中的含氮物质来源是酸性氨基酸及亚氨基酸，其氨基酸运输系统的活性会随氨基酸浓度的增加而增加；但如果含氮物质是带正电性及中性的氨基酸，则其氨基酸运输系统活性的变化就不会单纯地只是随氨基酸浓度增加而增加了。另外有趣的一点，个别种类的氨基酸浓度增加，并不一定就会增加其运输系统的活性，而有可能增加其他不相关的氨基酸运输系统的活性。如属于酸性氨基酸的天冬酸就是诱发带正电性氨基酸运输系统活性最好的诱发物，而属于带正电性氨基酸精氨酸是诱发酸性氨基酸运输系统活性的最佳诱发物，但是同属于带正电性氨基酸的赖氨酸，却又不具有此特性。又如天冬氨酸、缬氨酸、赖氨酸及谷氨酸等能同时促进氨基酸运输系统的活性。这些发现都说明在膳食的调节机制上，并没有绝对的规则可循。

不过较可确定的是，短期禁食后会促进小肠氨基酸运输系统的活性，而长期饥饿状态下则会使得氨基酸运输系统的效率降低。而小肠寡肽运输系统的活性会随膳食中蛋白质的增加而增加，且与氨基酸运输系统相同的是短期禁食会促进其运输系统的活性，但人体在长期饥饿状态下，寡肽运输系统却不会像氨基酸运输系统一样显著降低，显示寡肽运输系统的恒定性远比氨基酸运输系统佳。

4.3.2.4　小分子质量寡肽有助于肠道吸收

目前的普遍观点是给予氨基酸与寡肽混合的饮食比给予完全氨基酸的配方饮食更加有利于肠道营养的吸收。原因如下：① 完全水解后的相同浓度下，相同氨基酸所组成的寡肽要比为完全游离态的氨基酸被肠道所吸收的速度快；② 混合形态的寡肽比起完全水解后相同浓度的游离态混合氨基酸在被肠道吸收后，血液中氨基酸浓度增加速度更快；③ 将部分氨基酸以寡肽形式出现，可以减少游离态氨基酸彼此竞争运输系统的情况，间接提高吸收效率；④ 减少必要能量消耗，即耗费相同动能，因为相同动能吸收一个寡肽，即相当于吸入多个氨基酸（视寡肽大小）。

在临床上，对于营养不良或肠道吸收障碍的病人，往往会给予口服配方饮食或给予总静脉营养灌流（TPN）。若给予完全游离态氨基酸，则必须注意控制浓度稀释的倍数，以免造成渗透压（osmolarity）过高，导致腹泻或细胞严重脱水。然而由于寡肽的分子质量较大、通透性小，对于肠道或体内细胞而言，较不易造成高渗透压，在营养性及便利性上，混合形式的寡肽与氨基酸饮食确实比完全游离态氨基酸饮食占优势。

在患有肠道吸收障碍的病人，同时给予氨基酸与小分子质量的寡肽或单独给予寡肽的配方饮食，反而要比完全给予氨基酸的配方饮食的吸收效率高，对病人的助益也更大。另外在近年来热门药物的开发上，有更多将药物设计成类似小分子质量寡肽－药物形式的趋向（prodrug）。在具有治疗效果的药物的化学结构式上接上一段或一个氨基酸，使得药物在到达肠道时，利用小分子质量寡肽较易被吸收的机制，可提高药物在肠道的吸收率。小分子质量寡肽－药物被吸收到肠道细胞内或动物体内后，由某些酶降解释出具有治疗效果药物。因为吸收的效果更好，或被吸收速率更快，治疗时可以减少使用剂量，进而避免某些药物的直接刺激使胃酸分泌过多造成不适，同时减少危害消化道正常细胞或有益肠道菌群的情况。

4.3.3　利用类蛋白反应制备高 *F* 值大豆肽

类蛋白反应（plastein reaction）又称为合成类蛋白反应、塑蛋白反应、胃蛋白反应，是 1902 年由 Danilevski 和 Okuneff 在蛋白质水解液中添加凝乳酶导致沉淀产生时发现的。它是指在一定条件下，采用蛋白酶催化浓缩的蛋白质水解物或低聚肽混合物反应，生成沉淀、触变胶体或具触变性黏稠的胶状蛋白质类物质的过程。完整的类蛋白反应一般分三步进行，第一步为水解反应（hydrolysis），采用水解酶在最适 pH 下使底物蛋白质（浓度约在 3%~8%）有限水解，也可采用酸进行有限水解，产生低聚肽混合物；第二步通过蒸发、冷冻干燥或喷雾干燥将水解产物浓缩；第三步为合成反应（plastein synthesis），将浓缩产物调整为一定浓度（通常为 30%~50%）的水解蛋白质溶液，可加入其他原料来源的肽、酸水解蛋白或氨基酸衍生物，然后加入相同的或另一种蛋白酶，同时调节 pH 使之进行反应。

类蛋白反应必须有带活性的蛋白酶的参与，同一种酶，其活性越高，类蛋白反应产物产量就越高。在合成类蛋白反应中，水解和合成过程可以采用同一种酶，也可以采用不同的酶。对同一底物，选用不同的酶，其类蛋白产量会相差很大，因此和水解反应一样，也存在最有效作用酶的选择，但它和水解酶的专一性选择是有区别的。在合成类蛋白的反应中，通常采用内切蛋白酶如胃蛋白酶、木瓜蛋白酶、胰蛋白酶、胰凝乳蛋白酶等蛋白酶催化合成反应，鲜有采用外切蛋白酶的。蛋白酶在反应过程中起模板作用。

在类蛋白反应中，水解和合成阶段采用的最佳 pH 也会有一定的差异：在水解过程中，不同的酶其最适作用 pH 不同，而在合成反应中却发现不管采用哪种酶，其最有效作用 pH 都在 4.0~7.0，这是大部分寡肽、多肽和蛋白质的等电点范围。

类蛋白反应的温度与蛋白酶的最适温度密切相关。研究发现温度达到 50℃ 以前，类蛋白形成的初始速率和产量会随着温度的增加而增加；当温度达到 70℃ 时，尽管最初的反应速率非常快，但反应会很快停止，其最终类蛋白产量比在 20~50℃ 间任何一个反应温度的最终产量都低，其主要原因是因酶热变性失活。其他人的研究也证实了这一点，因此合成反应也存在一个最佳温度，如采用胃蛋白酶为催化剂时，其反应最佳温度范围为 37~50℃。

合成反应的底物成分、结构、浓度以及底物中有机溶剂的存在与否对合成类蛋白反应效率和产物产量有着重要的影响。合成反应体系的底物浓度是影响类蛋白反应的主要因素之一。不同作用底物其浓度对产物的影响不同，大部分资料显示浓度在 20%~50% 时，合成类蛋白产率达到最大，高于或低于这个范围，则显著下降，呈钟型曲线趋势。由于酶具有水解和合成双重性质，若底物浓度小于 7.5% 时，反应体系发生的是水解反应而不是合成反应。底物的亲/疏水性对类蛋白反应有较大的影响。疏水性肽在合成类蛋白反应中优先参与反应，疏水性越强，反应速度越快；亲水的水解物不是生成类蛋白的有效底物，因为生成的类蛋白可溶于水中。但疏水性高的寡肽和多肽也是不好的反应底物。疏水性强，溶解度低，还没有参加反应就会从溶液中沉淀出来。

4.3.3.1 类蛋白反应的机制

从发现类蛋白反应至今已有 100 多年，但由于研究相对较少、底物和产物繁多、反应机制复杂，再加上类蛋白反应的概念一直在变化和延伸，其准确的反应机制一直存在争论。即使对同一实验现象，不同学者从不同角度进行研究往往会得出完全不同的结论。

早期学者认为类蛋白反应是一种简单的动力学驱动的水解反应逆过程，是通过酶催化小肽和氨基酸底物发生缩合反应，对于沉淀物究竟是蛋白酶解过程中产生的中间体，或是重新合成的原蛋白还是一种新的蛋白质存在较大的争议，直到 1924 年才由 Wasteneys 证明类蛋白反应生成物的确是一种新的蛋白质类物质。一般而言，对类蛋白反应机制的解释主要有：缩合反应（condensation）、转肽作用（transpeptidation）、疏水交互作用（hydrophobic Interaction），其中转肽作用和缩合反应主要是通过共价键实现的，而疏水交互作用则是通过非共价键如物理聚合、静电作用促成的。

Yamashita 报告通过类蛋白反应可以将蛋氨酸酯接到大豆蛋白上。采用相同的技术可将色氨酸、赖氨酸和苏氨酸连接到玉米蛋白上，然而这些方法的共同缺点是类蛋白反应产物水溶性差。随后 yamashita 利用类蛋白反应成功地将谷氨酸共价结合到大豆蛋白水解物上，产物具有较好的水溶性。基于以上结论，Yamashita 等认为肽键的缩合反应是类蛋白反应的主要机制。

Hofster、Edwards 等认为在合成类蛋白反应过程中，很少有共价键形成，主要是物理作用力如疏水相互作用在起作用；Eriksen 等认为物理聚合过程起主要作用，反应是由熵驱动的，凝胶的形成是疏水相互作用的结果，疏水性侧链被掩盖起来无法与味蕾接触。直到 Andrews 等（1990）研究酪蛋白水解物为底物的类蛋白反应，以确凿的证据证明合成类蛋白反应是一个熵驱动的物理聚合过程，它是通过物理键而不是通过共价键连接的，疏水作用在类蛋白反应中起主要作用，蛋白酶在反应过程中起模板作用。但这并不表示反应过程没有转肽反应和缩合反应。

Lozano P 等采用胰凝乳蛋白酶对蛋清蛋白胃蛋白酶水解物进行类蛋白反应，发现高分子质量肽和低分子质量肽同时增加，推测转肽反应可能参与其中；蛋白质浓度对类蛋白反应影响非常大，反应过程中可能同时存在水解反应和缩合反应：底物浓度较高时，缩合反应是主要反应机制；底物浓度较低时，反应以水解反应为主。多肽通过转肽作用将富集疏水性的氨基酸生成不溶于水的疏水性肽类，多肽浓缩成小颗粒后，形成不溶于水的类蛋白。Bengt 等人也认为疏水相互作用是类蛋白反应形成的主要原因，在此期间水解和转肽反应也会同时发生。

随后，Stevenson 所在的课题组利用 NMR、MS、RP - HPLC、SSNMR 以及 ESMS 等现在分析技术探讨了类蛋白反应过程中缩合反应和转肽反应发生的可能性。发现 Alcalase 能催化疏水性二肽 Val - Leu 的缩合反应，即使 Val - Leu 的浓度仅为 0.5g/L。反应产物不溶于水，能完全溶于 98% 的甲酸（98% 的甲酸对于极度疏水性肽有较好的溶解效果），通过 ESMS 鉴定为 Val - Leu 的二聚体、三聚体等，缩合反应是主要的反应机制。当底物中含有大量亲水性肽（85%）时，肽键的形成依然很广泛，但底物中不溶水性产物的含量有了明显的降低，缩合反应被强烈的抑制，转肽反应为其主要机制。由于在蛋白质水解液中亲水性肽的含量一般大于85%，上述结论暗示了类蛋白反应过程中发生缩合反应的可能性不大。进一步研究显示，在类蛋白反应过程中，内切蛋白酶作为催化剂的反应过程中并无转肽反应发生，但当外切蛋白酶作为催化剂时，会有相当广泛的转肽反应发生。从热力学的角度来讲，高底物浓度有利于肽键的形成，然而，从动力学的角度来讲，大量酶解产物——小分子质量寡肽对内切蛋白酶具有抑制作用，肽键的合成并不显著。因此，类蛋白反应过程中起主导作用的机制是疏水相互作用。但由于寡肽对外切蛋白酶抑制作用不明显，因此外切蛋白酶能催化高底物浓度下的转肽反应。

由于类蛋白反应产物不溶于水，人们对其营养特性一度产生过怀疑。人们对类蛋白反应产物进行大鼠喂食试验，发现其消化吸收率与其他天然蛋白质并无区别。此外，通过类蛋白反应色氨酸键合到水解蛋白质上后发现：富含色氨酸的类蛋白反应物中色氨酸的生物利用率与游离色氨酸无显著差异。

4.3.3.2 利用类蛋白反应制备高 F 值大豆肽

大豆中支链氨基酸的含量为 17%，是生产高 F 值肽的优质原料。利用大豆蛋白生产高 F 值肽国内已有多篇文献报道，主要方法是利用外切蛋白酶和内切蛋白酶的协同作用，将芳香族氨基酸（Tyr、Phe、Trp）水解为游离氨基酸，再利用活性炭等吸附手段将芳香族氨基酸从水解液中去除出去，以获得高 F 值氨基酸。但去除芳香族氨基酸的工艺可能导致许多必需氨基酸的含量显著降低。采用类蛋白反应制备出的高 F 值肽，具有以下优势：① 高 F 值大豆肽苦味值较低；② 具有可选择性的强化特定氨基酸；③ 高 F 值大豆肽的必需氨基酸齐全，这一点对需长期摄入高 F 值肽患者尤为重要。下面以大豆分离蛋白为原料，介绍利用类蛋白反应制备高 F 值肽的工艺。

（1）大豆水解蛋白制备　大豆分离蛋白与 9 倍去离子水混合，搅拌均匀，调整 pH 至 8.0 后，添加胰酶，50℃水解 6h，85℃保温 30min 灭酶。冷却后离心去除沉淀，得大豆水解蛋白。

（2）类蛋白反应制备高 F 值肽　将大豆水解蛋白中添加胰凝乳蛋白酶、3mol/L 甘油、0.205% 缬氨酸甲酯（以大豆水解蛋白固形物计，下同）和 0.09% 亮氨酸甲酯，pH 为 7，37℃保温 3h，85℃保温 15min 灭酶，得反应液。反应液过截留分子质量为 500 ~ 1000u 的超滤膜去除游离氨基酸和小分子肽，取截留液，冷冻干燥或喷雾干燥即为高 F 值肽产品。

（3）大豆高 F 值肽性质　产品的水解度为 30% 左右，分子质量在 1 ~ 12ku 肽段占总氮的 80%，pH7 时的 NSI 指数为 80%，其氨基酸组成，如表 4.16 所示。

表 4.16　　　　　　　高 F 值大豆肽的氨基酸组成分析　　　　　单位：g/100g

氨基酸种类	含量	氨基酸种类	含量	氨基酸种类	含量
Asp	14.4	Met	1.5	Tyr	1.9
Glu	20.5	Cys	1.2	Lys	4.6
Ser	2.0	Val	10.8	BCAA	33.1
His	2.1	Phe	5.2	AAA	7.1
Gly	5.0	Ile	6.9	Val: Ile: Leu	1.5:1:2.2
Thr	3.2	Leu	15.4	BCAA: AAA	4.7
Arg	5.8	Ala	4.2		

4.3.4 具有胆囊收缩素（CCK）释放活性的蛋白质水解产物的制备

世界范围内，肥胖症及肥胖症相关疾病的发病率处于上升状态。肥胖症并非由单独某个潜在因素诱发，可能是由于许多人快节奏的、匆忙的生活方式以及大量摄入方便食品所致。大多数方便食品往往含有较高的脂肪和/或糖。

胆囊收缩素（CCK）具多种生物作用，可刺激胰酶分泌与合成、增强胰碳酸氢盐分泌、刺激胆囊收缩与奥狄氏括约肌松弛，还可兴奋肝胆汁分泌、调节小肠和结肠运动，也可作为饱感因素从而调节摄食。进食后，蛋白质水解产物可刺激小肠黏膜释放一种胆囊收缩素释放肽，刺激小肠黏膜 I 细胞分泌 CCK。引起 CCK 分泌的因子由强到弱为：蛋白质分解产物、脂肪酸盐、HCl、脂肪，糖对 CCK 的分泌没有作用。此外，胰岛素能够增强胆囊收缩素的促淀粉酶分泌效应。小肠黏膜分泌胆囊收缩素释放出的肽对胰蛋白酶十分敏感，胰蛋白酶可使 CCK 释放出的肽失活，因此在 CCK 释放肽引起 CCK 释放和胰酶分泌增加之后，胰蛋白酶又会使其失去活性，从而反馈性地抑制了 CCK 和胰酶的进一步分泌。胰酶分泌的反馈性调节的生理意义在于能够防止胰酶分泌过量。CCK 通过直接和/或间接的生理和神经作用诱导人体出现饱感并减少食物的摄入量。一些直接作用包括抑制胃排空、抑制胃酸分泌以及刺激胆囊的收缩。与 CCK 刺激神经途径的能力相结合，CCK 释放产生"饱感"，因此通常导致摄入量的减少。

Aoyama 等以大鼠为研究对象，发现喂食 β-伴大豆球蛋白不仅能够降低大鼠血浆总胆固醇水平，与喂食大豆分离蛋白相比，喂食 β-伴大豆球蛋白能够显著降低大鼠血浆中甘三酯水平，这一研究提示 β-伴大豆球蛋白在体内降解的多肽成分应该对其生物学功能发挥着直接的作用。

索莱有限责任公司和诺沃兹美斯公司的研发人员发现，以大豆、大麦、卡诺拉、羽扇豆、玉米、燕麦、豌豆、马铃薯、大米、小麦、蛋类、动物以及它们的组合物为原料，来自葱绿拟诺卡氏菌的丝氨酸蛋白酶（SP1）、来自地衣芽孢杆菌的丝氨酸蛋白酶、来自地衣芽孢杆菌的枯草杆菌蛋白酶、来自尖孢镰孢菌的胰蛋白酶样蛋白酶、来自水解无色杆菌的赖氨酰肽链内切酶、枯草杆菌蛋白酶 2、金属蛋白酶 1、天冬氨酸蛋白酶 1、菠萝蛋白酶、枯草杆菌蛋白酶以及它们的组合水解，当水解度达到

0.05% ~35% 时，采用分子质量为 100ku 的超滤膜过滤，取透过液，所得的蛋白质水解物在 0.5mg/mL 的浓度下可刺激胆囊收缩素释放出活性的效能基本上类似于用 100nmol/L 佛波醇 – 12 – 肉豆蔻酸酯 – 13 – 乙酸酯（PMA）刺激 4h STC – 1 细胞释放出的胆囊收缩素的 50% 以上。

表 4.17 为以 SUPRO 950 大豆蛋白为原料，采用碱性蛋白酶进行水解，100ku 和 10ku 的超滤膜处理可得到 >100ku 片段、10 ~100ku 片段和 <10ku 片段，并对各片段进行 CCK 释放活性评价。

表 4.17　　　　不同分子质量肽段对 CCK 释放活性的影响

	CCK 释放/（ng/mL）（均值 ± 标准差）	CCK 释放（% PMA 对照）
SUPRO 950		
8mg/mL	0.166 ± 0.017	95.7%
2mg/mL	0.117 ± 0.012	53.8%
0.5mg/mL	0.069 ± 0.005	12.8%
0.125mg/mL	0.056 ± 0.003	1.7%
>100ku 片段		
8mg/mL	0.161 ± 0.006	91.5%
2mg/mL	0.105 ± 0.004	43.6%
0.5mg/mL	0.073 ± 0.002	16.2%
0.125mg/mL	0.059 ± 0.002	4.3%
10 ~ 100ku 片段		
8mg/mL	0.204 ± 0.003	128.2%
2mg/mL	0.141 ± 0.003	74.4%
0.5mg/mL	0.079 ± 0.023	21.4%
0.125mg/mL	0.085 ± 0.021	26.5%
<10ku 片段		
8mg/mL	0.183 ± 0.015	110.3%
2mg/mL	0.122 ± 0.016	58.1%
0.5mg/mL	0.100 ± 0.007	39.3%
0.125mg/mL	0.079 ± 0.005	21.4%
阴性对照（BSA）	0.054 ± 0.002	
阳性对照（PMA）	0.171 ± 0.003	

由表 4.17 可见，>100ku 片段和 SUPRO 950 的 CCK 释放量接近，而 10 ~100ku 片段和 <10ku 片段的 CCK 释放量明显提高。此外，大豆蛋白的水解度也对 CCK 释放量有较大的影响，如图 4.10 所示。由图可见，大豆蛋白的水解度与其 CCK 释放率呈弱的负相关关系。

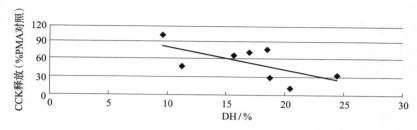

图4.10　大豆蛋白水解度对其 CCK 释放率的影响

　　尽管体外试验证实大豆蛋白的控制酶解产物可通过激活肝脏低密度脂蛋白受体来表达，使低密度脂蛋白胆固醇降低，从而来发挥其降低血胆固醇的功效。但我们应当看到这个试验是在体外通过目标成分与肝癌细胞的作用来完成的，这个试验应用于人体还需要考虑在体内时蛋白酶消化后的效果。Manzoni 和 Lovati 的进一步研究发现对降低胆固醇起作用的是来源于 β – 伴大豆球蛋白的 α、α' 亚基序列的 127 ~ 150 位（LRVPAGTTFYVVNPDNDENLRMIA）的肽片段，这一片段在 β 亚基中并不存在，在报告中也提到以前的研究发现一些分子质量较大的肽能够逃避肠道的消化而直接进入循环系统到达肝脏，从而影响脂类的代谢。

4.3.5　分子质量低于500u 抗氧化肽的制备及其应用

　　20 世纪 30 年代，人们已注意到大豆蛋白一级结构中含有多种抗氧化肽序列，1972 年 Bishov 和 Henick 研究发现，大豆蛋白水解物中的游离氨基酸、寡肽、多肽混合物以及各种氨基酸对酚类抗氧化剂（如生育酚、BHA、BHT 等）具有协同增效作用。1975 年日本学者山口直彦利用酶解方法对大豆蛋白进行控制水解，对水解产物进行色谱分离，并测定出各分离组分的抗氧化能力。从 1995 年开始，国外对大豆抗氧化肽的研究已经由初级提取、制备深入到具体功能组分的研究了。Hua – ming Chen 等人从大豆蛋白酶解产物中分离出 6 种具有抗氧化活性的大豆寡肽，这些肽由 5 ~ 16 个氨基酸组成，还提出 Leu – Leu – Pro – His – His 是具有抗氧化活性的特征性寡肽。人们以此理论为基础合成了 28 个寡肽，并研究了它们的抗氧化活性，其中 Pro – His – His 和 Leu – His – His 具有很强的抗氧化活性。随后，多种大豆抗氧化肽从大豆蛋白水解物中被分离鉴定出来。然而，由于大豆蛋白分子质量大，组成复杂，特定一级结构的大豆抗氧化肽在酶解产物中含量较低，因此，从大豆蛋白水解物中大规模分离、制备出特定结构的抗氧化肽困难较大且成本高。但考虑到大部分具有较好抗氧化活性的大豆肽均为小分子寡肽，因此制备富含小分子寡肽的大豆蛋白水解物是具有可行性的。

本山贵康等人公开了一种预防或治疗生物体的氧化所导致动脉硬化、心肌梗死、癌、糖尿病、阿尔茨海默症或花粉病等疾病的大豆蛋白水解物的制备方法。该大豆蛋白水解物中的分子质量低于 500u 的肽的含量占肽与游离氨基酸总量的 50% 以上。具体制备方法如下：以大豆蛋白为原料，通过 2~3 种不同活性中心的蛋白酶进行复合酶解，且当蛋白酶的添加量较大、酶解时间较长时，水解产物中分子质量小于 500u 的肽段占酶解液总氮的 50% 以上，如表 4.18 所示。

表 4.18　不同蛋白酶配比对水解产物分子质量分布和抗氧化活性的影响

大豆蛋白水解物	比较例 1	比较例 2	比较例 3	试验例 1	试验例 2	试验例 3
Alcalase	0.2	0.5	—	—	—	—
Termoase	—	—	1	1	1.5	2
Bioprase	—	—	0.5	0.5	0.75	1
Sumizyme FP	—	—	0.5	0.5	0.75	1
反应时间/min	15	15	300	300	300	300
除去不溶物	—	—	—	+	+	+
蛋白质含量/%	93.2	93.3	90.7	83.0	88.8	92.2
分子质量低于 500u 的肽含量/%	8.6	23.8	40.2	52.3	59.4	65.1
分子质量为 500u 以上的肽含量/%	92.2	75.9	58.5	37.2	38.5	31.7
游离氨基酸含量/%	0.2	0.3	1.3	10.5	2.1	3.2
ORAC 值（μmolTE/g）	109.3	193.3	292.8	376.5	489.4	551.6

分子质量低于 500u 肽段含量的计算方法如下：测定采用使用了凝胶色谱柱的 HPLC 测定大豆水解物的分子质量分布，色谱柱为 GE 公司的 Superdex Peptide 7.5/300GL，标准样品分别为：八肽 [β - Asp] - 血管紧张素 II 的 β - Asp - Arg - Val - Tyr - Ile - His - Pro - Phe（分子质量为 1046u）、六肽血管紧张素 IV 的 Val - Tyr - Ile - His - Pro - Phe（分子质量为 775u）、五肽 Leu - Enkephalin 的 Tyr - Gly - Gly - Phe - Leu（分子质量为 555u）、三肽 Glu - Glu - Glu（分子质量为 405u）、游离氨基酸 Pro（分子质量为 115u）。酶解产物中游离氨基酸采用日本电子株式会社的氨基酸

分析仪 JLC500V 分析。将如上得到的从"游离氨基酸和分子质量低于 500u 的肽级分的比例"中减去"游离氨基酸含量"所得到的值作为蛋白质分解物中的"分子质量低于 500u 的肽的含量"。

上述表 4.18 中的金属蛋白酶 Termoase 是来源于 *Bacillus thermoproteolyticusRokko* 的（大和化成株式会社）；金属蛋白酶 Sumizyme FP 是来源于 *Aspergillus oryzae* 的（新日本化学工业株式会社）；丝氨酸蛋白酶 Bioprase 是来源于 *Bacillus sp.* 的（长濑产业株式会社）。认为采用微生物发酵法或蛋白酶耦合微生物发酵法也可以制备出分子质量小于 500u 的肽段占酶解液总氮的 50% 以上的大豆水解产物，而且可显著降低蛋白酶的使用量。

此外，申请人还发现该大豆蛋白肽与维生素类、多酚类、类胡萝卜素类、皂苷类和大蒜素中的 1 种以上的抗氧化物质具有明显的协同增效作用。其中维生素类包括维生素 C、维生素 A、维生素 E 等。多酚类包括异黄酮、槲皮素、杨梅素、山奈酚、橙皮甙、柚皮苷、花青素、儿茶素、白杨素、芹菜素、木犀草素、芝麻素、芝麻素酚、芝麻素酚、细辛脂素、芝麻酚、芝麻酚林、碧萝芷、姜黄素、绿原酸、没食子酸、迷迭香酸、鞣花酸、香豆素、阿魏酸、姜烯酚、可可多酚等。类胡萝卜素类包括胡萝卜素（$\alpha-$，$\beta-$，$\gamma-$，$\delta-$）、番茄红素等胡萝卜素类，或者叶黄素、虾青素、玉米黄素、角黄素、岩藻黄素、花药黄质、紫黄质、辣椒素等叶黄素类等。皂苷类包括大豆皂苷、茶皂苷等。花青素包括蓝莓提取物、黑醋栗提取物、巴西莓果提取物、接骨木果提取物等。大豆蛋白水解物与不同非肽类抗氧化剂的协同增效作用，如表 4.19 所示。

表 4.19　大豆蛋白水解物与不同非肽类抗氧化剂的协同增效作用

	大豆蛋白水解物 G		添加效果
	无添加（−）	添加（+）	
维生素 C	888.5	3067.3	上升 3.5 倍
大豆异黄酮	5440.6	9563.3	上升 1.7 倍
儿茶素	8349.5	11092.0	上升 1.3 倍
黑莓提取物	8679.5	12356.9	上升 1.4 倍
黑醋栗提取物	6636.5	9851.4	上升 1.5 倍
碧萝芷	9917.8	19829.5	上升 2.2 倍

续表

	大豆蛋白水解物 G		添加效果
	无添加（－）	添加（＋）	
巴西莓果提取物	347.6	1025.7	上升 3.0 倍
姜黄素	7837.6	24376.5	上升 3.1 倍
芝麻素	236.5	919.5	上升 3.9 倍

注：数值表示 ORAC 值（μmolTE/g）；大豆蛋白水解物与非肽抗氧化剂 1:1 混合。

然而，非肽抗氧化剂与抗氧化肽之间也存在拮抗作用，如抗坏血酸可降低抗氧化肽 Trp－Tyr 和 Trp－Tyr－Ser－Leu－Ala－Met 的抗氧化活性。抗氧化肽和非肽抗氧化剂之间的协同作用或拮抗作用机制尚不明确。因此，抗氧化肽作为食品功能配料运用于功能食品时，需考虑到抗氧化肽与非肽类的天然或人工合成抗氧化剂之间的协同或拮抗作用。

4.3.6 大豆减肥肽（lipolysis－stimulating）的制备

肥胖主要是由于能量摄入和消耗失衡引起的代谢紊乱综合征，可引起体内脂肪过多的堆积或异常，从而影响整个机体的正常生理功能，增加动脉粥样硬化、冠心病、高血压、糖尿病、肿瘤、高血脂等疾病的发病危险。2014 年公布的"中国居民营养与健康状况调查"显示，我国儿童肥胖者为 8.1%，成人超重和肥胖者分别为 20% 和 10%。与 1992 年资料相比，成人超重率上升 39%，肥胖率上升 97%。同时，在西方发达国家，各国在肥胖及并发症的治疗方面投入的经费占卫生总经费的 5% ~ 10%，每年高达数千亿美元。因此，开发和利用具有减肥作用的功能食品，对提高肥胖人群的生活质量，保护人体健康具有重要的现实意义。

台湾东海大学的研究者发现采用风味蛋白酶对大豆蛋白进行水解可制备出具有刺激 $3T_3－L_1$ 前脂肪细胞水解脂肪释放甘油活力的生物活性肽，并对水解物中生物活性肽进行了分离纯化。

（1）大豆蛋白水解工艺 将 1 份大豆分离蛋白与 10 倍重量水混合，搅拌均匀后添加大豆分离蛋白重量 1% 的风味蛋白酶进行酶解，以刺激 $3T_3－L_1$ 前脂肪细胞水解脂肪释放甘油活力为标的，采用响应面法对酶解温度、时间和酶解 pH 进行优化，发现水解温度为 45 ~ 50℃，水解时间为 100 ~ 150min，水解 pH 为 7.0 ~ 7.5 时，灭酶得大豆蛋白风味酶水解液（F－ISPH）。所得水解液具有较强的刺激 $3T_3－L_1$ 前脂肪细胞水解脂肪释放甘油活力。

（2）超滤　将水解液过截留分子质量为 30ku 的超滤膜，得 30ku 透过液和 30ku 截留液（F－ISPH 30ku retentate）。将 30ku 透过液过截留分子质量为 10ku 的超滤膜，得 10ku 透过液和 10ku 截留液（F－ISPH 10ku retentate）。将 10ku 透过液过截留分子质量为 1ku 的超滤膜，得 1ku 截留液（F－ISPH 1ku retentate）和 1ku 透过液（F－ISPH 1ku permeate）。采用凝胶色谱对 30ku 截留液、10ku 截留液、1ku 截留液和 1ku 透过液进行分子质量分布测定，如图 4.11 所示。

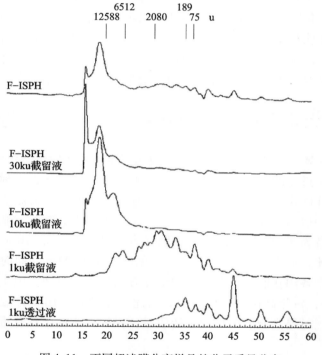

图 4.11　不同超滤膜分离样品的分子质量分布

由图 4.11 可见，30ku 截留液和 10ku 截留液中大部分肽的分子质量均集中在 12588u 以上；1ku 截留液中大部分肽的分子质量集中在 2000～6000u；而 1ku 透过液中大部分肽的分子质量集中在 100u 以下，以游离氨基酸为主。如图 4.12 所示。

从刺激 3T$_3$－L$_1$ 前脂肪细胞水解脂肪释放甘油能力来看，F－ISPH 活力达到 360nmol/mg 蛋白质，而 1ku 截留液的活力达到 390nmol/mg 蛋白质，显著高于 F－ISPH 样品。这表明超滤处理将具有刺激 3T$_3$－L$_1$ 前脂肪细胞水解脂肪释放甘油的活性肽富集在 1ku 超滤膜截留液中。如图 4.12 所示。

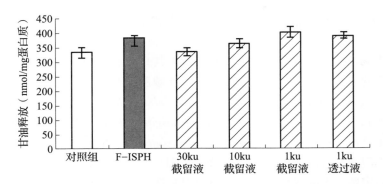

图 4.12 不同超滤膜分离样品的刺激 $3T_3 - L_1$ 前脂肪细胞水解脂肪释放甘油

从 $3T_3 - L_1$ 前脂肪细胞中甘油三脂肪酸酯（triglyceride，TG）残留量来看，空白样品残留量为 3.11μmol/mg 蛋白质；大豆蛋白风味酶水解液的 TG 残留量为 2.4μmol/mg 蛋白；而 1ku 截留液的残留量为 2.2μmol/mg 蛋白。这从另一侧面论证了超滤处理将具有刺激 $3T_3 - L_1$ 前脂肪细胞水解脂肪释放甘油的活性肽富集在 1ku 超滤膜截留液中。如图 4.13 所示。

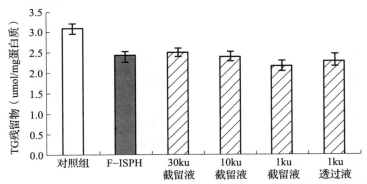

图 4.13 不同超滤膜分离样品的刺激 $3T_3 - L_1$ 前脂肪细胞水解脂肪释放甘油

分离纯化：采用凝胶色谱对 1ku 超滤截留液进行初步分离，得 GF_1、GF_2、GF_3 和 GF_4 组分，并进行活性评价。其中 GF_3 组分具有最强的刺激 $3T_3 - L_1$ 前脂肪细胞水解脂肪释放甘油活力。GF_3 组分在 2mg/kg 浓度下，刺激 $3T_3 - L_1$ 前脂肪细胞水解脂肪释放甘油活力达到 510nmol/mg 蛋白。对 GF_3 组分进行高效液相色谱、质谱分析，鉴定出 9 个功能性肽：Val - His - Val - Val、Leu - Leu - Leu、Leu - Leu - Ile、Leu - Ile - Leu、Leu - Ile - Ile、Ile - Len - Leu、Ile - Leu - Ile、Ile - Ile - Leu 和 Ile - Ile - Ile。

4.3.7　具有抗幽门螺旋杆菌活性的豌豆蛋白肽

　　胃肠道感染是许多人的主要问题，尤其是具有受损的免疫系统或胃肠道疾病的婴儿和病人。所产生的疾病可能威胁生命。胃肠道感染经常由大肠杆菌（*Escherichia coli*）、沙门氏菌（*Salmonella*）、弯曲杆菌（*Campylobacter*）、牙龈卟啉单胞菌（*Porphyromonasgingivalis*）、梭菌（*Clostridium*）、肠杆菌（*Enterobacter*）和螺旋杆菌（*Helicobacter*）（例如幽门螺旋杆菌）引起。幽门螺旋杆菌（*H. pylori*）是革兰阴性、微量需氧、有鞭毛的细菌，感染之后定殖在人的胃黏膜。已将幽门螺旋杆菌感染与严重的胃疾病关联起来，例如胃炎、消化性溃疡和胃癌。幽门螺旋杆菌已被世界卫生组织分类为Ⅰ类致癌原。幽门螺旋杆菌感染通常是慢性的，并且没有专门治疗的话大多数不能痊愈。

　　根除幽门螺旋杆菌感染的治疗需要3～4种抗生素药物疗法，治疗价格昂贵，并且有增加细菌菌株抗生素耐药性和不成功治疗后再次感染的风险。对儿童进行治疗可能是降低感染发生率以及与幽门螺旋杆菌相关疾病有关的发病率和死亡率的最经济方法。到目前为止，在治疗儿童的需求方面没有指导方针。关于用抗生素治疗和用疫苗接种预防的问题，应该预防幽门螺旋杆菌黏附到胃黏膜。没有所述细菌的黏附，导致胃炎或可能导致癌症的相关炎症的风险可能最小。已经证实，饮食调节可以在体内和体外用于支持幽门螺旋杆菌感染的治疗或预防。

　　将50g豌豆蛋白分离物［蛋白质含量为84%（质量分数）］溶解在50℃的1.5L蒸馏水中。通过加入0.56g胰蛋白酶（Novo PTN 6.0S）开始水解。通过加入NaOH溶液将pH控制在7.0。使所述反应持续2h。通过在85℃下维持5min热灭活所述酶而停止所述过程。通过在20℃下以3800×g离心20min去除沉淀，并将上清在板框装置中用700cm^{2}的10ku NMWCO PES膜超滤，取截留液。利用凝胶色谱、反向色谱从豌豆蛋酶解产物的截留液中鉴定出14个寡肽，见表4.20。

　　表4.20中阳性对照为15mmol/L的3′-唾液酸乳糖；未添加豌豆肽样品为阴性对照；实际黏附率为上述豌豆肽处理后FITC标记的幽门螺旋杆菌对AGS细胞的黏附平均值（±SEM）。

表 4.20　豌豆蛋白酶解产物的截留液中抗幽门螺旋杆菌活性肽

氨基酸序列	实际黏附率/%	
	75 μmol/L	150 μmol/L
Leu – Asp – Ala – Leu – Glu – Pro – Asp – Asn – Arg – lle – Glu – Ser – Glu – Gly – Gly – Leu – lle – Glu – Thr – Trp – Asn – Pro – Asn – Asn – Lys	95 ± 10	104 ± 7
Leu – Asn – lle – Cly – Pro – Ser – Ser – Ser – Pro – Asp – lle – Tyr – Asn – Pro – Glu – Ala – Gly – Arg	93 ± 18	94 ± 6
Asp – Phe – Leu – – Glu – Asp – Ala – Phe – Asn – Val – Asn – Arg	81 ± 3	83 ± 6
Trp – Glu – Asn – Glu – Glu – Asp – Glu – Glu – Gln – Asp – Glu – Glu – Trp – Arg	98 ± 2	107 ± 2
Glu – Leu – Ala – Phe – Pro – Gly – Ser – Ala – Gln – Glu – Val – Asp – Arg	94 ± 2	85 + 2
Gly – Asp – Phe – GLu – Leu – Val – Gly – Gln – Arg	94 ± 3	97 ± 2
Asp – Phe – Leu – Glu – Asp	102 ± 3	108 ± 6
Ala – Phe – Asn – Val – Asn – Arg	97 ± 4	104 ± 1
Leu – Glu – Asp – Ala – Phe – Asn – Val – Asn – Arg	95 ± 5	100 ± 4
Asp – Ala – Phe – Asn – Val – Asn – Arg	89 ± 4	89 ± 3
Asp – Phe – Leu – GLu – Asp – Ala – Phe – Asn – Val	91 ± 4	91 ± 4
Asp – Phe – Leu – Glu – Asp – Ala – Phe	85 ± 3	90 ± 5
Leu – Glu – Asp – Ala – Phe – Asn – Val	93 ± 2	94 ± 3
Asp – Ala – Phe	104 ± 6	105 ± 1
未处理的对照	100 ± 2	100 ± 2
阳性对照	70 ± 5	70 ± 5

4.3.8　酸稳定的大豆蛋白肽混合物的制备

　　如前所述，大豆肽具有抗高血压、抗胆固醇、抗血栓形成、改善脂质代谢、防止动脉硬化、增强人体体能和肌肉力量、抗疲劳等诸多生理活性，在功能食品中有着广泛应用。然而，当功能饮料 pH 在 3.0 ~ 4.5 时，常规方法制备的大豆蛋白肽容易形成浑浊和渣滓。为解决这一问题，日本不二制油株式会社公开了一种即使在酸溶液中冷藏和储存时也不形成渣滓的大豆肽混合物。具体方法如下。

　　大豆分离蛋白的制备工艺较多，常见的工艺如下：将低温脱脂大豆粉碎，加水制备脱脂大豆乳，离心分离去除其中的豆渣，向上清液中加入酸调整其 pH 到大豆蛋白的等电点使大豆蛋白沉淀，分离和去除大豆乳清，加碱中和，通过喷雾干燥等方法进行干燥，得到大豆分离蛋白A。另一种工艺是：低温脱脂大豆粉碎后，与水混合制备脱脂大豆乳，离心分离去除其中的豆渣，将上清液喷雾干燥得大豆分离蛋白 B。大豆分离蛋白 B 的口感明显优于大豆分离蛋白 A，且大豆分离蛋白 B 的酶解产物也具有良好的口感。然而，将大豆分离蛋白 B 制备的大豆蛋白肽在酸性条件下冷藏时比大豆分离蛋白 A 制备的水解物更容易形成渣滓（白浊）。

日本不二制油株式会社的研究人员发现对大豆分离蛋白 B 在碱性或中性条件下采用内切蛋白酶进行水解，然而调节到酸性条件下采用具有外切活力的蛋白酶进行处理，并进一步用植酸酶进行处理，则制备的大豆蛋白肽在酸性条件下冷藏也不会形成渣滓。具体工艺参数如下。

向 6 质量份 45℃温水中，缓慢加入 1 质量份低度变性脱脂大豆片。在用盐酸调整到 pH 为 4.2 的同时，轻轻搅拌混合物 10min 后洗涤，然后用离心分离机（1500×g，10min）分离和去除溶出的乳清成分，获得 2 质量份浓缩大豆蛋白。向 2 质量份的这种浓缩大豆蛋白中，加入 6 质量份的 45℃温水。轻微搅拌 10min 后洗涤，溶出的乳清成分用离心分离机（1500×g，10min）分离和去除，获得 6 质量份乳清和 2 质量份浓缩大豆蛋白，该浓缩大豆蛋白的含水量为 63%，粗蛋白含量为 72%（以干基计）。

向该 2 质量份的浓缩大豆蛋白中，加入 4 质量份水，将混合物调整到 pH 为 7.0，搅拌 30min，离心获得提取残留物和 4 质量份提取物（固形物含量为 8.0%）。提取在 60℃进行，用 1500×g，10min 的离心分离条件进行固 – 液分离，用 20% 氢氧化钠溶液调整提取物的 pH。

上述大豆蛋白提取物用蒸汽注入型连续直热式灭菌器在 140℃灭菌 10s，然后喷雾干燥制得水分含量为 5% 的大豆蛋白分离物粉末。每份干固体成分中的粗蛋白含量为 90%。将如此获得的大豆蛋白分离物粉末在 58℃下溶解制成 pH 为 8.5 的 8% 溶液，然后加入 1.5% E/S 比例的 "protinAY40"（内切型碱性蛋白酶，由 Daiwa Kasei Co., Ltd. 生产）作为蛋白水解酶，然后在 58℃水解 3h（15% TCA 溶解率为 70%）。

后向大豆蛋白水解物溶液中加入柠檬酸调整到 pH 为 4.5，对混合物进行加热处理（85℃处理 10min），离心（1500×g，20min）分离去除含有未分解残渣的不溶性物质。获得的离心上清液中水解物的 15% TCA 溶解率是99%，平均分子质量是 1200u，游离氨基酸的量大约是 0.6%。向获得的离心上清液中，加入 0.5% E/S 比例的植酸分解酶 "Sumizyme PHY"（由 Shin Nihon Chemicals Co., Ltd. 生产）和 0.04% E/S 比例的根霉菌属来源的 "肽酶

R"（由 Amano Enzyme Inc. 生产）混合物在 50℃ 条件下反应 10min。

肽酶 R 是中性肽酶，但是含有内切型和外切型的酸性蛋白酶。酶反应后的大豆蛋白水解物溶液用蒸汽注入型连续直热式灭菌器在 120℃ 灭菌 7s，然后喷雾干燥，制成水分含量为 4% 的大豆肽混合物粉末。大豆肽混合物在 15% TCA 溶解率是 99%，平均分子质量是 1100u，游离氨基酸的含量约占总氮大约是 1%。将获得的大豆肽混合物粉末的 5% 水溶液，用柠檬酸调整到 pH 为 3.8，然后冷却到 4℃，检测其浊度（OD_{610nm}）为 0.013。

4.3.9　脱脂豆乳肽的制备

脱脂豆乳指的是除去了豆渣等不溶性部分，而未通过等电点沉淀、超滤等除去低分子质量部分的脱脂大豆的提取物及其干燥物的再溶解液。在该脱脂豆乳中，一般固体部分中的粗蛋白浓度为 40% ~ 75%。脱脂豆乳肽是以脱脂豆乳为原料通过控制酶解制备而成的。与来源于大豆分离蛋白的大豆肽相比，其肽含量占总固形物的比例较低，但含有大豆低聚糖和矿物质，在微生物培养基、膳食补充物、运动饮料及功能性食品中被广泛地应用。

在由各种大豆蛋白制备肽的过程中，均会产生不溶性物质，一般认为是已分解肽的聚合产物。因此，在常规实践中，在高透明度肽的制备中，该不溶性物质通过过滤除去，如硅藻土过滤、微滤和超滤。然而，脱脂豆乳肽与常规大豆肽相比具有非常差的过滤性，并且还可导致生产成本的增加。

研究者发现，在脱脂豆乳水解液中添加易溶性钙盐，如无机钙盐氯化钙和氢氧化钙，或如有机钙盐葡萄糖酸钙和乳酸钙，添加量以相对于脱脂豆乳蛋白质含量的 0.6% ~ 2%（以钙计算），可显著提高过滤效果，改善所得脱脂豆乳肽的透光率。下面介绍具体实施方式。

通过向脱脂大豆中添加 10 倍重量的水，同时搅拌和提取，然后分离豆渣从而获得脱脂豆乳提取物 A。通过向分离的豆渣中加入 10 倍体积的水，同时搅拌和提取，然后分离豆渣从而获得脱脂豆乳提取物 B。将脱脂豆乳提取物 A 和 B 混合，然后冷冻干燥从而获得脱脂豆乳粉。该脱脂豆乳粉的粗蛋白浓度为 62.0%。将脱脂豆乳粉溶解于水中以制备 9%（质量分数）的溶液，然后将 pH 调节到 7.0。相对于脱脂豆乳中的粗蛋白含量，以 2%（质量分数）的量向该溶液添加 Protease N 蛋白酶。混合物在 55℃ 下水解 5h 以获得脱脂豆乳肽的反应溶液。通过在 5000r/min 下离心分离该反应溶液 5min 而获得的上清液在 85℃ 下加热 30min 灭酶，得脱脂豆乳水解液。向脱脂豆乳水解液中添加不同量的氯化钙，分别测定过滤速度、钙的残留量、粗蛋白含量和15%TCA溶解度，如表4.21所示。

表4.21　　氯化钙添加量对脱脂豆乳水解液过滤速度的影响

氯化钙的添加量/%	0.0	0.4	0.9	1.5	2.4	3.0
4倍浓缩时的过滤速度（L·hr/m²）	42	42	69	86	388	416
残留钙含量/%	0.13	0.21	0.42	0.73	1.44	1.68
粗蛋白含量/%	60.3	60.6	60.9	60.0	59.2	58.5
15%TCA溶解度/%	98.4	97.6	97.2	98.6	97.4	98.1

4.3.10　利用大豆蛋白酶解物抑制淀粉回生的方法

淀粉回生是糊化后的直链和支链淀粉在温度降低的过程中分子之间以氢键连接形成的结晶，回生导致淀粉质食品硬度增加，消化率降低，同时对淀粉作为黏结剂在工业上应用也受到影响。目前，抑制淀粉回生的方法主要是采用添加胶类物质和茶多酚等物质。前者使用中，胶类物质与水形成黏稠组织，使淀粉吸收水分的速度减慢，影响淀粉糊化；后者在植物中含量低，难以进行工业化生产。

天津商业大学连喜军等公开了一种利用大豆蛋白酶解物抑制淀粉回生的方法，包括下述步骤：将大豆蛋白原料溶于水中得到质量为5%~10%的蛋白乳液，按质量比例添加大豆蛋白原料1%~2%的中性、碱性或酸性蛋白酶酶解，以获得含有多肽的大豆蛋白酶解液；所得到的含有多肽的大豆蛋白酶解液经离心，弃沉淀取上清液后，调节所得上清液的pH到4.0，再离心，弃沉淀取上清液得到大豆蛋白酶解物。该大豆蛋白酶解物在添加量为1%~2%（以淀粉重量计）时具有抑制淀粉回生的作用。

具体实施方式如下：将含蛋白90%以上干基计的大豆分离蛋白溶于水中得到质量浓度为5%的蛋白乳液，添加大豆分离蛋白质量为2%的碱性蛋白酶（10000U/mL）酶解，酶解温度为55℃、pH为10.0、酶解时间为5h，得到大豆蛋白酶解液。所得大豆蛋白酶解液采用质谱检测，其中主要含有多肽和氨基酸，多肽以相对分子质量为862的七肽为主。所得含有多肽和氨基酸的大豆蛋白酶解液经3000r/min离心，弃沉淀取上清液，用6.0mol/L盐酸调节所得上清液的pH为4.0，经3000r/min离心，弃沉淀取上清液得到大豆蛋白酶解物。

将马铃薯淀粉100g与10g大豆蛋白酶解物（大豆蛋白酶解物湿重与

干重比例为 10:1，相当于 1g 干重）、水混合制成淀粉的质量比例为 10%
的淀粉乳，在 90℃糊化 30min 后放入高压锅中进行高压处理得到甘薯淀
粉糊，高压温度为 120℃，高压时间为 30min，将甘薯淀粉糊取出后进行
老化得到半固体状回生抗性淀粉，老化温度为 4℃，老化时间为 72h。加
入相当于淀粉乳质量 6% 的高温淀粉酶（20000U/mL）水解 30min，水解
温度 95℃，然后离心，取沉淀水洗，再次离心，取沉淀 40℃干燥，测得
回生淀粉含量为 1.5%，回生率为 1.5%。在同样条件下，未加大豆蛋白
酶解物马铃薯淀粉回生率为 19.0%。

4.3.11　β-大豆伴球蛋白控制酶解制备大豆糖肽

糖蛋白酶法降解后制备的糖肽具有多种生理功能。大量研究表明，
糖肽的生物功能包括抑制致病菌粘附、维持肠道健康、免疫调节、抗氧
化、降胆固醇等。如前所述，β-大豆伴球蛋白是大豆蛋白的重要组成部
分，是一种典型的高甘露糖型糖蛋白，含有 3.8% 甘露糖和 1.2% 葡糖胺，
即每个 7S 球蛋白分子含有 38 分子甘露糖及 12 分子葡萄糖胺。

2002 年 Guo 等采用复合酶对 β-大豆伴球蛋白进行水解，用 TOF-
MASS 对酶解产物进行分析发现，酶解产物的分子质量集中在 400~600u，
且大部分为含糖的寡肽，总的糖含量为 7.7%。2003 年郭顺堂等以脱脂豆
粉为原料，分离制备出纯度分别为 75.5% 和 86.03% 的 β-伴大豆球蛋白
和大豆球蛋白，含糖量分别为 3.23% 和 1.16%。并以 β-伴大豆球蛋白
为原料，用碱性蛋白酶在 55℃，pH 为 8.0 条件下酶解制备大豆糖肽后，
利用 Sephadex G-25 进行凝胶过滤，发现分子质量较大的组分中糖含量
为 8.23%，该组分中的结合性糖肽约占肽总量的 40%。2010 年郭顺堂等
进一步发现 β-伴大豆球蛋白的碱性蛋白酶酶解产物和链酶蛋白酶酶解产
物中的糖肽对 ConA 诱导的脾细胞增殖具有明显的抑制效果，在浓度为
50μg/mL 时，抑制率最大。2013 年郭顺堂教授指导的博士任建华系统研
究了大豆糖肽抑制致病菌黏附机制及稳定性，分析了大豆糖肽的结构特
征和性质与生物活性的关系，明确了大豆糖肽抑制肠道致病菌黏附细胞
的机制，以及维持细胞骨架完整和恢复受损肠黏膜功能的生物学机制，
并通过小鼠溃疡性结肠炎的肠道损伤模型解析大豆糖肽对肠黏膜屏障的
保护机制。

利用大豆蛋白制备大豆糖肽或富含大豆糖肽的酶解产物，关键在于：
① 提高酶解底物 β-大豆伴球蛋白的含量；② 利用膜处理、离子交换树
脂等分离技术去除非糖肽组分，从而富集酶解产物中糖肽。

4.3.12 花生粕酶解物–葡萄糖浆反应物改善沙琪玛风味利用

在我国，50% ~60% 的花生仁都用来榨油，花生经过榨油后的副产品——花生粕，养分含量很高，其中含有丰富的蛋白质资源以及一些不溶性的花生纤维，具有很高的利用价值。英国一家调味品公司用花生压榨后的花生粕生产鸡味调味品，方法已经申请专利，据报道其鲜味比一般味精高。因 Maillard 反应产物含有大量香味物质，花生粕蛋白的酶解产物为 Maillard 反应的发生提供了丰富的氨基酸来源。利用 Maillard 反应合成的肉类香味料可被广泛用于香肠制品、方便汤料、膨化食品等中，以提高食品的品质。同时，烘烤花生有很好的坚果香气，其与沙琪玛的香气能很好地融合，因此，可选择花生粕酶解物作为美拉德反应的氨基酸源。

4.3.12.1 花生粕酶解物–葡萄糖浆反应物的制备及评价

美拉德产物的制备：葡萄糖浆加一定量的花生粕蛋白酶解物，花生粕蛋白酶解物添加量分别为葡萄糖浆质量的 0.5%、1%、2%、3%、4%，在 120℃，自然 pH 条件下反应 30min。将制备好的美拉德产物配制成 10% 的水溶液，在亚油酸体系中测定其抗氧化性，结果如图 4.14 所示。

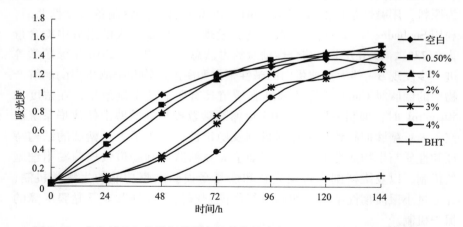

图 4.14 花生粕酶解物添加量制备的美拉德产物在亚油酸体系中的抗氧化性

由图 4.14 可知，空白组及添加 0.5%、1% 的花生粕酶解物制备的美拉德产物亚油酸体系的吸光值随时间的延长可呈现出持续的增加趋势，亚油酸的自动氧化作用非常明显。而添加2%、3%及4%花生粕酶解物制备的美拉德产物在亚油酸体系的吸光值在72h前维持在较低的水平,72h后添加了2%、3%花生粕酶解物制备的美拉德产物在亚油酸体系的吸光值急剧增加,而添加4%花生粕酶解物制备的美拉德产物亚油酸体系吸光值的相对增加幅度较小。这说明随花生粕蛋白酶解物添加量的增加,美拉德产物对亚油酸体系的氧化抑制率增大,花生粕蛋白酶解物添加量为4%时其抗氧化性最大,在72h内抑制率均达到85%以上。本试验所制备的美拉德产物在亚油酸体系中的抗氧化效果略低于BHT,但与合成抗氧化剂相比,美拉德产物的安全性、富营养性使其在作为功能性食品配料方面具有极大的潜力。

由图4.15可知,随花生粕蛋白酶解物添加量增加,美拉德产物的DPPH自由基清除率逐渐增加,当花生蛋白酶解物添加量为1%时,DPPH自由基清除率即达到较高水平,DPPH自由基清除率达到90%,之后随花生粕酶解物添加量的增加DPPH清除率增加不明显,维持在稳定的水平。这表明添加花生粕酶解物制备的美拉德产物可以很好地作为电子供体与自由基结合形成性质稳定的物质,从而终止自由基的链式反应。

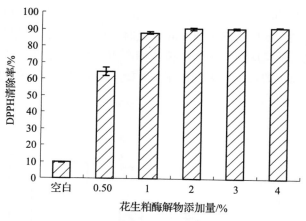

图4.15 花生粕酶解物添加量对美拉德产物DPPH自由基清除率

美拉德产物的制备:葡萄糖浆加4%的花生粕酶解物,在120℃,自然pH条件下分别反应0、10、20、30、60min。将制备好的美拉德产物配制成10%的水溶液,在亚油酸体系中测定其抗氧化性,结果如图4.16所示。

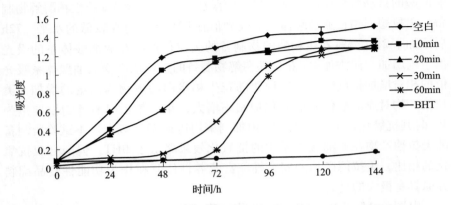

图 4.16　不同反应时间的美拉德产物在亚油酸体系中的抗氧化性

由图 4.16 可知，不同反应时间制备的美拉德产物亚油酸体系的吸光值随时间延长增加幅度不同，反应时间小于20min 时，体系的吸光值增加幅度明显，随反应时间的增加，体系吸光值在 72h 前均维持较低的水平，可以与 BHT 相媲美，但储存 72h 后，体系的吸光值会急剧增加，这可能是因为随储存时间的延长，使亚油酸体系的平衡被打破，美拉德产物不能很好地发挥其抗氧化作用。

由图 4.17 可知，随反应时间的延长，美拉德产物的 DPPH 自由基清除率逐渐增加，反应时间为 30min 以上时，DPPH 自由基清除率可达到较高水平，之后随反应时间的增加美拉德产物 DPPH 自由基清除率增加不明显，维持在稳定的水平。因此选用 120℃，反应 60min 制备的美拉德产物再进行下一步研究。

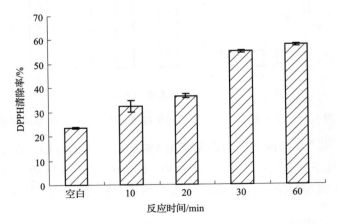

图 4.17　不同反应时间的美拉德产物 DPPH 自由基清除率

为进一步验证美拉德产物的抗氧化性，为其在工业上的应用提供依据，将制备的美拉德产物与企业生产用的抗氧化剂进行复配，测定其在棕榈油中的抗氧化效果。

在100g棕榈油中添加不同比例的美拉德产物和抗氧化剂，美拉德产物用4mL水溶解，抗氧化剂和美拉德产物比例分别为：0 和2g、0.1 和1.5g、0.2 和1g、0.3 和0.5g、0.4 和0g，置于透光广口瓶中，在62℃保温，每隔24h测定油脂的过氧化值，考察美拉德产物与企业抗氧化剂复配对棕榈油的抗氧化效果，试验结果如图4.18所示。由图4.18可知，美拉德产物与企业用抗氧化剂复配的效果比单独使用美拉德产物或抗氧化剂在棕榈油中的抗氧化性强，复配效果与200mg/kgBHT抗氧化效果相媲美，美拉德产物与抗氧化剂复配的比例对其抗氧化效果影响不大。这说明美拉德产物可以替代一部分抗氧化剂应用于产品中，同时抗氧化效果可得到增强。

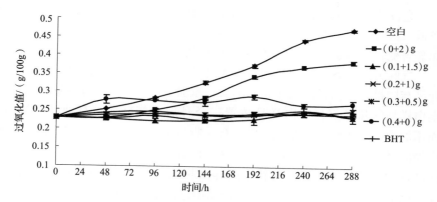

图4.18　美拉德产物与抗氧化剂复配在棕榈油中的抗氧化性

4.3.12.2　花生粕酶解物－葡萄糖浆反应物改善沙琪玛风味

为研究美拉德产物对沙琪玛品质的影响，试验中首先采用感官评价比较不同美拉德产物添加量的样品间的差别，以便选择合适的添加量来进行后续试验。评定样品在室温下储存三个月后，评定标准为10分制，以新生产出来的沙琪玛作为标准对照，感官评价结果如图4.19所示。

不同样品在产品的外观、甜度、口溶性、软硬度等方面无显著差异，与新生产的产品相比较，放置一段时间后各样品在口溶性方面稍微变差。

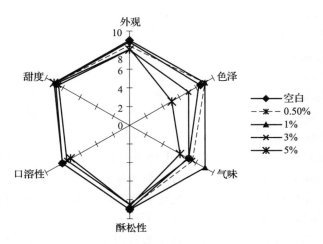

图4.19　不同样品放置三个月后感官评价结果

色泽方面，随美拉德产物添加量的增加，产品色泽逐渐加深，评分较低。添加0.5%和1%的美拉德产物的产品在色泽上与空白样品相近，无显著变化；添加3%和5%的美拉德产物的样品色泽较深。

气味方面，各样品间相比有较大差异。添加0.5%美拉德产物制备的样品与同批次空白样品相比相差不大；添加1%美拉德产物制备的样品比空白样品气味较好，空白样品放置三个月后香气减弱，有油脂哈喇味，而添加1%美拉德产物的样品则没有油脂哈喇味；添加3%和5%美拉德产物的样品与空白相比也没有哈喇味，但有明显的焦糖味。添加1%美拉德产物的样品放置三个月与新生产样品相比，香味稍有减弱，无其他异味。因此，添加1%美拉德产物到产品中进行系统的储存试验。

油脂的酸价和过氧化值是衡量油脂是否酸败的重要指标。图4.20给出了储存过程中沙琪玛油脂的过氧化值的变化曲线，从中可以看出在开始一段时间内，空白产品过氧化物的量不断增加，过氧化值也随之增大，在大约储存3个月时过氧化值达到最大值0.096g/100g，由于过氧化物是油脂氧化过程中的中间产物，性质不稳定，当过氧化物的量增加到一定程度后，进一步氧化分解，生成醛、酮等物质，过氧化值开始回落。而对于添加了1%美拉德产物的沙琪玛，其过氧化值一直维持在较低的水平。

对于沙琪玛储存过程的酸价变化，如图4.21所示，在整个储存过程中，添加了美拉德产物的产品其酸价均低于空白产品。这与之前在模拟体系中测得的美拉德产物的抗氧化效果相一致，这说明美拉德产物应用在沙琪玛中对油脂氧化起到了很好的抑制作用。

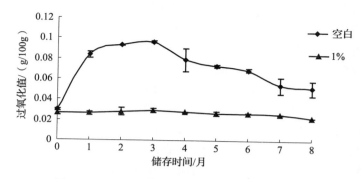

图 4.20　沙琪玛储存过程中油脂过氧化值的变化

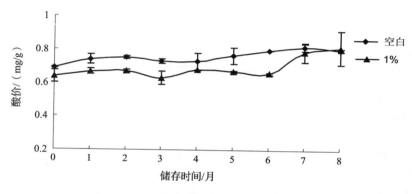

图 4.21　沙琪玛储存过程中油脂酸价的变化

4.3.13　用于减麦芽或无麦芽发酵啤酒的大豆蛋白水解物

低麦芽啤酒分别是以少量麦芽、未发芽的大麦、大米、酒花和水为原料，通过添加适量外源水解酶糖化获得优质麦汁，再添加酵母菌酿造出啤酒。麦芽是啤酒生产的主要原料。传统的啤酒生产所用的酶主要来源于大麦制成的麦芽。麦芽既是酶源又是酶作用的底物。啤酒生产最重要的是通过制麦、糖化添加酒花而获得理想的麦芽汁。麦芽的糖化是大麦发芽过程中产生的各种酶使大麦中原来不溶解的淀粉、蛋白质等高分子物质转变为糖类、氨基酸等低分子可溶性成分。用全麦芽制成的麦芽汁可以酿造出最好的啤酒。但麦芽是一种价格昂贵的原料，制麦又是一个极费时间和消耗能源的过程。为此使用非发芽谷物以减少麦芽消耗、扩大原料范围、增加生产和降低成本，已成为发展啤酒生产的一个主要方向。国内外近十几年来，酶制剂生产的品种和数量都有了较大的增加。

目前采用新的外加酶技术和增加辅料的啤酒的研究与生产已成为原料结构变化的一个显著特点而引人注目。欧洲、日本的一些啤酒厂，都主要突出了新酶系统的利用，用大麦或其他谷物在有少量麦芽或没有麦芽的情况下制成了具有良好香味和质量的麦汁和啤酒。看来制麦汁不一定非要找到一个新的大麦品种不可。可以用质量较差的麦芽（低发芽率麦芽）甚至根本不用麦芽也可以生产出啤酒。低发芽率麦芽应用于啤酒的主要技术难点在于：麦芽中各种酶的活性低，特别是分解淀粉多糖的淀粉酶和分解蛋白质的蛋白酶活性较低，直接影响糖化，不能有效地将大分子物质分解为所需的小分子物质，不但糖化时间延长，而且糖化不彻底，同时也会影响过滤的速度和糖化麦汁的收得率。目前业内普遍采用的解决方法是在使用低发芽率麦芽酿造啤酒的时候通常会在糖化过程中添加啤酒复合酶得到与发芽大麦同样的物质，从而提高糖化麦汁的质量。

另一方面，降低麦芽用量导致啤酒发酵液中酵母增殖所必需的氨基酸、生物素、多酚以及无机离子含量减少，结果易导致发酵过程中酵母细胞密度降低，酵母双乙酰还原能力减弱，甚至还会影响发酵速度。由于麦汁营养物质不良而造成的积累性损害，易使酵母使用代数减少，给生产和产品质量带来一系列负面影响。这主要是由于营养欠缺造成酵母活性的衰退，未能建立对 α - 酮酸的反馈抑制，以致产生多量的酮酸无法转化成氨基酸，却转化成高级醇。解决方案是添加酵母食物，以改善麦汁的某些组成及啤酒发酵中酵母的营养状况，使发酵得以更顺利进行，同时也可改善啤酒风味。尽管采用了上述措施，减麦芽啤酒与常规啤酒在风味上依然有一定差异。

不二制油株式会社的研究人员发现，采用来源于曲霉属的酸性或中性蛋白酶（含有氨肽酶活力）水解大豆蛋白，当大豆蛋白水解物在 15% 的 TCA 溶液中的溶解度为 45% ~ 100%，酶解产物的平均分子质量为 300 ~ 10000u，且游离氨基酸含量占总氮的 1% 以上时，将所得大豆蛋白水解物应用于减麦芽或无麦芽发酵啤酒时可显著改善啤酒风味。下面举例说明。

制备 10kg 大豆分离蛋白的 pH 为 7.0 的 8% 水溶液，并与具有肽酶活力（200 单位/mL）的 0.2kg 蛋白酶（蛋白酶 A，Amano Enzyme 公司）反应，以在 50℃ 下进行水解 5h（15% TCA 溶解率为 85%），接着在 145℃ 杀菌 10s，喷雾干燥得大豆肽粉末。粉末中游离氨基酸占总蛋白质的 11%。

在 7°Bx 的麦芽汁中添加蔗糖至 9°Bx，并添加 1000mg/L 上述大豆肽粉末。将所得混合物煮沸 30min 并冷却至 18℃。添加啤酒酵母在 18℃ 的恒温箱中发酵 5d，得减麦芽酿造啤酒。该啤酒具有浓郁的口感和香气，与麦芽度为 9°Bx 的酿造啤酒风味接近。

4.4 大豆蛋白深度水解制备呈味基料

植物蛋白质（大豆、黑豆、小麦、花生、豌豆等）具有来源广泛、价格低廉、谷氨酸（谷氨酰胺）含量高、蛋白质一级结构中富含呈味肽序列的特点，是生产呈味基料及调味品的优质原料。传统调味品，如酱油、豆酱、腐乳、豆豉都是以植物蛋白质为原料的，通过多种微生物协同发酵经长时间酿造而成。这些调味品具有鲜味突出、厚味绵长等特点，在我国有一千多年的生产历史。近年来，国内外研究者对传统发酵豆制品的鲜味因子做了大量研究。2003 年韩国学者 Seung Ho K 等从豆酱的水溶性提取物中发现豆酱中谷氨酸、天冬氨酸及呈鲜肽是其鲜味的主要成分；2015 年华南理工大学赵谋明教授团队从酱油原油中分离鉴定得到 5 种新的呈味肽，分别为 ALPEEV、LPEEV、AQALQAQA、EQQQQ 和 EAGIQ。另一方面，食品工业中广泛使用的酸水解植物蛋白质（HVP）始于 19 世纪，是以植物蛋白质为原料，经强酸水解、中和、脱色过滤、干燥等工艺制备的具有较强鲜味的呈味基料。近年来，因存在氯丙醇等潜在安全隐患，目前酶水解植物蛋白质（EVP），特别是富含呈味肽的酶水解植物蛋白质正逐渐取代 HVP，成为业内研究和开发的重点。本节首先比较了 HVP 和 EVP 的生产工艺、化学组成和风味特征，并在此基础上进一步阐述了固态制曲－液态酶解制备呈味基料、液态发酵法制备呈味基料、复合酶解法制备呈味基料以及利用美拉德反应提升呈味基料的呈味效果等技术，以期为高品质的呈味基料及调味品制备提供理论指导。

4.4.1 酸水解植物蛋白质（HVP）和酶水解植物蛋白质（EVP）的风味特征及比较

4.4.1.1 HVP 的生产及酸水解的专一性

酸水解植物蛋白质（hydrolyzed vegetable protein，HVP）以蛋白质来源为植物性的黄豆、小麦或玉米为原料，通过酸法水解、中和而成。这项技术最早由瑞士的 Julius Maggi 在 1866 年所开发，主要用于汤的制作。HVP是雀巢公司早期的几个重要产品之一，推出后在欧洲颇畅销。在二战之前，美国的 HVP 主要是由日本供应，由于担心战争因素造成缺货，美国的食品工业也从 20 世纪 40 年代开始发展 HVP 的制造技术。我国的 HVP 开发技术始于 20 世纪 90 年代初期，但发展势头迅猛。酶法水解植物蛋白质（enzymatically hydrolyzed vegetable protein，EVP），是伴随着遗传工程技术应用到微生物菌株改良之后发展而来，虽时间较短，但由于其在营养、风味方面存在较大的优势，应用日益广泛。两者由于生产方式相差较大，其产品外观、化学组成、风味等均有较大的差异，以下将 HVP 和 EVP 在化学组成以及风味方面的差异进行了比较，并分析了原因。

HVP 主要用途为食品的调味料或鲜味剂，也会使用在汤料、酱料、速食食品及休闲食品中，且一般用在肉味香味的加强上。制造 HVP 常用的原料是大豆粕、花生粕、小麦蛋白等植物原料加工副产品。常用的酸为盐酸，因其价格低廉，且其中和后的产物为食盐，可在调味品中作增味剂。常用的水解方法是：3 ~ 6mol/L 的盐酸在 100 ~ 125℃，水解 4 ~ 24h。采用碳酸钠或氢氧化钠中和，得到高含量的食盐，然后再以活性炭过滤。在中和的过程中，均匀的搅拌非常重要，可避免局部的碱浓度过高而导致某些敏感氨基酸分解。不同等级的活性炭过滤及不同的处理方式，都会影响到最终产品中部分或全部芳香氨基酸的含量，主要是酪氨酸、苯丙氨酸的含量。酸水解液中的一些杂质也会在活性炭处理过程中被除去。

酸水解法生产 HVP 的特点是水解迅速彻底，大部分蛋白质水解成 L 型氨基酸，避免消旋作用。酸水解法生产 HVP 具有成本低的特点，是历史最悠久、使用最广泛的生产方法。尽管如此，酸水解法也存在许多缺点。第一，敏感氨基酸被破坏。在这种酸水解过程中由于强酸的作用，天冬酰氨酸和谷氨酰氨酸分别被水解为天冬氨酸和谷氨酸，胱氨酸被水解为半胱氨酸；色氨酸被破坏；丝氨酸和苏氨酸被盐酸部分破坏，破坏率分别在 10% 和 5%。第二，单糖、多糖大部分被破坏，导致水解液颜色呈棕黑色。第三，更为严重的是酸法水解过程中，由于原料中少量残留油脂会发生水解反应生成丙三醇，进一步生成氯丙醇类物质如 3 - 氯 - 1,2 - 丙二醇（3 - chloro - 1,2 - propanediol）和 1,3 二氯 - 2 - 丙二醇（1,3 - dichloro - 2 - propanol）。此类氯丙醇物质有一定的毒性，且有一定的致癌性。我国生产的部分调味品由于添加了植物水解蛋白质（HVP），存在氯丙醇含量超标的问题，曾一度遭到欧美发达国家的抵制。水解液中氯丙醇残留可通过多种化学方法重新生成甘油，如碱处理等，使氯丙醇含量降低至 1mg/kg 以下。典型的 HVP 的化学组成，如表 4.22 所示。

表 4.22			典型 HVP 的化学组成		单位：g/100g
成分	含量	成分	含量	成分	含量
总氮（N）	5.0~7.5	谷氨酸	12~12.5	脂肪	0.2~0.5
盐（NaCl）	35~45	有机酸	2.2~8.44	碳水化合物	0.03~0.68
α－氨基酸	23	核苷酸	—	盐酸铵	0.25~4.85
肽	7	总挥发物	100mg/L		

　　尽管酸法水解蛋白专一性弱，常用于彻底水解蛋白质，但蛋白质的三级结构和氨基酸顺序对水解程度仍有较大的影响。一般观点认为酸水解蛋白质没有专一性，所以酶的专一性水解被应用以后，酸水解法就被人们所忽略了。实际上，酸水解还是有一定专一性的。蛋白质的酸水解法一般可分为稀酸和强酸两种方法。在稀酸的条件下，天冬氨酸后面的肽链容易断裂。如 Asp－Pro 键在 pH 为 2.5 时水解相当完全。在浓酸条件下，含羟基的侧链残基右侧肽键容易断裂。在 HVP 生产过程中，酸性氨基酸（Glx、Asx）、Ala、Gly 和 Pro 在 HVP 中上述氨基酸的释放率在 90% 以上。大分子质量疏水性氨基酸和碱性氨基酸在 HVP 中的释放率分别在70% 和 60% 左右。脂肪族氨基酸残基彼此靠近会产生静电屏蔽，三级结构影响着蛋白质的展开程度。其中两个脂肪族氨基酸之间的肽键最难打开，如 Val－Val、Ile－Val、Ile－Ile 在 110℃需要水解 92 或 120h 才能解开，而这么长的水解时间可能会导致更多的敏感氨基酸遭到破坏。侧链基团对二肽的水解效率，如表 4.23 所示。

表 4.23	在酸溶液中二肽的水解速度
二肽	水解相对速度（Gly－Gly＝1）*
Gly－Ala	0.62
Ala－Gly	0.62
Gly－Leu	0.40
Gly－Tyr	0.35
Gly－Val	0.31
Leu－Gly	0.23
Leu－Tyr	0.41
Val－Gly	0.15

注：* 在含等体积 10N HCl 和冰醋酸溶液中于 37℃水解。

4.4.1.2 EVP 的生产及特点

近年来，随着基因工程、发酵技术的进步、蛋白酶生产成本的不断降低和酶应用技术研究的不断深入，采用蛋白酶技术生产酶水解植物蛋白质（EVP）成为可能，酶解水解植物蛋白质逐渐走入人们的视线并实现产业化。与酸法水解相比较，酶法水解具有反应条件温和、副反应少、不破坏敏感氨基酸、水解程度容易控制等特点，特别是在营养成分和风味的保留上，具有不可比拟的优点。

酶法水解温度通常在 45～60℃，反应时间 3～72h，蛋白质的水解程度受酶的种类、活力、专一性、pH、底物浓度、酶解产物、激活剂、抑制剂、水解温度、水解时间等诸多因素影响。如何以较低的酶制剂成本获得较高的水解度是生产 EVP 的难点。对于植物性蛋白质，80～85℃，5～10min 的预处理可以破坏蛋白质的三级结构，有助于进一步提高蛋白质的水解度。由于蛋白酶具有底物专一性，如羧肽酶从多肽羧基端将氨基酸水解下来；氨肽酶从多肽氨基端将氨基酸水解下来；胰蛋白酶专一水解赖氨酸、精氨酸等碱性氨基酸，采用多种外切酶和内切酶复合使用，在相对较低的温度下长时间水解是通用工艺。另外，酶解温度的选择也较为重要，温度太低，不仅酶解速度慢，而且酶解液容易腐败变质；温度太高，蛋白酶容易失活导致水解度降低。

在调味品的生产中，酶法水解与酸法水解相比具有如下特点：① 水解条件温和，对敏感氨基酸无破坏作用；② 能最大的保留原料的风味；③ 无氯丙醇产生；④ 水解产物除含有氨基酸外，还含有大量小分子质量肽。但酶法水解的缺点在于：① 酶制剂较为昂贵，生产成本较高；② 由于酶具有较强的专一性，蛋白质的三级结构、氨基酸序列均对酶解有较大影响，水解程度相对较低；③ 因酶解条件温和、酶解时间长，深度酶解过程可能导致微生物的滋生，所以酶解条件需要仔细选择和控制。从蛋白质水解的角度来看，高盐稀态酱油发酵是利用高浓度食盐防腐条件下，大豆蛋白和小麦蛋白在蛋白酶的作用下长时间低温水解制备的蛋白质深度水解液。高盐稀态酱油的发酵周期为 2～3 个月，温度控制在 20～35℃，水解度可达到 60%～65%。

4.4.1.3 HVP 和 EVP 组成及呈味特征比较

HVP 在呈味特性上一般被描述为："强烈的鲜味""尖锐的鲜味""具有爆发感的鲜味"和"具有冲击感的鲜味"。与之相反，EVP 在呈味特性上一般被描述为："鲜味柔和""鲜味较弱""厚味好"和"鲜味增效作用"。

　　HVP 和 EVP 在呈味上有较大差异与其氨基酸组成、多肽、碳水化合物和有机酸组成和含量等方面的较大的差异有关，其中游离氨基酸、肽的种类和含量的巨大差异是 HVP 和 EVP 呈味特征不同的主要原因。大豆蛋白的酸法水解和酶法水解液中游离氨基酸种类和含量的区别，如表4.24 所示。

表 4.24　大豆蛋白的酸法水解和酶法水解中游离氨基酸占总蛋白的比例

单位:%

氨基酸	酸水解液（6h）	酶水解液（4h）	酶水解液（10h）
Asp	10.27	0.86	1.33
Glu	15.03	1.57	2.52
Asn	0	1.87	2.76
Gln	0	3.02	3.94
Lys	4.56	2.07	2.95
Arg	4.81	3.16	3.80
His	1.77	0.92	1.39
Pro	4.05	0.22	0.41
Gly	3.61	0.39	0.62
Ala	3.87	1.05	1.55
Val	2.51	1.70	2.61
Ser	3.79	1.49	2.15
Thr	2.28	1.43	2.02
Ile	2.31	1.58	2.43
Leu	5.22	3.88	5.26
Phe	3.15	2.60	3.39
Trp	0.17	0.46	1.27
Tyr	2.02	1.46	2.15
Met	1.06	0.77	1.13
Cys	0.15	0.10	0.15
总和	70.64	30.61	43.82

　　注：酸法水解条件为：4mol/L HCl，125℃，6h；酶法水解条件为：Flavourzyme 6600LAPU/100g 和 Alcalase 2.4AU/100g。

　　HVP 的水解度明显高于 EVP，HVP 的水解度超过70% ，而 EVP 的水解度仅为43.82% 。与之对应，HVP 的游离氨基酸含量高于肽含量，而 EVP 的肽含量高于游离氨基酸含量。在表4.24 中，由于 Flavourzyme 对于氨基末端含有酸性氨基酸如谷氨酸（Glu）、谷氨酰胺（Gln）、天冬氨酸（Asp）、天冬酰胺（Asn）、丙氨酸（Ala）、甘氨酸（Gly）和脯氨酸（Pro）的肽键水解效率较低，这些氨基酸在 EVP 中氨基酸释放率（游离氨基酸/总氨基酸）在20%~60%之间，但在HVP中上述氨基酸的释放率在90%以上。此外，在HVP中Asn和Gln被水解为Asp和Glu，这些因素共同导致Asp和Glu含量远高于EVP，这是HVP鲜味强的主要原因之一。由于强酸的破坏，大分子质量疏水性氨基酸和碱性氨基酸在HVP中的释放率分别在70%和60%左右，在EVP中的释放率均在80%以上，此外，Trp几乎全被酸破坏，含量远低于EVP。芳香族氨基酸如L-苯丙氨酸和L-酪氨酸在其阈值浓度以下，当体系含有盐和其他氨基酸时也对酸法水解液的鲜味起着重要作用。

从氨基酸释放率来推测，酶水解液中存在的肽主要是一些亲水性肽类和疏水性肽的混合，并随着酶解时间的延长，蛋白质酶水解液中亲水性肽的比例逐渐增加。而酸水解液中存在的肽主要是一些疏水性肽类，如Val-Val、Ile-Ile、Val-Ile等。

蛋白原料中碳水化合物对酸水解液风味也有较大的影响。原料中的碳水化合物在酸水解过程中脱水成为糠醛类物质、类黑素以及特征的乙酰丙酸。乙酰丙酸（果糖酸）是葡萄糖酸法降解的产物，产生酸法水解液的特征酸味。

EVP主要由游离氨基酸和大量不同分子质量的肽组成，其风味在很大程度上与所用的蛋白酶、水解度以及蛋白质本身的氨基酸组成有较大的关系。水解度较低时，酶解液无明显风味；水解度进一步提高后，酶解液的风味以特征苦味为主，这是由于酶解过程中蛋白质结构被破坏，疏水性肽暴露。进一步提高水解度，当大部分蛋白质降解为氨基酸和小分子肽后，酶解液呈典型的鲜味、酸味和甜味（视不同蛋白质原料而定），但一般情况下其风味强度弱于HVP。此外，酶解过程中产生吡嗪类化合物具有水解液特征的厚味及更为强烈的肉味。

值得一提的是，编者发现将蛋白酶水解植物蛋白质与酸法水解结合起来，不仅可大大降低盐酸水解的温度和盐酸浓度，减少水解产物中和产生的食盐含量，而且水解产物中基本检测不到氯丙醇。酶+酸复合水解技术得到的水解植物蛋白水解度可达到65%以上，鲜味突出，色泽较浅，优势明显。相关技术已在部分企业进行了产业化应用。

4.4.1.4　酸法水解液和酶法水解液的嗅味成分比较

酸法水解物和酶法水解物的特征嗅味成分也有较大的差别，这与反应条件、蛋白质性质有较大的关系。

没有经过精制的HVP带有较强的臭味，其挥发性成分主要以呋喃衍生物、糠醛、吡咯衍生物和含硫化合物。产生的原因是：蛋氨酸在盐酸水解中生成不稳定的氯化甲基蛋氨酸硫盐，该物质在中性或碱性条件下分解为其有强烈臭味的二甲基硫醚；碱性氨基酸分解产生的胺类化合物的异味；芳香族氨基酸分解产生的吡咯类化合物的异味；含硫氨基酸分解产生的硫化氢、甲硫醇等含硫化合物的异味；Strecker 降解反应中生成的低级醛酮。酸水解过程中高温，低 pH 导致含硫化合物的降解以及呋喃衍生物、糠醛、吡咯衍生物的生成。

　　酶水解液的嗅味成分以醇类、苯酚衍生物以及吡嗪为主。酶法水解过程条件温和，pH 相对于酸法水解而言较高。pH 高于 5.0 有利于吡嗪衍生物的生成；反应温度较低不利于含硫氨基酸的降解。醇类物质可能是原料蛋白本身所有以及脂肪降解产生的。以豆粕为原料生产的 HVP 和 EVP 的挥发性成分，如表 4.25 所示。

表 4.25　以豆粕为原料生产的 HVP 和 EVP 在挥发性成分上的区别

化合物	HVP	EVP	化合物	HVP	EVP
2-甲级-1-丙醇	7	152	2-甲级-5-乙烯吡嗪	444	tr
3-甲级-1-丁醇	12	827	二甲基二硫醚	252	41
苯酚	4	73	二甲级四硫醚	270	12
4-乙烯苯酚	nd	58	苯并噻唑	32	3
己醇	59	407	1-甲硫基-2-丙酮	10	tr
3-戊酮	8	1	2-戊基呋喃	nd	60
2-庚酮	31	39	2-乙酰基-5-甲基呋喃	333	3
2,3-己二酮	25	nd	5-甲基-2-丙酰呋喃	219	2
5-甲基-2-己酮	5	nd	3-甲基丁醛	1298	957
十二酮	86	nd	2-甲基丁醛	635	587
三甲基吡嗪	25	481	戊醛	Nd	55
乙基吡嗪	15	nd	辛醛	15	35
2,5-二甲基-3-乙基吡嗪	nd	51	3-乙酰基-2,5-二甲基呋喃	28	nd
四甲基吡嗪	nd	395	苯甲醛	105	281
乙酸乙酯	1	28	3-甲基乙酸丁酯	nd	81
乙酸苯乙酯	tr	36			

　　注：tr 为痕量，nd 为未检测到。

4.4.1.5　配制酱油的鉴别新思路

　　根据最新国家标准和行业标准，酱油分酿造酱油和配制酱油两种。

酿造酱油（fermented soy sauce）是以大豆和/或脱脂大豆、小麦和/或麦麸为原料，经微生物发酵制成的具有特殊色、香、味的液体调味品。配制酱油是以酿造酱油为主体，与酸水解植物蛋白质调味液、食品添加剂等配制而成的液体调味品。配制酱油中酿造酱油的比例（以全氮计）不得少于50%，配制酱油不得添加味精废液、胱氨酸废液、用非食品原料生产的氨基酸液。由上述定义可见，酿造酱油和配制酱油的主要区别在是否添加了酸水解植物蛋白质调味液，即 HVP。然而，国家标准和行业标准并未给出具有公信力的鉴别酱油中是否添加 HVP 的方法，这导致在实际操作中无法有效执行国标和行标。

目前鉴别酱油中是否添加 HVP 的主要方法：① 检测酱油中是否含有氯丙醇和乙酰丙酸。氯丙醇和乙酰丙酸分别是油脂和单糖水解的副产物，曾一度作为 HVP 添加的标志物。然而氯丙醇可通过多种技术手段去除，如 HVP 生产过程中，通过在水解后期加入水解促进剂、负压水蒸气蒸馏等工艺处理方法，从而使得 HVP 中 3－MCPD 的含量减至小于 0.01mg/kg，以至于难以检出，雀巢和佛山海天等公司均有相应的专利公开。乙酰丙酸（又称为果糖酸）是 HVP 中特有的一种成分。在 HVP 生产过程中，植物原料中淀粉经酸解成葡萄糖，葡萄糖转化成羟甲基糠醛，再分解成乙酰丙酸，而传统发酵工艺生产酿造的酱油仅含有极其微量的乙酰丙酸。在日本和中国台湾，通过测定酿造酱油中乙酰丙酸的含量来区别酿造酱油和配制酱油，如果酱油中乙酰丙酸的含量超过 0.1%，就证明产品不是酿造酱油。我国酱油普遍添加一定量的焦糖色素，而焦糖色素中测出含有乙酰丙酸，由于焦糖色素是酿造酱油合法的添加剂，因此，通过测定乙酰丙酸无法鉴别添加了焦糖色素的酿造酱油和配制酱油，所以该方法仍然具有较大的应用局限性。② 基于酱油中游离氨基酸组成分析，如半胱氨酸含量的差别可鉴别"毛发水酱油"，羟脯氨酸含量的差别可鉴别明胶水解液。但对于普通正规 HVP 则无法有效鉴别。③ 基于酿造酱油和配制酱油嗅味物质的区别。HVP 和 EVP 在风味上有较大区别，这导致添加 HVP 的配制酱油在风味物质上与酿造酱油有所区别。但由于酱油酿造工艺和 HVP 生产工艺千差万别，运用 GC－MS/聚类分析法难以有效鉴别配制酱油。

尽管用于生产 HVP 的植物蛋白质资源种类较多，如小麦面筋蛋白、玉米蛋白、大豆蛋白等，但盐酸水解过程中两个脂肪族氨基酸之间的肽键最难打开，如 Val－Val、Ile－Val、Ile－Ile 在 110℃需要 92 或 120h 才能水解，因此 HVP 中存在的肽一般以小分子、疏水性肽类为主，如由 val、leu、Ile 等氨基酸组成的二肽或三肽，包括 Leu－Leu、Leu－Ile、Ile－Ile、Val－Leu、Val－Ile、Leu－Val、Ile－Val。这些疏水性肽在天然酱油酿造中极易被亮氨酸氨肽酶降解，在酿造酱油中含量很少，因此可作为鉴别酿造酱油中是否添加 HVP 的标志物。据报道，酿造酱油中添加 1% 的 HVP，采用这一方法也能鉴定出来。

4.4.2 豆粕复合酶酶解制备大豆呈味肽

利用豆粕生产呈味基料及调味品具有以下优点：① 原料量大，价格便宜；② 豆粕（高温粕、低温粕）的蛋白质含量一般在 44% ~ 51%，总糖含量在 18% ~ 22%，粗脂肪含量在 1% ~ 2.5%，灰分含量为 5% ~ 6.5%，水分含量在 7% ~ 12%，蛋白质和多糖含量较高，脂肪含量低，是生产呈味基料的优质原料，如表 4.26 所示；③ 设备投入少、工艺简单。其缺点是蛋白质回收率不高、酶制剂成本较高，其原因包括：① 原料豆粕中含有多种蛋白酶抑制剂；② 未经过变性处理的豆粕酶解效率低。因此，豆粕复合酶水解前，对豆粕进行热处理是提高其水解效率的关键。

表 4.26　　　　　我国脱脂大豆的一般化学成分分析　　　　　单位:%

种类	水分	蛋白质	碳水化合物	粗脂肪	灰分
冷榨豆饼	12	44 ~ 47	18 – 21	6 ~ 7	5 ~ 6
热榨豆饼	11	45 ~ 48	18 ~ 21	3 ~ 4.5	5.5 ~ 6.5
豆粕	7 ~ 10	46 ~ 51	19 ~ 22	0.5 ~ 1.5	5 ~ 6

4.4.2.1 豆粕预处理

大豆粕的预处理是豆粕复合酶酶解技术、固态制曲 - 液态酶解技术以及液态发酵技术共同的工艺步骤，其主要目的：① 对大豆蛋白进行热处理变性，提高大豆蛋白的水解效率。② 对大豆粕进行灭菌处理，降低大豆粕的细菌总数，规避大豆粕制曲或酶解过程中微生物滋生导致腐败变质的风险。③ 对大豆粕进行预粉碎，增加蛋白酶与大豆粕的接触面积，提高水解效率。

根据热处理温度的不同，可将热处理分为常压热处理和高压热处理。常压热处理的热处理温度一般在 100℃ 以下，如大量研究表明 80 ~ 100℃ 处理 10 ~ 30min，可显著提高大豆粕的水解效率。60 ~ 100℃ 热处理 10min 后，大豆分离蛋白添加 0.3% 碱性蛋白酶，55℃ 水解 24h 后，水解产物的水解度和蛋白质回收率，如表 4.27 所示。

表 4.27　　　　　　　　　热处理对大豆分离蛋白水解效率的影响

热处理温度/℃	60	70	80	90	100
水解度/%	10.6	12.5	16.6	20.4	18.1
蛋白质回收率/%	51.42	53.65	58.13	60.49	54.68

　　高压热处理一般在有压力的情况下，通过高温短时间进行豆粕的热处理。这一技术已在酱油行业广泛应用。1971 年，龟甲万酱油公司公开了利用高温短时间蒸煮豆粕，提高发酵过程中豆粕蛋白回收率的方法，豆粕蒸煮条件对豆粕蛋白回收率的影响，如表 4.28 所示。考虑到能耗、效率和安全性，目前常见的热处理条件是 200kPa 处理 5min，在这一条件下酱油的蛋白质回收率最高可达到 92%。

表 4.28　　　　　　　　　蒸煮条件对豆粕蛋白回收率的影响

蒸汽压力/kPa	蒸煮时间/min	蛋白质回收率/（18% NaCl，30℃，30d）
90	45	86
120	10	91
180	8	91
200	5	92
300	3	93
400	2	93
500	1	95
600	0.5	95
700	0.25	95

注：龟甲万酱油公司，日本专利，1971 年 10 月 23 日申请。

　　豆粕可先行粉碎，再与一定比例的水混合，也可直接与水混合，再过胶体磨或乳化罐粉碎成小颗粒的豆粕分散液。前一工艺存在投料时粉尘较大，水化速度慢等缺点，因此编者建议采用后一工艺。大豆粕分散液是典型的高黏度物料，其热处理有直接加热方式和间接加热方式两种方式。直接加热方式是使传热介质与待处理物料直接接触，对待处理物料进行加热的方式，高黏度物料用直接加热方式超高温瞬间杀菌装置是有效的。通过该方法，即使是数十万厘泊（mPa·s）的高黏度物料也可以通过高效率地混合加热介质（蒸汽），在短时间内升高温度，并保持一定时间，达到热处理和杀菌的目的。然而，由于加热蒸汽直接与物料接触，限制了在锅炉给水中使用锅炉防垢剂等试剂的使用。酱油行业广泛使用的 NK 式原料处理法即采用这一热处理方式。

间接加热方式是由传热介质经由传热材料，间接对待处理物料进行加热的方式。间接加热方式的设备构造简单、价格低廉且易于维护，在食品工业中应用较广。用于高黏度物料热处理的间接加热设备有板式换热器、管式热处理装置、刮板式热处理装置等装置。采用板式换热器对豆粕分散液进行加热处理最为普遍，其缺点是易发生由加热器和冷却器的积垢引起的传热效率降低，压力损失增大，甚至出现物料无法通过板式换热器。通过调整物料的 pH、颗粒大小、流速、固形物浓度可降低这一风险。管式热处理装置是使物料从管中通过，用热水等从管外加热的系统。由于管的压力损失可引起供给压力大幅上升，故其长度有一定限制，也可将多条管并列形成多管式。管式热处理装置的优点是结构简单，容易组装和拆卸，易于清洗。其缺点是传热面易于附着物料，内部流动液体难以混合均匀，温度不易均一。据日本味之素株式会社研究人员报道，物料中含有少量气泡是导致这一现象的主要原因。刮板式热处理装置可以弥补管式热处理装置的这一缺点。

4.4.2.2 大豆粕复合酶水解及呈味特性评价

豆粕蛋白水解常使用外切蛋白酶与内切蛋白酶混合使用，一方面提高豆粕蛋白的水解效率和蛋白质回收率，另一方面避免疏水性肽暴露导致水解产物苦味突出。下面对豆粕复合酶水解工艺进行介绍：

豆粕与 5 倍重量水混合，乳化罐乳化 20min，得豆粕分散液。将豆粕分散液通过板式换热器加热至 90℃保持 10min 后，降温至 50℃。以豆粕中蛋白质计，加入 0.25%的碱性蛋白酶（Alcalase）和 0.25%的风味蛋白酶（Flavorzyme），搅拌水解 24h。加入复合蛋白酶 1h 后，豆粕分散液出现液化，黏度明显降低。水解 24h 后，将水解液温度升高至 90℃保持 15min 灭酶，压滤得清液，即为呈味基料。分别测定清液的氨态氮和总氮含量，结果表明清液氨态氮占总氮的 40%，蛋白质回收率达到 61.4%。水解过程中添加 β - 葡聚糖酶、淀粉酶、果胶酶、木聚糖酶等非淀粉多糖水解酶的混合物可进一步提高豆粕水解液的蛋白质回收率。此外，编者发现，在水解前加入液体重量 0.1%的广东巍微生物科技有限公司的酵母抽提物 C-102 可显著提高大豆粕的水解效率，提高率为 5%以上，并增加水解产物中的谷氨酸含量，提升水解产物的鲜味强度。

采用 Amersham 蛋白质纯化系统对豆粕水解液中肽的分子质量分布进行测定，检测条件如下：Superdex peptide 10/300 GL 分析柱，洗脱液为 0.25mol/L 氯化钠、0.02mol/L 磷酸盐缓冲液，pH 为 7.2，进样体积为 50μL，检测波长 214nm，流速为 0.5mL/min。如图 4.22 所示。

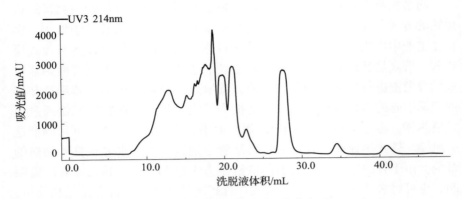

图 4.22　豆粕酶解液中肽分子质量的分布（214nm）

　　结果表明，豆粕水解液中肽类主要以分子质量小于 1000u 的寡肽为主。将豆粕水解液冷冻干燥后得豆粕酶解物，分别以 0.1、0.2、0.4、0.6、0.7、0.9 和 1.1g/100mL 的浓度溶于 40℃ 温水，测定其刺激阈值。结果表明，豆粕酶解物的刺激阈值为 0.6g/100mL。

　　将豆粕水解物以 1% 的浓度溶于 40℃ 温水，就其酸味、苦味、咸味、甜味和鲜味进行感官评定，如图 4.23 所示。由图 4.23 可见，豆粕酶解物具有强烈的鲜味，苦味明显，略有酸味，甜味和咸味较弱。豆粕酶解液的鲜味主要来源于酶解产生的游离氨基酸和小分子肽。豆粕的鲜味较为明显，可能与豆粕蛋白酶解产生的小分子肽有较强的鲜味有关。豆粕酶解液的苦味主要来源于酶解产生的疏水性肽。疏水性多肽是那些肽链中带有疏水性氨基酸的多肽（疏水性氨基酸是指侧链是由烷基侧链和芳香性侧链组成的氨基酸，如 Lys、Val、Leu、Pro、Phe、Tyr、Ile、Trp 等）。天然的蛋白质是无味的，一方面是因为它的疏水性基团大多被包裹在分子内部而无法与味蕾接触，另一方面则是由于分子质量太大，分子构型复杂，使其在空间上不易接近于味蕾上的味觉接受器，因而不呈现任何滋味。然而，蛋白质水解成小分子的多肽时，就会露出其疏水性氨基酸残基，此类氨基酸残基刺激味蕾，即产生苦味。豆粕水解物的甜味、咸味和酸味较弱。

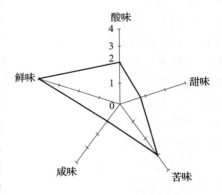

图 4.23　大豆酶解液的呈味特征分析

　　将豆粕酶解物以 0.6g/100mL 的浓度溶于含有 1.5% 味精、1% 葡萄糖和 0.5% 食盐的调味液，未添加豆粕酶解物的溶液为对照，并分别于 40℃ 评价其感官风味，结果如图 4.24 所示。由图 4.24 可见，对照组加入口中后，其呈味强度在 8s 后达到最大值，随后呈味强度显著下降，23s 后鲜味基本消失。添加豆粕水解物到调味液后，其呈味强度明显增加，并在 8~20s 时保持较大呈味强度，调味液的整体口感丰满。这表明豆粕酶解物与调味液有一定的交互作用，即味觉相乘现象。

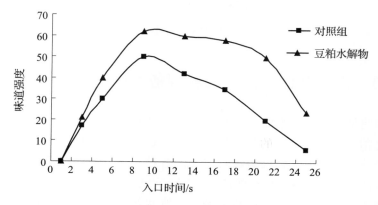

图 4.24　豆粕酶解物的呈味特征及其与食盐的相互作用

　　将豆粕酶解物以 0.7g/100mL 的浓度溶于含有 1.5% 味精、1% 葡萄糖和 0.5% 食盐的调味液，未加豆粕酶解物的调味液为对照，于 40℃ 评价其呈味的差异。

　　由图 4.25 可见，0.7% 的豆粕水解物对调味液的咸味、甜味并无明显影响，略为提高调味液的鲜味，对调味液的厚味（mouthfulness）和口感持续性（continuity）有明显的提升作用。添加豆粕水解物后，调味液的鲜味强度增加与豆粕水解物中含有大量游离谷氨酸、天冬氨酸以及分子质量小于 1000u 的寡肽有关。本文所制备的酶解物由氨基酸和分子质量小于 1000u 的寡肽组成，其中寡肽占总氮的 60%。因游离氨基酸之间无呈味相互作用，故酶解物与调味液的呈味相互作用主要是由小分子寡肽造成的。食品的厚味是指风味在口感和香气上有更大的厚度和宽度，并不是油质等的后味。食品的厚味与寡肽、美拉德反应生成的吡嗪类化合物有关，添加豆粕酶解物后，调味液的厚味和持续性明显提升，这与豆粕酶解物中含有丰富的寡肽有关。

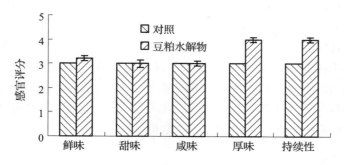

图 4.25　豆粕水解物在调味液中的呈味特征分析

4.4.3　固态制曲－液态酶解制备呈味基料

制曲是微生物（米曲霉、酱油曲霉、黑曲霉、毛霉等）在曲料（大豆、豆粕、面粉等）上的扩大培养过程，目的在于使种曲在曲料上充分发育繁殖，以取得发酵或酶解时需要的各种酶系，其中以蛋白酶最为重要。制曲是起源于我国传统酿造工艺特有的制曲技术，同液态发酵相比，固态制曲具有以下优点：原料来源广、废水排量少、工业生产设备投资少、能耗低、产酶活力高、种类多。此外，固态制曲更尤其适宜霉菌培养，有研究表明霉菌类微生物固态制曲所产酶制剂的活力比液态深层发酵要高数倍，酶的种类也较液态多许多。以米曲霉为例，其在固态状态下至少可分泌 10 余种蛋白酶。因此，固态制曲－液态酶解偶联技术是利用种曲在固态制曲过程中产生原料分解所需的系列复合酶系，并在液态条件下利用该复合酶系对原料进行分解，制备生物活性肽、呈味肽或呈味基料。下面以豆粕为原料，利用米曲霉固态制曲－液态酶解制备呈味基料进行介绍。

4.4.3.1　豆粕固态制曲操作要点

（1）豆粕蒸煮　蒸煮是一个重要的豆粕预处理手段。蒸煮至少起到了四个方面的作用。首先，起到了灭菌作用。蒸汽具有强大的穿透能力，比干热灭菌更有效率。其次，蒸煮破坏了植物的细胞成分，使大分子物质更容易降解。第三，蒸煮过程中原料中的淀粉颗粒吸水膨胀，黏度增加，体积变大，淀粉呈糊化状态，有利于淀粉酶和糖化酶的降解。最后，高温蒸汽也引起蛋白质的变性。传统的豆粕蒸煮设备一般是常压设备，使用高压蒸汽可以强化对原料的处理效果，因此旋转式蒸煮锅和连续式蒸煮机等高压蒸煮设备正逐渐取代常压蒸煮设备。使用这些高压蒸煮设备不仅处理效果更显著，而且可以实现高压短时间处理，显著提高生产效率。这些设备在酱油、豆瓣酱等产品的酿造上已经被广泛应用。日本丸天酱油公司系统研究了高温短时间蒸煮对豆粕蛋白回收率的影响，如表4.29所示。

表4.29　　　　　高温短时间蒸煮对豆粕蛋白回收率的影响

蒸汽压力（kPa）	蒸煮时间/min	蛋白质回收率/（18% NaCl，30℃，30d）
80	30~50	83
200	3~5	87
300	3~5	86
400	3	85

（2）固态制曲　米曲霉是美国食品药品监督管理局（FDA）公布的40余种安全微生物菌种之一，其产酶为复合酶，包括蛋白酶、淀粉酶、植酸酶、谷氨酰胺酶、纤维素酶等，且多以胞外酶为主。米曲霉产酶活力受多种因素影响，如原料种类（高温脱脂豆粕、低温脱脂豆粕、大豆）、制曲温度、制曲湿度、通风条件、制曲时间、曲层厚度等。制曲的工艺不仅对大曲酶系种类和活力有着直接影响，而且还决定了水解液的品质和原料利用率。因此，优化这些因素对米曲霉生长代谢及产酶有影响，可以控制豆粕酶解液的品质。

米曲霉孢子发芽和菌丝繁殖的最适温度是30~35℃，温度过低或过高都会影响发芽和生长速度，低于28℃孢子发芽缓慢，对低温型微球菌、青霉、毛霉菌等杂菌容易生长。所以，低温制曲要有纯净的环境为条件，否则容易污染杂菌。高于35℃枯草芽孢杆菌，根霉等耐高热性微生物容易生长繁殖，产生氨味，使曲料发黏。

酱油制曲的原料配比各异，北方地区常以豆粕：麸皮 = 70：30 或60：40；南方地区以豆粕：小麦 = 100：30~40；日本工艺中豆粕与小麦的比例甚至达到100：100。对于豆粕固态制曲 – 液态酶解制备呈味基料而言，原料中小麦或麸皮含量过高，会导致酶解液过滤困难、酶解残渣比例高、清液得率低等问题，因此低制曲原料中小麦粉或麸皮的含量对后期的液态酶解是有利的。编者在制曲过程中添加原料重量0.1%~0.2%的广东巍微生物科技有限公司的酵母抽提物 C – 102，可使大曲的氨肽酶活力提高90%以上，活力达到2000U/g，羧肽酶活力提高20%以上，水解产物的蛋白质回收率、水解度和谷氨酸含量显著提高，鲜味增加。

多菌种混合制曲可进一步提高产品的风味。味之素株式会社公开了一种以膨化脱脂大豆为原料，使用曲霉菌制作固体曲，制作酱油样的调味液的工艺中，制曲时添加产细菌素乳酸菌培养液或其上清液来制曲，然后将得到的曲与食盐水混合，形成酱状物之后进行水解，水解结束后压榨，加入活性炭进行处理，制备一种不会掩盖各原料的风味，而且可以赋予美味、厚味的调味品或呈味基料。米曲霉和黑曲霉混合制曲应用于商业化生产的报道并不多，主要原因是黑曲霉生长难以控制。如表4.30所示。

表4.30 不同水分、培养温度、制曲时间的曲料酶活力（干基）比较

| 熟料水分 | 20h | | | 24h | | | 28h | | | 备注 |
	中性蛋白酶活力/（U/g）	糖化酶活力/（U/g）	水分/%	中性蛋白酶活力/（U/g）	糖化酶活力/（U/g）	水分/%	中性蛋白酶活力/（U/g）	糖化酶活力/（U/g）	水分/%	
47	342	1100	43	1465	1400	39	1885	1430	34.5	前期品温30~35℃
51.5	1248	1900	44	2673	2560	38	3250	2800	34	后期品温28~32℃
46	510	370	41	1325	1700	35	1485	2000	30	前期品温34~38℃
51	477	1500	44	1809	2300	39	2109	2100	34	后期品温32~36℃

| 熟料水分 | 32h | | | 36h | | | 备注 |
	中性蛋白酶活力/（U/g）	糖化酶活力/（U/g）	水分/%	中性蛋白酶活力/（U/g）	糖化酶活力/（U/g）	水分/%	
47	1970	2000	30	2125	2200	29	前期品温30~35℃
51.5	2998	2700	32	3060	3050	31	后期品温28~32℃
46	1456	1800	28	1737	2200	26	前期品温34~38℃
51	2278	2000	32	2418	2400	29	后期品温32~36℃

传统制曲工艺采用浅盘法制曲，如帘子、竹匾等，设备简单，劳动强度大，目前大部分企业已改进为厚层通风制曲工艺，或先进的圆盘制曲工艺及平面型通风制曲工艺，实现了机械化制曲。国内厚层制曲的料层一般为30~50cm。如曲霉的菌丝体短的话，厚层制曲的料层厚度还可进一步提高。

4.4.3.2　固体豆粕曲控制酶解技术

液态酶解工艺是利用固态制曲所产生的蛋白酶、淀粉酶、植酸酶、谷氨酰胺酶、纤维素酶等复合酶对原料进行酶解和液化，使各种固体原料（蛋白质、多糖等）降解成小分子呈味肽、氨基酸、寡糖和还原糖等呈味物质，溶于水中。因此，液态酶解需要控制的重要工艺参数包括水解温度、水解时间、料液比，其他影响因素还包括水解液 pH、大曲的颗粒度、食盐的含量等影响因素。

豆粕大曲的水解温度主要取决于制曲产生蛋白酶的耐受温度。一般而言，水解温度控制在 45~60℃，以提高水解速度、降低微生物污染风险。豆粕大曲的水解温度对其水解度和蛋白质回收率有明显的影响，如表 4.31 所示。编者将豆粕大曲粉碎后与 5 倍重量的去离子水混合，不同温度下酶解 36h，酶解结束后灭酶，离心取上清液，测定氨态氮、总氮，并计算水解度和蛋白质回收率。结果显示当水解温度从 45℃ 提高到 55℃ 时，蛋白质回收率略有下降，水解度从 58.07% 降低到 39.21%，表明提高水解温度显著降低大豆蛋白的水解度。

表 4.31　水解温度对豆粕水解度和蛋白质回收率的影响　单位：g/100g

水解温度/℃	总氮含量	氨态氮含量	水解度	蛋白质回收率
45	1.06	0.64	58.07%	70.50%
50	1.02	0.50	48.43%	69.58%
55	1.01	0.40	39.21%	68.18%

日本龟甲万公司的研究者在不同温度发酵的酱油产品中也发现了类似的规律。Takeharu Nakahara 等人比较了酱油曲霉固态发酵的大曲在不同发酵温度（15、30、45℃）下酱油原油中游离氨基酸和肽含量、氨肽酶和羧肽酶活力的差异。他们发现升高发酵温度，酱油原油中肽（Ser - Tyr、Gly - Tyr）含量会增加，游离氨基酸含量会降低，亮氨酸氨肽酶Ⅰ（LAP - Ⅰ）和亮氨酸氨肽酶Ⅱ（LAP - Ⅱ）的活力明显降低，而对羧肽酶（ACP）和二肽基肽酶Ⅳ（DPP - Ⅳ）的活力影响不明显，并提出了可能的形成机制，如图 4.26、图 4.27 和表 4.32 所示。

除水解温度外，水解时间和酵母抽提物也对豆粕水解度和蛋白质回收率有影响，延长水解时间并添加特定型号的酵母抽提物，蛋白质回收率和水解度均显著增加，如表 4.33 所示。由表 4.33 可见，延长水解时间，豆粕水解物的水解度和蛋白质回收率均显著提高；在此基础上，添加酵母抽提物 Y - 102 可进一步提高水解度和蛋白质回收率。

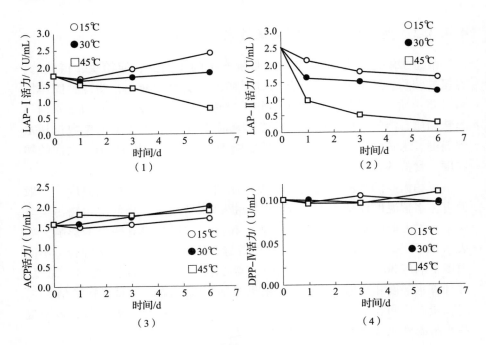

图 4.26　不同发酵温度对 LAP - Ⅰ 、LAP - Ⅱ 、ACP 和
DPP - Ⅳ活力的影响

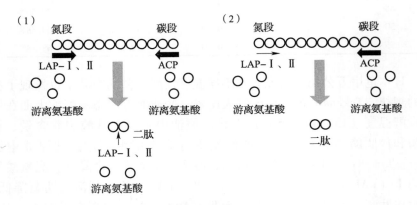

图 4.27　不同发酵温度下肽的形成机制

表 4.32　　不同发酵温度对酱醪中 ACE 抑制剂肽含量的影响

单位：μg/mL

ACE 抑制剂肽	45℃	15℃
Ser – Tyr	51	23
Gly – Tyr	97	28

表4.33　在55℃下水解时间对豆粕水解度和蛋白质回收率的影响

单位：g/100g

水解时间	总氮含量	氨态氮含量	水解度	蛋白质回收率
12h	0.89	0.36	26.67%	45.30%
24h	0.98	0.39	33.89%	58.09%
36h	1.01	0.41	40.59%	64.50%
48h	1.03	0.42	42.78%	66.12%
48h + 0.1% C - 102	1.07	0.45	43.45%	69.13%
48h + 0.2% C - 102	1.09	0.50	45.64%	72.34%

4.4.4　液态发酵法制备呈味基料

液态发酵法制备呈味基料本质上是利用微生物液态发酵过程中产生的蛋白酶、淀粉酶等复合酶对大豆粕或大豆蛋白进行水解。与制曲－酶解偶联制备呈味基料相比，液态发酵法省去了设备投资大、劳动强度高的制曲工艺，具有工艺流程相对简单、生产成本低等优势，是国内外相关企业利用植物蛋白质生产呈味基料普遍采用的方法。

4.4.4.1　解淀粉芽孢杆菌发酵大豆粕制备呈味基料

天津科技大学汪建明等采用雅致放射毛霉（*Actinomucor elegans*）和DSM公司风味蛋白酶（Accelerzyme NP）共同发酵酶解大豆蛋白，利用响应面法优化发酵酶解过程，确定的最佳工艺条件为：大豆蛋白粉用量52.5g/L，液体发酵培养基 pH5.0，接种孢子量 2.0×10^9 个/L，于28℃、200r/min 的摇床中发酵60h；调节发酵液 pH 为 7.0，加酶量 28000U/g，于55℃酶解8h。在此条件下进行验证试验，测得发酵酶解液的风味值为25，具有特殊的酶解味，风味浓郁，无臭味，三氯乙酸溶解指数（SN－TCA 指数）可达到8.70%。大连工业大学王阳等人利用纳豆菌液态发酵大豆蛋白肽，使发酵产物低分子大豆蛋白肽的产量得到提高。最终得到最优发酵条件为：初始 pH 为 8.0，发酵原料的质量分数为 5%，接种量为 1.0%，装瓶量为 250mL 锥形瓶分装 30mL，发酵温度为 42℃，180r/min 振荡培养 12h。在最优条件下发酵，大豆蛋白的水解率最高，最高值可达到 44.40%。然而，上述方法中大豆蛋白粉或豆粕浓度较低，蛋白质浓度在 5% 左右，可以预计最终产品后期处理浓缩能耗较大。

编者在上述研究的基础上，进一步提高了发酵液中高温豆粕的浓度，并发现在初始发酵液中 5% ～16% 的高温豆粕对发酵效率无明显影响，仅影响发酵液的初始黏度。以 16% ～20%（w/w）的高温豆粕，0.5%（w/w）的葡萄糖溶液为原料，121℃杀菌处理 15min 后，通过接种解淀粉芽孢杆菌 37℃液态发酵 54h 后，升高发酵液温度至 55℃水解 6h，灭酶，5000×g 离心 20min，取上清液进行分析。结果表明发酵液的蛋白质回收率大于 80%，水解产物以小分子肽为主。解淀粉芽孢杆菌发酵大豆粕酶解产物分子质量分布如表 4.34 所示。由表 4.34 可见，解淀粉芽孢杆菌发酵 48h 后，大豆蛋白酶解产物中分子质量小于 1ku 的肽段占 33% 以上，分子质量在 1～3ku 的肽段占 42% 以上。

表 4.34　解淀粉芽孢杆菌发酵大豆粕酶解产物分子质量分布

分子质量 分布/ku	发酵时间/h						
	3	12	24	36	48	54	60
>10	35.94%	3.72%	1.06%	0.79%	0.59%	0.38%	0.45%
5～10	19.38%	8.41%	7.00%	5.48%	4.89%	4.58%	4.12%
3～5	14.14%	25.32%	24.22%	20.28%	18.21%	17.82%	16.57%
1～3	21.44%	46.51%	46.54%	44.72%	42.82%	43.11%	44.88%
<1	9.10%	15.98%	20.78%	28.73%	33.49%	34.11%	33.98%

4.4.4.2　米曲霉液态发酵豆粕制备呈味基料

日本味之素株式会社的研究者中村通伸发现米曲霉液态发酵过程中发酵温度对发酵产物的化学组成和储存稳定性有较大的影响。具体来说，发酵过程中改变发酵温度可降低产品中还原糖的含量，提高储存稳定性。具体方法如下。

植物蛋白质原料（豆粕、玉米粕、小麦谷朊粉）先粉碎到 300μm 或更细，分散于 80℃的热水中，脱气，121℃杀菌 20min，接种米曲霉孢子，在 15～39℃，通气搅拌培养米曲霉，在停止通气后，将发酵液的温度升高到 40～60℃进行水解。研究者发现在水解前期发酵液中还原糖含量持续上升，当发酵液的温度升高到 40～60℃后，发酵液中还原糖含量急剧下降。在发酵完成时，发酵液中还原糖含量仅占发酵液固形物含量的 1% 左右。

如果在整个发酵过程中一直保持发酵温度不变，则发酵液中还原糖含量在整个发酵过程中持续上升。发酵液中还原糖较低的优势在于产品在长期储存过程中不易发生美拉德反应，进而避免了色泽变深和风味变化。表 4.35 为不同发酵工艺对产品褐变和风味的影响。将植物蛋白质原料进行

121℃杀菌20min后，降温，接种米曲霉（清酒曲霉）孢子培养液，在35℃通气、搅拌8h后，升温至45℃，停止通气，水解至24h后，终止水解。

表 4.35   **不同发酵工艺对产品褐变和风味的影响**

储存期	调整温度		不调整温度	
	褐变	烧焦味	褐变	烧焦味
1 周后	无	无	无	无
2 周后	无	无	无	+
1 月后	无	无	+	+
2 月后	无	无	+ +	+
3 月后	无	无	+ + +	+ +
6 月后	+	无	+ + + +	+ + +
12 月后	+	+	+ + + + +	+ + + +

4.4.5 利用美拉德反应提高大豆蛋白水解物呈味效果

大豆蛋白深度水解物的水解度一般在30%以上，水解物中游离氨基酸占30%~55%，小分子肽含量通常在45%~70%。由于大豆蛋白深度水解物以游离氨基酸和小分子肽为主，其呈味以鲜味和厚味为主，但与酵母抽提物相比，其厚味和持续性较弱。大豆蛋白深度水解物能够与单糖、寡糖、多酚类等发生美拉德反应从而进一步提高其呈味效果。美拉德反应是一个极其复杂的反应，它不仅产生许多初始产物，而且初始产物之间还能相互作用生成二级产物。这既与参与反应的氨基酸与单糖的种类有关，也与受热温度、时间长短、体系的 pH、水分等因素有关。美拉德反应的初始阶段，首先生成 Strecker 醛。这些降解产物，在肽和氨基酸的催化下，又发生分子重排，进一步发生相互作用。在整个反应过程中产生大量内酯化合物、吡嗪类化合物、呋喃类化合物及少量含硫化合物，这些化合物能够体现食品的香气。

Masashi Ogasawara 等人以15%（质量分数）大豆蛋白溶液为底物，采用 Sumizyme FP 在 pH 为 5.5，50℃条件下水解48h，95℃加热 10min 灭酶得酶解液。酶解液在4℃条件下，以 $5000 \times g$ 离心 20min，取上清液。上清液分别过截留分子质量为 1000u 和 5000u 的超滤膜，取 1000~5000u 组分，冷冻干燥。

将4g 木糖和25g 1000~5000u 组分溶解于蒸馏水中，使水溶液的固形物含量为 240g/L，95℃美拉德反应 3.5h 得美拉德反应物。将美拉德反应物分别过截留分子质量为1000u和5000u的超滤膜，取1000~5000u组分，冷冻干燥，得美拉德反应肽。美拉德反应肽的氨基酸组成如表4.36所示。

表4.36 美拉德反应肽的氨基酸组成

名称	总氨基酸/（mg/g）	游离氨基酸/（mg/g）	游离/总氨基酸/%
天冬氨酸	96.5	0.5	0.6
苏氨酸	37.3	0.3	0.9
丝氨酸	51.4	0	0
谷氨酸	131	1.9	1.4
甘氨酸	42.4	0.1	0.3
丙氨酸	49.6	0.3	0.7
缬氨酸	49.4	0.9	1.8
半胱氨酸	0	0	0
蛋氨酸	6.2	0.3	5.3
异亮氨酸	46.3	1	2.2
亮氨酸	64.6	1.8	2.8
酪氨酸	10.6	0.1	0.6
苯丙氨酸	49.8	0.8	1.6
组氨酸	23.3	0.4	1.7
赖氨酸	83.4	1.5	1.8
精氨酸	73.6	0	0
羟脯氨酸	0	0	0
脯氨酸	60.2	0.5	0.9
总计	877	10.5	1.2

从表4.36可见，美拉德反应肽中游离氨基酸仅占总氨基酸的1.2%，其原因一方面是游离氨基酸参与了美拉德反应，另一方面是超滤过程中大部分游离氨基酸滞留在1000u超滤膜的截留液中。

分别对1000~5000u肽段和美拉德反应肽进行感官评价，方法如下：在鲜味溶液（含1.5%的味精和0.5%的氯化钠）中添加0.025%的1000~5000u肽段和美拉德反应肽，并评价鲜味提升、厚味和持续性，结果如图4.28所示。

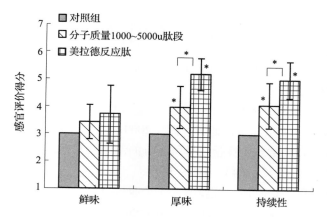

图 4.28　美拉德反应肽和大豆肽对鲜味溶液呈味特性的影响

注：$*p<0.05$。

由图 4.28 可见，添加 1000~5000u 肽段和美拉德反应肽后，溶液的鲜味强度略有增加，但厚味和口感可持续性显著提高，且添加美拉德反应肽的样品厚味和口感的持续性提升更为明显。2008 年广州华宝香精香料有限公司袁霖等人以大豆蛋白为原料，添加碱性蛋白酶和木瓜蛋白酶水解，并将水解液过 1000u 和 5000u 的超滤膜，得到分子质量为 1000~5000u 的肽段，将分离到的肽段添加木糖、葡萄糖、核糖和乳糖中的一种或几种混合物进行美拉德反应，得到的反应物再经过 1000~5000u 的分离后即得到美拉德肽。据发明人报道，该美拉德肽能有效提高风味，增强鲜味、饱满度和延渗感。

参考文献

［1］ 崔春，相欢. 一种植物蛋白水解物的制备方法：中国，201510732450. 4［P］.

［2］ 崔春，谢瑾，任娇艳. 一种植物蛋白水解物的制备方法：中国，201510720192. 8［P］.

［3］ 崔春，任娇艳. 赵强忠，赵谋明. 一种高分散性大豆分离蛋白的制备方法：中国，ZL201010188866. 1［P］.

［4］ 崔春，赵谋明，曾晓房，等. 酸法和酶法水解植物蛋白的差异及原因探讨［J］. 中国调味品，2006（7）：9 – 13.

［5］ 崔春，赵谋明，曾晓房，等. 酸法和酶法水解海蚬蛋白的呈味作用研究［J］. 中国调味品，2007（10）：34 – 36.

［6］ 董清平，方俊，田云，等. 高 F 值肽研究进展［J］. 现代生物医学

进展，2009，9（2）：368 - 372

［7］ 郭秀云，张雅玮，彭增起. 食盐减控研究进展［J］. 食品科学，2012，33（21）：374 - 378

［8］ 刘平. 美拉德肽的形成机理及功能特性研究［D］. 无锡：江南大学，2012.

［9］ 刘平，张晓鸣，黄梅桂，等. 大豆蛋白水解物中氨基酸和肽的 Maillard 反应产物呈味特性研究［J］，2009.

［10］ 宋美，郭顺堂. 大豆蛋白呈鲜组分的制备及其性质研究［J］. 大豆科学，2006，25（4）：349 - 354.

［11］ 松井利郎，松本清，佐藤匡央，今泉胜己，中森俊宏. 具有抗动脉粥样硬化作用的二肽：201080007065.9［P］.

［12］ 黄橙子. 酸溶性大豆蛋白的制备及其在酸性饮料中的应用［D］. 上海：华东师范大学，2013.

［13］ 田琨，管娟，邵正中，等. 大豆分离蛋白结构与性能［J］. 化学进展，2008，20（4）：565 - 569.

［14］ 连喜军，吴宏. 利用大豆蛋白酶解物抑制淀粉回生的方法：ZL201210575235.4［P］.

［15］ 赵迎春. 无麦芽啤酒生产技术的研究［D］. 济南：山东轻工业学院，2009.

［16］ 杨晓泉，郭睿，尹寿伟，齐军茹. 一种酸溶性大豆蛋白的制备方法：201110340925.7［P］.

［17］ 姚玉静，崔春，邱礼平，陈黎斌. 类蛋白反应条件及其机理探讨［J］. 中国调味品，2009，（2）：45 - 48

［18］ 袁霖，李嫒，黄晓丹，龚剑. 一种利用大豆分离蛋白制备美拉德风味肽的方法：200810219060.7［P］.

［19］ 张崇本，吴显荣. 我国大豆种子中球蛋白 2S 组分的分离纯化及部分性质的研究［J］. 中国生物化学与分子生物学报，1991，7：230 - 236.

［20］ 张晓鸣，高梅娟，颜袅，等. 酶解大豆蛋白制备风味增强肽［J］. 食品与生物技术学报，2009，28（1）：8 - 13.

［21］ 中森俊宏. 制造啤酒类的方法和用于制造啤酒类的大豆肽：200580048527.0［P］.

［22］ 中森俊宏，古田均. 幼鱼苗用饲料及用于其中的低肌醇六磷酸钙镁植物蛋白水解物的制造方法：03817707.2［P］.

［23］ 中村通伸，关光义，绳田美代子，等. 生产水解蛋白的方法：

99805573.5 [P].

[24] 周瑞宝，周兵. 大豆 7S 和 11S 球蛋白的结构和功能性质 [J]. 中国粮油学报，1998，13（6）：39-42.

[25] T. M. 王. 婴儿配方乳粉用大豆蛋白：200680008216.6 [P].

[26] Ana Maria, Calderon De La, Barca Cota, et al. Production and use of soy protein hydrolysates enriched with branched amino acids：EP 1552753 B1 [P].

[27] Cui Chun, Lei Fen-Fen, Wang Yan-Rong, Zhao Hai-Feng, Sun Wei-Zheng, You, Li-Jun. Antioxidant properties of Maillard reaction products from defatted peanut meal hydrolysate-glucose syrup and its application to sachima [J]. Food Science and Technology Research, 2014, 20（2）：327-335.

[28] Cui Chun, Zhao Mouming, Yuan Bao, et al. Effect of pH and pepsin limited hydrolysis on the structure and functional properties of soybean protein hydrolysates [J]. Journal of Food Science, 2013, 78（12）：C1871-C1877.

[29] Der-Chyan Hwang, Phillip S. Kerr, Gitte Budolfsen Lynglev, et al. Protein hydrolysate compositions：US20110250313 [P].

[30] HM Chen, K Muramoto, F Yamauchi. Structural analysis of antioxidative peptides from soybean beta-conglycinin [J]. Journal of Agricultural and Food Chemistry, 1995, 43（3）：574-578

[31] Kim S H, Lee K. Evaluation of taste compounds in water-soluble extract of a doenjang（soybean paste）[J]. Food Chemistry, 2003, 83（3）：339-342.

[32] Moreno F J, Clemente A. 2S albumin storage proteins：What makes them food allergens [J]. Open Biochem J, 2008, 2：16-28.

[33] Ogasawara M, Katsumata T, Egi M. Taste properties of Maillard-reaction products prepared from 1000 to 5000Da peptide [J]. Food Chemistry, 2006, 99（3）：600-604.

[34] Rhyu M R, Kim E Y. Umami taste characteristics of water extract of Doenjang, a Korean soybean paste：Low-molecular acidic peptides may be a possible clue to the taste [J]. Food Chemistry, 2011, 127（3）：1210-1215.

[35] Shigenori Ohta, Chiaki Saitoh, Hiroaki Iwasaki, et al. Method of enhancing salty taste, salty taste enhancer, salty taste seasoning agent and

salty taste – enhanced foods ［P］, US20030091721A1

［36］ Singh B P, Vij S, Hati S. Functional significance of bioactive peptides derived from soybean ［J］. Peptides, 2014, 54: 171 – 179.

［37］ W. Daniel Brown, Ann Grev, R. Traci Hamersen, et al. Calcium containing soy protein isolate composition: US20070014896 ［P］.

［38］ Nakahara T, Yamaguchi H, Uchida R. Effect of temperature on the stability of various peptidases during peptide – enriched soy sauce fermentation ［J］. Journal of Bioscience and Bioengineering, 2012, 113 （3）: 355 – 359.

［39］ Nakahara T, Sugimoto K, Sano A, et al. Antihypertensive Mechanism of a peptide – enriched soy sauce – like seasoning: The active constituents and its suppressive effect on renin – angiotensin – aldosterone system ［J］. Journal of Food Science, 2011, 76 （8）: H201 – H206.

5　畜禽加工副产品控制酶解技术

随着我国肉类食品工业的迅猛发展，大型肉类食品加工企业已形成了畜禽养殖、收购、屠宰加工、肉类分割、肉制品加工和冷冻运输的完整体系。集约化和规模化的屠宰加工工厂使得肉类副产品，如咸蛋清、鸡蛋膜、畜禽血液、骨架、内脏、机械去骨肉等规模化收集和加工利用成为可能。这些畜禽副产品在过去往往被视为低价值产品，有些被当作动物饲料廉价出售，有些则无法加以利用。近年来，生物技术，特别是蛋白质控制酶解技术的崛起和广泛应用推进了畜禽加工副产物的高值化利用产业的升级和转型，并开发出系列高附加值产品。这些产品具有生物活性好、效果突出、应用范围广等特点，已成为畜禽副产品高值化利用的重要方向，在食品工业中有广泛的应用前景。

5.1　咸蛋清及蛋制品控制酶解技术

我国的鸡蛋产业每年有近3000亿元的产业规模，全球占比40%，世界排名第一。目前国内的大部分蛋加工制品加工产业的产品形式相对单一，差异化不明显，缺乏创新。近年来国内外相关禽蛋加工高校和企业如华中农业大学、华南理工大学、北京二商健力食品科技有限公司、大连绿雪蛋品发展有限公司和太阳化学株式会社在禽蛋深加工方面做了大量研究和产业化工作。如利用蛋白酶对鸡蛋清进行改性处理后，显著提高了其起泡性和泡沫稳定性，将改性鸡蛋液用于沙琪玛产品中，使鸡蛋液的用量降低了20%，经济效益显著。现将国内外重要研究成果介绍如下，以期为我国蛋加工制品加工产业的产品升级和技术改造提供理论指导。

5.1.1　鸡蛋的化学组成

鸡蛋是最大宗的禽蛋制品。鸡蛋中的水分占蛋重的60%～75%，在蛋壳中含水分为 0.2%，在蛋清中含水分为 75.9%，蛋黄中含水分为 23.9%。蛋中约含干物质 34%，在蛋壳（包括蛋壳膜在内）中含有 31.7%，蛋清中含 20.1%，蛋黄中含 48.2%。蛋内含有多种矿物质，其中多数结合在有机化合物中，只有少量是以无机物状态存在的。蛋内含有很多的磷，其中以蛋黄中含量最多。钙的含量也不少，但其大部分存在于蛋壳中。蛋中还有 K、Cl、Na、Mg、S 和 Fe，此外还含有很多种微量元素。蛋中所含的主要脂肪酸为棕榈酸、油酸和亚麻酸。在蛋黄内含有 34% 的饱和脂肪酸和约 66% 的不饱和脂肪酸。蛋中含有少量的糖类，平均含量为 0.5%，其中 75% 在蛋白部分。糖类有游离和与蛋白质及脂肪结合的两种状态，鸡蛋中游离的还原糖对鸡蛋及其酶解产物喷雾干燥后产品的色泽有较大影响。通过酵母发酵或添加葡萄糖氧化酶和过氧化物酶去除游离的还原糖（主要是葡萄糖）可明显改善喷雾干燥后蛋清及其酶解物的色泽，如表 5.1 所示。

表5.1	鸡蛋液中糖类的含量	单位：%
糖类	蛋清	蛋黄
游离糖类（葡萄糖）	0.4	0.7
复合糖类（甘露糖、半乳糖等）	0.5	0.3

5.1.1.1　蛋清的蛋白质组成

鸡蛋主要由蛋壳（8%~11%）、蛋清（56%~61%）和蛋黄（27%~32%）三部分构成。鸡蛋全蛋中蛋白质约占 9%，蛋清中蛋白质约占 10.6%，蛋黄中蛋白质约占 16.6%。鸡蛋清中含有非常丰富的蛋白质种类。利用蛋白质组学的方法，截至 2011 年，鸡蛋清中能够确定的蛋白质已有 156 种。2007 年 Mann, K. 团队发现蛋清中含有 78 种蛋白质，其中 56 种为首次发现。意大利国家研究委员会蛋白质组学与质谱实验室的 Chiara D. 等在禽蛋蛋清中发现了 153 种蛋白质。蛋清中重要的蛋白质组成及特点，如表 5.2 所示。

表5.2	鸡蛋清蛋白质组成及特性			
组成	含量/%	分子质量/ku	等电点	特性
卵清蛋白（ovalbumin）	54	45.0	4.5	易变性，含4个巯基，一个二硫键，易酶解
卵转铁蛋白（conalbumin）	12	76.0	6.1	与铁复合，能抗微生物
卵类黏蛋白（ovomucoid）	11	28.0	4.1	含9个二硫键

续表

组成	含量/%	分子质量/ku	等电点	特性
溶菌酶（lysozyme）	3.4	14.3	10.7	抗微生物，含4个二硫键，变性温度为75℃
卵黏蛋白（ovomucin）	3.5		4.5~5.0	具黏性，含唾液酸，能与病毒结合
α_1 - ovomucin		150		
α_2 - ovomucin		220		
β - ovomucin		400		
G_2球蛋白	4.0	30~45	5.5	
G_3球蛋白	4.0		4.8	
卵抑制剂（ovoinhibitor）	1.5	49	5.1	
卵糖蛋白（ovoglycoprotein）	1	24.4	3.9	
卵黄素蛋白（ovoflavoprotein）	0.1	32	5.2	
卵巨球蛋白（ovomacroglobulin）	0.5	769	4.5	
抗生物素（avidin）	0.05	68.3	10.0	与生物素结合，抗微生物，变性温度85℃
半胱氨酸蛋白酶抑制剂（Cystatin）	0.05	12.7	5.1	

　　卵清蛋白（ovalbumin，简写为OA）又称卵白蛋白，约占蛋清蛋白的54%。卵白蛋白是一种球状磷酸糖蛋白，等电点为4.5，由385个氨基酸组成，分子质量为45ku，包含约3%的糖基组分，含4个巯基，一个二硫键。卵白蛋白易被蛋白酶降解，用链霉蛋白酶（Pronase）水解其晶体，可以生成5个含天冬酰胺糖基的组分。刚产出的鸡蛋蛋清中卵清蛋白为天然卵清蛋白（N-卵清蛋白，N-OVAL），N-OVAL具有良好的凝胶性、起泡性和乳化性。鸡蛋储存期间，N-OVAL不可逆地转化为热稳定形式的S-卵清蛋白（S-OVAL）。体外碱性条件下热处理可人为诱导制备S-OVAL。无论是直接食用的鸡蛋还是加工用的商品鸡蛋均会经过一段时间的储存，因此均含有或多或少的S-OVAL，商业化的卵清蛋白实际上是N-OVAL与S-OVAL的混合物。N-OVAL的变性温度为77.7℃，S-OVAL的变性温度为85.5℃。S-OVAL对嗜热杆菌蛋白酶、弹性蛋白酶、胰凝乳蛋白酶、枯草杆菌蛋白酶更为敏感，人体消化率更高。另外，鸡蛋卵清蛋白在氨基酸组成上与牛血清蛋白非常接近，在很多生化领域可用于替代牛血清蛋白。如表5.3所示。

表 5.3 不同清蛋白的氨基酸组成差别 单位：g/100g

氨基酸组成	卵清蛋白	乳清蛋白	牛血清蛋白
赖氨酸	6.6	11.5	12.8
组氨酸	2.3	2.9	4.0
精氨酸	5.9	1.2	5.9
天冬氨酸	9.4	18.7	10.9
苏氨酸	4.5	5.5	5.8
丝氨酸	8.1	4.8	4.2
谷氨酸	16.1	12.9	16.5
脯氨酸	3.6	1.5	4.8
甘氨酸	3.2	3.2	1.8
丙氨酸	5.8	2.1	6.3
半胱氨酸	2.4	6.4	6.5
缬氨酸	7.1	4.7	5.9
蛋氨酸	4.9	1.4	0.8
异亮氨酸	7.0	6.8	2.6
亮氨酸	10.1	11.5	12.3
酪氨酸	3.9	5.4	5.1
苯丙氨酸	5.4	4.5	6.6
色氨酸	1.2	5.3	0.6

卵转铁蛋白（ovotransferrin，OVT）又称伴清蛋白，是一种铁离子结合糖蛋白，在自由形态下具有抗菌活性，可抑制 Schigella dysenteria 等需铁微生物的生长。卵转铁蛋白约占蛋清蛋白总量的 12% ~ 13%，分子质量大约为 76ku，由 686 个氨基酸组成，等电点为 6.5，包含 12 个二硫键及 2.6% 的糖基组分，变性温度为 61℃。如表 5.4 所示。

表 5.4 不同转铁蛋白的氨基酸组成差异 单位：g/100g

氨基酸组成	卵转铁蛋白	人转铁蛋白	牛血清转铁蛋白
赖氨酸	8.0	7.8	8.0
组氨酸	2.0	2.9	2.3
精氨酸	5.0	3.7	3.7
天冬氨酸	11.6	12.5	11.3
苏氨酸	5.7	4.6	6.7

续表

氨基酸组成	卵转铁蛋白	人转铁蛋白	牛血清转铁蛋白
丝氨酸	6.9	6.2	7.5
谷氨酸	9.3	8.9	9.7
脯氨酸	5.0	4.6	5.4
甘氨酸	8.7	8.3	6.9
丙氨酸	5.7	9.1	7.5
半胱氨酸	1.8	5.4	5.2
缬氨酸	8.1	6.6	6.7
蛋氨酸	1.5	0.6	1.1
异亮氨酸	4.4	2.2	2.6
亮氨酸	7.7	7.2	6.9
酪氨酸	19	24	20
苯丙氨酸	27	28	25
色氨酸	11	9	10

卵类黏蛋白（ovomucoid，OVM）约占蛋清蛋白总量的 11%，由 186 个氨基酸组成，包含 20%～25% 的糖基组分，分子质量为 28ku。卵类黏蛋白中的糖基组分使卵类黏蛋白对胰蛋白酶的降解和热处理相当稳定，变性温度为 79℃。卵类黏蛋白分子包含三个独立的同源结构的功能域，这三个功能域前后连续排列，分别被称为第一功能域、第二功能域和第三功能域，各功能域间由分子内二硫键连接。

溶菌酶（lysozyme，Lys）是由 4 个二硫键链接起来的单链多肽，分子质量为 14.3ku，等电点为 10.7。溶菌酶约占蛋清总蛋白的 3.5%，化学性质非常稳定。在 pH 为 4～7、100℃ 条件下处理 1min，溶菌酶仍可保持原酶活性，但该酶在碱性环境对热稳定性较差，其稳定性主要与其多级结构中的 4 个二硫键、氢键及疏水键有关。在干燥室温条件下溶菌酶可长期保存，其纯品为白色或微黄色结晶体或无定型粉末，无嗅，味甜，易溶于水和酸性溶液，不溶于丙酮、乙醚。目前对溶菌酶研究最多的是其溶菌活性，它可分解革兰氏阳性菌，但对革兰氏阴性菌不起作用，在食品加工中主要用作杀菌剂、防腐剂和保鲜剂等。它对革兰氏阳性菌的抗菌作用最强，如嗜热脂肪芽孢杆菌（*Bacillus stearothermophilus*）、酪丁酸梭菌（*Clostridium tyrobutyricum*）和热解糖梭菌（*Clostridium thermosaccharolyticum*）；当它与其他物质如 EDTA、有机酸或乳酸链球菌素合用，或者与一个疏水载体或对细菌膜系统有破坏作用的化合物结合应用时，其抗菌范围可以扩大到其他腐败性和致病性细菌以及革兰氏阴性菌。溶菌酶的蛋白酶解产物具有多种生理活性。鸡卵溶菌酶水解产物中色氨酸与中性氨基酸的摩尔比例高于 0.15 时可提高人的持续注意力、加快反应时间、提高睡眠质量、提高状态良好感或高兴感。

抗生物素蛋白（avidin）可与维生素 H（又称生物素、辅酶，R biotin）具有非常强的结合能力，1 分子抗生物素可与 4 分子维生素 H 结合。抗生物素蛋白的分子质量为 68300u，含 4 个亚单位。

5.1.1.2　蛋黄的蛋白质组成

蛋黄中固形物约占 50%，因此可以看作是不同大小和结构的脂蛋白微粒在清澈蛋白溶液中的复合分散体系。脂类和蛋白质是蛋黄的主要组分，分别占总重的 32% ~ 35% 和 16%，其他的重要成分如磷、钙、钾等多种矿质元素和含量在 1% 左右的碳水化合物。研究发现，在蛋黄脂类中，甘油三酸脂约占 65%，磷脂占 28%，胆固醇占 3.0% ~ 5.2%。磷脂酰胆碱和磷脂酰乙醇胺分别占蛋黄磷脂的约 70% 和 15%，如表 5.5 所示。

表 5.5		鸡蛋黄蛋白质组成		单位：g/100g	
组成成分	低密度脂蛋白	高密度脂蛋白	卵黄鳞蛋白	卵黄球蛋白	其他
含量	65	16	4	10	5

蛋黄中蛋白质主要由低密度脂蛋白、高密度脂蛋白、卵黄球蛋白和卵黄磷蛋白组成。其中低密度脂蛋白是占蛋黄蛋白质含量最多的蛋白质，它是使蛋黄显示出乳化性和冻结蛋黄溶解时显示出凝胶性的原因。低密度脂蛋白极易被磷脂酶和蛋白酶分解而释放出蛋黄卵磷脂。高密度脂蛋白存在于颗粒之中，与卵黄高磷蛋白形成复合体。高密度脂蛋白与低密度脂蛋白相比所含脂质较少，对卵磷脂提取得率的贡献较小。卵黄球蛋白分为 α、β、γ 三种成分，这种蛋白质具有一定的免疫活性，已发现 γ - 卵黄球蛋白与血清蛋白一致，α - 卵黄球蛋白与 α - 球蛋白一致。

卵黄高磷蛋白仅占蛋黄蛋白质的 4%，但其含有的磷占蛋黄总含磷量的 69%。卵黄高磷蛋白为蛋黄蛋白质中的一种活性蛋白，通过聚丙烯酰胺凝胶电泳可知，卵黄高磷蛋白是由卵黄高磷蛋白 α 和卵黄高磷蛋白 β 两种蛋白质组成。卵黄高磷蛋白的磷酸根几乎都是以 O - 磷酸丝氨酸形式存在，也有一部分与苏氨酸结合。它的这种特殊的结构使得卵黄高磷蛋白肽段具有易与钙、铁、镁等矿物质元素结合等特性，因此，卵黄高磷蛋白磷酸肽有望成为一种很好的锌、铁、硒等微量元素强化辅助剂。此外，卵黄高磷蛋白还具有较好的热稳定性和乳化性能，因此，卵黄高磷蛋白可以广泛用于食品加工业中，起到抗氧化和乳化的双重效果。

5.1.1.3 鸡蛋膜的蛋白组成

鸡蛋膜主要由三层组成,包括外层鸡蛋膜、内层鸡蛋膜和界膜(limiting membrane)。从化学组成来看,鸡蛋膜主要由 80%~85% 的蛋白质组成,蛋白质数量超过 500 种,其中胶原蛋白(Ⅰ、Ⅴ、Ⅹ型)占 10%,赖氨酸衍生物交叉连接的糖蛋白、溶菌酶、卵转铁蛋白、卵清蛋白、ovocalyxin-36、非弹性蛋白锁链素/异锁链素蛋白、锁链赖氨素、骨桥蛋白、唾液蛋白、角蛋白和其他未识别的蛋白质等共占 70%~75%。鸡蛋膜蛋白质的氨基酸组成较为特殊,如脯氨酸占 11.6%~12.0%、谷氨酸占 11.1%~11.9%、甘氨酸占 10.6%~11.1%、丝氨酸占 9.2%、天冬氨酸占 8.8%~9.2%,如表 5.6 所示。

表 5.6		鸡蛋膜蛋白的氨基酸组成分析			单位:%
氨基酸	内层膜蛋白	外层膜蛋白	氨基酸	内层膜蛋白	外层膜蛋白
脯氨酸	11.6	12.0	丙氨酸	4.6	4.1
谷氨酸	11.1	11.9	组氨酸	4.1	4.3
甘氨酸	11.1	10.6	赖氨酸	3.6	3.4
丝氨酸	9.2	9.2	异亮氨酸	3.3	3.4
天冬氨酸	8.4	8.8	蛋氨酸	2.3	2.3
缬氨酸	7.2	7.9	酪氨酸	2.2	1.7
苏氨酸	6.9	6.9	苯丙氨酸	1.6	1.5
精氨酸	5.7	5.8	羟脯氨酸	1.5	1.4
亮氨酸	5.6	4.8			

除蛋白质之外,鸡蛋膜还包含一些非蛋白物质,如唾液酸、糖醛酸和少量的糖类。大量研究表明:鸡蛋膜氨基酸组成特别,是生物活性多肽的一个重要来源。鸡蛋膜酶解产物对改善炎性肠病具有较好的效果,目前已有商品化产品面世。

5.1.2 鸡蛋蛋白质的功能性质及加工性能

5.1.2.1 鸡蛋蛋白质的功能性质

从鸡蛋蛋白质的组成可以看出,鸡蛋清蛋白质中有些具有独特的功能性质,如鸡蛋清中由于存在溶菌酶、抗生物素蛋白、免疫球蛋白和蛋白酶抑制剂等,能抑制微生物生长,对鸡蛋的储藏十分有利,因为它们将易受微生物侵染的蛋黄保护起来。我国中医外科常用蛋清调制药物用于贴疮的膏药，正是这种功能的应用实例之一。

鸡蛋清中的卵清蛋白、伴清蛋白和卵类黏蛋白都是易热变性蛋白质，这些蛋白质的存在使鸡蛋清在受热后成为半固体的胶状，但由于这种半固体胶体不耐冷冻，因此不要将煮制的蛋放在冷冻条件下储存。

鸡蛋清中的卵黏蛋白和球蛋白是分子质量很大的蛋白质，它们具有良好的搅打起泡性，食品中常用鲜蛋或鲜蛋清来形成泡沫。人们在焙烤过程中还发现，仅由卵黏蛋白形成的泡沫在焙烤过程中易破裂，而加入少量溶菌酶、黄原胶、柠檬酸钠等后，这些物质却对形成的泡沫有很好的保护作用。

蛋黄中的蛋白质也具有凝胶性质，这在煮蛋和煎蛋中最重要，但蛋黄和蛋白更重要的性质是其乳化性，这对保持焙烤食品的网状结构具有重要意义。蛋黄蛋白质作乳化剂的另一个典型例子是生产蛋黄酱，蛋黄酱是色拉油、少量水、少量芥末和蛋黄及盐等调味品的均匀混合物。在制作过程中通过搅拌，蛋黄蛋白质就会发挥其乳化作用而使混合物变为均匀乳化的乳状体系。

5.1.2.2　鸡蛋蛋白质的加工性能

蛋清在巴氏杀菌中，如果温度超过 60℃，就会造成热变性而降低其搅打起泡力。在 pH 为 7 时卵白蛋白、卵类黏蛋白、卵黏蛋白和溶菌酶在 60℃ 以下加热是稳定的，最不耐热的是伴白蛋白，但此时也基本稳定，因此，蛋清的巴氏杀菌温度应控制在 60℃。另外，加入六偏磷酸钠（2%）可提高伴清蛋白的热稳定性。蛋清及其酶解产物如需进行热处理（如 80~100℃ 热处理 5~30min 灭酶），热处理的产物有硫黄般的气味，因主要含硫化氢等含硫类物质。丘比株式会社的研究人员发现，将蛋清用 0.4~3 倍的水稀释后，溶液在 pH9~12、55~90℃ 的条件下进行加热处理后，酶解产物的硫黄味会显著下降。

蛋黄也不耐高温，在 67℃ 以上加热后的蛋黄中，蛋白质和脂蛋白会产生显著变化。在利用喷雾干燥工艺制做全蛋粉时，由于蛋清和蛋黄中的部分蛋白质受热变性，造成蛋白质的分散度、溶解度、起泡力等功能性质下降，产品颜色和风味也会劣变。对全蛋液进行杀菌处理时，处理温度可以达到 74℃。

蛋黄制品不应在 -6℃ 以下冻藏，否则解冻后的产品黏度会增大，这是因为过度冷冻造成了蛋黄中的蛋白质发生了凝胶作用。一旦发生这种作用，蛋白质的功能性质就会下降。例如，用这种蛋黄制作蛋糕时，产品网状结构会失常，蛋糕体积变小。对于这种变化，可通过向预冷蛋黄中加入蔗糖、葡萄糖或半乳糖来抑制，也可应用胶体磨处理而使"凝胶作用"减轻。加入 NaCl，产品黏度会增加，但远不是促进"凝胶作用"，实际上的效果正好相反，能阻止"凝胶作用"。

鲜蛋在储存中质量会不断下降。应当强调下列变化的作用：储存过程中蛋内的蛋白质会受天然存在的蛋白酶的作用而造成蛋清部分稀化，蛋内的 CO_2 和水分会通过气孔向外散失，使蛋清的 pH 从 7.6 升至最大值 9.7，蛋黄 pH 从 6 升至 6.4 左右，稠厚蛋清的凝胶结构部分破坏，蛋黄向外膨胀扩散，导致鸡蛋内的气室变大。

卵黏蛋白的糖苷键受某种作用而部分被切开是蛋清变稀的最合理解释，蛋清胶态结构的破坏应与 pH 变化有关，蛋黄膨胀的一个原因可能是蛋清水分向蛋黄转移所致。糖蛋白的糖苷键断裂的原因可能与 pH 上升时发生 β - 消除反应有关。

在 65℃ 以上加热鸡蛋蛋黄，能够快速使其黏性增加。在 70℃ 左右，蛋黄会凝结。另一方面，从蛋黄中分离的 α - 卵黄蛋白的变性温度在 71 ~ 76℃，高密度脂蛋白在 72 ~ 76℃ 以上，α - 卵黄高磷蛋白、β - 卵黄高磷蛋白在 76℃ 时是稳定的。了解鸡蛋蛋黄蛋白质的变性温度非常重要，因为鸡蛋蛋黄在很多经过热杀菌乳化性食品中是作为稳定剂而存在的。为了保证食品安全，一般蛋黄的巴氏杀菌条件为 60 ~ 68℃，3.5 ~ 4.5min，可以杀灭沙门氏菌却不改变蛋黄蛋白质的功能特性。

5.1.3 控制酶解降低蛋清蛋白过敏性

5.1.3.1 鸡蛋蛋清中的主要过敏原

食物过敏是指当人体摄入某种特定的食物后在体内发生的一种特异性的免疫反应。在过敏反应中，有 90% 以上是由八类食物所引起的，这些食物分别为蛋类、花生、乳类、黄豆、小麦、树果仁、贝类（包括甲壳类和软体动物）、鱼等，其中鸡蛋通常被认为是引发过敏反应最常见的食物之一。鸡蛋中的过敏原主要存在于蛋清中，目前发现蛋清中含有四种蛋白质成分能与人类血清结合而引起过敏反应，是主要过敏原，它们分别是卵类黏蛋白、卵白蛋白、卵转铁蛋白和溶菌酶。

卵类黏蛋白是鸡蛋清中一种主要的过敏原。与其他蛋清蛋白质相比，从蛋清过敏病人的血清中检测到的蛋白致敏性最强的是卵类黏蛋白。有文献报道，卵类黏蛋白分子内的糖基组成对卵类黏蛋白的 IgE 结合特性没有影响，但 Matsuda 等却指出卵类黏蛋白第三功能域中的糖基在过敏反应中起作用。卵白蛋白是这四种主要过敏原蛋白质中含量最高，约占蛋清蛋白的 54%，研究报道得最多，但对人类的致敏性并不是最强。卵转铁蛋白过敏性的研究较少。溶菌酶是近期才被报道的蛋清中一种主要过敏原之一，因为发现它能与从鸡蛋过敏患者血清中得到的 IgE 抗体强烈地结合在一起。考虑到人体对牛乳蛋白质的过敏反应通常在 2 ~ 5 岁的自然消失，而对蛋清的过敏反应一般较晚消失甚至可以持续终身，因此降低蛋清蛋白的过敏性意义重大。

5.1.3.2 蛋白酶水解法降低蛋清过敏性

雀巢公司的研究人员公开了一种蛋白酶水解制备低过敏性蛋白的方法，包括第一水解步骤，由第一种蛋白酶对完整的禽蛋蛋白进行酶水解；中间加热步骤，第一水解的产物被加热至不超过 75℃ 的温度；第二水解步骤，由第二种蛋白酶对中间加热步骤的产物进行酶水解；失活步骤，第二水解的产物被加热至 85 ~ 90℃，并在该温度下维持至少 30min。

第一种蛋白酶可选用来自解淀粉芽孢杆菌（*Bacillus amyloliqueraciens*）和地衣芽孢杆菌（*Bacillus licheniformis*）的细菌蛋白酶或其混合物、胰蛋白酶和胰酶制剂，如复合蛋白酶、碱性蛋白酶、中性蛋白酶、胰酶、胰蛋白酶等。

第二种蛋白酶可选用来自地衣芽孢杆菌的细菌蛋白酶、来自米曲霉（*Aspergillus oryzae*）的真菌蛋白酶、胰蛋白酶和胰酶制剂，如风味蛋白酶、碱性蛋白酶、复合蛋白酶等。例如，将 30kg 液态禽蛋液在 65℃ 条件下加热 10min 并以 250r/min 搅拌。冷却至 55℃，添加 2% 的复合蛋白酶并将混合物在 55℃ 条件下保持 2h。在第一步水解后，添加 1% 的风味蛋白酶，并将混合物在 75℃ 条件下加热 10min。然后将混合物冷却至 55℃，再添加 1% 风味蛋白酶并将混合物在 55℃ 条件下保持 2h，随后将混合物在 90℃ 条件下加热 30min，喷雾干燥获得低过敏性水解卵蛋白粉。研究表明，经过水解处理后得到水解禽蛋蛋白与完整的禽蛋蛋白相比，过敏性降低了超过 10000 倍。

南昌大学的杨安树和陈红兵等人公开了一种固定化酶水解降低蛋清蛋白致敏性的方法，其包括用磁珠固定化交联木瓜蛋白酶、胰蛋白酶、风味蛋白酶、碱性蛋白酶中任意一种蛋白酶，然后利用固定化蛋白酶水解蛋清蛋白，水解液经活性炭脱腥后在 60 ~ 70℃ 下进行真空浓缩，再利用冷冻干燥得到含水量小于 5% 的低过敏性水解蛋清蛋白粉。发明人未提及鸡蛋蛋清过敏性降低的倍数。

5.1.4　咸蛋清控制酶解制备溶菌酶、呈味基料和蛋黄油

咸蛋清是生产咸蛋黄月饼、咸蛋黄粽子等咸蛋黄产品的副产物，年产量近万 t，一般呈浅黄色，主要是由于部分咸蛋在腌制过程中蛋壳破裂导致一部分咸蛋黄混入蛋清中。由于月饼的生产时间比较集中、数量大，给咸蛋清的处理带来极大的困难。一直以来咸蛋清除部分用于肉制品作填充剂或用作饲料外，附加值较低。国内外以蛋清为原料，通过蛋白酶水解制备抗氧化肽、降压肽或蛋清水解物已有多篇文献报道，但因蛋清含有多种对蛋白酶具有抑制作用的物质，如卵类黏蛋白、卵蛋白酶抑制物和半胱氨酸蛋白酶抑制物，导致上述研究均存在蛋白质水解度低、酶制剂用量大、蛋白回收率低等问题，使生产成本较高。

5.1.4.1　咸蛋清的化学组成分析

咸蛋清中蛋白质含量在9%~11%（包括0.1%~0.2%的溶菌酶）、食盐含量在10%左右、蛋黄油含量在1%~4%，是优质的生产溶菌酶、蛋白质和蛋黄油的低值资源。咸蛋清的氨基酸组成如表5.7所示，咸蛋清的呈鲜味的氨基酸，如谷氨酸占14.28%，天冬氨酸占8.81%；呈甜味的氨基酸，如丙氨酸占4.62%，甘氨酸占3.83%，丝氨酸占8.23%，脯氨酸占4.61%，苏氨酸占4.57%，共计48.95%。

表5.7　　　　　　　　　咸蛋清的氨基酸组成成分　　　　　　单位：mg/100g

氨基酸种类	含量	氨基酸种类	含量
天冬氨酸（Asp）	874.79	酪氨酸（Tyr）	440.01
谷氨酸（Glu）	1418.22	缬氨酸（Val）	618.12
丝氨酸（Ser）	817.58	蛋氨酸（Met）	563.80
甘氨酸（Gly）	380.77	半胱氨酸（Cys）	32.44
组氨酸（His）	276.08	异亮氨酸（Ile）	403.89
精氨酸（Arg）	565.38	亮氨酸（Leu）	815.52
苏氨酸（Thr）	453.51	色氨酸（Trp）	683.32
丙氨酸（Ala）	459.06	苯丙氨酸（Phe）	705.41
脯氨酸（Pro）	457.59	赖氨酸（Lys）	462.92
总量	10615.13		

目前，国内外提取蛋黄油的主要方法主要有3种。① 有机溶剂法，为工业上所采用，其蛋黄油产品质量较好，提取率较高，但存在一定的

溶剂残留，尤其有些溶剂还具有一定的毒性，另外其工艺复杂、费时。② 干馏法，为我国民间传统方法，其制备简便，但出油率很低，质量较差，大量生产易使环境污染。③ 超临界二氧化碳萃取法是一项现代高新技术，可从蛋黄粉原料中有效分离出不含磷脂的蛋黄油、蛋黄磷脂和蛋黄蛋白，其产品质量好，但是该方法对蛋黄粉原料质量和萃取装置耐压度要求很高，生产成本偏高。近年来，国内外学者已有利用现代生物技术酶法提取蛋黄油的新工艺研究，如王辉等人采用蛋白酶 A 和蛋白酶 B 从鸡蛋黄粉中提取蛋黄油。目前，尚未见利用蛋白酶从咸蛋清中回收蛋黄油的报道。

5.1.4.2 咸蛋清控制酶解制备溶菌酶、呈味基料和蛋黄油

通过对咸蛋清进行热处理，一方面实现溶菌酶与蛋清蛋白的高效分离，另一方面使蛋清中蛋白酶抑制剂失活，酶解敏感性显著提高。在此基础上，通过深度酶解使蛋黄油和蛋清酶解产物分离，制备出呈味基料和蛋黄油。下面对利用咸蛋清生产呈味基料、溶菌酶和蛋黄油的工艺流程进行简单的说明，如图 5.1 所示。

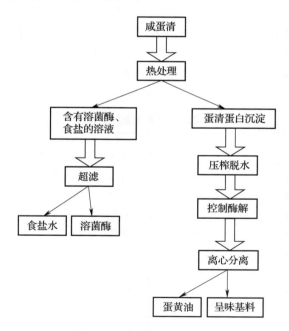

图 5.1　咸蛋清深加工工艺图

（1）热处理　咸蛋清与 1 ~ 2 倍重量水混合，调溶液 pH 2 ~ 4，70 ~ 80℃条件下加热 15 ~ 30min，得含有溶菌酶的盐水溶液以及蛋清蛋白沉淀。

（2）超滤 将上述盐水溶液通过分子质量为 10000u 的超滤膜，取截流液，冷冻干燥即为溶菌酶粗品。

（3）压榨脱水 蛋清蛋白沉淀含水量一般在 90% 以上，压榨至水分含量小于 80% 。压榨的目的是为了提高沉淀中蛋白质的含量，减少酶解结束后产品浓缩的能耗。

（4）控制酶解 将 0.10% ~0.30% （以蛋清蛋白重量计）的真菌酸性蛋白酶用少量水溶解均匀后，添加到压榨脱水后的蛋清蛋白中，45℃ ~55℃ 水解 24 ~72h。酶解结束后，酶解液自然分为两层。上层为黄色蛋黄油，下层为澄清透明浅黄色液体，几乎无酶解残渣。

（5）离心分离 将酶解液离心分离得蛋黄油和呈味基料。呈味基料可进步进行美拉德反应制备不同风味的热反应基料。

控制酶解工艺是蛋清制备呈味基料和蛋黄油中最关键的步骤，不同酶解条件对咸蛋清酶解的蛋白质回收率和水解度有显著的影响。不同蛋白酶、加酶量和水解时间对咸蛋清水解效果的影响，如图 5.2 和图 5.3 所示。

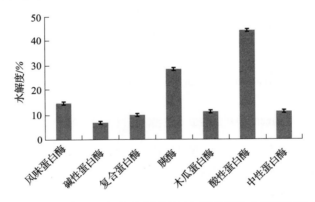

图 5.2 不同商业蛋白酶对咸蛋清蛋白深度酶解水解度的影响

选用 7 种常见商业蛋白酶对咸蛋清蛋白进行酶解后，所产生的酶解效果差异非常显著。酸性蛋白酶和胰酶的酶解作用较明显，原本浓稠的呈乳白色的沉淀蛋白分散液在长时间的酶解后能产生浅黄色的澄清的酶解液；然而，试验中的其他 5 种商业蛋白酶，尤其是碱性蛋白酶、复合蛋白酶和中性蛋白酶，在其合适的条件下对咸蛋清蛋白酶解长达 48h 后，沉淀蛋白分散液仍然保持着浓稠的乳白色的状态，离心后得到的酶解清液极少，并且清液经沸水浴灭酶后会产生凝结。从图 5.2 可知，在 7 种不同的商业蛋白酶中，酸性蛋白酶的酶解效果最好，经其水解所得到的咸蛋清白酶解液的水解度高达 43.80% ；其次是胰酶，经其水解后得到的咸蛋清白酶解液的水解度为 28.54% ；而其他 5 种商业蛋白酶的水解效果都较差。

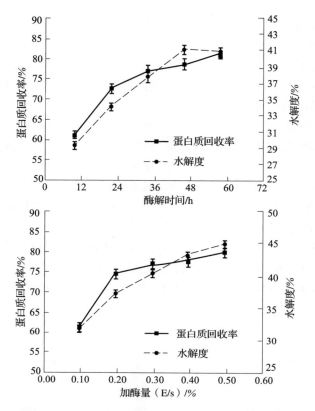

图 5.3　酶解时间和加酶量对咸蛋清蛋白质回收率和水解度的影响

从图 5.3 可以看出，随着酶解时间的延长，咸蛋清蛋白水解度逐渐提高，当酶解时间为 48h 时水解度达到最高值 41.28%，而在酶解时间为 60h 时水解度降低为 40.93%。与此同时，咸蛋清蛋白质回收率也随着酶解时间的延长而不断提高，在 12～36h 阶段，蛋白质回收率的增加趋势较快，而在 36～60h 阶段，蛋白质回收率的增加趋势则相对缓慢，60h 的蛋白质回收率比 36h 时仅增加了 4.30%。综合考虑水解度和蛋白质回收率两个指标，选取咸蛋清蛋白深度酶解的时间为 48h，此条件下的咸蛋清蛋白质回收率为 78.92%，水解度为 41.28%。

从加酶量对咸蛋清的影响来看，当加酶量在 0.1%～0.3% 时，咸蛋清水解度的上升趋势较快，而当加酶量在 0.3%～0.5% 时，水解度的上升趋势则变得缓慢；另外，当加酶量超过 0.2% 时，咸蛋清蛋白质回收率的上升趋势也变得缓慢；最后，咸蛋清水解度及蛋白质回收率在加酶量为 0.5% 时都达到了最大值，分别为 46.39% 和 82.27%。由于加酶量的增加会相应地使工艺成本提高，因此为了控制成本和提高经济效益，综合考虑蛋白质回收率和水解度两个指标，选取咸蛋清蛋白深度酶解的加酶量为0.3%。如图5.4所示。

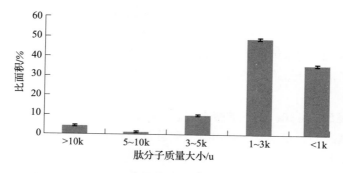

图5.4　咸蛋清蛋白深度酶解液中肽分子质量的分布

咸蛋清蛋白深度酶解的产物中肽分子质量主要在3000u以下，其中分子质量为1000~3000u占49.28%，分子质量在1000u以下占35.73%，而分子质量在3000~5000u、5000~10000u和10000u以上的所占比例较低，分别为9.40%、1.28%和4.31%。由此可见，在优化后获得的咸蛋清蛋白深度酶解最佳工艺条件下，咸蛋清蛋白深度酶解的效果非常显著，得到的酶解液以小分子质量的肽为主。

5.1.4.3　蛋黄油的得率及化学组成分析

蛋黄油粗提物的得率，是指蛋黄油粗提物粉末的重量占原料咸蛋清重量的百分比。经过3次重复试验，得到蛋黄油粗提物的得率为2.51g/100g咸蛋清，即100kg咸蛋清经酸热处理分离提取溶菌酶后，得到的蛋白沉淀再由酸性蛋白酶进行深度酶解，可得到2.51kg蛋黄油粗提物粉末。由于提取方法和原料的不同，蛋黄油成分含量有较大的差异。本研究中，通过深度酶解咸蛋清回收得到的蛋黄油的主要化学组成测定结果，如表5.8所示。

表5.8　　　　　　　蛋黄油粗提物的主要化学组成　　单位：g/100g 粉末

粗蛋白	粗脂肪	灰分	水分
37.09	36.83	16.98	2.63

蛋黄中的蛋白质主要包括低密度脂蛋白、卵黄球蛋白、卵黄高磷蛋白和高密度脂蛋白，其中超过80%的蛋白质是脂蛋白。采用酶法提取咸蛋清中蛋黄油的目的，正是利用酸性蛋白酶对蛋黄中的脂蛋白进行水解，使脂蛋白中的脂质与蛋白质分离，从而提取蛋黄油。从表5.8可知，经酸

性蛋白酶深度酶解咸蛋清蛋白后，通过收集上浮物可得到蛋黄油粗提物，其主要由蛋白质和脂肪组成，两者的含量分别为 37.09% 和 36.83%。蛋黄油粗提物的蛋白质含量高达 37.09%，可能正是由于蛋黄微粒（主要是蛋黄球、颗粒、低密度脂蛋白质和髓磷脂形）聚集，将蛋白质包裹起来，而在长达 48h 的水解过程中，部分蛋白质被水解，疏水部分的暴露使聚集物浮于液面上，但仍然有部分蛋白质未被水解而被聚集物带到液面上来。

从表 5.9 可知，除了被酸水解破坏的色氨酸外，蛋黄油粗提物中 7 种必需氨基酸的含量丰富，必需氨基酸总量占总氨基酸总量的 40.22%。由于必需氨基酸在人体内不能合成或合成的速度不能满足机体的需要，必须由食物蛋白质供给，因此，蛋黄油粗提物具有较高的营养价值。此外，蛋黄油粗提物中呈甜味和鲜味的氨基酸含量很高，占总氨基酸总量的 51.57%，并且其带有浓郁的咸蛋黄香味，因此，蛋黄油粗体物可以进一步被开发成为呈味基料。

表 5.9　　　　　　蛋黄油粗提物中蛋白质的总氨基酸组成　　　　单位：mg/g

氨基酸种类	含量	氨基酸种类	含量
天冬氨酸（Asp）	33.078	酪氨酸（Tyr）	14.888
谷氨酸（Glu）	60.184	缬氨酸（Val）	19.660
丝氨酸（Ser）	30.128	蛋氨酸（Met）	17.035
甘氨酸（Gly）	12.134	半胱氨酸（Cys）	15.668
组氨酸（His）	7.590	异亮氨酸（Ile）	16.036
精氨酸（Arg）	14.648	亮氨酸（Leu）	28.177
苏氨酸（Thr）	22.566	色氨酸（Trp）	—
丙氨酸（Ala）	17.735	苯丙氨酸（Phe）	25.516
脯氨酸（Pro）	14.219	赖氨酸（Lys）	19.233
总量	368.495		

从表 5.10 可知，利用酸性蛋白酶深度酶解咸蛋清蛋白，回收得到的蛋黄油粗提物的脂肪酸组成丰富。其中，油酸含量最高，相对含量为 53.33%，其次为棕榈酸，相对含量为 26.84%。由于蛋白酶是作用于肽键从而使蛋白质水解的一类酶，不同的蛋白酶作用的肽键不同，对底物——脂蛋白的分解程度也不一致。而且禽蛋的品种不同（如鸡蛋、鸭蛋等），其蛋黄的脂质组成也有差异。因此，由不同原料和不同工艺制备得到的蛋黄油的脂肪酸含量和组成略有差异。

表 5.10　　　　　　　　　　　蛋黄油粗提物的脂肪酸组成

脂肪酸种类	相对含量/%	脂肪酸种类	相对含量/%
棕榈酸 C16:0	26.84	亚麻酸 C18:3	0.71
硬脂酸 C18:0	7.42	饱和脂肪酸	34.26
油酸 C18:1	53.33	不饱和脂肪酸	65.74
亚油酸 C18:2	11.70		

5.1.5　咸蛋清控制酶解制备虾肉保水剂

在冷冻水产品生产中，水产品的水分含量和持水性将直接关系到水产品的组织状态、品质以及风味。目前，食品工业在水产品的加工中，常使用磷酸盐类保水剂来提高产品的持水能力，降低蒸煮损失。然而，过度地使用磷酸盐会使水产品肉质变软，且产生令人不愉快的金属涩味，导致产品风味恶化，出现呈色不良的现象。另外人体长期过量摄入磷酸盐会影响机体的钙磷平衡。为了解决磷酸盐的使用所带来的负面影响，国内外已针对多聚磷酸盐的替代物展开了研究。

5.1.5.1　咸鸭蛋清控制酶解工艺优化

由于咸鸭蛋清蛋白经轻度酶解得到蛋清水解物（Protein Hydrolysate of Salted Duck egg White，PHSDW），其亲水性和溶解性提，具有一定的凝胶特性，可用于提高水产品的保水力，成为无毒副作用的磷酸盐替代品。因此，合理利用咸蛋清蛋白的功能特性，通过轻度酶解咸蛋清蛋白制备含盐虾肉保水剂，进一步拓宽咸蛋清蛋白在食品工业中的应用方向，将是除酶法制备蛋清肽外，另一条回收利用废弃咸蛋清、提高咸蛋清附加值的有效途径。

将新鲜虾仁分别浸泡于不同水解度的咸蛋清蛋白酶解液溶液中，以浸泡增重率、蒸煮损失率和蒸煮得率为指标，以 0.4% NaCl 溶液为空白对照，复合磷酸盐溶液为阳性对照，考察不同水解度的咸蛋清蛋白酶解液对新鲜虾仁保水力的影响，实验结果如图 5.5（1）、5.5（2）和 5.5（3）所示。

从图 5.5（1）可知，经不同水解度的咸蛋清蛋白酶解液以及 0.4% NaCl 溶液浸泡处理后的虾仁，其浸泡增重率没有显著性差异。然而，虾仁于食品工业中常用的复合磷酸盐溶液（0.875% SAPP + 2.625% TSPP + 0.4% NaCl）浸泡处理 1h 后，浸泡增重率却较低，仅为 3.09%，这可能是由于复合磷酸盐溶液的浓度较高，使细胞外液渗透压升高，细胞外的渗透压大于细胞内的渗透压，细胞表现为失水状态，从而使增重率变低，但相对于未处理的虾仁重量仍然是增加的。

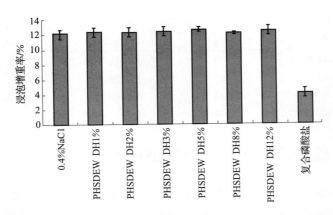

图 5.5（1） 不同水解度的咸蛋清蛋白酶解液对虾仁的浸泡增重率的影响

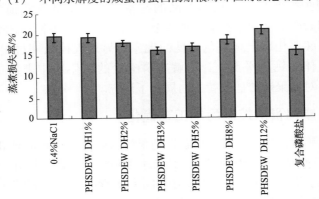

图 5.5（2） 不同水解度的咸蛋清蛋白酶解液对虾仁蒸煮损失率的影响

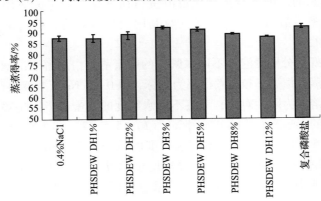

图 5.5（3） 不同水解度的咸蛋清蛋白酶解液对虾仁蒸煮得率的影响

从图 5.5（2）和图 5.5（3）可知，相较于其他水解度的咸蛋清蛋白酶解液，经水解度为 3% 的咸蛋清蛋白酶解液浸泡处理后的虾仁的蒸煮损失率较低（16.15%），比空白对照样品（0.4% NaCl 溶液浸泡处理的虾仁）降低了 17.77%，并与阳性对照样品（复合磷酸盐浸泡处理的虾仁）的蒸煮损失率（15.83%）接近。与此同时，经水解度为 3% 的咸蛋清蛋白酶解液浸泡处理后的虾仁也有较高的蒸煮得率（92.38%），比空白对照样品增加了 5.26%，也与阳性对照样品的蒸煮得率（92.64%）接近。

实验结果表明，水解度为 3% 的咸蛋清蛋白酶解液能较好地提高虾仁的保水力，这可能是因为适度的酶法改性能提高蛋白质吸附水分和结合水分的能力，且经酸性蛋白酶轻度酶解后，咸蛋清蛋白被水解成分子质量较小的蛋白或肽，更容易渗入虾肉组织中与水分子结合起来。一般情况下，在热处理的过程中，热诱导蛋白质变性，从而导致肌肉蛋白结构中的水分流失。而虾仁经咸蛋清蛋白酶解液浸泡后，渗入到虾仁肌肉组织中的小分子蛋白质和肽可与加热后展开的肌原纤维蛋白以二硫键的形式结合，从而形成了蛋白质－蛋白质分子网络结构，此网络结构能较好地吸附和截留水分子。此外，由于咸蛋清蛋白具有凝胶特性，渗入到虾肉组织中的咸蛋清蛋白经热诱导作用，在肌肉纤维缝隙中聚集起来形成凝胶，这种凝胶也能较好地截留住虾仁肌肉组织中的水分。

咸蛋清蛋白酶解液的水解度不同，其对新鲜虾仁保水力的影响也不同，表明水解度是影响咸蛋清蛋白的亲水性和凝胶性的因素。上述结果表明，水解度为 3% 的咸蛋清蛋白酶解液具有较好的增重保水效果。采用 TA－XT 质构分析仪模拟人牙齿咀嚼食物，在质地多面剖析（TPA）模式下测定蒸煮后虾仁的硬度、弹性和咀嚼性，实验结果如表 5.11 所示。

表 5.11　不同水解度的咸蛋清蛋白酶解液对蒸煮后虾仁的质构的影响

不同浸泡液	硬度/g	弹性	咀嚼性/g
0.4% NaCl	880.86 ±99.23	0.6082 ±0.0079	268.05 ±26.63
PHSDEW－DH1%	790.63 ±58.35	0.6043 ±0.0029	248.68 ±9.23
PHSDEW－DH2%	806.34 ±25.77	0.6202 ±0.0133	274.15 ±7.79
PHSDEW－DH3%	994.68 ±65.27	0.6212 ±0.0169	333.66 ±54.39
PHSDEW－DH5%	914.79 ±46.60	0.6207 ±0.0151	312.41 ±17.96
PHSDEW－DH8%	841.39 ±37.04	0.6054 ±0.0144	270.72 ±12.75
PHSDEW－DH12%	871.24 ±40.99	0.6022 ±0.0210	300.01 ±16.35
复合磷酸盐	885.47 ±94.49	0.6265 ±0.0077	294.96 ±10.37

硬度是指食品保持形状的内部结合力，是样品达到一定形变所需要的力。从表 5.11 可以看出，经水解度为 3% 的咸蛋清蛋白酶解液浸泡处

理后的虾仁蒸煮后的硬度最大。这可能是因为加热过程中，渗入到虾肉组织中的咸蛋清小分子蛋白和肽与加热后展开的肌原纤维蛋白以二硫键形式结合，形成稳固的蛋白网络结构，从而使虾仁的硬度提高。如Muguruma等研究发现，由于蛋白质-蛋白质分子结合形成的网络结构有利于提高鸡肉肠凝胶的硬度，鸡肉肠中添加大豆分离蛋白、乳清分离蛋白和酪蛋白后，其质构得到了改善。弹性是表示样品在一定的外力作用下发生变形，撤去外力后恢复变形前条件下的高度或体积比率。经复合磷酸盐溶液浸泡处理后的虾仁蒸煮后的弹性最好，水解度为 3% 的咸蛋清蛋白酶解液浸泡处理后的虾仁次之。咀嚼性在数值上是硬度、黏聚性和弹性三者的乘积，是描述肉制品质构的综合评定指标。相比于空白对照样品，经水解度为 3% 的咸蛋清蛋白酶解液浸泡处理后的虾仁蒸煮后的咀嚼性有所提高。

5.1.5.2 咸蛋清酶解物保水性效果评价

如图 5.6 所示，与空白对照相比，经水解度为 3% 的咸蛋清蛋白酶解浸泡处理后的虾仁的浸泡增重率增加了 2.34%，解冻损失率降低了 17.10%，蒸煮损失率降低了 12.99%，蒸煮得率提高了 5.63%。此结果表明，水解度为 3% 的咸蛋清蛋白酶解液能一定程度地改善冻藏虾仁的保水力。冻藏期间虾肉保水力的下降可能与蛋白质的变性、脂肪氧化和肌肉组织的变化有关。冻藏过程中肌肉蛋白质周围的疏水/亲水基团会受到破坏，使蛋白质亲和的水分子转变成游离水流出，使得蛋白质因失水而凝聚变性，从而使其保水力下降。而在本研究中，经水解度为 3% 的咸蛋清蛋白酶解液浸泡后的冻藏虾仁的保水效果得到了一定的提高，这可能是由于轻度酶解后的咸蛋清中的小分子蛋白质和肽具有较好的亲水性，其渗入到虾肌肉组织中后能较好地与水分子结合，从而减少了水分的流失。如表 5.12 所示。

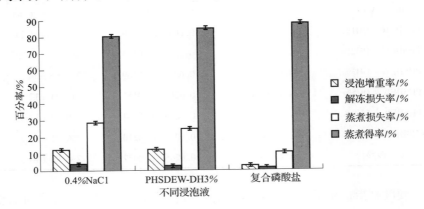

图 5.6　咸蛋清蛋白酶解液对冻藏虾仁保水力的影响

表 5.12　　　　　　　　咸蛋清蛋白酶解液对冻藏虾仁质构的影响

不同浸泡液	硬度/g	弹性	咀嚼性/g
0.4% NaCl	432.34 ± 16.94	0.6085 ± 0.0361	124.09 ± 15.23
PHSDEW – DH3%	652.72 ± 27.91	0.6270 ± 0.0123	186.21 ± 14.38
复合磷酸盐	626.05 ± 26.14	0.6390 ± 0.0169	180.09 ± 17.46

新鲜虾仁经冻藏 5d 后，其硬度比未经冻藏的虾仁的硬度呈显著性降低。这与李杰等对冻藏南极磷虾品质变化的研究中，发现南极磷虾于 – 18℃ 条件下冻藏后其硬度呈显著下降的研究结果一致。此现象可能与肉制品在冻结过程中，冰晶变大使细胞被挤压破裂，从而组织结构被破坏有关。然而，与空白对照样品相比，经水解度为 3% 的咸蛋清蛋白酶解液浸泡处理后的冻藏虾仁，其蒸煮后的硬度、弹性和咀嚼性都有一定的提高，表明水解度为 3% 的咸蛋清蛋白酶解液也能提高冻藏虾仁的保水力，并具有改善冻藏虾仁质构的作用。

采用 SDS – PAGE 分析咸蛋清蛋白、咸蛋清蛋白酶解液、虾仁肌肉蛋白以及不同浸泡液浸泡虾仁后的蛋白组成，实验结果如图 5.7 所示。

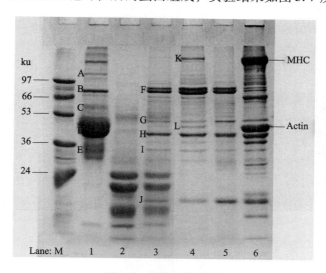

图 5.7　凝胶电泳图谱

（Lane M：标品；Lane 1：咸蛋清蛋白；Lane 2：PHSDEW – DH3%；
Lane 3：咸蛋清蛋白酶解液浸泡液；Lane 4：复合磷酸盐浸泡液；
Lane 5：0.4% NaCl 浸泡液；Lane 6：虾仁肌肉蛋白）

如图 5.7 所示，咸蛋清蛋白的凝胶电泳图谱（lane 1）主要包含 5 条蛋白条带，它们分别是分子质量为 110ku 的卵黏蛋白（条带 A）、分子质量为 76～80ku 的卵伴白蛋白（条带 B）、分子质量为 55～68ku 的抗生素蛋白（条带 C）、分子质量为 45ku 的卵白蛋白（条带 D）以及分子质量为 28ku 的卵类黏蛋白（条带 E）。而当咸蛋清蛋白被酸性蛋白酶轻度酶解至水解度为 3% 时，这五条蛋白条带都变淡甚至消失了，与此同时，咸蛋清蛋白酶解液的凝胶电泳图谱（lane 2）中出现了新的分子质量较小的蛋白条带。此结果表明，咸蛋清蛋白经酸性蛋白酶轻度水解后，大分子蛋白质被水解成了分子质量较小的蛋白或肽。咸蛋清蛋白经轻度酶解后，由于分子质量较小并具有较好的亲水性，能更容易地渗入到虾仁肌肉组织中并与水结合，从而起到提高虾仁保水力的作用。

图 5.7 中，lane 3、lane 4 和 lane 5 分别是咸蛋清蛋白酶解液溶液、复合磷酸盐溶液以及 0.4% NaCl 溶液在浸泡虾仁后所测得的凝胶电泳图谱。三种不同的浸泡液的电泳图谱中都出现了 5 条相同的蛋白条带（条带 F、G、H、I 和 J），且这五条蛋白条带也同时出现在虾仁肌肉蛋白的电泳图谱（lane 6）中。这表明浸泡液中的这 5 种蛋白质都来源自于虾仁肌肉蛋白。这可能是因为虾肉中的可溶性蛋白在浸泡过程中部分溶出。然而，在复合磷酸盐浸泡液的电泳图谱中，还出现了蛋白条带 K 和 L，它们分别对应为虾仁肌肉蛋白中的肌球蛋白重链（MHC）和肌动蛋白（Actin）。此结果表明，虾仁浸泡在复合磷酸盐溶液中时，虾肉中的肌球蛋白重链和肌动蛋白有部分溶出。

采用 TM3000 电子显微镜，观察经不同浸泡液处理后的虾仁蒸煮后的横截面的微观结构，实验结果如图 5.8 所示，其中图 A、图 B、图 C 分别

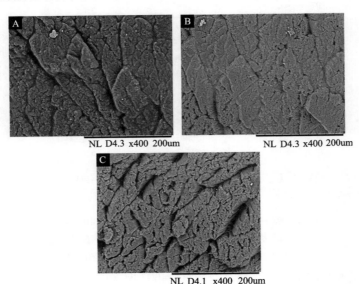

图 5.8　经不同浸泡液浸泡后的虾仁蒸煮后的微观结构
A：0.4% NaCl 溶液；B：咸蛋清蛋白酶解液（DH3%）；C：复合磷酸盐溶液

为经0.4% NaCl溶液、水解度为3%的咸蛋清蛋白酶解液溶液和复合磷酸盐溶液浸泡过的虾仁蒸煮后的横截面。

从图5.8可以看出，0.4% NaCl溶液浸泡后的虾仁经蒸煮后，其横截面微观结构较为紧实；咸蛋清蛋白酶解液浸泡后的虾仁经蒸煮后，微观结构变得稍微疏松并伴有小缝隙；而复合磷酸盐溶液浸泡后的虾仁经蒸煮后，其微观结构显得非常疏松，肌原纤维之间出现了较大的缝隙。

5.1.6　禽蛋蛋白制备功能性肽

5.1.6.1　蛋来源的抗氧化肽

近年来，利用蛋白酶水解禽蛋已获得多种抗氧化肽，主要来源于蛋清、卵白蛋白、卵转铁蛋白、溶菌酶和蛋黄蛋白质。这些抗氧化肽具有抗氧化活性高、分子质量小、易吸收等特点。鉴于蛋清、蛋黄和卵白蛋白是蛋的主要组成部分，下面总结了上述原料来源的抗氧化肽。

Tanzadehpanah H等以鸵鸟蛋蛋清为原料，通过胃蛋白酶酶解、纯化获得一种具有较强的抗氧化活性的多肽LTEQESGVPVMK。该多肽在浓度为20μg/mL时对亚油酸自氧化抑制率为86.4%，在浓度为200μg/mL时DPPH自由基清除率达到81%。Chen C.等人利用木瓜蛋白酶水解鸡蛋清，发现水解3h时水解产物的DPPH自由基清除率最强，并从水解液中分离鉴定出两个抗氧化肽YLGAK和GGLEPINFQ。通过化学合成这两个抗氧化肽，发现两者的DPPH自由基清除能力是酶解液的7.48倍和6.02倍。Davalos A.等利用胃蛋白酶水解蛋清蛋白，并从水解物中分离鉴定出四个具有高抗氧化活性的肽段，其一级结构分别为：Tyr – Ala – Glu – Glu – Arg – Tyr – Pro – Ile – Leu、Ser – Ala – Leu – Ala – Met、Tyr – Gln – Ile – Gly – Leu 和 Tyr – Arg – Gly – Gly – Leu – Glu – Pro – Ile – Asn – Phe，其中第一个肽还具有较好的ACE抑制活性。刘静波等利用碱性蛋白酶水解鸡蛋蛋清，并从水解产物中分离鉴定出3种新的抗氧化肽：Asp – His – Thr – Lys – Glu（DHTKE）、Phe – Phe – Glu – Phe – His（FFGFN）和Met – Pro – Asp – Ala – His – Leu（MPDAHL），其中DHTKE具有最强的氧自由基清楚能力。

徐明生用胃蛋白酶酶解鸡蛋卵白蛋白，从水解物中分离纯化得到了3个抗氧化活性肽，PEY、LPDE和WVE，并利用D–半乳糖复制衰老小鼠模型的体内抗氧化试验发现，给衰老小鼠喂食中剂量和高剂量的卵白蛋白水解物可极显著的抑制小鼠血清和肝脏的超氧化物歧化酶、谷胱甘肽过氧化物酶、过氧化氢酶的下降，同时能够极显著降低衰老小鼠血清和肝脏中的丙二醛含量，说明卵白蛋白酶解制备的抗氧化肽能够有效起到抗氧化的作用。

Park 等采用碱性蛋白酶，在 pH 为 7.0，50℃下将脱卵磷脂的蛋黄酶解 18h，所得水解产物经超滤、色谱分离后获得两个抗氧化肽，其一级结构为：LMSYMWSTSM 和 LELHKLRSSHWFSRR，其中 LELHKLRSSHWFS-RR 具有较强的抗氧化活性，在抑制亚油酸氧化体系中其抗氧化活性比 α – 生育酚高 60% 以上。Xu 等采用胰蛋白酶酶解经部分脱磷酸的卵黄高磷脂蛋白，并比较了水解液与卵黄高磷脂蛋白的抗氧化活性。结果表明，与卵黄高磷脂蛋白相比，经部分脱磷酸的卵黄高磷脂蛋白水解液具有较强的抑制脂质氧化活性和 DPPH 自由基清除能力，但其对二价铁离子的螯合能力要弱于卵黄高磷脂蛋白。Xu 的研究证实卵黄高磷脂蛋白水解产物的抗氧化活性主要取决于肽的一级结构，而非磷脂酰丝氨酸配体。

其中许多蛋来源的抗氧化肽已确定一级结构，具体如表 5.13 所示。

表 5.13　　　　　　　酶解禽蛋获得的抗氧化肽

来源	蛋白酶	氨基酸序列
鸵鸟蛋蛋清	胃蛋白酶	LTEQESGVPVMK
鸡蛋清	木瓜蛋白酶	YLGAK
鸡蛋清	木瓜蛋白酶	GGLEPINFQ
卵白蛋白	胃蛋白酶	YAEERYPIL
卵白蛋白	胃蛋白酶	SALAM
卵白蛋白	胃蛋白酶	YQIGL
卵白蛋白	胃蛋白酶	YRGGLEPINF
卵白蛋白	胃蛋白酶	PEY
卵白蛋白	胃蛋白酶	LPDE
卵白蛋白	胃蛋白酶	WVE
溶菌酶	木瓜蛋白酶/胰蛋白酶	NTDGSTDYGILQINSR
鸡蛋黄	碱性蛋白酶	LMSYMWSTSM
鸡蛋黄	碱性蛋白酶	LELHKLRSSHWFSRR

5.1.6.2　蛋来源的降压肽

鸡蛋清的胃蛋白酶蛋白降解产物中已分离出多种降血压肽。1995 年 Fujita 等从卵清蛋白的胃蛋白酶降解产物中可以分离到一种具有降血压和舒张血管作用的八肽，其一级结构为 FRADHPFL，命名为卵激肽（ovoki-nin）。Manso 等用蛋清的胃蛋白酶水解物长期饲喂自发性高血压大鼠，研究大鼠血浆的抗氧化和脂类的过氧化，结果发现当饲喂量为 0.5g/（kg 体重·d）时，血浆的自由基清除能力增强，大动脉的脂质过氧化产物丙二醛的浓度下降，因此蛋清水解物对防治高血压、高脂血、氧化等综合征有效。用蛋黄乳化 ovokinin 可以增强其降血压效果，原因是蛋黄中磷脂保护了 ovokinin 免受肠道肽酶的水解。卵激肽经过胰凝乳蛋白水解得到 2 – 7 片段，命名为 ovokinin（2 – 7），ovokinin（2 – 7）也具有松弛血管的作用，ovokinin（2 – 7）经原发性高血压的大鼠口服后，都以剂量依赖型的方式显著降低了收缩压。2000 年 Fujita 等利用胃蛋白酶和嗜热菌蛋白酶酶解卵清蛋白获得了具有 ACE 抑制活性的酶解物，并从胃蛋白酶酶解产物中分离出 6 种 ACE 抑制肽，然而，在这些抑制肽中仅 Leu – Trp 对自发性高血压大鼠显示降血压活性。这表明 ACE 抑制活性与降血压效果并不一致。2004 年 Miguel 等研究了用体外消化的蛋清水解物饲喂自发性高血压大鼠的动脉功能的前后变化，通过动物试验证明蛋清的胃蛋白酶水解物可用于开发防治高血压的功能食品，并从蛋清水解物中分离得到一级结构中氨基酸序列为 Tyr – Arg – Glu – Glu – Arg – Tyr – Pro – Ile – Leu，Arg – Ala – Asp – His – Pro – Phe – Leu 的活性肽，证明了它们都具有血管扩张活性。此外，胰蛋白酶和胰凝乳蛋白酶的蛋清蛋白酶解产物也具有 ACE 抑制活性。如表 5.14 所示。

表 5.14　　　　　　　　　　来源鸡蛋蛋白质的降血压肽

氨基酸序列	来源	制备方法	活性
FRADHPFL	卵清蛋白	胃蛋白酶水解	舒张血管，降血压
RADHPF	卵清蛋白	胃蛋白酶 + 胰凝乳蛋白酶水解	舒张血管，降血压
RADHPFL	蛋清	胃蛋白酶水解	ACE 抑制、降血压
YAEERYPIL	蛋清	胃蛋白酶水解	ACE 抑制、降血压
IVF	蛋清	胃蛋白酶水解	ACE 抑制、降血压
LW	卵清蛋白	胃蛋白酶水解	ACE 抑制、降血压
RADHP	蛋清	胃蛋白酶 + 胰酶水解	ACE 抑制、降血压
寡肽	蛋黄	中性蛋白酶水解	ACE 抑制、降血压

5.1.6.3　蛋来源的抗菌肽

卵清蛋白、卵转铁蛋白和溶菌酶是鸡蛋清蛋白制备抗菌肽的主要蛋白质。卵清蛋白的牛胰蛋白酶降解产物对枯草芽孢杆菌有极强的抗菌活性；卵清蛋白的牛胰凝乳蛋白酶降解产物对枯草芽孢杆菌、藤黄微球菌 (*Micrococcus luteus*)、金黄色葡萄球菌 (*Staphylococcus aureus*)、表皮葡萄球菌 (*Streptococcus epidermidis*)、兽疫链球菌 (*Streptococcus zooepidermicus*)、革兰氏阴性菌支气管炎博德特菌 (*Bordetella bronchiseptica*)、大肠杆菌 (*Escherichia coli*)、肺炎克雷伯菌 (*Klebsiella pneumoniale*)、绿脓假单胞菌 (*Pseudomonas aeruginosa*)、黏质沙雷氏菌 (*Serratia marcesens*) 以及真菌白色念珠菌 (*Candida albicans*) 具有抗菌作用。卵清蛋白经过胰蛋白酶降解产生的抗菌肽为：SALAM (f36 ~ 40)、SALAMV (f36 ~ 41)、YPILPEULQ (f111 ~ 119)、ELINSW (f143 ~ 148) 和 NVLQPSS (f159 ~ 165)。卵清蛋白经胰凝乳蛋白酶降解产生的抗菌肽为：AEERYPILPEYL (f127 ~ 138)、GIIRN (f155 ~ 159) 和 TSSNVMEER (f268 ~ 276)。

Ibrahim 报道卵转铁蛋白先用盐酸处理，再用胰蛋白酶酶解得到一种具有较强杀菌能力的卵转铁球蛋白肽 OTAP - 92。OTAP - 92 含有 92 个氨基酸残基，对应卵转铁蛋白 109 ~ 200 氨基酸片段。OTAP - 92 可以通过自主摄取穿透细菌外膜并损伤细胞质膜而杀死革兰氏阴性菌。这种肽还表现出抗病毒活性，可以抗鸡胚成纤维细胞中的马立克氏病毒。

研究表明，变性的失去胞壁质降解酶活性的溶菌酶仍具有抗菌活性，且对革兰氏阴性菌具有杀菌作用，这表明整个溶菌酶分子并不是其发挥抗菌作用所必须的，溶菌酶分子的蛋白酶降解产物可能具有抗菌活性。溶菌酶经过胃蛋白酶、胰蛋白酶以及这两种蛋白酶共同水解产生的小肽混合物也有强烈的抗菌作用。Abdou 等研究了胃蛋白酶有限水解溶菌酶后得到的天然食品防腐剂——溶菌酶肽的抗菌活性，虽然只具有溶菌酶的 11% 的溶菌活性，但当溶菌肽的浓度为 100μg/mL 时能完全抑制 *B. licheniformis*、*B. megaterium*、*B. mycoides*、*B. pumilus*、*B. coagulans*、*B. amyloliquefaciens*、*B. polymexa* 和 *B. macerans*，当浓度≥10μg/mL 时对 *B. subtilis* 的营养生长体和孢子都具有抑制作用。

5.1.6.4 蛋清来源的抗凝血肽

凝血酶是一种丝氨酸蛋白酶，在凝血过程中起关键作用，因此，凝血酶可以作为抗凝治疗的理想靶点，通过抑制凝血酶的活性可以有效阻碍凝血过程的发生。目前，一些肽类化合物已被发现具有显著的抗凝血活性，部分活性肽的结构也得到进一步鉴定。

吉林大学刘静波及其团队以蛋清粉为原料，比较了碱性蛋白酶 2.4L、中性蛋白酶、风味蛋白酶和胰蛋白酶水解蛋清蛋白质制备食源性抗凝血肽的效果，发现碱性蛋白酶的效果最佳。在此基础上，优化了蛋清粉的酶解工艺。江南大学王璋团队分别利用碱性蛋白酶 2.4L 和 Protease N 水解蛋清蛋白，发现 Protease N 酶解产物的抗凝血活性要高于碱性蛋白酶 2.4L 酶解产物，且在水解度为 15% 时活性最高。采用大孔树脂吸附层析、凝胶层析、半制备 RP – HPLC、分析型 RP – HPLC 和串联质谱对酶解产物进行分离和鉴定，得到了 17 个富含疏水氨基酸和碱性氨基酸的多肽的氨基酸序列，并对序列为 Leu – Val – Phe – Lys 的一个活性肽进行了合成，证明其具有抗凝血酶活性，抑制类型为可逆抑制。章绍兵对目前已鉴定出来的抗凝血肽进行了总结，如表 5.15 所示。

表 5.15　　　　　　　　　部分食物源抗凝血活性肽氨基酸序列

蛋白源	原料处理	氨基酸序列
牛酪乳蛋白	Lactobacillus casei Shirota 发酵 Bacillus	Tyr – Gln – Glu – Pro – Val – Leu – Gly – Pro – Val – Arg – Gly – Pro – Phe – Pro – Ile – Ile – Val； Gln – Glu – Pro – Val – Leu – Gly – Pro – Val – Arg； Gly – Pro – Phe – pro – Ile – Ile – Val
虾虎鱼肉蛋白	Licheniformis NH1 酶解	Leu – Cys – Arg； His – Cys – Phe； Cys – Leu – Cys – Arg； Leu – Cys – Arg – Arg
蛋清蛋白	Protease N 酶解	Leu – Ser – Tyr – Arg – Asn； Asn – Leu – Tyr – Arg – Asn； Tyr – Arg – Gly – Tyr； Leu – Tyr – Arg – Pro – Ser； His – Ala – Gly – Leu – Gly – Asn； Tyr – Gly – Leu – Arg； Val – Tyr – Arg – Glu – Glu； Phe – Arg – Val – Lys； Leu – Leu – Ala – Lys – Ala – Tyr； Val – Arg – Tyr – Pro； Val – Pro – Ser – Met – Pro – Arg； Leu – Phe – Arg – Pro； Val – Pro – Ser – Met – Pro – Arg； Leu – Phe – Arg – Pro； Val – Tyr – Leu – Pro – Arg； Lys – Tyr – Gly – Asn – Trp； Lys – Leu – Lys – Thr – Ser – Thr – Gly – Lys – Pro – Asp – Val – Gly – Pro； Asp – Gly – Gly – Trp – Asn – Thr – Arg – Gly – Pro – Ala – Ala – Pro – Val – Gly

5.1.6.5 蛋黄制备骨头生长促进肽

近年来，患骨质疏松症人群的增加或年轻一代骨折率的增加等正成为社会问题。骨质疏松症主要出现在绝经后的女性身上，是由于雌激素减少打乱骨形成和骨破坏的平衡而导致的疾病。不过伴随着人口老龄化，部分男性中也发现骨密度减少的现象。预防或者治疗骨质疏松的方法有食疗补钙法，做轻运动、日光浴、药物治疗等。食疗补钙法主要使用碳酸钙，磷酸钙等钙盐或牛骨粉、蛋壳、鱼骨粉等天然钙制剂。适当的运动可以增加骨密度，所以散步或步行有益于骨的健康。但是，身体虚弱时就连做点轻运动也很麻烦，更何况卧病在床的老人基本上不能运动。日光浴虽然在补充活性维生素 D 方面来讲有好处，但是仅这一点是不够的。说到药物治疗，二磷酸或降钙素制剂等被使用，而且据说对骨质疏松症的治疗很有效。但是这些物质属于药物，有耳鸣，头痛，食欲不振等副作用。

富尔玛株式会社大井康之等人公开了一种利用蛋黄制备骨头生长促进肽的方法，具体如下：使用源自地衣芽孢杆菌的蛋白质水解酶直接对所述脱脂蛋黄进行水解，当水解产物中分子质量为 500～20000u 肽段占 50% 以上时终止水解反应，得到骨头生长促进肽。下举例进行说明。

（1）脱脂蛋黄的制备 在 1 份蛋黄粉末中加入 5 倍乙醇（V/m），用混合机搅拌 30min 后，回收固形物质。把该操作重复 3 次并对蛋黄进行脱脂，风干，得出 0.568 份脱脂蛋黄。

（2）在脱脂蛋黄粉末 500kg 中，加入 2.5t 水以及诺维信投资有限公司制造的诺维信水解蛋白酶（来源于 bacillus licheniformis）25kg，在 pH 为 7、55℃下进行 3h 酶反应，此后，在 80℃下经 15min 的热处理使酶失活，在 3000×g 下离心分离 20min，除去沉淀，过滤后，把滤液喷雾干燥，得到蛋黄蛋白质水解物大约 140kg。所得蛋黄蛋白质水解物中分子质量为 500～20000u 肽段占 85% 以上，动物试验和细胞试验表明该水解物具有促进成骨细胞增殖及促进钙化作用。

5.1.6.6 蛋来源的其他活性肽

陈栋梁对蛋清肽的理化特性和免疫功能进行了研究，发现蛋清肽可提高小鼠机体的免疫功能，并提出成人推荐摄入量为 0.6g/d。田刚报道，蛋清酶解产物可提高正常小鼠的免疫功能，特别是当小鼠处于免疫力低下时，蛋清肽的免疫增强效果更为显著。许海丽等在研究蛋清肽改善小鼠记忆效果时发现酶解小时 2h 所得的蛋清肽具有显著提高小鼠记忆的效果，摄入量为9mg/（g·体重·d）和18mg/（g·体重·d）。姜云庆报道，鸡蛋清蛋白经碱性蛋白酶酶解后，可显著降低持续运动小鼠血清尿素含量、肌酸激酶和乳糖脱氢酶活性，并显著提高血清白蛋白和血糖含量，从而表现出显著的抗疲劳活性。Watnabae 等报道，链霉蛋白酶酶解卵黏蛋白产生的两种高糖基化肽具有抑制肿瘤生长的活性。此外，卵黄高磷蛋白的酶解产物易与钙、铁、镁等矿物质元素结合等特性，因此，卵黄高磷蛋白磷酸肽有望成为一种很好的钙、锌、铁、硒等微量元素强化辅助剂。如表 5.16 所示。

表 5.16　　　　　　　　　　　　　鸡蛋来源生物活性肽

生理活性	来源	氨基酸序列	参考文献
	蛋清	Tyr – Ala – Glu – Glu – Arg – Tyr – Pro – Ile – Leu Ser – Ala – Leu – Ala – Met Tyr – Gln – Ile – Gly – Leu Tyr – Arg – Gly – Gly – Leu – Glu – Pro – Ile – Asn – Phe	Davalos et al.（2004）
	卵白蛋白	AHK，VHH，VHHANEN	Tsuge et al.（1991）
抗肿瘤活性 抗焦虑	卵黄高磷蛋白 蛋清	磷酸寡肽 Val – Tyr – Leu – Pro – Arg	Picot et al.（2006） Kousaku Ohinata et al.（2011）

5.1.6.7　鸡蛋膜蛋白水解物改善肠道功能

江南大学史雅凝以鸡蛋膜为原料，在碱醇体系中溶解 2h 后，调整 pH 至 10，加入碱性蛋白酶（AL）水解 4h，再将 pH 调整到 7~8，然后分别用蛋白酶 A（PA）、蛋白酶 N（PN）、蛋白酶 P（PP）和蛋白酶 S（PS）处理得酶解产物 AL – PA、AL – PN、AL – PP、AL – PS，水解产物的 DH 和总氮回收率如表 5.17 所示。

表 5.17　不同蛋白酶组合制备的鸡蛋膜蛋白酶解物的 DH 和总氮回收率　单位：%

鸡蛋膜蛋白酶解物	总氮回收率	水解度
AL	56.46 ± 0.70	10.37 ± 0.42
AL – PA	56.52 ± 0.50	24.51 ± 0.28
AL – PN	61.69 ± 0.38	13.51 ± 0.55
AL – PP	63.65 ± 0.41	26.39 ± 0.46
AL – PS	65.60 ± 0.43	25.24 ± 0.36

细胞试验和动物试验显示：① 鸡蛋膜蛋白酶解物 AL – PS 可以促进细胞内谷胱甘肽的含量，减少促炎细胞因子 Interleukin – 8 的分泌，上调 γ – 谷氨酰半胱氨酸合成酶的活性及其 mRNA 表达，维持并促进细胞内 GSH 的合成，修复还原并提高 GSH/GSSG 的比值，抑制脂质和蛋白质的氧化。② 鸡蛋膜蛋白酶解物 AL – PS 在体外和体内都具有良好的抗炎活性。在肠道细胞模型中通过抑制 NF – κB 的激活，调节 NF – κB 信号通路下调促炎细胞因子和上调抗炎细胞因子，从而减少细胞中 IL – 8 的分泌，起到抗炎作用。在 DSS 诱导小鼠结肠炎模型中通过调节 IL – 6 相关的细胞信号通路，促进激活 T 淋巴细胞的凋亡，帮助恢复体内肠道免疫平衡，在体内具有抗炎活性。因此，鸡蛋膜蛋白酶解物具有抗氧化应激和抗炎活性，可以有效地保护肠道健康。

5.2　畜禽血液中血红细胞控制酶解技术

近年来，随着屠宰加工卫生条件的改善以及生产规模扩大使得规模化收集、综合利用畜禽血液成为可能。牲畜血液可来源于任何类型的动物血，如产自如屠宰场的猪、母牛、马、绵羊、山羊、鸡或其他动物的血。本节中牲畜血液及其相关数据主要指猪血。牲畜血液是肉类产品加工的副产物，含有 17% ~ 19% 的蛋白质，与瘦肉中蛋白质含量相当。牲畜血液的氨基酸组成平衡，赖氨酸和色氨酸含量高，组氨酸含量也较普通食品蛋白质含量高，是一种极好的食物蛋白质资源。血液的另一种重要营养素是血红素，血红素由卟啉环和二价铁构成，每 100g 血液中铁的含量高达 40mg 以上，而同等质量的瘦牛肉、瘦羊肉和瘦猪肉则分别只有 2.6mg、2.0mg 和 1.6mg。人体对这种铁的吸收率是无机铁的 3 倍，因此，血液中的卟啉铁对于改善由于食物中缺铁或吸收障碍性缺铁所造成的缺铁性贫血效果明显。此外，血液中还含有多种微量元素，如镁、磷、锰、钴、铜、锌等。

我国对血液的利用始于 20 世纪 80 年代，并先后开发研究出一些血液的产品，尤其是作为营养补剂、血红素、超氧化物歧化酶（SOD）、氨基酸营养液等项目，取得了一定的成果。牲畜血液由血浆和血红细胞组成，其中约 20% 蛋白质存在于血浆，另外多达 80% 存在于血红细胞。血浆部分的水含量比较高，达 90% 以上，蛋白质含量约为 7%，主要包括清蛋白、球蛋白和纤维蛋白原三类蛋白质。血浆由于具有良好的凝胶性、起泡性、乳化性，可用作食品配料、黏结剂、澄清剂以及可用于多种酶类及免疫球蛋白的提取等，多将其直接应用于食品中。血红细胞的水分含量约为66%，蛋白含量高达32%左右，血红细胞最主要的蛋白质是血红蛋白，含量占血红细胞蛋白总量的90%以上。与之相比，血红细胞由于颜色深、适口性差、铁含量较高、添加到食品中易导致产品油脂氧化变质而难以在食品生产中大量应用。猪血液的主要营养成分分析如表5.18所示。

表5.18　　　　　　　猪血液的主要营养成分分析　　　　　　单位：g/100g

样品	水分	粗脂肪	总糖	粗蛋白	氨基态氮	灰分
全血	81.2	0.25	0.06	17.2	0.15	1.03
血浆	90.77	0.18	0.07	7.13	0.06	0.98
红血球	66.04	0.22	0.05	32.15	0.31	1.12

5.2.1　酶解血红细胞制备脱色血红蛋白酶解物与血红素肽

血红蛋白是血红细胞的主要蛋白质成分，是由两条α多肽链和两条β多肽链构成的四聚体，猪血红蛋白分子质量为64500u。完整血红蛋白中富含血红素（haem），其铁离子含量为3040g/kg，如不将血红素与血红蛋白分离，而直接将血红蛋白添加到食品中易导致食品氧化劣变，且产品颜色变深，这严重制约了血红细胞的开发利用。目前除有小部分血红细胞用于生产附加值较低的产品，如血豆腐、血肠等外，其他大部分血红蛋白用于生产低值饲料用血粉。因此，将血红素与血红蛋白进行有效分离是实现血红细胞高值化利用的重要途径。

从血红蛋白中分离血红素和血红蛋白的方法包括有机溶剂法、CMC提取法、氧化法、酶解法等。有机溶剂法一般是利用丙酮、醇和酸进行化学处理的方法。此种方法的缺点是使用了大量易挥发、易燃、易爆的有机溶剂，需要较大的投资降低溶剂挥发、防止爆炸，而且最大的缺点是试剂残留对所得到的血红蛋白的口味产生不良的影响，环境污染。氧化法需要大量的氧化剂，且破坏了蛋白中的含硫氨基酸，如半胱氨酸、胱氨酸和蛋氨酸等，降低了蛋白的营养价值，所制备蛋白的口味、气味和颜色也不理想，虽然可通过添加含有二烯醇基团的化合物来减轻含硫氨基酸的破坏、通过对血红蛋白的部分水解来减少氧化剂的用量，但是这些都会大大增加生产成本。采用CMC提取法从血红蛋白酶解产物中提取血红素，虽避免了添加有机溶剂，但在提取过程中需加入大量的水（9倍），蛋白质回收的能耗增大，实际应用受到限制。与这些方法相比，酶解法相对来说具有用酶量少、成本低、副反应少、易于工业化大规模生产、产品易于吸收等特点，后来也有学者（Houlier、Synowiecki、Ockerman）采用酶解法来提取血红细胞中的血红蛋白，酶解后的产物采用活性炭吸附法脱血红素。但采用该方法血红细胞的蛋白质回收率仅为50%～70%，酶解产物有较重的苦味，且血红素难以回收利用，这影响了该法的推广应用。本节首先介绍血红蛋白的结构与酶解特性，在此基础上系统介绍利用不同专一性的蛋白酶水解血红蛋白，制备脱色血红蛋白肽、血红素肽以及改性血红蛋白的技术。

5.2.1.1　血红蛋白的结构与酶解特性

20世纪50年代，英国剑桥大学Perutz及其同事测定了血红蛋白的高级结构，并因此获得了1962年的诺贝尔化学奖。血红蛋白是结合蛋白质，相对分子质量约为64500，其蛋白质部分属组蛋白类，是由两条141个氨基酸组成的称为α链的多肽链和两条146个氨基酸组成的称为β链的多肽链结合而成的四聚体，每条肽链均与血红素分子结合，且相互接近，形成近似球形的血红蛋白分子，直径约为55nm。血红素是由四个吡咯分子生成一个卟啉环，再与铁结合。卟啉环的四个氮原子位于同一平面上，其中两个氮原子与铁原子以共价键结合，另外两个氮原子则以配位键结合。血红素位于肽链折叠形成的介电常数较低的疏水环境中，铁离子以共价键形式与卟啉的四个吡咯环中的N原子以及肽链中的组氨酸相连接，其结构非常类似于辣根过氧化物酶，因此表现出很高的类似过氧化物酶的催化活性。

溶液的pH对血红蛋白的聚集状态和酶解敏感性有较大影响。在酸性或碱性环境中血红蛋白亚基与亚基之间发生断裂，四聚体解聚成二聚体。紫外可见光谱测试表明，随着溶液pH偏离正常生理pH，氧合血红蛋白吸收峰（576nm）的高度下降，与此同时，高铁血红蛋白的吸光值却逐渐增大，表明随着溶液pH的改变，血红素周围疏水微环境发生变化，血红素中的二价铁与水相互作用被氧化成高铁，从而形成了高铁血红蛋白。同时，拉曼光谱的结果也表明，血红蛋白二级结构中α-螺旋在减少，而无规卷曲增加，说明有序度在降低，而无序度在增加。血红蛋白解聚以及二级结构中α-螺旋在减少，而无规卷曲增加均有利于提高酶解效率。

血红蛋聚集状态和二级结构的变化对其酶解敏感性有较大的影响。1985年Novo Industi A/S公司的研究人员报道提高酶解液的pH可显著提高碱性蛋白酶水解血红细胞的酶解效率。在水解液pH为8.5，水解温度为50℃，水解时间为4h，碱性蛋白酶的添加量为0.15%，血红细胞酶解液的水解度为 17.45%，而水解液 pH 为 8.0 时，相同条件下水解度仅为 9.94%，如图 5.9 所示。

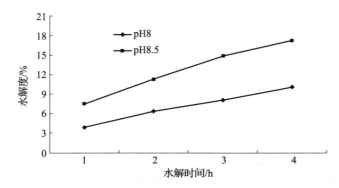

图 5.9　不同 pH 对血红蛋白酶解敏感性的影响

朱秋劲等人比较了木瓜蛋白酶、碱性蛋白酶、中性蛋白酶、菠萝蛋白酶、胰酶、风味蛋白酶和复合蛋白酶 7 种蛋白酶对猪血蛋白水解效率的影响。其中木瓜蛋白酶、中性蛋白酶、碱性蛋白酶、菠萝蛋白酶和胰酶来自于广西南宁庞博生物有限公司。水解结果表明：各蛋白酶水解猪血蛋白效率高低顺序如下：胰酶 > 风味蛋白酶 > 碱性蛋白酶 > 菠萝蛋白酶 > 木瓜蛋白酶 > 中性蛋白酶 > 复合蛋白酶。胰酶对猪血蛋白的水解效果最好，远高于其他几种蛋白酶，结果如表 5.19 所示。

表 5.19　　　　各商业蛋白酶 24h 水解猪血蛋白的优化条件

蛋白酶	优化作用参数				DH /%
	pH	温度/℃	加酶量	蛋白浓度/%	
木瓜蛋白酶	7	50	10000U/g	8	23.15
碱性蛋白酶	8	50	4000U/g	8	24.66
中性蛋白酶	7	50	4000U/g	8	21.44
菠萝蛋白酶	7	55	60000U/g	8	23.20
胰酶	8	50	0.4%	8	38.54
风味蛋白酶	7	50	2%	8	26.41
复合蛋白酶	7	50	0.4%	8	17.23

华南理工大学郭善广以蛋白质回收率、水解度和苦味强度为指标，评价了各种蛋白酶水解血红细胞的效率，发现具有内切性质的酶如碱性蛋白酶、木瓜蛋白酶和胰酶的蛋白质回收率相对比较高，最高的是碱性

蛋白酶，可以达到60%以上；而复合蛋白酶和风味蛋白酶的酶解效果较差。猪血蛋白的水解度和蛋白回收率有一定的正相关性。从酶解液的苦味强度来看，木瓜蛋白酶和碱性蛋白酶的产物最苦，尤其是木瓜蛋白酶的产物值达到了相当于硫酸奎宁15.3mg/L；复合蛋白酶的产物有一定苦味，但苦味非常弱；风味蛋白酶和胰酶的产物没有苦味，苦味当量均低于阈值4.3mg/L。进一步研究发现，胰酶与复合蛋白酶、风味蛋白酶和木瓜蛋白酶中任何一种蛋白酶混合使用时，血红细胞的酶解效率得到极大的提高，蛋白回收率达到90%以上，水解度达到30%以上，如表5.20所示。这一结果远高于Novo Industi A/S公司的研究人员的研究结果，他们发现碱性蛋白酶的水解度可达到18%左右，蛋白回收率可达到70%左右。

表5.20　　　　不同蛋白酶组合对血红细胞酶解效率的影响

组合酶	胰酶+碱性蛋白酶	胰酶+复合蛋白酶	胰酶+风味蛋白酶	胰酶+木瓜蛋白酶
PR/%	50.24	90.58	92.41	91.67
DH/%	19.85	31.69	32.48	32.62
苦味/（mg/L）	8.5	4	3.9	4.8

对猪血血红细胞的胰酶和复合蛋白酶混合蛋白酶18.6h水解液进行分析，发现该血红蛋白酶解产物的分子质量大于15000u的组分约占21.1%，分子质量在5000~15000u的组分约占3.9%，1000~5000u的组分约占20.9%，1000u以下的组分约占54.1%。血红细胞深度酶解液中同时富含分子质量1000u以下的组分和分子质量大于15000u的组分鲜见报道。血红细胞的其他复合酶水解液的分子质量分布规律均呈类似规律。酶解液中高分子质量的蛋白质具有酶解耐受性、良好的热稳定性和溶解性，其组成和结构有待进一步研究。郭善广等人推测这部分蛋白可能含有血红细胞的细胞膜，由于细胞膜蛋白含有脂质等高热容量的基团而且水含量相对较小，从而具有较强的防热变性能。

5.2.1.2　血红蛋白肽和血红素肽的分离

血红细胞经过蛋白酶部分酶解后生成血红蛋白肽和血红素肽，颜色从最初的鲜红色变为褐色，这与血红蛋白三级结构解体、二价铁离子氧化、美拉德反应等因素有关。将血红素肽从血红细胞酶解产物中分离出来可明显降低酶解产物的色泽。1981年，丹麦研究者Vilhelm Hald - christensen和Jens L. Adler - Nissen等人在其申请的美国发明专利中公开了一种血红细胞脱色的方法。该专利以血红细胞为原料，添加血红细胞重量 1.4% 的碱性蛋白酶（活力为 0.66AU/g）在 pH 稳定在 8.5 的条件下，将水解液温度从 55℃逐渐升温到 65℃，当水解度（DH）达到 18% 时，调 pH 为 4.0 保持 60min 灭酶，再调 pH 为 4.5 经离心可得蛋白水解液，蛋白水解液中加入硅藻土通过压滤得到清液，调整清液 pH 调至 3.0，入活性炭 55℃保持 60min，压滤去除活性炭，清液经浓缩、中和、干燥可得到淡黄的蛋白粉。血浆分离、酶解、活性炭脱色等工艺对血液蛋白回收率的影响，如表 5.21 所示。

表 5.21　　　　　　　酶解及脱色对血液蛋白回收率的影响

	蛋白质含量/%	质量/kg	全血蛋白回收率/%	血红蛋白回收率/%
全血	17.4	312.2	100	—
血红细胞	35.2	110.9	71.9	100
血浆	7.5	206.0	28.4	—
血红细胞水解液	7.7	523.8	74.2	103.3
酶解上清液	6.8	327	40.9	57.0
澄清上清液	6.63	300	36.6	51.0
活性炭处理上清液	6.50	300	35.9	50.0
渣	7.37	196	26.6	37.0

2007 年西北农林科技大学车志敏以新鲜血细胞为原料，添加 2 倍重量的温水进行溶血，在 pH 为 9.0 不变，温度 57℃下，添加血细胞量 0.3% 的碱性蛋白酶（活力为 2.4AU/g），以 100g 血细胞消耗 5mol/L 的 NaOH 溶液 10mL 作为酶解反应的终点。随后，调节水解液 pH 至 4.25，静置 60min 沉淀血红素，7000r/min 离心 10min，得水解上清液，加入清液质量 2% 的活性炭在 57℃搅拌 10min，静置吸附 60min，7000r/min 离心 10min 得到淡黄色的水解蛋白液。遗憾的是作者并未提及这一工艺得到脱色血红蛋白水解物的蛋白质回收率，也未计算酶解工艺的水解度。

同年华南理工大学郭善广博士将血红细胞深度酶解液调至不同的 pH，在 50℃水浴中处理 1h，3000×g 离心 10min 得到上清液，将沉淀加 0.5 倍体积的水洗并真空抽滤，合并滤液和上清液。同样发现 pH 对血红细胞酶解液的脱色效果影响显著。在 pH 为 4~5 时可除去 90% 以上的色素，而当酶解液的 pH >5 或 pH <4 时脱色效果明显下降。pH 为 4.5，处理时间 60min，温度 40℃，血红细胞的脱色率为 93.82%，蛋白质回收率为 80.64%，产品基本无苦味。脱色血红细胞酶解物加碱调 pH 至中性，浓缩喷雾干燥即为脱色血红蛋白肽；沉淀残渣经干燥即为血红素肽。

编者在重复上述试验的时候发现，血红细胞中如混有少量血浆蛋白将极大地影响其酶解效率，并降低血红细胞酶解液的脱色效果。主要表现在血红细胞酶解液在 pH 为 4～5 时沉降速度慢，上清液中含有部分血红素肽，脱色困难。造成这一现象的机制尚不明确。

5.2.1.3 利用组氨酸特异性内切蛋白酶制备脱色改性血红蛋白

利用外切蛋白酶和内切蛋白酶对血红细胞进行深度水解释放出血红素，再利用 pH 为 4～5 的酸溶液对血红素进行沉淀可得到无色的血红蛋白水解产物。要获得无色的血红蛋白水解产物，往往需要血红蛋白的水解度较高，水解产物以小分子肽为主，基本丧失了乳化性、凝胶性等功能特性。

如前所述，血红蛋白属于组蛋白类，其氨基酸组成中组氨酸占 6% 以上。帝斯曼知识产权资产管理有限公司公开了一种利用组氨酸特异性内切蛋白酶对血红细胞脱色，制备水解度较低、有较好功能特性的无色血红蛋白水解产物。具体制备方法如下。

来自曲霉属的曲霉胃蛋白酶（aspergillopepsin）Ⅱ又称为曲霉谷氨酸肽酶，它被归入蛋白酶 G_1 家族，在 pH 为 4.0 时对 C－末端含有组氨酸残基的肽具有专一性，是一种组氨酸特异性内切蛋白酶或组氨酰内切蛋白酶。

将 100g 血红蛋白干物质溶于 1600mL 自来水中，加入 1mL 或 2mL 的 13300HPU/g 曲霉胃蛋白酶Ⅱ溶液。在 55℃ 下，pH 为 4.0 的条件下进行保温，并在 1h、2h、3h、4h 和 5h 后取样。通过利用冰将温度降低至 0℃ 来终止反应，离心后收集上清液。利用 TECAN GENios 酶标仪测量酶解液在 405nm 处的吸光度，从而量化这些上清液的颜色（对酶解液中残留血红素的衡量）。根据表 5.22 所示的数据可见，在 pH 为 4 时将血红蛋白与曲霉胃蛋白酶Ⅱ一起孵育以剂量依赖型的方式降低上清液的颜色。

表 5.22　pH 为 4.0 时，曲霉胃蛋白酶Ⅱ对血红蛋白溶液吸光值的影响

酶剂量/%	水解时间/h					
	0	1	2	3	4	5
1	120	102.7	18.8	2.2	1.4	0.9
2	120	33.3	1.1	0.5	0.3	0.2

以血红蛋白为原料，添加 1% 曲霉胃蛋白酶Ⅱ（13300HPU/g）在 55℃、pH 为 4.0 的条件下水解 5h，灭酶，冷冻干燥，得血红蛋白水解产物。将上述血红蛋白水解产物在自来水中至浓度为 50g/L，在高速混合条

件下（8000r/min，5min），将葵花油加入得到的蛋白水解产物（pH 为 6.8）和 VEPRO70HLM 的水相中以造成蛋白质：水：油比例为 1∶20∶20。混合之后，在 0h 和 3d 后利用激光衍射粒度分析仪 LS 13320（Beckman Coulter B.V）测量油滴粒度。发现该方法制备的血红蛋白酶解物的乳浊体系较为稳定，其平均粒径始终为 25μm，而 VEPRO70HLM 很快出现相分离。

　　表 5.23 表明利用曲霉胃蛋白酶 Ⅱ 得到的血红蛋白水解产物具有比市售的酶法血红蛋白水解产物（VEPRO70HLM）更低的铁含量和更少的游离氨基酸。此外，这一方法制备的血红蛋白水解产物的 DH 显著低于商业化制品的 DH。利用曲霉胃蛋白酶制备的血红蛋白水解产物具有良好的乳化性和乳化稳定性。

表 5.23　不同血红蛋白水解产物的 DH、铁含量和游离氨基酸含量比较

产品	铁含量/ （mg/kg）	DH/%	游离氨基酸含量/ （μmoL/g）
完整血红蛋白	3040	5	n. a.
在 pH 为 4、55℃条件下，利用 1% 曲霉胃蛋白酶 Ⅱ 水解 5h 制备的血红蛋白水解产物	48~80	14	31~58
VEPRO70HLM	111	40	701

5.2.2　牛血红细胞制备具有抗糖尿病作用的蛋白质水解物

　　糖尿病被分为胰岛素依赖型（Ⅰ型糖尿病）或非胰岛素依赖型（Ⅱ型糖尿病）。饮食疗法和口服降血糖药物对于治疗胰岛素依赖性糖尿病是无效的，由于胰岛素分泌能力的下降或缺乏，Ⅰ型糖尿病仅能通过定期注射胰岛素进行治疗。相反，对于Ⅱ型糖尿病（占糖尿病患者的90%），尽管胰岛素的作用较正常人弱，但其治疗并不一定需要外源性胰岛素。通常采用食物疗法和运动疗法，如果效果不佳，则可同时采用使用降血糖药物的化学疗法。

　　缓解Ⅱ型糖尿病患者高血糖状态的药物制剂包括胰岛素制剂、磺酰脲制剂、二甲基双胍、改善胰岛素抵抗的制剂、α-葡糖苷酶抑制剂等。胰岛素制剂是用于胰岛素依赖型糖尿病的治疗药物，尽管它们可靠地降低血糖水平，却有引起低血糖症的风险。磺酰脲制剂是通过刺激胰腺 β-细胞促进内源性胰岛素分泌而降低血糖水平的药物。无论血糖水平如何，

由于诱发胰岛素分泌，它们可引起低血糖症副作用。二甲基双胍是通过抑制肝脏糖异生、增加骨骼肌和类似部位内糖消耗、并抑制糖的肠吸收来降低血糖水平的药物，其优势是在正常人体或糖尿病患者中均不会引起低血糖症。改善胰岛素抵抗的制剂（如噻唑烷衍生物和类似物）是通过强化胰岛素的作用，并活化胰岛素受体激酶来降低血糖水平的药物。但是，已经被指出有消化系统症状、水肿等副作用，而且红细胞、血细胞比容和血红蛋白的量减少，LDH 的量增加。α - 葡糖苷酶抑制剂通过延缓糖类在胃肠道的消化和吸收而表现出抑制餐后血糖水平增加的作用，但问题在于如胃胀、腹鸣、腹泻等方面的副作用。

爱沐健制药株式会社的香川恭一等人公开了一种利用血红细胞具有抗糖尿病作用的蛋白质水解物的制备方法。100kg 新鲜的牛血红细胞中加 250L 水，进行充分的溶血。用磷酸将 pH 调节至 2.8，将 2.6×10^7 单位来自黑曲霉（*Aspergillus niger*）的酸性蛋白酶加入到溶液中，在 50℃下反应 3h，将反应溶液在 80℃下加热 30min 终止反应。此后，将氢氧化钙的悬浮水溶液加入至反应溶液中，将 pH 调节至 6.5。然后，加入 10kg 硅藻土，混合物用压滤器过滤。将得到的滤液喷雾干燥，从而产生 23kg 粉末状球蛋白水解产物。球蛋白水解产物中具有降血糖作用的活性成分是 Val - Val - Tyr - Pro（VVYP），其含量占球蛋白水解产物质量的 0.44%。

蛋白质水解产物和肽（VVYP）以剂量依赖的方式显著地抑制小鼠的血糖水平升高。肽（VVYP）降低血糖的活性明显优于球蛋白水解产物。

5.2.3　血红蛋白源的生物活性肽

近年来，许多学者利用蛋白酶水解牛或猪的血红蛋白获得了一系列生物活性多肽，如阿片肽、抗菌肽、抗高血压、镇痛肽和苦味肽，从而为牲畜类血红蛋白的开发利用提供了重要的试验依据。天津大学苏荣欣对血红蛋白来源的生物活性肽做了很详细的总结，如表 5.24 所示。

表 5.24　　　　　　　　血红蛋白体外酶解制备的活性多肽

Type	片段	氨基酸序列	蛋白酶	生物活性
牛血红蛋白 α 链	1 ~ 23	VLSAADKGNVKAAWG KVGGHAAE	胃蛋白酶	抗菌
牛血红蛋白 α 链	107 ~ 136	VTLASHLPSDFTPAVHA SLDKFLANVSTVL	胃蛋白酶	抗菌

续表

Type	片段	氨基酸序列	蛋白酶	生物活性
牛血红蛋白 α 链	107 ~ 141	VTLASHLPSDFTPAVHAS LDKFLANVSTV – LTSKYR	胃蛋白酶	抗菌
牛血红蛋白 α 链	110 ~ 125	ASHLPSDFTPAVHASL	胃蛋白酶	缓激肽增强
牛血红蛋白 α 链	129 ~ 134	LANVST	胃蛋白酶	缓激肽增强
牛血红蛋白 α 链	133 ~ 141	STVLTSKYR	胃蛋白酶	抗菌
牛血红蛋白 α 链	137 ~ 141	TSKYR	胃蛋白酶	抗菌
牛血红蛋白 β 链	31 ~ 40	LVVYPWTQRF	胃蛋白酶	止痛活性 Ca^{2+}/K^+ 调节 类鸦片活性
牛血红蛋白 β 链	32 ~ 40	VVYPWTQRF	胃蛋白酶	ACE 抑制活性 Coronaro – constrictory 类鸦片活性
牛血红蛋白 β 链	32 ~ 37	VVYPWT	胃蛋白酶	苦味 ACE 抑制活性 类鸦片活性
牛血红蛋白 β 链	34 ~ 37	YPWT	胃蛋白酶	ACE 抑制活性 类鸦片活性
牛血红蛋白 β 链	34 ~ 38	YPWTQ	胃蛋白酶	止痛活性 吗啡样肽 止痛活性
牛血红蛋白 β 链	48 ~ 52	STADA	胃蛋白酶	生长刺激
牛血红蛋白 β 链	126 ~ 145	QADFQKVVAGVANALAHRYH	胃蛋白酶	抗菌
猪血红蛋白 α 链	34 ~ 46	LGFPTTKTYFPHF	胃蛋白酶 胰蛋白酶 木瓜蛋白酶	ACE 抑制活性
猪血红蛋白 β 链	64 ~ 69	GKKVLQ	胰蛋白酶	ACE 抑制活性
猪血红蛋白 β 链	130 ~ 135	FQKVVA	胰蛋白酶	ACE 抑制活性
猪血红蛋白 β 链	130 ~ 136	FQKVVAG	胰蛋白酶	ACE 抑制活性

1986 年，Brantl V. 等从牛血红蛋白的酶解液中检测到两种具有阿片活性的血啡肽（Hemorphins），包括血啡肽 – 4（Tyr – Pro – Trp – Thr）和血啡肽 – 5（Tyr – Pro – Trp – Thr – Gln）。随后几年中，大量活性多肽开始通过各种途径从血红蛋白 α 链和 β 链的氨基酸序列中剪切获得。其中，法国研

究者 J. M. Piot 和 Nedjar – Arroume 所在课题组对牛血红蛋白—胃蛋白酶体系的研究最为深入，涉及多肽序列鉴定、多肽释放动力学研究、酶解产物中生物活性组分的分离制备和酶解工艺优化及酶反应器设计等诸多方面。20世纪 90 年代，他们先后从牛血红蛋白的胃蛋白酶水解液中分离得到 $\beta 31\sim40$、$\beta 32\sim40$、$\beta 31\sim38$、$\beta 32\sim38$ 和 $\beta 32\sim37$ 等 5 种血啡肽。1996 年，Kagawa 等从血球蛋白（hemoglobin）水解得的水解液中也发现有降低血中三酸甘油脂的效果，其中又以 VVYP（Val – Val – Tyr – Pro）效果最佳。

1999 年 Andréa C. Fogaca 等从扁虱（*Boophilus microplus*）内脏中分离纯化得到了一个来自牛血红蛋白 α 链 33～61 序列的抗菌肽，这一发现揭开了血红蛋白源抗菌肽研究的序幕。2005 年，他们利用 CD 和 NMR 等分析方法对该肽的空间结构进行了测定，并分析该抗菌肽的结构与功能关系。2001 年，法国研究者 Nedjar – Arroume 等利用阴离子交换色谱和反相制备色谱两步法首次从牛血红蛋白酶解物中分离纯化出一个抗菌肽（α1～23），并利用 MALDI 质谱确定了其氨基酸序列。随后，他们又利用反相制备色谱从牛血红蛋白的胃蛋白酶水解液中分离获得了 5 种抗菌肽 $\alpha 107\sim136$、$\alpha 107\sim141$、$\alpha 133\sim141$、$\alpha 137\sim141$ 和 $\beta 126\sim145$，并使用 MALDI 质谱和电喷雾离子阱串联质谱（ESI – MS/MS）进行了序列鉴定。

牛血红蛋白来源的血啡肽不仅可起到类似吗啡麻醉的作用，而且还具有镇痛和 ACE 抑制等生物学活性。Lantz 等发现阿片肽 $\beta 32\sim40$ 可抑制 ACE 的活力，具有降低血压的功效。除了阿片肽之外，法国 J. M. Piot 等利用色谱分离获得两个多肽 $\alpha 110\sim125$、$\alpha 129\sim134$，发现它们可强化 KKS 系统中的血管舒缓激肽，从而达到降低血压的效果。猪血红蛋白酶解物中同样存在着多种 ACE 抑制肽。Mito K. 等在猪血红蛋白的胰蛋白酶水解物中分离获得了 3 种 ACE 抑制肽，即 $\beta 64\sim69$、$\beta 130\sim135$ 和 $\beta 130\sim136$。最近，Yu 等利用胃蛋白酶、胰蛋白酶和木瓜蛋白酶对猪血红蛋白进行复合水解，从酶解液中分离到 $\alpha 34\sim46$ 和 $\beta 34\sim46$ 两种 ACE 抑制肽。

5.3　畜禽骨架控制酶解技术

畜禽骨架作为家畜胴体的重要组成结构，其主要含有骨髓、骨质、骨膜、无机盐和水分等。其中，骨髓、骨质、骨膜构成畜禽骨骼的主体，蛋白质和钙质组成其网状结构，进而形成管状，在管状结构内充满了含有多种营养物质的骨髓。常见的畜禽骨架资源包括猪骨架、牛骨架、羊骨架、鸡骨架、鸭骨架、鹅骨架等。据不完全统计，我国每年畜禽骨架的产量超过 1800 万 t，因此，深度发掘畜禽骨骼骨资源，有效地提高其骨蛋白质资源利用价值，具有重大经济社会效益。

5.3.1 畜禽骨架的组成及利用现状

畜禽骨架占动物体重的 12% ~30%，如牛骨的质量约占其体质量的 15% ~20%，猪骨占 12% ~20%，羊骨占 8% ~24%，鸡骨占 8% ~17%，是一种低值优质的天然食物蛋白质资源。畜禽骨架营养丰富，富含蛋白质、脂肪、骨胶原、维生素、软骨素（酸性黏多糖）、牛磺酸、肌肽、肌酸、鹅肌肽以及多种矿物质，如钙、磷、铁、锌等。如将蛋白质按溶解性分为水溶性蛋白、盐溶性蛋白和不溶性蛋白，则畜禽骨架所含的骨蛋白大部分是不溶性蛋白质。猪、牛骨中不溶性蛋白质占 55% ~65%，鸡骨中略低。从氨基酸组成来看，骨蛋白几乎含有构成蛋白质分子的全部氨基酸种类。骨脂肪中含有人体必须脂肪酸亚油酸和其他脂肪酸。畜禽骨架中还含有人体必需的各种微量元素和维生素，其中钙和磷比例接近 2∶1，是人体吸收钙磷的最佳比例。

常见畜类骨架包括牛骨、猪骨、羊骨等；禽类骨架主要包括鸡、鸭、鹅、鸟等，其中以鸡骨架常见。畜禽经屠宰后得到各种骨头加工副产物种类繁多，常见副产品有骨、骨饼、机械去骨肉和油渣等。图 5.10 和表 5.25 列出了猪屠宰加工后产生的各种副产品中成分及含量。

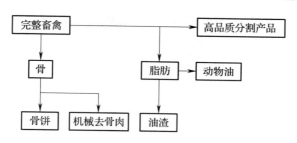

图 5.10　畜禽屠宰中产生的副产品

表 5.25　　　　　　　　　　**猪来源骨头副产品的营养成分**

来源	蛋白质/%	脂肪/%	灰分/%	水/%
猪骨	21	20	21	33
机械去骨肉	13	31	2	52
骨饼	20	18	22	40
油渣	28	—	—	69

由表5.26可见，常见畜禽骨架中蛋白质含量均高于10%，其中猪骨的蛋白质含量最高，达到22.3%，鸡骨的蛋白质含量最低，仅为15.6%。从脂肪含量来看，猪骨的脂肪含量最高，达到21.6%，猪肩骨的脂肪含量最低，仅为15.1%。从灰分含量来看，猪肩骨的灰分最低，仅为0.9%，猪骨灰分最高，达到25.8%。

表5.26　　　　　　　　几种常见畜禽骨架的化学组成　　　　　　　单位：%

	牛骨	猪骨	鸡骨	猪肩骨
水分	38.8	30.3	63.2	66.2
蛋白质	19.7	22.3	15.6	17.5
脂肪	18.1	21.6	15.4	15.1
灰分	23.8	25.8	5.6	0.9
钙（mg%）	7800	5600	1900	5
磷（mg%）	4400	2570	996	160
镁（mg%）	159	114	46	—
铁（mg%）	8.6	5.5	5.1	1.3

这些畜类骨架是低值优质的蛋白质资源，如鸡骨架的蛋白质含量高达15.6%，而鸡肉蛋白质含量为17%。鸡骨架与鸡肉的蛋白质含量相近，而售价仅为鸡胸肉的1/3～1/4，价格低廉。从蛋白质组成来看，骨架中蛋白质主要包括肌球蛋白、肌动蛋白、肌红蛋白、胶原蛋白和弹性蛋白。这些蛋白在氨基酸组成上彼此差距较大，如表5.27所示。

表5.27　　　鸡骨架骨架中肌球蛋白、肌动蛋白、肌红蛋白、
　　　　　　　胶原蛋白和弹性蛋白的氨基酸组成　　　　　单位：g/100g

	肉质蛋白质			基质蛋白质	
	肌球蛋白	肌动蛋白	肌红蛋白	胶原蛋白	弹性蛋白
异亮氨酸	5.5	8.5	16.8	1.9	3.8
亮氨酸	10.4	8.5		3.7	9.0
赖氨酸	12.4	6.7	15.5	4.0	0.5
蛋氨酸	3.3	5.2	1.7	1.0	—
苯丙氨酸	4.5	4.6	5.1	2.3	6.2
苏氨酸	4.9	6.9	4.6	2.3	1.1
色氨酸	—	2.0	2.3	—	—
缬氨酸	4.9	5.6	4.1	2.5	17.7
精氨酸	7.1	7.0	2.2	8.2	1.3

续表

	肉质蛋白质			基质蛋白质	
	肌球蛋白	肌动蛋白	肌红蛋白	胶原蛋白	弹性蛋白
组氨酸	2.5	2.9	8.5	0.7	—
丙氨酸	6.9	6.4	8.0	10.3	21.3
天冬氨酸	11.3	10.9	8.2	6.9	1.1
胱氨酸	1.9	1.9			0.4
谷氨酸	22.8	14.1	16.5	11.2	2.4
甘氨酸	2.5	5.2	5.9	26.6	26.7
脯氨酸	2.5	5.1	3.5	14.4	13.5
丝氨酸	4.3	5.3	3.5	4.3	0.9
酪氨酸	3.3	6.5	2.4	1.0	1.5
羟脯氨酸	—	—	—	12.8	1.6

　　国内外对畜禽骨架的开发利用十分活跃，取得了较多的研究成果，部分产品已经面市。畜禽骨架资源中，腔骨和排骨能直接用于日常饮食。利用剔除肉以后的猪、牛、鸡、鸭等其他畜禽骨架已开发出了系列新产品，包括骨粉、骨脂、骨胶及明胶、骨泥、骨汤浓缩物。骨粉是直接把畜禽骨砸碎，研磨成生的骨粉，或蒸煮粉碎研磨成熟骨粉。近几年，新型食用骨粉是先将带5%左右肉筋的新鲜鸡骨、猪骨、羊骨用清水冲洗干净，放入微粒粉碎机粉碎，然后－40℃冷冻，再干燥成粉，包装备用。骨脂一般是把骨装入高压蒸汽锅，蒸煮大约10h，使骨脂及胶汁全部溶出，漂浮于上层，再进行分离，得到脂胶混液，然后把混液盛入水浴锅，二次加热使骨脂浮而骨胶沉。骨胶及明胶是将粉碎后的畜禽骨骼经洗涤脱脂，加酸去杂，浸泡熬煮，浓缩成胶冻状即为骨胶。骨泥是将鲜骨经过清洗、冷冻、碎骨后，再经过粗磨、细磨达到食用标准（经过超微细粉碎后的骨泥颗粒平均为24μm，多数骨泥细度在100目以上）。骨泥可作肉类的代用品，营养成分却比肉类更丰富，如铁的含量为肉的3倍，且钙质含量是肉类无法比拟的。以骨泥为原料的骨类食品有骨泥饼干、高钙米粉等。骨头抽提物是利用蛋白质酶解技术将肉类副产品中的动物蛋白质进行水解，改善原有产品的功能或风味，这类新型的酶解动物蛋白产品即为肉类抽提物。此外，骨中的磷钙质可制成磷酸氢钙片、维丁钙片；四肢骨可制骨宁注射液、健肝片、骨活性肽干粉等；软骨可制硫

酸软骨素、透明质酸等；蹄壳可制妇血宁和多种氨基酸等产品。采用蛋白酶对其深加工是畜禽骨架深加工的重要途径之一。下面将着重介绍骨头抽提物的制备技术。

5.3.2 畜禽骨架控制酶解制备肉类抽提物

肉类抽提物（HAP）根据其生产工艺及用途，可分为两类：一类为呈味基料型 HAP，如肉类提取物、骨汤或骨素等。这类产品可以制成膏状或粉状，具有原料的天然肉香气，富含游离氨基酸和小分子肽。制备过程中需要利用系列内切蛋白酶和外切蛋白酶酶制剂水解动物蛋白原料，提高酶解产物的水解度。呈味基料型 HAP 经常添加于蚝油、鸡精、鸡粉、鲍鱼汁、肉制品（如火腿肠、香肠、低温肉制品等）、方便面的调味包、酱类食品、休闲食品之中，改善和加强食品风味和蛋白质含量，也作为美拉德反应基料制备特征风味香精。另一类为具有良好功能特性的功能型 HAP。功能型 HAP 热稳定性好，因其特有的胶黏及持水功能，可添加于火腿肠、香肠等产品中，改善肉制品的胶黏性、切割性，并减少肉制品的烹煮损失。功能型肉类 HAP 具有高蛋白低脂的特点，强化了产品中蛋白质含量，从而替代一部分肉原料。此外，这类抽提物还能改善肉制品中的风味和蛋白质分布的均一性。功能型 HAP 主要是利用内切蛋白酶降解原料的组织结构，使原料中的蛋白质释放出来，获得较高的蛋白质溶出率，一般水解 1~3h 即可，视所用蛋白酶种类和活力而定。

5.3.2.1 畜禽骨架控制酶解制备呈味基料型 HAP

以畜禽骨架为原料时，需在酶解前对骨头进行预处理，其目的是提高蛋白质与蛋白酶的接触面积，提高酶解效率。常见的预处理方法包括高温蒸煮、粉碎、酸处理等。畜禽骨架中，牛骨和猪骨的灰分较高，骨头硬度大，粉碎预处理能有效提高酶解效率；鸡骨中灰分含量低，骨头硬度小，高压蒸煮或有机酸处理均能使骨髓中胶原蛋白渗出并解聚成明胶，从而有效提高蛋白质与蛋白酶的接触效率。实际生产中，高温蒸煮、粉碎和酸处理均适用于猪骨、牛骨和鸡骨的酶解预处理，并可混合使用。不同提取温度和时间对鸡骨提取物组成和得率的影响，如表 5.28 所示。由表 5.28 可见，随着提取温度和提取时间的延长，蛋白回收率和明胶提取率均呈小幅上升趋势，而明胶/蛋白质值显著提高，这表明高温热处理有助于基质蛋白降解为明胶的溶出。

表 5.28   不同提取温度和时间对鸡骨提取物组成和得率的影响   单位：%

提取方法	100℃ 1h	115℃ 30min	100℃ 2h	115℃ 1h
蛋白回收率	12.1	14.2	22.2	32.7
明胶提取率	0.63	0.73	2.14	3.33
明胶/蛋白质	5.21	5.14	9.64	10.18

经过预处理的畜禽骨架与一定比例的水混合，进一步添加外切蛋白酶和内切蛋白酶进行酶解。通常的内切蛋白酶切点广泛，且水解程度不够彻底，容易导致蛋白质水解产物产生苦味。风味型肉类抽提物要求高水解度，仅使用内切蛋白酶无法达到目的，通常合并使用外切蛋白酶，能显著地提高蛋白质原料的水解度和产品风味。具有较高水解效率的外切蛋白酶包括木瓜蛋白酶、碱性蛋白酶、胰酶和中性蛋白酶等。常用的外切蛋白酶有风味蛋白酶、氨肽酶和羧肽酶等。酶解结束后得到的酶解物经高温灭酶、分离去除油脂和骨头、浓缩、成型等，得到呈味基料型肉类抽提物产品。

编者发现鸡骨架本身含有一定活力的内源性蛋白酶（如组织蛋白酶等），对骨架进行热处理不仅会导致骨头中内源性蛋白酶失去活力，还会导致胶原蛋白热降解为明胶，进一步降解为胶原蛋白肽。胶原蛋白肽的呈味强度较弱，易产生苦味，因此以鸡骨架为原料生产呈味基料型 HAP 时规避热处理对酶解产物的呈味强度有益，且水解度较高。1 份重量的鸡骨架粉碎后，添加 1~2 份重量的水，加入 0.1%~0.2% 风味蛋白酶和 0.1% 的木瓜蛋白酶，在 40~60℃ 水解 12~24h，离心取上清液，浓缩至固形物浓度为 60%，其蛋白质回收率达到 50%。水解残渣可进一步于 90℃ 加热 30~60min 提取胶原蛋白。鸡骨架 HAP 的组成分析，如表 5.29 所示。

表 5.29   鸡骨架 HAP 的风味物质组成分析   单位：%

化学组成	含量	化学组成	含量
总氮	7.46	羟脯氨酸	0.063
氨态氮	4.10	牛磺酸	0.31
谷氨酸	5.12	肌肽	0.42
总肌酸	0.98	鹅肌肽	0.52

畜禽骨架酶解产物还可进一步通过美拉德反应制备香精基料。天津科技大学的研究人员公开了一种利用鸡骨架生产鸡肉风味香精基料的方法（申请号 200910068813.3），具体方法如下：首先将洗净的鸡骨架用破

骨机破碎，再用胶体磨研磨成直径（10±5）μm 的鸡骨泥，不经高温蒸煮，直接把鸡骨泥转入到反应釜中，加入水使固形物含量达到8%，用10% NaOH 溶液调节 pH 至 7.0；加入鸡骨泥质量的 0.5% ~ 1.5% 的复合蛋白酶，在 55℃ 下酶解 3 ~ 5h；向反应釜中加入热反应配料：葡萄糖 5% ~ 15%、木糖 5% ~ 10%、半胱氨酸盐酸盐 1% ~ 3%、甘氨酸 1% ~ 3%、酶解液 30% ~ 50%、鸡脂 1% ~ 5%、酵母粉 5% ~ 20%、维生素 B_1 0.5% ~ 1.5%；加热反应釜，在 100 ~ 125℃ 下进行反应；反应 30 ~ 180min 后，即得具有浓郁鸡肉风味的香精基料。

中国诺维信公司公开了一种利用含有外切端肽酶的风味蛋白酶（Flavourzyme 500MG）及复合蛋白酶 Protamex 水解畜禽骨架制备呈味基料型肉类抽提物的酶解工艺，如图 5.11 所示。酶解过程中可以通过测定水解液的百利糖度或 pH 来监控水解过程的进程。

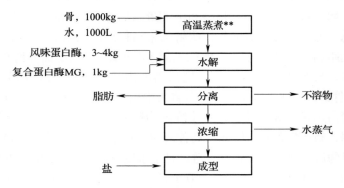

图 5.11　呈味基料型肉类抽提物加工工艺

注：＊＊ 可根据需要省略该步骤

投入 1000kg 的猪骨，按图 5.11 工艺可获得 200L（蛋白含量 40%）浓缩的呈味基料型猪骨抽提物，同时获得 125kg 脂肪和 125kg（20% 蛋白）的不溶蛋白质。应该指出的是上述工艺中风味蛋白酶和复合蛋白酶的添加量较大，酶制剂成本较高。根据编者的经验，胰酶或碱性蛋白酶与风味蛋白酶组合，并结合调节酶解液的 pH 可显著降低酶制剂用量。1000kg 猪骨粉与水等比例混合，添加 0.2kg 碱性蛋白酶和 1kg 风味蛋白酶，调节水解液的 pH 至 8.0，水解产物的水解度与中国诺维信公司的工艺相同，产品风味也接近。

5.3.2.2　畜禽骨架控制酶解制备功能型肉类提取物（HAP）

功能型 HAP 具有较好的稳定性、胶黏及持水功能，可添加于火腿肠、香肠等产品中，改善肉制品的胶黏性、切割性，并减少肉制品的烹煮损失，是酶法改性蛋白的一种。酶法改性蛋白的功能特性与其水解度、酶制剂种类密切相关。一般而言，在 10% ~20% 的水解度时功能型肉类抽提物具有良好的胶黏性和持水性等功能特性。典型的功能肉类抽提物的化学组成如表 5.30 所示。

表 5.30	典型的功能肉类抽提物的化学组成		单位：%
组成	蛋白质	盐/灰分	脂肪
液体型功能抽提物	33	16	0 ~ 1
粉末型功能抽提物	90	9	1

以 1000kg 的鸡架骨（蛋白含量 18%）为例，按图 5.12 工艺可获得 360L 功能蛋白抽提物（蛋白含量 37%）及其他脂肪和蛋白质的不溶物。

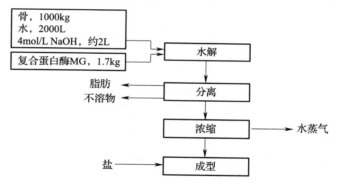

图 5.12 功能型肉类抽提物的加工工艺简图

5.3.3 畜禽加工副产物控制酶解技术的其他应用

5.3.3.1 畜禽骨架酶解制备蛋白胨

蛋白胨（peptone）是由食物蛋白质经控制水解而制得产品的总称，主要用作微生物培养基，在抗菌素工业、发酵工业、生物化工及生物试剂工业有广泛应用。蛋白胨为淡黄色、黄色或黄棕色粉末，有吸湿性、易潮解、易溶于水、无不适气味。生产蛋白胨的常用原料是畜骨，但是可用于生产蛋白胨的原料甚多，包括屠宰场提供的牲畜血液、水产品加工厂提供的鱼类脏器、生化药厂提取脏器药物后的残渣、胶厂生产明胶后的胶渣、骨粒生产厂的蒸骨水、鱼粉以及植物蛋白等，均可作为蛋白胨生产的原料。

生产蛋白胨的关键是控制好水解，使其水解终止在"胨"的阶段。蛋白胨生产的水解方法很多。常用的水解方法有以下三种。① 酸水解。采用盐酸、硫酸、磷酸作为水解剂。② 碱水解。采用稀 NaOH、氨水、石灰水作为水解剂。③ 酶水解。采用胰酶、胰浆、胃蛋白酶、胃黏膜、碱性蛋白酶等作水解剂。水解方法的选用，可根据生产蛋白胨所用的原料来确定。就上述三种水解方法而言，国内生产蛋白胨的厂家大多采用酶水解法，此法操作简便，成品质量稳定，品质优良。采用酶水解法的关键是对酶种的选择。采用酶解法生产蛋白胨，一般选用胰酶（或用猪胰脏自制胰浆）和碱性蛋白酶。在采用酶水解时，要注意掌握好水解条件和控制好水解时间。

目前国内尚未见蛋白胨的国家标准和行业标准，仅中国生物制品主要原辅材料质控标准（2000 年版）对蛋白胨的理化指标进行了规定，具体如表 5.31 所示。应该指出的是中国生物制品主要原辅材料质控标准并非强制执行标准，因此每家企业仍可根据原料、用途、水解条件等因素对蛋白胨产品的理化指标进行调控。

表 5.31   **蛋白胨的理化指标**

检测项目	规格	检测项目	规格
外观	白色或淡黄色粉末	碱性沉淀试验	澄清，无沉淀
含氮量	≥14.5%	磷酸盐沉淀试验	澄清，无沉淀
水分	≤6.0%	pH	5~7
氨态氮	≥2.5%	氯化钠	≤3.0%
含磷量	≤0.3%	灰分	≤5.0%
亚硝酸盐	无		

下面简单介绍以牛骨为原料，添加胰酶生产胰蛋白胨的工艺流程。

工艺 1：牛骨 + 水，在 90℃ 条件下，提取 1h，调 pH 到 8.5，添加 0.1% 胰酶（以骨头干重计算）后，在 50℃ 条件下水解 3h，过滤、浓缩、喷雾干燥后，得到胰蛋白胨。

工艺 2：牛骨 + 水，在高压高温提取 1h 后，调 pH 到 8.5，再添加 1% 猪胰浆（以骨头干重计算），在 45℃ 水解 5h，后经过滤、浓缩、喷雾干燥，得到胰蛋白胨。

表 5.32 为高州市某蛋白胶厂以牛骨架为原料，利用猪胰脏或牛胰脏为催化剂生产胰蛋白胨的总氨基酸组成。

表 5.32　　　　　　　　牛骨胰蛋白胨的总氨基酸组成分析　　　　　　　单位：%

氨基酸种类	含量	氨基酸种类	含量
Asp	7.80	Ala	7.30
Thr	3.27	Val	3.61
Ser	2.99	Met	1.28
Glu + Gln	12.09	Ile	2.62
Gly	7.30	Leu	4.18
Pro	7.92	Tyr	1.23
Phe	2.04	Lys	4.62
His	1.83	Arg	2.94

5.3.3.2　酶解猪小肠提高肝素钠纯度

肝素钠又称肝素，是一种含有硫酸基的酸性黏多糖类天然抗凝血物质。肝素钠为白色或类白色粉末，无臭无味，有引湿性，易溶于水，不溶于乙醇、丙酮、二氧六环等有机溶剂。肝素多以与蛋白质结合成复合物的形式存在于动物组织中，肝素多糖以共价键的形式结合于蛋白质。肝素最初从肝脏中提出，现多由猪、羊、牛等动物的肠黏膜中提取，从肺脏、肝脏可提取出。提取工艺如下：取新鲜肠黏膜投入反应锅内，按3%加入氯化钠，用40%的氢氧化钠调节 pH 至9.5。在0.5h 内逐步升温至 60~65℃，继续保温搅拌 2h，然后升温至 95℃，维持 10min，冷却至50℃以下过滤、阴离子树脂吸附、乙醇沉淀过夜、丙酮洗涤等工艺制备。

蛋白酶可将肝素与蛋白的结合部位切断，使肝素从肝素—蛋白质复合物中解离出来，同时将杂蛋白降解为小分子肽。利用蛋白酶可显著降低提取时间，并且减少微生物的污染。水解后可通过调 pH、热变性等方法除去酶和被降解的蛋白质。肝素钠生产中常用的蛋白酶一般是微生物碱性蛋白酶、胰蛋白酶、胰酶、猪胰脏等，可提高肝素钠的分子均一性和纯度。下面举例进行说明：将猪小肠黏膜浆液加入酶解罐，猪小肠黏膜浆液为猪小肠黏膜:水 = 1:2.5~4 的质量比的混合物，向酶解罐中加入盐度为 21~24°的氯化钠溶液调节酶解罐中料液的盐度至（5±0.5)°，控制料液的 pH 在 8.5±0.5；接着按每 1000L 料液加（1.2±0.4)kg 的酶量向酶解罐内加入碱性蛋白酶，控制料液温度在（53±3)℃，盐度（4.2±0.2)°，在 pH 为 7.0±0.5 保持（3±0.5)h；最后升温至 85~88℃，保持 20~25min 得酶解液，过滤去残渣。

参考文献

［1］ Abdou, A. M. , Higashiguchi, S. , Aboueleinin, A. M. , Kim, M. and Ibrahim, H. R. Antimicrobial peptides derived from hen egg lysozyme with inhibitory effect against Bacillus species ［J］. Food Control, 2007, 18: 173 – 178.

［2］ Baláž M. Eggshell membrane biomaterial as a platform for applications in materials science. ［J］. Acta Biomaterialia, 2014, 10 (9): 3827 – 3843.

［3］ Chen Chen, Yu – Jie Chi, Ming – Yang Zhao, et al. Purification and identification of antioxidant peptides from egg white protein hydrolysate ［J］. Amino Acids, 2012, 43 (1): 457 – 466

［4］ Davalos A, Miguel M, Bartolome B, et al. Antioxidant activity of peptides derived from egg white proteins by enzymatic hydrolysis ［J］. Journal of Food Protection, 2004, 67 (9): 1939 – 1944

［5］ Fogaca AC, da Silva PI, Miranda MTM, et al. Antimicrobial activity of a bovine hemoglobin fragment in the tick *Boophilus microplus* ［J］. Journal of Biological Chemistry, 1999, 274: 25330 – 25334.

［6］ Guo S, Zhao M, Cui C, et al. Optimized nitrogen recovery and non – bitter hydrolysates from porcine hemoglobin ［J］. Food Science and Technology Research, 2008, 14 (1): 39 – 48.

［7］ Guo S, Zhao M, Cui C, et al. Preparation and antioxidant properties of decolorized porcine hemoglobin hydrolysates ［J］. Chemistry and Bioengineering, 2007, 24 (4): 49 – 53.

［8］ Haldchristensen Vilhelm, Adlernissen Jens L. , Olsen, Hans S. Method for preparing a food material from blood: US4262022 ［P］.

［9］ Ibrahim, H. R. , Iwamori, E. , Sugimoto, Y. and Aoki, T. Identification of a distinct antibacterial domain within the *N* – lobe of ovotransferrin ［J］. Biochimica et Biophysica Acta (BBA) – Biomembranes, 1998, 1401 (3): 289 – 303.

［10］ Jingbo Liu, Yan Jin, Songyi Lin, et al. Purification and identification of novel antioxidant peptides from egg white protein and their antioxidant activities ［J］. Food Chemistry, 2015, 175: 258 – 266.

［11］ Kagawa K, Matsutaka H, Fukuhama C, et al. Globin digest, acidic protease hydrolysate, inhibits dietary hypertriglyceridemia and Val –

Val – Tyr – Pro, one of its constituents, possesses most superior effect. [J]. Life Sciences, 1996, 58 (20): 1745 – 55.

[12] Manso M A, Miguel M, Even J, et al. Effect of the long – term intake of an egg white hydrolysate on the oxidative status and blood lipid profile of spontaneously hypertensive rats [J]. Food Chem, 2008, 109: 361 – 367.

[13] Miguel, M. and Aleixandre, A. Antihypertensive peptides derived from egg proteins [J]. Journal of Nutrition, 2006, 136: 1457 – 1460.

[14] Miguel M, Alvarez Y, Lopez – Fandino R, et al. Vasodilator effects of peptides derived from egg white proteins [J]. Regul Peptides, 2007, 140: 131 – 135.

[15] Mito K, Fujii M, Kuwahara M, et al. Antihypertensive effect of angio-tensin I – converting enzyme inhibitory peptides derived from hemoglobin [J]. European Journal of Pharmacology, 1996, 304: 93 – 98.

[16] Nedjar – Arroume N, Dubois – Delval V, Miloudi K, et al. Isolation and characterization of four antibacterial peptides from bovine hemoglobin [J]. Peptides, 2006, 27: 2082 – 2089.

[17] Pellegrini, A., Hulsmeier, A. J., Hunziker, P. and Thomas, U. Proteolytic fragments of ovalbumin display antimicrobial activity [J]. Biochimica et Biophysica Acta, 2004, 16 (72): 76 – 85.

[18] Tanzadehpanah H, Asoodeh A, Chamani J, et al. An antioxidant pep-tide derived from ostrich (*Struthio camelus*) egg white protein hydroly-sates [J]. Food Research International, 2012, 49 (1): 105 – 111.

[19] Xu X, Katayama S, Mine Y. Antioxidant activity of tryptic digests of hen egg yolk phosvitin [J]. Journal of the Science of Food and Agricul-ture, 2007, 87 (14): 2604 – 2608.

[20] Yu Z, Yin Y, Zhao W, et al. Application and bioactive properties of proteins and peptides derived from hen eggs: opportunities and challen-ges [J]. Journal of the Science of Food & Agriculture, 2014, 94 (14): 2839 – 2845.

[21] Zhao Q, Garreau I, Sannier F, et al. Opioid peptides derived from he-moglobin: Hemorphins [J]. Biopolymers, 1997, 43: 75 – 98.

[22] 陈寅. 蛋清过敏原及其纯化方法研究进展 [J]. 国际检验医学杂志, 2010, 31 (12): 1410 – 1413

[23] 崔春, 赵谋明, 郭善广, 刘通迅, 赵强忠. 脱血红素猪血血红蛋白

酶解物和血红素肽的制备方法：ZL200710031826.4 ［P］.

［24］ 崔春，仁娇艳，赵谋明，赵海峰. 一种咸蛋清脱盐制备起泡性蛋白的方法：ZL201010206673.4 ［P］.

［25］ 崔春，赵谋明，冯琬帧，任娇艳，赵海锋，利用咸蛋清制备溶菌酶、呈味基料及蛋黄油的方法：201210501165.8 ［P］.

［26］ 崔春，黄骆镰，卢茬虹，等. CMC改性对脱盐咸蛋清酶解液起泡性影响的动力学研究 ［C］//第147场中国工程科技论坛——轻工科技发展论坛，2012.

［27］ 郭善广. 猪血血红蛋白酶解及其酶解产物抗氧化活性研究 ［D］.广州：华南理工大学，2007.

［28］ 冯琬帧，崔春，任娇艳，等. 咸蛋清蛋白深度酶解工艺优化研究 ［J］. 食品工业科技，2014，35（2）：146－149.

［29］ 车志敏. 猪血蛋白酶法脱色工艺优化研究 ［D］. 杨凌：西北农林科技大学，2007.

［30］ 李云龙. 蛋白胨的生产 ［J］. 明胶科学与技术，1997（1）：32－34.

［31］ 方端，马美湖，蔡朝霞. 牛骨酶解工艺条件及风味特征的研究 ［J］. 食品科技，2009（12）：164－168.

［32］ R. 弗里切，R. 夏勒，I. 卡尔图. 水解的卵蛋白：200780026683.6 ［P］.

［33］ 田刚. 酶解鸡蛋清寡肽混合物对小鼠免疫功能的影响及激励研究 ［D］. 成都：四川农业大学，2006.

［34］ 苏荣欣. 蛋白质酶解历程动态特性和多肽释放规律研究 ［D］. 天津大学，2007.

［35］ 史雅凝. 鸡蛋膜蛋白酶解物的制备及其对肠道氧化应激和炎症的影响 ［D］. 无锡：江南大学，2015.

［36］ 王辉，许学勤，陈洁. 酶法提取蛋黄油的工艺 ［J］. 无锡轻工大学学报，2003，22（1）：102－105.

［37］ 王彦蓉，卢茬虹，崔春，等. 不同方式处理对咸蛋清蛋白起泡力的研究 ［J］. 食品工业科技，2010，31（8）：121－122.

［38］ 江霞，周成，张瑜等. 胰酶水解猪血蛋白工艺条件的优化 ［J］. 肉类研究，2011（6）：20－25.

［39］ 张长贵，董加宝，王祯旭. 畜禽副产品的开发利用 ［J］. 肉类工业，2006（3）：20－23.

［40］ 尹彦洋，罗爱平，伍贤位，等. 柠檬酸与胃蛋白酶协同水解牛骨粉

的工艺优化 ［J］. 食品工业科技, 2010, (3): 248 – 251.

［41］ 史雅凝. 鸡蛋膜蛋白酶解物的制备及其对肠道氧化应激和炎症的影响 ［D］. 无锡: 江南大学, 2015.

［42］ 杨安树, 陈红兵, 熊江花, 等. 一种固定化酶水解降低蛋清蛋白致敏性的方法: ZL201310345347.5 ［P］.

［43］ 刘静波, 王菲, 王翠娜, 等. Alcalase 酶解蛋清粉制备抗凝血肽的工艺优化 ［J］. 吉林大学学报: 工学版, 2012, 42 (1): 250 – 255.

［44］ 于志鹏, 赵文竹, 刘静波. 鸡蛋清中功能蛋白及活性肽的研究进展 ［J］. 食品工业科技, 2015, 36 (7): 387 – 391.

［45］ 王子伟, 章绍兵, 陆启玉, 等. 凝血酶抑制肽研究进展 ［J］. 粮食与油脂, 2014 (3): 4 – 6.

［46］ 杨万根, 张煜, 王璋, 等. 蛋清蛋白酶解物的抗氧化、抗凝血酶活性及生化特性的研究 ［J］. 食品科学, 2008, 29 (6): 202 – 207.

［47］ 杨万根. 蛋清蛋白水解物的制备、结构及其生物活性的研究 ［D］. 无锡: 江南大学, 2008.

［48］ 徐明生. 鸡蛋卵白蛋白酶解物抗氧化肽研究 ［D］. 西安: 陕西师范大学, 2006.

［49］ 赵谋明, 曾晓房, 崔春, 等. 不同鸡肉蛋白肽在 Maillard 反应中的降解趋势研究 ［J］. 食品工业科技, 2007 (2): 92 – 95.

6 鱼类蛋白质控制酶解技术

水产品加工和综合利用是渔业生产的延续，水产品加工业的发展对于整个渔业的发展起着桥梁纽带的作用，不仅是我国当前加快发展现代渔业的重要内容，而且是优化渔业结构、实现产业增值增效的有效途径。随着水产加工业的蓬勃发展，海洋低值鱼、淡水低值鱼、水产加工废弃物如鱼头、鱼皮、鱼骨架、鱼鳞、鱼鳍、鱼鳔和内脏等，以及尚未利用的鱼资源的开发利用越来越受到重视，因此该类资源的综合利用问题也显得日益突出。低值鱼及其副产物的共同特点之一是水分含量很高、极易腐败变质，一般需要在短期内及时加工。近年来，国内外科研人员在低值鱼及加工副产物方面做了大量研究工作，部分研究成果已在生产中应用。水产品的综合利用对于合理利用鱼类资源，提高鱼类加工品的经济效益，促进国民经济发展的需要都具有重要意义。

6.1 鱼类蛋白质的组成、结构及风味特征

6.1.1 鱼类蛋白质的组成和结构特征

6.1.1.1 鱼类蛋白质的组成和结构特征

水产鱼类的化学成分与畜禽肉相比，差异十分明显，其可食部分中含水分 70% ~ 85%，蛋白质 15% ~ 20%，脂肪 1% ~ 8%，碳水化合物 0.5% ~ 1%，灰分 1.0% ~ 1.5%，且上述成分随种类、季节、年龄、营养状况不同有较大变化。

从蛋白质组成和结构来看，鱼类蛋白中肌浆蛋白、肌原纤维蛋白及结缔组织蛋白的比例也与畜禽肉蛋白差异明显。肌浆蛋白为可溶性蛋白，存在于细胞核、线粒体、微粒体以及细胞质中，包括肌溶蛋白、肌红蛋白、血红蛋白和肌粒中的蛋白质等，易溶于水或低离子强度的中性盐溶液，主要与肉的呈味特性和色泽有关；肌浆蛋白主要由大量的酶构成，

其分子质量分布为 20k ~ 150ku，其中较为重要的酶有醛缩酶、脂肪酶、碳水化合物水解酶、肌酸激酶、转谷氨酰胺酶、TMAO 氧化酶等。肌原纤维蛋白主要由收缩蛋白（肌球蛋白、肌动蛋白和肌动球蛋白）、调节蛋白（原肌球蛋白、肌钙蛋白、α 及 β - 辅肌动蛋白）和蛋白质间的细丝组成，溶于高浓度的中性盐溶液，与肉的持水能力、脂肪乳化特性及热凝胶特性密切相关，对肉制品质构有重要影响作用；基质蛋白又称间质蛋白质，属于硬蛋白类，是指破碎的肌肉组织在高浓度的中性盐溶液中充分抽提之后的残渣部分，是构成肌内膜、肌束膜和腱的主要成分，包括胶原蛋白、弹性蛋白、网状蛋白及黏蛋白等，存在于结缔组织的纤维及基质中，与肉的某些重要品质如嫩度等密切相关。通常而言，肌肉蛋白的酶解敏感性和酶解产物的功能特性由肌浆蛋白、肌原纤维蛋白和基质蛋白三类蛋白的含量及空间结构状态所决定。图 6.1 为不同水产品和动物肉蛋白组成的比较。与畜禽蛋白相比，鱼类蛋白中肌原纤维蛋白含量较高，一般在 60% 以上，肌浆蛋白含量在 20% ~ 30%，两者均高于畜禽蛋白；鱼类基质蛋白质含量较低，一般在 10% 以下，大部分集中在 5% 以下，远低于畜禽蛋白。鱼类蛋白质组成特点决定了鱼肉比较嫩，易腐败变质，更易被蛋白质酶水解，蛋白质回收率更高。如表 6.1 所示。

表 6.1	水产品和畜禽肉蛋白组成比较		单位:%
鱼/动物	肌浆蛋白	肌原纤维蛋白	基质蛋白
鳕鱼	21	76	3
鲑鱼	29.50	62.80	7.70
沙丁鱼	22 ~ 35	59 ~ 66	1 ~ 3
草鱼	33.17	61.42	3.12
鲤鱼	29.52	62.87	3.15
鳙鱼	26.14	64.32	3.92
鳊鱼	31.40	64.40	4.20
鲫鱼	33.23	60.76	4.18
马氏珍珠贝肉	36.62	13.26	50.12
企鹅珍珠贝	27.30	23.10	50.00
牛肉	16 ~ 28	39 ~ 68	16 ~ 28

6.1.1.2　鱼类非蛋白质含氮化合物

　　鱼类中的非蛋白质含氮化合物（NPNC）主要的存在形式是游离氨基酸、肽、氧化三甲胺（TMAO）、尿素、挥发性胺、核酸、核苷酸及其降解产物。白肉鱼中非蛋白氮占总氮的 9% ~ 15%，鲱鱼为 16% ~ 18%，软体动物 20% ~ 25%，板腮类动物 33% ~ 38%，鲨鱼 55%。不同食物中游离氨基酸的含量不同，鱼肉中游离氨基酸占总氮 10% ~ 15% 。游离的组氨酸是鲭鱼类肌肉的特征氨基酸，含量达到 2g/100g。鱼类及其他海产品中还存在许多非蛋白游离氨基酸如肌氨酸、β – 丙氨酸，甲基 – 组氨酸。此外鱼类及其他海产品中还含有一些不是蛋白质降解产生的低分子肽，如谷胱甘肽、组氨酸二肽如鹅肌肽和肌肽，这些肽在生物体内能发挥重要的生理功能，如氧化还原、缓冲、螯合金属离子等。氧化三甲胺（TMAO）是鱼、无脊椎动物及海藻等海洋生物的特征性成分，在板鳃鱼中含量最高，达 1.5% 。鱼类中的胺类形成挥发性物质、生物二胺或多聚胺。挥发胺的含量取决于鱼的种类及捕获后的储存方式。新鲜鱼中挥发性胺最高可占总非蛋白氮类化合物的 20% 。

6.1.2　鱼类呈味物质

　　鱼类在化学成分上的差异必然在风味上显示其特殊性。鱼类品种类繁多，其风味物质不仅所涉及的物质种类范围更广，而且因新鲜度而引起鱼类的风味变化也更为明显。根据对鱼类风味物质的研究、鉴定，确定大部分鱼类品种中起呈味作用的主要有甘氨酸、丙氨酸、谷氨酸、精氨酸等游离氨基酸，谷胱甘肽、肌肽、鹅肌肽等寡肽，IMP、GMP、AMP 等核苷酸及其降解产物，乳酸、醋酸、琥珀酸等有机酸，Na^+、K^+、Cl^-、PO_4^{3-} 等无机成分。这些都决定了鱼类风味的特点和与禽畜肉风味有根本区别。

6.1.2.1　氨基酸类和寡肽

　　鱼类肌肉蛋白质的氨基酸组成因种类不同有一定差异，但基本保持一定值，而游离氨基酸的组成却明显不同，常出现一些特殊的氨基酸。鱼肉的牛磺酸含量比普通畜禽肉高。与鲷鱼、比目鱼等白肉鱼相比，鲣鱼、金枪鱼类、鲐鱼等红肉鱼的组氨酸含量很高。鱼类的游离氨基酸大多是重要的呈味成分。各种鱼类都含有谷氨酸，尽管鱼肉的谷氨酸浓度多数在阈值 0.03% 以下，但与 IMP（鱼类死后肌肉中蓄积）产生相乘作用，即使含量在阈值以下时仍能产生鲜味。

　　不同鱼类中的有效呈味成分的组成和含量是有差别的，因此形成了多种多样的鱼肉滋味，一般说来，红肉鱼类有较高含量的组氨酸存在，而呈现出比白色肉鱼类更浓厚的味道。鱼肉的不同部位，所含呈味成分也是不同的，因此也会产生不同的特征滋味。石建高等分析了太平洋柔鱼不同部位的呈味物质成分，发现胴体、鳍和头足等部位的甜菜碱、氨基酸、牛磺酸和无机离子的含量都有所不同，因而导致太平洋柔鱼的各部分风味有所不同。此外，鱼肉的特征滋味也常因季节的不同而变化，其主要也是有效呈味成分的不同所造成的，但二者之间的明确关联尚需进一步研究。在鱼肉的特征滋味构成成分中，除主要鲜味物质之外，组氨酸是其特征风味的贡献者。

鱼类肌肉中都含有一定量的寡肽，已弄清结构的有谷胱甘肽、肌肽、鹅肌肽、蛇肉肽等极少数几种。谷胱甘肽（GSH）是由谷氨酸、甘氨酸、半胱氨酸构成的 γ - 谷氨酰三肽，通过与氧化型谷胱甘肽的可逆反应，在生物体内氧化还原中发挥重要作用，而且可以提供口感的浓厚感和渗延感。肌肽在硬骨鱼的河鳗中特别多。鹅肌肽在鲣鱼、金枪鱼类中含量较多，鲨类因种类不同含量变动较大。同一种寡肽对禽畜肉和水产品口感的影响可能是完全不同的，如牛肉和鳗鱼肉都含有的肌肽，却只影响前者的风味。研究表明二肽是通过其很强的缓冲能力使味道变浓。如表 6.2 所示。

表 6.2   **水产品中组氨酸、肌肽和鹅肌肽含量**   单位：mg/100g

种类	组氨酸	甲基组氨酸	肌肽	鹅肌肽
黄鳍金枪鱼	35.5	0	0.3	29.9
长鳍金枪鱼	39.1	0	1.2	38.9
鲣	76.8	0	1.9	21.5
鲐鱼	38.7	0	0.2	0.7
银鳕鱼	2.1	0	1.4	18.4
眼旗鱼	0.2	0	0.5	15.5
银鲑鱼	2.6	0	0	23.0
青鱼	3.1	1.5	0.5	25.5
日本野	0.2	1.2	0.3	5.0
花鲫鱼	8.4	0	0.1	0.1
鲈	0.2	0	0	0
鲽鱼	0.3	0	0	0
虹鳟	0	0	0.1	0
鲤鱼	2.5	0	2.1	0.4
座头鲸	0.7	0.1	20	11.8

6.1.2.2 核苷酸及其降解产物

各种鱼类肌肉的核苷酸是 ATP 经过 ADP、AMP 分解产生 IMP，可进一步分解为肌苷和次黄嘌呤；尽管鱼类肌肉中仅含有少量 GMP，但谷氨酸和核苷酸相乘效果产生的鲜味，成为鱼类鲜味的核心，而且赋予口感的持续性和复杂性，特别是产生浓厚感和复杂感，从而提高整体呈味效果。

呈苦味的嘌呤碱基是 IMP 降解的产物，也是冰藏鳕鱼肉呈苦味的原因。IMP 由肌肉中的三磷酸腺苷降解而来，一般鱼类完成这个过程的时间很短，并可进一步分解生成次黄嘌呤，因此可以通过测定次黄嘌呤含量来鉴别鱼类的新鲜度。

在食用动物肉（畜、禽、鱼、贝）中，鲜味核苷酸主要是由肌肉中的ATP降解产生的。动物在宰杀死亡后，体内的ATP依下列途径降解：鱼类、畜禽类经过途径A；甲壳动物中的虾蟹类则经过途径A和途径B；软体动物则经过途径B。如图6.1所示。

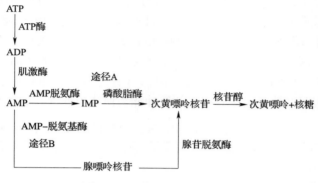

图6.1　ATP的两条代谢途径

6.1.2.3　有机酸、氧化三甲胺和甜菜碱类

鱼类肌肉的有机酸包括乳酸、醋酸、琥珀酸、丙酸、丙酮酸、草酸、富马酸、苹果酸、柠檬酸等，对风味产生较大影响的主要有乳酸和贝类的琥珀酸。

一些活动性强的洄游性鱼类如鲣鱼、金枪鱼等含有大量糖原，导致肌肉的乳酸含量也突出的高，达1%以上。乳酸的贡献是既增强呈味，又提高缓冲能力。氧化三甲胺及其分解物也是鱼类风味的重要成分。氧化三甲胺在板鳃类鱼中含量较高，具有甜味，但鱼类肌肉是否因其存在而呈甜味，则取决于是否达到呈味需要的浓度。

鱼类肌肉中常见的甜菜碱类有甘氨酸甜菜碱、龙虾肌碱，此外还有β-丙氨酸甜菜碱（β-高甜菜碱）、γ-丁氨酸甜菜碱、肉碱、江珧肌碱、海鞘肌碱、N-甲基烟酰内盐（葫芦巴碱）、脯氨酸二甲基内盐（水苏碱）等。

6.1.2.4　糖类和无机成分

许多鱼体内都含有以游离糖形式存在的葡萄糖，还有微量的半乳糖、果糖、核糖、阿拉伯糖、肌醇等，以及糖代谢产生的葡萄糖-1-磷酸、葡萄糖-6-磷酸、果糖-6-磷酸、果糖-1,6-二磷酸等各种磷酸糖。无机成分如Na^+、K^+、Cl^-、PO_4^{3-}等离子，特别是Na^+、Cl^-对水产品呈味的贡献极为重要。Na^+和Cl^-对水产品的呈味作用使人们认识到只注重有机成分是错误的，实际上无机成分的存在才使有机成分的呈味效果得以充分发挥。

鸿巢等通过减缺试验确认了干鲣鱼的特征滋味由 40 多种浸出物成分中的谷氨酸、组氨酸、赖氨酸、肌肽、IMP、肌苷、肌酐、乳酸、Na^+、K^+和Cl^-等 11 种有效成分构成。Kubota 等对鲕鱼肉浸出物的研究发现，包括谷氨酸、组氨酸在内的 6 种氨基酸和 IMP 是其特征滋味构成的有机物成分，如表 6.3 所示。

表 6.3　　　　　　　鱼特征滋味的构成　　　　　　单位：mg/100g

	干鲣鱼	鲕鱼		干鲣鱼	鲕鱼
Glu	23	14	肌酸酐	1150	10
Lys	29	54	乳酸	345	1045
His	1992	796	Na^+	434	78
肌肽	107	4	K^+	688	378
IMP	474	339	Cl^-	1600	75
肌苷	186	27	PO_4^{3-}	545	858

尽管海产鱼类含有丰富的呈味物质，但鱼体内游离氨基酸、核苷酸、组氨酸、肌肽和鹅肌肽等物质的含量相对于其蛋白总量偏低。大部分研究者均发现，鱼类肌肉经过蛋白酶酶解后风味强度增加、鲜味突出，这主要是鱼类蛋白质在蛋白酶的作用下降解为呈鲜甜味的游离氨基酸、呈味肽。

6.2　海产小杂鱼深度酶解制备呈味基料

近年来，我国海洋渔业结构发生的深刻变化导致捕捞业中小杂鱼的产量逐年上升。海产小杂鱼是指泛指除大型经济鱼类之外的所有小鱼，这些小杂鱼资源具有鱼体积小、品种多、价格低廉、易于腐败变质等特点。由于加工和回收手段的落后，长期以来大部分小杂鱼类只是简单地加工成为经济效益低的饲料鱼粉。近年来，基于海洋小杂鱼巨大的资源潜力和风味、营养成分方面的优势，海洋小杂鱼的开发日益受到重视。

中国南海小杂鱼的品种包括小沙丁鱼、小丁子鱼、蓝圆鲹和鲐鱼等。从其化学组成来看，蛋白质含量为 16.80%，水分含量为 75.97%，粗脂肪含量为 5.40%，灰分含量为 2.24%，总糖含量为 0.14%。以干基计，其蛋白质含量达 70%，蛋白质资源丰富。从小杂鱼蛋白质的氨基酸组成来看，蛋白质组成中谷氨酸、天冬氨酸、丙氨酸、甘氨酸等呈鲜甜味的氨基酸比例较高，其中呈鲜味的氨基酸谷氨酸占 14.01%，天冬氨酸占

7.80%；呈甜味的氨基酸，如丙氨酸占 5.97%，甘氨酸占 6.81%，丝氨酸占 4.79%，脯氨酸占 5.33%，苏氨酸占 4.90%，共计 49.61%。由此可见，蛋白质中呈味氨基酸占总蛋白质含量的一半左右，能赋予小杂鱼酶解液强烈浓郁的鲜味，是生产海鲜调味品的优质原料，小杂鱼蛋白质的氨基酸组成分析如表 6.4 所示。

表 6.4　　　　　　　　小杂鱼蛋白的氨基酸组成分析　　　　单位：mg/100g

氨基酸	代号	含量	氨基酸	代号	含量
天冬氨酸	Asp	1168.88	酪氨酸	Tyr	546.84
谷氨酸	Glu	2098.29	缬氨酸	Val	619.28
丝氨酸	Ser	716.88	蛋氨酸	Met	450.85
甘氨酸	Gly	1021.50	半胱氨酸	Cys	31.85
组氨酸	His	757.76	异亮氨酸	Ile	531.78
精氨酸	Arg	969.66	亮氨酸	Leu	1042.38
苏氨酸	Thr	733.80	色氨酸	Trp	873.46
丙氨酸	Ala	894.93	苯丙氨酸	Phe	644.61
脯氨酸	Pro	798.53	赖氨酸	Lys	1079.61
总量	14980.89				

因此，运用蛋白质控制酶解技术和食品加工技术，对海洋小杂鱼蛋白质资源进行精深加工以生产出天然呈味基料，一方面可综合利用大量的蛋白质资源，避免和减轻资源浪费，提高大宗小杂鱼的附加值，促进向高新技术产业转化、海洋生物新兴产业群发展；另一方面将天然呈味基料作为功能性食品配料应用于食品中，可大大提高我国食品行业的档次和技术含量，增强我国食品产业在国内外的市场竞争力，从而带动整个食品行业的技术进步。下面对海产小杂鱼深度酶解制备呈味基料的工艺进行介绍。

6.2.1　鱼内源性蛋白酶及其自溶工艺

6.2.1.1　小杂鱼的前处理

用于酶解加工的海产小杂鱼一般是捕捞后，加冰运至工厂，因此海产小杂鱼到厂后需立即进行清洗、加工，防止小杂鱼腐败变质。小杂鱼品种繁多，清洗前需将小杂鱼摊开，剔除河豚鱼等有毒鱼类。采用鼓泡式清洗机对小杂鱼进行清洗，其目的是去除鱼体表面的海盐以及其他污染物。清洗完毕的小杂鱼被提升机送入绞肉机，经过绞肉机处理后，小杂鱼的鱼肉呈浆状。

6.2.1.2　小杂鱼中内源性蛋白酶

小杂鱼体积小，内脏所占体积比例较大，且胃、胰脏、肠道等部位含有多种蛋白酶。鱼死后肠道中的消化性蛋白酶和糖酵解产生的酸会导致鱼体发生水解。例如，鳀鱼中酶常常导致"破肚皮"现象。然而，鱼体内蛋白酶活力较高并不意味着组织自溶，"破肚皮"现象有时候在酶活力较低的情况下也发生。

小杂鱼体内含有丰富的内源性蛋白酶（Endogenous Protease），这是自溶能进行的基础。内源性蛋白酶按其在鱼体所在的位置可分为消化系统蛋白酶和非消化系统蛋白酶，其中消化系统蛋白酶包括胃蛋白酶、胰蛋白酶、胰凝乳蛋白酶、羧肽酶 A、羧肽酶 B 和弹性蛋白酶等；非消化系统蛋白酶主要有组织蛋白酶（Cathepsin）和钙激活蛋白酶（Calpain），如表 6.5 所示。

表 6.5　小杂鱼肌肉中内源性蛋白酶的种类及其活性 pH 范围

蛋白酶	分类	活性的主要 pH 范围
消化系统蛋白酶		
羧肽酶 A，羧肽酶 B	金属蛋白酶	6.5～8.0
糜蛋白酶	丝氨酸蛋白酶	6.5～8.0
胃蛋白酶	天冬氨酸蛋白酶	2.0～3.0
胰凝乳蛋白酶	丝氨酸蛋白酶	7.0～9.0
胰蛋白酶	丝氨酸蛋白酶	7.0～9.0
非消化系统蛋白酶		
组织蛋白酶 B	半胱氨酸蛋白酶	3.0～6.0
组织蛋白酶 D	天冬氨酸蛋白酶	2.5～5.0
组织蛋白酶 H	半胱氨酸蛋白酶	5.0～7.0
组织蛋白酶 L	半胱氨酸蛋白酶	3.0～6.0
钙蛋白酶 I（μ 钙蛋白酶）	半胱氨酸蛋白酶	6.5～8.0
钙蛋白酶 II（m 钙蛋白酶）	半胱氨酸蛋白酶	6.5～8.0
复合催化蛋白酶	混合	8.5～10.5
高分子质量蛋白酶	半胱氨酸蛋白酶	7.0～9.0

大量研究表明，鱼体内消化系统蛋白酶活力远大于非消化系统蛋白酶的活力，是鱼体自溶的主要动力来源，其中胰蛋白酶在鱼自溶中扮演重要角色。对蓝圆鲹、鲐鱼和金线鱼消化器官中蛋白酶活力的分布进行测定，结果如表 6.6 所示。3 种小杂鱼的单位酶活力从高到低均为幽门盲囊＞胃＞前肠＞中肠＞后肠＞肝胰脏，其中最适条件下幽门盲囊部位的单位酶活力显著高于其他消化部位的单位酶活力，肝胰脏中蛋白酶活较低的原因是肝胰脏中含有大量蛋白酶原。因此，如何进一步激活肝胰脏中蛋白酶原成为提高内源性蛋白酶活力的技术瓶颈。

表6.6 各低值鱼消化器官蛋白酶活性 单位：u/(g·min)

鱼种	胃	肝胰脏	前肠	中肠	后肠	全肠	盲囊
蓝圆鲹	1301.5	81	1154	1086	576	2816	1419
鲐鱼	1603.5	121	1758	1258	610	3626	1815
金线鱼	1706.5	144	2146	1650	878	4674	2351

6.2.1.3 小杂鱼自溶工艺优化

将绞碎的小杂鱼添加一倍重量的水，升温至55℃，分别添加氯化钙、硫酸锌和EDTA保温48h，测定小杂鱼酶解液的蛋白质回收率和氨基酸转化率。如图6.2和图6.3所示。

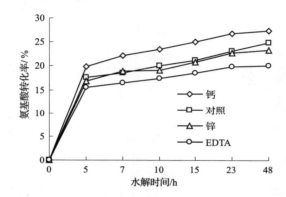

图6.2 金属离子对小杂鱼酶解液氨基酸转化率的影响

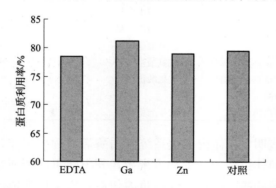

图6.3 金属离子对小杂鱼酶解液蛋白质回收率的影响

不同的添加物对小杂鱼自溶液氨基酸转化率和蛋白质回收率均有一定的影响。添加0.1%的DETA能明显地抑制氨基酸转化率，但对蛋白质回收率影响却不明显。其原因是对氨基酸转化率而言，胰脏中的外切蛋白酶羧肽酶属于金属蛋白酶，其活性位点含有锌离子，EDTA螯合锌离子使羧肽酶失活，从而导致氨基酸转化率降低。对于蛋白质回收率而言，内切蛋白酶如胰蛋白酶、糜蛋白酶和组织蛋白酶对其贡献较大，外切蛋白酶的贡献不大，因此添加 EDTA 对蛋白质回收率影响较小。0.1% 的氯化钙对小杂鱼自溶有非常明显的促进作用，氨基酸转化率和蛋白质回收率均高于对照组。添加氯化钙的酶解液氨基酸转化率达到 27.4%，对照组仅为 24.9%。钙离子对自溶的促进作用主要是由于钙离子具有增加蛋白酶二级结构的作用，如钙离子能稳定胰凝乳蛋白酶及胰蛋白酶的螺旋结构。0.1% 的硫酸锌对小杂鱼自溶液的氨基酸转化率有微弱的抑制作用，原因可能是锌离子对外切蛋白酶有抑制作用。如表 6.7 所示。

表 6.7	金属离子对胰蛋白酶活力的影响							单位:%
	Ca^{2+}	Ba^{2+}	Zn^{2+}	Cu^{2+}	Mg^{2+}	Mn^{2+}	Hg^{2+}	K^+	Na^+
扳机鱼	100	92.6	97	100	105	100	42.7	100	100
鲃	100	95	68	75	98	85.8	12.45	100	100
沙丁鱼	103	48	63	—	65	75	—	98	100
条纹鲷	114	60	117	110	100	100	—	100	100
斑马鳎	114	70	0	0	86	114	0	100	100
银鲈	183	108	28	69	—	101	46	134	—
鲷鱼	115	72	56	13	—	—	11	90.5	—

6.2.2　小杂鱼蛋白质深度酶解工艺优化

绞碎的小杂鱼添加一倍重量的水后，分别添加 0.1% 的氯化钙和 0.2% 的木瓜蛋白酶、胰酶、碱性蛋白酶、胃蛋白酶、风味蛋白酶和中性蛋白酶，水解温度为 55℃，酶解液初始 pH 为 7.0，水解时间为 42h，比较各蛋白酶对氨基酸转化率和蛋白质利用率的影响。其中胃蛋白酶酶解条件按 pH 为 2.5，水解温度为 40℃，其余条件与上述相同，小杂鱼酶解液的蛋白质利用率和氨基酸转化率结果，如图 6.4 所示。

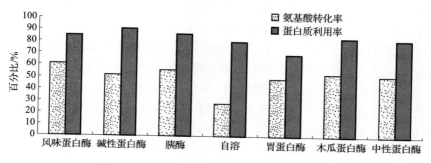

图 6.4　不同蛋白酶深度水解低值鱼效果比较

由图6.4可以看出，相对于小杂鱼自溶的酶解效果，添加外源性蛋白酶后小杂鱼酶解的蛋白质利用率普遍增长3%～7%，而氨基酸转化率可得到显著提高，从27.4%增加到59.5%左右。这表明添加外源性蛋白酶可以显著提高小杂鱼酶解液的氨基酸转化率。以蛋白质利用率而言，胃蛋白酶水解效果最差，木瓜蛋白酶和中性蛋白酶次之，风味蛋白酶和胰酶效果较好，碱性蛋白酶的蛋白质利用率最高。就氨基酸转化率而言，风味蛋白酶的氨基酸转化率最高，胰酶、碱性蛋白酶和中性蛋白酶较好，胃蛋白酶效果最差。由此可见，大部分专一性较弱的蛋白酶，如碱性蛋白酶以及本身就是复配的蛋白酶，如风味蛋白酶和胰酶具有较好的水解效果。

由于低值鱼内源性蛋白酶中内切蛋白酶丰富，外切蛋白酶含量较低，导致蛋白质利用率相对较高，达到80%，而氨基酸转化率低，仅为27.4%，故添加富含外切蛋白酶的酶制剂能显著提高其氨基酸转化率。风味蛋白酶是外切蛋白酶和内切蛋白酶的混合物，用于彻底酶解蛋白质。采用风味蛋白酶对低值鱼蛋白质进行深度酶解，42h后氨基酸转化率较高，达到60.69%，蛋白质利用率达到85.05%。胰酶也是一种含内切蛋白酶和外切蛋白酶的复合蛋白酶，含有胰蛋白酶、胰凝乳蛋白酶、羧肽酶A、羧肽酶B和弹性蛋白酶以及脂肪酶等多种生物酶。胰酶水解42h后，氨基酸转化率达到56.16%，蛋白质利用率达到86.30%。碱性蛋白酶是一种内切丝氨酸蛋白酶，在海洋性生物资源的酶解上具有显著的优越性。1997年，Dufosse提出由微生物发酵产生的碱性蛋白酶来酶解海洋蛋白，是比较经济的。2002年Gildberg等的研究也证明了碱性蛋白酶的优越性，如果想通过酶解方法处理海洋蛋白质资源，首先考虑使用碱性蛋酶。碱性蛋白酶水解42h后，氨基酸转化率达到51.64%，蛋白质利用率达到90.12%。

鉴于不同蛋白酶作用位点不同，如胰蛋白酶主要作用位点为赖氨酸、精氨酸等碱性氨基酸的羧基及氨基；胰凝乳蛋白酶的作用位点为芳香族氨基酸及其他疏水性氨基酸的羧基；亮氨酸氨肽酶从多肽的氮端将氨基酸逐个水解下来，但较难水解酸性氨基酸；羧肽酶从多肽的氮端将氨基酸逐个水解下来，但对小分子肽，如二肽、三肽存在水解困难；碱性蛋白酶的作用位点较为广泛，对于亲水性氨基酸和疏水性氨基酸都有较好的作用，因此有理由相信双酶水解或多酶水解效果会优于单酶水解。

绞碎的小杂鱼添加一倍重量的水后，水解温度为55℃，添加0.1%氯化钙，酶解液初始pH为7.0，水解时间为42h，配比一为0.1%胰酶（119U/g）+0.05%碱性蛋白酶（447U/g）+0.05%风味酶（238U/g），配比二为0.05%碱性蛋白酶（447U/g）+0.05%胰酶（59.5U/g）+0.1%风味蛋白酶（476U/g），配比三为0.05%风味蛋白酶（238U/g）+0.1%碱性蛋白酶（894U/g）+ 0.05% 胰酶（59.5U/g），以比较各配比蛋白酶配比对氨基酸转化率和蛋白质利用率的影响。小杂鱼酶解液的蛋白质利用率和氨基酸转化率结果，如图6.5所示。

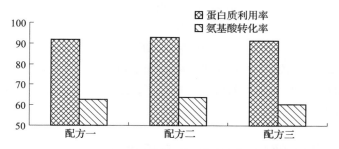

图6.5　多酶复合水解对蛋白质利用率和氨基酸转化率的影响

研究结果表明：从蛋白质利用率和氨基酸转化率来看，三种酶复配总体而言略优于单酶水解以及两种蛋白酶复配。配比一的蛋白质利用率为91.67%，氨基酸转化率为62.51%；配比二的蛋白质利用率达92.96%，氨基酸转化率达63.68%；配比三的蛋白质利用率达91.26%，氨基酸转化率达60.51%。其中0.05%碱性蛋白酶+0.05%胰酶+0.1%风味蛋白酶（配比二）效果最佳。

故低值鱼深度酶解的最终工艺为：绞碎的小杂鱼添加一倍重量的水后，添加0.05%碱性蛋白酶（447U/g）+0.05%胰酶（59.5U/g）+0.1%风味蛋白酶（476U/g），0.1%氯化钙，初始pH为7.0，55℃，水解42h。对配比二的深度酶解液的总氨基酸和游离氨基酸进行分析，结果如表6.8所示。

表6.8　　小杂鱼酶解液的总氨基酸和游离氨基酸分析　　单位：mg/100mL

氨基酸	鱼蛋白	总氨基酸组成	游离氨基酸	释放比例	氨基酸	鱼蛋白	总氨基酸组成	游离氨基酸	释放比例
天冬氨酸	1168.88	551.38	329.48	56.38	酪氨酸	546.84	104.72	92.36	33.78
谷氨酸	2098.29	1039.27	482.92	46.03	缬氨酸	619.28	329.63	230.55	74.46
丝氨酸	716.88	262.07	227.45	63.46	蛋氨酸	450.85	210.68	182.42	80.92
甘氨酸	1021.50	398.51	131.83	25.81	半胱氨酸	31.85	15.60	8.73	54.82
组氨酸	757.76	246.45	154.55	40.79	异亮氨酸	531.78	281.99	216.06	81.26
精氨酸	969.66	417.32	387.49	79.92	亮氨酸	1042.38	427.99	345.32	66.26
苏氨酸	733.80	357.96	250.81	68.36	色氨酸	873.46	377.38	123.20	28.21
丙氨酸	894.93	409.16	263.08	58.79	苯丙氨酸	644.61	242.92	210.21	65.22
脯氨酸	798.53	366.65	200.36	50.18	赖氨酸	1079.61	420.00	355.62	65.88
					总量	14980.89	6502.82	4203.32	56.12

对比低值鱼蛋白和酶解液的氨基酸组成可见，深度酶解液富含亮氨酸、缬氨酸、苏氨酸、谷氨酸、天冬氨酸和精氨酸，但组氨酸、酪氨酸、苯丙氨酸含量有所降低，这可能是由于其中含有不溶性肽和氨基酸造成的。酪氨酸在水中溶解度较低（0.024g/100mL），这是导致其在酶解液中含量降低的主要原因。Flavia 在利用胰酶水解大豆分离蛋白的试验中也发现了相同的现象。深度酶解液中有 81.26% 的异亮氨酸，80.92% 的蛋氨酸，79.92% 的精氨酸，74.46% 的缬氨酸，66.26% 的亮氨酸，65.88% 的赖氨酸和 65.22% 的苯丙氨酸被释放出来，这与碱性蛋白酶和胰蛋白酶的专一性有关。

6.2.3 鱼酶解过程中腐败变质的控制

一般而言，鱼肉并不带菌，但小杂鱼皮肤、腮及消化道带有大量的细菌，这些细菌主要是革兰氏阴性菌，如假单胞菌属、桑瓦拉菌属（She-wanella）、嗜湿杆菌（Psychrobacter）、弧菌、黄枯菌属（Flavobaterium）、噬胞菌属和革兰氏阳性菌的棒状菌（Coryneform）和微球菌等。酶解前，对低值鱼鱼糜进行热处理可显著降低低值鱼酶解液的微生物基数，但同时导致低值鱼内源性蛋白酶失去活力；鱼蛋白变性，酶解效率显著下降，如表 6.9 所示。

表 6.9　　热处理对木瓜蛋白酶催化沙丁鱼酶解效率的影响　　单位:%

热处理条件	空白	65℃处理30min	75℃处理30min	85℃处理30min
水解度	45.34	40.12	34.91	27.42
蛋白回收率	86.45	80.54	74.26	68.34

在不进行热处理的条件下，酶解温度和搅拌方式对低值鱼酶解液的细菌总数的影响最为重要。研究表明，在大多数情况下较高的酶解温度（50~60℃）会导致低值鱼鱼表面和消化道中的大部分嗜冷菌死亡。这表现为酶解液的细菌总数在前 9h 显著下降，可从 10^6 CFU/mL 下降到 2500CFU/mL 左右，然而进一步延长酶解时间则可能会导致低值鱼酶解液中细菌总数又进一步上升。9h 的酶解时间对鱼蛋白来源的功能性肽制备已经足够了，但呈味基料的制备往往需要更长的时间，如 24~48h。

编者团队在长期摸索过程中发现，在机械搅拌的基础上在酶解罐底部通入无菌空气可进一步降低酶解液的细菌总数，进而实现低值鱼酶解液长时间酶解过程中的腐败变质问题。通气搅拌采用在酶解罐罐底通入压缩无菌空气搅拌 20min，机械搅拌和通气搅拌对低值鱼酶解液细菌总数的影响，如表 6.10 所示。

表 6.10　　　　搅拌方式对低值鱼酶解液细菌总数的影响　　　　单位：logCFU

搅拌方式	0h	6h	12h	24h	36h
机械搅拌	5.64	4.54	3.48	4.34	4.67
机械搅拌 + 通气搅拌	5.64	4.46	3.62	3.34	3.29

由表 6.10 可见，机械搅拌 + 通气搅拌的搅拌方式与单纯机械搅拌相比，可显著降低低值鱼酶解液细菌总数，防止酶解过程中嗜热微生物的生长。此外，通气搅拌还对控制酶解产物中的生物胺和挥发性盐基氮有一定效果。

6.2.4　小杂鱼酶解过程中生物胺和挥发性盐基氮的形成及控制

生物胺是一类具有生物活性含氮的低分子质量有机化合物的总称，可以看作是氨分子中 1~3 个氢原子被烷基或芳基取代后生成的物质，是脂肪族、酯环族或杂环族的低分子质量生物碱。根据结构可以把生物胺分成脂肪族（腐胺、尸胺、精胺、亚精胺等）、芳香族（酪胺、苯乙胺等）、杂环族（组胺、色胺等）三类。生物胺还可以分为单胺和多胺，单胺包括酪胺、组胺、腐胺、尸胺、苯乙胺和色胺，多胺包括亚精胺和精胺。生物胺普遍存在于各种动植物的组织和发酵食品中。

各种动植物组织中都含有少量的生物胺，生物胺是生物体内的正常代谢成分。生物胺在生物体内的形成途径主要是氨基酸的脱羧反应，也有少部分生物胺是通过醛的胺化作用形成的。食品中的生物胺主要是在发酵或成熟过程中由微生物分泌的氨基酸脱羧酶作用于氨基酸而形成的。微生物的氨基酸脱羧酶在 5 - 磷酸吡哆醛为辅酶的条件下，脱去氨基酸中的羧基后形成的胺。一种氨基酸脱羧酶可能对几种氨基酸都能产生脱羧作用，如乳酸菌产生的组氨酸脱羧酶可以作用于多种氨基酸产生组胺、酪胺、腐胺等，产酪胺能力强的菌株同时也能产生苯乙胺。

总的来说，食品中生物胺形成有三个先决条件：① 能分泌氨基酸脱羧酶的微生物的存在；② 生物胺前体物质——氨基酸的存在；③ 适宜于相关微生物生长和分泌氨基酸脱羧酶的环境条件。

挥发性盐基氮（Total volatile base Nitrogen，TVB - N）包括氨和胺等

化合物。大量文献研究表明，在鱼类保鲜过程中挥发性氮的含量与细菌总数呈正相关，并将挥发性氮作为衡量水产品新鲜程度的指标。Connell等人将 0.03 ~ 0.035g/100g 作为海鱼腐败的起始点；Kimura 则认为 20mg/100g 是海鱼腐败的起始点，而将挥发性氮含量达到 0.03g/100mL 认为鱼体已经腐败，无法食用。我国也将挥发性盐基氮分别小于 0.03g/100g（海产品）、0.020g/100g（淡水产品）作为水产品及无公害水产品的质量要求之一。到目前为止，我国尚未制定鱼酶解产物中挥发性盐基氮的相关标准。编者以南海低值小杂鱼为原料，将低值小杂鱼绞碎、添加 1 倍重量水，添加蛋白酶，分别在机械搅拌和通风搅拌的条件下 55℃酶解33h，85℃灭酶 15min 后，测定低值小杂鱼酶解过程中挥发性盐基氮和生物胺的变化趋势，如表 6.11 和表 6.12 所示。

表 6.11　不同搅拌方式对低值鱼酶解液中生物胺含量的影响　单位：mg/kg

	腐胺	尸胺	酪胺	亚精胺	精胺	总生物胺
机械搅拌 + 通气搅拌	9.03 ± 0.21	35.09 ± 0.14	6.81 ± 0.64	7.45 ± 0.01	12.23 ± 0.23	70.61 ± 0.28
机械搅拌	9.05 ± 0.18	71.76 ± 11.55	13.17 ± 0.82	6.71 ± 0.68	8.34 ± 0.72	109.04 ± 13.97

由表 6.11 可见，机械搅拌 + 通气搅拌的方式相对单纯机械搅拌而言，腐胺、尸胺、亚精胺和精胺的含量均有明显降低，但酪胺有一定升高。总体而言，机械搅拌 + 通气搅拌可降低酶解产物中的生物胺含量。

表 6.12　　　　不同搅拌方式对低值鱼酶解液中
挥发性盐基氮含量的影响　　单位：mg/100mL

水解时间/h	0	6	12	24	33
机械搅拌 + 通气搅拌	0.021 ± 0.005	0.029 ± 0.006	0.041 ± 0.018	0.049 ± 0.011	0.054 ± 0.009
机械搅拌	0.021 ± 0.005	0.031 ± 0.008	0.056 ± 0.007	0.060 ± 0.009	0.064 ± 0.012

由图 6.12 可见，小杂鱼酶解液的初始 TVBN 值为 0.021g/100mg，低于《食品安全国家标准　鲜、冻动物性水产品》（GB 2733—2015）所规定的海产鱼的 TVB – N 指标（0.03mg/100mL），这表明本试验所用小杂鱼较为新鲜。不同批次酶解液中挥发性氮的变化趋势基本相同，挥发性氮的变化曲线可分为快速增长期和缓慢增长期。快速增长期为 0 ~ 12h，缓慢增长期为 12h 以后。机械搅拌的酶解液中挥发性氮在酶解 6h 后，TVB – N 超过了 0.03g/100mL 的指标，12h 后，TVB – N 达 0.0555g/

100mL，酶解终止时，TVB－N达0.064g/100mL。通气搅拌的酶解液中挥发性盐基氮含量显著低于通气搅拌酶解液样品。

小杂鱼酶解液中挥发性氮含量增加的原因可能有两个方面：① 蛋白质和氨基酸在细菌性脱氢酶和脱氨酶的作用下产生氨以及胺；② 蛋白质、氨基酸和AMP（adenosine monophosphate）在鱼体自身脱氨酶和脱羧酶的作用下脱氨和脱羧作用的结果。鉴于通气搅拌可明显降低酶解液中挥发性盐基氮的含量，故认为微生物对小杂鱼酶解液中挥发性盐基氮含量增加起主导作用。

6.2.5　鱼酶解液腥味、异味形成的原因及去除

鱼类腥味和异味形成的主要原因有① 由于不适当的处理和储藏而导致的微生物、酶作用或自动氧化；② 鱼对来自外部的挥发性有机化合物的吸收；③ 来自鱼的饮食或它的生存环境中的物质在生物体内蓄积。鱼酶解过程中，鱼体的腥味和异味物质溶解于酶解液中导致酶解液具有腥味。酶解过程中采用的酶制剂种类、搅拌的方式、水解温度等均会直接影响到鱼酶解液的腥味和异味强度，如采用胰酶对鱼原料进行水解会导致鱼脂肪水解，酶解液腥味明显增强。

鱼腥味形成的主要机制有以下几种。① 由脂肪酶引起的脂质降解和类胡萝卜素的转化。② 游离脂肪酸的自动氧化分解。如在氧化鱼油般的鱼腥气味中，其成分有部分来自ω－不饱和脂肪酸自动氧化而生成的碳化物，例如2，4－癸二烯醛、2，4，7－癸三烯醛等。③ 含硫含氮前体物质的酶催化转化。如存在于鱼皮黏液及血液内的δ－氨基戊酸、δ－氨基戊醛和六氢吡啶类等腥味特征化合物的前体物质，在酶的催化转化作用下形成鱼腥味。此外，鱼体内含有的氧化三甲胺也会在微生物和酶的作用下降解生成三甲胺和二甲胺。当三甲胺与不新鲜鱼的δ－氨基戊酸、六氢吡啶等成分共同存在时则会增强鱼的腥臭感。因氧化三甲胺在海鱼中的含量高于在淡水鱼中的含量，所以一般海鱼的腥臭味比淡水鱼更加强烈。④ 特种前体物质的高温分解。如挥发性有机酸和挥发性醛、酮等物质。Zhou Y Q等采用同时蒸馏萃取法提取鲤鱼鱼体中的挥发和半挥发性有机物，用GC－MS从提取物中分析鉴定出鱼腥味和疑似鱼腥味16种物质，包括醛、烯醛、酮和呋喃4类化合物。其中己醛、庚醛和2，4－二烯癸醛被确认为是导致鲤鱼具有鱼腥味的主要化合物。Triqui R发现Z－1，5－辛二烯－3－酮和Z－4－庚烯含量达到B级是导致狗鳕鱼存放过程中产生刺激性气味的最主要原因。如表6.13所示。

表 6.13 鱼类气味中挥发性成分的阈值（水中）

成分	阈值/（mg/kg）	成分	阈值/（mg/kg）
挥发性盐基氮		**挥发性羰基化合物**	
氨	11000	甲醛	9.5
二甲胺	3000	乙醛	9
三甲胺	600	丙醛	12
挥发性酸		异丁醛	4.5
甲酸	10000	**挥发性含硫化合物**	
乙酸	3420	硫化氢	0.02
丙酸	3280	甲硫醇	0.33
酪酸	3000		

脱除鱼腥味的方法很多，从作用机制来看，可分为以下几种类型：物理吸附祛腥法、分子包埋法、美拉德反应祛腥法、香辛料掩盖法和生物祛腥法等。

6.2.5.1　物理吸附祛腥法

采用吸附法祛腥，主要是利用吸附剂的吸附作用。在日常生活和工业生产中，用于脱除令人不愉快气味的吸附剂主要有两类。一类是活性炭、茶叶、活性氧化铝、分子筛、硅胶等，这类吸附剂对腥臭物质的吸附限于表面，叫做物理吸附。另一类是离子交换树脂类，这类吸附剂对不良气味物质的吸附，称为化学吸附。在上述两类吸附剂中，活性炭使用得最为广泛，因为活性炭的多孔结构和特殊的表面，可以产生高效的吸附作用。用活性炭对海产杂鱼蛋白水解液进行脱腥研究，发现添加鱼水解液重量2%～4%的活性炭，50～55℃保温2h可显著降低鱼蛋白水解液的腥苦味；添加鱼水解液重量2%的活性炭，50～55℃保温1h处理两次，脱腥效果更佳，且氮损失率相差不大。活性炭处理的另一优势在于活性炭处理后，酶解液的颜色明显变浅。但是活性炭用于水产蛋白质水解液的脱腥处理，会导致部分游离氨基酸和寡肽的吸附损失，损失率在2%～5%，还要注意活性炭的添加量和吸附时间的因素，因此使用活性炭脱腥时必须注意选择活性炭的型号和控制操作条件。活性炭对酶解液还有较好的脱苦效果。此外，选用活性炭型号不当还可能导致酶解液 pH 改变以及重金属含量超标。茶叶具有疏松多孔的结构，是吸附腥味和异味的优质载体。此外茶叶中还含有大量茶多酚等水溶性抗氧化剂，可抑制酶解过程中油脂的氧化。在鱼酶解初始阶段添加酶解液重量0.1%～1%的茶叶可显著降低鱼酶解液的腥味和异味。对于鱼体油脂含量较高的鱼类，这一方法尤为有效。

6.2.5.2 分子包埋法

环状糊精（CD）由 6~8 个葡萄糖分子通过 $\alpha-1$，4 糖苷键连接，分子呈环形和中空的圆柱结构，其空穴内壁具疏水性，而环的外侧是亲水的。常用的环状糊精有 $\alpha-CD$、$\beta-CD$ 和 $\gamma-CD$。当环状糊精加到蛋白水解液中，一些疏水小肽和疏水性氨基酸往往被包络到环状糊精的空穴内部，从而起到脱腥苦的作用。考虑到环状糊精单独处理时通常用量较大，所以一般与别的方法配合使用。杨文鸽等用 1.5% $\beta-CD$ 和 0.5% 活性炭复配处理蚌肉水解液，使其苦味消失，腥味大大减弱。环状糊精包埋法的缺点在于环状糊精添加量较大，且成本略高。此外，GB 2760—2014 极大地限制了环状糊精在食品工业中的应用。

6.2.5.3 美拉德反应祛腥法

美拉德反应是利用酶解液中小分子肽、氨基酸和单糖反应生成有焙烤香气的吡咯类、吡啶类、吡嗪类和噁啉类等风味化合物。在酶解液中添加不同的反应物质进行美拉德反应，往往可以得到不同的风味，如酱香、肉香型反应液。反应后酶解液的风味发生了根本变化，腥味消失，风味物质增加，酶解反应液呈现浓郁、圆润的风味。值得注意的是，美拉德反应去腥是以氨基酸部分损失、肽降解为代价。不同反应底物、不同反应条件，酶解液中氨基酸的降解程度有较大的区别。

将海产鱼酶解液 100mL，葡萄糖 3.2g，木糖 0.4g，生姜汁 1.2g 混合，调节 pH 为 7.0，120℃加热反应 20min。反应结束后，海产鱼酶解液具有浓郁的酱香，腥味消失。测定反应前后海产鱼酶解液的游离氨基酸变化，如表 6.14 所示。

表 6.14　　　　　　　反应前后游离氨基酸的损失率

氨基酸	损失率/%	氨基酸	损失率/%
Cys	75.03	Arg	9.62
His	12.19	Gly	9.24
Lys	11.85	Ser	9.03
Met	11.15	Ala	8.74
Phe	11.07	Glu	8.23
Thr	10.84	Pro	6.80
Leu	10.76	Trp	6.03
Ile	10.51	Asp	6.01
Val	9.96	—	—
Tyr	9.77	总量	9.93

在反应过程中，含硫氨基酸半胱氨酸的损失率特别大，其他氨基酸的损失率相差不多。其中碱性氨基酸如组氨酸和赖氨酸的损失率比较大，而呈鲜味的天冬氨酸和谷氨酸损失相对比较小，所以反应物除了形成了愉快的酱香之外，还基本保留了原酶解液的鲜味。

6.2.5.4 香辛料掩盖法

掩蔽法是采用食物烹饪学方面的原理，利用其他的香辛料成分来掩盖水产食品的腥味，达到去腥作用。例如，在鱼肉烹饪过程中，可用姜、葱、料酒腌制去腥，也可以用泡姜、泡菜、泡辣椒、花椒等去腥。研究表明：由八角、桂皮、花椒等的水提液浸泡处理过的鲢鱼、鳙鱼、海鳗鱼肉，在一定程度上可以减轻其带有的各种腥异味。孙恢礼公开了一种去除并抑制水产动物酶解液腥味的方法：在水产动物酶解液中加入食用级酒精加热反应除腥，得到食用级酒精处理液，然后在上述食用级酒精处理液中加入绿茶叶提取物、水溶性姜油和柠檬酸，或加入万寿菊提取物、水溶性姜油和柠檬酸，反应后得到初步脱腥处理液，再在上述初步脱腥处理液中加入绿茶叶提取物和水溶性姜油，或加入万寿菊提取物和水溶性姜油，反应后得到脱腥后的水产动物酶解液。

6.2.5.5 生物祛腥法

通过微生物的新陈代谢作用，小分子的腥味物质参与代谢转变成无腥味的物质，或者在微生物酶的作用下发生分子结构的修饰，转化成为无腥味的成分，从而达到脱腥的目的。Fukami 等发现从扁舵鲣鱼露中分离得到的两种葡萄球菌接种培养后，可减轻鱼露的腥味，改善其风味。毋瑾超等在鱼鲜酱油的酿制中，采用鱼肉液体制曲提高蛋白质利用率并利用制曲过程去除鱼腥味。结果表明：制曲温度为 40℃，制曲时间为 24h，种曲添加量 0.4% 为最佳制曲条件，此时，对三甲胺的去除率可达 74.7%，大大减弱鱼腥味。这可能是由于制曲过程中大量微生物如曲霉、酵母、乳酸菌等在较短时间内大量繁殖，造成曲液环境如 pH、含氧量、CO_2 等的突变，从而抑制了兼性厌氧菌的还原作用，在一定程度上减弱了三甲胺的形成；同时制曲过程中氧化三甲胺、三甲胺等物质可能被其他微生物分解利用，产生不具有腥味的物质，所以减弱了酱油的腥臭味。裘迪红等分别采用活性炭吸附、β-CD 包埋法、乙醚萃取法、酵母发酵法对鲐鱼蛋白水解液进行处理，经比较发现，酵母发酵法效果更佳，水解液中加入 2% 酵母粉进行 35℃、1h 发酵后，腥味可基本被脱除。乳酸菌对酶解液品质和风味的影响详见虾头酶解和小麦面筋蛋白酶解两章。

6.3 鱼类控制酶解制备功能性肽

在国外，海洋动物蛋白质的研究工作开展较早，特别是如日本、美国和欧洲等国家和地区把海洋蛋白质的研究与开发作为发展"蓝色经济"的一个重要方向，其中一些由海洋蛋白质酶解制备的肽产品已经实现了工业化，取得了丰硕的成果。从进展状况来看，国外对海洋鱼蛋白质酶解的研究经历了两个大的阶段。

第一阶段的研究重点主要集中海洋鱼蛋白质水解的蛋白酶的选择及其条件的优化、海洋鱼蛋白水解物（肽）的氨基酸组成、分子质量分布以及营养价值的研究等几方面的内容。如在鱼蛋白质水解物（肽）制备工艺的研究方面，所选用的酶主要包括已经工业化生产的碱性蛋白酶、中性蛋白酶、木瓜蛋白酶等，如碱性蛋白酶对鲱鱼蛋白质的水解能力高于中性蛋白酶（Hoyle等）；碱性蛋白酶和木瓜蛋白酶对沙丁鱼蛋白质的水解效果比中性蛋白酶好（Quaglia等）；用碱性蛋白酶和中性蛋白酶水解毛鳞鱼的蛋白质回收率可达70.6%（Shahadi等）；Kristinsson等比较了四种碱性蛋白酶对大西洋鲑鱼的水解效果及其水解物的生物化学性质和功能特性，以碱性蛋白酶2.4L水解物的各项性能指标最佳。在鱼蛋白质水解物（肽）营养效价的研究方面，有研究者通过小鼠氮平衡和生长试验发现低分子质量（小于1000u）的鱼蛋白质酶解物具有均衡的氨基酸组成，且具有很高的营养价值（Georgios等）；对大西洋鳕鱼和鲑鱼分别用双酶分步酶解可得到含丰富低分子质量肽和游离氨基酸的水解物，且证实水解物有很高的生理活性和营养效价（Liaset等）。

第二阶段的研究重点则转向对海洋鱼蛋白质水解物（肽）生理活性的研究及其应用等方向。在鱼蛋白质水解物（肽）生理活性的研究方面，对ACE抑制活性的研究较为成熟，如从阿拉斯加青鳕鱼鱼皮的水解物中可分离出具有ACE抑制活性的肽片段Gly – Pro – Leu和Gly – Pro – Met（Hee – Guk等）；东方狐鲣鱼水解物中含有目前外源性ACE抑制肽中活性最强的肽类，有10多种肽具有ACE抑制活性（吉川正明助）；经超滤法进行分离和精制的鲭鱼肽具有免疫活性、血小板凝集抑制、抗肿瘤等作用；来自沙丁鱼筋肉分子质量在1000~2000u的肽也具有ACE抑制作用。此外，鱼蛋白质酶解物可作为饲料添加剂，用添加鱼蛋白质水解物（FPH）的饲料喂养大西洋鲑鱼（Stale Refstie等）、银大麻哈鱼（Anthony L. Murray等）的试验表明，FPH可有效地刺激鱼的食欲，且易被鱼消化吸收，因此有利于鱼的生长。另外，鱼蛋白水解物具有抗冻性质，如将鱿鱼蛋白水解物（SPH）添加到歧须科鱼中，将鱼

冷冻后发现 SPH 可抑制肌原纤维蛋白的冷冻变性程度（Md. Anwar Hossain
等）。最近也有少数试验对其抗氧化活性进行了初步研究，如鲭鱼酶解物中含
较多游离氨基酸、鹅肌肽、肌肽等，肽含量与抗氧化活性呈正相关性，且分
子质量接近 1400u 时抗氧化性强于 900u、200u 的肽（Chyuan Shiau 等）；阿拉
斯加青鳕鱼鱼骨蛋白质酶解物中也可分离出具有抗氧化活性的肽，分子质量
672u 的组分表现出最强的抗氧化活性，测序知肽结构为 Leu – Pro – His –
Ser – Gly – Tyr（Jae – Young Je 等）。如表 6.15 所示。

表 6.15 已经商品化的水产品功能性肽产品

产品名	生理活性	来源	生产商
PeptACE™	抗高血压	鲣鱼肽	Natural Factors Nutritional Products Ltd. , Canada
Vasotensin	抗高血压	鲣鱼肽	Metagenics, US
Levenorm	抗高血压	鲣鱼肽	Ocean Nutrition Canada Ltd.
Peptide ACE 3000	抗高血压	鲣鱼肽	Nippon Supplement Inc. , Japan
Lapis Support	抗高血压	沙丁鱼肽	Tokiwa Yakuhin Co. Ltd.
Valtyron	抗高血压	沙丁鱼肽	Senmi Ekisu Co. Ltd.
Stabilium 200	放松	鱼自溶物	Yalacta, France
Protizen	放松	鱼水解物	Copalis Sea Solutions, France
AntiStress 24	放松	鱼水解物	Forté Pharma Laboratories, France
Nutripeptin™	降血糖	鳕鱼水解物	Nutrimarine Life Science AS, Norway
Seacure	改善肠胃	无须鳕水解物	Proper Nutrition, US
Fortidium Liquamen	抗氧化、降血糖、缓解压力	鱼自溶物	Biothalassol, France

6.3.1 控制酶解黄鲫蛋白质制备功能性肽

黄鲫（*Setipinna taty*）又称王吉、麻口前、毛口国、黄鲦、鸡毛鲚
等，我国南海、东海、黄海和渤海均有产出，常年可捕获，以春秋两季
为旺季，产量集中。

6.3.1.1 控制酶解制备抗菌肽

浙江海洋学院宋茹等人公开了一种黄鲫蛋白抗菌肽的制备方法：去
除黄鲫内脏并洗净切成小块，用组织捣碎机均匀搅碎，制成鱼肉糜，取
鱼肉糜 50g，加入 200g 去离子水；用 6mol/L 的盐酸与 6mol/L 氢氧化钠来
调节鱼肉糜与水混合液的 pH 至 2.0，并保持恒定；将 55000U 的胃蛋白酶
加入到混合液中，在保持酶解温度 37℃的条件下，酶解 2.4h；升温至 95
~100℃加热进行钝化灭酶，灭酶时间 10min；冷却至 4℃以下，进行离心
处理 10min，速度 7000r/min；过滤，取中间滤液在 –20℃冻藏或冻干保

藏。采用三氯乙酸沉淀（TCA）结合凯氏定氮法测定黄鲫蛋白质的胃蛋白酶抗菌液中可溶性肽提取率达到（81.78±0.04）%，茚三酮结合凯氏定氮法测定抗菌酶解液的水解度为（18.12±0.39）%。酶解液的双缩脲反应、茚三酮反应均为阳性，说明是肽类混合物，其中混合肽含量为25mg/mL。采用SuperdexTM－75HR 10/300柱对黄鲫抗菌肽进行分子质量分布分析，发现分子质量1000～3000u组分所占比例最高，接近70%。

将所得抗菌肽进行氨基酸组成分析和抗菌效果评价，结果如表6.16和表6.17所示。由表可见，黄鲫抗菌肽对革兰氏阴性菌（G^-）和革兰氏阳性菌（G^+）均有抑菌作用，具有广谱抑菌性，其中对G^-菌抑菌效果总体强于G^+菌，由于大多数抗菌肽属于中性或偏碱性蛋白，能通过与G^-菌外膜上的脂多糖等负电物质的相互作用，从而破坏膜结构以发挥抗菌作用，而G^+菌无脂多糖膜，只能通过表面肽聚糖中的胞壁酸、糖醛酸等带少量负电荷的物质与抗菌肽发生作用。黄鲫胃蛋白酶酶解液中的中性和碱性氨基酸相对含量占50.75%，有利于形成阳离子型抗菌肽类抑制G^-菌。黄鲫抗菌肽的抗菌效果评价如表6.17所示。

表6.16　　　　　**黄鲫抗菌肽的氨基酸组成分析**

氨基酸种类	含量/（mg/100mL）	氨基酸种类	含量/（mg/100mL）
天冬氨酸（Asp）	414.82	异亮氨酸（Ile）	145.01
苏氨酸（Thr）	162.79	亮氨酸（Leu）	246.94
丝氨酸（Ser）	171.14	酪氨酸（Tyr）	43.97
谷氨酸（Glu）	607.40	苯丙氨酸（Phe）	131.88
甘氨酸（Gly）	261.71	赖氨酸（Lys）	303.26
丙氨酸（Ala）	298.16	组氨酸（His）	74.92
缬氨酸（Val）	285.62	精氨酸（Arg）	198.64
甲硫氨酸（Met）	79.68	脯氨酸（Pro）	148.72

表6.17　　　　　**黄鲫抗菌肽的抗菌效果评价**

试验用菌	抑菌圈直径/mm
G^-菌	
大肠杆菌（*Escherichia coli*）	17.7±0.29
荧光假单孢菌（*Pseudomonas fluorescens*）	10.8±0.35
普通变形菌（*Proteus species*）	11.0±0.00
绿脓杆菌（*Pseudomonas aeruginosa*）	9.5±0.71
G^+菌	
金黄色葡萄糖球菌（*Staphylococcus aureus*）	11.3±0.35
枯草芽孢杆菌（*Bacillus subtilis*）	＋－
巨大芽孢杆菌（*Bacillus megaterium*）	9.5±0.71
八叠球菌（*Sarcina*）	9.3±0.35
藤黄八叠球菌（*Sarcina lutea*）	8.8±0.35

6.3.1.2 美拉德反应制备前列腺癌 PC–3 抗癌肽

癌症是目前影响人类健康最为重要一种疾病，但是大多数抗癌药物在杀死或抑制癌细胞的同时对人体健康免疫系统存在一定毒副作用，所以开发高效、低毒、副作用小的抗癌药物是目前热点研究领域之一。蛋白质经适度酶解后可以释放出活性肽，近几年研究发现一些食物源蛋白质的水解液具有良好的抗癌效果，并且可从中分离得到一些抗癌肽，如从凤尾鱼露分离得到分子质量为440.9u 疏水型抗癌肽；从金枪鱼暗肉副产物的木瓜蛋白酶和蛋白酶 XXⅢ 水解液中分离纯化得到两个抗乳腺癌活性肽 Leu–Pro–His–Val–Leu–Thr–Pro–Glu–Ala–Thr 和–Ala–Glu–Gly–Gly–Val–Tyr–Met–Val–Thr，从墨鱼墨汁的胰蛋白酶水解液中得到 Gln–Pro–Lys 抗癌三肽，从厚壳贻贝的胃蛋白酶水解液中分离得到抗癌肽 Ala–Phe–Asn–1Ie–His–Asn–Arg–Asn–Leu–Leu，从菲律宾蛤仔的糜蛋白酶水解液中分离得到抗癌肽 Ala–Val–Leu–Val–Asp–Lys–Gln–Cys–Pro–Asp。但是以蛋白质水解液为底物，通过美拉德反应制备抗癌型热反应物，并从中分离抗癌肽的研究还少见报道。

浙江海洋学院宋茹等人发现未添加任何外源还原糖的黄鲫蛋白抗菌肽液，经美拉德反应得到的热反应产物对前列腺癌 PC–3 肿瘤细胞具有很强的增殖抑制作用，并且产物的风味性也得到了一定程度地改善，其具体制备工艺如下所述。

（1）制备黄鲫蛋白抗菌肽液，调节黄鲫蛋白抗菌肽液的 pH 至 5.0～7.0。

（2）对黄鲫蛋白抗菌肽液热处理，在 100～121℃杀菌锅中加热 30～60min，以制得抗癌型黄鲫蛋白抗菌肽液热反应产物。

（3）从黄鲫蛋白抗菌肽液热反应产物中分离前列腺癌 PC–3 抗癌肽，上述黄鲫蛋白抗菌肽液热反应产物经 Bio–Gel P–4 凝胶色谱洗脱分离，上样量为柱体积的 1%～3%，以摩尔浓度为 20～200mmol/L、pH 为 5.0～7.0 的磷酸盐缓冲液作为洗脱剂，其中磷酸盐缓冲液含有 0.15～0.45mol/L 的 NaCl，洗脱速度为 1.5～2.5mL/min，检测波长 280nm，分别合并各个分离峰，浓缩、冻干，测定各分离峰对前列腺癌 PC–3 肿瘤细胞的增殖抑制率，将 Bio–Gel P–4 凝胶色谱分离的抗癌活性最高峰用交联葡聚糖 G25 凝胶色谱进行二次分离，上样量为柱体积的 1%～3%，用去离子水洗脱的同时实现脱盐处理，洗脱速度 0.5～2.5mL/min，检测波长 280nm，收集分离图谱中各分离峰，浓缩、冻干，分别测定各分离峰对前列腺癌 PC–3 肿瘤细胞的增殖抑制率，反复收集抗癌活性最高峰，经旋转、蒸发、浓缩、冻干，即得到抗癌肽粉。

6.3.2 控制酶解乌鱼蛋白质制备促进伤口愈合肽

乌鱼，又称鳢鱼（Ophiolephalus argus Cantor）是一种广泛分布于我国各地的江河、湖泊、沟塘中的肉食性淡水鱼类。乌鱼含肉率高，蛋白质含量高，骨刺少，味道鲜美，素有"鱼中珍品"之称，一向被视为病后康复和老幼体虚者的滋补珍品。尤其是我国民间有食用乌鱼汤促进各种伤口愈合的应用传统，也有乌鳢和月鳢汤促进小鼠伤口愈合和抗疲劳作用的文献报道。

南昌大学田颖刚公开了一种控制酶解乌鱼蛋白制备促进伤口愈合肽的方法，具体步骤如下：取经剖杀，去内脏后剁碎、打浆成肉糜的乌鱼2kg。将上述肉糜加入1.5倍量的水搅拌均匀，升温85℃保温22min，再调整并维持温度至（50±1）℃，调pH至7，加入诺维信风味蛋白酶和诺维信复合蛋白酶（质量分数为诺维信风味蛋白酶30%，诺维信复合蛋白酶70%）共6g，进行酶解，酶解时间为3h；酶解后酶解液升温灭酶，灭酶温度为100℃，灭酶时间为30min；灭酶后酶解液冷却降温至30℃，除去上层脂肪，取酶解液经板框压滤机初滤，滤材为尼龙滤布，再经截留粒径0.1μm的氧化锆陶瓷膜精滤，滤过压力为0.15MPa，滤液再经截留分子质量小于6000u的聚醚砜类有机复合膜超滤，滤过压为0.18MPa，截留收获分子质量小于6000u的肽液，然后浓缩、喷雾干燥即得。喷雾干燥时，设备进口热风温度为120℃。上述干燥步骤完成后可制得乌鱼活性肽0.187kg，肽含量为84.5%，分子质量小于6000u。

取小鼠40只，体重为18～22g，雌雄各半，均分为4组，分别为空白对照组、阳性药物组、乌鱼活性肽给药组、乌鱼汤给药组。分别在小鼠颈背部作1.5cm×1.5cm大创面为模型，建立模型后，用生理盐水冲洗伤口，碘酒、酒精消毒，均用凡士林油纱敷盖，再用无菌干纱布包扎。阳性药物组给予云南白药胶囊，剂量为60mg/kg体重，乌鱼活性肽给药组给予乌鱼活性肽，剂量为1.5g/kg体重，乌鱼汤给药组为剂量相同的乌鱼汤，正常对照组小鼠给予同等量的生理盐水，每天灌胃一次，连续9d，每只小鼠每天用生理盐水冲洗伤口后各用原法处理。第3d、6d、9d观察、测量伤口面积，计算伤口愈合率。伤口愈合率＝（原始创面面积－未愈合创面面积)/原始创面面积。如表6.18所示。

表 6.18	乌鱼活性肽对促进伤口愈合的效果			单位:%
组别	动物数/只	3d	6d	9d
生理盐水组	10	14±2	19±9	41±13
阳性药物组	10	20±4	29±14	58±23
乌鱼汤给药组	10	17±3	24±11	49±18
乌鱼活性肽给药组	10	19±3	27±16	55±20

从表 6.18 可见,与乌鱼汤给药组相比,这一方法制备的乌鱼活性肽比传统乌鱼汤能更好的起到促进伤口愈合的作用。

6.3.3 深度水解制备二肽基肽酶Ⅳ抑制肽

糖尿病(Diabetes mellitus,DM)是目前世界范围内增长速度最快和发病率最为广泛的疾病之一,已经成为仅次于肿瘤和心血管疾病的"第三号杀手"。糖尿病作为由多种遗传和环境因素相互作用而引起的一种慢性代谢异常综合症,是由于胰岛素相对或绝对缺乏以及周围靶组织不同程度对胰岛素抵抗引起的碳水化合物、蛋白质、脂肪代谢紊乱,糖尿病可引发失明、心脑血管疾病、肾功能衰竭、神经病变、肢体坏疽以致截肢、昏迷等多种并发症的发生,严重危害人类健康。其中Ⅱ型糖尿病占患者总数的 90% ~95% 。

目前Ⅱ型糖尿病的治疗以小分子口服药为主,磺脲类、格列奈类、双胍类、噻唑烷二酮类和 α – 糖苷酶抑制剂是常用的Ⅱ型糖尿病治疗药物,但随着时间的推移它们的疗效逐渐降低,并且存在着较多的不良反应。目前,基于肠促胰素的治疗包括胰升血糖素样肽 1 (Glucagon – like peptide –1,GLP –1)类似物及二肽基肽酶Ⅳ (DPP –Ⅳ)抑制剂成为糖尿病新药研究的热点。而相对于 GLP –1 类似物,DPP –Ⅳ 抑制剂可口服使用,具有更少的胃肠道不良反应及更好的耐受性。

近两年来,从食物来源中寻找具有 DPP –Ⅳ抑制活性的小分子活性肽已成为研究热点。DPP –Ⅳ抑制活性肽指的是一类具有抑制 DPP –Ⅳ活性的、相对分子质量较小的多肽物质,这些多肽的氨基酸序列和肽链长度各不相同,但都具有类似的功能。目前发现,从食物蛋白经酶解或发酵产生的 DPP –Ⅳ活性肽,一般链长含 2~14 个氨基酸残基。分子质量低于 1000u,并且认为,肽 N – 末端氨基酸为 Pro,Phe,Tyr 或序列中含有疏水氨基酸的肽段具有较高的 DPP –Ⅳ抑制活性。

6.3.3.1 鲢鱼蛋白质制备 DPP –Ⅳ抑制多肽

中国农业大学陈尚武等人以鲢鱼蛋白为原料,经胃蛋白酶、胰酶和中性蛋白酶三段式酶解后制备得到的 DPP – IV 抑制多肽不仅具有良好的 DPP – IV 抑制活性，抑制率高达 51.59%，并且拥有良好的耐受胃肠消化稳定性，其制备工艺如下所述。

将鲢鱼杀死后，去鳞、去内脏，洗净后进行采肉，选取鲢鱼背部白肉，切成小块后用搅碎机搅成肉糜；然后将鲢鱼肉糜与去离子水混合，调整蛋白质浓度为 5%，将调整好蛋白质浓度的鱼肉浑浊液在 95℃ 水浴锅内放置 10min 灭酶，以灭除鱼肉中的内源性蛋白酶；冷却后进行均质处理，即得鲢鱼鱼肉蛋白溶液，冷冻干燥备用或直接进行下步酶解反应。如表 6.19 所示。

表 6.19   蛋白酶种类和酶解水解度对 DPP – IV 抑制率的影响

蛋白酶种类	底物浓度	pH	温度	酶/底物比	酶解时间	水解度	DPP – IV抑制率
酶解前	—	—	—	—	0h	0	7.74%
胃蛋白酶	5%	2.0	37℃	1%	1h	7.88%	40.57%
胰酶	5%	8.0	37℃	2%	3h	20.26%	47.98%
中性蛋白酶	5%	7.5	45℃	3%	3.5h	22.71%	49.34%
中性蛋白酶	5%	7.5	45℃	3%	4h	26.75%	49.56%
中性蛋白酶	5%	7.5	45℃	3%	6h	27.70%	50.66%
中性蛋白酶	5%	7.5	45℃	3%	9h	28.37%	51.59%

（1）第一步酶解反应   称取一定量鱼肉蛋白粉，溶于蒸馏水中（质量分数 5%）。将溶液置于 37℃ 的恒温水浴内，当溶液温度升至 37℃ 时，用 1mol/L HCl 将 pH 调至 2.0，向溶液中添加胃蛋白酶启动第一步酶解反应，酶和底物的重量比即 E:S 为 1%，37℃ 水解 1h 后，得到胃蛋白酶的酶解物。

（2）第二步酶解反应   用 0.9mol/L NaHCO₃ 调节胃蛋白酶的酶解物 pH 至 5.3，随后用 1mol/L NaOH 调节其 pH 至 7.5，然后加入胰酶，酶和底物的重量比即 E:S 为 2%，启动第二步酶解反应，在 37℃ 条件下反应 2h 后，得到胰酶的酶解物。

（3）第三步酶解反应   将胰酶的酶解物升至 45℃，加入中性蛋白酶，酶和底物的重量比即 E:S 为 3%，启动第三步酶解反应，并在 45℃ 下维持 6h，得到中性蛋白酶的酶解物；在上述三步酶解反应进程中持续搅拌，并不断的添加 1mol/L NaOH 或 1mol/L HCl 维持各自反应体系 pH，使其处于最佳酶解状态。

（4）灭酶   三段式酶解反应结束后，水解液经沸水浴 10min 灭酶，迅速冷却，酶解物离心（1800 × g，20min），取上清液，滤过液以 2BV/h 的流速过阳离子交换树脂脱盐，收集流出液，浓缩后得到鲢鱼 DPP – IV 多肽液，或进一步冷冻或喷雾干燥，以得到多肽粉。

6.3.3.2 带鱼控制酶解制备 DPP – IV 抑制多肽

带鱼又称刀鱼、牙带鱼，是鱼纲鲈形目带鱼科动物，是我国沿海产量较高的一种经济鱼类，味道鲜美，深受国内外消费者的青睐。带鱼蛋白质是一种全价蛋白质，含有人体必需的八种氨基酸，还含有镁、锌、硒等微量元素以及多种维生素，营养丰富。中医认为带鱼具有和中开胃、暖胃补虚、润泽肌肤及美容等功效，并且对病后体虚、产后乳汁不足和外伤出血等具有一定食疗作用。

浙江大学宁波理工学院靳挺公开了一种利用带鱼蛋白质制备二肽基肽酶IV抑制肽的方法，具体如下。将带鱼去头、尾和内脏，洗净并称取1.0kg 带鱼，加入 2.0kg 水，绞碎成均匀的鱼肉浆；将鱼肉浆放入酶解罐中，调温至 45℃，调 pH 至 7.2，以带鱼质量计，添加 0.3% 的中性蛋白酶，搅拌水解 6h；升温至 95℃，保持 15min 灭酶；将水解液迅速冷却至50℃，添加带鱼质量 0.5% 的风味蛋白酶，调 pH 至 7.5，搅拌水解 6h；升温至 95℃，保持 15min 灭酶；将所得水解液在 4000r/min、4℃条件下离心 13min 后，取上清液；将上清液加入到超滤膜分离器中，调节超滤膜的压力为 0.09MPa，超滤膜的截留分子质量为 3000u，收集超滤膜透过液；将二肽基肽酶IV（市售或从猪肾中提取）固定化在 CNBr – activated Sepharose FastFlow 层析介质上；将装有层析介质的层析柱用缓冲液（20mmol/L PBS + 0.15mol/L NaCl，pH7.0）平衡 6CV（6 个柱体积），然后将超滤液上柱，采用缓冲液清洗 3CV，然后用洗脱液 20mmol/L PBS + 1.0mol/L NaCl，pH7.0）进行洗脱，收集洗脱峰，并透析过夜（透析袋的截留分子质量为 3000u）。将透析后的洗脱液，– 24℃预冻 18h，– 60℃、0.5Pa 冷冻干燥 30h，即得到二肽基肽酶IV（DPP – IV）抑制肽，产品得率为 3.6%。采用甘氨酰脯氨酸对硝基苯胺（Gly – Pro – PNA）为底物的发色底物法检测，二肽基肽酶IV（DPP – IV）抑制肽的 IC_{50} 值为 0.136mg/mL。

6.3.4 利用金枪鱼暗色肉控制酶解制备抗宫颈癌多肽

金枪鱼为大洋性鱼类，是世界远洋渔业发展的重点目标鱼种，也是国际营养学会推荐的世界三大营养鱼类之一。据联合国粮农组织统计，目前世界大洋性渔业总产量为 850 万 t，其中金枪鱼产量超过 600 万 t，占公海渔业总产量的 70% 以上。在金枪鱼加工过程中产生大量暗色肉，约占原料的 11%。现有研究表明，金枪鱼暗色肉中的必需氨基酸含量丰富、种类全面，且易被消化吸收，是制备活性肽的优质原料。如日本烧津水产和广东兴亿水产等公司利用金枪鱼制备抗痛风肽，产品疗效显著，市场前景广阔。浙江海洋学院迟长凤等研究发现，以金枪鱼暗色肉为原料，利用酶解技术制备的酶解产物具有抗宫颈癌活性。具体工艺如下所述。

（1）金枪鱼暗色肉的预处理　将金枪鱼暗色肉匀浆，加热至95℃后保温10min，然后降至室温，按照料液1g：5mL的比例加入异丙醇，室温下脱脂24h，然后于4℃、10000×g离心20min除去异丙醇，收集脱脂金枪鱼暗色肉固形物，即为脱脂金枪鱼暗色肉蛋白质。

（2）脱脂金枪鱼暗色肉蛋白质的酶解　以脱脂金枪鱼暗色肉蛋白质作为原料，按固液比1g：25mL加入Gly-NaOH缓冲液（0.05mol/L，pH9.5），得混合液；将混合液温度升至50℃预热10min，按照脱脂金枪鱼暗色肉质量的2%加入蛋白酶，酶解温度为50℃，酶解4h后，将溶液升温至95℃，并于此温度保持10min后，10000×g离心25min，取上清液，即为酶解产物。

（3）金枪鱼暗色肉蛋白质抗宫颈癌多肽的制备　将制备的酶解产物采用3ku超滤膜进行超滤处理，收集分子质量小于3ku的部分，得超滤酶解液，再将酶解液依次经凝胶过滤层析、细胞膜色谱和反相高效液相色谱（RP-HPLC）纯化，得到抗宫颈癌多肽。

将上述制得的金枪鱼暗色肉蛋白质抗宫颈癌多肽Gln-Tyr-Asp-Glu-Tyr-Trp（QYDEYW）进行细胞增殖抑制试验。实验结果表明：QYDEYW对人宫颈癌细胞株HeLa细胞的增殖具有显著抑制作用，IC_{50}为0.16mg/mL。

6.3.5　鱼皮胶原控制酶解制备抗冻肽

食品和医药产品在低温储存和运输过程中，由于环境温度的波动，反复地遭受冰晶生长和重结晶的问题越来越受到人们的关注。温度的反复升降使冰晶不断生长、冻融和重结晶，严重破坏细胞和组织结构，从而失去产品应有的品质。科学家正面临严肃的挑战：如何控制冰晶生长及重结晶，实现低温冷链上的冰晶生长控制。因为这是制约众多食品和医药产品品质的关键所在。

抗冻蛋白，也称"冰结构蛋白"，是一类附着在冰晶体表面、抑制冰晶生长和重结晶的活性蛋白质。抗冻蛋白由于其具有控制冰晶生长、减少细胞损伤及保持产品原有组织结构、质地和品质的特点和突出意义而成为研究热点。同样的研究还表明，抗冻蛋白的抗冻活性片断只存在于局部的特异多肽链结构域中而并不是整体蛋白质在起作用，即使是纯化了的抗冻蛋白，抗冻活性往往也不高，仍然需要探究其活性域来进一步提高抗冻效率。所以，如何获得食品源中结构紧凑的高活性抗冻多肽，就成为了研究抗冻蛋白的方向。

福州大学汪少芸等公开了一种利用碱性蛋白酶酶解鱼皮胶原蛋白制备抗冻多肽的方法。具体制备方法如下：以鱼皮胶原蛋白为原料，使用碱性蛋白酶对其进行酶解，并按照国际抗冻蛋白活性检测的标准，建立抗冻活性检测系统，优化其酶解条件，得到具有最大抗冻活性的酶解液。其酶解条件是：酶解 pH 为 9.0、温度是 45℃、酶解时间为 30min、酶－底物配比为 1:20；在最佳酶解条件下进行酶解，得到的酶解产物先经过 Sephadex G－50 凝胶色谱（长 100cm，直径 2.6cm）进行分离，洗脱液为去离子水，流速为 2mL/min，洗脱峰在 225nm 下进行测量。收集具有最佳抗冻活性的峰，再用 Sulfopropyl－Sepadex C－25 阳离子交换色谱（长 55cm，直径 2.0cm）进行分离，洗脱液为 NaCl 浓度梯度为 0~0.5mol/L、pH 为 7.0 的磷酸缓冲液，流速为 0.5mL/min。收集具有最佳抗冻活性的峰，利用 RP－HPLC－C18 反相高效液相色谱（长 15cm，直径 0.8cm）再进行进一步的分离，反相 HPLC 的分离条件是用 10%~90% 的乙腈溶液作为梯度洗脱液，流速为 1mL/min，洗脱液自含 10% 乙腈和 90% 水（体积比）的混合液开始，至 90% 乙腈和 10% 水（体积比）的混合液结束，进行梯度洗脱，收集 10% 乙腈和 90% 水（体积比）处的洗脱峰，得到高纯度的特异性抗冻多肽。抗冻多肽由 20 个氨基酸组成，其一级结构为：Ala－Asp－Gly－Gln－Thr－Gly－Gln－Arg－Gly－Glu－Lys－Gly－Pro－Ala－Gly－Val－Lys－Gly－Asp－Ala。特异性抗冻多肽具有很强的细菌低温保护能力，添加了 0.5%（质量分数）的特异性抗冻多肽培养基中保加利亚乳酸杆菌的存活率为 91.2%。

6.3.6 胶原蛋白源生物活性肽

浙江海洋学院迟长凤等以大黄鱼鱼骨为原料，通过脱钙和脱脂处理，使胃蛋白酶和碱性蛋白酶水解，得到一种具有强抗氧化活性的胶原蛋白肽，其一级结构为 Gly－Phe－Pro－Gly－Ser－Phe－Arg。迟长凤等以马面鲀鱼皮为原料，采用酸碱脱除鱼皮非胶原蛋白和矿物质后提取鱼皮明胶，利用中性蛋白酶和胰蛋白酶对鱼皮明胶进行酶解，采用超滤、固定化锌离子亲和层析和反相高效液相色谱分离纯化得到锌螯合肽 GPYGPFGPWG，（Gly－Pro－Tyr－Gly－Pro－Phe－Gly－Pro－Trp－Gly），ESI－MS 测定分子质量为 1034.09u。锌螯合肽由于其独特的螯合和转运机制，可显著提高锌的吸收利用度，又可同时补充人体所需的多肽和氨基酸，是一种理想的补锌物质，可用于补锌药物或者功能产品的开发。如表 6.20 所示。

表 6.20　鱼蛋白加工废弃物

常见名	科学名	来源	生物活性	肽序列	参考文献
鳕鱼	—	骨架	抗氧化，ACE 抑制活性	—	Jeon et al. (1999)
鲱鱼	*Clupea harengus*	整鱼，鱼肉，鱼头，性腺	抗氧化活性	—	Sathivel et al. (2003)
蓝鳕鱼 (Hoki)	*johnius belengerii*	鱼皮	抗氧化活性	HGPLGPL	Mendis, Rajapakse and Kim (2005)
蓝鳕鱼 (Hoki)	*johnius belengerii*	鱼骨	钙螯合活性	—	Jung, Park, et al. (2005)
蓝鳕鱼 (Hoki)	*johnius belengerii*	鱼骨架	抗氧化活性	GSTVPERTHPACPDFN	Kim et al. (2007)
蓝鳕鱼 (Hoki)	*johnius belengerii*	鱼骨架	钙螯合活性	VLSGGTTMYASLYAE	Jung and Kim (2007)
青鳕 (Pollack)	*Therara chalcogramma*	鱼皮	抗氧化活性	GE－(Hyp－GP)₃－Hyp－G, GE－Hyp－(GP－Hyp)₄－G	Kim et al. (2001)
青鳕 (Pollack)	*Therara chalcogramma*	鱼皮	ACE 抑制活性	GPL, GPM	Byun and Kim (2001)
青鳕 (Pollack)	*Therara chalcogramma*	鱼骨架	ACE 抑制活性	FGASTRGA	Je et al. (2004)
青鳕 (Pollack)	*Therara chalcogramma*	鱼骨架	抗氧化活性	LPHSGY	Je, Park, and Kim (2005)
青鳕 (Pollack)	*Therara chalcogramma*	鱼骨架	钙螯合活性	VLSGGTTMAMYTLV	Jung, Karawita, et al. (2006)
海鲷 (Sea Bream)	—	鱼鳞	ACE 抑制活性	GY, VY, GF, VIY	Fahmi et al. (2004)

续表

常见名	科学名	来源	生物活性	肽序列	参考文献
鲷鱼 (Snapper)	Priacanthus macracanthus	鱼皮	抗氧化活性	—	Phanturat, Benjakul, et al. (2010)
鲷鱼 (Snapper)	Lutjanus vitta	鱼皮	抗氧化活性	—	Khantaphant and Benjakul (2008)
鳎 (Sole)		鱼皮	抗氧化活性	—	Gimenez et al. (2009)
鳎 (Sole)	Limanda aspera	鱼骨架	抗氧化活性	RPDFDLEPPY	Jun, Park, Jung, and Kim (2004)
鳎 (Sole)	Limanda aspera	鱼骨架	抗氧化活性	—	Jun et al. (2004)
鳎 (Sole)	Limanda aspera	鱼骨架	抗高血压活性	MIFPGAGGPEL	Jung, Mendis, et al. (2005)
鳎 (Sole)	Limanda aspera	鱼骨架	抗血凝活性	—	Rajapakse, Jung, et al. (2005)
金枪鱼 (Tuna)	Thunnus albacares	鱼骨架	抗氧化活性	VKAGFAWTANQQLS	Je, Qian, Byun, and Kim (2004)
金枪鱼 (Tuna)	Thunnus albacares	鱼骨架	抗高血压活性	GDLGKTTTVSNWSPPKYKDTP	Lee et al. (2010)
金枪鱼 (Tuna)	Thunnus albacares	红肉	抗宫颈癌活性	QYDEYW	迟长凤, 王斌, 赵玉勤等 (2015)
金枪鱼 (Tuna)	Thunnus albacares	红肉	抗乳腺癌活性	LPHVLTPEATAEGGVTMVT	H Kuochiang, LC Eunicecy, J Chialing, et al. (2011)
黄鳍短须石首鱼 (Yellowtail)		鱼骨	抗氧化, ACE抑制活性	—	Morimura et al. (2002)
黄鳍短须石首鱼 (Yellowtail)		鱼骨	抗氧化, ACE抑制活性	—	Ohba et al. (2003)
黄鳍短须石首鱼 (Yellowtail)		鱼鳞	抗氧化, ACE抑制活性	—	Ohba et al. (2003)
马面鲀		鱼皮	锌螯合	GPYGPFGPWG	

6.4　罗非鱼加工副产物高值化利用技术

罗非鱼（*Oreochromis niloticus*）又称非洲鲫鱼。罗非鱼属鲈形目、鲈形亚目、鲡鱼科、罗非鱼属。罗非鱼是热带鱼类，原产于非洲，有600多种，目前被养殖的有15种。罗非鱼属广盐性鱼类，海水、淡水中均可生存；罗非鱼对低氧环境具有较强的适应能力，一般栖息在水的底层，通常可随水温变化或鱼体大小改变栖息水层。罗非鱼是一群中小型鱼类，它的外形、个体大小有点类似鲫鱼，鳍条多棘似鳜鱼。目前养殖的主要品种有：莫桑比克罗非鱼、尼罗罗非鱼、奥利亚罗非鱼、伽利略罗非鱼、齐利罗非鱼等。罗非鱼具有肉味鲜美，肉质细嫩，骨刺少等优点，其风味可与海洋鲷鱼、比目鱼媲美，商品价值较高。罗非鱼主要用于加工鱼片，也可作为冷冻鱼糜的原料。

近年来，罗非鱼被视为传统白肉鱼种的替代品种，正日渐受到欧美市场的青睐。据统计，目前仅美国罗非鱼的进口量高达40多万t，且每年进口数量都大幅增长。目前罗非鱼是我国南方的优势养殖产品，罗非鱼加工出口行业发展迅速，产品产量逐年增加，总产量达到了100多万t。欧美罗非鱼市场主要消费类型包括即食生鲜冷藏切片、低温切片与冷冻切片产品等。而在加工中的下脚料，包括鱼皮、鱼鳞、鱼排、鱼头等，其总重量约占原料鱼的60%～65%，不少工厂的残余鱼肉下脚料大多作为废弃物处理。因此，开发罗非鱼下脚料综合加工利用技术已经成为促进罗非鱼加工产业链延伸的重要环节。

6.4.1　罗非鱼鱼皮、鱼鳞控制酶解制备胶原蛋白肽

胶原蛋白主要存在于动物的骨、腱、肌鞘、韧带、肌膜、软骨和皮肤中，是结缔组织中极其重要的一种蛋白质，起着支撑器官、保护机体的功能。胶原蛋白的种类很多，一般皮肤和骨骼中的是Ⅰ型胶原蛋白，软骨中的是Ⅱ型胶原蛋白，胚胎皮肤中的是Ⅲ型胶原蛋白，细胞基底膜中的是Ⅳ型胶原蛋白。胶原蛋白由三条多肽链构成三股螺旋结构，即3条多肽链的每条都向左形成左手螺旋，3条肽链再以氢键相互结合形成牢固的右手超螺旋，这种超螺旋结构十分稳定。组成胶原蛋白的主要氨基酸为脯氨酸、甘氨酸和丙氨酸。大多数蛋白质中的同一条多肽链中氨基酸一般不会有周期性的重复顺序，但胶原蛋白却有甘氨酰－脯氨酰－羟

脯氨酸、甘氨酰－脯氨酰－X 和甘氨酰－X－Y（X、Y 代表除甘氨酰和脯氨酰以外的其他任何氨基酸残基）这样一个三肽的重复顺序存在，甘氨酰－脯氨酰－X 三肽的数量大约占全部三肽总和的 1/3。胶原蛋白是由遗传形式所决定的，其含量随种类的不同而有显著不同。胶原蛋白的氨基酸组成有以下特点。① 胶原蛋白中 Cys 和 Try 含量较低；② 胶原蛋白中甘氨酸含量几乎占 30%；③ 胶原蛋白中存在羟基赖氨酸和羟基脯氨酸，其他蛋白质中不存在羟基赖氨酸，也很少含有羟基脯氨酸。胶原中脯氨酸和羟基脯氨酸含量是各种蛋白质中最高的；④ 胶原蛋白链 N－端氨基酸是焦谷氨酸，它在一般蛋白质中是少见的。

罗非鱼鱼皮和鱼鳞占罗非鱼鱼体重量的 5%～6%，罗非鱼鱼皮鱼鳞蛋白质含量丰富，一般在 20%～26%，主要以 I 型胶原为主，是生产胶原蛋白肽的优质原料，如表 6.21 所示。

表 6.21　　　　　罗非鱼鱼皮鱼鳞胶原的游离氨基酸组成　　　单位：g/100g

氨基酸	相对含量	氨基酸	相对含量
Gly	22.07	Lys	3.18
Pro	12.47	Thr	2.76
Ala	9.82	Leu	2.24
Glu	9.70	Val	2.12
Arg	9.79	Phe	1.68
Hyp	9.62	Ile	1.00
Asp	4.47	Tyr	0.83
His	4.26	Met	0.52
Ser	3.39	Cys	0.08

注：采用酸水解测定。

胶原蛋白肽具有独特的生理活性，不仅有蛋白质的营养特性，消化吸收率可达 100%，而且有保护胃黏膜、抗溃疡、抗氧化、抗过敏、抗肿瘤、抗衰老、降血压、降胆固醇、增强骨强度、预防骨质疏松、预防关节炎、促进伤口愈合、促进角膜上皮细胞的修复和生长、促进皮肤胶原代谢、免疫调节等多种生理功能。如日本刺参胶原肽能显著促进 B_{16} 细胞增殖，抑制其黑素合成和酪氨酸酶活性，下调酪氨酸酶 mRNA 表达，分子质量为 6000～10000u 的组分抑制效果最明显。鱿鱼皮胶原蛋白肽能明显抑制 B_{16} 黑素瘤细胞黑素合成，其中 6000～10000u 抑制效果最明显，20g/L 的鱼胶原蛋白活性肽的酪氨酸酶抑制率可达 30% 以上，远强于市场上的同类产品，且抑制率随浓度上升非线性增强，可望开发为无毒副作用的纯天然美白化妆品原料。胶原蛋白肽能明显提高老龄小鼠的空间学习记忆力和被动回避能力。霞水母胶原蛋白活性肽能提高小鼠单核巨噬细胞功能，增强细胞和体液免疫力。鲑鱼鱼皮胶原蛋白寡肽（200～860u）可延缓老龄雄性 SD 大鼠血清睾酮水平下降，浓度为 4.5% 时效果最明显。朱翠凤等发现，1.5g/kg 海洋骨胶原肽能抑制去卵巢大鼠胰腺细胞凋亡，保护胰腺组织，减轻炎症损伤的变性坏死，6.0g/kg 时能明显抑制卵巢大鼠体重增加，这种骨胶原肽可望用于绝经期妇女骨质疏松症、胰岛素抵抗和心血管疾病等的防治。林琳等研究了鱿鱼皮胶原蛋白水解多肽抗氧化活性，结果表明，鱿鱼皮胶原多肽分子质量小于 2ku 组分对超氧自由基和羟自由基具有较好的清除效果，该活性多肽组分可以提高小鼠血液及皮肤中超氧化物歧化酶（SOD）和谷胱甘肽过氧化物酶的活力，降低丙二醛含量，并能提高小鼠皮肤组织中羟脯氨酸（Hyp）的含量。胶原多肽还具有降血压的功效，阿拉斯加鳕鱼皮和比目鱼皮中均可提取出具有抑制血管紧张素转化酶活性的多肽。

6.4.1.1 罗非鱼鱼皮鱼鳞的前处理

罗非鱼鱼皮鱼鳞是生产罗非鱼片的副产物，一般占罗非鱼总重量的 6% 左右。罗非鱼鱼皮鱼鳞的前处理包括三部分。

（1）碱处理 罗非鱼鱼皮鱼鳞原料中含有 1%～2% 的油脂、肌浆蛋白、肌原纤维蛋白和杂质等。碱处理的目的是去除油脂、肌浆蛋白、肌原纤维蛋白和杂质。油脂是风味物质（包括腥味成分）的主要载体，采用弱碱溶液浸泡罗非鱼鱼皮鱼鳞不仅可有效去除罗非鱼鱼皮鱼鳞中的油脂和蛋白质，缓解后续脱腥工艺压力，而且有助于后续罗非鱼鱼皮和鱼鳞的分离。其工艺是将冷冻的罗非鱼鱼皮鱼鳞投入到 0.1%～0.2% 的氢氧化钠溶液中，在低温下浸泡 3～6h。碱处理后需用清水将罗非鱼鱼皮鱼鳞清洗至中性。碱处理后，罗非鱼鱼皮鱼鳞大概吸水增重 30%。

（2）罗非鱼鱼皮鱼鳞分离 鱼皮和鱼鳞在化学组成、结构上均有较大差异，这就对蒸煮提取明胶蛋白工艺、酶解工艺有不同要求。行业内普遍将罗非鱼鱼皮和鱼鳞分离后，分别进行蒸煮、酶解处理。

（3）蒸煮处理 胶原蛋白的二级结构是由三条肽链组成的三股螺旋，在这种超螺旋体中的每一股又是一种特殊的左手螺旋体，它与 α-螺旋不同，超螺旋体中各肽链借助甘氨酸残基之间形成的氢键交联在一起。胶原蛋白的基本结构单位是原胶原。罗非鱼鱼皮鱼鳞均由胶原蛋白组成，不溶于冷水、稀酸、稀碱和一般的溶液，具有耐蛋白酶降解的特点。为提高胶原蛋白的酶解敏感性，需对罗非鱼鱼皮鱼鳞进行蒸煮处理，打开胶原蛋白的螺旋结构。对蒸煮罗非鱼鱼皮而言，110℃处理30min可明显提高胶原蛋白的酶解敏感性。罗非鱼鱼鳞的蒸煮，则需要更高的蒸煮温度和更长的蒸煮时间。

6.4.1.2 蛋白酶的筛选及酶解工艺优化

酶解工艺是明胶溶液酶解制备胶原蛋白肽的关键步骤，直接决定了胶原蛋白肽的风味特性、分子质量分布和功能特性。一般而言，经过蒸煮后得到明胶溶液的蛋白质含量以14% ~ 20%为宜。蛋白质浓度偏低，则酶解后续浓缩时间长，能耗大；蛋白质浓度偏高，搅拌困难，且酶解效率低。酶解温度以50 ~ 55℃为宜，酶解温度过高，蛋白酶易失活；酶解温度过低，蛋白酶水解速度慢。酶解液pH为明胶溶液自然pH，一般为6.5左右。

以15%的明胶蒸煮液为原料，分别添加木瓜蛋白酶、胰酶、复合蛋白酶、中性蛋白酶、碱性蛋白酶、风味蛋白酶和胃蛋白酶，蛋白酶的添加量均为鱼皮重量的0.20%，水解7h后，灭酶，测定蛋白回收率、水解度和感官特性，具体结果如表6.22所示。

表6.22　　不同蛋白酶对鱼皮鱼鳞水解效率和风味的影响

酶制剂种类	蛋白质回收率/%	水解度/%	滋味评价
木瓜蛋白酶	88.59	6.34	较苦
胰酶	90.71	8.37	苦
复合蛋白酶	88.43	6.36	微苦、微咸
中性蛋白酶	84.79	5.81	较苦
碱性蛋白酶	87.59	5.45	微味
风味蛋白酶	76.31	4.63	无苦味、微咸
胃蛋白酶	72.48	3.89	苦、咸

注：滋味评价，将水解产物过滤、浓缩、喷雾后，以6%（质量分数）的浓度进行品尝。

由上表可见，从蛋白回收率和水解度这两个指标来看，胰酶、木瓜蛋白酶和复合蛋白酶的水解效率最优；从水解产物的风味来看，复合蛋白酶和风味蛋白酶的水解产物苦味最弱，略带咸味，这是由于酶制剂本身含有较高浓度的食盐，如风味蛋白酶中食盐含量可达到60%以上。胰酶和胃蛋白酶的苦味最强，这与两种蛋白酶以碱性氨基酸和疏水性氨基酸为酶切位点有关。木瓜蛋白酶、碱性蛋白酶和中性蛋白酶的苦味较弱，可用于生产胶原蛋白酶，其中碱性蛋白酶水解产物的苦味最弱。如表6.23所示。

表 6.23   不同水解时间对胶原蛋白水解度和风味的影响

	水解 时间/h	水解 度/%	风味评价		水解 时间/h	水解 度/%	风味评价
木瓜蛋白酶	2	2.14	无苦味	碱性蛋白酶	2	1.98	无苦味
木瓜蛋白酶	3	3.43	微苦	碱性蛋白酶	3	3.21	略有甜味
木瓜蛋白酶	4	3.64	微苦，腥味增强	碱性蛋白酶	4	4.12	微苦，腥味增强
木瓜蛋白酶	5	4.25	较苦，腥味增强	碱性蛋白酶	5	4.65	微苦，腥味增强
木瓜蛋白酶	6	6.12	较苦，腥味增强	碱性蛋白酶	6	5.45	微苦，腥味增强

由表 6.24 可见，随着木瓜蛋白酶和碱性蛋白酶水解时间的延长，明胶溶液的黏度明显下降，水解度逐渐增加，且木瓜蛋白酶的水解效率略高于碱性蛋白酶，水解时间为 6h 时，木瓜蛋白酶的水解度达到 6.12%，而碱性蛋白酶的水解度达到 5.45%，略低于木瓜蛋白酶。从酶解产物的风味来看，木瓜蛋白酶水解 2h 以及碱性蛋白酶水解 3h，样品均无苦味，但随着水解时间的延长，明胶水解液溶液的苦味和腥味均呈增强趋势，木瓜蛋白酶水解液尤为明显。

表 6.24   不同水解时间胶原蛋白肽分子质量分布情况

	木瓜蛋白酶 3h	木瓜蛋白酶 5h	木瓜蛋白酶 7h	碱性蛋白酶 3h	碱性蛋白酶 5h	碱性蛋白酶 7h
>10ku	13.89	12.97	9.01	7.77	6.98	2.66
5~10ku	32.19	30.20	27.93	35.87	36.03	16.98
3~5ku	33.31	34.44	37.79	38.20	38.07	47.00
1~3ku	19.05	19.60	22.83	16.73	16.17	30.13
<1ku	1.56	2.79	2.44	1.42	2.75	3.23

从胶原蛋白肽的分子质量分布来看，随着酶解时间的延长，分子质量小于 1ku 和分子质量介于 1ku 和 3ku 之间的肽段呈增加趋势，而具有生理活性的胶原蛋白肽分子质量肽段 3k~5ku 和 5k~10ku 均呈下降趋势。对比水解 3h 的木瓜蛋白酶水解物和碱性蛋白酶水解物可见，碱性蛋白酶水解物中分子质量肽段 3k~5ku 和 5k~10ku 均大于木瓜蛋白酶水解物，这与两者水解度的差别相吻合。

编者有幸参与制定《淡水鱼胶原蛋白肽粉》（SB/T 10634—2011）的制定，标准中表 6.25 相对分子质量小于 5000 的蛋白水解物所占比例是评价胶原蛋白肽等级的重要指标之一。采用碱性蛋白酶水解 7h 后，水解产物中相对分子质量小于 5000 的蛋白水解物所占比例为 80.36%，符合淡水鱼胶原蛋白肽粉行业标准中一级产品的标准。据文献报道，不同分子质量段的胶原蛋白肽具有不同的生理活性，在实际生产中应根据产品的目标功能和风味要求采用不同的蛋白酶种类、添加量和水解时间，来对水解产物的分子质量进行控制。

表 6.25 《淡水鱼胶原蛋白肽粉》（SB/T 10634—2011）

项目	要求		
	一级	二级	三级
蛋白质（以干基计，Nx5.79）/（g/100g）	90.0	85.0	85.0
肽含量（以干基计）/（g/100g）	85.0	75.0	55.0
相对分子质量小于 5000 的蛋白水解物所占比例/%	80.0	75.0	65.0
灰分（以干基计）/（g/100g）		7.0	
水分/（g/100g）		7.0	
粗脂肪（以干基计）/（g/100g）		0.5	
羟脯氨酸/（g/100g）		5.5	
游离羟脯氨酸/总羟脯氨酸/%（质量分数）		5.0	
透射比/% 450nm		70.0	
620nm		85.0	

6.4.1.3 鱼皮酶解液的脱色脱腥

一般胶原蛋白水解液都含有深浅不同的褐色色素，如果不进行脱色脱腥处理，色素被带入胶原蛋白肽粉中会影响最终产品的色泽和纯度。

色素产生的原因有以下几个方面。① 蒸煮和酶解过程中各种游离氨基酸和还原糖在高温下发生美拉德反应产生有色物质。② 还原糖在高温下发生焦糖化反应，产生黑色色素。③ 鱼皮表面黑色物质溶解于水中。

针对上述呈色的原因，目前国内脱色方法主要有活性炭脱色和离子交换树脂脱色。

1. 活性炭脱色

活性炭的种类、品种较多，性质比较好，用途广泛，不同类型、品种的活性炭具有不同的性质。从用途来看有工业用炭、糖用炭、药用炭等；从形状来看有粉末炭和颗粒炭（如球型、圆柱形和不定型）；从原料来看有骨炭、血炭、木炭以及以煤作为原料的活性炭。此外，加工方法的不同也可得到不同的活性炭。用于酶解液脱色的主要是粉末状的药用炭。

（1）活性炭的脱色原理　活性炭的脱色除杂作用主要是由于活性炭表面的吸附作用。活性炭的吸附作用可以在空气中进行，也可以在溶液中进行，它能将气体、蒸汽或溶液中的溶质吸附在自己表面。活性炭表面具有无数微小的孔隙，因而具有很大的表面积，如每克粉末活性炭具有 $50m^2$ 的表面积。活性炭的表面积越大，越有利于它的吸附作用。在活性炭吸附的过程中，同时起到有物理吸附和化学吸附两种作用。物理吸附作用的机制是吸附过程中吸附剂表面与被吸附物质分子之间的范德华引力引起的。这种吸附的选择性很差，甚至没有选择性。但吸附过程进行得较快，在低温下吸附量大，在高温下吸附量反而降低。吸附过程中能量变化较小，因而容易解吸。

化学吸附作用的机制是吸附剂表面存在不饱和的价键，可以与被吸附物质的某些极性基团形成副价键，如氢键等，从而产生吸附作用。化学吸附有一定的选择性，而且适当升高温度可以加快吸附速度，吸附过程中可发生能量变化，解吸较困难。

活性炭对色素的吸附，以上两种作用都有，但主要是化学吸附。用于酶解液脱色的活性炭要求脱色能力强，灰分少，特别是重金属含量低，且以不吸附或少吸附胶原蛋白肽或游离氨基酸为原则。活性炭吸附能力的强弱一般是以对次甲基蓝的吸附能力来衡量的，要求 0.1g 干活性炭能使 0.15% 次甲基蓝溶液 10mL 脱色。

（2）粉末活性炭的脱色工艺条件　一般来说，温度高，溶液的黏度会降低，从而降低分子运动阻力，使分子运动速度加快，被吸附物质的分子向吸附剂表面的扩散速度增加，因而被吸附物质进入吸附剂小孔的机会会增多，与吸附剂接触的机会也增多。温度高，吸附剂表面的液膜层薄，有利于被吸附物质扩散通过液膜，有利于吸附作用。但是当温度升高到一定值后，吸附量就不再增加了。如果温度太高，解吸色素的速度也会迅速增大，到一定程度后，反而有利于解吸过程的进行。一般而言，酶解液活性炭脱色温度为 50～60℃。

溶液的 pH 对活性炭脱色效果影响很大。根据粉末活性炭的特性，溶液在 pH 为 4.5～5.5 时，活性炭脱色效果较好。如表 6.26 所示。

表 6.26　　　　　溶液 pH 对粉末活性炭脱色的影响

溶液 pH	6.2	6.4	6.8	备注
透光率	92.3	90.1	80.4	蛋白质浓度12%，温度60℃

上述结果表明，粉末活性炭脱色 pH 在 6.2 的效果比 pH 为 6.8 好。实际生产中酶解液的 pH 一般在 5.5 ~ 6.5，考虑到添加酸或碱调整 pH 会导致产品口感的偏酸或偏咸及灰分增加。因此，实际生产中不调整酶解液的 pH。

活性炭用量应根据活性炭脱色能力的强弱、溶液 pH 和酶解液颜色的深浅等情况来决定。一般活性炭用量按酶解液质量的 0.5% ~ 2% 添加。活性炭用量大，一方面增加成本，另一方面活性炭可吸附小分子肽和氨基酸，影响得率。

活性炭的脱色时间与脱色效果密切相关，脱色时间越长，被吸附物质与活性炭表面接触的机会越多，有利于吸附。尤其是当被吸附物质是一些大分子质量的色素分子时，由于分子质量大，扩散速度慢，吸附作用就更需要一定的时间。为了加强吸附过程的进行，适当地搅拌也是必要的。生产实践表明，加炭后作用 15min 和作用 45min，后者溶液的透光率可以提高 5% 以上。

2. 离子交换树脂脱盐精制

离子交换树脂是一类具有离子交换功能的高分子树脂。在溶液中它能将本身的离子与溶液中的同号离子进行交换。离子交换树脂分阳离子交换树脂和阴离子交换树脂两种。阳离子交换树脂一般为聚苯乙烯或酚醛树脂，具有交换酸基如磺酸基、羧酸基或苯酚基的作用。这种酸基虽然连接在树脂颗粒上，但性质仍如游离酸一样。磺酸为强酸，氢离子能完全解离，羧酸为弱酸，氢离子的解离不完全。胶原蛋白肽生产中应用的阳离子交换树脂为强酸苯乙烯磺酸型，如国产 732。国产 732 阳离子交换树脂的出厂产品为钠型，含水分 40% ~ 50%，为淡黄至浅褐色球状颗粒，湿真密度 1.13 ~ 1.16g/mL，湿视密度 0.75 ~ 0.85g/mL，膨胀系数 1.3 ~ 1.8，全交换量干树脂 4 ~ 5mg/g，工作交换容量低于全交换量。阴离子交换树脂为芳香族或脂肪族化合物聚合树脂，具有碱性强弱不同的胺基，如—NH_3、—$NH(CH_3)$、—$N(CH_3)_2$ 等。胶原蛋白肽生产应用的阳离子交换树脂为强碱性苯乙烯系阴离子交换树脂，如国产 717。

采用离子交换树脂对胶原蛋白肽溶液进行脱盐精制，不仅可明显降低最终产品中的灰分含量，提高产品中胶原蛋白肽的含量，而且对胶原蛋白肽溶液的透光率影响颇大。部分企业在生产胶原蛋白肽产品时，发现喷雾干燥出来的胶原蛋白肽产品容易产生浑浊现象，其主要原因是胶原蛋白肽会和钙盐、镁盐等二价金属离子等螯合，产生不溶性的沉淀。采用离子交换树脂进行脱盐精制可解决这一问题。脱盐处理可以在明胶酶解之前，也可以在明胶酶解之后。若离子交换树脂脱盐处理安排在胶原蒸煮之后、明胶水解之前，则需要对蒸煮得到的明胶溶液进行过滤，去除溶液中不溶性的黑色杂质、少量油脂和很小的凝集物。这一工艺的优点是蒸煮溶液中蛋白质浓度较高、处理速度快、蛋白质保留率高。经验表明，明胶溶液先经过阴离子树脂再经过阳离子树脂时脱盐效果最好，蛋白质保留率可达到92%以上，脱盐率可达到87%以上。若离子交换树脂脱盐处理安排在明胶溶液水解之后，则需要对明胶水解液进行过滤、活性炭脱色处理。考虑到明胶酶解溶液中灰分含量一般在0.1%～0.5%，目前应用较普遍的工艺是1对或2对阳、阴离子交换树脂串联使用，另一对再生。离子交换树脂的工作周期包括下列几个步骤。

（1）交换　脱色处理后的胶原蛋白肽溶液降温至40～50℃，由上向下流经离子交换树脂床。明胶水解液由上而下流经离子交换树脂，顶部的离子交换树脂先与明胶水解液接触，发生交换反应。相当时间后，这部分离子交换树脂的交换能力消失，由较低部分的离子交换树脂发生交换反应，如此，离子交换区域逐渐下移。

（2）排除胶原蛋白肽溶液　用水排出滤床中遗留的胶原蛋白肽溶液，水量约为树脂床体积的0.7倍，才能将胶原蛋白肽溶液排出，浓度不降低。约1.0倍滤床体积的水可将胶原蛋白肽大部分排出，但浓度明显降低。

（3）倒洗　将水由树脂床底引入向上流动，水的流速以保持离子交换树脂体积30%～50%为宜。倒洗的作用为洗掉存在的杂质、除去可能因分布不均匀而存在的孔道。倒洗完毕后，停止注水，较大的离子交换树脂颗粒会沉于底层，上部为小颗粒，分布均匀。

（4）再生　离子交换树脂具有一定的交换能力，达到一定限度后不能再交换。用酸或碱处理使其恢复原来的交换能力的操作叫再生。再生阳离子交换树脂用盐酸（5%～10%）或硫酸，用量约为离子交换树脂体积的3倍，与离子交换树脂接触时间不少于60min。再生阴离子交换树脂用氢氧化钠（4%）或碳酸钠，用量约为离子交换树脂体积的4倍，与离子交换树脂接触时间不少于70min。

（5）水洗　再生完毕后，需用1.25～1.50倍体积的水从上向下流经树脂，排出再生液。经阳离子交换树脂流出的洗涤水最初pH较低，上升到pH为4以上即可；经阴离子交换树脂流出的洗涤水最初pH较高，降低pH到8以下即可。这种洗涤水应为处理过的无离子水或蒸汽冷凝水。

另外一种使用离子交换树脂对明胶水解液进行脱盐处理的方法为混合树脂床法。将阳、阴离子交换树脂混合在一起，这相当于无数对的阳、阴离子交换树脂，明胶水解液与阳离子交换树脂接触，生成的酸立即被阴离子交换树脂吸附，因此明胶水解物的pH为中性。与阳、阴离子交换树脂单独使用的方法相比，这种混合树脂床具有若干优点，如树脂床数目少，设备费用低，维修费低。

6.4.2 罗非鱼鱼排高值化利用

罗非鱼鱼排是罗非鱼加工过程中取鱼片、鱼皮鱼鳞后剩下的骨架部分，占整鱼重量的 40% ~ 50%，其中鱼骨架 10% ~ 13%，鱼头占 16% ~ 18%，鱼下巴占 12% ~ 14%，内脏占 7% ~ 9%。从罗非鱼鱼排的化学组成来，其水分含量为 65% 左右，蛋白质含量为 14% ~ 18%（相当一部分蛋白质存在于鱼骨头中），油脂含量为 3% ~ 5%，灰分含量为 3% ~ 5%，富含蛋白质、油脂和矿物质。罗非鱼鱼脂中至少含 24 种脂肪酸，已确定其化学名称的 21 种，其中饱和脂肪酸 10 种，其含量为已鉴定脂肪酸总量的 17.4%；不饱和脂肪酸 11 种，为已鉴定脂肪酸总量的 82.6%。三种必需脂肪酸（亚油酸、亚麻酸、花生四烯酸）含量占已鉴定脂肪员总量的 21.3%。

6.4.2.1 罗非鱼鱼排的前处理

罗非鱼鱼排的前处理包括以下几点。① 解冻清洗去除砂砾、金属等非食品杂质和腐烂的鱼排。罗非鱼清洗易以简单冲洗为主，清洗时间越长，罗非鱼骨架中肌浆蛋白和鱼油在水中溶解越多。② 绞碎。经过清洗后的罗非鱼骨架，通过绞肉机或斩拌机等设备粉碎至 2 ~ 5cm 罗非鱼骨架颗粒。与绞碎的整鱼不同，罗非鱼骨架颗粒流动性差，体积较大。试验表明，罗非鱼骨架颗粒的大小与罗非鱼骨架酶解液的蛋白质利用率和氨基酸转化率无明显关系，但对其初始堆积体积影响明显。因此，在条件允许的情况下，应尽量降低罗非鱼骨架颗粒的大小。绞碎的罗非鱼骨架颗粒可直接提升倒入酶解反应罐，也可以加水后泵入酶解反应罐。③ 加水。水是蛋白质酶解反应的底物之一，加水量应确保所有罗非鱼骨架颗粒均被水覆盖。由于罗非鱼骨架颗粒体积较大，且蛋白质含量略低于鱼肉，因此，加水量一般为罗非鱼骨架重量的 1 倍左右。

罗非鱼鱼体及其养殖环境中以致病性嗜水气单胞菌、致泻大肠埃希氏菌、沙门氏菌最为常见，四季均有，其中致病性嗜水气单胞菌以春夏季节检出率较高，环境中检出率达 83% ~ 89%，鱼体中达 44% ~ 67%；致泻大肠埃希氏菌环境中春夏秋季检出率达 83% ~ 100%，鱼体夏秋季中达 48% ~ 67%；沙门氏菌环境中春秋季检出率达 33% ~ 39%，鱼体中达 44% ~ 52%。其次在罗非鱼鱼体还分离到霍乱弧菌、副溶血性弧菌、创伤弧菌、阴沟肠杆菌、阪崎肠杆菌、铜绿假单胞菌和恶臭假单胞菌等致病菌。为防止罗非鱼鱼排酶解过程中酶解液腐败变质，建议将70~80℃的热水与罗非鱼骨架颗粒混合，一方面有利于杀灭鱼骨架表面的微生物，另一方面酶解液升温迅速，缩短酶解处理时间。商品化酶制剂宜在鱼骨架绞碎后，分批与鱼骨架混合。

6.4.2.2 罗非鱼鱼排酶解工艺优化

国内外研究者对罗非鱼鱼排的深加工做了大量研究，其核心技术是以罗非鱼鱼排为原料通过控制酶解技术制备水产呈味基料、高 F 值寡肽、活性钙以及高品质饲料添加剂等系列产品。主要加工利用思路是将罗非鱼鱼排经绞碎、蛋白酶控制酶解或/和乳酸菌发酵、离心等工艺制备或富含游离氨基酸和呈味肽的酶解产物，并在此基础上通过美拉德反应制备出不同香型风味的美拉德反应物。美拉德反应物可进一步作为高品质调味品的基础原料。此外，酶解反应的残渣还可进一步深加工为活性钙或高品质饲料。如图6.6所示。

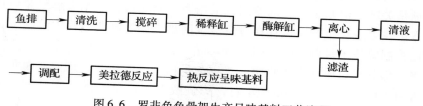

图6.6 罗非鱼鱼骨架生产呈味基料工艺流程

罗非鱼鱼排酶解技术国内外学者做了大量研究。如熊何健以罗非鱼鱼排酶解产物为原料，对反应温度、时间、pH、还原糖添加量4个因素采用响应面法进行多元回归拟合，优化美拉德反应条件，并用 HPLC、GC‒MS 对反应产物进行分析。结果表明：美拉德反应最佳工艺条件为反应时间57min，反应温度111℃，pH 为6.0，还原糖（葡萄糖：木糖=2:1）添加量为2.0%；反应产物中有机酸含量较反应前酶解液中有机酸含量丰富，核酸关联物较反应前多了呈味的鸟苷酸。华南农业大学范春华等以蛋白酶水解罗非鱼排上的碎肉为试验对象，研究其制备高 F 值寡肽的加工工艺。通过比较6种蛋白酶的水解效果，发现诺维信碱性蛋白酶最适合制备高 F 值寡肽。通过单因素试验及正交试验，确定水解的最佳条件为加酶量1200U/g碎肉，料水比为1:15，水解时间为4h，pH 为8.0，水解温度为50℃。水解液再经活性炭吸附脱除芳香族氨基酸后，所得寡肽的 F 值为23.1，符合高 F 值寡肽的要求。

综合罗非鱼鱼排酶解的相关论文，主要结论有胰酶、木瓜蛋白酶、碱性蛋白酶和风味蛋白酶等商品化酶制剂复合水解对罗非鱼鱼排具有较好的水解效果，酶解产物无苦味，且鲜味突出。热处理显著降低罗非鱼鱼排水解产物的蛋白质回收率和水解度，但有助于降低酶解产物的腥味。在酶解后期接种具有较强胞外蛋白酶活力的乳酸菌进行发酵可去除酶解液的腥味，提高水解度，增强酶解产物的鲜味，但处理时间明显延长。也有学者以罗非鱼鱼排、麸皮、豆粕等为原料，借鉴豆粕深加工的思路，通过接种米曲霉固态进行固态制曲，并耦合液态水解制备出高品质的呈味基料。

然而，由于罗非鱼鱼排独特的营养组成，使其深加工与其他动植物资源有较大的区别。编者认为罗非鱼鱼排深加工除蛋白酶酶解外还需要重点考虑以下问题。① 酶解液中罗非鱼鱼排脂肪含量较高，且富含不饱和脂肪酸，如 DHA 和 EPA 等。不饱和脂肪酸不仅有很高的营养价值，而且其氧化降解产物还有较重的腥味，因此，如何在酶解过程中抑制不饱和脂肪的氧化需要着重考虑。在酶解罐底部充入二氧化碳、缩短酶解时间，提高蛋白酶的活力，并避免添加含有脂肪酶的大曲或商品酶制剂是关键。但基于同样的原因，采用固态制曲耦合液态水解罗非鱼排的方法在工业化生产中也存在设备清洗困难、固态制曲过程中油脂氧化难以控制等技术难题。② 罗非鱼鱼排的蛋白质含量仅 14% 左右，且有相当一部分蛋白质存在鱼骨中，难以与蛋白酶有效接触，而罗非鱼鱼排的蛋白质回收率一般在 65% 左右，酶解液中游离氨基酸、寡肽和多肽浓度偏低。

6.4.2.3　罗非鱼鱼排酶解液的后处理

罗非鱼鱼排酶解液后处理的难点在于鱼油与酶解产物的分离。酶解结束后，经过灭酶处理，大部分漂浮在酶解液上层的油脂可通过油水分离设备分离，分离后酶解液中脂肪的含量可降低到 0.1 ~ 2g/L。剩余的油脂主要是鱼排蛋白质降解过程中释放出来的部分乳化性较强的多肽或蛋白质易与油脂及其氧化降解产物形成蛋白质—油脂复合物，从而在物理上屏蔽蛋白酶对这部分多肽和蛋白质的降解。酶解结束后，这些蛋白质—油脂复合物悬浮在酶解液中，常规酶解液的后处理工艺，如振动筛、布袋过滤、油脂分离器等分离手段难以有效去除蛋白质—油脂复合物，原因是部分蛋白质—油脂复合物颗粒的粒径太小，在 50 ~ 300μm。如将通过油脂分离器处理的酶解液直接添加到食品中，残留的油脂仍有进一步氧化变质的可能，会导致食品风味劣化，保质期缩短。

编者建议将通过油脂分离器处理的酶解液在低温下（ <5℃ ）或添加18% 的食盐条件下进行防腐储存一周，使这部分蛋白质—油脂复合物进

一步聚集，并漂浮在酶解液的表面，达到彻底去除鱼油的目的。

6.5 添加蛋白酶缩短鱼露生产周期

鱼露又称鱼酱油、虾油，我国主要产地福建省则称"鱼奇油"，是我国沿海一带及日本、东南亚各国人民所喜爱的传统调味品。它是以经济价值较低的鱼、虾及水产品加工的下脚料为原料，利用鱼体自身所含的蛋白酶及其他酶，以及原料鱼中各种微生物所分泌的酶，对原料鱼中的蛋白质、脂肪等成分进行分解，酿制而成的。鱼露富含氨基酸，还有有机酸、钙、铁等，最近又发现鱼露中还含有多种生物活性肽。已经测得鱼露中约有 124 种挥发性成分，包括 20 种含氮物、20 种醇类、18 种含硫物、16 种酮、10 种芳香族碳水化合物、8 种酸、8 种醛、8 种酯、4 种呋喃及 12 种其他成分。生产与食用鱼露的地区很分散，主要是分布在东南亚、中国东部沿海地带、日本及菲律宾北部。在日本鱼露广泛应用于水产加工品如鱼糕，农产品如泡菜及汤、面条、沙司中。鱼露在我国辽宁、天津、山东、江苏、浙江、福建、广东、广西等地均有生产，以福州的产品最为出名，产量也最大，远销于 26 个国家和地区。

6.5.1 鱼露的传统发酵方法

发酵方法对鱼露的质量有直接影响。即使是同一种原料，发酵方法不同，鱼露的色、香、味也会存在明显的差异。鱼露发酵的方法总体上可分为天然发酵法和现代速酿法。天然发酵法一般要经过高盐盐渍和发酵两步，其生产周期长，时间可长达 10 ~ 18 个月，产品的盐度高，可达到 20% ~ 30% 。但产品味道鲜美、呈味成分复杂、气味是氨味、乳酪味和肉味这三种气味的混合。

鱼露的传统生产工艺包括：腌制和自溶（前期发酵）、日晒夜露（中期发酵）和鱼露晒炼的后期发酵管理。鱼露前期发酵主要依靠鱼体自身的蛋白酶和附着在鱼体表面及在消化道中的微生物酶类，对鱼蛋白质进行分解。鱼货腌制在室内的池或桶中。腌制过程实质是盐藏和鱼的自溶发酵过程。在利用鱼体自身的内源性蛋白酶和附带的细菌酶类分解蛋白质时，也同时存在着氨基酸被细菌进一步利用而发生腐败、产生发臭的挥发性含氮物（氨、胺、吲哚及硫化氢等）的过程，从而使鱼体失去食用价值。一般腌制的用盐量为鱼重的 35% ~ 40% ，在腌制 2 ~ 3d 后，由于食盐渗透，渍出卤汁要及时封面压实。盐量要足以使腐败分解得到彻底抑制，否则氨基酸减少而挥发性铵盐增多，反而使原料利用率下降。其次，在多脂鱼的腌制中一定要把上面的浮油去除掉，鱼类的不饱和脂肪酸容易氧化酸败，从而影响鱼露的品质。

中期发酵是把成熟的鱼胚醪移置到露天的陶缸或发酵池中，进行日晒夜露并勤加搅拌以促其分解发酵。在移出下缸时，新旧和不同品种的鱼胚醪要互相搭配混合发酵，以稳定质量调和风味。放入缸、池中的鱼胚醪，用 23～25°Bé 的水胚（盐水或鱼渣尾水）冲淋。发酵期间每天都要充分搅拌以加速中期发酵。直至渣沉上层汁液澄清、颜色加深、香气浓郁、口味鲜美，即可过滤取油。余下鱼渣复入原缸，池中再进行二、三次浸出过滤提取，滤出汁液再转入后期发酵。鱼渣尾水，应叫酶水。酶水中虽然氨基酸含量低微，但却含有许多有益的微生物和风味物质，对产品风味的形成有前置的诱导作用。

中期发酵所滤出的鱼露，会浑浊而且风味尚未圆满、纯正，还属半成品。因为其中还有部分蛋白质、小分子肽等未完全分解，需要再继续充分分解。所以后期发酵也是提清、增色和陈香的过程。提清是蛋白质、小分子肽等继续分解或遇热凝固下沉的过程。经过后熟的鱼露氨基酸含量提高、体态澄清透明、口味醇厚、风味更为突出，经久耐藏。鱼露后期发酵一般需 1～3 个月。充分成熟的鱼露，细菌数极少，不必加热灭菌就可以灌装。鱼露不容易染菌，除了由于食盐含量高以外，可能还含有某些抗菌物质。

影响鱼露发酵及品质的因素包括原料、盐含量、发酵温度等因素。下面分别进行论述。

（1）原料　鱼露的原料一般是经济价值低的小型鱼类，如沙丁鱼、鲭、大眼鲱以及各种混杂在一起的小杂鱼。原料各种成分含量的高低对鱼露加工工艺、成品的产量、营养价值、香气及味道有不同程度的影响；尤其是蛋白质和蛋白酶对鱼露影响最大。在以废弃物做原料时，应注意蛋白质含量不同部位的比例。过去，人们一直认为以淡水鱼为原料生产的鱼露风味较差，所以，对淡水鱼生产鱼露的发酵方法及产品的营养成分、风味物质研究得也很少。其实以淡水鱼为原料，通过加酶、加曲也可以生产出风味好的鱼露。

（2）盐含量　食盐在鱼露发酵过程中的作用有以下几点。① 抑制腐败菌的繁殖；② 破坏鱼细胞组织结构，更易于酶发挥作用；③ 影响氨氮与氨基氮的生成；④ 与谷氨酸结合成为谷氨酸钠，增加产品的鲜味；⑤ 高盐抑制蛋白酶的活力，使发酵周期延长。为了缩短发酵周期，可以采取先低盐发酵，使蛋白酶充分作用一段时间后，再补足盐量。在用曲或加酶发酵的情况下，需要加入的盐量比较低，一般在5%～15%。

（3）发酵温度　发酵温度也对鱼露有重要的影响。温度会影响微生物的生长繁殖、蛋白酶活力及挥发性物质的散发。在蛋白酶的稳定温度范围内，每升高10℃，酶的活力增加1倍。发酵中升温可以缩短发酵时间。有人在发酵后期提高温度以加速氨等挥发性物质的散发，但香味成分也会有损失。

（4）其他影响因素　发酵过程中pH的变化是复杂生化反应结果的综合反映。鱼露中含有一定数量的有机酸，使鱼露呈酸性；同时也存在以氨为代表的微碱性挥发性盐基氮，使pH上升。发酵过程中有必要及时观察pH的变化情况，以便了解发酵的进行情况。搅拌有助于挥发性不良气体的挥发，也会影响到发酵环境中氧的供应。鱼露发酵是需氧、兼性厌氧与厌氧微生物共同作用的结果，搅拌次数会影响微生物的生长。

6.5.2　添加蛋白酶缩短鱼露生产周期

6.5.2.1　加种曲或加酶

将传统方法与现代方法相结合的速酿技术通过保温、加曲（koji）、加酶（enzyme）等手段，缩短鱼露生产周期，降低产品盐度，同时又减少了产品的腥臭味，但如果方法不当，鱼露的风味可能会较差。如用胃蛋白酶可以在1周内完成发酵，但其总体感官质量远远不如传统方法生产的鱼露。速酿过程为：鱼、曲（或酶）混合→加盐→保温发酵→成熟→杀菌灭酶→分离→调配→成品。

种曲是在适当的条件下由试管斜面菌种经逐级扩大培养而成的。种曲能促进鱼体蛋白质的分解，使其在较短的时间内释放出各种呈味氨基酸。而鱼露的鲜味又主要来自于氨基酸，所以种曲不但显著缩短鱼露的发酵周期，还能改善产品的风味。目前鱼露的发酵主要用生产大豆酱油的种曲，曲菌为米曲霉。鱼肉不适于直接制曲，这是由于鱼肉的水分含量高，不利于米曲霉的生长、繁殖和酶的分泌，易受到杂菌污染。而鱼粉的水分不高，可以用湿式法生产的鱼粉制备蛋白酶产量高、杂菌污染少的曲。

鱼露发酵是各种蛋白酶先后作用的结果，在发酵过程中蛋白酶活力先增强，后逐渐降低。在无外源酶的情况下，鱼肉的水解主要是鱼内脏中的蛋白酶在起作用，其中胰蛋白酶和胃蛋白酶活性在加盐量为16%时就受到了抑制。而从沙丁鱼的幽门盲肠中分离到的 3 种碱性蛋白酶中，碱性蛋白酶Ⅲ在加盐量为 25% 时仍相当稳定。添加外源蛋白酶能显著地提高蛋白质水解程度，缩短发酵周期。所用的蛋白酶可以是动、植物蛋白酶，如胰蛋白酶、胃蛋白酶、无花果蛋白酶及菠萝蛋白酶等，也可以是微生物蛋白酶，如枯草杆菌蛋白酶和黄曲霉蛋白酶，其中菠萝蛋白酶效果最好。

如上所述，天然鱼露发酵的弱酸性 pH 远非其内源性蛋白酶的最适 pH，且高食盐含量可强烈地抑制内源性蛋白酶的活性。因此许多研究者提出降低食盐含量、调整 pH 的方案来缩短天然鱼露的发酵时间。Gildberg 等采用盐酸将轻度腌制凤尾鱼的 pH 调节至 4.0，保存 5d 用盐酸中和后，添加食盐至 25% 发酵 2 个月，获得了较好的蛋白质回收率。Beddows 等进一步将 pH 降低至 2~3（胃蛋白酶的最适 pH）保存 7d，同样获得了较好的效果。然而，采用这种工艺获得的产品基本上无香味，口感也较差。

降低食盐含量，并将 pH 调整至碱性范围也有不少成功的例子。这种工艺的优点是碱性 pH 利于胰蛋白酶的活力和稳定性的保持，胰分泌的胰液是鱼自溶的主要原因。将大马哈鱼加工废弃物在 pH 为 8.7 的条件下储存 2d 后加酸中和，可获得更好的蛋白质回收率。此外，添加 0.5% ~2% 的组氨酸能加速沙丁鱼的发酵，这可能是因为组氨酸具有弱碱性。Yoshinaka 等将沙丁鱼绞碎后调 pH 为 8.0，在 50℃ 条件下保温 5h，离心去除不溶物后加盐至 25% 保存。采用这种方法获得的鱼露在感官上与传统日本鱼露 *Shottsuru* 相同。

6.5.2.2　鱼露速酿法

天然发酵法获得的产品风味独特、口味纯正，但发酵周期长，这极大的限制了鱼露的产量，因此寻求鱼露的速酿方法成为研究的主要方向。随着研究的不断深入，鱼露速酿方法的研究已取得了一定的进展，鱼露速酿方法能大大缩短发酵时间，提高鱼露的质量。鱼露的速酿法是将传统方法与现代方法结合，通过保温、加酶、加曲等手段达到缩短鱼露生产周期、降低盐度、减少腥味的目的。

（1）保温发酵法　保温发酵法是维持适宜的发酵温度，利用鱼体自身酶系在最适温度下具有的最高酶活，来加快鱼体的水解速度。一般发酵温度越高，水解速度也越快，随着发酵温度的升高，鱼露的颜色会变淡，风味明显下降。

（2）外加蛋白酶法　外加蛋白酶法是一种较为简便的速酿方法，它利用蛋白酶的水解作用,对鱼体中的蛋白质进行分解,形成具有风味的鱼露。如添加鱿鱼肝脏来加速鱼露发酵就是利用肝脏中的蛋白酶来水解蛋白质;也有直接添加酶制剂的做法,所用的蛋白酶可以是动、植物蛋白酶,如胰蛋白酶、胃蛋白酶、无花果蛋白酶及菠萝蛋白酶等,也可以是微生物蛋白酶,如枯草杆菌蛋白酶和黄曲霉蛋白酶,其中菠萝蛋白酶效果最好。迟玉森等在利用鳀鱼酿造鱼露时,采用 As1398 蛋白酶来水解只需20h 就能完全,大大缩短了发酵周期。添加外源蛋白酶能显著地提高蛋白质的回收率,缩短了发酵周期,但风味较差,无法与天然发酵鱼露相比。此外,采用外加蛋白酶法酿造的鱼露添加蛋白酶的量必须适量,当蛋白酶添加超过一定量时,会有苦味物质产生。该苦味物质是由于蛋白质分解产生了较多疏水性苦味肽所致。为了解决鱼露的风味问题,邓尚贵以青鳞鱼为原料酿造鱼露时,采用多酶法进行发酵,用枯草杆菌碱性蛋白酶和中性蛋白酶以及风味酶一同来水解蛋白质,获得了风味较好的鱼露。

加曲发酵就是将经过培养的曲种,在产生大量繁殖力强的孢子后,接种到经盐渍的原料鱼上,利用曲种繁殖时分泌的蛋白酶来进行水解发酵。通过加曲发酵的方法可以将发酵周期缩短1~2月。由于种曲发酵时能分泌多种酶系,发酵所得的鱼露呈味更好、风味更佳。加曲发酵所选用的菌种主要是酿造酱油用的米曲霉。米曲霉通过在种曲上的生长繁殖,分泌出了多种酶,如蛋白酶、淀粉酶、脂肪酶等,这些酶在鱼露发酵过程中,会将原料鱼中的蛋白质、碳水化合物、脂类充分分解,经过复杂的生化过程,形成具有独特风味的物质。利用米曲霉制得的种曲,生长旺盛、水解能力强,十分适合鱼露的速酿生产。毋瑾超等在鱼肉液体制曲研究中使用中科3.951 米曲霉,获得了较高的蛋白酶活力液体曲。张雪花在鲢及其加工废弃物发酵鱼露中使用酱油曲作为种曲,大大缩短了发酵时间。另外日本研究者在多种酿造菌种发酵鱼露过程的对比中发现,酱油用曲菌、清酒用曲菌的成曲蛋白酶活性高,菌丝生长较好,利于蛋白质的水解。

参考文献

[1] CG Beddows, AG Ardeshir. The production of soluble fish protein solution for use in fish sauce manufacture. I. The use of added enzymes [J]. Journal of Food Science and Technology, 1979, 14: 603 – 612.

[2] CG Beddows, AG Ardeshir. The production of soluble fish protein solution for use in fish sauce manufacture. II. The use of acids at ambient tempera-

ture ［J］. Journal of Food Science and Technology, 1979, 14: 613 – 623.

［3］ NG Sanceda, T Kurata, N Arakawa. Accelerated fermentation process for manufacture of fish sauce using histidine ［J］. Journal of Food Science, 1996, 61: 220 –222, 225.

［4］ Lee Y G, Lee K W, Kim J Y, et al. Induction of apoptosis in a human lymphoma cell line by hydrophobic peptide fraction separated from anchovy sauce ［J］. Biofactors, 2004, 21 (1 –4): 63 –67.

［5］ Kuochiang H, Eunicecy L C, Chialing J. Antiproliferative activity of peptides prepared from enzymatic hydrolysates of tuna dark muscle on human breast cancer cell line MCF – 7 ［J］. Food Chemistry, 2011, 126 (2): 617 –622.

［6］ Je J Y, Byun Q H G, Kim S K. Purification and characterization of an antioxidant peptide obtained from tuna backbone protein by enzymatic hydrolysis ［J］. Process Biochemistry, 2007, 42 (5): 840 –846.

［7］ R Yoshinaka, M Sato, N Tsuchiya, S Ikeda. Production of fish sauce from sardine by utilization of its visceral enzymes ［J］. Bull Jap. Soc Sci Fish, 1983, 49: 463 –469.

［8］ Pádraigín A. Harnedy, Richard J. FitzGerald. Bioactive peptides from marine processing waste and shellfish: A review ［J］. Journal of Functional foods, 2012, 4: 6 –24

［9］ Wu H C, Chen H M, Shiau C Y. Free amino acids and peptides as related to antioxidant properties in protein hydrolysates of mackerel (*Scomber austriasicus*) ［J］. Food Research International, 2003, 36 (9 – 10): 949 –957.

［10］ 崔春. 海产低值鱼深度酶解工艺与机理研究 ［D］. 广州: 华南理工大学, 2005.

［11］ 崔春, 赵谋明, 王金水, 赵强忠. 一种低值鱼高效酶解制备调味基料及高品质鱼油的方法: ZL200610123790.8 ［P］.

［12］ 崔春, 赵谋明, 胡庆玲, 任娇艳, 尹文颖. 一种肉味肽的制备方法及应用: ZL201210433525.5 ［P］.

［13］ 崔春, 赵谋明, 刘珊, 等. 低值鱼蛋白酶解产物对酱香型美拉德反应产物风味的影响 ［J］. 现代食品科技, 2006, 22 (2): 9 –12.

［14］ 崔春, 赵谋明, 陈刚, 等. 低值鱼酶解液生化变化与品质关联初探 ［J］. 食品工业科技, 2004, 25 (10): 55 –57.

［15］崔春，赵谋明，林伟锋，等. 蓝园鲹快速自溶机理研究［J］. 食品工业科技，2005（2）：85－87.

［16］崔春，赵谋明，曾晓房，等. 蓝园鲹深度水解过程中蛋白质降解研究（英文）［J］. 农业工程学报，2006，22（1）：147－152.

［17］丁玉庭. 鲢鳙鳊鲫鱼肉的蛋白质组成及分离研究［J］. 水产科学，1999（3）：21－25.

［18］范春华，段杉，曹庸，等. 碱性蛋白酶水解罗非鱼碎肉制备高 F 值寡肽的工艺研究［J］. 农产品加工，2015（23）：31－34.

［19］杨文鸽，张芝芬，黄晓春，等. 三角帆蚌肉酶解液的脱苦脱腥研究［J］. 食品科学，2003，24（4）：94－97.

［20］王彦蓉，崔春，赵谋明，等. 罗非鱼鱼皮鱼鳞蛋白的酶解及超滤分离［J］. 食品与发酵工业，2011，37（9）：133－136.

［21］孙恢礼，陈得科，龙丽娟，等. 一种去除并抑制水产动物酶解液腥味的方法：中国，ZL201210107142［P］.

［22］宋茹，韦荣编，谢超，汪东风. 黄鲫蛋白酶解液的抑菌活性及稳定性研究［J］. 食品科学，2010，31（13）：88－92.

［23］宋茹，韦荣编. 一种利用黄鲫蛋白抗菌肽液热反应物分离前列腺癌pc－3 抗癌肽的方法及其抗癌肽：201310460838［P］.

［24］赵谋明，崔春，刘珊. 低值鱼蛋白酶解产物制备不同肉香型热反应物［J］. 食品与生物技术学报，2006，25（3）：1－6.

［25］赵谋明，崔春. 利用低值鱼制备不同香型热反应香精的研究［J］. 食品科技，2006，31（9）：148－151.

［26］章超桦，解万翠. 水产风味化学［M］. 北京：中国轻工业出版社，2012.

7 酵母控制酶解制备酵母抽提物

7.1 酵母及酵母抽提物简介

酵母是一种单细胞微生物，属于真菌类，在食品工业中主要用于发酵面食、烘焙食品、酿酒、动物营养、调味品等领域。

酵母抽提物是酵母深加工的主要产品之一。《酵母抽提物》（GB/T 23530—2009）对酵母抽提物的定义是：以食品用酵母为主要原料，在酵母自身的酶或外加食品级酶的作用下，酶解自溶（可在经分离提取）后得到的产品，并富含氨基酸、肽、多肽等酵母细胞中的可溶性成分。根据需要可添加适当辅料进行调配，也可在生产后期添加美拉德反应工艺。根据这一标准，酵母抽提物属于食品配料。目前，我国安琪酵母股份有限公司已成为全球最大的酵母抽提物生产企业。

酵母抽提物在食品工业中作为食品来添加，具有天然、营养、健康、安全的优势，可广泛应用到各种食品中。自酵母自溶现象被发现之后，欧美各国对酵母抽提物的研究方兴未艾。20 世纪 80 年代酵母抽提物已进入工业化生产。目前国外的酵母抽提物应用非常广泛，市场也比较成熟，年产销量超过 10 万 t。在我国，面包、啤酒工业的加工副产物酵母在 20 世纪末主要的利用方向是饲用单细胞蛋白，进入 21 世纪后，酵母抽提物的研究迅速升温，产业化速度加快。

7.1.1 酵母的化学组成及结构

7.1.1.1 酵母的化学组成

酵母在食品工业中应用较早，应用范围包括酿造、烘焙食品等。目前用于食品工业的菌种包括：球拟酵母属、假丝酵母属、红酵母属、圆酵母属等。酵母细胞的化学组成随酵母种类、菌龄、培养基组成等情况不同而异，其大致由 40% ~ 60% 的蛋白质、30% ~ 40% 的碳水化合物、5% ~ 10% 的核酸、1.0% ~ 3.0% 的脂肪和 5.5% ~ 6% 的灰分组成。

　　酵母细胞中蛋白质含量较高，粗蛋白含量可达到 40%～60%。酵母细胞蛋白质实际上有许多种不同生理功能的蛋白质组成，难以像植物蛋白一样进行分类。作为一个整体，酵母蛋白质的氨基酸组成较为均衡，含有所有的必需氨基酸，尤其是赖氨酸、苏氨酸、亮氨酸、苯丙氨酸等必需氨基酸含量高，其中赖氨酸为 5%～7%，甲硫氨酸＋胱氨酸为 2%～3%。酵母细胞的碳水化合物组成较为复杂，包括葡聚糖、甘露聚糖、几丁质、海藻糖、糖原以及葡萄糖等单糖和多糖，其中葡聚糖、甘露聚糖、几丁质为酵母细胞壁的重要组成部分。酵母中核酸的含量不仅与菌种有关，更与培养基密切相关。如可通过限制培养条件中的硫酸钾来增加啤酒酵母或酿酒酵母细胞中核糖核酸的含量，这一方法可生产含有 10% 或更多核糖核酸含量的酵母细胞。

　　酵母含有丰富的维生素 A 和 B 族维生素，其 B 族维生素的含量之高和全面性被认为是食物中独一无二的。酵母中矿物质以磷、钾、硫、钠、镁等为主。在干啤酒酵母中，钾的含量可达到 2.02%，磷含量为 1.83%，硫含量可达到 0.39%，钠含量可达到 0.39%。这些矿物质是酵母组成的重要部分，如磷元素是组成 ATP、核酸和磷酸化甘露聚糖的必需成分。此外，蛋白质的磷酸化是最重要的转录后修饰，在真核生物中是一种极为普遍的现象。据估计，在任一给定时刻，细胞内约有 1/3 的蛋白质会发生磷酸化。真核生物的磷酸化主要发生在 Ser、Thr、Tyr 残基上，其比例大概为 1800：200：1。啤酒酵母的营养与其他酵母或其他营养食物的比较，如表 7.1 所示。

表 7.1　　　　　　　　　　啤酒酵母与精牛肉的比较

项目	干燥酵母	酵母抽提物	精牛肉
水分/%	5～7	25	64
蛋白质含量/%	45～50	41～45	28
脂肪含量/%	1.5	0.7	6
灰分含量/%	7	15～20	—
粗纤维含量/%	1.5	—	—
碳水化合物含量/%	30～35	1.8	0
磷含量/(mg/100g)	1200	1700	230
钾含量/(mg/100g)	2000	2600	400
钙含量/(mg/100g)	80	95	7
铁含量/(mg/100g)	20	3.7	3.5
热量/(kJ/100g)	704	749	703

7. 1. 1. 2 酵母细胞壁的组成

酵母菌属于具有细胞壁的单细胞真核微生物，其细胞壁的厚度为 0.1 ~ 0.3μm，质量占细胞干重的 18% ~ 30%，体积占细胞体积的 25% ~ 50%。当酵母细胞老化时，细胞壁的厚度会进一步增加。酵母细胞壁的主要构成为 β - 葡聚糖（35% ~ 45%）、甘露聚糖（40% ~ 45%）、蛋白质（5% ~ 10%）、几丁质（1% ~ 2%）、脂类（3% ~ 8%）、无机盐（1% ~ 3%），其中 β - 葡聚糖和甘露糖蛋白占 90% 以上。酵母细胞壁结构坚韧，像三明治——外层为甘露聚糖（Mannan），内层为葡聚糖（Glucan），它们都是复杂的分枝状聚合物，中间夹有 1 层蛋白质分子，大部分水解酶类分布在酵母细胞壁内。在电子显微镜下观察发现，酵母的细胞壁厚约 200nm，分为电子密度不同的两层结构，外层甘露糖蛋白层和内层葡聚糖骨架。构成酵母细胞壁的葡聚糖又可以分为两类：β - 1,3 - 葡聚糖和 β - 1,6 - 葡聚糖。酵母细胞壁结构模拟图，如图 7.1 所示。

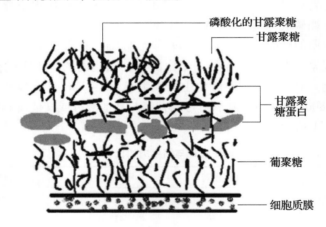

图 7.1 酵母细胞壁的结构

甘露聚糖位于酵母细胞壁最外层，是组成酵母细胞壁的主要成分之一，以磷酸化或糖蛋白形式存在。一般认为甘露聚糖由 α - (1→6) - 甘露聚糖、α - (1→2) - 甘露聚糖和 α - (1→3) - 甘露聚糖组成，其比例为 2:3:1。甘露聚糖蛋白是由甘露糖聚合物共价连接在蛋白质骨架上构成的。酵母甘露糖蛋白分子质量为 20 ~ 200ku，是由 5% ~ 20% 的蛋白质与 80% ~ 95% 的甘露糖组成。甘露聚糖的主链是 α - 1,2 - 甘露聚糖，以 O - 糖苷键或 N - 糖苷键连接到蛋白质或肽的丝氨酸、苏氨酸或天冬氨酸上。甘露聚糖蛋白有利于葡萄酒的蛋白和酒石稳定，能够减弱葡萄酒中单宁的收敛性和尖刻感，提高酒的饱满肥硕感。甘露聚糖和磷酸根的摩尔比例为 1∶2.4 ~ 27.5。甘露聚糖蛋白对酵母细胞壁的完整性并不是必须的。

β - 葡聚糖是构成酵母细胞壁的主要成分，属于结构多糖，位于细胞壁的最内层，和原生质体膜相连接。它的主要生理功能是维持细胞壁的机械结构，保持细胞正常的生理形态。一般认为酵母 β - 葡聚糖由 β - （1→3） - 葡聚糖和 β - （1→6） - 葡聚糖组成，两者比例为 85∶15。根据从酵母细胞壁中提取葡聚糖的方法不同，又可分为碱溶、酸溶和酸碱不溶三类组成，其比例为 10∶3∶17。碱不溶性葡聚糖 85% 是由 β - 1，3 键连接的，同时在链间穿插 3% β - 1，6 键，有着 1500 聚合度线性分子，分子质量相当于 240ku。其余的 15% 是 β - 1，6 键连接的，有着 C - 3、C - 6 位双取代形式，呈高度分支，聚合度为 140，相当于 22ku 的分子质量。

几丁质和脂肪也是细胞壁的重要组成部分。1936 年 Schmidt M. 首先报道酵母中含有几丁质，不同酵母种类中几丁质含量相差较大，其聚合度和结晶度与甲壳动物有较大差异。酵母细胞壁中脂肪的种类和含量报道较少，目前已知酵母细胞壁含有磷脂、三甘油酯等，未见其脂肪酸组成报道。

7.1.2 酵母抽提物及其特性

7.1.2.1 酵母抽提物的组成及呈味特性

根据酵母抽提物的状态可为粉状、膏状、液状或颗粒状；根据生产工艺配方的不同可分为纯品型、I + G 型和风味型。纯品型为纯酵母抽提物，可添加食盐；I + G 型是以高核酸酵母为原料，生产的 I + G 型酵母抽提物，其天然 I + G 含量高；风味型是以纯酵母抽提物为基础经美拉德反应而制得的产品。不同工艺和不同酵母原料生产的酵母抽提物其化学组成差异较大，在加工过程中可以加入符合食用标准的盐、味精等辅料进行调配，也可在调配后增加美拉德反应工艺进行风味化。典型的酵母抽提物化学组成见表 7.1，一般由 30% ~ 60% 粗蛋白、1% ~ 10% 碳水化合物、0.3% ~ 10% 核苷酸及其降解产物、2% ~ 30% 灰分和 0.2% ~ 0.7% 的粗脂肪以及 5% ~ 30% 的水。粉末状酵母抽提物含水量一般小于 8%，膏状酵母抽提物的含水量一般在 20% ~ 30%。酵母抽提物中游离氨基酸含量和微量元素含量见表 7.2 和表 7.3。

表 7.2　　　　　　两种典型酵母抽提物中游离氨基酸含量　　　单位：g/100g

氨基酸	酵母抽提物 A	酵母抽提物 B	氨基酸	酵母抽提物 A	酵母抽提物 B
Asp	1.61	1.49	Ala	6.48	3.72
Thr	1.41	1.63	Val	2.42	2.34
Ser	1.50	1.75	Met	0.69	0.84
Glu	5.85	6.84	Ile	1.82	1.86
Gly	1.00	1.02	Leu	3.23	3.55
Pro	0.75	0.59	Tyr	1.67	0.65
Phe	1.37	1.77	Lys	1.83	1.54
His	0.58	0.54	Arg	2.07	1.59
合计	35.07	31.84			

表 7.3　　　　　　酵母抽提物中的主要微量元素的含量　　　单位：μg/g 干重

批号	灰分/%	Al	Ba	Cd	Co	Cr	Cu	Fe	Ga	Mg	Mn	Mo	Ni	Pb	Sn	Ti	V	Zn
1	12.25	3.0	1.1	1.2	6.1	10.7	91.7	121	0.01	1160	3.2	3.7	6.3	10.5	0.18	3.2	36.3	104.0
2	12.71	2.1	1.0	1.3	1.0	9.4	53.5	156	0.13	1580	2.0	2.6	30.8	4.6	0.03	1.4	31.2	58.6
3	12.84	3.0	1.3	2.0	4.0	17.4	68.7	155	0.20	1540	2.3	8.0	32.9	4.2	0.14	2.9	66.1	104.0
4	14.24	3.8	1.7	1.8	4.3	11.0	41.6	135	0.02	980	1.4	6.3	9.0	2.6	0.05	2.9	45.8	57.3
5	12.33	3.5	1.3	1.3	2.0	11.6	101.0	185	0.07	1100	2.4	9.1	11.9	12.0	0.04	4.8	39.1	46.2
M	12.87	3.1	1.3	1.5	3.5	12.0	71.3	150	0.09	1270	2.3	5.9	18.2	6.8	0.09	3.0	43.7	74.0
C(%)	6.2	21	21	23	58	26	35	16	93	21	29	47	70	62	77	40	31	38

注：M 为平均值；C 为变异系数。

　　游离氨基酸、谷胱甘肽和小分子肽等蛋白质降解产物、核糖核酸及其降解产物（IMP、GMP）被认为是酵母抽提物的主要呈味物质。一般认为，分子质量小于 1000u 的肽类具有鲜味、苦味及强烈刺舌滋味，对味精-NaCl、I＋G＋NaCl、鸡汤-NaCl 模型溶液具有增鲜、增加复杂口感及持续的原味。北京工商大学宋焕禄等的研究表明酵母抽提物中分子质量小于 1000u 的肽类占总蛋白水解物的 70% 以上，是酵母抽提物中的主要风味物质之一。进一步研究表明，谷胱甘肽（L-γ-Glu-Cys-Gly）具有浓郁的厚味，在酵母抽提物中含量可达到 100mg/100g 以上。此外，Asp 四肽（Asp-Asp-Asp-Asp）具有谷氨酸和牛肉汤一样的鲜味，是 Matsushita 等从酵母抽提物中分离鉴定出来的。北京工商大学宋焕禄教授在安琪酵母公司生产的酵母抽提物中分离鉴定出多种肽类物质，如 Lys – Gly – Asp – Glu – Glu – Ser – Leu – Ala（熟牛肉味），γ – Glu – Leu，γ – Glu – Val，γ – Glu – Tyr，Leu – Lys，Leu – Gln，Leu – Ala，Leu – Glu，Leu – Thr，Ala – Leu，Glu – Glu，Ser – Glu – Glu，Glu – Ser，Thr – Glu，Glu – Asp 和 Asp – Glu – Ser 等，这些寡肽具有典型的 kokumi 味，能显著提升食品厚味。其中二肽 Leu – Glu 的呈味阈值为 0.3mmol/L。

核糖核酸及其降解产物在普通酵母抽提物中的含量不高，但也对酵母抽提物的风味产生重要影响。国内对呈味核酸降解产物的研究主要集中在肌苷酸和鸟苷酸，事实上核酸、5 – 黄嘌呤核苷酸等物质均对酵母抽提物的风味产生贡献。在 I + G 含量相同的情况下，直接添加 I + G 的酵母抽提物风味远不及天然酵母抽提物，其原因是核酸及其降解产物不仅本身对呈味有贡献，彼此具有呈味交互作用。如兴人生命科学株式会社发现酵母抽提物中肽含量为质量分数 5% 以上，RNA 含量为质量分数 5% 以上，该酵母抽提物可使食物的咸味、甜味、酸味、浓厚味等风味增强。AMP 和 AMP + IMP 与明虾提取物的协同作用，如表 7.4 所示。

表 7.4　　AMP 和 AMP + IMP 与明虾提取物的协同作用

AMP 浓度/ mg/100mL	核苷酸添加对风味的影响	
	AMP	AMP + IMP
0	甜味，略带苦味	甜味，略带苦味
50	甜味增强，无苦味	甜味增加，苦味轻微增加
100	甜味，略有咸味	甜味进一步增强，略有鲜味和复杂味感
200	甜味，咸味，鲜味，复杂味感	甜味不变，鲜味和复杂味感增强

注：IMP 的浓度为 4mg/100mL 提取物。

酵母抽提物的呈味作用主要有两种。① 增鲜作用，又称"鲜味相乘"作用。具有这种作用的物质目前研究比较多的主要有 I + G、增鲜味氨基酸、肽、还原糖以及鲜味反应产物。酵母抽提物的鲜味增强作用主要体现在 I + G 与氨基酸的协同增鲜作用，尤其是在与 I + G 的结合中进一步降低了谷氨酸的味觉阈值（0.01% ~ 0.03%）。通过酵母抽提物对味精 – NaCl、I + G + NaCl 模型溶液的反馈感官鉴价试验，得出酵母抽提物的浓度分别达到 0.25g/L、0.05g/L 时开始体现出增鲜效果，而在两种模型溶液中酵母抽提物分别达到 2.5g/L、5g/L 浓度时才能达到最大的增鲜效果。超过这一浓度时，溶液开始呈现一定的苦味，鲜味也不再增强。② 增香作用。酵母抽提物与肉类香精、香辛料配合，既有逼真的肉香、辛香，又有酱香和醇厚丰满的味感，形成宽广味阈和"增益补损"的主香与辅香的完美结合。酵母抽提物可将肉制品的肉味提升，缓冲 HVP 的直冲感。连接动物肉味的"甜香"和 HVP 的"尖干"，产生均衡味感及甘浓的美味。

酵母抽提物的鲜味比味精、肌苷酸和鸟苷酸等鲜味剂要醇厚，特点是厚味好。相比之下，普通鲜味剂虽能使人立刻能感觉到鲜味，但持续时间短，缺乏满足感。使用酵母抽提物可大幅度提高或改善鲜味的表现力，延长味感的持续时间，使人获得味觉上的满足。同时，酵母抽提物在食品调味上具有圆润和熟化的作用。部分食品原料本身的风味特征或调味不当，会导致食品的风味和口感不协调，主要是过咸、过甜、过辣等导致的适口性差，给人一种各种味道不和谐、不成熟的感觉。而适当添加酵母抽提物可减缓强烈呈味成分的释放，同时延长较弱呈味成分的作用时间。另一方面，当特别希望突出某种味感时，酵母抽提物的圆润和熟化作用会减弱这种味感。

此外，与动物蛋白抽提物（HAP）的天然香气和味道相比，酵母抽提物缺乏鲜明的呈味个性，不能指望其带给食品不同的风味和特色，因此添加酵母抽提物主要目的是增加食品风味和口感的复杂性，即醇厚和浓郁感。

在风味方面，宋焕禄等采用固相微萃取提取湖北安琪酵母股份有限公司的 3 款酵母抽提物（基础型、高 I + G 型和酱油风味专用型）中的挥发性化合物，通过 DB - WAX 毛细管柱的分离，经过质谱检测可得到 86 种挥发物。其中只有 48 种可以由嗅闻口检测到，主要包括酮类、醛类、酸类、醇类、呋喃类、吡嗪类、噻唑类和萜烯类物质。酵母抽提物中确定的香味活性化合物主要有 2 - 甲基丁醛、3 - 甲基丁醛、2,3 - 丁二酮、2,5（6/3）- 二甲基吡嗪、乙基吡嗪、2 - 甲基 - 5 - 甲硫基呋喃、三甲基吡嗪、未知（RI = 1439）、2 - 乙基 - 6 - 甲基吡嗪、乙酸、糠醛、3 - 甲硫基丙醛、苯甲醛、乙酰呋喃、二氢 - 5 - 甲基 - 2（3H）呋喃酮、苯乙醛、糠醇、3 - 甲硫基丙醇、茴香脑、愈创木酚、苯乙醇、2 - 乙酰吡咯、4 - 甲基 - 5 - 噻唑乙醇。

7.1.2.2　酵母抽提物的应用前景

酵母抽提物是一种天然调味料，具有纯天然、营养丰富、味道鲜美、香味醇厚的优点，因此可广泛地应用于食品加工行业中。由于生活水平与饮食习惯的差异，酵母抽提物的研究及生产在欧洲、美国等西方发达地区和国家已有较长的历史，并得到了广泛的应用。随着经济水平的迅速发展，消费者对食品安全、营养、健康的追求在提高，人民的生活水平及饮食习惯也发生了很大的提高和变化，酵母抽提物作为一种天然、安全、健康的食品配料，市场需求将不断扩大。

酵母抽提物在食品加工中应用的产品可以分为 4 类。① 基本调味功效的纯酵母抽提物（可能添加盐），可作为反应型香精的反应底料和复合调味料、汤料的调味基料，可以取代 HVP 和 HAP。② 各种特定咸式风味的反应型酵母抽提物，作为肉类抽提物的替代品（包括牛肉、鸡肉、猪肉等风味）。由于酵母抽提物富含蛋白质、多种氨基酸、功能性多肽、呈味核苷酸、B 族维生素，是食品加工中生香反应优质的热反应原料，可以研究开发出具有鲜明特点的咸味风味产品。③ 高核苷酸、谷氨酸含量的酵母抽提物，提高鲜味，增强口感，可以替代 MSG 的使用。目前酵母抽提物中 I + G 含量可以达到 20%，完全可以达到所需要的鲜味。④ 直接用于餐饮烹饪的以酵母抽提物为主的复合调味产品，如联合利华公司的 MarmiteYE 面包酱以及卡夫在澳大利亚生产的 VIGEMITEYE 酱、安琪"馅旺"系列。

20 世纪初，酵母抽提物产品率先在欧洲国家出现，20 世纪 60 年代酵母抽提物进入了工业化生产阶段，但直到 20 世纪 90 年代后，随着酵母抽提物的优势发挥、应用领域扩大及植物水解蛋白安全性等潜在问题的发现，酵母抽提物市场才得到迅速发展，并快速扩展到其他国家。近几年由于更多的国家关注到食品安全与健康的问题，酵母抽提物作为一种新兴的食品配料，呈快速发展态势。在我国，近几年的增长在 30% 以上。目前在欧洲（法国、德国）、英国、北美（美国、加拿大）、南美（巴西、哥伦比亚）和东亚（中国、日本）等国家和地区已拥有规模较大的酵母抽提物生产企业，形成了全球性的酵母抽提物产业，产品被广泛应用于食品加工和生物发酵领域。特别在食品增鲜调味领域，酵母抽提物具有纯天然、营养丰富、味道鲜美、香味醇厚的优点，许多国家普遍用来代替水解植物蛋白或味精作为各类调味品（料）的增味、增鲜原料，因此广泛应用于食品行业，主要起到助鲜、调香、风味调理及强化的作用。在方便面调料、休闲食品调料、调味汤料、鸡精、肉制品、香精香料、蚝油、素食等新型食品的生产和酱油、蚝油、调味酱等传统调味料生产以及餐饮行业的品质改良方面发挥着巨大的作用。

近年来，随着世界各国食品营养标签制度的完善和推广，促使食品生产商更倾向于在生产中使用酵母提取物。因此，高 I + G 型酵母抽提物、高谷氨酸型酵母抽提物以及以酵母抽提物为基料通过美拉德反应得到的风味化酵母抽提物的市场应用日益广泛。生产酵母抽提物的原料商，最开始使用啤酒废酵母做原料主要是将啤酒行业的废酵母再利用。随着酵母抽提物的发展，以啤酒废酵母为原料无法开发出满足市场所需要的酵母抽提物产品，如高核酸、高谷氨酸型酵母抽提物等，一般采用面包酵母菌种来生产。

7.2 酵母抽提物的制备技术

酵母抽提物生产的实质是酵母的自溶或酶解。本节将酵母自溶定义为在一定的物理化学条件下触发了细胞内能消化自身结构的自溶酶类的分解作用所致的反应；将酵母酶解定义为酵母细胞在酵母内源性和外源性酶制剂的共同作用下对酵母细胞进行的降解。

正常酵母细胞在生长条件下，具有分解自身的水解酶以酶原的形式存在，衰亡细胞或细胞在不良营养条件这些酶原会被激活，释放出能分解自身的蛋白酶、核酸酶等。酵母细胞内的蛋白质以游离或结合状态存在，而核酸主要以核蛋白的形式存在，故酵母自溶首先始于蛋白质的水解，核酸降解过程紧随其后。其中，蛋白质在蛋白酶的作用下降解为氨基酸，然后通过细胞壁进入酶解液。这是细胞自溶时内含物外溢的主要途径，也表明细胞内蛋白酶的分解活动是造成细胞自我消化的主要因素。而核酸则在核酸酶的作用下降解成各种核苷酸、核苷、碱基和戊糖等物质，有些具有鲜味，有些则具有苦味。酵母自溶实质为酶促水解反应，一切影响酶促反应的因素都可能对酵母细胞的自溶和酶解产生影响，如温度、时间、水解液的 pH、酶制剂的种类等。因此，调控酵母细胞的自溶和酶解条件可以获得不同风味和核苷酸含量的酵母抽提物。

酵母的自溶行为属于内自溶型（endo – type autolysis），起主要作用的酶类是蛋白酶、核酸酶。其生物膜首先被破坏，产生细胞内部结构的水解，细胞壁的成分很少被水解，最后剩下细胞外壳。这个过程可以分为四步。① 溶酶体、质膜和其他细胞器的生物膜分子结构紊乱，致使水解酶类与其相应的底物间的正常空间位隔消失，水解酶类被释放；② 水解酶类溢出后与胞质中的抑制剂作用，使专一性抑制相应的酶类抑制剂产生交叉水解。在相互作用的过程中，水解酶类自身同时被激活；③ 激活的水解酶类与相应底物作用，胞内生物大分子降解，并在细胞内积累；④ 当生物大分子水解成能通过细胞壁空隙的较小分子时，水解产物扩散进入胞外水解液中。形态学研究发现，酵母细胞内的非淀粉多糖分解酶仅能对酵母细胞壁起修饰作用，并不破坏细胞壁完整的结构。

酵母自溶和酶解的关键在于控制自溶温度、浓度、pH、时间、酶制剂等条件，参考条件为：温度 45℃ ~ 55℃，pH 为 5.5 ~ 6.5，自溶时间 18 ~ 34h（不宜过长，防止 IMP、GMP 等进一步降解为核苷和碱基），添加蛋白酶、葡聚糖酶、甘露聚糖酶、5′- 磷酸二酯酶、AMP 脱氨酶等酶制剂，能有效提高产品的游离氨基氮、多肽、还原糖和 I + G 含量。根据编者经验，一般酵母抽提物的得率在 60% ~ 70%（以固形物计），蛋白质回收率可达到 80%。酵母的种类、菌龄、培养基组成以及氧化应激条件均对酵母抽提物得率和蛋白质回收率产生影响。

酵母自溶或酶解结束后需要进行热灭酶处理，既可以钝化酶类，又能使残留的蛋白质、肽类发生适度的变性，便于过滤。制得酵母抽提液后，可进行喷雾干燥或浓缩（分别用于制备粉状或酱状产品）。浓缩一般在真空下进行，防止产品营养价值的降低以及复水性能劣化，参考条件为真空度为 0.090 ~ 0.093MPa、温度为 50 ~ 60℃。最后根据风味、用途和成本，添加食盐、味精、还原糖、氨基酸等需要进行复配或美拉德反应，制得成品。

7.2.1　酵母破壁技术

如前所述，酵母细胞壁具有组成复杂、厚度大、硬度高等特点。对酵母抽提物生产、起泡酒的二次发酵、啤酒生产中错流膜的清洗而言，如何高效破坏酵母细胞壁的完整结构是极为重要的。以前报道的关于酵母破壁（lysis of yeast cell walls）的方法很多，按照破壁方法可分为酶法破壁、物理方法破壁和化学方法破壁。对酵母抽提物生产工业而言，行之有效的酵母破壁方法主要有酶法破壁、高压均质破壁和化学破壁，在实际应用过程中往往将上述两种或多种方法结合使用，以进一步提高酵母破壁效果。

7.2.1.1　酶法破壁

用于酵母酶法破壁的商品化酶制剂包括蜗牛酶（snailase）、蛋白酶、外切 $\beta - 1,3$ 葡聚糖酶（endo $- \beta - 1,3 -$ glucanases）和外切 $\beta - 1,6$ 葡聚糖酶（endo $- \beta - 1,6 -$ glucanases）等。蜗牛酶常用于水解酵母细胞壁制备酵母原生质体。据报道，蜗牛酶含有大约 30 种以上不同的水解酶，包括甘露聚糖酶、葡聚糖酶、纤维素酶、几丁质水解酶、脂肪酶、果胶酶以及微弱的蛋白酶活力等。蜗牛酶对于对数生长期（log phase）的酵母具有较好破壁能力，但对停滞期（stationary phase）的酵母效果较差，其机制不明。蛋白酶作用于酵母细胞壁的蛋白质 - 甘露聚糖结构，改变酵母环境渗透压使酵母细胞膜破裂，酵母胞内物质溶出，对酵母细胞壁的非蛋白组成无影响。酵母细胞壁中葡聚糖占 35% ~45%，加入 β - 葡聚糖酶有助于破坏酵母细胞壁。甘露糖酶可以专一的水解细胞壁上的甘露糖，使得酵母细胞壁的外层结构被破坏。目前，关于酵母酶法破壁有多篇文献报道，如江南大学李兴鸣在发酵 72h 的酵母发酵液中添加复合酶（以蛋白酶、甘露聚糖酶为主）可有效破壁法夫酵母，其添加量为 0.01%（g/100mL），38℃恒温酶解 72h，酵母的破壁率接近 90%。赵郁在从酵母制备氨基酸时曾用蜗牛酶与蛋白酶联用进行细胞破壁。以面包酵母和啤酒酵母为原料，发现蛋白酶和葡聚糖酶能有效降解酵母细胞壁，而甘露聚糖酶对酵母细胞壁的降解几乎无效，这一研究结果与国内文献报道有一定差异，原因不明。

由于酵母细胞壁结构复杂，上述酶制剂的有限组合在破壁上仍不够理想，因此利用微生物发酵产生的复合酶系水解酵母细胞壁是主流的研究方向。1970 年 Kirin Brewery 公司的研究者发现藤黄节杆菌（*Arthrobacter luteus*）所产酶对处于任何生长阶段的死酵母或活酵母均有较好的水解效果，目前市面上大部分商品化的酵母破壁酶是以藤黄节杆菌为发酵菌株制备而成的。1972 年 CPC International Inc. 公司的研究者发现 *Thermophilic actinomycetes* 的外源性酶对酵母细胞壁有较好的溶解效果。1977 年 Kumiai Chemical Industry Co., Ltd., Tokyo 的研究者发现 *Pellicularia sasakii* 和 *Pellicularia filamentosa* 可产复合酶对细菌、酵母菌、担子菌的细胞壁有较好的水解效果。目前，已有多家酶制剂公司推出商品化的酵母破壁酶，或因食品安全因素，或因价格昂贵，主要用于酵母原生质体制备等生化试验中。

7.2.1.2　物理方法破壁

物理方法破壁包括高压均质法、超声波法、研磨法和冻融法。

高压均质法（high - pressure homogenization）的原理是利用突然减压和高速冲击撞击使细胞破裂，在撞击力和剪切力等综合作用下破坏细胞。晏志云等报道，高压均质作为一种破壁处理方法可显著加速酵母的自溶，45MPa 均质 2 次自溶效果较好。孙海翔等报道在提取酵母细胞中核酸时，用 70MPa、15% 浓度的酵母悬浮液，均质 2~3 次，破壁效果较好。黄淑霞等曾经报道采用高压均质法与其他破壁方法结合提取酵母中核酸，采用 40MPa 均质 2~4 次效果较好。

超声波指频率超过人耳能听得见的频率范围的声波，其频率一般在 20kHz 以上，是一种弹性机械震动波。当超声波在液体介质中引起空化作用，产生大量直径为 10μm 的空泡，空泡随后爆裂。在此过程中，产生高达几千大气压的冲击波和局部高温，会使细胞破碎。潘飞等在从啤酒酵母中提取还原型谷胱甘肽时曾用到超声波破壁的方法。

研磨法是利用研钵、石磨、球磨、珠磨机等研磨器械所产生的剪切力将细胞破碎。使用时常将细胞悬浮液与研磨剂一起研磨，利用研磨剂与研磨剂和酵母细胞之间的互相剪切、碰撞，促使细胞壁破裂，释放出内容物。研磨法虽然有利于破壁，在合适条件下一次操作就可以达到较高的破碎率。但是，料液损失严重。曾俊华在从酵母中提取腺苷蛋氨酸时，曾用液氮研磨酵母细胞壁来达到破壁的效果。

冻结的作用是破坏细胞膜的疏水键，增加其亲水性和通透性。同时由于细胞内水的结晶使细胞内外产生溶液浓度差，产生渗透压，并且细胞内形成的冰晶也会破坏细胞壁。蔡俊采用变温法对酵母进行破壁，温差 90℃，高温保持 20min，pH 为 6.5、冷却 20min，此时酵母细胞平均破壁率为 74.72%。很显然，酵母物理破壁法中，均质破壁易于操作、破壁效率高、易于连续生产，国内酵母抽提物生产企业普遍采用这一方法进行破壁处理。

7.2.1.3　化学方法破壁

构成酵母细胞壁的葡聚糖有两层：一层是可以被碱水解的，另一层则不溶于碱。当利用碱溶液对酵母进行破壁时，碱可以溶解掉酵母细胞壁中的可溶性葡聚糖层，同时溶解部分脂类，从而使酵母细胞壁的通透性变大，胞内物质容易析出。碱处理可导致氨基酸消旋化，对酵母抽提物的臭味和滋味产生明显不良影响。

酵母细胞壁含有 5%~10% 的蛋白质，加入表面活性剂可以作用于与膜结合的蛋白质，形成胶束而溶解膜，使得细胞破碎。但是需要合适的表面活性剂浓度，而且要在适宜的 pH、离子强度和温度下才能有效地破碎细胞。十二烷基硫酸钠（SDS）是较有效的菌体破壁剂，有结果表明用 SDS 处理细胞，细胞内蛋白质释放率最高达到 8%。蛋白质为两性电解质，改变 pH 可以改变其电荷性质，使蛋白质之间或蛋白质与其他物质之间的相互作用力降低而易于溶解，因此利用酸碱调节 pH 可以加快细胞壁的溶解。

许多有机溶剂如乙酸乙酯、苯、甲苯等，可以增加细胞的通透性使细胞内物质易于释放。韩刚研究发现，氮酮对生物膜类脂具有特异性溶解作用，使酵母菌细胞内膜类脂流动性增强，可促进酵母菌体内蛋白质的释放。明景熙在从啤酒酵母中提取（超氧化物歧化酶 SOD）时，用异丙醇破壁效果最好。

7.2.2　啤酒酵母的脱苦及清洗

啤酒废酵母是啤酒生产的副产物，每生产100t啤酒有1~1.5t啤酒废酵母产生。我国年产啤酒已超过5000万t，每年啤酒废酵母的排放量达50万~75万t，是生产酵母抽提物的重要低值资源。

酒花产生了啤酒的独特风味，因此在啤酒酿制过程中使用大量的酒花。一般可以将这些物质分为葎草酮的衍生物和蛇麻酮的衍生物，在酿造工业中把它们分别称为α-酸和β-酸。葎草酮是含量最多的物质，在麦芽汁煮沸时，葎草酮经异构化反应转变为异葎草酮（图7.2）。异葎草酮是日晒味化合物的前体，啤酒受光照后产生日晒味。当有酵母发酵产生的硫化氢存在时，异葎草酮的异乙烯链上与羰基相邻的碳发生光催化反应，从而产生3-甲基-2-丁烯基-1-硫醇（异戊烯硫醇），此化合物具有日晒味。在异构化前，把酒花提取物中的羰基选择性地还原可以防止上述反应的发生和防止透明玻璃容器中的啤酒产生日晒味。

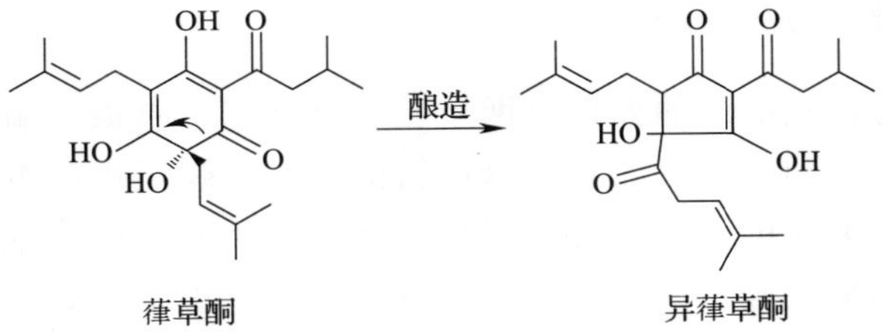

图 7.2　麦芽汁煮沸过程中葎草酮的异构化

发酵结束后，啤酒酒花及其代谢产物吸附在酵母细胞表面使其呈现淡咖啡色，并带有苦味与令人不愉快的酵母味。因此啤酒酵母酶解前须经脱苦处理，使酵母颜色由浅咖啡色变为白色，以保证对后续酶解产物的风味不产生副作用。目前已报道的啤酒酵母脱苦剂有酒石酸、碳酸钠、碳酸氢钠、氯化钠、酒精等，其中使用碳酸氢钠脱苦最为普遍。在啤酒废酵母浆中添加0.5%的碳酸氢钠，并测定上清液中的电导率，电导率越大，说明α-酸含量越多。吸附在废酵母泥表面的酒花及其代谢产物越少，脱苦效果越好。随着脱苦时间的延长，酵母悬液的电导率呈增大趋势，这说明随着脱苦时间的延长，脱苦效果逐渐明显。考虑到在碱性条件下，酵母的自溶过程也在同时发生，脱苦时间不宜太长，一般为30min左右。据Kazutaka Tsuruhami等报道，在啤酒酵母泥中添加双葡萄糖苷酶（diglycosidase，Amano Enzyme Inc.）也可有效降解啤酒酵母泥中的苦味物质。

经过脱苦处理结束后的啤酒酵母浆中除含有碳酸氢钠、啤酒酵母代谢产物外，还含有麦芽壳，酒花沉淀、析出蛋白质沉淀等物质，进行酶解处理之前需对啤酒酵母进行过筛和离心分离。过筛一般是将清洗后的酵母浆通过 80～120 目的震动筛，其目的是将啤酒发酵前原麦汁中引入的大麦果皮、种皮、根以及酒花碎片等杂质除去。

经过振动筛的啤酒酵母浆可通过以下方法进行固液分离。① 用酵母分离机分离。酵母离心机又名碟式离心澄清机，它结构复杂，有连续操作的性能，其浓缩率一般为 5～20 倍。这种离心机的内部是由很多个锥形碟片紧密堆叠在一起组成的，碟片间的间隙通常极小，因而"紧凑"是这种离心机的设计特点，它在很小的容积内，可以提供足够大的沉降面积。料液通常是从顶部加入，而澄清液则从靠近加料口处的环状缝隙内流出。它与管式离心机的区别在于固体卸料方式不同，它可以如同管式离心机一样，按间歇方式卸料，或者在离心机侧面的具有弹簧的喷嘴小孔中连续排出。② 用碱调节 pH 到 6.5～7 时，酵母会成絮状沉淀出来，但该法对酵母的质量有影响，因此在大规模生产中是不采用的。③ 用细菌凝聚法，要使酵母凝聚沉淀，细菌和酵母数量的比例需要达到 2∶1～3∶1，这种细菌还需要经过特殊培养才能应用，而且用细菌凝聚或碱沉淀后洗涤时，每次都要有大量酵母的损失，因此在工厂生产时应用很少。

啤酒酵母浆的分离与洗涤的流程有两种，即间歇分离洗涤与连续分离洗涤。

（1）间歇分离洗涤法　间歇分离洗涤法一般分离 3 次，洗涤 2 次。发酵液经第一次分离后，流入洗涤桶，其酵母乳液加 2 倍左右的自来水进行洗涤，洗涤时应通风搅拌使酵母和水均匀混合，随后进行第二次离心分离，再加 1 倍左右的水进行洗涤后，进行第三次离心分离。经第三次离心分离后的酵母乳液，若其干物质浓度达不到要求，可在不加水洗涤的情况下再分离一次。但酵母固形物的浓度一般不超过 210g/L，否则在排出的废液中容易引起酵母细胞的流失。间歇分离洗涤的时间较长，在水温较高的地区会影响酵母成品质量，而且其投资规模小，适合小规模生产。

（2）连续分离洗涤法　连续分离洗涤一般采用 3 台离心机串联，其流程如下：

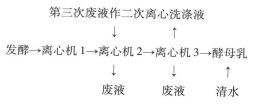

7.2.3　酵母内源性酶及自溶

微生物的自溶（Autolysis）是在微生物自身水解酶类的作用下细胞自身分解的过程，一般分为诱导自溶和自然自溶。采用各种物理、化学或生物学方法处理，可引起微生物在任何生长阶段产生自溶，称为诱导自溶。非人为因素引起的自溶则为自然自溶。根据起主要作用的自溶酶类及自溶发生的主要部位，又可将自溶过程分为两种类型：一是外自溶型，起主要作用的自溶酶类是细胞内的细胞壁质酶，使细胞壁中的肽葡聚糖类降解。因此，自溶部位主要是细胞壁，很少涉及其他细胞成分。大多数细菌常以此方式自溶。二是内自溶型，起主要作用的酶类为蛋白酶，生物膜首先被破坏。产生细胞内部结构的水解，细胞壁成分很少水解，最后剩下细胞外壳。真菌、酵母及某些细菌以此方式自溶。

自溶法是一种特殊的酶法破壁方式，通过控制温度、pH、添加自溶促进剂等条件，增强酵母自身所含内源性酶的活性，酶解酵母细胞壁，使酵母内容物流出。由于酵母自溶时间较长，且破壁效果不充分，人们常常外加一些外源性酶类来促进酵母细胞壁的溶解。

7.2.3.1　酵母自溶的影响因素

引起酵母的生理状况产生极度混乱的因素，均可有效诱导酵母产生自溶作用。主要有物理因素、生物化学因素等。

（1）物理因素

① 温度条件。急剧升温可引起生物膜结构的变化；如利用板式换热器将酵母乳的温度从 5℃ 升高到 50℃；交替冰冻和融化，冰晶的形成破坏了细胞器结构的完整性，导致其机能障碍，均可诱导自溶。酵母自溶速率依温度而异，不同内源性蛋白酶的最适温度差异较大，因此采用梯度升温法更有利于酵母的自溶。

② 渗透压介质。当将 NaCl、乙醇、乙酸乙酯、酵母抽提物和蔗糖增至一定浓度时，可加速细胞质的水解作用，使细胞成分的水解和合成失去平衡，从而引起细胞的自溶。食品工业中常利用这一原理在酵母自溶或水解过程中添加食盐、乙醇、乙酸乙酯、酵母抽提物，以提高酵母抽提物的得率。

③ 辐射。紫外光和 X – 射线可引起细胞生物合成和调节机能的破坏，但不削弱细胞的自溶能力。

④ 机械作用。机械破损细胞使溶酶体中的水解酶类及细胞膜、细胞

壁中的水解酶类释放，也是诱导自溶的有效方法。高压均质处理可加速酵母自溶的进行。

（2）生物化学因素

① 离子成分。离子强度和pH，介质pH、离子成分和离子强度的变化能对诱导细胞代谢紊乱产生多重效应。特别是离子成分，对自溶速率具有极为显著的作用。

② 亲膜物质。各种对生物膜亲和力高的化学成分，包括去垢剂、蛋白质、多肽及氨基酸等，均能破坏酵母细胞膜结构的完整性，引起细胞膜生理功能失调。如酵母自溶物、酪蛋白水解产物等均能有效诱导酵母自溶。亲生物膜成分能掺入到生物膜中，引起生物膜透性发生改变，释放出自溶酶类，使生物膜降解。

③ 抗生素及抑菌剂。抗生素类物质妨碍细胞壁和生物膜的合成，使合成酶类与解聚酶类活性之间失去平衡，从而可引起酵母的自溶。具有抑制酵母活性的香辛料提取物大部分具有促进酵母自溶的作用，如八角茴香、桔梗等香辛料的水提物。

酵母自溶在流变学及微观结构上会有明显的变化。电镜观察的结果表明，酵母自溶过程至少可分为两个阶段。自溶前期，细胞内部结构解体，膨压消失，细胞器解体，细胞内含物均匀分散于细胞内，细胞直径减小约1.5倍，细胞壁相对增厚，但仍保持着完整性。自溶后期，细胞内的生物大分子水解，水解产物扩散至细胞外，体系黏度明显降低。在pH为5~6的介质中，脂类形成较大的脂滴不能透过细胞壁而留存于细胞腔内。

添加自溶诱导剂后，自溶的啤酒酵母在2~3h即可观察到亚显微结构上的变化，但由营养亏缺而诱导产生的自溶则持续到2~3d后方能看到亚显微结构的自溶解体，且线粒体在自溶后期仍保持完整，这与一般情况下细胞器在自溶前期即全部消化存在明显的区别。在自溶过程中，绝大多数酵母的细胞壁只发生某些结构上的修饰，完整性并未遭到破坏。细胞质则随自溶而扩散进入介质中。

酵母这种内自溶型的自溶方式与枯草芽孢杆菌的自溶方式非常相似。自溶从细胞质膜降解开始，到内含物水解成生物小分子渗出胞外结束。因此，酵母自溶时单位体积内的酵母细胞数并不减少，只是大多数呈现不规则形状。随着自溶的进行，酵母悬浮液不会像细菌那样澄清，因其光密度吸收值基本上不变化。细菌自溶进行的速率和程度可用细菌悬浮液的光密度吸收值的下降速度和程度来判断，此法对酵母则不适用。只能通过测定蛋白质、核酸及其他生物大分子的水解产物来衡量酵母自溶的速度和程度。

培养时间和酵母细胞的生理条件对自溶具有显著的影响。对数生长期的酵母细胞比停滞期的酵母细胞自溶得快且更彻底。在对数生长期的酵母细胞内有大量新合成的自溶酶系。因此，只要给与自溶酶系合适的作用条件，避免自溶酶自身降解的因素，就极易诱导对数生长期的酵母自溶。

7.2.3.2　蛋白降解的关键蛋白酶及分布

在酵母自溶过程中，起主要作用的酶是蛋白酶、核酸酶和葡聚糖酶。宁正详等认为酵母自溶大致可分为四步。① 溶酶体、质膜和其他细胞器的生物膜超分子结构紊乱，致使水解酶类与其相应底物的正常空间位隔消失。使水解酶类得到释放。② 水解酶类逸出后与胞质中的抑制剂作用，使专一性抑制相应酶类的抑制剂发生水解。在相互作用过程中，水解酶类自身的消化同时被激活。③ 激活的水解酶类与相应底物作用，使胞内生物大分子被降解，并在细胞内积累。④ 当生物大分子水解成能通过细胞壁孔隙的较小分子时，水解产物则扩散进入胞外溶液中。在酵母胞外溶液中的主要自溶产物为寡肽、氨基酸、核酸降解产物及糖类。经过自溶，细胞壁变得松弛，但仍具有半透膜的特性，并仍然含有占自溶前50% 的总氮含量。随着自溶作用的进行，水解酶类也发生自身的消化，水解活性随之下降。

酵母细胞中含有多种的蛋白酶、氨肽酶和羧肽酶，这些蛋白酶分布在酵母液泡（vacuoles）、线粒体（mitochondria）、细胞核（nucleus）、内质网（endoplasmic reticulum）、高尔基体（golgi apparatus）、分泌泡囊（secretory vesicles）、质膜（plasma membrane）、细胞质（cytoplasm）、细胞间质（periplasm）中。目前面包酵母中各类蛋白酶均已分离鉴定出来，部分蛋白酶的一级结构已被阐明。酵母中内切蛋白酶和羧肽酶以英文字母命名，而氨肽酶用罗马字母命名。这一命名法被广泛应用于微生物内源性蛋白酶的命名上，但不同微生物来源于同一名字的蛋白酶性质差异较大。表7.5 列举了部分酵母各细胞器中已鉴定出来蛋白酶的种类、位置和大致性质。

表7.5　面包酵母各细胞器中已鉴定出来蛋白酶的种类、位置和大致性质

蛋白酶名称	细胞器	性质
蛋白酶 yscA	液胞	内切蛋白酶，分子质量 42000u，最适 pH 为 4~6，能被胃蛋白酶抑制剂抑制活力
蛋白酶 yscB	液胞	丝氨酸内切蛋白酶，分子质量 33000u，最适 pH 为中性，含 10% 碳水化合物

续表

蛋白酶名称	细胞器	性质
羧肽酶 yscY	液胞	丝氨酸外切蛋白酶，分子质量 61000u，最适 pH 为中性，专一性广泛，氮端是 Gly 时水解速度较慢；对蛋白质也有水解效果
羧肽酶 yscS	液胞	为 EDTA 抑制，添加 Zn^{2+} 能恢复活力，活力受氮源调节
氨肽酶 ysc I	液胞	金属外切蛋白酶，分子质量 640000u，最适 pH 碱性，对 Leu – Gly，Leu – Leu，Leu – Val，Leu – Gly – Gly，Ala – Thr – Ala 等短肽也具有较高活力，被金属螯合剂强烈抑制
氨肽酶 yscCo	液胞	在含有微量 Co^{2+} 离子条件下具有活力，最适 pH 碱性，分子质量 100000u，为 EDTA 和 Zn^{2+} 强烈抑制，在生长停滞期内活力急剧增加
二肽氨肽酶 yscV	液胞膜	专一性水解脯氨酸羧基端，分子质量为 40000u
蛋白酶 ysc I	线粒体	金属内切蛋白酶，分子质量 115000u，被金属螯合剂强烈抑制，添加 Zn^{2+}，Co^{2+}，Mn^{2+} 能恢复活力
氨肽酶 ysc II	壁膜间隙	金属外切蛋白酶，最适 pH 为中性，分子质量为 85000 ~ 110000u，被 EDTA、Zn^{2+} 和 Hg^{2+} 强烈抑制
蛋白酶 yscD	未知	金属巯基蛋白酶，分子质量 83000u，最适 pH 为酸性偏中性，EDTA 和 Mercurials 可抑制其活性
蛋白酶 yscE	未知	巯基内切蛋白酶，分子质量 600000u，最适 pH 为 8.0 ~ 8.5
蛋白酶 yscF	未知	金属巯基内切蛋白酶，酶活力完全依赖钙离子，EDTA、Zn^{2+} 和 Hg^{2+} 可抑制其活性
氨肽酶 yscP	未知	金属外切蛋白酶，最适 pH 在中性条件，金属螯合剂可抑制其活性
二肽氨肽酶 yscIV	膜结合蛋白	丝氨酸外切蛋白酶，最适 pH 在中性条件，60℃ 热稳定性高

编者在整个酵母自溶过程中，利用《蛋白酶制剂》（GB/T 23527—2009）福林酚法均未能从酵母细胞水解液的上清液中检测到蛋白酶活力。在酵母细胞溶液中添加酵母质量 0.08% 的木瓜蛋白酶（活力单位为 50U/g），也未能在水解液的上清液中检测到蛋白酶活力。尽管酵母细胞水解液的上清液中未检测到蛋白酶活力，但酵母细胞仍能高效地自溶和水解。上述现象表明自溶和酶解过程中的蛋白酶可能被吸附到了酵母细胞壁内，因此酵母水解上清液中几乎不含游离的蛋白酶。这一发现并不代表酵母酶解结束后，不需要进行热处理。事实上，酵母酶解液中可能含有多种未测定的酶活力。此外，热处理不仅可杀灭酶解中潜在的有害微生物，而且有助于未

降解的核酸溶于酶解液中，进而提高产品的风味。

7.2.3.3 核糖核酸降解的关键核酸酶系及酶学特性

核糖核酸（RNA）不仅是酵母的重要组成部分，也是酵母抽提物风味的重要影响因素。在酵母常规酶解过程中，酵母 RNA 在复杂酵母内源性核酸酶系的作用下，生成核苷酸、核苷、碱基和磷酸戊糖。核酸在高温碱性条件下不稳定。据报道，pH 为 10 ~ 10.5、温度为 75 ~ 85℃ 条件下，处理 1 ~ 4h 或者在 pH 为 11.5 ~ 12.5、温度为 55 ~ 65℃ 的条件下处理 1 ~ 2h 均可显著破坏核酸的磷酸二酯键。

核酸降解的第 1 步是水解核苷酸之间的磷酸二酯键，其水解产物可以是 5′ - 核苷酸或 3′ - 核苷酸，视磷酸二酯键酶的专一性而定。常见的降解产物包括腺嘌呤核苷酸（AMP）、鸟嘌呤核苷酸（GMP）、胞嘧啶核苷酸（CMP）和尿嘧啶核苷酸（UMP）。核苷酸在单磷酸酯酶的作用下可降解为核苷，即戊糖和碱基的缩合物，如腺嘌呤核苷酸（AMP）在单磷酸酯酶的作用下可降解为腺嘌呤核苷；鸟嘌呤核苷酸（AMP）在单磷酸酯酶的作用下可降解为鸟嘌呤核苷。核苷酸还可在核苷磷酸化酶的作用下进一步降解为磷酸戊糖和碱基，如腺嘌呤核苷在酶的作用下可降解为腺嘌呤和磷酸戊糖。腺苷酸脱氨酶（Adenylate deaminase，EC 3.5.4.6）催化 5′ - 腺苷酸水解脱氨生成次黄嘌呤核苷 - 5′ - 磷酸（次黄核苷酸）反应的酶，特异性强，可将脱氧腺苷酸作为底物，但对 ATP 或腺苷 - 3′ - 磷酸等其他核苷酸无作用。腺嘌呤核苷酸可在腺嘌呤核苷酸脱氨酶的作用下生成次黄嘌呤核苷酸（IMP）。如图 7.3 所示。

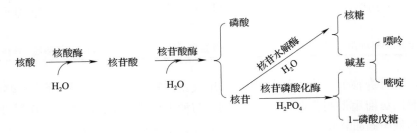

图 7.3 核糖核酸的酶法降解路径

水解核酸的磷酸二酯的酶是提高酵母抽提物中呈味核苷酸的关键酶。非特异性水解磷酸二酯键的酶为磷酸二酯酶（phosphdiesterase），专一性水解核酸的磷酸二酯酶称为核酸酶（nuclease）。不同来源的磷酸二酯酶，其专一性、作用方式都有所不同。按磷酸二酯键断裂的方式可将核酸酶分成 3′ - 磷酸二酯酶和 5′ - 磷酸二酯酶。5′ - 磷酸二酯酶是一种能在温和条件下非特异性水解磷酸二酯键的酶，属于磷酸二酯水解酶类，可以催化单链 RNA 分子上的 3′-碳原子羟基与磷酸间形成的二酯键，水解生成4 种 5′-核苷酸。1940 年，人们从牛胰中分离出一种降解 RNA 的酶，并将其命名为牛胰核糖核酸酶，简称 RNase I。RNase I 可将核酸降解为 3′-核苷酸，麦芽根和桔青霉来源的磷酸二酯酶可将核酸降解为 5′-核苷酸。酵母细胞中核酸降解相关酶的种类和活力鲜见报道，但从其降解产物的组成中可推测：酵母细胞中至少含有 3′-磷酸二酯酶、5′-磷酸二酯酶、磷酸单酯酶、核苷磷酸化酶、腺嘌呤核苷酸脱氨酶等酶。这些核酸降解酶共同存在，且活力相差不大，这导致常规酵母抽提物中 5′-磷酸二酯酶的含量较低，难以积累。

大麦芽根是啤酒生产的副产物，含有丰富的 5′-磷酸二酯酶、3′-磷酸二酯酶和磷酸单酯酶。从麦芽根中提取 5′-磷酸二酯酶用于制备 5′-核苷酸是目前公认的一种安全廉价的核苷酸生产方法。大麦芽根 5′-磷酸二酯酶的最适作用温度为 60℃左右，如添加适量的 Zn^{2+}，有利于提高酶的热稳定性，在 75℃时，酶活力仍能保持 20min 左右，而其他核酸及核苷酸水解酶类在上述条件下基本失去活性。利用麦芽根 5′-磷酸二酯酶耐碱性、耐热性特点可用于对大麦根 5′-磷酸二酯酶进行初步纯化。大麦芽根 5′-磷酸二酯酶的最佳作用 pH 为 8.0 左右，偏碱性，其活力受磷酸盐和乳酸的抑制，因此生产中磷酸二酯酶应避免和磷酸盐、乳酸等物质共同添加。

直接在酵母酶解过程中添加 5′-磷酸二酯酶并不能有效提高酵母抽提物中呈味核苷酸的含量，其原因是 5′-磷酸二酯酶难以与底物有效接触。均质可提高核酸及核苷酸的溶出率。对酵母自溶液和水解液在 pH 为6.0~7.0，90~95℃条件下加热 1h 可提取酵母残渣中未被降解的核酸。

7.2.4　酵母酶解制备酵母抽提物

酵母的种类、菌龄和活性对酵母抽提物的制备工艺和产物有明显的影响。目前用于制备酵母抽提物的酵母原料主要为啤酒酵母、面包酵母、圆酵母等食品级酵母细胞，啤酒酵母酶解前一般需要进行脱苦和分离工艺；对面包酵母而言，由于发酵过程中添加的少量表面活性剂会吸附在酵母细胞的表面，因此选用的蛋白酶需对表面活性剂有较好的耐受能力。

7.2.4.1　酵母酶解工艺优化及影响因素

酵母酶解工艺已有大量学者进行了深入的研究。杨建梅等通过单因素试验和正交试验对影响啤酒废酵母自溶的温度、pH、NaCl 添加量和自溶时间 4 个关键因素进行了优化，得到了啤酒废酵母自溶最佳工艺条件：自溶温度 50℃，自溶 pH 为 5.0，NaCl 添加量为 3%（质量分数），自溶时间 24h，自溶上清液中总糖分含量达到 2.27g/L，游离氨基酸态氮得率达到 3.98%，抽提物得率达到 54.12%。杨宓等以啤酒废酵母为原料，首先筛选出酵母抽提酶与 β-葡聚糖酶进行复合酶解，并通过单因素试验初步确定了复合酶解工艺条件；然后通过响应面试验对复合酶解工艺条件进行优化，确定了酶解的最佳工艺条件为：酶解温度为 50.32℃，初始pH 为 5.98，复合酶配比为 0.94:1，复合酶的添加量 1.2%，悬浮液浓度为 10%，NaCl 添加量为 2%，酶解时间为 24h。李扬以高活性干面包酵母为原料，分别对碱性蛋白酶、木瓜蛋白酶、中性蛋白酶、β-葡聚糖酶及β-葡聚糖酶-碱性蛋白酶复合酶进行了筛选和优化。结果表明：选用的几种蛋白酶都能有效地促进酵母自溶，酵母抽提物氨基酸态氮得率可提高 2.5%~20%，且能产生不同风味的酵母抽提物。综合感官品质、产品质量的稳定性、成本等因素，以 β-葡聚糖酶-碱性蛋白酶复合酶较好，其最佳的工艺条件为：酵母自溶液加 0.4%（酵母干物质）β-葡聚糖酶在 45℃、pH 5.5 条件下酶解 4h，调节 pH 到 8.5，加 2% 碱性蛋白酶再酶解 30h。制备的酵母抽提物氨基酸态氮得率可达 5.5% 以上，香气肉感较重，口感浓郁后味重。目前工业上常见的酵母抽提物制备工艺如下。

食盐、复合酶制剂

↓

酵母浆 → 调浆 → 均质 → 升温 → 酶解 → 灭酶 → 离心 → 酵母渣 → 加水清洗 →水洗清液

↓

水洗清液 + 酶解上清液 → 浓缩 → 喷雾干燥 → 酵母抽提物

下面以除杂脱苦处理后的啤酒酵母浆为原料，对蛋白酶种类、均质处理、自溶促进剂、酶解时间等因素对酵母水解效率的影响进行一一论述。

（1）蛋白酶种类　编者以经过脱苦除杂处理的啤酒酵母为原料，分别添加 0.08% 的木瓜蛋白酶（1 号）、碱性蛋白酶 37071（2 号）、碱性蛋白酶（3 号）、风味蛋白酶（4 号）、复合蛋白酶（5 号）、中性蛋白酶（6 号），在 55℃ 条件下水解 28h，未测定酵母抽提物的得率，结果如图 7.4 所示。

由图 7.4 可见，不同酶制剂对酵母抽提物的得率有明显影响，其中木瓜蛋白酶和碱性蛋白酶具有较好的效果，其中诺维信公司的碱性蛋白酶 37071 效果最好。风味蛋白酶的效果最差，中性蛋白酶和复合蛋白酶次之。事实上，酵母工业中木瓜蛋白酶和碱性蛋白酶是最常见生产酵母抽提物的酶制剂。风味蛋白酶的得率最低，这可能与其富含外切蛋白酶，而内切蛋白酶含量较少有关。目前酵母抽提物行业广泛使用的蛋白酶制剂

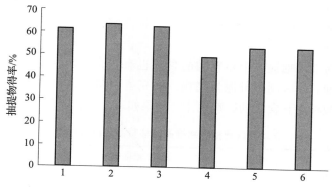

图 7.4 不同蛋白酶对酵母抽提物得率的影响

以木瓜蛋白酶和碱性蛋白酶为主，部分厂家添加 β - 葡聚糖酶和外切蛋白酶为主来平衡产品风味、澄清度、得率等因素。

（2）均质处理 以脱苦处理后的酵母泥为底物，采用不同的均质压力进行处理，添加 0.08% 木瓜蛋白酶（以酵母干重计），在 55℃ 条件下酶解 24h，测定酶解上清液的氨氮和总氮含量，结果如图 7.5 所示。

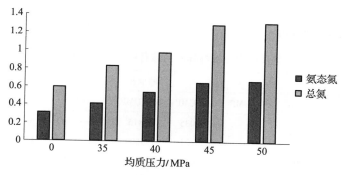

图 7.5 均质压力对酵母酶解液氨氮和总氮含量的影响

研究表明，高压均质对于酵母细胞壁的破壁具有显著的作用，有利于胞内物质的提取，且当均质压力低于 30MPa 时其作用效果甚微，因此采用大于 30MPa 的均质压力有助于酵母的自溶和酶解。在酵母自溶过程中，高压均质可破坏酵母细胞的结构，导致酵母细胞结构发生紊乱，消除了底物与酶的空间位阻，从而加速酵母的自溶，有利于蛋白质和 RNA 等大分子物质的降解；此外，高压均质还可破坏大部分酵母细胞壁，有利于生成的小分子物质及酵母细胞本身小分子物质的溶出，从而使得率和上清液氨基氮总量大大增加。由图 7.5 可见，当均质压力超过 45MPa 后，上清液氨基氮总量几乎不再增加，因此，45MPa 下均质的得率及上清液氨基氮总量与 50MPa 差别不大，因而均质压力应选择 45MPa 为宜。对酵母细胞 45MPa 均质 2 次，可进一步提高酵母酶解液中氨态氮、总氮以及固形物的含量。

均质对酵母抽提物中核苷酸的含量也有较大影响。江南大学陈洁等以脱苦处理后的啤酒酵母泥为底物，研究了 40MPa 均质 3 次对酵母酶解液中核苷酸种类和含量的影响规律，结果如表 7.6 和表 7.7 所示。

表 7.6　　　　未均质酵母抽提物样品的核苷酸生成进程表

自溶时间/h	峰面积			
	3′ – AMP	3′ – CMP	3′ – UMP	5′ – CMP，5′ – UMP，5′ – AMP，5′ – GMP
2	196000	13409	143941	—
4	296466	8720	53918	—
6	276980	56708	145156	—
9	254066	56891	291981	—
12	242621	60177	279171	—
22	168968	77911	328475	—
30	135849	79357	364458	—

注：核苷酸含量由 HPLC 图谱积分面积表达。

表 7.7　　　　均质酵母抽提物样品的核苷酸生成进程表

自溶时间/h	峰面积						
	5′ – CMP	5′ – UMP	3′ – CMP	3′ – UMP	5′ – AMP	5′ – GMP	3′ – AMP
2	< 5000	—	130035	25815	—	—	105112
4	5947	—	233721	295609	28145	5474	180705
6	7649	—	180611	276236	48434	—	171539
9	40164	—	170773	442311	11098	—	169064
12	55118	—	99906	401729	8144	—	86874
22	59967	—	64148	341823	20372	—	43799
30	106462	—	101880	505521	16442	—	10892

注：核苷酸含量由 HPLC 图谱积分面积表达。

表 7.6 显示，非均质样品的自溶产物中基本不含 5′ – 核苷酸，而均质样品则含有很少量的 5′ – 核苷酸。IMP 和 GMP 是酵母抽提物中的重要呈味物质，但其他核苷酸也对酵母抽提物的风味起到影响。在酵母自溶过程中，对照与均质样品中的核酸的变化趋势相似：核酸含量先呈上升趋势，随后逐渐下降，再略有回升，然后再次呈下降趋势。表 7.7 表明，均质样品的变化趋势更为显著。对于核苷酸的这种变化，可以认为是由于

核酸溶出与降解速率的不平衡引起的。陈洁等认为啤酒酵母中的核酸酶的最适作用温度约在55℃，45℃以上开始不稳定，在55℃条件下保温2h，酶活力损失约为80%。啤酒酵母中核酸酶的这种性质造成了酵母自溶过程核酸含量的起伏。酵母自溶是在55℃下进行的。在开始阶段，核酸逐渐溶出，此时核酸酶活力较高，核酸降解迅速，核苷酸也迅速生成，造成核酸含量的第一次起伏。随着核酸酶活力的下降，核苷酸生成速率渐缓，而核酸溶出依然保持一定的速率，直至完全溶出，导致了核酸含量的第二次起伏。5′-核苷酸是酵母抽提物中最为重要的呈味物质之一，其含量的变化直接影响到酵母抽提物的风味、口感和品质。因此，提高酵母抽提物中核苷酸的含量是提高酵母抽提物品质的关键因素。将在7.2.4.3和7.2.5.3中重点论述提高酵母抽提物中核苷酸含量的方法。

（3）自溶促进剂　自溶促进剂可以加速酵母的自溶，缩短自溶时间，提高酵母抽提物中呈味物质的含量。常见自溶促进剂包含有食盐、酵母抽提物、乙酸乙酯、乙醇、半胱氨酸、吡哆醇、硫胺素、碳原子数为4~14的脂肪酸及其甘油脂、香辛料提取物、壳聚糖、亚硫酸盐、二价铜离子和半胱氨酸等。在众多自溶促进剂中，酵母抽提物、乙酸乙酯和食盐是食品工业中常见的食品配料和食品添加剂，可根据生产需要添加于酵母抽提物的制备过程。中华人民共和国国家卫生和计划生育委员会2012年第15号文规定乙酸乙酯作为提取溶剂可用于酵母抽提物的加工工艺中。高浓度的氯化钠可以产生高的渗透压，破坏酵母细胞壁的通透性，使得细胞失水，质壁分离，在酶制剂的作用下细胞自身发生破裂而释放出内容物。

晏志云等以面包酵母为原料，45MPa均质处理后，添加木瓜蛋白酶和各种自溶促进剂，在55℃条件下水解28h，在此基础上系统比较了不同酵母自溶促进剂对面包酵母酶解得率和酶解上清液中氨基氮总量的影响，如表7.8所示。

表7.8　不同酵母自溶促进剂对酵母酶解得率和酶解上清液中氨基氮总量的影响

自溶促进剂/%	得率/%	氨基氮总量/mg
0.4% 酵母抽提物	63.6	1050
3.0% NaCl	63.4	1045
0.1% 硫胺素	63.1	1037
0.1% 吡哆醇	63.3	1042
1% 乙酸乙酯	63.0	1040
0.1% 半胱氨酸	62.8	1037
2% 甲苯	62.9	1040
1.0% 戊酸乙酯	63.0	1045
空白	60.1	902

从表7.8可知，这些自溶促进剂对于得率及上清液氨基氮总量的影响差别不大，其中以0.4%的酵母抽提物和3.0%的食盐效果最佳。添加各类自溶促进剂后，酵母抽提物的得率及上清液氨基氮总量分别增加3%和10%左右，其增加程度不及国外文献研究报道中的那么大。晏志云认为其原因是采用了高压均质对酵母进行预处理，而国外在研究酵母自溶时很少采用高压均质处理。高压均质本身就能诱导和加速酵母自溶，相比之下，自溶促进剂的作用效果就不是很明显。

编者以脱苦除杂处理后的酵母泥为原料，添加0.08%木瓜蛋白酶（以酵母浆总重计），分别添加浓度为0.5%、1.0%、2.0%的食盐，水解36h后，在95℃热处理15min灭酶。将酵母酶解液1000×g离心15min，得上清液和酵母渣；将酵母渣与3倍体积的清水混合，再取1000×g离心15min得二次上清液和二次酵母渣。分别测定上清液、酵母渣、二次上清液和二次酵母渣的氮含量，结果如表7.9所示。

表7.9　　　　　　　不同食盐添加量对酵母抽提物水解度和得率的影响

食盐添加量指标	0.5%	1.0%	2.0%
上清液量/g	6796	6783	6823
可溶性固形物含量/%	9	10	11
离心后酵母渣量/g	2803	2695	2694
二次上清液量/g	3827	3798	3901
二次上清液固形物含量/%	3	3	3
上清液总氮含量/(g/100g)	0.78	0.82	0.82
上清液氨态氮含量/(g/100g)	0.41	0.43	0.44
二次上清液总氮含量/(g/100g)	0.23	0.24	0.24
二次渣总氮含量/(g/100g)	0.53	0.49	0.49
水解度/%	52.56	52.43	53.65
抽提率/%	63.22	66.39	67.82

注：水解度以上清液氨氮/总氮计。

以酵母酶解上清液中氨基酸态氮、总氮和固形物含量为标准，可见当食盐添加量由0.5%增加至1.0%时，酶解液的氨态氮提高0.02g/100g，总氮提高0.04g/100g，固形物含量提高1%；而食盐添加量由1.0%增加至2.0%时，酶解液的氨态氮只提高了0.01g/100g，总氮含量不变，固形物含量提高了1%。当食盐添加量为1.0%时，酶解液的抽提率可达到

66.39%。在工业生产上，一般清洗酵母渣可得到二次上清液用于调配酵母泥。食盐可与酵母抽提物、乙酸乙酯、香辛料提取物等自溶促进剂共同使用，可进一步提高酵母抽提物的得率。

（4）酶解时间　酵母酶解时间对酵母抽提物中氨基酸、总氮、总糖、还原糖、核苷酸含量、得率和风味均有重要影响。一般规律是随着酶解时间的延长，氨基酸、总氮、总糖和还原糖含量增加，核苷酸（IMP、GMP）含量在 $16 \sim 22h$ 达到最大值，随后呈下降趋势。从酵母抽提物的风味来看，水解前期酵母抽提物鲜甜味明显，后期则苦味增加。对啤酒酵母的木瓜蛋白酶和木瓜蛋白酶/风味蛋白酶不同酶解时间的酶解液进行感官分析，结果如表 7.10 所示。

表 7.10　　　　　　　　酵母酶解时间对酵母抽提物风味的影响

酶解时间	5h	10h	20h	24h	28h	36h
木瓜蛋白酶	鲜、甜	鲜、甜	鲜、甜	鲜、略苦	鲜，微苦	鲜，苦味增加
木瓜蛋白酶/风味蛋白酶	鲜、甜	鲜、甜	鲜、甜	鲜、甜	鲜、微弱苦	鲜、微弱苦

由感官评价结果可得，酶解时间 20h 前木瓜蛋白酶制备酵母抽提物风味最佳，24h 后酶解液的苦味逐渐增大；木瓜蛋白酶/风味蛋白酶制备的酵母抽提物在整个酶解过程中均有鲜味和甜味。木瓜蛋白酶酶解 24h 后苦味增加的主要原因有以下两点。① 酵母蛋白降解成疏水性肽从而产生苦味。② 核苷酸降解产物如次黄嘌呤具有苦味。根据酵母酶解时间的不同，可生产不同型号的酵母抽提物。酶解 20h 制备的酵母抽提物可用于生产纯酵母抽提物，这类产品具有鲜甜味突出、厚味好、在盐水中不沉淀等特点。酶解 36h 的酵母抽提物虽然呈现出微弱苦味，但该苦味在人们所能接受的范围内，并没有过大影响酶解液的风味，在后期的处理中如添加适量的食盐与味精、进行美拉德反应后可以掩盖苦味。该酵母抽提物水解度更高，在水/盐水中可能有部分沉淀，适合生产风味化酵母抽提物。

7.2.4.2　死啤酒酵母的酶解

部分啤酒生产企业为防止发酵酵母菌种被竞争对手获得，在啤酒废酵母出厂前会对酵母浆进行灭活。此外，在生产特种酵母抽提物如高核苷酸酵母抽提物时，也会对酵母进行灭活处理，其主要目的是对酵母中内源性的 5′ – GMP 降解酶进行灭活。死啤酒酵母中的内源性蛋白酶、核酸降解酶几乎都失活了，且内容物被细胞壁包裹起来，外源性蛋白酶难以和底物有效接触，酶解效率低，酵母抽提物的得率不高。针对这一难题，破坏酵母细胞壁，提高外源性蛋白酶与酵母蛋白的接触机会是提高酶解效率的有效途径。

啤酒酵母破壁是提高酵母抽提物得率的关键。目前报道的破壁方法主要有高压匀浆、酶法破壁、酸碱法破壁等，这些方法都存在着不同的优缺点。挤压膨化加工技术是集混合、搅拌、破碎、加热、杀菌、膨化及成型为一体的技术，由于其具有显著的优点（效率高、处理量大，易于产业化），在食品工业中广泛用于粮油加工、食品制作、纤维和淀粉降解、谷物和大豆蛋白组织化、谷物细胞壁破壁等方面。华南农业大学杜冰等利用自行研制的双螺杆挤压膨化设备对啤酒酵母进行了挤压膨化破壁研究。通过双螺杆挤压膨化单因素和正交优化发现，在供料速度为 4Hz、螺杆频率为 35Hz、膨化温度为 130～140℃、加水量为 10mL/min 的情况下进行挤压膨化破壁，破壁率可达 79.21%。所得的挤压样品与原料相比，可溶性蛋白质含量增加了 132%，酶解后可溶性蛋白质含量增加了 156%，谷胱甘肽含量降低了 14%，容重降低了 55%。该技术不仅大幅度提高了吸收利用率，还为酵母中的各种功效成分的提取奠定了技术基础。

编者发现某些复合植物水解酶具有较强的酵母细胞壁水解活性，在水解死啤酒酵母时具有明显优势。通过将复合植物水解酶与蛋白酶共同作用于死啤酒酵母，可显著增加酵母水解液上清液中氨态氮和总氮含量，提高死啤酒酵母制备酵母抽提物的得率。

7.2.4.3 添加磷酸二酯酶提高酵母抽提物中核苷酸含量

酵母几乎所有的细胞都同时含有脱氧核糖核酸（DNA）和核糖核酸（RNA），RNA 主要分布在细胞质，DNA 主要集中在细胞核中，占细胞干重的 5%～15%。无论是微生物、动物还是植物细胞内都含有三种主要的 RNA，即核糖体 RNA（rRNA），转运 RNA（tRNA）和信使 RNA（mRNA）。

酵母中核糖核酸的降解趋势不同于蛋白质。蛋白质是由 20 多种氨基酸组成的，不仅具有一级结构、二级结构还具有更为复杂的三级结构和四级结构，而且还与糖类、脂类、核酸等其他生物分子结合成各种结合蛋白。蛋白质的水解酶种类多且专一性强，因而蛋白质的降解过程是一个随着酶解时间不断延长而缓慢降解的过程。酵母中的核糖核酸 85% 是由 rRNA 组成的，rRNA 主要与核糖体蛋白质结合在一起形成核蛋白复合物，因而在酶解前期核糖核酸的稳定性较高，不易发生降解。随着酶解的不断进行，核蛋白在蛋白酶作用下结构发生改变并不断被降解，核糖核酸则被释放出来，在核酸酶系的作用下不断被降解。由于核糖核酸仅由几种核苷酸组成，其结构相对简单，核酸酶种类相对也少且专一性也低。因此，核糖核酸一旦开始降解，则降解速率会迅速增加，从而使核糖核酸降解率呈直线上升趋势，当降解作用进行到一定程度时，由于各种核酸酶的活性不断降低以及降解产物对酶的抑制作用，使核糖核酸的降解逐渐终止。

江南大学陈洁等在酵母酶解过程中添加麦芽根 5′-磷酸二酯酶，研究 pH 和均质处理对酵母抽提物核苷酸种类和含量的影响，结果如表 7.11 所示。

表 7.11　加麦芽根核酸酶非均质的酵母在 pH 为 5 条件下自溶的核苷酸生成进程表

自溶时间/h	核苷酸含量						
	5′-CMP	5′-UMP	3′-CMP	3′-UMP	5′-AMP	5′-GMP	3′-AMP
2	5100	28211	272107	165860	—	6637	9076
4	7181	61762	243922	329544	3106	5051	6150
6	16887	17175	247025	252800	75899	14626	13756
9	9647	19920	208305	131032	85366	—	6250
12	25587	16098	200796	102380	96005	—	12660
22	45346	22681	187270	105326	115796	—	6756
30	57542	24310	268037	143515	134540	—	12500

注：核苷酸含量由 HPLC 图谱积分面积表达。

表 7.12　加麦芽根核酸酶非均质的酵母在 pH 为 8 条件下自溶的核苷酸生成进程表

自溶时间/h	核苷酸含量						
	5′-CMP	5′-UMP	3′-CMP	3′-UMP	5′-AMP	5′-GMP	3′-AMP
2	6445	6984	29120	45640	5735	—	—
4	9959	45430	50681	56974	—	—	6282
6	13932	41286	67996	18950	18950	—	—
9	9146	64900	145325	5637	7341	19539	18352
12	15482	59772	126382	64712	7642	—	—
22	11125	17631	137192	52667	68303	—	—
30	10813	19591	135190	44478	53203	—	—

注：核苷酸含量由 HPLC 图谱积分面积表达。

表7.13 　　　　　　　　加麦芽根核酸酶均质的酵母在 pH 为 8 条件下
自溶的核苷酸生成进程表

自溶时间/h	核苷酸含量						
	5′－CMP	5′－UMP	3′－CMP	3′－UMP	5′－AMP	5′－GMP	3′－AMP
2	9696	11918	—	—	39451	5000	5068
4	18382	7167	5706	—	52145	10044	19702
6	59005	6792	64199	11004	59180	5594	8140
9	89644	15609	113894	168837	33758	9602	118806
12	112828	5735	164881	206783	40047	46897	181058
22	132650	61115	209086	192196	34113	35385	194472
30	145314	42676	298545	241917	58644	25085	248265

注：核苷酸含量由 HPLC 图谱积分面积表达。

　　从表7.11、表7.12 和表7.13 的核苷酸生成进程表来看，非均质破壁的条件下，在 pH 为 8 自溶的产物中 5′－核苷酸的量与在 pH 为 5 自溶的产物中的量相当，而 3′－核苷酸的量则显著低于在 pH 为 5 自溶的产物中的量，说明 pH 为 8 的条件下可以有效抑制酵母中 3′－磷酸二酯酶的活力。经过均质处理后，5′－核苷酸和 3′－核苷酸的含量较未进行均质处理样品均明显提高，其中 5′－核苷酸的含量提高尤为明显。高压均质及 NaCl 的添加均能加速 RNA 的降解，提高酵母抽提物上清液中 5′－GMP 及 5′－IMP 总量，并且可使上清液 5′－GMP 及 5′－IMP 总量开始下降的时间提前。

　　普通酵母抽提物生产工艺中，核酸的降解程度较低，核酸在细胞壁残渣中残留量在 40% 以上。华南理工大学赵谋明等利用弱碱高温对酵母酶解残渣进行核糖核酸提取后，提取工艺是 pH 为 8.5，提取温度为 95℃，提取时间为 100min。提取结束后添加麦芽根核酸酶可显著提高抽提物中核苷酸的含量。日本味之素发现酵母添加乙酸乙酯后，在 pH 为 6.0~6.6，30~60℃条件下自溶 10~30h，所得酵母残渣经过 90~100℃ 提取 1~3h，添加核酸酶进行酶解，酵母抽提物中核苷酸含量显著增加。

7.2.5　高酵母浓度酶解体系及酵母抽提物的制备

　　基于普识性经验，由酵母酶解制备酵母抽提物工业中酵母的固形物浓度一般控制在 12%~18%，其原因一方面是酵母发酵液经过离心清洗处理后，酵母浆的固形物浓度在此范围内。常规底物浓度下酶解液黏度相对较低，传动、传质和传热效率高，酵母酶解体系中外源性酶制剂、酶解底物和酶解产物易扩散。此外，常规底物浓度下酵母能快速地热失活，可有效预防酶解过程中酵母发酵"变瘦"和起泡溢罐。另一方面，传统理论认为提高底物浓度易产生产物抑制、蛋白酶失活等现象，导致酶解效率降低。因此，典型的面包酵母酶解工艺是：面包酵母加水至溶液的固形物浓度为 18% 左右，升温至 55℃，添加木瓜蛋白酶、碱性蛋白酶及风味蛋白酶等复合酶制剂水解 18～24h，灭酶，离心，浓缩，喷雾干燥。

事实上，提高酵母酶解液中酵母的固形物浓度具有许多优点：① 显著提高了生产设备利用率，提升了单位设备的产能；② 高酵母浓度酶解体系所需生产用水更少；③ 酵母抽提物的浓缩、干燥所耗能量更低；④ 高酵母浓度酶解体系所制备的酵母抽提物风味更佳、抗氧化活性更强。

酵母细胞具有蛋白质含量高、相对高固形物浓度（20%～40%）下酶解液黏度低等优点。酵母细胞中含有多种的蛋白酶、氨肽酶和羧肽酶，这些蛋白酶分布在酵母液泡（Vacuoles）、线粒体（Mitochondria）、细胞核（Nucleus）、内质网（Endoplasmic reticulum）、高尔基体（Golgi apparatus）、分泌泡囊（Secretory vesicles）、质膜（Plasma membrane）、细胞质（Cytoplasm）和细胞间质（Periplasm）中。从微观来看，每一个酵母细胞都相当于一个小型"酶解反应罐"。酵母细胞内内源性蛋白酶分布的这一特点使酵母酶解对酵母酶解底物与蛋白酶的接触、酶解产物的扩散要求更低。与其他食物蛋白质资源相比，高底物浓度酵母的酶解具有先天的优势。编者基于酵母发酵、离心清洗、压榨、干燥等工艺过程中酵母的固形物浓度变化，系统研究了不同酵母浓度对酵母酶解液中氨氮含量、总氮含量、水解度、总糖含量、呈味特性、色泽、DPPH 自由基清除活性、羟自由基清除活性的影响，并对高酵母浓度酶解的规模化生产进行了展望。

7.2.5.1 高酵母浓度对酶解效率的影响及"浓缩效应"

面包酵母发酵液经过离心清洗后得到水分含量介于 80%～85% 的面包酵母乳，面包酵母乳经过压榨以后形成水分含量介于 62%～75% 的压榨面包酵母。因此，考察不同酵母浓度 10%、20%（面包酵母乳）、30%（压榨面包酵母）和 40%（压榨面包酵母）对酶解效率的影响具有现实意义。

编者以安琪半干酵母为原料，将半干酵母与 0.5% 木瓜蛋白酶（以酵母干物质计，活力为 50 万 U/g）混合，加水分别调配成 10%、20%、30% 和 40%（质量比）浓度的酵母悬浮液或者泥浆，升温至 55℃，酶解 3h、5h、13h、21h、34h 和 48h，灭酶，8000×g 离心 30min 取酶解清液，并测定上清液的氨态氮、总氮含量和波美度，计算水解度，不同酵母浓度的酶解体系状态如图 7.6 所示，不同酵母浓度的酶解体系的酶解效率如表 7.14 所示。

酶解前

酶解后

图 7.6　不同酵母浓度酶解前后流变特性的变化

注：从左到右分别为 10%、30% 和 40%。

表 7.14　　　　　　　不同固形物浓度对酵母酶解度的影响

样品号	酵母固形物浓度	水解时间/h	水解度/%	样品号	酵母固形物浓度	水解时间/h	水解度/%
1	10	3	10.2	11	30	3	12.9
2	10	5	12.6	12	30	5	16.8
3	10	8	15.4	13	30	8	20.1
4	10	13	19.4	14	30	13	25.9
5	10	21	22.7	15	30	21	29.6
6	20	3	12.7	16	30	34	37.2
7	20	5	14.9	17	40	13	24.1
8	20	8	18.7	18	40	21	27.4
9	20	13	22.9	19	40	34	32.7
10	20	21	28.3				

注：水解度为氨态氮（AN_2）/酶解液总氮。

由图7.6可见，酶解前，含10%酵母细胞的酶解液为自由流动的液体；含30%酵母细胞的酶解液为半固态，流动性明显变差；含40%酵母细胞的酶解液几乎呈固态，未见明显水分。酵母浓度为30%左右是固态和液态的临界点。酶解24h后，含10%酵母细胞的酶解液分为2层，上层为酵母酶解清液，下层为酵母细胞壁和未水解的酵母细胞；含30%酵母细胞和40%酵母细胞的酶解液呈均一的流体状态。从颜色上来看，酵母浓度为30%和40%酶解液的颜色明显深于10%的酶解液。

由表7.14可见，随着时间的延长，各酵母浓度下酶解液的水解度均呈上升趋势；在相同的酶解时间下，酶解液的水解度随着酶解液的酵母浓度的增加而增大，并在酵母固形物浓度达到30%的时候，水解度达到最大值。如当水解时间为21h时，酵母浓度为10%的酶解液其水解度为22.7%；酵母浓度为20%的酶解液其水解度为28.3%；酵母浓度为30%的酶解液其水解度为29.6%；酵母浓度为40%的酶解液其水解度为27.4%。

表7.15　　　　不同酵母浓度对酵母酶解液化学指标的影响

样品号	AN_1 含量/%	AN_2 含量/%	ΔAN 含量/%	总氮含量 /(g/100g)	固形物含量 /(g/100g)	还原糖含量 /(g/100g)
1	0.06 ± 0.01	0.07 ± 0.02	− 0.01	0.22 ± 0.04	5.0 ± 0.2	0.02 ± 0.01
2	0.08 ± 0.01	0.08 ± 0.01	0.00	0.26 ± 0.01	5.4 ± 0.1	0.08 ± 0.01
3	0.10 ± 0.02	0.10 ± 0.01	0.00	0.32 ± 0.06	5.9 ± 0.2	0.19 ± 0.02
4	0.14 ± 0.03	0.13 ± 0.02	0.01	0.40 ± 0.04	6.4 ± 0.1	0.09 ± 0.00
5	0.17 ± 0.03	0.15 ± 0.02	0.02	0.41 ± 0.02	7.4 ± 0.4	0.26 ± 0.07
6	0.18 ± 0.02	0.17 ± 0.03	0.01	0.63 ± 0.06	10.5 ± 0.1	0.09 ± 0.01
7	0.21 ± 0.02	0.20 ± 0.02	0.01	0.68 ± 0.02	11.1 ± 0.2	0.35 ± 0.06
8	0.27 ± 0.04	0.25 ± 0.02	0.02	0.86 ± 0.01	12.9 ± 0.7	1.73 ± 0.24
9	0.35 ± 0.03	0.30 ± 0.04	0.05	1.03 ± 0.04	14.7 ± 0.4	2.13 ± 0.19
10	0.43 ± 0.01	0.38 ± 0.02	0.05	1.19 ± 0.03	15.2 ± 0.4	2.22 ± 0.27
11	0.32 ± 0.02	0.26 ± 0.02	0.06	1.09 ± 0.01	19.6 ± 0.5	0.28 ± 0.16
12	0.41 ± 0.01	0.33 ± 0.02	0.08	1.36 ± 0.01	17.9 ± 0.3	0.78 ± 0.21
13	0.50 ± 0.05	0.40 ± 0.03	0.10	1.55 ± 0.02	24.5 ± 0.4	1.45 ± 0.16
14	0.64 ± 0.05	0.52 ± 0.02	0.12	1.90 ± 0.02	23.7 ± 0.1	2.00 ± 0.18
15	0.75 ± 0.02	0.59 ± 0.04	0.16	1.94 ± 0.06	25.8 ± 0.5	2.36 ± 0.54
16	0.89 ± 0.02	0.74 ± 0.01	0.15	2.02 ± 0.04	27.3 ± 0.4	4.48 ± 0.35
17	1.09 ± 0.04	0.64 ± 0.02	0.45	2.64 ± 0.03	33.8 ± 0.5	4.11 ± 0.44
18	1.22 ± 0.02	0.73 ± 0.03	0.49	2.75 ± 0.02	34.2 ± 0.2	4.20 ± 0.16
19	1.38 ± 0.04	0.87 ± 0.02	0.52	2.89 ± 0.05	36.0 ± 0.6	3.78 ± 0.85

注：AN_1 为酵母水解液 $8000 \times g$ 离心 15min 后，上清液的氨态氮含量。AN_2 为未离心酵母水解液的氨态氮含量。ΔAN 为 $AN_1 - AN_2$。总氮含量为酵母水解液 $8000 \times g$ 离心 15min 后，上清液的总氮含量。固形物含量为酵母水解液 $8000 \times g$ 离心 15min 后通过折光仪测定。

由表 7.15 可见，相同酶解时间下酵母浓度对酵母酶解液 AN_1 值和 AN_2 值有明显不同的影响。以酶解时间为 21h 为例，含 10% 酵母细胞的酶解清液的 AN_1 值和 AN_2 值分别为 0.17g/100g 和 0.15g/100g；含 20% 酵母细胞的酶解清液分别为 0.43g/100g 和 0.38g/100g；含 30% 酵母细胞的酶解清液分别为 0.75g/100g 和 0.59g/100g；含 40% 酵母细胞的酶解清液分别为 1.22g/100g 和 0.73g/100g。在酵母浓度为 10% 的酶解液中 AN_1 值和 AN_2 值几乎没有显著性差别。对酵母浓度为 20% ~ 40% 的酶解体系，在相同酶解时间下，随着酶解液中酵母浓度的提高，AN_1 的数值明显大于 AN_2，即随着酶解液中酵母浓度的提高，ΔAN 值逐渐增大。相同酵母浓度下，随酶解时间延长，ΔAN 值也呈增大趋势。酵母浓度为 40%，55℃ 下水解 34h，ΔAN 值达到 0.52g/100g，ΔAN 值相当于 AN_2 的 60%。

在高酵母浓度酶解体系中，酶解产物包括游离氨基酸、寡肽、多肽、核苷酸、游离脂肪酸、单糖、寡糖、多糖等水溶性物质以及酵母细胞壁多糖等水不溶性成分。酵母细胞壁多糖能结合一部分"结合水"，随着酵母细胞壁多糖在酶解液中浓度的增大，体系中的结合水含量增加，而自由水的含量呈下降趋势，这导致酶解液离心处理后水溶性成分（如氨氮含量）被浓缩。这一现象是高底物浓度体系与常规底物体系相比独有的"浓缩现象"。工业规模化生产酵母抽提物工序中，酵母细胞酶解结束后需通过离心去除酵母细胞壁，因此 AN_1 值反映了酵母酶解上清液的实际指标；AN_2 值反映的是酵母酶解液中氨态氮含量的真实值。因此，评价酵母浓度对酶解效率的影响应看 AN_2 值的变化。

从不同酵母浓度酶解液的可溶性固形物含量来看，这一"浓缩现象"也非常明显。通过 $\triangle AN$ 值的分析，我们可知酵母浓度为 10% 的酶解液几乎没有浓"浓缩现象"。10% 酵母浓度水解 21h 后波美度为 7.4，即可溶性固形物含量约为 7.4%；20% 酵母浓度水解 21h 后波美度为 15.2，即可溶性固形物含量约为 15.2%；30% 酵母浓度水解 34h 后波美度为 27.3，即可溶性固形物含量约为 27.3%；40% 酵母浓度水解 34h 后波美度为 36，即可溶性固形物含量约为 36%，这一值与酶解体系中酵母的浓度接近。以酵母酶解后收得率 70% 计算，在酵母浓度为 30% ~ 40% 的酶解液清液中可溶性固形物含量远远高于理论值。"浓缩现象"有助于酶解产物浓缩过程中进一步降低能耗。

从不同酵母浓度酶解液的总氮含量来看，在酶解时间相同的情况下，随着酶解液中酵母浓度的增加，酶解液的总氮含量的显著增加。酶解液中底物浓度从 10% 增加到 40%，导致酶解液中总氮含量的增幅远大于 6 倍，这也是"浓缩现象"对总氮含量的影响。不同酵母浓度酶解液的还原糖和总糖含量也随着酶解液中酵母浓度的增加而提高，因发生了美拉德反应，还原糖和总糖含量有一定的波动。如表 7.16 所示。

表 7.16　水解 21h 不同底物浓度下酵母酶解液的游离氨基酸、还原糖和核苷酸组成　　单位：mmol/L

固形物浓度	10%	20%	30%	40%
Asp	2.05	5.39	9.20	14.77
Thr	2.33	6.07	10.43	15.98
Ser	3.67	9.80	16.69	26.87
Asn	2.75	7.87	13.63	23.17
Glu	7.60	21.70	39.69	55.30
Gly	4.31	11.10	16.83	27.14
Ala	7.75	21.07	30.36	52.67
Val	4.88	12.93	18.41	32.55
$(Cys)_2$	0.48	1.81	4.02	3.67
Met	0.72	2.06	3.44	5.66
Ile	2.56	7.74	14.07	20.84
Leu	5.95	16.99	29.66	46.42
Tyr	2.07	2.42	2.46	4.74
Phe	2.21	6.27	9.36	14.63
His	1.47	3.70	6.07	9.65
Trp	0.72	1.83	4.22	4.06
Lys	2.44	5.77	9.54	15.68
Arg	2.18	0.00	8.32	10.38
Pro	2.90	7.51	11.00	12.17
合计	59.01	152.02	257.40	396.35
I+G 含量/（g/100g）	<0.001	0.00122	0.00136	0.00213
还原糖含量/（g/100g）	1.42	1.68	2.16	2.05

　　酵母抽提物中游离氨基酸组成和含量对酵母抽提物的呈味特性有着重要影响。游离氨基酸含量与 AN_1 值对应，反映的是"浓缩效应"下上清液的游离氨基酸含量。从不同底物浓度下酵母酶解液的游离氨基酸组成来看，提高底物浓度导致游离氨基酸浓度显著提高，这一数据与氨态氮含量的变化趋势一致。从游离氨基酸组成来看，将底物浓度从 10% 提高到 40% 导致 Ile、Met、Leu、Cys、Ser、Glu 和 Asp 等游离氨基

酸富集，其浓度分别增长了 8.15、7.84、7.81、7.71、7.32、7.27 和 7.20 倍，同时导致 Tyr、Pro、Arg 和 Trp 等游离氨基酸占总氨基酸的比例降低。

从核苷酸含量来看，酵母酶解液中 IMP 和 GMP 的含量随固形物浓的增加，呈显著上升趋势。应该特别指出的是，编者发现蛋白酶的种类也对酵母中核苷酸含量有较大的影响，如木瓜蛋白酶水解得到的酵母抽提物中核苷酸含量较碱性蛋白酶普遍高 20%~30%。还原糖数据与核苷酸数据类似，随酶解液中酵母细胞的固形物浓度增加而上升，在固形物浓度为 30% 时达到最大值。

此外，对不同固形物浓度酶解得到的酵母抽提物进行浓缩和冻干处理，分别添加 0.3% 的浓度到鸡汤和牛肉汤中进行感官评价，感官评价结果表明高浓度酶解得到的酵母抽提物具有最强的鲜味和厚味。

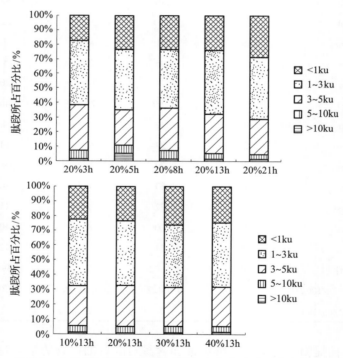

图 7.7　水解时间和底物浓度对酶解产物分子质量分布的影响

由图 7.7 可见，随着酶解时间的延长，酶解液中分子质量小于 1ku 和 1k~3ku 的肽段比例明显提高，而分子质量大于 5ku 的肽段比例呈下降趋势。20% 酵母浓度下酶解 21h 后，酶解液中分子质量小于 1ku 的肽段占 26%，分子质量在 1k~3ku 的肽段占 44%，合计 70%，表明水解液以分子质量小于3ku的肽段为主。这一趋势与大部分相关研究相一致。尽管相同酶解时间下不同底物浓度酶解液的水解度非常接近，但不同底物浓度酶解液的分子质量分布仍有一定区别。与其他底物浓度相比，底物浓度为30%，55℃酶解13h所得酶解产物中分子质量小于1ku和分子质量在1k～3ku的肽段比例最高，且分子质量在5k～10ku的肽段比例最低。

　　木瓜蛋白酶和碱性蛋白酶55℃分别水解固形物浓度为18%和28%的酵母细胞，所得酵母残渣的透射电镜照片如图7.8所示。由图7.8可见，高固形物浓度可明显增加酵母的溶出效率。高浓度下，酵母细胞的破碎、解离和空化现象更加明显和突出。右上图与左上图相比，更多酵母细胞出现了空心化以及细胞壁和细胞解离现象。右下图与左下图相比，部分酵母细胞甚至只剩下酵母细胞壁，整个细胞器消失。此外，对比木瓜蛋白酶和碱性蛋白酶的水解效率可见，碱性蛋白酶（左下和右下）的水解效率明显优于木瓜蛋白酶（左上和右上），这与水解度和蛋白回收率数据一致。

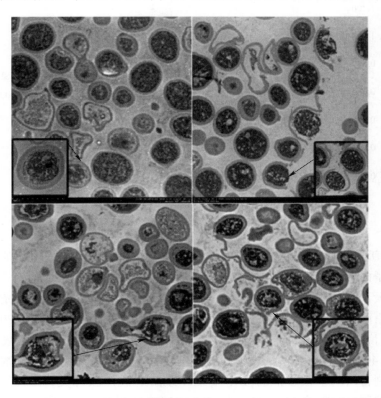

图7.8　酵母细胞酶解残渣的透射电镜照片（左上为18%浓度，木瓜蛋白水解
36h；右上为28%浓度，木瓜蛋白酶水解36h；左下为18%浓度，
碱性蛋白酶水解36h；右下为28%浓度，碱性蛋白酶水解36h；）

417

7.2.5.2　高酵母浓度酶解过程中理化特性的变化

随着底物浓度的增加，高底物浓酵母酶解液在色泽、水分活度、渗透压、抗氧化活性等方面均与常规酵母酶解液有较大区别。酶解液的色泽主要是酶解过程中游离氨基酸、小分子肽和还原糖进行美拉德反应产生，因此酶解液色泽的深浅可表征美拉德反应的程度。

将 10%、20%、30% 和 40% 酶解 13h 的酵母酶解液分别稀释适当的倍数到相同浓度后，添加 1% SDS 和未添加 SDS 的酶解液在 420nm 下测定吸光值，作为美拉德反应最后阶段产物（褐变强度）的指标。如图 7.9 显示了酶解 13h 时不同固形物浓度酵母酶解稀释液的褐变强度（A_{420nm}）。

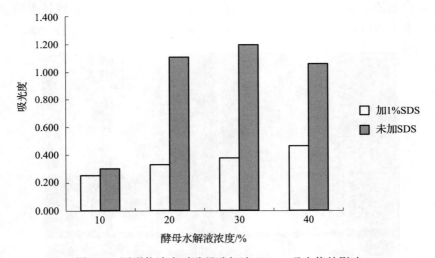

图 7.9　固形物浓度对酵母酶解液 420nm 吸光值的影响

SDS 是一种有效蛋白质变性剂和助溶性试剂，它可断裂蛋白质、多肽分子内和分子间的氢键，破坏蛋白质或多肽聚集体的二级和三级结构。大量文献报道，多肽聚集体添加 SDS 后，溶液变澄清，吸光值降低。由图 7.9 可见，在未添加 SDS 的情况下，当固形物浓度为 20% 及以上时，酵母酶解液的褐变程度比 10% 浓度大幅度提高，而浓度为 20%~40% 的酵母酶解液褐变强度差别不大。这可能与高固形物浓度下酶解制备的酶解液多肽易发生聚集导致酶解液浑浊有关。添加了 SDS 显著抑制了浓度为 20% 及以上酵母水解液的褐变，其中 20%、30%、40% 浓度的酵母水解液褐变强度仅分别为未添加 SDS 的 29.86%、31.05%、43.78%。

水分活度是指食品中水分存在的状态，即水分与食品结合程度（游离程度）。水分活度值越高，结合程度越低；水分活度值越低，结合程度越高。食品中的水活性可以影响食品中微生物的繁殖、代谢、抗性及生存等，与食品品质有着密切的关系。由图 7.10 可以看出，随着底物浓度的提高，酵母酶解液的水分活度逐渐降低。显然，酵母酶解液的固形物浓度越高，酶解液的水分活度越低。水解度对酵母酶解液固形物浓度的影响略复杂。高浓度下（30%和40%），随着水解时间的延长，酶解液的水分活度会明显下降。但对于低浓固形物度，这一规律则不明显。这可能与酵母细胞内的多糖、蛋白质及其降解产物的水合能力有关。

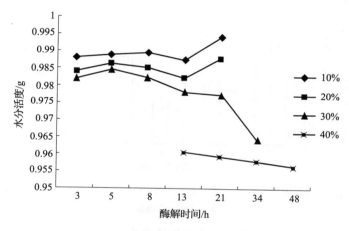

图 7.10 固形物浓度对酵母酶解液水分活度的影响

酵母酶解产物中含有大量具有抗氧化活性的抗氧化肽，如还原型谷胱甘肽等。除此之外，酵母酶解液中含有丰富的还原糖和游离氨基酸，在酶解及灭酶过程中发生美拉德反应，美拉德反应的某些中间产物及最终产物都有一定的抗氧化作用。IC_{50} 即自由基清除率达 50% 时酶解液蛋白浓度，IC_{50} 越小，则酶解液的抗氧化能力越强。分别测定了不同固形物浓度的酵母酶解 13h 和 21h 的 DPPH 自由基和羟自由基的清除活性，探究不同固形物浓度对酵母酶解液抗氧化性的影响。

对酶解 13h、21h 的酵母酶解液的 DPPH 自由基清除活性进行测定，并以还原型谷胱甘肽（GSH）作为阳性对照，结果如图 7.11 所示。从图中可以看出，酶解 21h 时，尽管不同固形物浓度酵母酶解液的水解度接近，但其 DPPH 自由基清除活性显著不同（$p < 0.05$）。浓度从 10% 到 30% 的酵母酶解液的 DPPH 自由基清除活性随酶解液固形物浓度提

高逐渐增强，并在固形物浓度为 30% 时达到最大值；而进一步提高酶解液固形物浓度到 40%，DPPH 自由基清除活性下降。从图 7.10 还可以看出，酶解 13h 和 21h 时酵母酶解液具有不同的 DPPH 自由基清除活性，酶解 13h 自由基清除活性高于 21h，固形物浓度为 30% 的酵母酶解13h 的酶解液具有最高的 DPPH 自由基清除活性，其 IC_{50} 为 （0.83 ± 0.09） mg/mL，酶解 21h 其 IC_{50} 为 （1.01 ± 0.13） mg/mL，GSH 的 IC_{50} 为 （0.36 ± 0.11） mg/mL。

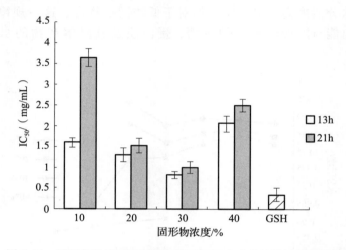

图 7.11　固形物浓度对酵母酶解液 DPPH 自由基清除活性的影响

注：数据为平均值 ± 标准偏差；n = 3。

机体在生命活动过程中不可避免地产生自由基，过多的自由基会破坏机体组织。据报道，羟自由基是生物体内活性最强的自由基之一，几乎可与生物体内所有物质产生作用，从而破坏其原有功能。图 7.12 为不同固形物浓度酵母酶解 13h 和 21h 时酶解液对羟自由基清除作用的试验结果。由图 7.12 可知，20% 固形物浓度下羟自由基清除活性最大，酶解 13h 和 21h IC_{50} 分别为 （12.12 ± 0.87） mg/mL 和 （9.37 ± 0.77） mg/mL。固形物浓度提高，其清除活性受到了抑制，固形物浓度为 30% 和 40% 酶解 13h IC_{50} 值分别为 （21.53 ± 1.18） mg/mL 和 （19.22 ± 0.91） mg/mL；21h 为 （23.17 ± 1.33） mg/mL 和 （25.06 ± 1.05） mg/mL，阳性对照 GSH IC_{50} 值为 （4.55 ± 0.77） mg/mL。固形物浓度为 10%、30%、40% 时，酶解 13h 较 21h 有更好的羟自由基清除活性。

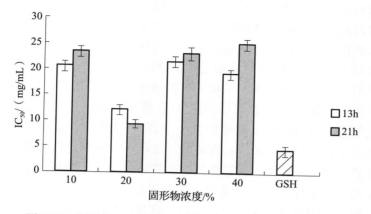

图 7.12　固形物浓度对酵母酶解液羟自由基清除活性的影响

7.2.5.3　高酵母浓度酶解规模化生产展望

提高酶解液中酵母浓度不仅可节约生产用水、节约浓缩能耗、提高设备利用率、增加单位设备的产能，而且有利于提高酶解效率、增加酶解产物的抗氧化性能，提升酶解产物的厚味和鲜味。在不考虑去除酵母细胞壁的情况下，不同酵母浓度酶解液的水消耗量、热能和反应器效率如表 7.17 所示。当酶解液中酵母浓度从 10% 提高到 40% 时，生产每公斤含细胞壁酵母抽提物的水用量和蒸发热降低了 83%，反应器效率提高了 4倍。提高酶解液中酵母浓度对酵母抽提物的品质也有不利影响，包括酶解液因美拉德反应导致色泽变深、酶解液中浑浊物质增加。

表 7.17　　　　不同酵母浓度酶解液的水消耗量、热能和反应器效率

酵母浓度	生产用水消耗量/（L/kg）	蒸发热/（MJ/kg）	反应器效率/［kg/(m³·h)］
10%	9.0	20.3	4.76
20%	4.0	9.0	9.52
30%	2.3	3.4	14.29
40%	1.5	1.5	19.05

注：反应 21h，酵母抽提物水解度达到 40% 计。

然而，高酵母浓度酶解在规模化生产中存在以下难点。① 提高酵母浓度后，体系黏度显著增加，特别是酵母浓度在 30% ~ 40% 时。在不增加特殊设备的情况下，高酵母浓度酶解液的传热、传质和传动较为困难。酵母酶解一般采用活酵母细胞为原料，传热慢会导致酵母酶解液难

以快速升温至酵母的灭活温度，存活的酵母发酵产气导致酶解液体积变大，酵母液溢出酶解罐等现象。酵母酶解液的发酵产气还会进一步限制有效传热的进行。解决方案是强化酵母酶解液的传热和传动，在此基础上将酵母与一定温度的热水混合，使酵母酶解液的温度快速升高到50~55℃。酵母浓度为30%~40%的酶解液一般需要3~6h完全液化，视蛋白酶的添加量和酶解温度而定。② 酵母酶解结束后，清液和酵母细胞壁的有效分离。传统酵母浓度下（10%~15%），酶解清液一般在酶解液总质量的70%~80%；在高酵母浓度下，酶解清液可能仅占酶解液总质量的40%~60%，视酵母的固形物浓度而定。造成这一现象的原因一是酶解液中固形物浓度提高，二是随酵母细胞壁多糖浓度的提高，多糖倾向于吸附更多的水分。针对这一现象的解决方案是：在酶解残留的细胞壁中加水，将水溶性成分抽提出来；添加乙醇、β-葡聚糖酶、甘露聚糖酶等酶制剂降低酵母细胞壁多糖的持水性。最后，必须指出的是：高浓度酵母酶解可提高酵母溶出效率，增加酵母酶解产物呈味强度的前提条件是酵母必须是活酵母细胞。对已经进行灭活处理的死酵母，其水解结果刚刚相反。

相信通过强化传热传动传质技术、酵母水解酶配方优化并结合工艺优化，高酵母浓度酶解技术具有较好的产业化前景。

7.3 特种酵母抽提物的制备

7.3.1 高谷氨酸酵母抽提物的制备

近年来，随着生活水平的提高，人们对饮食的品质也提出了新的要求，各类食品日益朝着天然、方便、美味及多功能的方向发展，食品呈味基料也已由先前使用的酿造调味料或化学调味料转向具有更高级味感的天然复合基料方向发展。酵母抽提物富含氨基酸、寡肽、核苷酸及核酸降解产物，具有厚味浓郁、口感绵长等特点。酵母抽提物与味精共同添加于食品中可显著改善食品的风味。

目前现有的酵母抽提物中谷氨酸钠的含量一般为4%左右，但越来越多的食品制造商希望酵母抽提物中谷氨酸的含量可以更高一些。一是减少甚至无须添加味精，避免消费者对产品中含有人工合成或化学添加剂的担忧；二是高谷氨酸的酵母抽提物在风味上不仅保留了普通酵母抽提物的醇厚味，而且鲜味更加突出。针对这一市场需求，湖北安琪酵母公司专利（200810189433.0）公开了一种高谷氨酸酵母抽提物的制备方法，具体工艺如下。

（1）以保藏编号为 CCTCCNO：M205130 的酵母菌乳为原料，调 pH 至 4.5 ~ 6.8，加热到 45℃ ~ 60℃。

（2）将木瓜蛋白酶和谷氨酰胺转氨酶添加到酵母乳中，酶解 16 ~ 20h。

（3）灭酶、浓缩、喷雾干燥，得高谷氨酸酵母抽提物。不同蛋白酶和谷氨酰胺转氨酶添加量对酵母抽提物中谷氨酸含量的影响，如表 7.18 所示。

表 7.18　　　　　不同工艺对酵母抽提物中谷氨酸含量的影响

	工艺一	工艺二	工艺三	工艺四	工艺五
蛋白酶添加量/%	1.5	2	1	3	0
谷氨酰胺转氨酶添加量/%	1.5	1	2	0	3
酶解 pH	6.0 ~ 6.5	6.0 ~ 6.5	6.0 ~ 6.5	6.0 ~ 6.5	6.0 ~ 6.5
酶解温度/℃	55	55	55	55	55
酵母抽提物中谷氨酸含量/%	10.8	10.2	11.2	4.6	3.0

由图 7.17 可见，仅添加蛋白酶或谷氨酰胺转氨酶均不利于提高酵母抽提物中谷氨酸含量，两者共同添加时可明显提高酵母抽提物中谷氨酸含量，酵母抽提物中谷氨酸含量最高可达到 11.2%。

7.3.2　酱油用酵母抽提物的制备

酱油中添加酵母抽提物可抑制咸味、增加鲜味、增加酱油中氨态氮和总氮含量，显著提高酱油的风味和产品档次。但应用于酱油中的酵母抽提物有其特殊要求：① 在 pH4.8 ~ 5.6，18% 以上的食盐溶液中不产生沉淀，100℃加热 30min 仍具有较好的溶解性；② 不改变酱油的特征风味和气味，具有一定的酱油特征香气。

编者研究发现，酵母抽提物的盐溶性与酵母酶解过程中使用的破壁助剂、酶解时间、水解度、离心分离等因素密切相关，下举例说明。以15% 的面包酵母乳为原料，添加酵母固形物 0.10% 的木瓜蛋白酶，50MPa均质一次，分别以酵母乳重量 1% 的食盐和乙醇为破壁助剂，55℃水解不同时间，5000 × g 离心 20min，得酵母抽提物。酵母抽提物的盐溶性，如表 7.19 所示。

表 7.19 不同酶解条件下酵母抽提物的溶解性

水解时间	0.5mol/L	1.0mol/L	2.0mol/L	3.0mol/L	4.0mol/L
6h（1% NaCl）	△	△	△	△	△
12h（1% NaCl）	△	△	○	○	○
18h（1% NaCl）	△	△	○	○	○
24h（1% NaCl）	○	○	○	○	○
30h（1% NaCl）	□	□	□	□	□
36h（1% NaCl）	□	□	□	□	□
42h（1% NaCl）	△	△	△	△	△
48h（1% NaCl）	△	△	△	△	△

注：△表示完全溶解，○表示部分不溶解，□表示混浊。

表 7.20 不同酶解条件下酵母抽提物的溶解性

水解时间	0.5mol/L	1.0mol/L	2.0mol/L	3.0mol/L	4.0mol/L
6h（1% C_2H_5OH）	△	△	△	△	△
12h（1% C_2H_5OH）	△	△	△	△	△
18h（1% C_2H_5OH）	△	△	△	△	○
24h（1% C_2H_5OH）	○	○	○	○	○
30h（1% C_2H_5OH）	○	○	○	○	○
36h（1% C_2H_5OH）	○	○	○	○	○
42h（1% C_2H_5OH）	△	△	△	△	△
48h（1% C_2H_5OH）	△	△	△	△	△

注：△表示完全溶解，○表示部分不溶解，□表示混浊。

由表 7.19 和表 7.20 可见，随着水解时间的延长，酵母抽提物的盐溶性呈下降趋势，水解前期酵母水解物盐溶性好，水解中期逐步出现部分不溶性物质，水解后期酵母水解液整体出现混浊。添加 1% 的食盐的酵母乳采用木瓜蛋白酶水解 6h，所得酵母抽提物在 20% 的食盐溶液中无沉淀；添加 1% 乙醇的酵母乳采用木瓜蛋白酶水解 12h，所得酵母抽提物在 20% 的食盐溶液中无沉淀。继续延长酶解时间，酵母抽提物的盐溶性下降，但当酶解时间延长到 42h 左右时，酵母抽提物的盐溶性又明显改善了。

在此基础上，通过美拉德反应可获得具有酱油香气、盐溶液呈透明深红色、鲜咸适口的酵母抽提物（专利申请号 200810006187.6），具体步骤如下。

（1）将 250～400 质量份的酵母抽提物、6～10 质量份的葡萄糖、20～40 质量份的氯化钠、6～10 质量份的甘氨酸、80～100 质量份的水解植物蛋白以及适量的使反应物的浓度为 25%～40% 的水，混合均匀。

（2）将混合物在 110℃～120℃，pH 为 5.0～6.0 下，反应 50～80min，得美拉德反应产物。

（3）在美拉德反应产物中添加质量比 6%～10% 的谷氨酸钠和质量比 1%～3% 的呈味核苷酸二钠进行调配。

（4）过滤去除不溶物，浓缩至固形物为 60%，得酱油专用酵母抽提物。

7.3.3　高核苷酸酵母抽提物的制备

普通的酵母抽提物含有大量的游离氨基酸、寡肽、蛋白质，口感醇厚，但其呈味核苷酸含量（I+G）较低，一般小于 1%，鲜味不够浓郁。纯粹的呈味核苷酸（I+G）成本高，且口感不够醇厚，必须和氨基酸类物质混合才能产生鲜味。采用将普通酵母抽提物与呈味核苷酸混合的方式，将呈味核苷酸二钠作为食品添加剂加入，产品标签必须标示含有呈味核苷酸，从而使生产的酵母抽提物不具有天然、无添加剂的特点。从实际应用效果来看，高核苷酸酵母抽提物具有添加量低、醇厚味浓郁、应用面广等特点，还具有一定抑制异味和苦味的功效，已广泛应用于肉制品、膨化食品、调味品、餐饮、饮料等食品行业中。《酵母抽提物》（GB/T 23530—2009）对高核苷酸酵母抽提物的理化指标做出了明确规定，如表 7.21 所示。

表 7.21　　　　　　　　高核苷酸酵母抽提物理化指标

项目		膏状	粉状
水分/%	≤	40.0	6.0
I+G 含量（以钠盐水合物干基计）	≥	2.0	2.0
总氮（除盐干基计）	≥	7.0	7.0
谷氨酸	≤	12.0	12.0
（IMP+GMP）：（CMP+UMP）	≤	2.1:1	2.1:1
铵盐（以氨计，以除盐干基计）	≤	2.0	2.0
灰分（除盐干基计）	≤	15.0	15.0
氯化钠	≤	50	50
pH		4.5～6.5	4.5～6.5

实际生产过程中高核苷酸酵母抽提物的制备一般有两种方法。一是以高核酸酵母为原料，对酵母细胞进行灭活处理。这样做的目的一方面是使酵母细胞中蛋白酶、核酸酶等内源性酶灭活，另一方面是使酵母中核酸大量溶出。灭活处理后离心去除酵母细胞壁等残渣，防止酵母细胞壁中蛋白质被蛋白酶进一步酶解。上清液中添加外源性蛋白酶、转氨酶和核酸酶，降解核酸和可溶性蛋白质，即得高核苷酸酵母抽提物。酵母灭活的温度对酵母抽提物核苷酸的含量有较大的影响，见表7.22。

表7.22　　　　灭活温度对酵母抽提物核苷酸含量的影响

酵母的核糖核酸含量/%	8	8	9	9	10	10	10	11	12
杀灭酵母温度/℃	40	45	50	55	60	65	70	75	80
酵母乳 pH	4.5	4.9	5.4	5.9	6.4	6.8	4.5	4.9	5.4
酶解温度/℃	35	45	55	65	75	80	35	45	55
灭酶温度/℃	85	85	85	85	85	85	85	85	85
灭酶时间/h	30	30	30	30	30	30	30	30	85
酵母抽提物 pH	6.5	6.5	6.5	6.5	6.5	6.5	6.5	6.5	6.5
I + G 含量/%	7.4	10	12	14	17	20	23	26	29

这一方法制备高核苷酸酵母抽提物的缺点是收率较低，通过降低酵母中蛋白质的溶出效率达到提高抽提物中核苷酸含量。针对这一缺点，也有企业将酵母中核酸沉淀下来，加入到高核酸酵母乳中，制备高核苷酸酵母抽提物。具体工艺如下：酵母乳 80 ~ 95℃ 热处理 60 ~ 120min 后，调 pH 为 2.0，静置取沉淀，得核酸富集物。将核酸富集物加入灭活的高核酸酵母乳中，添加外源性蛋白酶、转氨酶和核酸酶，即得高核苷酸酵母抽提物。

7.3.3.1　呈味核苷酸类物质的结构与鲜味的关系

呈味核苷酸与味精具有明显的呈味相乘作用，如表7.23所示。

表7.23　　　　IMP 与味精的呈味相乘作用　　　　　　　　单位：g

味精	IMP	混合物	相当于味精的量	相乘倍数
99	1	100	290	2.9
98	2	100	350	3.5
97	3	100	430	4.3
96	4	100	520	5.2
95	5	100	600	6.0

据报道，呈现鲜味的核苷酸及其衍生物已发现有三十多种，其中研究得较多的是 5′-肌苷酸（IMP）、5′-鸟苷酸（GMP）和 5′-黄苷酸（XMP）。呈现鲜味的核苷酸和部分衍生物的名称及其呈味鲜强度如表 7.24 所示。

表 7.24　　　　　　　　　　核苷酸及其衍生物的鲜味

核苷酸及衍生物	鲜味强度（相当于 IMP）	核苷酸及衍生物	鲜味强度（相当于 IMP）
5′-肌苷酸	1	2-乙硫基-5′-肌苷酸	7.5
5′-鸟苷酸	2~3	2-异戊硫基-5′-肌苷酸	6.5
5′-黄苷酸	0.61	2-硫代呋喃-5′-肌苷酸	17
5′-腺苷酸	0.18	2-甲氧基-5′-肌苷酸	4.2
脱氧-5′-鸟苷酸	0.62	2-乙氧基-5′-肌苷酸	4.9
2-甲基-5′-肌苷酸	2.3	2-氯-5′-肌苷酸	3.1
2-乙基-5′-肌苷酸	2.3	N^2-甲基-5′-鸟苷酸	2.3
2-苯基-5′-肌苷酸	3.6	N^2,N^2-二甲基-5′-鸟苷酸	2.4
2-甲硫基-5′-肌苷酸	8.0	N^1-甲基-5′-肌苷酸	1.3

由表 7.24 中可知，许多 5′-肌苷酸衍生物或 5′-鸟苷酸衍生物的呈鲜味强度高于 5′-肌苷酸或 5′-鸟苷酸，特别是在第 2 位碳上有一个含硫取代基团的 5′-肌苷酸具有更强的鲜味，但基于合成成本等方面的原因，至今未投入商品化生产。

日本学者 Kuninak 系统地研究了核苷酸类物质的结构和鲜味的关系，认为呈现鲜味的核苷酸类物质在结构上具备以下三个条件：一是只有 5′-核苷酸才具有独特的鲜味，即在核糖部分的 5C 位碳上形成磷酸酯的核苷酸才呈现鲜味；而它们的异构体，即在第 2C 或 3C 位碳上形成磷酸酯的核苷酸则无鲜味。二是并非所有的 5′-核苷酸及其衍生物都呈现鲜味。呈味核苷酸的碱基必须为嘌呤基，其第 9 位 C 上的 N 与戊糖的第 1 个 C 相连。即只有嘌呤类的核苷酸呈现鲜味，而嘧啶类的核苷酸则没有鲜味。三是在嘌呤环的第 6C 位碳上有一个—OH，才呈现鲜味。

日本化学家 Nakao 等人报道，有上述三个条件的脱氧核苷酸也具有鲜味，但它们的鲜味强度要比相对应的核苷酸弱一些。Honjo 等进一步指出，除了这些条件以外，第 5C 位碳上的磷酸酯的两个—OH 在解离时，才呈现鲜味，如果这两个—OH 被酯化或酰胺化，则鲜味消失。

7.3.3.2 高核苷酸酵母抽提物的制备工艺

酵母细胞内的核酸主要以核蛋白的形式存在。在普通酵母抽提物的工业生产中，大部分企业在自溶/酶解结束后，通过加热方式提取酵母细胞残渣中的 RNA，再添加 5′-磷酸二酯酶对 RNA 进行降解。

1989 年 Lever Brothers Company 公开了一种具有较高核苷酸含量的酵母抽提物的制备方法。发明人 Ronald P. Potman 等发现，在有氧的条件下对酵母抽提物进行酶解有利于提高酵母抽提物中核苷酸的含量，不利于酵母抽提物得率的提高。通过调节酶解过程中氧气含量可调控酵母抽提物中核苷酸的含量。具体工艺如下。

固形物含量为 20% 的酵母悬浮液在 100℃ 处理 30min 灭酶灭活，冷却至 65℃，调节 pH 至 6.0，添加木瓜蛋白酶和麦芽根磷酸二酯酶，65℃ 充氮气条件下反应 18h，酵母抽提物的得率为 60%，酵母抽提物中核苷酸的含量为 1.2%（以 5′-GMP 核苷酸计，下同）；在有氧条件下酶解 18h，酵母抽提物的得率为 46%，酵母抽提物中核苷酸的含量为 1.9%；而在厌氧条件下水解 6h 后，对酶解液进行通氧气处理 12h，酵母抽提物的得率为 59%，酵母抽提物中核苷酸的含量为 2.0%，如图 7.13 所示。

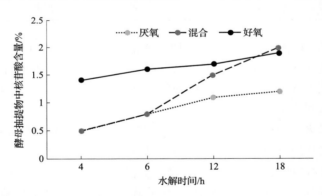

图 7.13 不同通氧处理对酵母抽提物中核苷酸含量的影响

2005 年日本札幌啤酒株式会社的池内启等公开了一种制备高核苷酸酵母抽提物的方法，其工艺流程如下。① 以核酸含量大于 10 重量% 的酵母为原料，调节酵母细胞悬浮液的 pH 到中性或碱性范围，在 pH 为 6.5 ~ 11.0，温度为 70 ~ 95℃ 加热 1 ~ 3h。② 加入蛋白酶和核酸降解酶反应、灭酶、离心、浓缩、干燥得酵母抽提物。所得酵母抽提物中核苷酸（I + G）的含量达到 2% ~ 4%。这一专利以高核酸酵母为原料，利用高温弱碱法提取酵母中核酸，再利用核酸酶和蛋白酶进行降解，制备高核苷酸酵母抽提物。必须指出的是，高温弱碱处理会导致酵母抽提物的风味，特别是气味，发生劣变。此外，该专利未公开利用这一工艺制备高核苷酸酵母抽提物的得率。

2008 年安琪酵母公司公开了一种高核苷酸酵母抽提物的制备工艺（专利申请号 200810007940.8），工艺如下。

① 以核糖核酸含量大于 8% 的面包酵母、啤酒酵母或圆酵母或三者的混合物为原料，制备固形物含量为 10% ~15% 的乳液。

② 在 40℃ ~95℃ 的温度下，杀灭酵母乳中的酵母，离心得上清液。

③ 向上清液中加入酵母重量 0.1% ~0.3% 的蛋白酶、核酸酶、转氨酶，在 pH 为 4.0~6.8、温度为 35℃ ~80℃ 的条件下，酶解 12~25h。

④ 上清液经过 75~90℃ 灭酶 50~70min。

⑤ 浓缩、喷雾干燥，得高核苷酸酵母抽提物。

表 7.25　　不同工艺对酵母抽提物中核苷酸含量的影响　　　　　　单位:%

	工艺 1	工艺 2	工艺 3	工艺 4	工艺 5	工艺 6	工艺 7	工艺 8
酵母的 RNA 含量/%	8	8	9	9	10	10	10	11
杀灭酵母温度/℃	40	45	50	55	60	65	70	75
酵母乳 pH	4.9	4.9	5.4	5.9	6.4	6.8	4.5	4.9
酶解温度/℃	35	45	55	65	75	80	35	45
温度/℃	85	85	85	85	85	85	85	85
热处理时间/min	30	30	30	30	30	30	30	30
pH	6.5	6.5	6.5	6.5	6.5	6.5	6.5	6.5
I + G 含量/%	7.4	10	12	14	17	20	23	26

酵母酶解液的灭活温度、酵母乳的 pH 以及酶解温度对酵母抽提物中核苷酸含量有较大的影响。酵母灭活温度较高，不仅有利于 RNA 溶出，同时还抑制了蛋白质和多糖降解产物的溶出，可提高酵母抽提物中核苷酸的含量。酵母乳的 pH 对于酵母中核糖核酸的降解效率有较大的影响，在 pH 为 5.0 及 pH 为 6.0 的酸性条件下较适合核糖核酸的降解，其核糖核酸降解率较高；pH 为 7.0 及 pH 为 8.0 的中性及弱碱性条件下次之，pH 为 9.0 及 pH 为 10.0 的碱性条件下不太适合于核糖核酸的降解。酶解液的温度对酵母中核糖核酸的降解也有较大的影响，50℃ 及 55℃ 的降解率明显高于 45℃、60℃ 及 65℃ 的 RNA 降解率，55℃ 最高，50℃ 与 55℃ 基本一致，60℃ 次之，65℃ 最低，这主要是因为核酸酶的激活及作用都依赖于温度，温度太低不易于激活核酸酶系，而温度过高又不利于大部分核酸酶作用的缘故。上述实验结果表明，采用这一工艺可以得到肌苷酸二钠和鸟苷酸二钠的总含量最高达到 26% 的酵母抽提物，见表 7.25。

上述两种工艺的共同特点是采用热处理对酵母进行灭活和灭酶处理，虽然显著提高了酵母抽提物中核苷酸的含量，但蛋白质溶出率明显降低，酵母抽提物的得率明显下降。显然，蛋白质的溶出效率和酵母抽提物中核苷酸的含量是一种"跷跷板"关系，需要生产者基于产品需要和经济效益进行平衡。

7.4 风味化酵母抽提物的制备

1912 年，法国化学家 L. C. Maillard 初次发现葡萄糖和甘氨酸加热褐变，并将这一反应命名为美拉德反应。美拉德反应是广泛存在于食品工业的一种非酶褐变（nonenzymical browning），是羰基化合物（还原糖类）和氨基化合物（氨基酸、多肽和蛋白质）间的反应，经过复杂的历程最终生成棕色甚至是黑色的大分子物质类黑精或称拟黑素，所以又称羰氨反应。美拉德反应是一个反应过程复杂，中间产物众多，终产物结构十分复杂，其反应途径尚不完全清楚的化学反应。1953 年 Hodge 对美拉德反应的机制提出了系统的解释，大致可以分为 3 个阶段：起始阶段、中间阶段和最终阶段。初步阶段得到验证，这与形成的稳定中间产物有关，中间阶段和后续阶段争议较大。

美拉德反应在食品工业中有着广泛的应用，对于食品香精生产之中的应用，国内外均有较多研究，该技术在肉类香精及烟草香精生产中被广泛应用。美拉德反应制备的肉味香精具有天然肉类香精的逼真效果，这是单体香精调配技术无法比拟的。模拟肉香体系的研究是伴随着咸味香精的发展及调味配料的需求而逐渐建立和发展起来的。从 1960 年开始，越来越多的模拟肉味反应专利公开，这些专利主要集中于通过氨基酸尤其是含硫氨基酸，如半胱氨酸和蛋氨酸，与还原糖进行反应生成的。后来随着生物技术的发展，在模拟肉香体系建立过程中，逐渐加入蛋白质水解物、酵母抽提物或者肉类提取物和肉类酶解物等。如 Eguchi 和 Corbett 等在模拟肉香体系中分别加入肉类酶解物和 HAP、HVP。Varavinit 等在模拟肉香体系中加入酵母抽提物，这些研究使反应物嗅感物质的逼真度以及增强味感物质方面都有显著提高。时至今日，东西方国家在美拉德反应制备肉味香精方面也形成了各具反应特色。部分掌握了核心技术的外企采用高温连续美拉德反应技术制备风味化酵母抽提物，这一技术具有反应温度高（＞130℃）、反应时间短、反应产物均一性好、反应产物香气逼真以及反应－干燥偶联等特点。国内大部分企业均采用的低温（90～120℃）长时间、间歇式反应器。两种美拉德反应产物在滋味和香气上均有自己的特点。

酵母抽提物营养丰富，含有丰富的氨基酸、肽类、核苷酸、B族维生素及微量元素等。在酵母抽提物中加入可产生的猪肉味、牛肉味、鸡肉味或其他肉味特性的风味物质、烟熏香料、香辛料等，通过美拉德反应可以生产各种具有典型肉香味的调味料，可与肉类抽提物媲美。《酵母抽提物》（GB/T 23530—2009）对风味型酵母抽提物的理化指标做出了明确规定。下面以肉香型酵母抽提物的美拉德反应工艺优化为例进行讲解。

安琪酵母有限公司专利（申请号：200810180247.0）公开了一种以面包酵母抽提物为原料制备素食型肉味酵母抽提物的方法，具体如下。将60～80质量份酵母抽提物、8～15质量份水解植物蛋白、1～2质量份木糖、1～4质量份葡萄糖、1～3质量份甘氨酸、0.5～2.0质量份丙氨酸、0.3～1.0质量份半胱氨酸、0.5～1.0质量份呈味核苷酸钠、0.1～0.5质量份维生素B_1以及6～20质量份水混合均匀。将（1）中所得混合物在pH为5.0～7.0下，105～135℃热反应15～60min，得到具有典型肉香的酵母抽提物。

华南理工大学公开了一种以啤酒酵母抽提物原料制备肉香型酵母抽提物的工艺，具体如下。啤酒酵母抽提物配制成50%浓度，添加1.5%质量份木糖、1.5%质量份核糖、1%质量份半胱氨酸、1%质量份蛋氨酸、0.5%质量份硫胺素和0.5%质量份维生素C，调节pH为7.5，在反应釜内升温至105℃，保温回流反应2h。采用优化反应条件制备的风味化啤酒酵母抽提物具有肉香浓郁、滋味饱满、圆润、鲜美、肉质感强的特点。如表7.26所示。

表7.26　　　　　风味型酵母抽提物的理化要求

项目	液态	膏状	粉状
水分/%	62.0	40.0	8.0
总氮（除盐干基计）含量/%	5.0	5.0	3.5
灰分（除盐干基计）/%	15.0	15.0	15.0
氯化钠含量/%	50	50	50
pH	4.5～7.5	4.5～7.5	4.5～7.5
铵盐（以氨计，除盐干基计）含量/%	1.5	1.5	1.5

7.4.1　反应物浓度对美拉德反应的影响

分别取100g浓度为10%、20%、30%、40%、50%（质量分数）的啤酒酵母抽提物，添加2%还原糖、1%半胱氨酸、0.5%硫胺素和适量的香辛料，混合均匀后调节pH为6.0，置于高压灭菌锅中于100℃下加热反应 2.5h，隔夜放置后取样进行各项指标分析。如图 7.14、图 7.15 和表 7.27 所示。

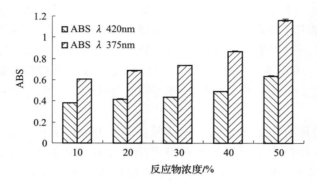

图 7.14　反应物浓度对反应褐变程度的影响

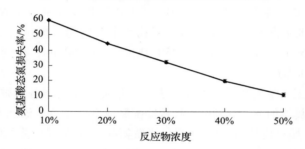

图 7.15　反应物浓度对氨基酸态氮损失率

表 7.27　　　　　　　　反应物浓度对 MRP 香气的影响

反应物浓度	10%	20%	30%	40%	50%
香气评价	无肉香，有糊焦味	肉香味淡	有肉香味，稍有杂气	肉香柔和纯正，且浓郁	肉香不纯正，有焦味

随着反应物浓度的升高，反应程度不断加深，反应后体系 pH 迅速下降，褐变程度加深，氨基酸态氮损失率持续下降。从风味评价上分析，反应物浓度达到 50% 时，产物的肉味会被焦糊味所掩盖，肉香不纯正；而低浓度反应物的产物肉香逐渐变淡，且褐变现象不明显。这说明，水在美拉德反应中具有双重作用，在反应物浓度较低情况下，即反应在高水分下进行，过多的水分将大大稀释反应物的浓度，从而降低反应速率；而在反应物浓度高的情况下，即反应在低水分下进行，反应物的流动受到限制，美拉德反应不易进行。此外综合考虑产品的运输及保藏问题，当反应物浓度选在 40% 时最佳。

7.4.2　反应时间对美拉德反应的影响

取 100g 浓度为 40% 的啤酒酵母抽提物，添加 2% 还原糖、1% 半胱氨酸、0.5% 硫胺素和适量的香辛料，混合均匀后调节 pH 为 6.0，置于高压灭菌锅中于 100℃下加热反应 1h～3.5h，隔夜放置后取样进行各项指标分析。如图 7.16、图 7.17 和表 7.28 所示。

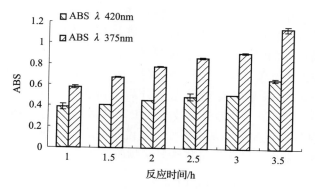

图 7.16　反应时间对反应褐变程度的影响

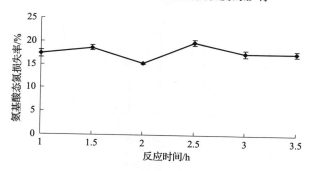

图 7.17　反应时间对氨基酸态氮损失率影响

表 7.28　　　　　　　　反应时间对 MRP 香气的影响

反应时间/h	1	1.5	2	2.5	3	3.5
香气评价	肉香较淡，杂气较重	有肉香，杂气重	肉香柔和	肉香柔和纯正，且浓郁	焦咸味	焦味重

随着反应时间的延长，反应程度不断加深，反应体系 pH 有不断下降的趋势，且前期比较明显，后期趋于平缓。反应物的褐变程度不断加深，氨基酸态氮损失率在 2.5h 达到最大，在反应 3h 以后，氨基酸态氮含量基

本不变，表明反应已经完全。由风味随时间的变化来看，反应初始阶段，由于反应不够充分，产生的肉香淡且杂气较多，油腻感较强。2h 以后，随反应时间的增加，产生的肉香逐渐加强，产品的品质逐渐变好。但时间超过 3h 时，由于反应过于剧烈，产品会产生明显的焦糊味、苦味，导致产品整体风味下降。因此在生产肉香型香精过程中，适宜的反应时间较为重要，热反应以 2.5h 最佳。

取热反应 1～3.5h 共 5 个水平进行考察。由图 7.18 可知，随着反应时间的延长，在波长为 375nm 或 420nm 下，美拉德反应物相应的吸光值都呈上升趋势，这说明反应褐变程度不断加深。在波长为 375nm 下，美拉德反应物相应的吸光值变化程度显著；而在波长为 420nm 下，美拉德反应物相应的吸光值变化程度较为平缓。由图 7.19 可知，随着反应时间的增加，氨基酸态氮损失率呈先上升后下降的折线趋势，且在 1h 至 1.5h、2h 至 2.5h 呈上升趋势。最高点在 2.5h 水平，达到 19.85%；反应 3h 后，氨基酸态氮损失率基本不变。这说明反应 2.5h 时，体系中的氨基酸的利用达到最大，转化为呈特殊风味物质较为充分。

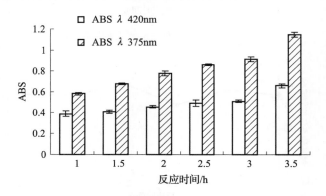

图 7.18　反应时间对反应褐变程度的影响

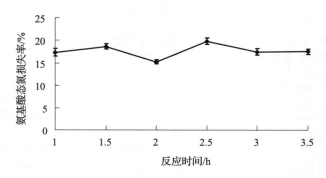

图 7.19　反应时间对氨基酸态氮损失率的影响

表 7.29			反应时间对 MRP 香气的影响		
反应时间/h	1	1.5	2	2.5	3	3.5
香气评价	肉香较淡，杂气较重	有肉香，杂气重	肉香柔和	肉香柔和纯正，且浓郁	焦咸味	焦味重

由表 7.29 得，反应初始阶段，由于反应不够充分，产生的肉味淡且杂气较多，油腻感较强。2h 后，随反应时间的增加，产生的肉香逐渐加强，产品的品质逐渐变好。但超过 3h 后，产生明显的焦糊味、苦味，导致产品整体风味下降，说明继续增加反应时间并不能得到更好的风味。因此在生产肉香型香精过程中，适宜的反应时间较为重要，热反应以 2.5h 最佳。

7.4.3 反应温度对美拉德反应的影响

取 100g 浓度为 40% 的啤酒酵母抽提物，添加 2% 还原糖、1% 半胱氨酸、0.5% 硫胺素和适量的香辛料，混合均匀后调节 pH 为 6.0，置于高压灭菌锅中于 80～100℃下加热反应 2.5h，隔夜放置后取样进行各项指标分析。如图 7.20、图 7.21 和表 7.30 所示。

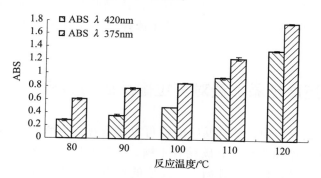

图 7.20　反应温度对反应褐变程度的影响

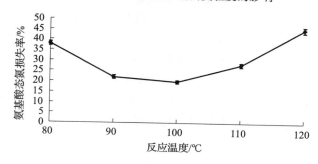

图 7.21　反应温度对氨基酸态氮损失率的影响

表7.30　　　　　　　　　反应温度对 MRP 香气的影响

反应温度	80℃	90℃	100℃	110℃	120℃
香气评价	肉香味很淡	肉香味较淡	肉香柔和纯正，且浓郁	肉味中带有焦味	焦味浓

反应温度是美拉德反应的一个主要因素，一般每相差10℃，反应速度相差3~5倍，由图7-20和图7-21可知，随着反应温度的提高；褐变程度也随之加深，氨基酸态氮的损失率在反应温度为100℃以后也不断增加，这说明美拉德反应在温度提高时加快。随着温度的升高，糖会不断失水，发生焦糖化反应，戊糖生成糠醛，己糖生成羟甲基糖醛，进一步加热会产生的呋喃衍生物、羰基化合物、醇类、脂肪烃和芳香烃类。其中的二羰基化合物和三羰基化合物是重要的中间生成物，都是产生香味的重要反应 Streker 降解的主要参与物，其中的重要产物呋喃酮与 H_2S 反应产生非常强烈的肉香气。但由于温度的不断升高，糖连续脱水，生成焦糖酐、焦糖烯，色素聚合物增加，样品颜色加深，同时产品中杂味物质增多，焦糊味加重。而温度过低时，反应程度不够，产生的香气淡。因此选择反应温度为100℃时风味最佳。

7.4.4　还原糖添加量对美拉德反应的影响

在美拉德反应中，参与反应的糖可以是双糖、五碳糖和六碳糖。可用的双糖有乳糖和蔗糖；五碳糖有木糖、核糖和阿拉伯糖；六碳糖有葡萄糖、果糖、甘露糖、半乳糖等。反应的速度为五碳糖 > 己醛糖 > 己酮糖 > 双糖，双糖产生的风味较差，五碳糖中反应最快的是核糖，但成本高，且难以购买，所以通常使用葡萄糖和木糖。本试验采用复合还原糖，还原糖组合为：D-木糖:D-葡萄糖（质量比）= 1:4。取100g浓度为40%的啤酒酵母抽提物，分别添加1%、1.5%、2.0%、2.5%、3.0%还原糖，以不添加还原糖为对照，以及1%半胱氨酸、0.5%硫胺素和适量的香辛料，混合均匀后调节 pH 达6.0，置于高压灭菌锅中于100℃下加热反应2.5h，隔夜放置后取样进行各项指标分析。如图7.22、图7.23和表7.31所示。

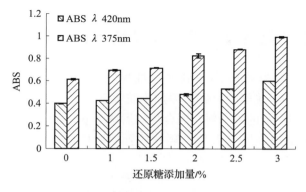

图 7.22 还原糖添加量对反应褐变程度的影响

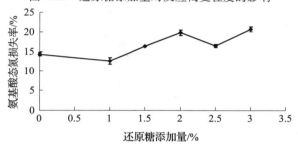

图 7.23 还原糖添加量对氨基酸态氮损失率的影响

表 7.31 **还原糖添加量对 MRP 香气的影响**

还原糖添加量	0	1.0%	1.5%	2.0%	2.5%	3.0%
香气评价	稍有肉香	肉味味较淡	肉香比较柔和	肉味柔和纯正, 且浓郁	肉味中含有杂气	杂气较重, 有焦味

随着还原糖添加量的增加, 反应速度加快, 反应程度加深。反应后体系 pH 均下降, 但降低程度不同。这是因为羰氨缩合过程中封闭了游离的氨基, 反应体系的 pH 下降, 增加还原糖添加量可使 pH 的降低程度略有增加。褐变程度也随着还原糖的添加量增加而增加, 氨基酸态氮损失率也不断增加, 这是因为增加的葡萄糖消耗了更多的氨基酸和一些氨基化合物。当添加量为 2% 时, 氨基酸态氮损失率达到最大值。随着还原糖添加量的增加, 产品整体的风味不断增强, 当还原糖浓度为 1.0% 时, 美拉德反应不彻底, 肉香味淡; 当浓度达到 2% 时, 反应最彻底, 肉香味柔和浓郁且不含杂气; 但是若继续提高葡萄糖的含量, 对肉香风味贡献不大, 而且焦糖化反应使产品有焦味。这说明了肉类风味的形成必须有适量的还原糖参与, 因此还原糖添加量选择为 2% 最佳。

7.4.5 半胱氨酸添加量对美拉德反应的影响

取 100g 浓度为 40% 的啤酒酵母抽提物，分别添加 0.5%、1.0%、1.5%、2.0% 的半胱氨酸，以不添加半胱氨酸为对照，以及 2% 还原糖、0.5% 硫胺素和适量的香辛料，混合均匀后调节 pH 达 6.0，置于高压灭菌锅中于 100℃下加热反应 2.5h，隔夜放置后取样进行各项指标分析。如图 7.24、图 7.25 和表 7.32 所示。

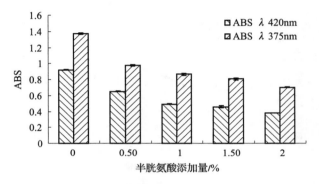

图 7.24　半胱氨酸添加量对反应褐变程度的影响

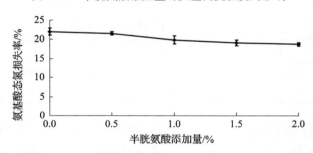

图 7.25　半罐氨酸添加量对氨基酸态氮损失率的影响

表 7.32　　　　　　　　　半胱氨酸添加量对 MRP 香气的影响

半胱氨酸添加量	0	0.5%	1.0%	1.5%	2.0%
香气评价	无肉为香，酱味浓	稍有肉香	肉香味柔和纯正，且浓郁	肉香味浓，但稍有刺激性气味	稍有肉香，杂气较重，刺激性气味重

随着半胱氨酸添加量的增加，反应后体系的 pH 有所降低，反应褐变程度逐渐降低，氨基酸态氮损失率不断减少。含硫化合物的添加时形成

肉香的必要条件，而半胱氨酸是形成肉香气的必需氨基酸，是产生肉类风味的重要前体物质，它的 Stecker 反应产生了 H_2S、NH_3 和乙醛等活跃的反应中间体，其后继反应产生了许多有较强香味的肉类风味化合物。但其含量太高和太低都不能形成理想的肉味香气，随着半胱氨酸添加量的增加肉味逐步增强，但是量过大时，由于一些不愉快的、刺激性气味的产生掩盖了部分的肉类香味，导致肉味减弱，从而影响了产品的风味，因此半胱氨酸添加量控制在 1% 为佳。

7.4.6 硫胺素添加量对美拉德反应的影响

取 100g 浓度为 40% 的啤酒酵母抽提物，分别添加 0.25%、0.5%、0.75%、1.0% 的硫胺素，以不添加硫胺素为对照，以及 2% 还原糖、1% 半胱氨酸，和适量的香辛料，混合均匀后调节 pH 达 6.0，置于高压灭菌锅中于 100℃ 下加热反应 2.5h，隔夜放置后取样进行各项指标分析。如图 7.26、图 7.27 和表 7.33 所示。

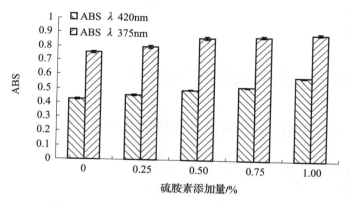

图 7.26　硫胺素添加量对反应褐变程度的影响

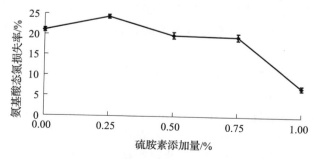

图 7.27　硫胺素添加量对氨基酸态氮损失率的影响

表 7.33 硫胺素添加量对 MRP 香气的影响

硫胺素添加量	0	0.25%	0.5%	0.75%	1.0%
香气评价	肉香淡	有肉香味，但不柔和	肉香柔和纯正，且浓郁	有杂气，刺激性硫臭味	无肉香，刺激性硫臭味，糊焦味

　　随着硫胺素添加量的增加，反应前后体系的 pH 变化不大，褐变程度也并未发生明显的变化，氨基酸态氮损失率有所降低，这可能是由于硫胺素的降解产物对美拉德反应具有抑制作用。然而随着硫胺素的增加，肉香味增强，硫胺素在加热过程中分解所产生的风味化合物是肉香的重要成分，特别是 2 - 甲基 - 3 - 呋喃基硫醇，双 - （2 - 甲基 - 3 - 呋喃基）二硫化物，3 - 甲基 - 4 - 氧基 - 二噻烷对加热产生的肉的风味起决定性作用，这三种化合物的生成机制也已提出，即硫胺素降解的第一步是噻唑环中—C—N—及—C—S—键的断裂形成的羟甲基巯基酮，形成中间产物的巯基酮是关键的一步，由此产生一系列的对肉香具有贡献作用的含硫杂环化合物。然而当硫胺素含量过高时，会产生刺激性的硫臭味。因此硫胺素的添加量在 0.5% 时最佳。

7.5　其他特种酵母抽提物的制备

7.5.1　具有味道增强效果的酵母抽提物

　　2008 年日本麒麟协和食品株式会社公开了一种具有浓郁厚味的酵母提取物的制备方法，包括将酵母抽提物和西洋山蓊菜（*Armoracia rusticana*）等属于十字花科植物的芥子苷含有物共存进行加热。该发明制备的酵母抽提物非常适合用作对调味汁、汤等烹饪时具有炖工序的饮料食品赋予由炖牛肉、猪肉、鸡肉、羊肉等肉类所得的独特浓厚味道或浓重风味、即炖肉风味的炖肉风味赋予剂。

　　申请人发现酵母抽提物与下列植物及其提取物包括西洋山蓊菜、山蓊菜（*Wasabia japonica*）、芥菜（*Brassica juncea*）、菜花（*Brassica oleracea var. botrytis*）、非结球芽甘蓝（*Brassica oleracea var. gemmifera*）、西蓝花（*Brassica oleraceavar. italica*）、萝卜（*Raphanus sativus*），在 pH 为 3 ~ 7，60 ~ 120℃条件下加热 0.5 ~ 5h 后所得产物具有味道增强的效果，其中西洋山蓊菜及西洋山蓊菜属的植物及其提取物效果最佳。如表 7.34 所示。

表7.34　　　　　　　　芥子苷含量对酵母抽提物呈味特性的影响

芥子苷含量/%	炖肉风味	备注
无芥子苷	±	未能感觉到浓厚的风味
1	+ +	能够感觉到浓厚的风味。有持续性
5	+ + +	能够明显感觉到浓厚的风味。有持续性
10	+ +	能够感觉到感到浓厚的风味。有持续性
15	+	能够稍稍感觉到感到浓厚的风味。有持续性

注：+越多表示风味越浓郁芥子苷含量以酵母抽提物的可溶性固形物的质量百分比计算。

2012年兴人生命科学株式会社公开了一种具有味道增强效果的酵母抽提物，该酵母抽提物中肽含量为5%（质量分数）以上，RNA含量为5%（质量分数）以上，游离氨基酸含量为4%（质量分数）以下，食物纤维含量为15%（质量分数）以上。该酵母抽提物添加到食物中可使食物的咸味、甜味、酸味、浓厚味等风味增强，在食品中有广泛应用。下举例介绍其制备方法：

将Candida utilis Cs7529株的10%菌体悬浮液1000mL用硫酸调pH至3.5，在60℃加热处理30min后，利用离心分离回收菌体。水洗菌体去除残留硫酸及自溶物后，再次加水调整至10%菌体悬浮液，90℃加热处理30min使菌体内源性酶灭活后，降温至40℃调整pH为7.0，添加细胞壁溶解酶（大和化成制）0.5g反应4h，离心、浓缩、喷雾干燥得酵母抽提物粉30g。对该酵母抽提物进行化学组成分析，结果表明该酵母抽提物中肽含量为18.7%，RNA含量为30.4%，食物纤维含量为22.7%，游离氨基酸含量为0.5%。

7.5.2　复合蛋白酵母抽提物的制备

CPC International Inc. 公开了一种利用酵母内源性酶系水解酵母和非酵母蛋白，制备复合蛋白酵母抽提物的方法。CPC International Inc. 的研究人员发现，当酵母与非酵母蛋白混合（大豆粕、小麦面筋、玉米面筋）时，其产品的风味和得率均有一定程度的提高。下面以啤酒酵母为例，介绍其制备工艺。

［例1］1200g固形物含量为12%的啤酒酵母浆，添加啤酒酵母浆重量1%的食盐、0.0094%的木瓜蛋白酶以及72g大豆粕，于47℃水解10h，升温到60℃水解2h后，升温至90℃保温1h，灭酶。分离去除不溶物，浓缩，喷雾干燥，得复合蛋白酵母抽提物。据报道，采用这一工艺制备

的复合蛋白酵母抽提物的风味和得率均明显改善。

[例2] 1500g 固形物含量为 12% 的啤酒酵母浆，添加啤酒酵母浆重量 1% 的食盐、0.0094% 的木瓜蛋白酶以及 72g 乳清蛋白，于 47℃ 水解 10h，升温到 60℃ 水解 2h 后，升温至 90℃ 保温 1h，灭酶。分离去除不溶物，浓缩，喷雾干燥，得复合蛋白酵母抽提物。据报道，采用这一工艺制备的复合蛋白酵母抽提物的风味和得率均明显改善。

表 7.35　　利用啤酒酵母水解其他动植物蛋白的水解效果　　单位：g

	空白	添加大豆分离蛋白	添加乳清蛋白
1200g 啤酒酵母浆	65.7	91.1	98.2

这一方法（空白样）的酵母抽提物得率仅为 45.67%，远低于同期文献报道的酵母酶解得率，其原因酶解工艺不是最优工艺。此外，对上述实施例中啤酒酵母和其他蛋白的重量比例进行分析可知，啤酒酵母占总固形物的 66% 以上。但这一方法解决了大豆蛋白、乳清蛋白等酶解后有苦味、风味不佳等缺点。如表 7.35 所示。

7.5.3　增强高汤风味的酵母抽提物

日本烟草产业株式会社的研究者发现酵母提取物中分子质量为 10000u 或更大的肽组分至少占到 10% 时，特别能够增加高汤的浓厚、混合风味。发明人还进一步发现，当酵母提取物中分子质量为 2000u 或更小肽组分至少占到 55% 时，可以获得一种酵母提取物，其能够增加高汤的浓重、混合风味，却没有破坏高汤的所有味道质量。下面对其制备方法和效果进行说明。

在酵母细胞中加水，制备含 10% 固形物的悬浮液，用 40% NaOH 溶液调节细胞悬浮液的 pH 到 5.7。将细胞壁消化酶 YL-15（Amano 酶制剂公司）以固体含量 0.1% 加入，在 45℃ 反应，持续时间分别为 8h 和 10h。反应完毕后，反应产物在 70℃ 加热 30min，使酶失活，然后冷却到 40℃。其后，将肽酶 R（Amano 酶制剂公司）以固体含量 0.2% 加入，在 40℃ 反应 2h，待反应完毕后，反应产物在 70℃ 加热 30min，使酶失活，浓缩、干燥得酵母提取物。获得的酵母提取物溶解在 0.02mol/L 的磷酸氢二钠-磷酸二氢钠缓冲液中，使缓冲液氮含量约为 0.05%，缓冲液中含有 0.25mol/L NaCl，溶液经孔径 1μm 的滤膜过滤获得样品。样品用 Superdex 肽 HR10/20 柱凝胶过滤，检测在 220nm 处的吸光度。表 7.34 表明了有关获得的酵母提取物分子质量分级。在提取物中，反应时间 8h 和 10h，分子质量在 10000u 或更高的肽的比率分别为 14.9% 和 10.2%。分子质量为 2000u 或更小的氨基酸和肽的比率分别为 73.9% 和 79.0%。如表 7.36 所示。

表 7.36　不同酵母抽提物的分子质量分布　单位:%

	≤2000u	2000~5000u	5000~10000u	≥10000u
本发明酵母提取物（反应时间 8h）	73.9	8.4	2.9	14.9
本发明酵母提取物（反应时间 10h）	79.0	8.6	2.5	10.2
Aromild	90.4	2.8	1.3	5.5
酵母提取物 HR	88.2	5.3	2.1	4.4
酵母提取物 H	84.5	11.6	1.5	1.5
Ajipulse BF	78.3	11.7	2.0	8.0
超级酵母提取物	81.0	7.3	2.8	8.9

将 Aromild（KOHJIN 有限公司产品）酵母提取物 HR（Takeda – Kirin 食品公司产品）、酵母提取物 H（Kyowa Hakko Kogyo 有限公司产品）和超级酵母提取物（Ajinomoto 有限公司产品）以每种 0.5% 的比例加入干鲣鱼汤汁中，检验其功能，评价其对高汤风味的增强作用。感官评价表明，反应 8h 和反应 12h 得到的酵母抽提物具有明显增加干鲣鱼汤汁鲜味的作用，而其他酵母抽提物的效果不明显。

7.5.4　高蛋白质含量的酵母抽提物

安琪酵母股份有限公司的研究者发现在酵母自溶步骤中，调 pH 至少一次，使自溶在不同的 pH 下进行，提高产品转化率。这可能是因为如果一直控制 pH 在一个点则不能使各个 pH 点的内源酶有效作用，导致效果不佳。使自溶在不同的 pH 值下进行，会有效激活酵母内源酶。研究者还指出乙醇和乙酸乙酯均能起到良好的自溶助剂作用、防腐和增香作用，但是使用乙酸乙酯收率比使用乙醇要高 2%~3%，并且使用方便，添加量少。

安琪酵母股份有限公司公开了一种高蛋白质含量的酵母抽提物的制备方法，包括以下步骤：① 自溶。将酵母液 pH 保持在弱酸性至中性进行自溶，并且自溶过程中调节 pH 至少一次，使自溶在不同的 PH 下进行；其中，在步骤①中，pH 保持在 4~7；温度保持在 45~55℃，反应时间 3~12h；在所述 a) 自溶步骤中，还加入自溶促进剂，所述自溶促进剂选自乙醇、乙酸乙酯、食盐中的至少一种；② 酶解。加入蛋白酶进行酶解，所述蛋白酶选自内切蛋白酶、外切蛋白酶、复合酶及其组合中的至少一种。自溶步骤中，温度优选保持在 45～55℃，反应时间优选 3～12h；优选将干酵母或酵母乳稀释（或定容）至 13%～18%，更优选 13%～15%。下举例进行说明。

将蛋白含量 55% 的面包酵母稀释至酵母含量为 15%，温度调节至53℃，调节 pH 为 5.0，加自溶促进剂乙酸乙酯 2%，作用 8h。让 pH 保持自然状态，即不人为干涉或调节 pH，加入酵母干重 0.2% 的木瓜酶，诺维信风味蛋白酶 0.1%，作用 20h。然后，升温至 70℃，作用 10h。灭菌，离心，浓缩至水分 30%～35% 为膏体产品。产品的收率为 65%，蛋白质含量为 68%，氨态氮含量为 5.8%。

7.5.5　火锅用鲜味稳定的酵母抽提物

部分餐饮企业需要具有热稳定性的鲜味剂，以满足特殊餐饮环境的需要。如火锅一般需要在 100℃ 沸腾的情况下保持 30～60min，在这一条件下常规鲜味剂如味精和核苷酸降解迅速，难以消费者满足要求。如味精在 100℃ 煮沸 10min 左右基本全部转化为无味的焦谷氨酸。

一般认为，酵母抽提物具有较好的热稳定性，但当酵母抽提物与其他鲜味剂，如味精和核苷酸共同使用时，产品的鲜味在长时间加热过程中仍显著下降。原因在于虽然酵母抽提物热稳定性较好，但其他鲜味剂失去了鲜味，导致整体产品的鲜味显著下降。

编者以面包酵母为原料，通过自溶结合控制酶解技术制备出一款对味精结构具有稳定效果的酵母抽提物。该产品不仅在 100℃ 加热 30min 仍保持较好的鲜味，而且有助于其他鲜味剂如味精结构的稳定。将普通酵母抽提物和火锅用酵母抽提物分别以 0.5% 的浓度加入鸡汤中 100℃ 热处理 30min 后测定味精和 IMP 残留量，如表 7.37 所示。

表 7.37　　　　　　　　火锅用酵母抽提物的鲜味稳定效果

热处理条件	味精残留量/%	IMP 残留量/%	感官评价
空白	100	100	鲜味浓郁
普通酵母抽提物	20.5	70.6	基本无鲜味
火锅用酵母抽提物	90.6	75.8	鲜味浓郁

由表 7.37 可见，添加火锅用酵母抽提物后，味精和 IMP 的残留量显著提高，感官评价结果表明火锅用酵母抽提物鲜味保持较好。

参考文献

［1］ Achstetter, Dieter H. Wolf. Proteinases, proteolysis and biological control in the yeast *Saccharomyces cerevisiae*. Yeast, 1985, 1: 139 – 157.

［2］ Akira Origane, Takasi Sato. Production of yeast extract: EP 0466922B1 ［P］. 1990 – 02 – 01.

［3］ Chae H J, Joo H, In M J. Utilization of brewer's yeast cells for the production of food – grade yeast extract. Part 1: Effects of different enzymatic treatments on solid and protein recovery and flavor characteristics. ［J］. Bioresource Technology, 2001, 76 (3): 253 – 258.

［4］ Cui C, Qian Y, Sun W, et al. Effects of high solid concentrations on the efficacy of enzymatic hydrolysis of yeast cells and the taste characteristics of the resulting hydrolysates ［J］. International Journal of Food Science & Technology, 2016, 51 (5): 1298 – 1304.

［5］ Hee Jeong Chae, Hyun Joo, Man – Jin In. Utilization of brewer's yeast cells for the production of food – grade yeast extract. Part 1: effects of different enzymatic treatments on solid and protein recovery and flavor characteristics ［J］. Bioresource Technology, 2001, 76: 253 – 258.

［6］ H. J. PHAFF, Cell wall of yeasts ［J］. Annual Review of Microbiology, 1963, 17: 15 – 30.

［7］ Liu J, Song H, Liu Y, et al. Discovery of kokumi peptide from yeast extract by LC – Q – TOF – MS/MS and sensomics approach ［J］. Journal of the Science of Food and Agriculture, 2015, 95 (15): 3183 – 3194.

［8］ Jennifer M. Ames and Glesni Mac Leod. Volatile components of a yeast extract composition ［J］. Journal of food science, 1985, 50: 128 – 134.

［9］ K Kitamura, T Kaneko, Y Yamamoto, et al. Lysis of yeast cell walls: US, 3716452 A ［P］. 1970 – 02 – 13.

［10］ Potmna RP, Wesdopr J. Method for the preparation of a yeast extract, said yeast extract, its use as a food flavour, and a food composition comprising the yeast extract: US5288509 ［P］.

［11］ Reisuke Kobayashi, Shizuoka, Hironari Sato, et al. Process for using cell wall – lysing enzymes: US4032663 ［P］. 1977 – 06 – 28.

［12］ Lipke P N, Ovalle R. Cell wall architecture in yeast: New structure and eew challenges ［J］. Journal of Bacteriology, 1998, 180 (15): 3735 – 3740.

[13] Kollár R, Reinhold B B, Petráková E, et al. Architecture of the yeast cell wall $\beta(1\rightarrow6)$ – glucan interconnects mannoprotein, β (1→3) – glucan, and chitin [J]. Journal of Biological Chemistry, 1997, 272 (28): 17762 –17775.

[14] 安松良惠, 小寺宽子, 阿孙健一. 具有味道增强效果的酵母抽提物: 201280038773.8 [P].

[15] 崔春, 王海萍, 钱杨鹏, 等. 高固形物浓度对酵母酶解及其产物抗氧化性的影响 [J], 现代食品科技, 2014 (9): 161 –165.

[16] 崔桂友. 味核苷酸及其在食品调味中的应用 [J]. 中国调味品, 2001 (10): 25 –29.

[17] 陈洁, 王璋, 肖刚. 啤酒废酵母中酵母抽提物的制备 [J]. 无锡轻工大学学报, 2001, 20 (4): 356 –362.

[18] 池内启, 加户久生. 高核酸酵母抽提物的制备方法和高核酸酵母抽提物: 中国, 02828307.4 [P]. 2005 –05 –25.

[19] 李兴鸣, 法夫酵母的酶法破壁及其色素提取 [D]. 无锡: 江南大学, 2006.

[20] 杜冰, 黄继红, 程燕锋, 等. 双螺杆挤压膨化破碎啤酒酵母细胞壁的研究 [J]. 中国酿造, 2009 (12): 26 –29.

[21] 林美丽, 许倩倩, 宋焕禄, 等, 酵母抽提物香气活性化合物的分离与鉴定 [J]. 食品科学, 2013, 34 (08): 259 –262.

[22] 刘博群, 刘静波, 李海霞, 王晓丽, 林松毅. 废弃啤酒酵母泥除杂、脱苦工艺条件的筛选与其 RNA 提取技术的优化 [J]. 食品科学, 2008, 29 (10): 404 –407.

[23] 郝刚. 一种从啤酒废酵母中提取多肽和氨基酸的方法: 201110426167.0 [P].

[24] 胡庆玲, 丛懿洁, 崔春, 赵谋明. 面包酵母酶解液中水不溶性沉淀的形成机理 [J]. 食品与发酵工业, 2012, 38 (3): 58 –61.

[25] 卢莛虹, 崔春, 赵谋明. 啤酒酵母抽提物制备非肉源肉香型香精及模糊数学评价 [J]. 食品与发酵工业, 2011, 37 (1): 57 –62.

[26] 邵帅, 田延军, 赵祥颖, 刘建军. 5′–磷酸二酯酶的应用与研究进展 [J]. 中国酿造, 2010, 5: 26 –30.

[27] 肖可见, 黎锐深, 彭立云, 等. 一种利用啤酒酵母生产酵母抽提物的方法: 201010551367.4 [P].

[28] 香村正德, 西村康史, 佐野公一朗. 食品风味增强用原材料的制造方法: 99812396. X [P].

［29］西内博章，西森友希，西村康史. 含有高含量半胱氨酸食物原料的制造方法：200410038726. 0［P］.

［30］西村康史，加藤裕司，香村正，等. 半胱氨酰甘氨酸含量高的食品原料以及食品风味增强剂的制造方法：01805913. 9［P］.

［31］夏俊松，阎淳泰，葛向阳. 利用活性干酵母制备酵母抽提物的工艺研究［J］. 中国酿造，2010（12）：83－88.

［32］杨翠竹，李艳，阮南，牟德华，康明丽. 酵母细胞破壁技术研究与应用进展［J］. 食品科技，2006（7）：138－142.

［33］杨建梅，李红，杜金华. 啤酒废酵母自溶条件的研究［J］. 中国酿造，2012，31（2）：95－99.

［34］杨宓，朱凯. 啤酒废酵母酶解工艺条件的优化［J］. 中国酿造，2012，31（12）：67－71.

［35］俞学锋，李知洪，余明华，等. 一种酵母抽提物、制备方法及其应用：200810006186. 6［P］.

［36］俞学锋，李知洪，余明华，等. 一种素食型肉味酵母抽提物、其制备方法以及其应用：200810180247. 0［P］.

［37］俞学锋，李知洪，余明华，等. 含有肌苷酸二钠盐和鸟苷酸二钠盐的酵母抽提物及其制备方法：200810007940. 8［P］.

［38］俞学锋，李知洪，余明华，等. 一种高谷氨酸酵母抽提物及其制备方法：200810189433. 0［P］.

［39］晏志云，赵谋明，彭志英，等. 提高酵母精呈味核苷酸（I＋G）含量的研究［J］. 中国调味品，1998，7：5－8.

［40］赵谋明，高孔荣. 提高酵母精呈味特性和得率的研究［J］. 华南理工大学学报（自然科学版），1993，21（3）：84－89.

［41］Newell J A, Robbins E A, Seeley R D. Manufacture of yeast protein isolate having a reduced nucleic acid content by an alkali process：US, US 3867555 A［P］. 1975.

［42］Liu J, Song H, Liu Y, et al. Discovery of kokumi peptide from yeast extract by LC－Q－TOF－MS/MS and sensomics approach. ［J］. Journal of the Science of Food and Agriculture, 2015, 95（15）：3183－3194.

8　甲壳动物蛋白质控制酶解技术

在甲壳类动物中，有经济价值并构成捕捞对象的有四五十种，主要为贝类、对虾类和蟹类。很多贝类既可采捕又能进行人工养殖的，如双壳类的扇贝、牡蛎、贻贝、鲍、蚶、蛏等，是甲壳动物中经济价值较高的种类。我国虾品种繁多，资源量巨大，其品种有对虾、毛虾、青虾、白虾、小长臂虾和米虾等。以甲壳动物为原料，通过酶解技术可制备系列高附加值功能性食品配料、呈味基料及调味品。本章针对不同甲壳动物的蛋白质组成和结构特点，着重介绍了在食品工业中有着重要应用价值的甲壳动物及其加工副产物的控制酶解技术。

8.1　贝肉蛋白质控制酶解技术

贝类，属软体动物门中的瓣鳃纲或双壳纲。因一般体外披有 1 ~ 2 块贝壳，故名。海洋、内陆水域和陆地都有分布，是具有食用和其他用途的重要经济动物。常见的经济贝类包括皱牡蛎、纹盘鲍、杂色鲍、嫁虫戚、泥螺、泥蚶、紫贻贝、虾夷扇贝、海湾扇贝、青蛤、文蛤、硬壳蛤、缢蛏等都属此类。现存贝的种类大约 1.1 万种，其中 80% 以上生活于海洋中。

贝类大多味道鲜美，风味独特，并且含有丰富的营养和生理活性物质，历来为国内外研究者所重视，国内外许多学者对我国大宗食用的贝类及其加工副产物（如牡蛎、文蛤、贻贝、扇贝、鲍鱼、马氏珍珠贝等）的化学组成、营养价值、风味特征和危害因子也做了较为深入的研究，为水产贝类的深加工提供了丰富的基础数据。贝肉蛋白质控制酶解是贝类深加工的重要途径。我国自 20 世纪 90 年代开始有关于贝类蛋白质酶解的相关报道，其后各种贝类酶解工艺及酶解物的功效研究不断涌现，贝类蛋白质资源的酶法加工利用已经成为近十年贝类综合利用的研究重点。贝肉经济价值相对较高，因此在原料的选择上多以中低值贝类、贝类加工副产物如贝类裙边、内脏等为主，达到经济效益、环境效益和社会效益

448

的最大化。以名贵贝类为原料，通过控制酶解，制备具有显著生理活性的功能性肽、高品质呈味基料及调味品等高附加值产品也是贝类深加工的重要方向。在酶解贝类种类方面，主要为牡蛎、扇贝、文蛤、珍珠贝、贻贝等，其中牡蛎的相关研究较多。20世纪90年代开始的日本、欧美等大规模开发牡蛎提取物，带动国内科研单位和相关企业的研究，并产生了"东海三豪""牡蛎EXT全营养片""金牡蛎""海王金樽"等诸多牡蛎产品。

8.1.1　贝类蛋白质组成、结构及特征风味

8.1.1.1　贝类的蛋白质组成及特征

贝类蛋白质在组成上与鱼、虾及其他陆生动物有较大差别，主要表现为基质蛋白质含量较高。以企鹅珍珠贝为例，其全脏器中肌浆蛋白占总蛋白质的27.3%、肌原纤维蛋白占总蛋白质的23.1%、总基质蛋白占总蛋白质的50.0%。总基质蛋白中酸溶性基质蛋白占10.3%，酸不溶性基质蛋白占39.7%；碱溶性基质蛋白占22.1%，碱不溶性基质蛋白占27.9%。肌浆蛋白、肌原纤维蛋白、酸溶性和碱溶性基质蛋白的分子质量分布存在较大差异，在20~200ku的高分子质量段，肌浆蛋白和肌原纤维蛋白分子质量分布范围较宽，组成复杂，酸溶性和碱溶性基质蛋白组成较为简单；在2~20ku的低分子质量段，肌浆蛋白和碱溶性基质蛋白组成相对复杂，而肌原纤维蛋白和酸溶性基质蛋白组成相对较简单。贝类蛋白质与鱼、牛肉蛋白的组成差异，如表8.1所示。

表8.1　　　　　　　　不同来源金属硫蛋白的理化性质

品种	氨基酸 /个	半胱氨酸 /个	芳香族 氨基酸	组氨酸	等电点 /PI	结合金属离 子数（Zn²⁺）	参考文献
哺乳类	60~62	20（33%）	无	无	3.9~4.6	7	牛长缨等（2002）
鱼类	60~61	20（33%）	无	无	3.5~6.0	7	Dunn et al（1987）
甲壳类	58~59	18（31%）	无	—	—	6	李冰等（2002）
贝类	75~145	2140（28%）	少量	无	7.1~8.2	7	唐仁生等（2009）
藻类	56~58	10（18%）	有	—	—	4	郭样学等（1997）
植物	45~85	8~15（18%）	有	—	4.5~4.7	—	常团结和朱祯（2002）

相对其他水产品，金属硫蛋白是贝类含量相对较丰富的小分子蛋白质，一般由60~61个氨基酸组成，分子呈椭圆形，分子质量为6~7ku，直径3~5nm。金属硫蛋白最显著的特征是富含半胱氨酸（Cys），且半胱

氨酸在 Cys – Cys 或 Cys – X – Cys 序列中的高出现率。金属硫蛋白对贝类调节体内重金属的代谢与平衡有着重要的作用。如果进入动物细胞内的重金属离子较高,且重金属使金属硫蛋白生理学积累达到饱和,则大部分重金属就以一种无毒形式结合于新合成的金属硫蛋白上,在细胞内达到异常高的富集。即水体中高浓度的重金属可以诱导贝类合成金属硫蛋白,从而使重金属在贝类体内累积。这是在受重金属污染的水体中,贝类重金属含量显著高于其他水生动物的原因,如菲律宾蛤仔(*Ruditapes philippinarum*)体内细胞对锌、铅离子具有富集作用;泥蚶(*Tegillarca granosa*)、毛蚶(*Scapharca subcrenata*)、牡蛎等双壳贝类体内的铅、镉浓集系数很高,且耐受性强。贝类富集重金属的特性,可用于监控水域或海域的重金属污染情况,但也对其安全性构成了较大的威胁。如表 8.1 所示。

糖蛋白(glycoprotein)是指由比较短、往往带有分支的寡糖与多肽链的羟基或酰氨基共价连接而成的一类结合蛋白质。寡糖与多肽链的链接方法包括 N – 糖苷键型、O – 糖苷键型、S – 糖苷键型和酯糖苷键型。N – 糖苷键型是寡糖链与 Asn 的酰胺基、N 末端的 α – 氨基、Lys 或 Arg 的氨基相连;O – 糖苷键型是寡糖链与 Ser、Thr 和羟基赖氨酸、羟脯氨酸的羟基相连。S – 糖苷键型是以半胱氨酸为连接点的糖肽键。酯糖苷键型是以天冬氨酸、谷氨酸的游离羧基为连接点的。细胞中的糖蛋白有可溶性的,也有与膜结合的不溶形式,生物体内大多数蛋白质是糖蛋白。

据报道,贝类糖蛋白具有抗肿瘤、提高免疫力、抗氧化、抗炎、降血脂等活性,如日本学者从虾夷扇贝中分离得到 3 种糖蛋白,其中活性最强的糖蛋白最高抑瘤率可以达到 99.3%,其抑瘤机制是通过激活宿主巨噬细胞而发挥作用。徐明生等对河蚬免疫活性糖蛋白进行分离纯化及结构初步分析,得到分子质量为 19030u 的糖蛋白,该糖蛋白纯度可达94.74%,具有多糖的特征吸收,含有吡喃糖 β – 型糖苷键。

8.1.1.2 贝类的风味特征

不同贝类产品中风味成分的构成和含量的不同导致特征滋味的不同。一般而言,游离氨基酸如谷氨酸、丙氨酸、组氨酸、精氨酸、蛋氨酸、缬氨酸、脯氨酸、丙氨酸、甘氨酸甜菜碱和琥珀酸等物质对水产贝类的风味起主导作用。贝类肌肉的有机酸包括乳酸、醋酸、琥珀酸、丙酸、丙酮酸、草酸、富马酸、苹果酸、柠檬酸等,对贝类的风味产生较大影响的主要是琥珀酸。琥珀酸是蚬子、蛤蜊、牡蛎、扇贝等贝类的主要呈味成分和特征鲜味成分,即使在含量很少时也很明显。不同贝类中琥珀酸含量,如表 8.2 所示。

表8.2	几种贝类中琥珀酸含量		单位:%
种类	生肉中含量	种类	生肉中含量
蚬	0.411	海螺	0.072
扇贝柱	0.124	牡蛎	0.052
蛤仔	0.330	蛤蜊	0.027
魁蛤	0.101		

　　丙氨酸在无脊椎动物中含量较高，有略带苦味的甜味，使扇贝和雪蟹呈甜味。组氨酸与共存的乳酸、KH_2PO_4通过提高缓冲能力来增强呈味效果。精氨酸是一种苦味氨基酸，但大量加入精氨酸时不会产生苦味，雪蟹肉和扇贝贝柱（闭壳肌）的混合提取物中的精氨酸就不呈苦味，而有增加呈味的复杂程度和提高鲜度的作用，对口感的持续性、复杂性和浓厚感的作用不容忽视。同样，蛋氨酸和缬氨酸也是苦味氨基酸，然而它们却是海胆独特风味不可缺少的呈味成分，并发现微量蛋氨酸有提高味精呈味感的作用。L-脯氨酸是阈值相当高（0.3%）、带有苦味的甜味氨基酸，富含脯氨酸的鱼贝类呈甜味，其真实味感显然与实际浓度有关。甘氨酸甜菜碱是导致富含此成分的无脊椎动物肉具有甜味的原因，通过缺省试验证明，它也是产生水产动物香味的原因，但要达到一定的浓度水平才能显现呈味作用。而贝类、乌贼、章鱼等无脊椎动物不经过IMP，ATP经过腺苷分解为肌苷。

　　章超桦等对牡蛎内脏及肌肉中主要风味物质组成进行了分析，发现牡蛎肌肉中的游离氨基酸、牛磺酸及核苷酸均远高于内脏，如表8.3所示。

表8.3	牡蛎内脏及肌肉中主要风味物质组成			单位：mg/100g	
种类	内脏中含量	肌肉中含量	种类	内脏中含量	肌肉中含量
Asp	0.04	0.46	His	0.01	—
Glu	0.22	1.20	Lys	0.07	0.57
Ser	0.06	0.39	Pro	0.12	0.40
Thr	0.08	0.69	Cys	0.02	0.12
Gly	0.16	0.66	牛磺酸	0.36	0.96
Ala	0.15	0.64	IMP	0.13	0.56
Arg	0.01	0.59	AMP	0.82	6.74
Val	0.06	0.47	K^+	1.02	0.57

续表

种类	内脏中含量	肌肉中含量	种类	内脏中含量	肌肉中含量
Met	0.05	0.23	Na^+	1.34	2.22
Tyr	0.02	0.06	PO_4^{3-}	3.53	1.24
Ile	0.03	0.43	Cl^-	3.79	3.89
Phe	0.06	0.06			

Fuke S. 和 Konosu S. 一直从事水产品风味的研究，对鲍鱼、扇贝、翡翠贻贝和杂色蛤等常见贝类抽提物的化学组成进行了详细的分析，如表 8.4、8.5、8.6 和 8.7 所示。

表 8.4   鲍鱼抽提物中主要风味物质组成   单位：mg/100g

种类	含量	种类	含量	种类	含量
牛磺酸	946	Tyr	57	Met	12
Asp	9	Phe	26	Ile	18
Thr	82	Trp	20	AMP	90
Ser	95	His	23	ADP	12
Glu	109	Lys	76	甜菜碱	975
Pro	83	Arg	299	氧化三甲胺	3.2
Gly	174	Val	37	三甲胺	1.1
Ala	98	Leu	24	NH_3	8

表 8.5   扇贝抽提物中主要风味物质组成   单位：mg/100g

种类	含量	种类	含量	种类	含量
牛磺酸	784	Tyr	—	Met	3
Asp	4	Phe	2	Ile	2
Thr	16	Trp	20	AMP	172
Ser	8	His	2	甜菜碱	339
Glu	140	Lys	5	氧化三甲胺	20
Pro	51	Arg	323	三甲胺	19
Gly	1925	Val	8	鸟氨酸	1
Ala	256	Leu	3	琥珀酸	10
β – Ala	2	β – 氨基异丁酸	3	PO_4^{3-}	213
龙虾肌碱	79	葫芦巴碱	32	NH_3	4
Na^+	73	K^+	218	Cl^-	95

表 8.6　　　　　　　　　　　翡翠贻贝中主要风味物质组成　　　　　单位：mg/100g

种类	含量	种类	含量	种类	含量
牛磺酸	802	Leu	4.5	ADP	9.31
Asp	29.8	Ile	3.3	AMP	5.10
Thr	9.8	Tyr	6.6	IMP	30.8
Ser	15.4	β-丙氨酸	5.8	HxR	43.7
Glu	71.6	Phe	2.9	次黄嘌呤	1.73
Gln	28.0	β-氨基丁酸	0.8	K^+	206
Gly	684	鸟氨酸	3.6	Mg^{2+}	51.6
Ala	76.2	His	3.5	Na^+	348
瓜氨酸	2.5	Lys	11.6	Ca^{2+}	32.4
氨基己二酸	0.4	3-甲基组氨酸	0.9	Zn^{2+}	1.07
Val	3.9	Trp	0.43	Mn^{2+}	1.04
Cys	0.5	Arg	79.0		
Met	0.5	Pro	5.5		

表 8.7　　　　　　　　　　杂色蛤抽提物中主要风味物质组成　　　　　单位：mg/100g

种类	含量	种类	含量	种类	含量
牛磺酸	555	Lys	6	甘露糖	3
Asp	18	Arg	53	葡萄糖	3
Thr	5	Val	4	甜菜碱	42
Ser	7	Leu	5	氧化三甲胺	3
Glu	90	Ile	3	三甲胺	4
Pro	3	β-氨基异丁酸	2	K^+	273
Gly	180	ADP	9	Mg^{2+}	40
Ala	74	AMP	28	Na^+	378
β-Ala	3	次黄嘌呤	11	Ca^{2+}	52
Met	3	草酸	119	PO_4^{3-}	72
Phe	3	琥珀酸	65	NH_3	1
Trp	3	胱硫醚	2	Cl^-	452
His	3				

　　鲍鱼的牛磺酸含量非常高，其特征滋味组成为谷氨酸、甘氨酸、丙氨酸、甜菜碱、AMP 和相关的无机离子，与杂色蛤和扇贝柱的鲜味组成存在一定的差别，因此，呈现出不同的特征滋味。此外，相同种类贝类的特征滋味还与生长条件和收获季节有关，CHIOU 和 LAI 比较了龙须菜和人工饲料喂养的小鲍鱼的鲜味组成。结果表明，由于二者肉中谷氨酸、甘氨酸、AMP 等有效鲜味成分含量的不同，形成了不同的鲜

味特征。

Fuke 和 Konosu 根据对扇贝提取物成分分析结果，配制了合成浸出物，按照上述的减缺和添加试验，确认了其有效鲜味成分为甘氨酸、谷氨酸、丙氨酸、精氨酸、AMP、Na^+、K^+ 和 Cl^-。杂色蛤的特征滋味由谷氨酸和 AMP 的鲜味和特征风味，甘氨酸的甜味，精氨酸、牛磺酸和琥珀酸的特征风味以及 Na^+、K^+、Cl^- 等无机成分辅助而构成的。

翡翠贻贝（*Perna viridis*）别名青口螺，属贻贝科，广泛分布于东海南部和南海，其繁殖能力很强，易于养殖。章超桦等对翡翠贻贝的游离氨基酸、核苷酸及衍生物和无机盐等呈味成分进行了分析，结果如表 8.6 所示。

Fuke 和 Konosu 在阐明各种贝类抽提物的化学组成的基础上，通过缺减和添加试验确定了鲍鱼、海胆、雪蟹、扇贝柱和杂色蛤的活性风味物质，如表 8.8 所示。

表 8.8　　　　　　　几种水产品特征滋味成分的构成　　　单位：mg/100g

	鲍鱼	海胆	雪蟹	扇贝柱	菲律宾蛤
Glu	109	103	19	140	90
Gly	174	842	623	1925	180
Ala	98	261	187	256	74
Val	37	154	30	8	4
Met	13	47	19	3	3
Arg	299	316	579	323	53
Tau	946	105	243	784	255
AMP	90	10	22	172	28
IMP	—	2	5	—	—
GMP	—	2	4	—	—
甜菜碱	975	7	357	339	42
琥珀酸	—	1.2	9	10	65
Na^+	—	—	191	73	244
K^+	—	—	197	218	273
Cl^+	—	—	336	95	322
PO_4^{3-}	—	—	217	213	74

8.1.2　牡蛎控制酶解技术

牡蛎，广东称蚝，福建称蛎，浙江称蛎黄，北方称海蛎子。牡蛎是世界上第一大养殖贝类，也是我国四大养殖贝类之一，是一种极珍贵的海产软体动物。牡蛎肉鲜美，营养丰富，有"海底牛奶"之誉。

近年来，国内外对以牡蛎为原料的调味品、保健品和药品的开发方兴未艾。我国的牡蛎深加工主要以调味品和功能性食品为主。蚝油是以牡蛎肉为主要原料，用热水提取其有效成分，经调配、加热杀菌等工序生产出来的贝肉调味汁。目前，我国每年蚝油产量近100万吨，蚝油是我国南方的传统调味品之一。在牡蛎基功能性食品方面，1989年深圳海王药业公司推出了以牡蛎为主要原料的海王牌"金牡蛎"，具有降血脂、补血、抗疲劳、增强免疫力、治疗肝炎及肿瘤等作用；广东珠海滋补食品公司也生产了可用于保肝、治疗心脏病和高血压等的牡蛎"EXT营养片"。日本、美国、欧洲的诸多国家均对牡蛎的功能活性成分及深加工技术进行了大量研究，如日本CLINIC株式会社（Japan Clinic Co., Ltd）、渡边牡蛎实验室株式会社（Watanabe Oyster Laboratory Co., Ltd.）、美国迈阿密大学、法国巴黎大学，其中以日本CLINIC株式会社、渡边牡蛎实验室株式会社为最。1974年，日本CLINIC株式会社（Japan Clinic Co., Ltd.）率先研制出了系列牡蛎提取物，具有显著的医疗保健作用。现在日本牡蛎功能食品和疗效品的品种已达70多种，年产值超过200亿日元。在美国，牡蛎功能食品和疗效品等营养辅助食品已经成为一大产业。

牡蛎具有多方面的保健功能。《海药本草》《名医别录》《本草纲目》等著作中，早就记载牡蛎具有"补肾正气，疗泄精，补虚劳损伤，解丹毒"等壮阳功效。现代医学研究表明，牡蛎可明显提高肌肤羟脯氨酸含量，有"令人细皮肤，美容颜"的作用，对各种肝炎的预防和康复有明显疗效，还具有不可多得的抑制肿瘤生长的作用。牡蛎还有一定的促进乳汁分泌功效，是产妇的保健佳品。

据分析，牡蛎干肉中蛋白质含量高达45%～56%、脂肪7%～16%、肝糖19%～38%，此外，还含有多种维生素、烟酸、碳水化合物和钙、锌、铁、碘等多种营养成分。牡蛎肉质部分富含牛磺酸、EPA（二十碳五烯酸）、DHA（二十二碳六烯酸）等，是防治高血压、动脉硬化、冠心病的主要物质。其所含的钙盐，入胃后迅速形成可溶性钙盐，易于被机体吸收，对改善中老年人钙流失、预防骨质疏松症和补充少年儿童及孕妇钙的摄入都有非常好的效果。高含量的牛磺酸被认为有益智健脑、降脂减肥、促进胆固醇分解的作用，在临床治疗和药理上应用广泛，可防治多种疾病。牡蛎还含有糖类、有机酸、醇、钙、铁和镁以及哺乳动物必需的微量元素Cu、Zn、Cr、I、Se等多种营养成分。北京中医药大学闫兴丽等采用电感耦合等离子体质谱仪对我国常见牡蛎中矿物质元素含量进行了测定，如表8.9所示。

表 8.9　　　　　　　　　　　　　　3 种牡蛎中矿物质元素含量

矿物质元素	长牡蛎	大连湾牡蛎	近江牡蛎
Ca/（mg/g）	376.80	368.80	364.60
Fe/（mg/g）	0.59	0.50	0.40
Mg/（µg/g）	795.90	>950.00	905.80
Sr/（µg/g）	531.90	535.10	510.90
Mn/（µg/g）	>30.00	>30.00	>30.00
As/（µg/g）	14.20	20.60	19.80
Ti/（µg/g）	12.80	12.90	13.00
Ba/（µg/g）	9.75	8.76	6.13
Cu/（µg/g）	9.37	4.36	2.38
Zn/（µg/g）	6.38	8.67	2.64
Pb/（µg/g）	2.25	1.97	1.48
Ni/（µg/g）	1.56	1.13	1.52
Ce/（µg/g）	1.35	1.27	0.72
Cr/（µg/g）	1.13	1.18	2.11
Rb/（µg/g）	0.89	0.70	0.58
La/（µg/g）	0.75	0.77	0.40
V/（µg/g）	0.72	0.78	0.87
Y/（µg/g）	0.60	0.49	0.30
Co/（µg/g）	0.42	0.58	0.27
Sc/（µg/g）	0.31	0.30	0.29
Ga/（µg/g）	0.19	0.16	0.13

　　由表 8.9 可见，3 种牡蛎中均含有 31 种矿物质元素，含量略有差异。所含矿物质元素中包括人体大量必需的元素钙、镁，微量元素铬、锌、锰、钼、铁、钴、铜，还有对人体有害的镉、汞、砷、铅。

8.1.2.1　牡蛎酶解液代替蚝水制备蚝油

　　牡蛎营养成分丰富，富含微量元素、氨基酸、肽、水溶性蛋白质、糖原、核酸以及有机酸等营养物质和风味物质，是生产调味基料和保健基料的优质食品原料。自古，民间就有利用热水对牡蛎等海鲜原料进行抽提制备各种口感醇厚、味道鲜美的高汤或功能性食品配料的记录。国内外研究者在热水中提取牡蛎的呈味成分和营养成分方面做了大量研究，并申请了多项发明专利。本节首先介绍渡边牡蛎实验室株式会社和日本CLINIC株式会社的牡蛎热水提取工艺及进展，在此基础上进一步论述酶解法代替热水抽提法制备牡蛎提取物的相关技术。

渡边牡蛎实验室株式会社的研究者对牡蛎热水抽提工艺进行了系统优化，发现降低提取压力，缩短提取时间反而有利于增加牡蛎抽提物中微量元素的含量，提高牡蛎提取物得率，如表8.10所示。

表8.10　　　不同提取方法对牡蛎微量元素和得率的影响

试验号	提取工艺	Zn/（mg/100g）	Se/（mg/100g）	Fe/（mg/100g）	得率/g
1	1atm，80min	24.4	125.4	4.22	772.2
2	0.1~0.2atm，60min	22.1	136.0	4.80	1187.0
3	0.1~0.2atm，53min	24.7	137.0	5.08	1195.0
4	1.5atm，20min	26.1	129.6	3.52	985.5
5	1.5atm，40min	27.7	108.6	3.87	1054.8
6	2atm，20min	23.2	111.7	2.87	956.9

注：得率为20kg牡蛎肉得到牡蛎提取物干重（g）；1atm = 1.01325×10^5 Pa。

由表8.10可见，采用降低提取压力，缩短提取时间（0.1~0.2atm，53min）的提取工艺，牡蛎抽提物中Se、Fe以及得率均较高压长时间提取工艺（1atm，80min）高。

日本CLINIC株式会社以牡蛎水提法得到的残渣为原料，通过低温、低pH、长时间提取获得了一种富含锌离子的牡蛎提取物，其锌离子的含量最高可达到牡蛎抽提物重量的6%~13%。具体工艺如下：经热水抽提得到的牡蛎残渣，加入到pH为2~4的酸溶液（盐酸、硫酸、磷酸、柠檬酸、琥珀酸等）中，在室温下保持1~24h，离心过滤得上清液。上清液加碱中和，得沉淀。沉淀离心，用清水冲洗以去除中和所产生的盐类物质，得富含锌离子的牡蛎提取物。下面举例进行说明：

37.5g牡蛎新鲜肉（干重，下同）加入65g热水，80℃提取3h，得到8.4g牡蛎提取物A和20.7g牡蛎残渣。牡蛎残渣与0.1mol/L盐酸混合，在室温下放置24h，过滤，得上清液。上清液用氢氧化钠中和，离心过滤取沉淀，用清水冲洗去除中和产生的氯化钠，得0.2g富含锌离子的牡蛎提取物B。如表8.11所示。

蚝油（酱）以蚝水或牡蛎肉为主要原料，用热水提取其有效成分，经沉淀、离心、过滤得蚝水，用食盐、糖、变性淀粉等调味和调整质构，再加热杀菌，经过滤、冷却、灌装等工序生产出来的贝肉调味汁（膏）。蚝水是以牡蛎为原料，经热水提取、多次沉淀、过滤得到的牡蛎浸出物，

表 8.11 提取过程中牡蛎提取物化学组成的变化

	灰分/%	得率/g	Zn/含量/(mg/kg)	Mn/含量/(mg/kg)	Mg/含量/(mg/kg)	Ca/含量/(mg/kg)	牛磺酸含量/(g/100g)	糖原含量/(g/100g)
新鲜牡蛎	20.3	37.5	2568	84	5717	1453	3.50	33.0
残渣	7.6	20.7	3565	58	2639	697	3.47	0.6
提取物 A	35.6	8.4	582	32	8171	590	4.05	43.5
提取物 B	41.9	0.2	133223	1012	11619	4102	0.04	0.4
A + B			3692	55	8249		3.96	42.5

是生产蚝油的工业化原料。蚝油是中国水产浸出物的代表性产品，是我国粤菜的重要调味料，因而在广东和港澳等地使用较为广泛，近来也逐渐为一些北方省市，特别是大城市的消费者所喜爱。蚝油生产应首推李锦记，此企业不仅将蚝油（酱）产品成功打入日本市场，而且使其成为了中国调味品的代名词。蚝油很符合粤菜的特点，烹制时少量添加蚝油就可以使菜肴香气丰厚，味道鲜香，独具特色。在日本使用蚝油（酱）是用其烘托主味，即作为隐味原料使用的，用量极少，但能使整个食物的味道发生微妙的变化甚至升华。显然，蚝油只适合于清淡、鲜亮型的菜肴，浓厚的味道或酱味将遮盖和抑制蚝油的风味和调味特点。

蚝油的传统生产工艺如下：① 鲜蚝去壳，在水中长时间煮熟，使其水溶性蛋白质、寡肽、糖、有机酸和微量元素等呈味物质渗出。在这一过程中部分不溶性蛋白质可在热的作用下发生降解。蒸煮液经过滤去除不溶性沉淀，减压浓缩，得到蚝水。此蚝水常加盐及防腐剂以便储运。② 以浓缩蚝水为原料进行配制。流程说明：精盐、精糖、变性淀粉、黄原胶、调味剂混合均匀后，依次加入所需的水和蚝汁，搅拌使精盐、精糖、黄原胶充分溶解，夹层加热至沸腾，并保持20min。耐盐性变性淀粉和黄原胶作为蚝油增稠剂，用量以使蚝油呈稀糊状为度。变性淀粉在细菌性淀粉酶的作用下可迅速降解，导致蚝油黏度下降。蚝油呈鲜、甜、咸、酸调和的复合味感，主味为鲜味，甜味为次味。含糖量不可过多，否则会掩盖蚝油的鲜味。配料完毕，趁热灌入洗净灭菌的瓶中，已灌装的蚝油再经巴氏杀菌或再放于热水中杀菌。蚝油杀菌前添加少量香辛料、白酒可明显提升蚝油香气的层次，当可使酯香明显，并可去腥味，使蚝香纯正。

上述工艺为传统蚝油生产工艺，这一工艺有不可克服的缺点：提取时间长，能耗大，效率低，日益难以满足大规模蚝油生产的要求。如原料提取时单纯依靠热水提取,仅能获得可溶性成分如水溶性蛋白质、氨基酸、寡肽、有机酸和微量元素等,蚝肉中丰富的蛋白质未能完全被利用。采用传统方法生产蚝水,只能利用蚝肉原料固形物的30%左右。蚝肉酶解法具有蛋白质利用率高、游离氨基酸和小分子肽含量高等特点,可解决传统热水提取蚝水得率低的技术难题。下面对蛋白酶水解牡蛎蛋白制备牡蛎酶解液代替蚝水工艺进行说明。

佛山市海天调味食品股份有限公司邓嫣容采用多种酶复配的方法对牡蛎进行酶解处理,以获得风味良好且蛋白质回收率和水解程度都比较高的酶解液。不同蛋白酶对牡蛎蛋白的酶解效果和感官评分,如表8.12所示。

表8.12　　　　不同蛋白酶对牡蛎酶解效果的影响

酶的种类	酶解温度/℃	pH	蛋白质回收率/%	水解度/%	感官评分
风味蛋白酶	50	6.0~6.5	65	42	75
复合蛋白酶	50	6.0~6.5	72	40	78
碱性蛋白酶	50	7.5~8.0	83	37	57
木瓜蛋白酶	50	6.0~6.5	41	33	53
酸性蛋白酶	50	3.0~3.5	65	36	26
中性蛋白酶	50	6.5~7.0	80	38	60
胃蛋白酶	50	3.0~3.5	63	19	39
胰蛋白酶	50	6.0~6.5	79	28	45

从表8.12可见,各种酶的蛋白质回收率高低依次是:碱性蛋白酶 > 中性蛋白酶 > 胰蛋白酶 > 复合蛋白酶 > 风味蛋白酶 = 酸性蛋白酶 > 胃蛋白酶 > 木瓜蛋白酶,以碱性蛋白酶和中性蛋白酶的水解效果比较好;各种酶的水解度高低依次是:风味蛋白酶 > 复合蛋白酶 > 中性蛋白酶 > 碱性蛋白酶 > 酸性蛋白酶 > 木瓜蛋白酶 > 胰蛋白酶 > 胃蛋白酶,以风味蛋白酶和复合蛋白酶的水解效果比较好;各种酶的感官评分高低依次是:复合蛋白酶 > 风味蛋白酶 > 中性蛋白酶 > 碱性蛋白酶 > 木瓜蛋白酶 > 胰蛋白酶 > 胃蛋白酶 > 酸性蛋白酶,也是以风味蛋白酶和复合蛋白酶的水解效果较好。通过正交试验对酶的配比进行优化,发现采用含0.05%中性蛋白酶 + 0.1%碱性蛋白酶 + 0.1%风味蛋白酶 + 0.1%复合蛋白酶的复合酶,可以使蛋白质回收率达到85%、水解度达到43.5%。

酶解后游离氨基酸的组成有明显变化,精氨酸、甘氨酸、丙氨酸等氨基酸含量增加,而天冬氨酸、苏氨酸等氨基酸含量降低。总游离氨基酸量提高约2倍,其中牛磺酸特征成分由2.65mg/mL增加到8.52mg/mL,

谷氨酸这样的鲜味氨基酸增加了 10 倍以上，极大地丰富了酶解液的鲜味物质基础，如表 8.13 所示。

表 8.13　　　　　　　　牡蛎酶解前后游离氨基酸组成

氨基酸名称	牡蛎原浆		酶解液	
	游离氨基酸含量/（mg/mL）	占总氨基酸比例/%	游离氨基酸含量/（mg/mL）	占总氨基酸比例/%
苯丙氨酸（Phe）	1.81	5.22	2.98	3.37
丙氨酸（Ala）	2.49	7.17	11.65	13.18
脯氨酸（Pro）	2.07	5.96	0.00	—
甘氨酸（Gly）	2.48	7.16	28.24	31.95
谷氨酸（Glu）	2.14	6.16	6.32	7.15
胱氨酸（Cys）	0.21	0.61	0.71	0.80
甲硫氨酸（Met）	1.10	3.16	2.68	3.03
精氨酸（Arg）	2.28	6.55	18.47	20.89
赖氨酸（Lys）	2.30	6.65	0.64	0.73
酪氨酸（Tyr）	1.13	3.26	0.00	—
亮氨酸（Leu）	2.79	8.04	1.30	1.46
天冬氨酸（Asp）	3.80	10.94	1.75	1.98
牛磺酸（Tau）	2.65	7.63	8.52	9.64
色氨酸 Trp	0.00	—	0.00	—
丝氨酸（Ser）	0.99	2.86	0.83	0.94
苏氨酸（Thr）	2.49	7.17	0.50	0.57
缬氨酸（Val）	2.14	6.16	2.47	2.79
异亮氨酸（Ile）	1.84	5.31	1.35	1.53
氨基酸总量	34.72		88.39	

　　牡蛎酶解生产大量游离氨基酸和寡肽，这导致其滋味与传统蚝水有一定差异。蚝水在长时间的热水抽提过程中，原材料中所含有的风味前体物质，如氨基酸、糖类、核酸、脂质和有机酸等，可通过以美拉德反应为代表的各种反应产生呋喃、内酯、吡嗪和含硫化合物等烹饪风味成分，产生典型的天然食品风味。牡蛎酶解液虽然也有加热灭酶过程，但由于化学组成有较大差异，其嗅味与蚝水也有较大区别。通过美拉德反应可改善和提升牡蛎酶解液的风味，但这显然与"清洁标签"的大趋势相违背。

　　牡蛎酶解液中含有多糖、未酶解的蛋白质、泥沙等杂质，如不进行分离沉淀，会导致产品保质期内出现浑浊、沉淀等现象，影响产品品质，因此牡蛎酶解液在调配之前需进行沉淀分离。不同 pH 和沉淀剂对牡蛎酶解液中杂质絮凝效果的影响，如表 8.14 和表 8.15 所示。

表 8.14　　pH 对牡蛎酶解液中杂质絮凝效果的影响

时间/min	pH		
	4.5	5.0	6.0
5	迅速絮凝	迅速絮凝	无絮凝
15	+ + +	+ + +	无絮凝
30	+ +	+ +	无絮凝
沉降速度/（cm/h）	4	4	<0.1
澄清度	好	好	差

注：表中沉降速度是以样品加热保温 30min 后进行测定，"＋"越多表示絮凝的沉淀越多。

表 8.15　　不同沉淀剂对牡蛎酶解液中杂质絮凝效果的影响

时间/min	0.1%氯化钙	0.1%氯化镁	0.1%硫酸镁
5	迅速絮凝	少量絮凝	无絮凝
15	+ + +	+	无絮凝
30	+ + +	+	无絮凝
沉降速度（cm/h）	4	2	<0.1
澄清度	好	好	差

注："＋"越多表示絮凝的沉淀越多。

当溶液的 pH 处在蛋白质的等电点时，蛋白质分子的静电荷为零，分子相互间的疏水作用最强，蛋白质分子间的相互吸引可形成更大的分子聚集体，最终形成沉淀，通过添加一水柠檬酸来调整酶解液的 pH，在 85℃加热之后，将其外于常温下沉淀，比较不同 pH 条件下的蛋白质絮凝效果。从絮凝的现象来看，pH 在 4.5～5.0，酶解液中蛋白质的絮凝效果较好，当 pH 达到 6.0 时则无絮凝产生，因此可确定牡蛎酶解液中未降解蛋白的等电点在 4.5～5.0，通过调整 pH 至蛋白的等电点可以对酶解液中的蛋白质起到较好的絮凝效果，且絮凝时间短，在 15～20min 即可以达到较好的效果。

从几种絮凝剂的絮凝和沉降效果来看，氯化钙的效果最好，但跟直接调节 pH 至等电点的效果相差不大。

以牡蛎酶解液为主要原料，添加酱油、红糖、变性淀粉、食盐等食品添加剂和配料可生产蚝油和牡蛎汤料，如表 8.16 和表 8.17 所示。

表 8.16 　　　　　　　　　　蚝油基础配方 　　　　　　　　单位：mg/100g

成分	含量	成分	含量
牡蛎酶解液	30~45	焦糖色素	0.4
酱油	20~35	小麦粉	0.2
红糖	9	料酒	0.1
食盐	7.5	琥珀酸钠	0.08
变性淀粉	3	I+G	0.04
味精	0.5	苯甲酸钠	0.03

表 8.17 　　　　　　　　水解牡蛎汤料基础配方 　　　　　　　　单位:%

成分	含量	成分	含量
酶解浓缩蚝汁	16	生姜粉	2.0
食盐	58	大蒜粉	2.0
砂糖	8.0	胡椒粉	2.0
味精	10	I+G	0.02
干葱粉	2.0		

8.1.2.2　牡蛎控制酶解制备 α - 葡萄糖苷酶抑制剂

　　糖尿病是一种慢性的疾病，严重的威胁着人们的身体健康和生活质量。据世界卫生组织调查：目前世界糖尿病人数高达约 1.8 亿，而中国的糖尿病人占全球的 1/3。糖尿病及其并发症所引起的致残性、致死率已成为当前威胁人类健康的"第三大杀手"。若不及时治疗，糖尿病人会出现四肢麻木、全身疼痛、失明、肾功能衰竭、脑出血、猝死等严重后果。Ⅱ型糖尿病患者约占糖尿病患者总数的 90%。餐后血糖值过高是Ⅱ型糖尿病并发症的直接致病因素，控制餐后血糖可减缓Ⅱ型糖尿病患者的糖尿病发病进程。α - 葡萄糖苷酶存在于小肠刷状缘细胞的微绒毛上，可将复杂的糖类水解成为单糖被吸收进入血液。抑制 α - 葡萄糖苷酶活力可有效地抑制餐后血糖值的升高，α - 葡萄糖苷酶抑制剂可使人们餐后的血糖峰值渐渐降低，波动减少，使血浆中的糖化血红蛋白降低。因此 α - 葡萄糖苷酶抑制剂的研究是开发预防糖尿病并发症药物的热点。

　　胡建恩等采用硫酸铵沉淀法从大连湾牡蛎软体部分中获得水溶性蛋白质，发现胃蛋白酶水解牡蛎蛋白质产物的部分组分具有 α - 葡萄糖苷酶抑制活性，其 α - 葡萄糖苷酶抑制活性 IC_{50} 值为 40mg/mL。然而，这一工艺制备的牡蛎肽 α - 葡萄糖苷酶抑制活性较高，但牡蛎蛋白利用率较低，仅利用了牡蛎水溶性蛋白质。李会丽等以太平洋牡蛎为原料，研究了不同蛋白酶的牡蛎蛋白酶解液对 α-葡萄糖苷酶的抑制作用。结果表明，胃蛋白酶、胰蛋白酶、菠萝蛋白酶、木瓜蛋白酶、中性蛋白酶及碱性蛋白酶 6 种蛋白酶酶解液中，菠萝蛋白酶与碱性蛋白酶酶解液对 α-葡萄糖苷酶的抑制率最高，分别为 37.53% 和 35.59%，与其他处理差异达显著水平（$p < 0.05$），如表 8.18 所示。采用正交试验对这 2 种蛋白酶的酶解条件进行优化，结果显示菠萝蛋白酶在 50℃，pH 6.0，料水比 1:4，加酶量 2400U/g，酶解时间 2h 时对 α-葡萄糖苷酶的抑制率最高；碱性蛋白酶在温度 50℃，pH 8.5，料水比 1:4，加酶量 1800U/g，酶解时间 2h 的条件下对 α-葡萄糖苷酶的抑制率最高。

表 8.18　六种牡蛎酶解液对 α-葡萄糖苷酶抑制活性的影响　　　　单位:%

酶解液	α-葡萄糖苷酶抑制活性	酶解液	α-葡萄糖苷酶抑制活性
菠萝蛋白酶	37.53 ± 0.72	胃蛋白酶	29.73 ± 0.84
木瓜蛋白酶	30.79 ± 1.21	胰蛋白酶	29.42 ± 0.29
中性蛋白酶	25.47 ± 0.66	碱性蛋白酶	35.59 ± 1.06

8.1.2.3　牡蛎蛋白肽-锌螯合物、抗菌肽及其制备方法

锌是人体必需的微量元素，缺锌会产生多种疾病。锌广泛参与核酸和蛋白质的代谢，因此影响到各种细胞的生长、分裂和分化，尤其是 DNA 复制、RNA 转录等基本生命过程。另外锌可以加快细胞的分裂速度，使细胞的新陈代谢保持在较高的水平上。但食物中的磷酸盐和草酸等成分干扰锌的吸收，补锌的药物有无机锌和有机锌，其吸收利用率也较低。因此，寻找一种安全、有效的补锌产品对人体健康有着重要意义。

研究证明氨基酸和小肽具有促进锌吸收的作用，而且氨基酸和肽的金属复合体的生物学利用率比无机离子高，且无毒副作用。天然蛋白质经水解生成的肽与微量元素结合形成的螯合物可通过小肠直接吸收，因此蛋白酶解物的锌螯合物和促进锌吸收的研究受到普遍关注。

中国海洋大学刘尊英等公开了一种牡蛎蛋白肽-锌螯合物及其制备方法，具体工艺如下：将牡蛎肉打浆破碎后，按每克牡蛎蛋白添加风味蛋白酶 0.01% ~ 0.05% 进行酶解，酶解温度 20 ~ 60℃，酶解时间 3 ~ 10h，pH 为 7.0 ~ 9.0。酶解结束后，60 ~ 90℃灭酶 5 ~ 30min，得到牡蛎蛋白酶解产物生物活性肽。将蛋白酶解产物与 Zn^{2+} 化合物按质量比为 5:1 ~ 1:6，反应 pH 为 3.0 ~ 9.0，20 - 60℃螯合反应 10 ~ 60min，制得牡蛎蛋白肽-锌螯合物。该螯合物可用作补锌剂，在肠道的微碱性条件下

逐渐溶解，缓慢释放 Zn^{2+} 离子，有效提高 Zn^{2+} 的吸收利用率；而且由于生物活性肽的存在，该螯合物亦具有抗氧化、调节免疫、降血压等生理功能。随后，该课题组利用 RP – HPLC/LC/LTQ 等技术从牡蛎酶解液中分离、鉴定出一种分子质量为 1882.0u，一级结构为 HLRQEEKEEVTVGSLK 的肽段。该肽段的锌螯合能力为 6.56μg/mg，经过体内消化后，该肽段保留 85.98% 的锌螯合能力。

刘尊英等采用 alcalase 和 bromelin 水解太平洋牡蛎（*Crassostrea gigas*）蛋白，获得一种富含半胱氨酸的抗菌肽 CgPep33，该肽对细菌（*Escherichia coli*、*Pseudomonas aeruginosa*、*Bacillus subtilis* 和 *Staphylococcus aureu*）、真菌（*Botrytis cinerea* 和 *Penicillium expansum*）具有较好的抑制效果。抗菌肽 CgPep33 对革兰阳性菌尤为敏感，其最小抑菌浓度分别为 40 和 60μg/mL。

8.1.2.4　牡蛎蛋白控制酶解制备生物活性肽

近年来国内外的大量研究表明，牡蛎蛋白的酶解产物具有多种生物活性，如降血脂活性、抗菌活性、抗氧化活性、抗肿瘤活性、抑制 HIV – 1 蛋白酶活性、提高记忆力等，现将其研究进展简述如下：

Jiapei Wang 等以牡蛎（*Crassostrea talienwhanensis Crosse*）蛋白为原料，通过胃蛋白酶水解、Sephadex LH – 20 凝胶过滤色谱和 RP – HPLC 分离纯化得到一种新的 ACE 抑制肽，其一级结构为 VVYPWTQRF，ACE 抑制活性为 66μmol/L。该肽具有较好的热和 pH 稳定性，且耐受胃蛋白酶和胰蛋白酶的降解。对自发性高血压大鼠以 20mg 牡蛎水解物/kg 体重给药，显示降血压效果。Kazuhiro Shiozaki 等利用胰蛋白酶水解牡蛎（*Crassostrea gigas*）蛋白，获得了一种对自发性高血压大鼠具有降血压活性的水解物，并分离纯化获得一种降血压五肽，其一级结构为 Asp – Leu – Thr – Asp – Tyr。通过对五肽进行酶解，证明 Asp – Tyr 可能是体内降血压的主要成分。

Tae – Gee Lee 等采用嗜热菌蛋白酶水解牡蛎（*Crassostrea gigas*）蛋白，从水解物中分离鉴定出 2 种具有 HIV – 1 蛋白酶抑制活性的生物活性肽，其一级结构分别为 Leu – Leu – Glu – Tyr – Ser – Ile 和 Leu – Leu – Glu – Tyr – Ser – Leu。通过化学合成这两个寡肽，发现其 HIV – 1 蛋白酶抑制活性 IC_{50} 值分别为 20 和 15μmol/L。

林海生等采用中性蛋白酶和碱性蛋白酶分别水解牡蛎蛋白得到 $EHOP_1$ 和 $EHOP_2$，按剂量 5g/（kg·d）分别给 4 周龄小鼠灌胃 4 周后，通过 Morris 水迷宫方法评价了 EHOP 对小鼠空间学习记忆功能的影响，并检测小鼠肝组织和脑组织中 SOD 活性及 MDA 含量。结果表明，$EHOP_1$ 组和 $EHOP_2$ 组小鼠的潜伏期均明显缩短，采用空间搜索策略的比例、穿越平台的次数、目标象限停留的时间和路程均有不同程度的增加。与空白组相比，EHOP 能够显著增强小鼠肝组织中 SOD 的活性（$p < 0.005$），显著性减少脑组织及血浆中的 MDA 含量（$p < 0.005$）。结果显示，EHOP 能够明显改善小鼠的空间学习记忆能力，具有良好的体内抗氧化活性。

陈秀兰等采用芽孢杆菌属 SM98011 蛋白酶水解牡蛎（*Crassostrea giga*）蛋白，经分子质量为 3ku 超滤膜超滤，取透过液，制备出富含寡肽的牡蛎水解物，并评价了其抗肿瘤和免疫刺激活性。牡蛎水解物的抗肿瘤活性，如表 8.19 所示。

表 8.19　牡蛎水解物对 S – 180 肿瘤生长小鼠的胸腺指数和脾肿指数的影响

组别	肿瘤重量/g	抑制率/%	胸腺指数/（mg/g）	脾肿指数/（mg/g）
正常组	—		0.6480 ± 0.1143	6.0961 ± 0.3930
阳性对照（CTX）组	0.449 ± 0.118	82.5	0.5953 ± 0.0565	5.6334 ± 1.0100
阴性（S180）对照组	2.567 ± 0.077	—	0.8154 ± 0.0740	8.8186 ± 0.3967
低剂量组（0.25mg/g）	2.393 ± 0.111	6.8	0.6969 ± 0.1410	9.4700 ± 1.1800
中剂量组（0.5mg/g）	1.781 ± 0.226	30.6	0.8665 ± 0.0100	9.4267 ± 0.7975
高剂量组（1mg/g）	1.335 ± 0.066	48.0	1.0014 ± 0.0898	10.7345 ± 0.7030
粗酶解液（1mg/g）组	1.922 ± 0.216	25.1	0.9397 ± 0.1937	10.2135 ± 0.6570

管华诗公开了一种改善性功能、增强免疫力、消除疲劳的药物的制造方法，这种药物由海参、扇贝、牡蛎、鹿鞭、驴鞭、海龙、海马、人参和枸杞所制成，它们用量的质量分数分别是 12% ~17%、18% ~23%、12% ~17%、3% ~7%、8% ~12%、8% ~12%、3% ~6%、8% ~12% 和 8% ~12%，将海参、扇贝、牡蛎清洗，蒸煮，取出肉质绞碎，磨成浆状，再将鹿鞭、驴鞭清洗，去除脂肪，绞碎，也磨成浆状，将两种浆混合，调节 pH 至 2 ~2.5，加入胃蛋白酶酶解，随后再加入胰蛋白酶酶解，最后用枯草杆菌酶酶解，将酶解液加热灭活，过滤，将海龙、海马的乙醇提取液与人参、枸杞的水提取液合并，并与酶解液合并。该酶解液中的主要保健功能是改善性功能，增强免疫力，消除疲劳。

8.1.3　其他贝类控制酶解技术及应用

除牡蛎外，我国其他重要的经济贝类包括鲍鱼、扇贝、菲律宾蛤仔、蚬、蚶类等。这些贝类或本身原料价格较高或个体较小，难以机械去壳，大规模加工成本高。因此国内对贝类深加工的研究主要集中在其加工副产物——裙边肉或中肠腺软体上，如对贝类裙边肉，鲍鱼、海参内脏的控制酶解。整贝的酶解仅适合于用来制备高附加值产品，如功能性食品配料。Yang Yong – fang 等分别采用碱性蛋白酶、胃蛋白酶、胰蛋白酶和木瓜蛋白酶水解贻贝，并从酶解液中筛选得到一个能显著抑制 PC – 3 和 DU – 145 前列腺癌细胞增殖的寡肽，其一级结构为 Asp – Leu – Tyr。

8.1.3.1 酸法和酶法水解海蚬制备呈味基料

蚬广泛分布于除南极洲外的各大洲水域，壳厚而坚，外形呈圆形或近三角形。蚬又为中药药材，具有通乳、明目、利小便和去湿毒等功效。海蚬肉的蛋白质含量为 8.89% ，脂肪含量为 1.76% ，灰分含量为 5.30% ，总糖含量为 2.79% ，水分含量为 79.5% 。以干重计，其蛋白质含量为 47.44% ，脂肪含量为 9.39% ，灰分为 28.28% ，总糖含量为 14.89% 。与马氏珍珠贝肉相比，海蚬的蛋白质含量偏低，脂肪含量与海蚬肉相当，总糖和灰分含量均远高于马氏珍珠贝，具体如表 8.20 所示。

表 8.20	海蚬肉的化学组成分析			单位：g/100g	
	蛋白质	脂肪	灰分	总糖	水分
海蚬肉	8.89	1.76	5.30	2.79	79.5
海蚬肉（干重）	47.44	9.39	28.28	14.89	0
马氏珍珠贝肉	14.40	1.30	1.80	0.30	83.20

由表 8.21 可见，酸水解液中食盐含量为 17.5% ，而酶解液中食盐含量仅为 0.1% ，酸水解后可中和盐酸产生大量食盐。酸水解液中氨基酸含量较高，肽含量较低，游离氨基酸含量（以氮计，下同）为 0.63g/100mL，肽含量（以氮计，下同）为 0.16g/100mL，总氮含量为 0.79g/100mL，水解度为 79.64% ；相比之下，蚬肉酶解液中肽含量偏高，氨基酸、总氮和水解度偏低，其游离氨基酸含量为 0.37g/100mL，肽含量为 0.34g/100mL，总氮为 0.71g/100mL，水解度为 52.11% 。酶水解液中肽含量为酸水解液的 1 倍以上，游离氨基酸含量为酸水解液的一半左右，表明酸水解液富含游离氨基酸而酶解液富含肽。酸水解液的总糖含量低，为 0.042g/100mL，远远低于酶水解液 1.42g/100mL，这是由于水解过程中盐酸对糖类有较强的破坏作用。酸水解液的总酸含量略高于酶水解液，这与酸水解过程中葡萄糖降解产物乙酰丙酸的生成有关。

表8.21　　　　　酸水解液和酶水解液的化学组成分析

检测指标	酸水解液	酶水解液
食盐含量/（g/100mL）	17.50	0.10
氨态氮含量/（g/100mL）	0.63	0.37
肽含量/（g/100mL）*	0.16	0.34
总氮含量/（g/100mL）	0.79	0.71
水解度/%**	79.64	52.11
总酸含量（g/100mL）	0.52	0.51
总糖含量（g/100mL）	0.042	1.42
谷氨酸含量（mg/100mL）	0.59	0.072

注：*肽含量为总氮与氨态氮之差，**水解度为氨态氮与总氮的比值计算。

从游离氨基酸组成来看，两者在含量和组成上均有显著的差异，如表8.22所示。酸水解液中游离氨基酸含量约为酶水解液的1.9倍。其中，酸水解液中呈鲜甜味的氨基酸含量如谷氨酸、天冬氨酸、丝氨酸、甘氨酸等均远高于酶水解液中相应值，如呈鲜味的谷氨酸在酸水解液中含量为595.19mg/100mL，而在酶水解液中仅为72.21mg/100mL，低于其刺激阈值。天冬氨酸在酸水解液中含量为465.62mg/100mL，在酶水解液中仅为20.50mg/100mL。贝类的甜味一般认为与甘氨酸含量有关，酸水解液中甘氨酸也远高于酶水解液，分别是246.06和61.13mg/100mL。而酸水解液和酶水解液中疏水性氨基酸和碱性氨基酸（缬氨酸、苯丙氨酸、亮氨酸、异亮氨酸、赖氨酸、精氨酸等）含量相差不大。某些氨基酸如苯丙氨酸和色氨酸，其在酶解液中含量还高于酸解液。酶解液中苯丙氨酸含量为160.89mg/100mL，而酸水解液中含量为146.64mg/100mL。

表8.22　　　　蚬肉的酸水解液与酶水解液的氨基酸组成分析

单位：mg/100mL

氨基酸	酸水解液	酶水解液	氨基酸	酸水解液	酶水解液
Asp	465.62	20.50	Pro	192.22	53.31
Glu	595.19	72.21	Tyr	182.22	91.23
Ser	223.85	96.61	Val	140.69	109.27
Gly	196.85	61.13	Met	108.48	94.46
His	175.54	77.00	Cys	16.14	21.35
Arg	296.91	293.96	Ile	113.46	81.87
Thr	198.62	118.36	Leu	236.82	224.68
Ala	260.09	211.08	Trp	—	41.65
Phe	146.64	160.89	Lys	263.59	215.87
总量	3812.90	2045.43			

考虑到食盐对酸味、甜味、苦味和鲜味的相互作用，向酶水解液中添加食盐，使之与酸水解液含量相当后再进行感观评定，发现酸水解液和酶水解液在风味上区别加大，如图8.1所示。酶水解液具有典型的海蚬的腥味，酸水解液有典型的酸水解动物蛋白液的特征气味，丧失了海蚬的嗅感。两者均无苦味，这表明酶水解过程中无苦味肽生成。两者食盐含量相同，但酶水解液的咸味略弱。酶水解液的酸感要略低于酸水解液，这与酸水解液中含有乙酰丙酸有关。酶水解液的甜味明显优于酸水解液，其原因在于水解过程中盐酸破坏了海蚬肉中的糖分子。酶水解液的鲜味要明显强于酸水解液。考虑到酶水解液中起鲜味作用的氨基酸如谷氨酸、天冬氨酸的含量不仅低于酸水解液，且远低于其阈值，不可能对呈味起主导作用，而酶水解液的鲜味明显强于酸水解液，这表明酶水解液中肽类物质在酶水解液中起很重要的呈鲜味作用。

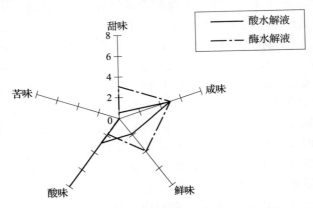

图8.1　海蚬酸水解液和酶水解液的呈味区别

尽管酸水解液和酶水解液皆含有部分肽，分别为0.16和0.34g/100mL，但两者在亲疏水性和分子质量分布上有显著差异。酸法水解较为彻底，酸水解液中肽的分子质量皆在500u以下，如图8.2所示。由于亲水性氨基酸和碱性氨基酸较易被酸水解，而芳香氨基酸残基和脂肪族氨基酸残基因彼此靠近产生静电屏蔽，难以被水解，因此酸水解液中肽以疏水性寡肽为主。与之相反，酶法水解液中肽的分子质量分布较广，在100～10000u皆有广泛分布，如图8.3所示，且以亲水性肽为主，这与蛋白酶专一水解疏水性氨基酸和碱性氨基酸残基的肽键有关。显然，这部分亲水性肽对酶解液的鲜味有显著的贡献，这与目前已报道的呈鲜味的肽类物质均为富含谷氨酸的亲水性肽相符合。

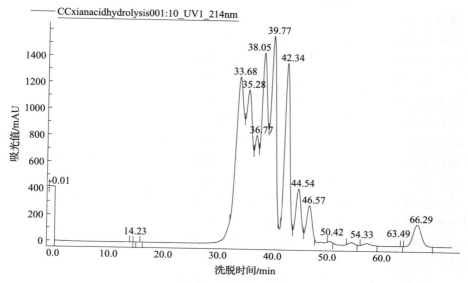

图 8.2　酸水解液中肽分子质量的分布

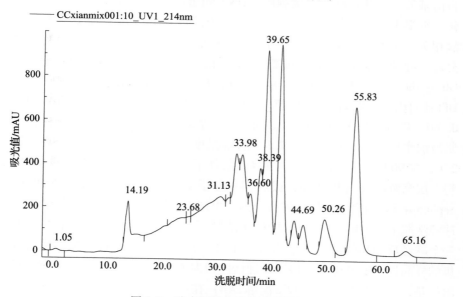

图 8.3　酶水解液中肽分子质量的分布

8.1.3.2　菲律宾蛤仔蛋白控制酶解制备生物活性肽

　　菲律宾蛤仔（*Ruditapes philippinarum*），俗称花蛤，是隶属于软体动物门（Mollusca）、双壳纲（Bivalvia）、帘蛤科（Veneridae）的海洋生物，是我国四大养殖贝类之一。菲律宾蛤仔蛋白质含量高，脂肪含量低，并含有丰富的维生素和微量元素，具有良好的营养保健功能。中医认为，蛤肉有滋阴明目、软坚化痰之功效。现代研究证明，菲律宾蛤仔水解物具有抗肿瘤、NO 抑制、抗氧化等多种生理活性。

2012 年韩国研究团队 Pyo – Jam Park 利用 8 种蛋白酶对菲律宾蛤仔进行水解，比较了水解产物的 NO 抑制活性，发现 Alcalase 的水解产物具有最高的 NO 抑制活性，并通过分离纯化鉴定出了一个新的十肽（Gln – Cys – Gln – Gln – Ala – Val – Gln – Ser – Ala – Val）。这一活性肽可显著抑制脂多糖（lipopolysaccharide，LPS）刺激的 RAW264.7 细胞产 NO 的活性。随后，该团队研究得出菲律宾蛤仔的糜蛋白酶（α – Chymotrypsin）水解物对前列腺癌具有较强的细胞毒性，并通过分离纯化鉴定出了一个新的十肽（Ala – Val – Leu – Val – Asp – Lys – Gln – Cys – Pro – Asp）。进一步研究表明，该十肽可诱导前列腺癌、乳腺癌和肺癌细胞凋亡，但对正常细胞无影响。

机体代谢所产生的超氧化物阴离子、过氧化氢、过氧化自由基和羟自由基等自由基可以造成细胞膜、DNA 和蛋白活性的损伤，并与动脉硬化、脑卒中、阿尔茨海默病、肥胖、白内障以及肝脏疾病等多种人类疾病相关。该团队还在菲律宾蛤仔的糜蛋白酶（α – chymotrypsin）水解物中分离、纯化、鉴定出了一种新的抗氧化十肽（Ser – Val – Glu – Ile – Gln – Ala – Leu – Cys – Asp – Met）。研究表明该抗氧化肽对羟自由基、DPPH 自由基、烷自由基和超氧阴离子自由基的 IC_{50} 值分别为 0.042、0.091、0.107 和 0.372mg/mL。浙江海洋学院丁国芳等取菲律宾蛤仔的均浆液加水稀释后，调 pH 至 7.8，酶解温度为 37℃，添加胰蛋白酶酶解 24h，在 90℃灭酶 15min 后，在 4℃条件下离心，过滤，取上层酶解液；将上层酶解液经过超滤膜，截取 3ku 分子质量以下的酶解液，用 DEAE Sepharose FF 阴离子交换柱进行分离，出现前后两个峰，前一个是磷酸缓冲液洗脱下来的峰，后一个是 NaCl 洗脱下来的峰，并分别进行收集；前一个峰经反相高效液相色谱出现一主峰，并对该主峰进行收集，然后收集的样品进行氨基酸序列检测，确认序列为 Asp – Trp – Pro – His。应该指出的是，这一酶解工艺（37℃酶解 24h）在冬季或北方尚可行，在夏天或南方，水解液极易腐败变质。改进的方法是将菲律宾蛤仔的匀浆液进行高温杀菌，获得商业无菌的匀浆液，再添加胰蛋白酶进行水解。浙江万里学院张慧恩等以脱脂菲律宾蛤仔粉为原料，加入粉末质量 0.1% ~ 5.0% 的碱性蛋白酶，在 45 ~ 75℃条件下酶解 1 ~ 3h 后，在 95 ~ 100℃条件下灭酶 5 ~ 10min，离心得到的上清液即为菲律宾蛤仔蛋白水解液；对上述菲律宾蛤仔水解液过分子质量 10 ~ 50ku 的超滤膜，收集透过液；将上述透过液真空浓缩至固形物含量为 15% ～50%，加入葡萄糖，葡萄糖在浓缩后的透过液中的浓度为 1.0% ～10%，在 120℃下反应 60～90min，得到反应产物；将上述反应产物用 G－25 凝胶层析，以纯水为洗脱剂，收集洗脱液组分，真空冷冻干燥，即得到黄色粉末状蛤仔抗氧化肽。如表 8.23 所示。

表 8.23　　　　　　　　蛤仔抗氧化肽的抗氧化效果评价

抗氧化剂	还原力	DPPH 自由基清除率	超氧阴离子清除率
蛤仔抗氧化肽 5mg/mL	0.742	78.6%	68.6%
BHA 0.2mg/mL	0.765	85.3%	78.4%
BHT 0.2mg/mL	0.789	80.2%	90.5%
维生素 C 0.5mg/mL	0.853	75.8%	84.3%

8.1.3.3　蛋白酶酶解法提取鲍鱼内脏中功能性多糖

鲍鱼属软体动物门（Mollusca）、腹足纲（Gas2tropoda）、前鳃亚纲（Prosobranchia）、原始腹足目（Archaeogastropoda）、鲍科（Haliotidae）、鲍属（Haliotis）。鲍鱼被列为八珍之首，是海洋中氨基酸含量最全面、脂肪和胆固醇含量最低的生物之一，具有丰富的营养价值和药用价值。市场上最常见的鲍鱼品种为皱纹盘鲍，福建与山东地区皱纹盘鲍的养殖量占市场份额的 90% 左右。在鲍鱼深加工中产生的大量鲍鱼内脏由于没有合适的加工处理方法主要被干燥制成饲料，造成资源的浪费和环境的污染。鲍鱼内脏占鲍鱼体重的 20% ～30%，含有丰富的营养成分。据大连工业大学乔路等报道，皱纹盘鲍鱼脏器干粉的化学组成：总蛋白质 57.17%，总糖 16.36%，总脂 11.5%%，灰分 8.68%，水分 5.36%，是一种富含蛋白质和多糖的优质生物资源。

研究表明，鲍鱼内脏多糖具有多种生物活性，如抗氧化、降血脂、抗肿瘤、免疫调节、抗病毒、抗凝血等。余鑫报道，鲍鱼脏器粗多糖各剂量组能有效降低血清中的 TG、TC、LDL－C 含量以及升高 HDL－C 含量，说明鲍鱼脏器粗多糖能够有效地抑制 TG、TC、LDL－C 水平的升高和 HDL－C 含量的降低。王莅莎等人发现鲍鱼脏器粗多糖对 Hela 细胞和 K562 细胞具有一定的抑制作用；体外免疫检测表明，鲍鱼脏器粗多糖 AVPⅠ和 AVPⅡ能够增强淋巴细胞增殖、腹腔巨噬细胞吞噬功能和 NK 细胞的杀伤能力。

直接采用热水提取鲍鱼内脏中多糖一般得率较低，添加蛋白酶对鲍鱼内脏中蛋白质进行降解可显著提高多糖的得率，但酶解液在乙醇沉淀步骤中部分水溶性蛋白质和多肽也随多糖沉淀下来，导致所得多糖纯度较低。编者以新鲜鲍鱼内脏为原料，以多糖得率为指标，比较了水提法（90℃提取 15min）、胃蛋白酶、风味蛋白酶、碱性蛋白酶对鲍鱼脏器多糖提取率的影响，如表 8.24 所示。

表 8.24　　　　　不同蛋白酶和沉淀方法对鲍鱼脏器
多糖提取率和纯度的影响　　　　　单位:%

	水提法	胃蛋白酶	风味蛋白酶	碱性蛋白酶
多糖得率	1.87	3.24	2.19	3.58
多糖含量（pH5.0）	56.7	40.6	42.7	41.3
多糖含量（pH8.0）	58.9	49.2	50.4	51.5

注：多糖纯度（pH 为 5.0）表示乙醇沉淀前酶解液的 pH 为 5.0；多糖纯度（pH 为 8.0）表示乙醇沉淀前酶解液的 pH 为 8.0。

由表 8.24 可见，采用碱性蛋白酶酶解鲍鱼脏器，多糖得率远远高于水提法和其他蛋白酶酶解法。动物多糖大多是由多糖连接在较大蛋白质链上的，所以要求尽量切除蛋白质而保留多糖部分，蛋白酶的专一性低有利于多糖的分离提取。此外，酶解液的 pH 也对沉淀鲍鱼脏器多糖的纯度有较大的影响。在酶解液 pH 为 8.0 时，所得鲍鱼脏器多糖沉淀的含量较高，而将 pH 调整到 5.0 时，所得鲍鱼脏器多糖沉淀的纯度有明显降低。这是由于 pH 为 5.0 时接近鲍鱼脏器蛋白质和多肽的等电点，蛋白质和多肽所带电荷少，更易被乙醇沉淀。对牛磺酸、柠檬酸、琥珀酸等有机酸而言，情况刚刚相反。牛磺酸是一种带有磺酸基的条件必需氨基酸，它以游离状态富含于兴奋组织（神经、肌肉）细胞内，对糖尿病病人的神经病变、胰岛素抵抗及心血管并发症具有显著防治作用。在 pH 为 8.0 时，牛磺酸以牛磺酸钠形式存在，牛磺酸钠几乎完全被 70% 的乙醇沉淀；在 pH 为 5.0 时，牛磺酸发生部分解离，在 70% 的乙醇溶液中几乎不沉淀。利用蛋白质、多肽和牛磺酸在不同 pH 下的解离情况和溶解度可有选择性地富集鲍鱼脏器多糖和其他功能性组分。

采用蛋白酶酶解法提取鲍鱼脏器多糖的另一优势是所得多糖的抗氧化活性（DPPH 自由基、羟基自由基、超氧阴离子清除活性）明显高于水提法。

8.1.3.4　扇贝加工副产物控制酶解技术与应用

扇贝属于软体动物门扇贝科，肉质鲜美，营养丰富，是海产八珍之一。扇贝广泛分布于世界各个海域，我国已发现约 45 种，其中重要的经济品种包括栉孔扇贝、海湾扇贝和虾夷扇贝等。扇贝的传统加工方法主要是将其闭壳肌加工成干贝、冷冻扇贝柱和扇贝罐头，这一加工工艺中产生了大量的下脚料，其中下脚裙边（包括内脏部分）约占整个扇贝的30%，是一种理想的高蛋白低脂肪低糖类食品原料。目前，大部分扇贝裙边作为普通虾饲料低价出售，附加值较低。近年研究表明，扇贝边提取物中含有多种活性物质，如抗氧化肽、糖蛋白、牛磺酸、微量元素，具有抗衰老、抗肿瘤和降血脂等多种生理功能。

扇贝裙边的酶法深加工国内已有大量文献报道，如抗氧化肽、呈味基料、调味品、氨基酸营养粉、高品质虾蟹饵料等。下面将研究成果介绍如下。

张一江等利用双酶（胰酶0.3%和枯草杆菌中性蛋白酶0.8%），在50℃、pH为7.0~8.0、料水比为1:13的条件下，对海湾扇贝肉酶解4h后制备得到产物。该酶解产物对羟自由基的清除活性IC_{50}为2.01mg/mL，对超氧阴离子的清除活性IC_{50}为9.54mg/mL，对DPPH自由基的清除活性IC_{50}为5.90mg/mL。Sephadex G-15（1.6cm×68cm）凝胶色谱结果表明，该酶解产物中分子质量分布在1450~288u，肽链长度在13.2~2.6的组分具有较强的清除羟自由基和DPPH自由基活性。

曾庆祝等比较了胰蛋白酶、胃蛋白酶、木瓜蛋白酶、复合风味酶和枯草杆菌蛋白酶制备的扇贝裙边酶解物对·OH的清除活性，并优化其最佳酶解条件。在此基础上，采用酶解物灌胃小鼠，测定小鼠血液中的谷胱甘肽过氧化物酶（GSH-Px）活力、超氧化物歧化酶（SOD）活力和肝脏中的丙二醛（MDA）含量。研究结果表明扇贝裙边的枯草杆菌蛋白酶和木瓜蛋白酶酶解产物具有较好的·OH清除效果，其清除率分别为84.37%和79.93%。动物试验表明这两种酶解物均可提高小鼠血液中GSH-Px活力和SOD活力，并降低小鼠肝脏中的MDA含量。结论扇贝裙边酶解物具有不同程度的体内抗氧化活性作用。

荣成宏业实业有限公司公开了一种能够促进虾蟹积极进食、苗壮成长的饵料及该饵料的制备方法，其技术方案为：该饵料由扇贝酶解物、海带浆液、糊精混合后经浓缩、干燥、造粒而成；其中扇贝酶解物所占比重为10%~20%、海带浆液所占比重为20%~50%，糊精所占比重为30%~70%。制备方法包括扇贝酶解物制备、海带浆液制备、成分混合后的浓缩、干燥、造粒。该饵料能有效促进虾蟹的健康成长。扇贝酶解物的制备工艺：扇贝肉或将扇贝柱分离后的扇贝内脏团粉碎、磨成浆液，调pH调整为7.0~8.0，升温至48±2℃，加入木瓜蛋白酶、复合酶和风味酶进行酶解5~6h，然后在温度为（53±2）℃的条件下再次酶解5~6h；最后在（58±2）℃的条件下酶解5~6h；其中木瓜蛋白酶、复合酶、风味酶的加入量以浆液重量为基准分别为木瓜蛋白酶 1‰～2‰、复合酶 1‰～2‰、风味酶 1.5‰～3‰。

大连格兰清水环境工程有限公司公开了一种利用扇贝边角废料制备扇贝水解蛋白粉的方法，工艺如下。以新鲜或者冻储的扇贝边角废料为原料，经过清洗、捣碎、过胶体磨、超声波处理匀浆，加入外源酶进行酶解，水解液经过过滤、杀菌、浓缩、干燥，可得扇贝水解蛋白粉。该蛋白粉味道鲜、氨基氮含量高，可用于海鲜酱油、海鲜调味包等调味品的配料，也可用作保健食品、药品深加工的原料。

8.1.3.5 蚶类蛋白质控制酶解技术与应用

蚶类是我国传统的四大养殖贝类之一，常见经济蚶类包括毛蚶（*Scapharca subcrenata*）、泥蚶（*Tegillarca granosa*）、魁蚶（*Scapharca broughtonii*）、橄榄蚶、古蚶及青蚶等。蚶类营养丰富、味道鲜美，且含有多种生物活性物质。如于荣敏等从毛蚶中分离、纯化、制备出一种抗肿瘤多肽，其分子质量为 20491u。该多肽化合物的氨基酸片段序列包含 ISMEDVEESR、KNGMHSIDVNHDGK、HRAYffADNTYLMK、CMDLPYDVL-DTGGKDR、SSDKNTDLVDLFELDMVPDR、KNNECMNMIMDVIDTNTAAR 和 PYYCSLDNVHDGAGLSMEDVEEDK。青岛海生肿瘤医院陈守国等采用了 Superdex75 凝胶过滤层析分离、Sephade G－25 脱盐柱脱盐来制备具有高抗癌活性的毛蚶肽类化合物，其分子质量为 3000u 以下。生毛蚶可能含有甲肝病毒，不能生食。1988 年，上海曾发生了一场因食用带有甲肝病毒的毛蚶引起的甲肝（即甲型病毒性肝炎）大流行。

国内对蚶类进行酶解制备生物活性肽的研究不多，主要集中在利用蛋白酶对毛蚶进行控制酶解可提高其蛋白质利用率，其水解产物具有降血脂活性。下面将其研究成果介绍如下。

郑州大学卢婷以酪蛋白组为对照组，分别用毛蚶原浆粉和两种蛋白酶水解后的酶解液粉状物作为饲料的蛋白质来源，配制人工半合成饲料，采用对喂法，进行大鼠营养生理功能试验。酶解组的蛋白质消化率和净利用率都比原浆组高。在血脂方面，中性蛋白酶酶解组具有较强的血脂调节作用，可以显著地降低大鼠血清中的 TC、TG、LDL－C，并提高血清中的 HDL－C。灌胃毛蚶酶解液组的小鼠肝、肾组织中的 SOD 及 GSH－Px 酶活力显著升高，MDA 含量显著降低。这表明毛蚶酶解后的肽类物质对血脂调节具有显著作用。此外，中性蛋白酶毛蚶酶解组可显著提高大鼠血清及肝组织中的 SOD、GSH－Px 酶活力，并降低大鼠血清 MDA 含量。毛蚶酶解液在大鼠体内可能是通过调节抗氧化物酶活力降低脂质过氧化的程度，达到降血脂的效果。

8.1.3.6　海参内脏控制酶解技术与应用

海参（sea cucumber），又名刺参、海鼠。海参并不属于贝类，属棘皮动物门、海参纲、海参属。海参内脏消化道中含有丰富的蛋白酶类，其加工过程中易自溶导致产品品质降低，故海参加工过程中需去除内脏。随着海参养殖市场和消费市场的日益扩大，对海参内脏进行深加工需求日益迫切。

海参内脏从组织学上可包括消化道、生殖腺、呼吸树、居维氏管、水肺、波里氏囊、水环管、触手以及筛板等。海参的消化道，即海参肠壁，是海参内脏的重要组成部分，按照位置的差异以及形状的不同，海参肠壁可被分为三段：前、中、后。前部有较大囊结构的咽、食管和胃以及前降肠，颜色最深；中部为前升肠，颜色逐渐变浅，而且变细，内壁常形成环形褶皱；后部为后降肠和排泄腔，肠壁明显变薄，颜色最浅，内壁成高而窄的褶皱，是海参主要的消化和吸收的场所。海参肠壁是海参用于消化吸收食物的重要器官，含有多种消化酶类，如蛋白酶类（组织蛋白酶 B、组织蛋白酶 L、胃蛋白酶、胰蛋白酶）、多糖水解酶类（$\beta-1,3-$葡聚糖酶、纤维素酶、淀粉酶、壳聚糖酶、麦芽糖酶、蔗糖酶、溶菌酶）、碱性磷酸酶和催化生物体内神经传导的乙酰胆碱酯酶等。

从化学组成来看，海参内脏营养价值较高，含有海参黏多糖、海参皂苷、活性肽、各种活性酶类等多种物质，具有抗肿瘤、抗氧化、降血脂等生物活性。以干基计算海参内脏灰分含量为 36.85%，蛋白质含量为 34.90%，脂肪含量为 6.29%，糖胺聚糖含量为 1.08%，海参皂苷含量为 0.017%。刺参的灰分含量高于珍珠贝、牡蛎、对虾、以及猪牛肉肌肉，是目前发现的灰分含量较高的水产动物之一。这是因为刺参的内骨骼多不发达，变为许多微小石灰质骨片埋没于外皮之下，数量较多。

利用海参内脏为原料，通过自溶或添加外源性蛋白酶可以制备多种产品。著名的日本 konowata 就是由海参内脏发酵而来的，味道极其鲜美，是日本清酒的佐酒佳肴。其制作方法为，将内脏清洗后，绞碎，加其总重 10%~15% 的盐，充分混合 5h，沥干水分，放入桶中老化一周后即可食用。此外，还可将海参内脏与外源性蛋白酶混合，进一步酶解为低分子多肽，其工艺是：将海参肠洗净后，高温软化，匀浆，加蛋白酶水解，去沉淀，得澄清的海参肠水解液。试验证明，胃蛋白酶海参降解肠壁得到的所有分子质量的多肽及胃蛋白酶-胰酶混合物降解肠壁得到的小于 3ku 的多肽对 HT-29 肿瘤的抑制率达 22%~30.5%，IC_{50} 为 5.25~

5.86mg/mL；胃蛋白酶—胰酶混合物降解得到大于3ku的多肽对HT-29肿瘤抑制率为87.5%，IC_{50}为1.45mg/mL。

以新鲜海参内脏为原料，通过添加复合蛋白酶酶解、灭酶、过滤、浓缩等工艺制备海参肽。不同蛋白酶，不同水解时间制备的海参肽可进一步进行生理活性评价，作为功能性食品的配料。海参肽浓缩液也直接进行调配生产海参肽口服液。海参内脏酶法加工的工艺流程如下：

水 + 蛋白酶
↓

海参内脏 → 清洗 → 绞碎 → 泵入酶解罐 → 酶解 → 灭酶 → 冷却 →
活性炭脱色、脱腥 → 过硅藻土 → 精密过滤 → 浓缩 → 喷雾干燥 → 海参肽

其中，蛋白酶为添加量为海参内脏重量0.05%的复合蛋白酶。

酶解温度为50℃，水解时间为3~6h。

活性炭脱色其添加量为0.2%，50℃搅拌30min。

8.1.3.7 珍珠贝肉液态发酵制备高档调味品

马氏珠母贝（*Pinctada martensi*），又称合浦珠母贝，属软体动物门双壳纲珍珠贝目珍珠贝科，是目前我国福建、广东、广西、海南等南方沿海省份海水珍珠养殖的主要品种。由于珍珠贝肉口感和风味差，难以直接食用，目前采完珍珠后剩余的珍珠贝肉主要用于制作饲料。而实际上，珍珠贝肉蛋白质含量高，脂肪含量低，是生产高品质呈味基料和调味品的优质原料。近年来，贝类调味液因鲜味独特，口感悠长，在市面上受到消费者的广泛认可，如太太乐公司的鲜贝露，合味元贝极鲜等。

编者以采完珍珠后的珍珠贝肉为原料，利用米曲霉液态发酵珍珠贝肉，制备出高鲜味的珍珠贝发酵液。下面将相关成果进行简单介绍。

米曲霉 + 酵母抽提物 C-102
↓

珍珠贝肉 → 清洗 → 绞碎，加水 → 泵入发酵罐杀菌 → 协同发酵 → 灭菌 →
冷却 → 活性炭脱色、脱腥 → 过硅藻土 → 精密过滤 → 浓缩 → 喷雾干燥 → 珍珠贝
调味液

其中杀菌条件为：100℃处理30min；米曲霉孢子添加量为珍珠贝肉重量0.03%；酵母抽提物C-102添加量为0.1%~0.2%；发酵条件为：温度为37℃，发酵时间为24~48h后，添加溶液重量12%的食盐室温放置15d；活性炭脱色：添加量为0.5%，50℃搅拌30min。发酵结束后，珍珠贝发酵液的酶活力如表8.25所示。

表 8.25　　　　　　　　　珍珠贝发酵液的各种酶的活力　　　　　　单位：U/g

	中性蛋白酶	酸性蛋白酶	氨肽酶	羧肽酶	α-淀粉酶
空白	1020	321	851	380	600
添加 C-102	1031	338	1600	460	560

由表 8.25 可见，添加酵母抽提物 C-102 后，中性蛋白酶、酸性蛋白酶和淀粉酶活力基本无变化，但氨肽酶活力提高接近一倍，羧肽酶活力提高 20% 以上。对上述发酵液进行理化指标测定结果，如表 8.26 所示。

表 8.26　　　　　　　　　珍珠贝发酵液的理化指标　　　　　　单位：g/100mL

	氨态氮	总氮	氨基酸转化率	总糖	总酸
空白	0.61	1.09	55.96%	0.35	0.42
添加 C-102	0.68	1.13	60.18%	0.31	0.40

由表 8.26 可见，添加酵母抽提物 C-102 后，发酵液的氨态氮、总氮和氨基酸转化率显著提高，但总糖和总酸变化较小。感官评价表明，添加酵母抽提物 C-102 后，发酵液的鲜味和厚味突出。

8.1.4　贝类酶解液中重金属的去除

重金属对人体的危害性很大，随着我国工业化的进程，这些有害重金属以多种方式进入环境，对水体、食品尤其对水产品构成了较大的安全隐患，进而影响了水产调味品的食用安全性。陆超华对南海北部海域中 36 种真骨鱼类、5 种虾类、2 种蟹的肌肉和 5 种头足类的可食部、2 种双壳类的软组织中的 Cu、Pb、Zn、Cd、Cr 和 Ni 含量进行了调查，结果如表 8.27 所示。一些金属在不同类别生物体中的含量差异很大，如 Cu、Zn、Cd；而另一些金属在不同类别生物体中的含量差异相对较小，如 Pb、Cr 和 Ni。这反映了各类生物对 Cu、Zn、Cd 三种金属的吸收、累积和排泄的差异较大，而对 Pb、Cr、Ni 三种金属的吸收、累积和排泄的差异较小。由于不同金属对生物生命作用的差异，同一类生物体的重金属含量也存在着差异。生物体中的重金属含量高低的基本趋势是生物必需的元素 Cu、Zn 在各类生物体中的含量较高。而生物可能需要的元素 Ni 和非必需元素 Pb、Cd、Cr 在各类生物体中的含量较低。

表 8.27   南海北部海域经济水产品的重金属含量

生物 类别	重金属质量分数/%					
	Cu	Pb	Zn	Cd	Cr	Ni
鱼类	3.62 ± 1.79	1.3 ± 0.8	31.11 ± 18.91	0.14 ± 0.11	1.00 ± 0.40	0.71 ± 0.58
虾类	13.96 ± 4.65	1.5 ± 0.6	58.87 ± 13.63	0.4 ± 0.42	1.70 ± 0.67	1.84 ± 1.09
蟹类	17.52 ± 1.49	2.2 ± 0.3	125.0 ± 41.3	1.98 ± 1.81	1.80 ± 0.71	1.63 ± 0.75
头足类	14.56 ± 13.15	1.5 ± 0.9	114.8 ± 68.5	3.79 ± 3.27	1.80 ± 0.50	1.00 ± 0.37
双壳类	836.9 ± 539.0	3.3 ± 0.8	1329 ± 781.0	14.91 ± 8.65	2.62 ± 1.15	3.93 ± 1.82

总的来说，双壳类的 Cu、Pb、Zn、Cd、Cr 和 Ni 重金属含量最高，头足类、蟹类、虾类次之，鱼类最低。牡蛎、贻贝等双壳类动物能产生金属硫蛋白，金属硫蛋白能牢固地结合大量的重金属，因而这些动物体中的重金属含量较高。一般而言，水产源蛋白质经过酶解、灭酶、浓缩、喷雾干燥后所得的产品中重金属含量较酶解有一定程度的降低，但降低幅度有限。对于牡蛎、贻贝等重金属含量较高的双壳类动物原料及其加工副产物，如何脱除原料中的重金属是其高值化利用的重要基础。

除重金属外，贝类毒素是贝类产品中另一有害成分。贝类毒素是贝类摄入有毒藻类而产生一些有毒的活性高分子化合物的总称，主要包括腹泻性贝类毒素（DSP）、麻痹性贝类毒素（PSP）、神经性贝类毒素（NSP）和记忆缺损性贝类毒素（ASP）。贝类毒素具有突发性和广泛性，由于其毒性大、反应快、无适宜解毒剂，给防治带来了许多困难。贝类的深加工需特别注重原料贝类的检测。目前尚未见蛋白酶水解对贝类毒素种类和含量影响的报道。

8.1.4.1   利用壳聚糖降低贻贝类蒸煮液中重金属

贻贝蒸煮液是在贻贝加工成冷冻品或干制品过程中的副产物，其中含有大量可溶性蛋白质、氨基酸、寡肽、糖类等，是优质的呈味基料。随着贻贝加工业的进一步发展，大量的贻贝蒸煮液被排入海中，对环境造成了巨大的污染。因此开发利用贻贝蒸煮液时，既可以使资源得到充分利用，又可减少对环境的污染。而贻贝作为滤食性生物，自身可对重金属大量积累，从而导致贻贝蒸煮液中某些重金属超标。因此，有效降低贻贝蒸煮液中的重金属含量是利用贻贝蒸煮液制备调味品的前提。

2007 年浙江工商大学公开了一种用壳聚糖（chitosan）降低贻贝蒸煮液中重金属的方法，包括在每毫升贻贝蒸煮液中加入壳聚糖，调节 pH 为 6.5 ~ 8.0，加热至 60 ~ 80℃，150 ~ 300r/min 条件进行振荡反应，冷却离心、过滤等工序。

　　壳聚糖是天然生物高分子化合物甲壳素的脱乙酰基产物，甲壳素在自然界的量仅次于纤维素，广泛存在于蟹壳、虾壳的甲壳和一些真菌类如曲霉菌、毛霉菌等的细胞壁中。据估计地球上每年由生物合成的甲壳素约有 100 亿吨，是一种取之不尽、用之不竭的再生资源。作为重金属离子的富集剂，壳聚糖能有效去除工业废水中有毒的重金属离子。而且其优势在于无毒（与砂糖的致死量相当，属于实际无毒级）、无污染、可生物降解。日本每年用于水处理的壳聚糖约 500t，目前美国环保局已批准将壳聚糖用于饮用水的净化程序。国内有研究将壳聚糖用于降低中药水提液中的重金属含量。张彤等将壳聚糖用于当归、制首乌等中药水提液中，发现其可有效地降低铅的含量。该方案的优点在于：在尽量保持贻贝蒸煮液原有的风味和营养价值的基础上，有效地降低了其中的重金属镉和铬的含量；同时采用的壳聚糖为食品添加剂，属于基本无毒型，添加处理后，在蒸煮液中的残留量也符合国家标准的规定，具体数据如下表 8.28 所示。

表 8.28　　　壳聚糖对贻贝蒸煮液中重金属含量的影响

试验号	镉（Cd）降低率/%	铬（Cr）降低率/%	蛋白质存留率/%	总糖存留率/%
1	66.0	12.8	76.2	78.8
2	70.2	1.3	75.3	84.9
3	64.7	11.5	71.1	71.6
4	71.9	34.1	61.2	67.4
5	64.3	23.5	79.0	72.1
6	66.4	4.4	77.6	79.1

8.1.4.2　用植酸降低贻贝蒸煮液中重金属的方法

　　植酸（phytic acid，PA）是维生素 B 族中的一种肌醇六磷酸酯，主要存在于谷类和豆植物中，含量可达 1%～5%，例如麦数中为 4.8%、大豆中为 1.4%，并且以种子胚层和谷皮含量居多。植酸本身就是对人体有益的营养品，在体内水解产物为肌醇和磷酸，前者具有抗衰老作用，后者是细胞重要组成部分。

　　植酸与绝大部分金属离子都可以产生螯合作用，如在酒的酿造和储存过程中，易带入一些金属离子（尤其是铁离子和铝离子），同时其本身也含有一定的可溶性蛋白质、多酚类物质，在储存中这些固形物就会析出，从而影响酒类的口味和品质。植酸能直接与白酒中各种金属离子反应产生沉淀，如植酸钙、植酸铁等。同时植酸可与白酒中的有机弱酸发生复合分解反应，生成植酸盐，如与醋酸铝反应而形成植酸铝。植酸铝的分子质量较大且不溶于乙醇而下沉。因此，添加植酸对白酒总酯含量无较大影响，但可以增大总酸含量，使酒体口感相对柔和、平顺，香味谐调，余味延长。在饮料中添加 0.01% ~ 0.05% 植酸，可除去过多的金属离子（特别是对人体有害的重金属），对人体起到良好的保护作用。在日本，欧美等国家植酸常用作饮料除金属剂。

植酸对去除水产抽提液中的重金属也有较好去除效果，方法如下：在水产抽提液中按体积比加入 0.7% ~ 1.0% 植酸，调节 pH 至 8 ~ 10，加热至 70 ~ 90℃ 反应 10 ~ 20h，2000 ~ 10000r/min 离心 10 ~ 60min，过滤弃沉淀。该方法可有效降低水产抽提液中的主要重金属含量，较大地保持了水产抽提液中蛋白质类和总糖含量，具体数据如表 8.29 所示。

表 8.29　　　　　　　　植酸对贝蒸煮液中重金属的影响

试验号	镉（Cd）降低率/%	铬（Cr）降低率/%	蛋白质存留率/%	总糖存留率/%
1	96.2	90.1	79.7	80.1
2	95.1	87.7	80.2	80.9
3	95.9	84.8	81.9	67.2
4	91.0	58.5	83.1	69.5
5	97.7	84.2	81.2	80.3
6	94.7	77.0	82.9	83.1
7	93.6	66.7	82.3	67.4

8.1.4.3　有机酸络合与树脂吸附去除酶解液中重金属

中国科学院南海海洋研究所孙恢礼等公开了一种利用有机酸络合与树脂吸附相结合的方法，包括以下几方面内容。

（1）有机酸络合　向海洋动物蛋白质酶解液中加入有机酸，加入量为海洋动物蛋白质酶解液的重量的 0.1% ~ 3%，控制反应温度为 50 ~ 70℃，恒温振荡 10 ~ 30min 后，使海洋动物蛋白质酶解液中的重金属与有机酸络合，离心分离得到酶解上清液。

（2）离子交换树脂吸附　① 预处理。首先用去离子水冲洗树脂，洗去杂质及树脂粉末，接着依次用质量分数 4% 的 HCl、去离子水、质量分数 4% 的 NaOH 水溶液、去离子水处理树脂，盐酸和 NaOH 水溶液的用量为树脂体积的两倍；进酸、碱液后浸泡 2 ~ 4h，用去离子水将树脂洗至中性。② 过柱。将步骤（1）得到的酶解上清液流过树脂柱，控制柱温为 40 ~ 60℃，pH 为 4 ~ 7，柱流速 1 ~ 15BV/h（BV 为柱体积），流出液即为脱除了重金属的海洋动物蛋白质酶解液。

下面以牡蛎酶解液为例进行说明。将牡蛎去壳取肉后加 2 倍体积去离子水匀浆 5min，超声 10min，再加入中性蛋白酶，加酶量为 3000U/g，酶解条件为 pH 7，酶解时间 4h，酶解温度 50℃，反应结束后在 100℃ 下灭酶 10min，高速离心 15min，过滤后在蛋白质酶解液中加入 3.0% 的柠檬酸混合，调控温度为 60℃，反应时间 20min，离心分离取上清液；调节上清液在反应温度为 50℃，pH 为 6，通过 D401 大孔螯合树脂柱进行重金属脱除，得到脱除重金属的酶解液。分别就脱除前后酶解液利用原子发射光谱检测重金属含量，检测结果如表 8.30 所示。

表 8.30　　　　　　脱除前后酶解液的重金属含量分析　　　　单位：mg/L

样品名称		重金属含量			
		As	Cd	Pb	Hg
牡蛎酶解液	脱除前	0.15	0.24	0.14	ND
	脱除后	0.13	0.03	ND	ND
马氏珠母贝酶解液	脱除前	0.05	0.30	0.05	ND
	脱除后	0.05	0.06	0.02	ND

注：ND 为未检出。

由表 8.30 可见，这一方法对酶解液中镉和铅离子具有较好的脱除效果，对砷离子的脱除效果一般。

8.2　虾、蟹蛋白质控制酶解技术

虾属节肢动物门，甲壳纲，十足目，具有长的触须，角质的、柔软的外壳。虾的种类繁多，全世界虾的种类有 3000 种，联合国粮食及农业组织（FAO）列出的具有商业或具有潜在商业价值的虾种类有 300 多种，市场上常见的虾大约有 40 种，如海水虾中的斑节对虾、南美白对虾、墨吉对虾（俗名明虾、大明虾）、中国对虾、日本对虾、毛虾、龙虾等；淡水虾中的日本沼虾、罗氏沼虾、中华新米虾、秀丽白虾等。从商业角度划分，一般把虾分为三大类，即淡水虾、冷水虾和暖水虾。其中，暖水虾占了世界产量和贸易量的绝大部分。按海关编码也可以把虾划分为三大类，即冷冻的虾及虾仁、未冻的虾及虾仁和制作或保藏的虾。按生产方式又可分为捕捞虾和养殖虾。

我国是世界上最大的虾产品生产和加工国，也是主要的虾产品出口国之一。2000 年以后，我国大举发展虾养殖业，产量和加工量增长速度惊人，其加工副产物如虾头虾壳的年产量巨大，亟待进一步被深加工。下面从虾头虾壳原料的组成和结构特点出发，围绕其高值化利用展开论述。

8.2.1 虾头、蟹的化学组成及特征风味

8.2.1.1 虾头和虾壳的化学组成

在水产品中，虾的风味是备受人们推崇的。目前，虾加工副产物的综合利用主要集中在虾头和虾壳上，特别是虾头。主要原因在于以下两点。① 为了便于保鲜，大部分对虾均以冷冻无头形式提供于国际市场，虾头作为对虾加工的副产品一般占虾重的30%～40%，是大宗低值优质的生物资源。② 虾头蛋白质和甲壳素含量高、风味浓郁，且含有大量内源性蛋白酶。南美白对虾虾头、虾壳中基本成分、游离氨基酸、脂肪酸和金属元素，如表8.31所示。

表8.31　　　　　南美白对虾虾头、虾壳中基本成分、

游离脂肪酸和金属元素测定　　　　　单位:%

项目	虾头	虾壳	项目	虾头	虾壳
蛋白质	29.59	21.01	二十碳一烯酸	0.16	0.20
总糖	1.25	0.64	油酸	3.06	1.05
脂肪	11.22	4.39	EPA	0.93	0.33
甲壳素	15.45	26.84	二十二酸	0.10	0.040
灰分	16.79	21.28	DHA	0.22	0.12
十四酸	0.079	0.097	二十四酸	0.093	0.044
十五酸	0.060	0.26	钾	0.56	0.16
十六碳一烯酸	0.18	0.25	钠	0.56	0.44
十六酸	2.92	0.93	钙	6.82	19.6
十七酸	0.18	0.21	镁	0.36	1.05
十八酸	1.48	0.60	铜	0.0056	0.0013
十九酸	0.060	0.056	铁	0.040	0.030
花生酸	0.088	0.040	锰	0.0019	0.0060
亚油酸	1.58	0.11	锌	0.0065	0.0022
类胡萝卜素	0.015	—	硒	0.000027	0.000097
维生素A	63.8	—	维生素E	2790	

注：以干重计；维生素A和维生素E的单位为μg/100g。

由表8.31可见，虾头、虾壳中均富含蛋白质、几丁质和灰分。不同的是，虾头中的蛋白质、总糖、总酸、脂肪高于虾壳，其中以脂肪含量

差别最为显著，约为虾壳中的 2.22 倍，其次是总糖，为虾壳的 1.69 倍，蛋白质差别较小，为 1.22 倍。但是，虾壳中的不溶物（灰分）与几丁质含量明显高于虾头。采用蛋白质酶解技术或发酵技术对虾头、虾壳中的蛋白质、几丁质、虾青素进行高效分离是综合利用该类低值生物资源的重要途径。

虾头、虾壳中必需脂肪酸种类齐全，油酸、亚油酸、DHA 和 EPA 含量丰富。虾头中脂溶性维生素 A 的含量为 63.8μg/100g，维生素 E 的含量为 2790μg/100g。维生素 E 又名生育酚，具有保护细胞的作用，防止细胞膜的不饱和脂肪酸被氧化而受到破坏，延缓细胞因氧化而衰老，减轻疲劳，降低心血管疾病发病率。除维生素 E 外，虾壳中的维生素 A 含量也较高，为 63.8μg/100g，维生素 A 的主要作用是防止夜盲症，对皮肤和免疫系统具有保护作用。

虾头、虾壳中含有多种矿物质元素，包括钙、钾、钠、镁四种常量元素，同时含有铁、锌、铜、锰、硒等人体必需的微量元素。虾头中，钙含量最高，为干重的 6.82%，其次为钾、钠，两者都为 0.56%，微量元素中铁和锌的含量较丰富；虾壳中钙含量约占总金属元素含量的 92.06%。

虾头中类胡萝卜素含量约为 0.015g/100g，以虾青素（astaxanthin）为主。虾青素有 50% 是以酯化状态存在的，它与蛋白质形成虾青素 - 蛋白质复合物（类胡萝卜素蛋白，carotenoprotein）的形式存在，所以直接进行萃取法制备虾青素的得率较低，添加蛋白酶，特别是胰蛋白酶，可提高虾青素的得率，这与胰蛋白酶具有较强的酯键水解能力有关；添加脂肪酶效果不佳。类胡萝卜素蛋白为青色或蓝色，虾加热后，蛋白质变性，呈红色。类胡萝卜素蛋白属于高密度脂蛋白，蛋白质部分的分子质量大约为 265ku，必需氨基酸含量可达 50% 左右，营养丰富。类胡萝卜素蛋白水溶性较差，虾头乳酸菌发酵或酶解过程中，大部分类胡萝卜素蛋白以小颗粒悬浮于发酵液或酶解液中。通过低速离心即可将类胡萝卜素蛋白与酶解液或发酵液有效地分离。

8.2.1.2 虾头内源性酶及自溶

虾头内含有丰富的内源性酶，包括系列蛋白酶、乙酰胆碱酯酶、碱性磷酸酶、酸性磷酸酶、超氧化物歧化酶、溶菌酶和多酚氧化酶等。虾头内源性酶对虾头的加工有着非常重要的影响，如蛋白酶是虾头自溶的物质基础，而多酚氧化酶则是虾头褐变的主要原因。王萍对不同品种虾头中内源性蛋白酶、乙酰胆碱酯酶、酸性磷酸酶、碱性磷酸酶、超氧化物歧化酶、溶菌酶以及多酚氧化酶的酶活力进行了比较，结果如表 8.32 所示。

表 8.32   三种不同虾类虾头中多种酶活力的比较分析

名称	虾名	粗酶体积/mL	总含量/mg	总酶活/U	总比活力/（U/g 蛋白质）
蛋白酶	A	10	106.2 ± 20.1	4207.2 ± 330.1	39615.8 ± 3108.4
	B	10	143.1 ± 30.4	2187.2 ± 108.6	15282.3 ± 758.6
	C	10	96.2 ± 12.7	2343.2 ± 90.5	24360.1 ± 940.9
乙酰胆碱酯酶	A	10	106.2 ± 20.1	143.4 ± 15.0	1498.3 ± 141.1
	B	10	143.1 ± 30.4	177.2 ± 19.7	1238.0 ± 137.9
	C	10	96.2 ± 12.7	232.2 ± 25.0	2414.0 ± 260.2
酸性磷酸酶	A	10	106.2 ± 20.1	17.2 ± 2.9	162.3 ± 28.1
	B	10	143.1 ± 30.4	27.5 ± 4.8	192.0 ± 33.7
	C	10	96.2 ± 12.7	6.6 ± 0.2	68.4 ± 1.6
碱性磷酸酶	A	10	106.2 ± 20.1	5.5 ± 0.9	53.1 ± 8.5
	B	10	143.1 ± 30.4	49.7 ± 6.5	347.5 ± 45.6
	C	10	96.2 ± 12.7	7.2 ± 0.6	74.6 ± 6.1
超氧化物歧化酶	A	10	106.2 ± 20.1	2513.1 ± 377.2	23667.0 ± 3552.4
	B	10	143.1 ± 30.4	5489.1 ± 97.5	38353.3 ± 681.3
	C	10	96.2 ± 12.7	2405.9 ± 121.5	25013.0 ± 1262.9
溶菌酶	A	10	106.2 ± 20.1	—	
	B	10	143.1 ± 30.4	—	
	C	10	96.2 ± 12.7	—	
多酚氧化酶	A	10	106.2 ± 20.1	28.5 ± 3.0	268.4 ± 28.6
	B	10	143.1 ± 30.4	30.5 ± 1.9	213.1 ± 12.9
	C	10	96.2 ± 12.7	36.5 ± 2.1	379.5 ± 22.1

注：A—凡纳滨对虾；B—罗氏沼虾；C—斑节对虾；比活力（U/g 蛋白质）表示 10mL 粗酶液中总酶活力与总蛋白质含量的比。

凡纳滨对虾虾头占体重的 35.58%，罗氏沼虾为 58.69%，斑节对虾为 40.81%，可见凡纳滨对虾虾头较小。虾头内源性酶中蛋白酶和乙酰胆碱酯酶与虾头的自溶效果密切相关，下面进行详细叙述。凡纳滨对虾虾头蛋白酶酶活力明显高于罗氏沼虾、斑节对虾虾头蛋白酶，后两者之间的差别较小。虾头含有虾的消化吸收器官，其蛋白酶的种类和含量丰富，主要有胰蛋白酶、胰凝乳蛋白酶、胃蛋白酶和组织蛋白酶等。不同品种虾的内源性蛋白酶的最适温度和最适 pH 均有较大差异。草虾中分离出来四种胰蛋白酶，最适 pH 为 7.0～8.0，中华管鞭虾提取蛋白酶的最适 pH 为 7.5，太平洋磷虾分离出两种类胰蛋白酶，其最适 pH 为 5.0 和 7.0。

乙酰胆碱酯酶（acetylcholine esterase，AchE）能使乙酰胆碱（Ach）水解成胆碱和乙酸。然而，1980 年 Chubbe 等的研究证明，AchE 具有羧肽酶和氨肽酶的活力。在体外，AchE 能水解蛋氨酸脑啡肽（met‑enkephalin）和亮氨酸脑啡肽（内啡肽，leu‑enkephalin）和 P 物质

(substance P)，但不能水解生长抑素（som）和血管加压素（VSP）等。进一步的研究证明，AchE 作为肽酶，其水解肽的活性部位和作为酯酶的活性部位不同。AchE 的蛋白酶样作用还得到分子生物学证据的支持，氨基酸分析显示，AchE 蛋白质分子与蛋白酶样内切酶以及血清羧肽酶的氨基酸序列相似。凡纳滨对虾虾头的 AchE 酶活明显高于罗氏沼虾、斑节对虾虾头。

　　对南美白对虾死后组织自溶规律的研究表明，肝胰腺首先发生自溶，且在 2、3、4h 后发生自溶的程度远大于其他组织，这表明胰酶可能在虾头的自溶中发挥主导作用。广东海洋大学章超桦报道使用波长为 250～330nm、功率为 20～40W 的紫外光照射 10～30min 可提高对虾的自溶效率。利用不同内源性蛋白酶的最适温度不同，采用梯度温度自溶法可显著提高自溶虾头的蛋白质回收率和水解度，如表 8.33 所示。

表 8.33　　　　不同自溶条件下虾头自溶产物的水解度和蛋白质回收率

单位:%

酶解条件	水解度	蛋白质回收率
40℃	21.9	43.6 ± 0.28
50℃	33.2	73.6 ± 0.42
60℃	26.1	50.3 ± 0.37
梯度温度	48.6	87.4 ± 0.31

　　由表 8.33 可见，40℃自溶 3h 后，虾头水解液的蛋白质回收率和水解度分别为 43.6% 和 21.9%；50℃自溶 3h 后，水解液的蛋白质回收率和水解度分别为 73.6% 和 33.2%；60℃自溶 3h 后，水解液的蛋白质回收率和水解度分别为 50.3% 和 26.1%；而采用每半小时升温 5℃（40～70℃）的方法，蛋白质回收率和水解度分别为 87.4% 和 48.6%，自溶效果最佳。

8.2.1.3　虾及酶解物的风味特征

　　大多数新鲜虾的风味可以被描述为甜的、独特的、似植物的或带有铁腥味的风味，这种新鲜的风味是由链长小于十个碳原子的不饱和醇和醛产生的。虾经过酶解、浓缩和喷雾干燥后，发生一定程度的美拉德反应，其香气成分和嗅味物质有明显的改变。虾酶解物的主要风味物质包括烃类、醇类、酮类、醛类、酯类、酚类、呋喃类及吡嗪等含氮化合物，其中吡嗪类对虾酶解物的香气贡献是最大的，例如烷基吡嗪，包括甲基吡嗪、2,3 - 二甲基吡嗪、2,6 - 二甲基吡嗪、三甲基吡嗪等，具有烤香、坚果和肉香的特征香气；吡咯化合物具有煮虾的香气特征；1 - 戊烯 - 3 - 醇、2 - 丁基 - 1 - 辛醇、5 - 辛烯 - 1 - 醇、三甲胺等也是海鲜香气的重要成分，使产品具有强烈的海鲜特征气味。如表 8.34 所示。

表 8.34　虾粉精的挥发性组成及含量

分类	序号	成分	含量/%	分类	序号	成分	含量/%
烷类	1	癸烷	0.55	吡喃类	26	2-戊基呋喃	0.56
	2	十二烷	2.97	萜烯	28	苧烯	0.9
	3	十五烷	1.48	醛类	29	3-甲基丁醛	0.59
	4	2,9-二甲基癸烷	0.82		30	己烯醛	1.68
	5	十四烷	0.9		31	2-乙基丙烯醛	0.73
烯类	6	3,5,5-三甲基-2-己烯	1.67	醛类	32	苯甲醛	3.53
	7	6-十四碳烯	0.52	酚类	33	1-甲氧基-4-(2-丙烯基)-苯	0.4
	8	1-乙醇基-3-环己烯	0.96		34	1-丙烯-2-醇-乙酸酯	0.62
酮类	9	4-羟基-5-甲基-3-丙基-2-己酮	0.53		35	丙三醇三乙酸酯	0.99
	10	2-庚酮	4.13		36	2-甲氧基苯酚	0.82
	11	2-辛酮	1.92		37	苯酚	1.2
	12	1-(2-呋喃基)-乙酮	0.64	硫化物	38	二甲基二硫	0.6
	13	环辛酮	0.44		39	二甲基三硫	1.1
	14	麦酮	0.79	卤素类	40	2-三氟乙酸基十三烷	0.56
	15	苯乙酮	1.16		41	1-氯-十四碳烷	0.41
碱类	16	3,5-二甲基-2-丙基-吡嗪	1.14	胺类	42	1,2-二溴-2-甲基-十一烷	0.42
	17	甲基吡嗪	5.11		43	三乙胺	3.89
	18	4,6-二甲基嘧啶	10.01		44	0-甲基异脲	1.58
	19	2,3-二甲基吡嗪	2.09		45	N,N-二甲基乙酰胺	0.61
	20	2-乙基-5-甲基吡嗪	3.73		46	乙酰胺	0.84
	21	三甲基吡嗪	5.11		47	甲酰胺	0.4
	22	3-乙基-2,5-二甲基吡嗪	8.83	醇类	48	乙醇	0.75
	23	4-乙基-2,5-二甲基吡嗪	2.95		49	2-丁烯辛醇	0.76
	24	3,5-二甲基-2-甲基吡嗪	2.1		50	1-戊烯-3-醇	2.94
	25	2-(3-甲基丁基)-3,5-二甲基吡嗪	0.87		51	2-甲基-1-十一醇	2.36
	26	2-异戊基-6-甲基吡嗪	0.5		52	1-戊醇	2.58
					53	环戊醇	0.58
					54	2-癸烯-1-醇	1.03
					55	苯甲醇	0.46
					56	2-吡咯醇	0.42

虾的特征滋味是甘氨酸、丙氨酸、精氨酸、谷氨酸、甜菜碱、IMP、GMP 和无机离子所共同呈现的，其中如甘氨酸、丙氨酸、精氨酸、脯氨酸等呈甘味成分的大量存在，是虾的甘味的主要来源。虾头、虾壳中呈甘味的甘氨酸、丙氨酸、精氨酸等氨基酸含量非常丰富，分别占游离氨基酸总量的 35.01% 和 38.61%。以干基计，虾肉中甘氨酸的含量为 0.37g/100g，丙氨酸含量为 0.25g/100g，精氨酸含量为 0.35g/100g，牛磺酸含量为 0.18g/100g。如表 8.35 所示。

表 8.35　　　　　　　**虾头和虾壳中游离氨基酸组成**　　　单位：g/100g

氨基酸	虾头	虾壳	氨基酸	虾头	虾壳
天冬氨酸	0.08	0.06	苏氨酸	0.18	0.11
丙氨酸	0.25	0.20	赖氨酸	0.25	0.18
牛磺酸	0.18	0.12	丝氨酸	0.07	0.04
缬氨酸	0.12	0.08	组氨酸	0.05	0.03
甲硫氨酸	0.08	0.05	谷氨酸	0.23	0.18
异亮氨酸	0.09	0.06	精氨酸	0.35	0.28
亮氨酸	0.17	0.11	甘氨酸	0.37	0.30
酪氨酸	0.10	0.07	苯丙氨酸	0.14	0.11
脯氨酸	0.06	0.04			

8.2.1.4　蟹肉风味特征

中华绒螯蟹（Chinese mitten crab）又名大闸蟹、河蟹，在我国分布很广，其中江苏、上海、安徽、福建等地均为中华绒螯蟹的主要产地。中华绒螯蟹肉质细腻，口感甜美，深受人们喜爱，自古就有"九月团脐十月尖，持蟹饮酒菊花天"的诗句。

少量的溴苯酚有类似蟹和虾的气味，当 2 - 溴苯酚、2,6 - 二溴苯酚、2,4,6 - 三溴苯酚相互作用，浓度范围在 0.25 ~ 10ng/g 时，能产生类似蟹和海产鱼类的气味。中华绒螯蟹的主要呈味成分有游离氨基酸、核苷酸、矿物质元素等，各种滋味相辅相成，共同形成了中华绒螯蟹的独特滋味。如表 8.36 所示。

中华绒螯蟹腹肉、钳肉、足肉和内脏中含量较高的游离氨基酸都是 Gly、Ala、Arg 和 Pro，但以 TAV 值计算，对中华绒螯蟹肉风味具有影响的游离氨基酸包括 Glu、Gly、Ala、Met 和 Arg，其中 Glu、Gly、Ala 和 Arg 对中华绒螯蟹的风味有非常重要的影响。从蟹肉的核苷酸含量来看，AMP 含量为 75.3mg/100g，GMP 含量为 2.3mg/100g，IMP 含量为

34.4mg/100g，其中 AMP 和 IMP 对中华绒螯蟹的风味有较大贡献。AMP 在低浓度下（50～100mg/100g）下呈甜味，与 IMP 具有协同增鲜作用。

表 8.36   **中华绒螯蟹四个部分中游离氨基酸的组成**   单位：mg/100g

氨基酸种类	腹肉	钳肉	足肉	内脏
Asp	0.39	0.49	0.10	0.78
Thr	2.82	9.74	2.73	3.31
Ser	1.46	2.44	1.46	2.05
Glu	3.60	5.16	3.12	4.87
Gly	36.91	54.15	44.02	15.68
Cys	1.36	2.34	2.44	2.34
Ala	33.02	37.99	35.26	21.33
Val	3.02	3.51	3.12	4.09
Met	4.48	5.75	4.48	4.68
Ile	1.27	1.27	1.07	2.14
Leu	1.95	2.05	1.56	3.80
Tyr	1.36	1.17	0.97	2.82
Phe	1.17	1.07	2.63	2.34
Lys	2.82	3.31	2.34	5.36
His	1.36	1.85	1.27	1.66
Arg	37.69	45.97	39.93	18.90
Pro	14.61	24.74	19.19	15.19
总氨基酸	149.31	202.98	165.68	111.33

  Konosu 等分析了具有代表性的几种食用蟹（盲珠雪蟹、三疣梭子蟹、北海道海产毛蟹、短足拟石蟹、勘查加拟石蟹）的雌雄体的足肉的浸出物成分，并以被认为最具美味的盲珠雪蟹（雄）为对象，研究并阐明了其特征滋味的构成成分。特征滋味成分包括核心呈味成分甘氨酸、谷氨酸、精氨酸、IMP、Na^+、Cl^- 和辅助呈味成分丙氨酸、甜菜碱、K^+、PO_4^{3-}。谷氨酸和 IMP 是鲜味的主要贡献者，甘氨酸、丙氨酸、甜菜碱是甜味的主要来源，同时对鲜味也有贡献。精氨酸和 AMP 则起到增强蟹类风味的作用，而少了 Na^+ 和 Cl^-，蟹的甜味、咸味、鲜味和特征风味都大大降低，甚至导致无味，K^+、PO_4^{3-} 也起到提升蟹的鲜味和特征风味的作用。缺省试验表明将雪蟹浸出物中的 Na^+ 除去，甜味和鲜味会急剧降低，不仅会失去蟹的风味，而且使苦味增强，出现异味；除去 PO_4^{3-} 后甜味、鲜味和咸味都略有降低；而除去 Cl^- 则使得几乎所有的口味都消失。再现蟹味的必需成分如表 8.37 所示。

表 8.37	再现蟹味的必需成分					单位：mg/100mL	
	甘氨酸	丙氨酸	精氨酸	谷氨酸	IMP	NaCl	K_2HPO_4
含量	600	200	600	30	20	500	400

8.2.2 虾头和虾壳控制酶解技术

虾头和虾壳是对虾工业化加工的大宗副产物，其进一步深加工不仅有助于提高对虾加工企业的经济效益，而且对延长对虾加工产业链，降低环保压力有明显示范效益。虾头和虾壳富含蛋白质、几丁质、虾青素以及硫酸化糖胺聚糖等生物活性物质，利用控制酶解技术将虾头和虾壳中蛋白质降解为可溶性肽和游离氨基酸使上述生物活性物质高效分离的重要途径之一。

8.2.2.1 从虾头和虾壳中回收蛋白质、几丁质、虾青素和硫酸化糖胺聚糖

虾青素（astaxanthin）是从虾头、虾外壳、鲑鱼、藻类中发现的一种红色类胡萝卜素，在体内可与蛋白质结合而呈青蓝色。虾青素的抗氧化能力强，是维生素 E 的 500 倍、β – 胡萝卜素的 10 倍。虾青素具有保护皮肤和眼睛的作用，具有抵抗辐射、心血管老化、老年痴呆和癌症等的功效。几丁质是广泛存在于自然界中的一种含氮多糖类生物活性高分子，主要来源为虾、蟹、昆虫等甲壳类动物的外壳与软体动物的器官（例如乌贼的软骨）以及真菌类的细胞壁等。几丁质不溶于一般的弱无机酸或有机溶剂中，且不溶于碱液中，只溶于强无机酸中。几丁质具有强吸湿性，保湿效果亦相当好，并且具有吸附重金属离子的功能。几丁质是生产壳聚糖的重要原料，市面上大部分几丁质及其衍生物如壳聚糖、几丁质寡糖等多以虾头和虾壳为原料来生产。

传统虾加工下脚料的加工利用集中在：① 将虾加工下脚料粉碎、干燥来生产饲料；② 在沿海地区利用自溶法生产虾酱油；③ 利用强酸、强碱去除虾头和虾壳中蛋白质、油脂和矿物质以生产几丁质。其中以酸碱法制备几丁质最为普遍。但这一方法存在以下缺点：① 处理过程中几丁质出现部分水解，收得率相对较低；② 该处理方法产生大量含有蛋白质、脂肪、类胡萝卜素的碱液；③ 酸碱处理污染大。尽管可以通过膜技术可对碱液中的蛋白质、氢氧化钠进行回收，但成本高昂。近年来，采用内源性/商品蛋白酶或产蛋白酶微生物对虾头和虾壳中蛋白质进行酶解或发

酵，回收蛋白质、脂肪、类胡萝卜素和硫酸化糖胺聚糖的技术已日趋成熟。利用商品化蛋白酶水解虾头虾头回收蛋白质、几丁质、虾青素和硫酸化糖胺聚糖的工艺流程如图8.4所示。

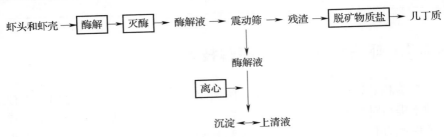

图8.4　虾头和虾壳的酶解工艺流程图

（1）酶解　虾头和虾壳搅碎后，添加1倍重量的水，搅拌下自溶或加酶，40～50℃水解2～6h；

（2）灭酶　95℃热处理15～30min。

（3）脱矿物质盐　10%盐酸，20℃浸泡30min。

（4）离心　$5000 \times g$离心10min。

上清液为虾蛋白酶解物。沉淀为类胡萝卜素和硫酸化糖胺聚糖（sulfated glycosaminoglycans）的混合物。沉淀可进一步利用乙醇提纯制备类胡萝卜素，乙醇提取后所得残渣用蛋白酶进行降解可制备硫酸化糖胺聚糖。采用这一工艺，蛋白质水解物的得率为11.5%，几丁质的得率为2.5%，类胡萝卜素的得率为0.002%；硫酸化糖胺聚糖的得率为0.0025%。

Chokkara Madhu Babu等系统研究了不同蛋白酶对斑节对虾虾头中类胡萝卜素－蛋白质复合物提取效果，并对提取的类胡萝卜素－蛋白质复合物的组成进行了分析。提取工艺如下：虾头均质后，分别添加胰蛋白酶（pH为7.6）、木瓜蛋白酶（pH为6.2）和胃蛋白酶（pH为4.0），并在45、55和45℃下水解2h，5～10μm孔径过滤，100℃加热10min，28℃静置过夜，2～5μm孔径过滤，得类胡萝卜素滤饼（caroteneprotein cake，CPC）。不同蛋白酶对类胡萝卜素的提取效果，如表8.38所示。

表8.38　不同蛋白酶对斑节对虾虾头类胡萝卜素的提取效果

酶种类	CPC中类胡萝卜素含量/（μg/g）	回收率/%
胰蛋白酶	310	77
木瓜蛋白酶	210	71
胃蛋白酶	203	73

虾头中类胡萝卜素含量为 $50\mu g/g$，经过蛋白酶提取后，CPC 中类胡萝卜素含量达到了 $203 \sim 310\mu g/g$，回收率达到了 $71\% \sim 77\%$，这表明酶法提取可显著提高 CPC 中类胡萝卜素含量。对类胡萝卜素的组成进行分析，发现虾头中类胡萝卜素中虾青素占 67.4%，β – 胡萝卜素（β – carotene）占 3.6%，斑蝥黄（canthaxanthin）占 7.5%，叶黄素（lutein）占 2.2%，玉米黄质（zeaxanthin）占 3.0%，虾青蛋白（crustacyanin）占 5.2%。经过不同蛋白酶提取得到的 CPC 中类胡萝卜素的组成仍以虾青素为主。对比虾头和不同蛋白酶提取的类胡萝卜素的组成可见，CPC 中虾青素和虾青蛋白含量均有明显提高，而 β – 胡萝卜素、斑蝥黄、叶黄素、玉米黄质含量明显下降，这表明虾青素和虾青蛋白相对较为稳定，如表 8.39 所示。

表 8.39　　　　不同蛋白酶提取的类胡萝卜素的组成　　　　单位:%

	虾头	胰蛋白酶	木瓜蛋白酶	胃蛋白酶
虾青素	67.4	75.5	78.5	84.5
β – 胡萝卜素	3.6	1.5	1.1	1.5
斑蝥黄	7.5	7.1	3.1	4.2
叶黄素	2.2	2.0	1.3	1.9
玉米黄质	3.0	1.4	1.6	1.5
虾青蛋白	5.2	7.9	6.7	5.9

值得指出的是这一工艺仍需要利用 10% 的盐酸对残渣进行脱钙处理生产几丁质，然而利用微生物，特别是乳酸菌发酵虾头和虾壳，回收蛋白质、几丁质、类胡萝卜素和硫酸化糖胺聚糖，相对于虾头和虾壳的自溶和酶法处理更具有优势。虾头和虾壳中包含了对虾大部分内脏组织蛋白酶且活力较高，完全可以将蛋白质液化；乳酸菌以虾头自溶产物为氮源发酵产酸，一方面发酵产生的有机酸还可将虾头和虾壳中水不溶性钙盐转化为可溶性乳酸钙，发酵得到的几丁质可直接用于生产壳聚糖，无需经过化学脱钙处理。另一方面，乳酸菌发酵可降低酶解液 pH，降低微生物污染风险，还可改善虾头和虾壳的不良风味。

华南农业大学段杉等以虾头和虾壳为原料，添加葡萄糖后，接种乳杆菌 CICC 6064、嗜热链球菌 CICC 6038、嗜热链球菌 CICC 6063 混合发酵 168h，结果表明发酵 72h 和 120h 后，钙盐脱除率分别达到 82.11% 和 91.12%，蛋白质回收率分别为 84.18% 和 94.10%，可见虾头、虾壳中的蛋白质、钙盐基本被脱除。虾头和虾壳发酵过程中发酵上清液的理化指标，如表 8.40 所示。

表 8.40　虾头、虾壳发酵过程中上清液理化指标各种成分的变化

时间/h	pH	水解度/%	蛋白质回收率/%	脱钙率/%	TVBN/（mg/100g）	剩余葡萄糖量/g	活菌数/（CFU/mL）
0	—	—	—		1.86	2.00	0.5×10^6
4	5.88	7.23	—	25.0	2.01	1.50	1.6×10^6
8	4.25	11.1	—	37.9	4.17	1.14	1.06×10^8
12	3.85	15.2	—	59.4	4.38	0.800	3.04×10^8
24	3.43	16.2	57.1	72.8	4.47	0.619	5.44×10^8
48	3.36	26.9	—	77.6	4.78	0.426	5.6×10^8
72	3.22	21.6	84.8	82.1	6.37	0.300	5.25×10^8
120	3.34	20.4	94.0	91.2	5.13	0.271	6.5×10^6
168	3.36	12.5	—	91.3	6.48	0.145	$< 10^5$

8.2.2.2　虾头和虾壳酶解制备呈味基料

新鲜虾加工下脚料（虾头、虾壳）中几丁质含量高，柔性较好，在过绞肉机过程中易堵塞绞肉机，难有效搅碎。虾头和虾壳经冷冻处理后，几丁质脆性增加，易通过绞肉机。搅碎的虾头和虾壳在缓冲缸中极易自溶发热，稍放置即呈酱状，可少量加水搅拌后，直接泵入酶解罐中进行酶解处理。膏状虾头和虾壳在升温至55℃水解1h内可迅速液化，因此虾头和虾壳的酶解可尽可能增加料水比。酶解结束后，酶解液通过振动筛去除大颗粒酶解残渣，主要为几丁质和不溶性矿物质，得酶解清液；酶解清液通过卧式离心机去除酶解清液中少量不溶性蛋白质和悬浮物；进行油水分离、过滤、浓缩、喷雾干燥得到虾头和虾壳酶解物。

在酶解工艺方面，国内外研究者对不同来源、不同品种的虾下脚料的酶解做了大量研究。华南理工大学朱志伟等对虾头内源蛋白酶酶解，以及对内源蛋白酶与碱性蛋白酶2.4L、风味蛋白酶、Kojizyme、木瓜蛋白酶、中性蛋白酶、胰酶和复合蛋白酶的复合酶解进行了比较研究。发现利用虾头内源蛋白酶可以对虾头进行有效的酶解；碱性蛋白酶2.4L及风味蛋白酶与虾头内源蛋白酶复合使用后，能较大程度地提高酶解产物中游离氨基酸的含量；外源性蛋白酶与虾头内源蛋白酶复合酶解，难以明显地提高酶解产物中TCA可溶性蛋白质（短肽）的含量。广东海洋大学曹文红等利用响应面法优化了碱性蛋白酶水解中国毛虾的工艺参数：温度57.1℃、pH为8.0、加酶量为46mL/kg，酶解产物的平均肽链长从0.5h的14.02逐渐降低到8h的3.96。江南大学钱飞等对克氏原螯虾虾头

制取调味料的主要工艺参数进行了研究，并优化了酶解液脱腥臭工艺。确定出最佳水解酶为碱性蛋白酶，最佳酶解的条件为：水解时间 1.5h、水解温度 65℃、酶与底物比 1750U/g、起始 pH 为 10.0、固液比 1:1，在此条件下，水解率可达 41.26%；酶解液脱腥臭最佳配方为：酵母粉添加量为 0.5%，去腥时间为 1h，去腥温度为 40℃，去腥效果最佳，水解液具有浓郁的虾风味。编者以南美白对虾虾头为原料，搅碎，添加虾头重量 0.5 倍的水，0.2% 的嫩肉粉，55℃ 水解不同时间，分别测定水解液氨态氮、总氮和风味，结果如表 8.41 所示。由表 8.41 可见，虾下脚料水解 3h 后，水解液的氨态氮含量和总氮含量值较高，进一步延长时间变化不大，而苦味和氨味有较大的增加。因此，55℃ 水解 3h 有利于提高虾头酶解液的风味。

表 8.41 不同水解时间虾下脚料酶解液风味物质的变化趋势及感官评分

	1h	3h	6h	9h
氨态氮	0.34	0.46	0.47	0.47
总氮	0.78	0.90	0.98	1.02
鲜味	2	4	4	4
苦味	2	3	3	3
氨味	1	2	4	5

注：感观评定所有评分均为 5 分制，5 分代表风味最强，1 分表示风味淡。

应该指出的是，虾头和虾壳经过酶解后，其游离氨基酸含量和组成发生较大变化，谷氨酸、天冬氨酸等呈鲜味的氨基酸相对含量增加，而丙氨酸和甘氨酸等呈甜味氨基酸相对含量降低，如表 8.42 所示。

表 8.42 虾头酶解浓缩液的游离氨基酸组成分析 单位：mg/100g

氨基酸种类	含量	氨基酸种类	含量
天冬氨酸（Asp）	99.71	酪氨酸 Tyr	73.11
谷氨酸（Glu）	125.43	缬氨酸 Val	74.55
丝氨酸（Ser）	105.38	蛋氨酸 Met	20.07
甘氨酸（Gly）	58.57	半胱氨酸 Cys	5.31
组氨酸（His）	81.11	异亮氨酸 Ile	95.11
精氨酸（Arg）	106.76	亮氨酸 Leu	88.91
苏氨酸（Thr）	71.63	色氨酸 Trp	102.16
丙氨酸（Ala）	40.60	苯丙氨酸 Phe	84.87
脯氨酸（Pro）	86.79	赖氨酸 Lys	62.24

虾头酶解液的风味与虾肉明显不同，感官特性表现为酶解液的鲜味显著增加，而甜味降低。虾头酶解液在调味品中应用时应相应补充甜味物质，常见商品化虾粉配方如表 8.43 和表 8.44 所示。

表 8.43　　　　　　　　虾精粉参考配方

主要成分	比例/%	主要成分	比例/%
虾酶解物	33.0	大豆分离蛋白	3.0
葡萄糖	25.5	酵母精	2.0
白糖	13.5	虾美拉德反应物	1.0
味精	10.75	天然辣椒红色素	0.15
盐	10.5	抗结剂 SiO_2	0.60

表 8.44　　　　　　　　虾粉配方

主要成分	比例/%	主要成分	比例/%
食盐	33.0	I + G	0.3
虾酶解物	25.0	沙姜粉	0.3
白糖	22.5	花椒粉	0.2
味精	16.5	胡椒粉	0.1
酵母精	1.2	抗结剂 SiO_2	0.3
琥珀酸钠	0.5		

此外，虾头和虾壳酶解处理后其矿物质成分的含量也有明显改变。表 8.45 为虾头自溶产物与虾头的无机物含量比较，均为干基含量。

表 8.45　　　　　虾头自溶产物和虾头酶解物的无机物含量

单位：mg/100g

矿物质	虾头自溶产物	虾头酶解物
Ca	4994.38	754.83
P	884.29	252.37
K	428.81	524.11
Na	370.31	389.84
Mg	393.82	486.63
Zn	8.52	7.44
Fe	7.79	1.64

由表可知，酶解处理后，钠、钾和镁离子的含量有所提高，其中钾和镁离子明显提高。虾头自溶产物中的钙含量最高，达 4994.38mg/100g，经过酶解后，大幅度降低，为 754.83mg/100g。磷的含量经过自溶也降低，从 884.29mg/100g 降为 252.37mg/100g。这可能与钙和磷主要以结合态的形式存在于虾壳有关。此外，Fe 的含量有所降低，Zn 的含量变化不大。一般认

为，酶解处理可显著降低虾头中矿物质含量，增加矿物质的溶解度。

虾头虾壳酶解后鲜味、腥味和氨味均增加，利用美拉德反应降低虾酶解液的腥味，增加虾的海鲜香气和肉香，增加厚味。隋伟利用风味蛋白酶和碱性蛋白酶对虾加工下脚料进行水解，制备水解度为 23.16% 的虾水解液。在此基础上，以虾下脚料酶解液质量为基数，添加硫胺素 1.0%，抗坏血酸 0.6%，牛磺酸 0.4%，木糖与葡萄糖的比例为 1:4，精氨酸与丙氨酸的比例为 2:1，在起始 pH 为 7.0，反应温度 110℃，反应时间 30min，得到风味逼真的虾味香精。江苏工业学院化工系王岚在反应温度 110～115℃、反应时间 60min 条件下，以特征肉香的感官判断为评价指标，确定了反应体系最佳配比：D－（＋）－木糖 3%，维生素 C 0.5%，L－半胱氨酸 1.0%，维生素 B_1 0.5%。此时所得的反应产物具有醇厚的特征肉香而无异杂味。

8.2.2.3　贝、虾来源功能性肽

贝和虾及其加工副产物是生物活性肽制备的重要来源。近年来，国内外研究者以蛤、磷虾、贻贝、牡蛎等加工副产物为原料，通过控制酶解制备出系列功能性肽。如中国海洋大学王海涛采用胰蛋白酶酶解中国毛虾，最佳酶解条件为酶解时间为 5.5h，加酶量为 2000U/g、料液比为 1:7（W/V），酶解多肽体外抑制 NA 活性的 IC_{50} 值为 1.32mg/mL。毛虾酶解液经过 Sephadex G－15 凝胶层析、反相高效液相色谱分离纯化得到一条高神经氨酸酶抑制活性的多肽其 IC_{50} 值为 0.096mmol/L，其氨基酸序列为 EISYIHAEAYRRGELK。神经氨酸酶（neuraminidase，NA）是流感病毒表面的一种糖蛋白，它能切断神经氨酸残基与宿主细胞表面邻近寡糖之间的 α－糖苷链，促使发育成熟的病毒从寄主细胞脱落下来，从而进行病毒的传播。

广东海洋大学朱国萍以凡纳滨对虾虾头为原料，在温度为 50℃、pH 为 9、固液比 1:3 的条件下自溶，发现虾头自溶 3h 是制备 ACE 抑制肽较好的自溶时间，3h 自溶产物的 ACE 抑制率为 44.23%、5000u 以下肽段比例达 66.80%、肽基氨基酸中支链氨基酸（BCAA）和芳香族氨基酸（AAA）的含量占氨基酸总量的 24.78%。经过分离纯化、ESI－MS/MS 鉴定，推测为两个二肽 Tyr－Pro 和 Leu－Pro/Ile－Pro。并利用 SHR 评价了 3000u 超滤组分的体内降血压效应。短效动物试验（24h）结果表明 3000u 超滤组分对 SHR 有一定的降血压效果。山东大学张玉忠等从中国毛虾的蛋白质酶解产物中分离纯化出新的具有六个氨基酸的降压肽，其序列分别为 Phe－Cys－Val－Leu－Arg－Pro、Ile－Phe－Val－Pro－Ala－Phe 或 Lys－Pro－Pro－Glu－Thr－Val，具有较高的血管紧张素转化酶（ACE）抑制活性。部分虾贝来源的功能性肽如表 8.46 所示。

表 8.46　虾贝来源的功能性肽

常见名	科学名	来源	生物活性	肽序列	参考文献
蛤 (clam)	Meretrix Lusoria	蛤肉	ACE 抑制活性	VRK, YN	Tsai, Chen, Pan (2008)
磷虾 (krill)	Mesopodopsis orientalis	发酵产品	抗氧化活性	—	Faithong et al (2010)
磷虾 (krill)		虾肉	ACE 抑制活性	KLKFV	Kawamura et al (1992)
贻贝 (mussel)	Mytilus edulis	发酵酱	ACE 抑制活性	EVMAGNLYPG	Je, Park, Byun et al (2005)
贻贝 (mussel)	Mytilus edulis	发酵酱	抗高血压活性	HFGBPFH	Rajapakse, Mendis, Jung et al (2005)
对虾 (prawn)	Penaeus japonicus	虾肉	抗氧化活性	IKK, FKK, FIKK	Suetsuna (2000)
牡蛎 (oyster)	Crassostrea gigas	发酵酱	抗高血压活性	分子质量 592.9u	Je, Park, Jung et al (2005)
牡蛎 (oyster)	Crassostrea gigas	牡蛎肉	抗菌活性	—	Liu et al (2008)
牡蛎 (oyster)	Pinctada fucata martencii	牡蛎肉	ACE 抑制活性	FY, AW, VW, GW	Katano et al (2003)
牡蛎 (oyster)		牡蛎肉	ACE 抑制活性	VVYPWTQRF	Wang et al (2008)
牡蛎 (oyster)	Crassostrea talienwhanensis crosse	牡蛎肉	HIV-1 蛋白酶抑制剂	LLEYSL, LLEYSL	Lee and Maruyama (1998)
牡蛎 (oyster)	Crassostrea gigas	虾头	抑制食欲活性	—	Cudennec et al (2008)
虾 (shrimp)	Penaeus oztecus	全虾	ACE 抑制活性	FCVLRP, IFVPAF, KPPETV, YLLE, AFL	Hai-Lun et al (2006)
虾 (shrimp)	Acetes chinensis	全虾	神经氨酸酶抑制	EISYIHAEAYRRGELK	王海涛等 (2015)
虾 (shrimp)	Plesionika izumiae omori	虾头	抗高血压活性	VWYHT, VW	Nii et al (2008)
虾 (shrimp)	Litopenaeus vannamei	虾酱	降血压	YP, LP, IP	朱国洋等 (2013)
虾 (shrimp)	Acetes vulgaris	全虾	抗氧化活性	—	Faithong et al (2010)
虾 (shrimp)	Acetes chinensis	虾壳	降血压	FCVLRP, IFVPAF, KPPETV	张玉忠等 (2005)
虾 (shrimp)	Metapenaeus monoceros	虾头胸部	抗氧化活性	—	Manni et al (2010)
虾 (shrimp)	Litopenaeus vannamei	虾头	ACE 抑制活性	—	Benjakul et al (2009)
虾 (shrimp)	Acetes chinensis	虾头胸部	抗氧化活性	SVAMLFH	赵静等 (2012)
虾 (shrimp)	Litopenaeus vannamei	虾头皮	抗氧化活性	—	Benjakul et al (2009)
鱿鱼 (squid)	Dosidicus gigas	鱿鱼皮	抗氧化活性	—	Mendis et al (2005)
鱿鱼 (squid)	Dosidicus Eschrichtii Steenstrup	鱿鱼皮	抗氧化活性	—	Lin and Li (2006)
鱿鱼 (squid)		鱿鱼肉	抗氧化活性	NADFGLNGLEGLA	Giménez et al (2009)
鱿鱼 (squid)	Dosidicus	鱿鱼肉	抗氧化活性	NGLEGLK	Rajapakse et al (2009)

8.2.2.4 南极磷虾控制酶解及脱氟技术

南极磷虾（*Euphausia superba*）是多细胞生物中生物量最大的单种生物资源，其生物质能约有 5 亿吨，每年的可捕获量达 1.5 亿吨，是一种巨大的渔业资源。南极磷虾营养丰富，蛋白质含量高，尤其是虾油中富含不饱和脂肪酸、磷脂等营养成分，且抗氧化活性稳定，对于延缓衰老、保持心血管健康等方面具有良好的作用。

南极磷虾具有高度富集氟的特性，其全身含有较高含量的氟，且主要集中在甲壳中。经过检测，其整虾的氟含量（以总氟含量计）为 1200mg/kg，头胸部为 2160mg/kg，甲壳为 1600mg/kg，肌肉为 300～570mg/kg。如果直接去壳剥取虾肉，其氟离子含量也在 300mg/kg 左右，显然南极磷虾中过高的氟含量不适宜人类直接食用。氟元素是人体必需的微量元素，对于骨骼和牙齿的健康非常重要，但氟元素摄入过量则会对人体造成危害。南极磷虾中的氟含量远远超过人体安全氟元素摄入限量，不适宜人类直接利用，如何脱氟是南极磷虾产业发展中的一个重要课题。现阶段对于南极磷虾加工利用的研究主要集中在：① 采用浸提法提取南极磷虾虾油，将氟离子有选择性地留在虾渣中；② 南极磷虾多糖和多肽的提取工艺；③ 南极磷虾脱氟技术研究。

将南极磷虾自溶或酶解制备南极磷虾酶解液，加入脱氟剂，降低酶解液中氟的含量是目前主流研究方向。南极磷虾酶解技术非常成熟，各种蛋白酶如木瓜蛋白酶、碱性蛋白酶、风味蛋白酶、中性蛋白酶以及胰蛋白酶在最适条件下均对南极磷虾蛋白质表现出较好的水解效果，本节不再赘述。现在大部分南极磷虾酶解液除氟的方法是运用无机物质，如生石灰、氯化钙等，其原理主要是通过无机物与氟离子结合成不溶物，再将其与南极磷虾分离。中国水产科学研究院东海水产研究所李学英等将 8～12g/L 的浓度生石灰添加到酶解液中，在 pH 为 10.0～11.5 的条件下搅拌 40～50min 脱氟，但未提及该技术的脱氟率。中国海洋大学薛长湖等利用响应面法对南极磷虾酶解液氯化钙法脱氟工艺进行优化，发现在氯化钙添加量 1.38%，初始 pH 为 9.0，反应温度 20℃时，脱氟率达到 89.43%。且氯化钙法脱氟过程对酶解液氨基氮、总氮的含量影响都不显著。中国海洋大学李明杰等将牡蛎壳粉中的碳酸钙经过羟基磷酸化后制备成为改性的脱氟材料，试验表明该材料的静态吸附条件下其脱氟率高达 95.64%，动态吸附效率最高可达 98.71%。

以南极磷虾粉为原料，添加碱性蛋白酶和风味蛋白酶进行复合水解，

55℃水解 6h 后，95℃热处理 15min 灭酶，冷却至室温，添加 0.8% 自制脱氟剂，6000×g 离心 15min，过滤，得酶解上清液。该工艺的蛋白质回收率达到 80% 以上，脱氟率达到 99.4% 以上，水解液无苦味和腥味，适口性好。以冰冻南极磷虾为原料，蛋白质回收率可进一步提高。如考虑到南极磷虾的综合利用，南极磷虾经过脱脂处理制备磷虾油后，再对南极磷虾肉进行控制酶解和脱氟处理。如表 8.47 所示。

表 8.47　不同吸附剂对酶解液中氟离子吸附吸附效果比较

吸附剂	吸附率/%	吸附剂	吸附率/%
石灰	20.6	硅藻土	40.2
微孔陶瓷	23.4	氧化铝改性硅藻土	46.7
碳酸钙	33.9	自制脱氟剂	99.4

8.2.2.5　梭子蟹加工下脚料控制酶解及综合利用

梭子蟹，有些地方俗称"白蟹"，因头胸甲呈梭子形，故名梭子。甲壳的中央有三个突起，所以又称三疣梭子蟹。梭子蟹是一种大型海产经济蟹类，分布于中国、日本及朝鲜等海域。海捕梭子蟹加工量较大，主要产品包括蟹肉罐头、蟹酱、蟹酱油、蟹黄酱和蟹香调味料等产品。梭子蟹产品在加工的同时，产生大量的下脚料，包括背壳、蟹脚和内脏等。据报道，蟹壳中蛋白质含量为 20%～40%，脂肪 2.7%，甲壳质 20%～30%，此外还含有钙盐等矿物质、色素和几丁质等。

国内研究着对梭子蟹加工副产物的深加工做了大量研究，包括控制酶解制备海鲜调味料和活性肽、梭子蟹壳酶解余料制取甲壳素和壳聚糖、梭子蟹下脚料提取蟹油等。陶学明采用溶剂法从梭子蟹下脚料中提取粗蟹油，并以脱脂后的梭子蟹下脚料为原料，通过控制酶解技术制备蟹蛋白粉和海鲜调味汁，最后采用超微粉碎技术将梭子蟹下脚料酶解余料加工成蟹壳微粉，工艺流程度如图 8.5 所示。本节重点介绍蟹蛋白的控制酶解工艺。

陶学明以脱油梭子蟹下脚料为原料，采用酶法提取蟹壳中蛋白质，并对蟹蛋白粉的品质进行分析。试验表明，梭子蟹下脚料的最佳水解蛋白酶为碱性蛋白酶，最佳水解条件为：温度为 55℃、pH 为 8.5、加酶量为 1000U/g、时间为 3.0h、液料比为 3:1，蛋白质回收率达到 80% 以上，水解度为 20% 以上。蛋白质水解物中氨基酸总量为 1046.7mg/L，其中 8 种必需氨基酸含量为 382.5mg/L，占氨基酸总量的 36.54%，4 种主要呈味氨基酸含量为 412.6mg/L，占氨基酸总量的 39.42%。梭子蟹下脚料的蛋白质水解液经喷雾干燥后得到梭子蟹蛋白粉，其呈淡黄色，具有醇厚的蟹香味，冲溶后口感微苦，蟹味浓郁。对梭子蟹蛋白粉进行化学组成分析发现，其蛋白质含量为 72.23%，脂肪含量仅 0.12%，水分含量为 5.18%，灰分含量为 12.58%。

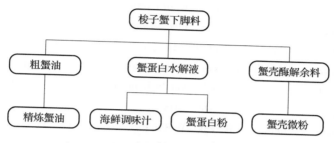

图 8.5 梭子蟹下脚料综合利用流程图

陶学明以脱油梭子蟹下脚料为原料，采用复合蛋白酶酶法深度水解梭子蟹下脚料制备海鲜呈味基料，并进行了调配制备海鲜调味汁。试验表明，中性蛋白酶与风味蛋白酶组成的复合酶较适合梭子蟹下脚料中蛋白质的水解；最适水解条件为：温度为 50℃、pH 为 7.0、加酶量为 1200U/g、时间为 3.0h、酶的复合比为 2∶1、液料比为 3∶1；水解液的氨基酸组成为：氨基酸总量为 1395.0mg/L，其中 8 种必需氨基酸为 496.7mg/L，占总量的 35.61%，4 种呈味氨基酸总量为 554.9mg/L，占总量的 39.78%；海鲜调味汁的最佳配方为：食盐 10%、白砂糖 5%、味精 5%、姜粉 0.2%、变性淀粉 1.0%；产品的微生物指标和理化指标均能达到《食品安全国家标准水产调味品》（GB 10133—2014）的要求。

参考文献

［1］ Babu C M，Chakrabarti R，Surya Sambasivarao K R. Enzymatic isolation of carotenoid – protein complex from shrimp head waste and its use as a source of carotenoids［J］. LWT – Food Science and Technology，2008，41（2）：227 –235.

［2］ Chubb IW，Hodgson AJ，White，CH. Acetylcholinesterase hydrolyses substance P［J］. Neuroscience，1980，5：2065 –2072.

［3］ Chubb IW，Ranieri，E Hodgson，AJ，White，GH. The hydrolysis of Leu and Met – enkephalin by acetylcholinesterase［J］. Neuroscilett Suppl, 1982, 8: 539.

[4] De Holanda H D, Netto F M. Recovery of components from shrimp (*Xiphopenaeus kroyeri*) processing waste by enzymatic hydrolysis [J]. Journal of Food Science, 2006, 71 (5): C298 – C303.

[5] Lee T G, Maruyama S. Isolation of HIV – 1 protease – inhibiting peptides from thermolysin hydrolysate of oyster proteins [J]. Biochemical and Bio-Physical Research Communications, 1998, 253 (3): 604 – 608.

[6] Wang J, Hu J, Cui J, et al. Purification and identification of a ACE inhibitory peptide from oyster proteins hydrolysate and the antihypertensive effect of hydrolysate in spontaneously hypertensive rats [J]. Food Chemistry, 2008, 111 (2): 302 – 308.

[7] Mitsugu Watanabe, Takayuki Watanabe, Tomio Watanabe. Preparation of Oyster flesh Extracts: US 8, 337, 933 B2 [P].

[8] Huang G, Ren Z, Jiang J. Separation of iron – binding peptides from shrimp processing by – products hydrolysates [J]. Food and Bioprocess Technology, 2011, 4 (8): 1527 – 1532.

[9] Synowiecki J, Al – Khateeb N A A Q. The recovery of protein hydroly-sate during enzymatic isolation of chitin from shrimp *Crangon crangon* processing discards [J]. Food Chemistry, 2000, 68: 147 – 152.

[10] Sasaki T, Uchida H, Uchida N A, et al. Antitumor activity and immu-nomodulatory effect of glycoprotein fraction from scallop *Patinopecten yes-soensis* [J]. Nippon Suisan Gakkaishi, 1987, 53 (2): 267 – 272.

[11] Valdez – Peña A U, Espinoza – Perez J D, Sandoval – Fabian G C, et al. Screening of industrial enzymes for deproteinization of shrimp head for chitin recovery [J]. Food Science and Biotechnology, 2010, 19 (2): 553 – 557.

[12] Gimeno M, Ramírez – Hernández J Y, Mártinez – Ibarra C, et al. One – solvent extraction of astaxanthin from lactic acid fermented shrimp wastes [J]. Journal of Agricultural and Food Chemistry, 2007, 55 (25): 10345 – 10350.

[13] Kim E K, Kim Y S, Hwang J W, et al. Purification and characteriza-tion of a novel anticancer peptide derived from *Ruditapes philippinarum* [J]. Process Biochemistry, 2013, 48 (7): 1086 – 1090.

[14] Seung – Jae Lee, Eun – Kyung Kim, Yon – Suk Kim, et al. Purifica-tion and characterization of a nitric oxide inhibitory peptide from *Rudi-*

tapes philippinarum [J]. Food and Chemical Toxicology, 2012, 50 (5): 1660 – 1666.

[15] Eun – Kyung Kim, Jin – Woo Hwang, Yon – Suk Kim, et al. A novel bioactive peptide derived from enzymatic hydrolysis of *Ruditapes philippinarum*: Purification and investigation of its free – radical quenching potential [J]. Process Biochemistry, 2013, 48 (2): 325 – 330.

[16] Pádraigín A. Harnedy, Richard J, FitzGerald. Bioactive peptides from marine processing waste and shellfish: A review [J]. Journal of Functional Foods, 2012, 4: 6 – 24.

[17] Zhao Y, Li B, Liu Z, et al. Antihypertensive effect and purification of an ACE inhibitory peptide from sea cucumber gelatin hydrolysate [J]. Process Biochemistry, 2007, 42 (12): 1586 – 1591.

[18] Fu X, Xue C, Miao B, et al. Characterization of proteases from the digestive tract of sea cucumber (*Stichopus japonicus*): High alkaline protease activity [J]. Aquaculture, 2005, 246 (1): 321 – 329.

[19] Fuke S, Konosu S. Taste – active components in some foods: A review of Japanese research [J]. Physiology & Behavior, 1991, 49 (5): 863 – 868.

[20] Chen D, Liu Z, Huang W, et al. Purification and characterisation of a zinc – binding peptide from oyster protein hydrolysate [J]. Journal of Functional Foods, 2013, 5 (2): 689 – 697.

[21] Liu Z, Dong S, Xu J, et al. Production of cysteine – rich antimicrobial peptide by digestion of oyster (*Crassostrea gigas*) with alcalase and bromelin [J]. Food Control, 2008, 19 (3): 231 – 235.

[22] Liu Z, Zeng M, Dong S, et al. Effect of an antifungal peptide from oyster enzymatic hydrolysates for control of gray mold (*Botrytis cinerea*) on harvested strawberries [J]. Postharvest Biology and Technology, 2007, 46 (1): 95 – 98.

[23] Cao W, Zhang C, Hong P, et al. Autolysis of shrimp head by gradual temperature and nutritional quality of the resulting hydrolysate [J]. LWT – Food Science and Technology, 2009, 42 (1): 244 – 249.

[24] Wang Y K, He H L, Chen X L, et al. Production of novel angiotensin I – converting enzyme inhibitory peptides by fermentation of marine shrimp *Acetes chinensis* with *Lactobacillus fermentum* SM 605 [J].

501

Applied Microbiology and Biotechnology，2008，79（5）：785 –791.

[25] 崔春，赵谋明，曾晓房，等. 酸法和酶法水解海蚬蛋白的呈味作用研究 [J]. 中国调味品，2007（10）：34 – 36.

[26] 曹文红，章超桦，秦小明. 酶解中国毛虾制备低分子肽的研究 [J]. 食品与发酵工业，2006，32（11）：80 – 83.

[27] 陈守国，王春波，姚如永，等. 一种毛蚶抗癌肽类提取物及其制备方法：200510043797 [P].

[28] 邓嫣容. 牡蛎复合酶解提高蚝油风味的工艺探讨 [J]. 现代食品科技，2011，27（7）：788 – 791.

[29] 邓丽. 牡蛎酶解液分离方法的研究 [J]. 食品工业科技，2012，33（15）：233 – 236.

[30] 戴志远，梁辉. 用植酸降低贻贝蒸煮液中重金属的方法：中国，200710066983 [P].

[31] 卢婷. 毛蚶酶解液营养评价及其生理功效的研究 [D]. 郑州大学，2013.

[32] 戴志远，梁辉. 用壳聚糖降低贻贝蒸煮液中重金属的方法：中国，ZL200710066984 [P].

[33] 陶学明. 梭子蟹下脚料综合加工技术的研究 [D]. 合肥：合肥工业大学，2009.

[34] 段杉，张影霞，陆婷婷，等. 利用乳酸菌发酵协同自溶作用回收虾头、虾壳中的蛋白质 [J]. 食品与发酵工业，2009（2）：80 – 83.

[35] 黄彦云，孔小明，王福广，等. 南美白对虾死后组织自溶规律的研究 [J]. 动物医学进展，2005，26（3）：86 – 89.

[36] 孙恢礼，杨小满，潘剑宇，等. 一种从海洋动物蛋白酶解液中去除重金属的方法：中国，201110216563 [P].

[37] 钱飞. 克氏原螯虾头制备风味料和提取虾青素的研究 [D]. 无锡：江南大学，2009.

[38] 闫兴丽，张建军，曾凤英. 三种牡蛎矿质元素的含量测定与分析 [J]. 中国中医基础医学杂志，2009（3）：218.

[39] 朱志伟，曾庆孝，林奕封，等. 虾头的内源蛋白酶酶解及复合酶解研究 [J]. 武汉工业学院学报，2003（2）：4 – 7.

[40] 王海涛. 中国毛虾中流感病毒神经氨酸酶抑制活性肽的研究 [D]. 青岛：中国海洋大学，2013.

[41] 张玉忠，何海伦，陈秀兰，等. 中国毛虾蛋白降压肽及其制备方法与应用：中国，ZL200410075836 [P].

［42］朱国萍. 凡纳滨对虾虾头自溶制备降血压肽的研究［D］. 湛江：广东海洋大学，2010.

［43］丁国芳，杨永芳，杨最素，等. 菲律宾蛤仔酶解多肽的制备方法：中国，ZL201010253745［P］.

［44］张慧恩，杨华，王彩霞. 一种抗氧化肽的制备方法：ZL201210414641［P］.

［45］刘小芳，薛长湖，王玉明，等. 乳山刺参体壁和内脏营养成分比较分析［J］. 水产学报，2011，35（4）：587 – 593.

［46］万端极，万莹，刘玲，等. 一种海参内脏综合利用的方法：中国，201210101836［P］.

［47］乔路，佟伟刚，周大勇，等. 酶法制备鲍鱼脏器呈味肽及呈味氨基酸［J］. 大连工业大学学报，2011，30（3）：168 – 172.

［48］乔路，周大勇，李秀玲，等. 美拉德反应制备鲍鱼脏器肽呈味基料及其抗氧化活性研究［J］. 大连工业大学学报，2012，30（6）：407 – 411.

［49］余鑫. 鲍鱼脏器粗多糖的提取工艺及降血脂活性研究［D］. 福州：福建农林大学，2012.

［50］王莅莎，朱蓓薇，孙黎明，等. 鲍鱼内脏多糖的体外抗肿瘤和免疫调节活性研究［J］. 大连工业大学学报，2009，27（4）：289 – 293.

［51］杨涛，万端极，吴正奇，等. 海参内脏制备海参多肽工艺优化及其抗氧化测定［J］. 食品科技，2014，39（3）：218 – 222.

［52］刘小芳，薛长湖，王玉明，等. 乳山刺参体壁和内脏营养成分比较分析［J］. 水产学报，2011，35（4）：587 – 593.

［53］廖艳，蒋志红，吴晓萍，等. 企鹅珍珠贝蛋白质组成及重金属镉的分布［J］. 华中农业大学学报，2013，32（6）：132 – 137.

［54］霍礼辉，林志华，包永波. 重金属诱导贝类金属硫蛋白研究进展［J］. 水生态学杂志，2011，32（1）：7 – 13.

［55］张永勤，常海燕. 海参内脏组成成分结构、功能及其应用研究进展［J］. 食品工业科技，2014，35（13）：382 – 386.

［56］徐明生，曾婷婷，蒋艳，等. 河蚬免疫活性糖蛋白分离及结构初步分析［J］. 食品科学，2009，29（11）：157 – 160.

［57］林海生，曹文红，卢虹玉，等. 牡蛎蛋白酶解物改善小鼠学习记忆能力及其体内抗氧化活性的研究［J］. 食品科技，2013（4）：37 – 41.

［58］张一江，曹文红，毕春波. 海湾扇贝酶解产物清除自由基活性的研究［J］. 食品与发酵工业，2008，34（4）：60－63.

［59］魏玉西，殷邦忠，刘淇，等. 扇贝裙边氨基酸营养粉的制备工艺研究［J］. 渔业科学进展，2009，1（30）：112－116.

9 牛乳蛋白控制酶解技术

9.1 牛乳蛋白的组成与结构特征

牛乳是牛在产犊后由乳腺分泌的一种具有胶体性质的生物学液体，色泽呈白色或黄色，味微甜具有特征香气。牛乳的主要成分是水、蛋白质、脂肪、乳糖、维生素、矿物质和有机酸等。牛乳蛋白通常被分为酪蛋白和乳清蛋白。正常牛乳中蛋白质含量为 30 ~ 35g/L，这些蛋白质中的 80% 是以酪蛋白胶体形式存在，酪蛋白胶体中含有 92% 的蛋白质和 8% 的无机盐。牛乳中还包含多种"微量蛋白"如酶，此外，大约有 5% 的氮是以小分子形式存在的，即非蛋白氮。牛乳蛋白在人们膳食中的重要性不言而喻，它是食物蛋白质中被深入研究的蛋白质之一。到目前为止，牛乳蛋白的一级结构和空间结构均已被确认。

9.1.1 酪蛋白组成与结构特征

酪蛋白是指牛乳中在 pH 为 4.6 处沉淀蛋白质的总称，现在则通过氨基酸的序列来鉴别酪蛋白。酪蛋白占乳蛋白的 76% ~ 86%，包括 α_{s1} - 酪蛋白、α_{s2} - 酪蛋白、β - 酪蛋白和 κ - 酪蛋白。其他的酪蛋白成分主要来源于酪蛋白的磷酸化和糖基化及有限水解，最常见的是 α_{s1} 和 α_{s2} - 酪蛋白磷酸化、κ - 酪蛋白的糖基化和 β - 酪蛋白水解，产生 γ - 酪蛋白和肽等。其性质和组成分别如表 9.1 所示。

表 9.1　　　　　　　　牛乳中酪蛋白的组成及性质

成分	分子质量/u	等电点	沉降系数	含量/（g/100g）
α_{s1} - 酪蛋白	23600	4.4 ~ 4.76	3.99	39 ~ 46
α_{s2} - 酪蛋白	25150	4.5	1.57	8 ~ 11
β - 酪蛋白	24000	4.83 ~ 5.07	1.4	33.6
κ - 酪蛋白	19000	5.3 ~ 5.8	1.55	8 ~ 15

　　酪蛋白无疑是一种营养性蛋白质，酪蛋白的磷酸钙胶束的开放式结构有利于蛋白酶消化作用，十分适合新生婴儿吸收。但从氨基酸组成的观点来看，酪蛋白的营养价值要低于一些动物蛋白质和植物蛋白质，如酪蛋白富含有一些人体非必需氨基酸如 Glu、Gln、Ser 和 Pro，而必需氨基酸含量则相对较少，含硫氨基酸为酪蛋白的限制性氨基酸。因此，酪蛋白远非一种理想的符合人体需求的蛋白质。比较牛乳中的酪蛋白和其他哺乳动物的乳中酪蛋白含量可以看出，对于一些生长很缓慢的人和动物如马和大象，其乳中酪蛋白含量远远低于牛乳酪蛋白。

9.1.1.1　α_{s1} – 酪蛋白的结构及特点

　　α_{s1} – 酪蛋白的一级结构 1974 年测试完毕，共由 199 个氨基酸构成，它占牛乳中总蛋白质含量的 39% ~46%。磷酸化是钙敏性蛋白质如 α_{s1} – 酪蛋白中的特征结构。它含 8 个磷酸基，分子质量 23600u。α_{s1} – 酪蛋白结构中还含有大量的脯氨酸，但半胱氨酸含量低。α_{s1} – 酪蛋白中疏水性残基、带电荷残基的分布是不均匀的，疏水区在 1 ~44，90 ~113，132 ~199 氨基酸区段。而带电荷的残基则主要位于肽链的 42 ~80 氨基酸片段间，这一部分集中了每分子中的 8 个磷酸基的 7 个。α_{s1} – 酪蛋白的结构特点说明它是一个具有高度溶剂化的带电部分和疏水的球状部分组成的独特的偶极结构。极性部分很可能接近于随机的螺旋型，而疏水部分显然具有 α – 螺旋、β – 片状及无规则结构。极性部分的柔性使得分子的大小对离子强度及离子如 Ca^{2+} 和 H^+ 的结合特别敏感，而分子间的疏水作用导致分子自身缔合，或与其他酪蛋白缔合。α_{s1} – 酪蛋白均对钙十分敏感，它们很容易遇到 mmol/L 级别浓度的钙离子而沉淀。α_{s1} – 酪蛋白的一级结构，如图 9.1 所示。

9.1.1.2　α_{s2} – 酪蛋白的结构及特点

　　α_{s2} – 酪蛋白占牛乳总蛋白质 8% ~11%，有 207 个氨基酸，分子中含有 10 ~13 个磷酸基，两个—SH，分子质量为 25150u。α_{s2} – 酪蛋白结构中含有三簇带负电的磷酸丝氨酸、谷氨酸残基，即位于 8 ~12，56 ~63，129 ~133 氨基酸位，极性部分形成随机螺旋的二级结构和三级结构。仅有两个区域相对疏水，即 C 端序列的 160 ~207 位和 90 ~120 位，因而它是所有酪蛋白中最亲水的酪蛋白。α_{s2} – 酪蛋白的一级结构，如图 9.2 所示。

H. Arg – Pro – Lys – His – Pro – Ile – Lys – His – Gln – Gly[10] – Leu – Pro – Gln – Glu – Val – Leu – Asn –
Glu – Asn – Leu[20] – Leu – Arg – Phe – Phe – Val – Ala – Pro – Phe – Pro – Gln[30] – Val – Phe – Gly – Lys –
Glu – lys – Val – Asn – Glu – Leu[40] – Ser – Lys – Asp – Ile – Gly – Ser – Glu – Ser – Thr – Glu[50] – Asp –
Gln – Ala – Met – Glu – Asp – Ile – Lys – Gln – Met[60] – Glu – Ala – Glu – Ser – Ile – Ser – Ser – Ser – Glu –
Glu[70] – Ile – Val – Pro – Asu – Ser – Val – Glu – Gln – Lys – His[80] – Ile – Gln – Lys – Glu – Asp – Val – Pro –
Ser – Glu – Arg[90] – Tyr – Leu – Gly – Tyr – Leu – Glu – Gln – Leu – Leu – Arg[100] – Leu – Lys – Lys – Tyr –
Lys – Val – Pro – Gln – Leu – Glu[110] – Ile – Val – Pro – Asn – Ser – Ala – Glu – Glu – Arg – Leu[120] – His –
Ser – Met – Lys – Glu – Gly – Ile – His – Ala – Gln[130] – Gln – Lys – Glu – Pro – Met – Ile – Gly – Val – Asn –
Gln[140] – Glu – Leu – Ala – Tyr – Phe – Tyr – Pro – Glu – Leu – Phe[150] – Arg – Gln – Phe – Tyr – Gln – Leu –
Asp – Ala – Tyr – Pro[160] – Ser – Gly – Aln – Trp – Tyr – Tyr – Val – Pro – Leu – Gly[170] – Thr – Gln – Tyr – Thr –
Asp – Ala – Pro – Ser – Phe – Ser[180] – Asp – Ile – Pro – Asn – Pro – Ile – Gly – Ser – Glu – Asn[190] – Ser – Glu –
Lys – Thr – Thr – Met – Pro – Leu – Trp[199] · OH

图 9. 1 α_{s1} – 酪蛋白的一级结构

H. Lys – Asn – Thr – Met – Glu – His – Val – Ser – Ser – Ser[10] – Glu – Glu – Ser – Ile – Ile – Ser – Gln –
Glu – Thr – Tyr[20] – Lys – Gln – Glu – Lys – Asn – Met – Alu – Ile – Asn – Pro[30] – Ser – Lys – Glu – Asn –
Leu – Cys – Ser – Thr – Phe – Cys[40] – Lys – Glu – Val – Val – Arg – Asn – Ala – Asn – Glu – Glu[50] – Glu –
Tyr – Ser – Ile – Gly – Ser – Ser – Ser – Glu – Glu[60] – Ser – Ala – Glu – Val – Ala – Thr – Glu – Glu – Val –
Lys[70] – Ile – Thr – Val – Asp – Asp – Lys – His – Tyr – Gln – Lys[80] – Ala – Leu – Asn – Clu – Ile – Asn – Glu –
Phe – Tyr – Gln[90] – Lys – Phe – Pro – Gln – Tyr – Leu – Gln – Tyr – Leu – Tyr[100] – Gln – Gly – Pro – Ile – Val –
Leu – Asn – Pro – Trp – Asp[110] – Gln – Val – Lys – Arg – Asn – Ala – Val – Pro – Ile – Thr[120] – Pro – Thr – Leu –
Asn – Arg – Glu – Gln – Leu – Ser – Thr[130] – Ser – Glu – Glu – Asn – Ser – Lys – Lys – Thr – Val – Asp[140] – Met –
Glu – Ser – Thr – Glu – Val – Phe – Thr – Lys – Lys[150] – Thr – Lys – Leu – Thr – Glu – Glu – Glu – Lvs –
Asn – Arg[160] – Leu – Asn – Phe – Leu – Lys – Lys – Ile – Ser – Gln – Arg[170] – Tyr – Gln – Lys – Phe – Aln –
Leu – Pro – Gln – Tyr – Leu[180] – Lys – Thr – Val – Tyr – Gln – His – Gln – Lys – Ala – Met[190] – Lys – Pro – Trp –
Ile – Gln – Pro – Lys – Thr – Lys – Val[200] – Ile – Pro – Tyr – Val – Arg – Tyr – Leu[207] · OH

图 9. 2 α_{s2} – 酪蛋白的一级结构

9. 1. 1. 3 β – 酪蛋白的结构及特点

β – 酪蛋白占酪蛋白的 22% 以上，占牛乳中总蛋白质含量的 25% 以上。它含有 209 个氨基酸残基，分子中有 5 个磷酸基，分子质量为 24000u。β – 酪蛋白结构中带有负电荷磷酸化丝氨酸簇 N 端和非常疏水的 C 端清晰区分开来，在 N 末端（1 ~ 60）含有磷酸丝氨酰基，呈酸性和亲水性，C 末端（141 ~ 209）呈碱性和疏水性，这部分形成了酪蛋白的最疏水部分。因而 β – 酪蛋白是 4 种酪蛋白中最疏水的。另外 β – 酪蛋白中大量的脯氨酸残基，

它通过影响 α - 螺旋和 β - 折叠结构的形成而影响蛋白质的结构。β - 酪蛋白的一级结构，如图 9.3 所示。

H. Arg - Glu - Leu - Glu - Glu - Leu - Asn - Val - Pro - $\overset{10}{\text{Gly}}$ - Glu - Ile - Val - Glu - Ser - Leu - Ser - Ser -
Ser - $\overset{20}{\text{Glu}}$ - Glu - Ser - Ile - Thr - Arg - Ile - Asn - Lys - Lys - $\overset{30}{\text{Ile}}$ - Glu - Lys - Phe - Glu - Ser - Glu -
Glu - Gln - Gln - $\overset{40}{\text{Gln}}$ - Thr - Glu - Asp - Glu - Ieu - Gln - Asp - Lys - Ile - $\overset{50}{\text{His}}$ - Pro - Phe - Ala - Gln -
Thr - Gln - Ser - Leu - Val - $\overset{60}{\text{Tyr}}$ - Pro - Phe - Pro - Gly - Pro - Ile - Pro - Asn - Ser - $\overset{70}{\text{Leu}}$ - Pro - Gln -
Asn - Ile - Pro - Pro - Leu - Thr - Gln - $\overset{80}{\text{Thr}}$ - Pro - Val - Val - Val - Pro - Pro - Phe - Leu - Gln - $\overset{90}{\text{Pro}}$ -
Glu - Val - Met - Gly - Val - Ser - Lys - Val - Lys - $\overset{100}{\text{Glu}}$ - Ala - Met - Ala - Pro - Lys - His - Lys - Glu -
Met - $\overset{110}{\text{Pro}}$ - Phe - Pro - Lys - Tyr - Pro - Val - Gln - Pro - Phe - $\overset{120}{\text{Thr}}$ - Glu - Ser - Gln - Ser - Leu - Thr -
Leu - Thr - Asp - $\overset{130}{\text{Val}}$ - Glu - Asn - Leu - His - Leu - Pro - Pro - Leu - Leu - $\overset{140}{\text{Leu}}$ - Gln - Ser - Trp - Met -
His - Gln - Pro - His - Gln - $\overset{150}{\text{Pro}}$ - Leu - Pro - Pro - Thr - Val - Met - Phe - Pro - Pro - $\overset{160}{\text{Gln}}$ - Ser - Val -
Leu - Ser - Leu - Ser - Gln - Ser - Lys - $\overset{170}{\text{Val}}$ - Leu - Pro - Val - Pro - Glu - Lys - Ala - Val - Pro - $\overset{180}{\text{Tyr}}$ -
Pro - Gln - Arg - Asp - Met - Pro - Ile - Gln - Ala - $\overset{190}{\text{Phe}}$ - Leu - Leu - Tyr - Gln - Gln - Pro - Val - Leu
- Gly - $\overset{200}{\text{Pro}}$ - Val - Arg - Gly - Pro - Phe - Pro - Ile - Ile - $\overset{209}{\text{Val}}$ · OH

图 9.3　β - 酪蛋白的一级结构

9.1.1.4　κ - 酪蛋白的结构及特点

κ - 酪蛋白是酪蛋白中唯一含有糖成分的，对钙不敏感而对凝乳酶敏感的酪蛋白，由 169 个氨基酸残基组成，富含脯氨酸、丙氨酸、谷氨酰胺、谷氨酸等，分子中仅含一个磷酸根，两个—SH，二硫键含量占总酪蛋白的 15%，分子质量为 19000 ~ 20000u，占牛乳中总蛋白质含量的 8% ~ 15%。κ - 酪蛋白存在有两种变异型：即 A 和 B。在大多数牛品种中，A 出现的频率占主导地位，这两种遗传变异体的不同之处在于氨基酸序列的第 136 位和第 148 位的氨基酸有所不同。A 型的 136 位和 148 位残基氨基酸分别为 Thr 和 Asp，而 B 型为 Ile 和 Ala。目前已经证实，κ - 酪蛋白是凝乳酶的天然底物。在自然状态下，κ - 酪蛋白是使牛奶保持稳定的乳浊液状态的重要因子。κ - 酪蛋白和钙敏性酪蛋白相比最大的不同点在于含的磷酸丝氨酸簇少以及具有苏氨酸糖苷化残基，故 κ - 酪蛋白不能和其他酪蛋白一样地结合钙，在物理性质方面如溶解性对钙离子的存在不敏感。在结构中，它含有很强的疏水性 N 端（副 - κ - 酪蛋白，1 ~ 105），和一个极性的 C 端。它能被凝乳酶专一性地有限水解。在干酪加工中凝乳酶专一性地断裂 Phe105 - Met106 链，导致极性糖巨肽从 κ - 酪蛋白中分离，从而去除了酪蛋白胶粒的表面极性静电和位阻稳定性，使表面疏水性增加，而产生胶体凝集。κ - 酪蛋白的一级结构，如图 9.4 所示。

Pyro · Glu – Glu – Gln – Asn – Gln – Glu – Gln – Pro – Ile – Arg[10] – Cys – Glu – Lys – Asp – Glu – Arg –

Phe – Phe – Ser – Asp[20] – Lys – Ile – Ala – Lys – Tyr – Ile – Pro – Ile – Gln – Tyr[30] – Val – Leu – Ser – Arg –

Tyr – Pro – Ser – Tyr – Gly[40] – Leu – Asn – Tyr – Tyr – Gln – Gln – Lys – Pro – Val – Ala – Leu[50] – Ile – Asn –

Asn – Gln – Phe – Leu – Pro – Tyr – Pro[60] – Tyr – Tyr – Ala – Lys – Pro – Ala – Ala – Val – Arg – Ser – Pro[70] –

Ala – Gln – Ile – Leu – Gln – Trp – Gln – Val – Leu – Ser[80] – Asp – Thr – Val – Pro – Alu – Lys – Ser – Cys –

Gln – Ala[90] – Gln – Pro – Thr – Thr – Met – Ala – Arg – His – Pro – His[100] – Pro – His – Leu – Ser – Phe – Met –

Ala – Ile – Pro – Pro[110] – Lys – Lys – Asn – Glu – Asp – Lys – Thr – Glu – Ile – Pro[120] – Thr – Ile – Asn – Thr –

Ile – Ala – Ser – Gly – Glu[130] – Pro – Thr – Ser – Thr – Pro – Thr – Ile – Clu – Ala – ValGlu[140] – Ser – Thr – Val

– Ala – Thr – Leu – Glu – Ala – Ser[150] – ProGlu[140] – Glu – Val – Ile – Glu – Ser – Pro – Pro – Glu – Ile – Asn[160] – Thr

– Val – Gln – Val – Thr – Ser – Thr – Ala – Val[169] · OH

图 9.4 κ – 酪蛋白的一级结构

9.1.2 乳清蛋白的组成与结构特征

乳清蛋白是指在 20℃、pH 为 4.6 条件下，酸化牛乳、酪蛋白沉淀分离后，上清液中蛋白质的总称，占牛乳总蛋白质的 18% ~ 20%。乳清蛋白是 α – 乳白蛋白和 β – 乳球蛋白这两种小分子质量球蛋白组成的，占总蛋白质含量的 70% ~ 80%，其他的蛋白质成分包括牛乳血清白蛋白（BSA）、乳铁转移蛋白、免疫球蛋白、磷脂蛋白以及大量的生物活性因子和酶等。乳清蛋白是一种氨基酸含量均衡的蛋白质，它们的必需氨基酸组成完全符合甚至超出 FAO/WHO 的要求，被认为是氨基酸含量的黄金标准。科学研究证实乳清蛋白在营养丰富均衡的前提下，十分易于被人体消化吸收。根据高营养优质蛋白质的值为 2.5 的评价标准，乳清蛋白的效价比（PER 值）为 3.0，已经明显超过高营养优质蛋白质的 PER 值，因此乳清蛋白被认为是一种有着优秀营养品质的蛋白质。因乳清蛋白含有的支链氨基酸浓度是天然食品中最高的，所以乳清蛋白还能为人体的耐力运动过程提供能量，在人体进行运动的过程中，自身的蛋白质合成减少，蛋白质转化成游离氨基酸，骨骼从血液中吸收支链氨基酸，并将其转化为葡萄糖，从而提供能量，因此支链氨基酸在所有氨基酸中具有特殊性，并能为耐力运动提供能量。因此，乳清蛋白是一种不可多得的具有丰富营养的健康蛋白质。与酪蛋白不同，乳清蛋白大多数含有 α – 螺旋二级结构，热稳定性差，水合能力强。如表 9.2 所示。

表 9.2   乳清蛋白的组成和功能

乳清蛋白组成	分子质量/u	相对含量/%	浓度/（g/L）	等电点	功能
β-乳球蛋白	18300	40～55	3.0	5.35～5.49	结合脂溶性维生素
α-乳白蛋白	14000	11～20	1.2	4.2～4.5	调节睡眠、情绪
免疫球蛋白	15000～1000000	8～11	0.6	5.5～8.3	增强免疫功能
牛血清白蛋白	69000	4～12	0.3	5.13	结合脂肪酸
乳铁蛋白	77000	1～2	0.1	7.8～8.0	抗菌、抗病毒，调节铁的吸收
乳过氧化物酶	77500	1	0.002	9.2～9.9	抑制细菌生长

9.1.2.1　β-乳球蛋白的结构及特点

　　β-乳球蛋白是反刍动物如牛、羊和单胃动物猪、马中的主要乳清蛋白，人乳和啮齿动物乳中含量极微。牛β-乳球蛋白有 9 个遗传变种，即β-乳球蛋白 A、B、C、D、E、F、G、H、I，其中β-乳球蛋白 A 和 B 最为常见。β-乳球蛋白是牛乳乳清中的主要蛋白质，约占牛乳总蛋白的10%。单个β-乳球蛋白的相对分子质量为 18300u，二聚体为 36000u。大量研究表明β-乳球蛋白的聚合、解离和 pH、蛋白质浓度、温度密切相关，在正常牛乳中，β-乳球蛋白是以二聚体的形式存在，在 pH < 3.5 时，β-乳球蛋白解离为单体，其遗传变种 A、B 在 15℃、pH 为 2.7 时解离常数分别为 7.5×10^{-5} 和 2.4×10^{-5} mol/L，不受离子强度影响。室温下，当 pH 由3.7 变化至 2.0 时，伴随着缓慢的 pH 变化，二聚体迅速解离为单体。在 pH为 3.7～5.1 时牛β-乳球蛋白 A 能可逆地生成八聚体，这种内部相互作用在 pH 为 4.5、0℃呈最强状态（β-乳球蛋白 B 不形成八聚体）。在 pH 为7.5 以上β-乳球蛋白二聚体解离为单聚体。当温度由 30℃上升为 40℃时，β-乳球蛋白二聚体解离为单聚体，进一步提高温度，β-乳球蛋白的结构变得松散，同时伴随着甲硫氨酸的氧化，如图 9.5 所示。

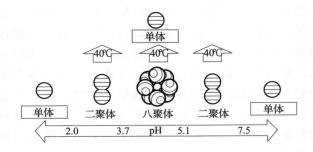

图 9.5　不同温度和 pH 下 β-乳球蛋白 A 的聚集状态

　　β-乳球蛋白是高度结构化的蛋白质，有7%～10%的α-螺旋，43%～51%的反平行β-折叠，其余部分为任意构象。β-乳球蛋白耐酸和耐蛋白酶水解，胃蛋白酶不能将其水解，因此消化后人体内还存在着完整的β-乳球蛋白，可能会引起过敏反应。DSC方法测定表明，pH为6.5时β-乳球蛋白的变性温度为80℃，pH为8.0时为60℃，变性温度呈pH依赖性。

　　β-Lg具有很强的结合脂溶性维生素及脂肪酸的能力，可以作为脂溶性营养物质（VA、VE等）的添加载体，可用于无脂或低脂且富含脂溶性维生素的营养食品的生产。脂溶性维生素及脂肪酸的结合区域分别位于β-Lg分子内部的疏水孔穴和表面的疏水裂缝。

9.1.2.2　α-乳白蛋白的结构及特点

　　α-乳白蛋白是牛乳中的一种重要的乳清蛋白，也是乳清蛋白中分子质量最小的蛋白质分子，约为14000u。α-乳白蛋白分子由123个氨基酸残基组成，其中8个半胱氨酸残基通过二硫键连接，不存在游离巯基，其形成二硫键的位置分别为Cys6—Cys120、Cys28—Cys111、Cys61—Cys77、Cys73—Cys91，其等电点在4.2～4.5。纯的α-乳白蛋白在变性和酸化时不会形成凝胶。

　　α-乳白蛋白有两种构象：天然构象（nature conformer）和酸构象（acid conformer）。在天然牛乳中，α-乳白蛋白呈天然构象，若pH小于5.0时，天然构象向A构象转移。升温、碱性pH、添加低浓度变性剂、去除钙离子以及添加锌离子均会引起构象的此类转化。

　　α-乳白蛋白含有一个紧密结合的Ca^{2+}，强烈影响着其稳定性和结构，但是在乳糖生物合成中α-乳白蛋白的活性发挥并不需要Ca^{2+}参与。除了Ca^{2+}之外，α-乳内蛋白也可以与其他金属离子结合，如Zn^{2+}、Mn^{2+}、Hg^{2+}、Pb^{2+}。尽管Ca^{2+}对其生物活性没有直接作用，但是对于其变性、还原断开二硫键、折叠形成天然结构和在八个半胱氨酸残基之间形成正确的二硫键交联是必要的。如Cys73—Cys91间的二硫键呈高度钙离子依赖性，这个二硫键在钙离子存在时非常稳定，钙离子缺乏时极易被破坏。α-乳清蛋白与锌离子结合可以激活免疫因子，减少腹泻。

9.1.2.3　免疫球蛋白的结构及特点

　　免疫球蛋白是因外源大分子抗原的刺激而产生的一种抗体，通常以单体或多聚体形式存在。免疫球蛋白单体含有4条肽链，其中两条轻链，分子质量为22400u，两条重链，分子质量69000u，这些肽链由二硫键连接。牛乳中含有的免疫球蛋白主要为IgG、IgA和IgM。其中，IgG含量最高，约为免疫球蛋白总量的80%。

9.1.2.4 乳铁蛋白的结构及特点

乳铁蛋白是一种结合铁的糖蛋白，又称乳转铁蛋白。1939 年在牛乳中首次发现，但直到 20 世纪 60 年代初才被分离纯化出来。牛乳铁蛋白一般是由 689 个左右的氨基酸残基组成的单链糖蛋白，含有 16 个二硫键，其分子质量取决于所连接的碳水化合物，与人乳铁蛋白的其氨基酸序列同源性为 69%。

乳铁蛋白 N 端（1～338）与 C 端（339～692）两个球状结构相应位置上有 37%（125 个）氨基酸完全相同，推测乳铁蛋白是由编码 40ku 蛋白质的基因重复才形成了目前结构。完整乳铁蛋白分子每叶可结合 1 个 Fe^{2+}，此外还可与铜、锌、镓、钒、钙等离子结合，但结合能力远低于与铁离子结合的能力。通常乳汁中乳铁蛋白饱和度为 10%～30%，不同动物其乳铁蛋白饱和度不同：人乳、马乳 > 牛乳。铁饱和乳铁蛋白紫外吸收光谱在 465nm 左右有一个峰值。采用 pH 为 2 的 0.1mol/L 柠檬酸钠或中性 EDTA 透析可得到不含铁的乳铁蛋白。乳铁蛋白对胰蛋白酶类具有很强的抗降解能力，尤其是结合铁离子后抗降解能力增强，因此在肠道内不易被降解，能以完整分子的形式被吸收。这种抗蛋白酶水解的特性可能与糖基化有关。

乳铁蛋白的主要活性是其与铁具有很高的亲和力，除了参与铁的转运外，乳铁蛋白对乳腺有保护作用，还具有抗氧化、增强铁的生物利率、激活免疫系统、调节肠道菌群的作用。

9.2 乳源生物活性肽及其制备

乳及乳制品是人类最完善的动物蛋白质食品，是人类膳食蛋白质的重要来源。研究表明，乳及乳制品不仅给人类提供丰富的营养，而且还是许多生物活性肽的重要来源，包括具有镇静与安神作用的类吗啡样生物活性肽（opioid peptide）、抗高血压生物活性肽（antihypertensive peptide）、免疫调节肽（immunostimulating peptide）、具有金属离子结合作用的活性肽如酪蛋白磷酸肽（caseinophosphopeptide）、抗血栓肽（antithrombotic peptide）、糖巨肽（glycomacropeptide）和抗菌肽（antimicrobial peptide）等。由于这些生物活性肽的发现，使得乳源生物活性肽的研究，成为乳蛋白研究的新热点。目前，部分乳蛋白水解物已经实现了商业化，如表 9.3 所示。

表9.3　商品化牛乳蛋白水解物及其化学组成

来源	商标	生产商	水解度	平均分子质量/ku	游离氨基酸含量/%	蛋白质含量%	糖含量/%	脂肪含量/%	A_w	水分含量/%	参考文献
乳清	BioZate1	Davisco	5.2			97.1	0.08	0.3	0.24	6.9	Zhou and Labuza (2007)
	BioZate 3		8.5			95.1		0.3		4.5	Tran (2009)
	BioZate 7		14.9			89.4		0.3		6.0	
	WE 80 – M	DMV	16	3.0	2						Netto et al (1998)
	WE 80 – BG		30	0.5	4						
	LE 80 – BT		41	2.0	35						
酪蛋白	CAS 90 – F	DMV	4	16.7	<1						Netto et al (1998)
	CAS 90 – GBT		23	0.8	13						
	CAS90 – STL		44	0.4	17						
	Lactium	Ingredia				75.0	<1.0	0.5		5.0	
鸡蛋	EP – 1#400	Deb – EI	7 – 14	<10		76	0.07		0.29	6.0	Rao and Labuza (2012)

9.2.1 降血压肽的制备技术

9.2.1.1 高血压与降血压肽及其结构特征

Masuda 等从 Calpis 酸乳中分离出 2 种降压肽，它们的氨基酸序列为 Val – Pro – Pro、Ile – Pro – Pro，并且用含有此 2 种肽的酸乳和盐水分别喂养 SHR 老鼠和血压正常的老鼠，结果表明喂酸乳的 SHR 鼠血压下降了 26.4mmHg，喂盐水的大鼠血压无明显变化，且喂酸乳的大鼠的 ACE 活性明显低于盐水组。该研究还表明 ACE 抑制肽只对高血压患者起作用，对于血压正常者无显著影响。日本研究人员发明了一种类似酱油的大豆水解液，其肽含量是普通酱油的 2.7 倍，ACE 抑制活性（$IC_{50} = 454\mu g/mL$）高于普通酱油（$IC_{50} = 1620\mu g/mL$），并通过 SHR 大鼠试验，证实了其具有的降血压作用。通过反相色谱，研究者分离纯化出多种 ACE 肽，分别为 Ala – Trp（$IC_{50} = 10\mu g/mL$），Gly – Trp（$IC_{50} = 30\mu g/mL$），Ala – Tyr（$IC_{50} = 48\mu g/mL$），Ser – Tyr（$IC_{50} = 67\mu g/mL$）等肽段。

9.2.1.2 利用脯氨酸特异性蛋白酶水解酪蛋白制备降血压肽

脯氨酸特异性蛋白酶来自基因工程菌黑曲霉（专利 WO 02/45524），脯氨酸特异性蛋白酶与其他已知的来自其他微生物或哺乳动物来源的脯氨酸寡肽酶之间不存在清晰的同源性。与已知的属于 S_9 家族的脯氨酰寡肽酶不同，来自黑曲霉的脯氨酸特异性蛋白酶既可以水解小分子寡肽，也可以水解大分子蛋白质。在溶液 pH 为 4，水解温度为 50℃ 时，以 AAX – pNa、AP – pNa 和 Z – GP – pNa 为底物，研究脯氨酸特异性蛋白酶对各种合成底物的水解速度，其中 X 为所有天然氨基酸，Z 为苄氧羰基，pNa 为生色基团对硝基苯氨。

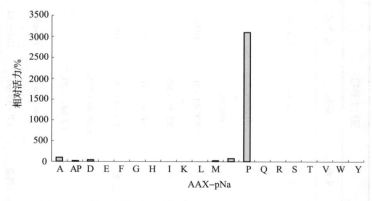

图 9.6　脯氨酸特异性蛋白酶对各种合成底物的水解速度

由图 9.6 可见，以脯氨酸特异性蛋白酶对 AAA – pNa 的水解活力为 100%，该蛋白酶对 AAP – pNa 的活力为 3100%，是以 AAA – pNa 为底物活力的 30 倍。这表明脯氨酸特异性蛋白酶能优先在脯氨酸的羧基端水解肽链，也可以较低效率在丙氨酸的羧基端水解。据报道，脯氨酸特异性蛋白酶对羟脯氨酸的羧基端水解肽链也有一定水解效果。

与已知的脯氨酸寡肽酶相反，脯氨酸特异性蛋白酶的最适 pH 在酸性条件下，如图 9.7 所示。由图 9.7 可见，在 37℃，以 Z – Gly – Pro – pNA 为底物，脯氨酸特异性蛋白酶的最适 pH 为 4.0，且随着 pH 数值的增大，其酶活力呈明显下降趋势，在 pH 为 6.0 时，脯氨酸特异性蛋白酶的活力仅为 20%。脯氨酸特异性蛋白酶的最适水解温度为 50℃。

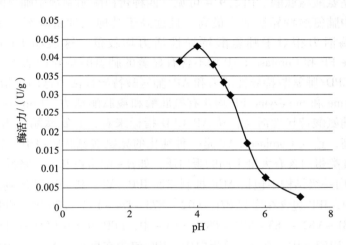

图 9.7　脯氨酸特异性蛋白酶在不同 pH 条件下的活力

目前用于制备 ACE 抑制肽的蛋白酶主要以内切蛋白酶为主，尽量避免混有外切蛋白酶。外切蛋白酶（羧肽酶或氨肽酶）会产生大量游离氨基酸，这些游离氨基酸的存在会稀释酶解液中 ACE 抑制肽的相对浓度，导致酶解液发生美拉德反应，色泽变深，产生不期望的气味。表 9.4 分析了脯氨酸特异性蛋白酶、风味蛋白酶、Sumizyme FP 和 Corolase LAP 四种蛋白酶的脯氨酸特异性酶活、氨肽酶、羧肽酶的活力。

表 9.4　　　　　脯氨酸特异性蛋白酶与其他酶制剂的比较

	脯氨酸特异性活力	CPD/脯氨酸特异性活力	AP/脯氨酸特异性活力	Endo/脯氨酸特异性活力	AP/CPD
Sumizyme	0.004	21.7	1.2	1.7	0.06
Flavourzyme	0.0007	253.5	25.6	35.5	0.10

续表

	脯氨酸特异性活力	CPD/脯氨酸特异性活力	AP/脯氨酸特异性活力	Endo/脯氨酸特异性活力	AP/CPD
Corolase	0.00	0.00	0.00	0.00	0.74
脯氨酸特异性蛋白酶	100	0.005	0.00001	0.000004	0.00

注：Sumizyme 以 1% 的溶液测量，风味蛋白酶和 Corolase 采用 1:50 的稀释后测量。来自黑曲霉的脯氨酸特异性采用 1:5000 稀释后测量；AP 为氨肽酶活力；CPD 为羧肽酶活力。

Flavourzyme 和 Sumizyme FP 均是含有非特异性内切蛋白酶、羧肽酶和氨肽酶组成的复杂混合酶制剂。Corolase LAP 是来源于基因工程曲霉发酵产生的亮氨酸氨肽酶。由表 9.4 可见，四种蛋白酶酶制剂中脯氨酸特异性蛋白酶中脯氨酸特异性活力最高，且远高于其他三种酶制剂，而羧肽酶和氨肽酶活力相对于脯氨酸特异性活力均较低。这表明 Flavourzyme、Sumizyme FP 和 Corolase LAP 均不含有显著的脯氨酸特异性活力。另一方面，从 CPD/脯氨酸特异性活力和 AP/脯氨酸特异性活力这两个指标来看，Flavourzyme 和 Sumizyme FP 均含有氨肽酶和羧肽酶活力。Corolase LAP 基本没有脯氨酸特异性活力，从 AP/CPD 指标来看，其氨肽酶活力/羧肽酶活力最高，这与 Corolase LAP 是一种纯化的亮氨酸氨肽酶报道一致。

牛乳酪蛋白含有大量不同的蛋白质，如 β – 酪蛋白和 κ – 酪蛋白，其中 β – 酪蛋白一级结构中包括 ACE 抑制三肽 IPP、VPP 和 LPP 的序列。在 β – 酪蛋白中，IPP 包含在序列 P71 – Q72 – N73 – I74 – P75 – P76 中，VPP 包含在序列 – P81 – V82 – V83 – V84 – P85 – P86 – 中，LPP 包含在序列 – P150 – L151 – P152 – P153 – 中。在 κ – 酪蛋白中，IPP 包含在序列 – A107 – I108 – P109 – P110 – 中。酪蛋白的其他蛋白质成分不含 IPP、VPP 或 LPP 序列。

以酪蛋白酸钾为原料，以 10% 的蛋白质浓度将酪蛋白酸钾溶解于 65℃ 水中，用磷酸将溶液的 pH 调整至 6.0，然后冷却至 50℃，添加脯氨酸特异性蛋白酶，分别水解 1、2、3、4、8 和 24h 后，升温至 90℃ 保温 5min 灭酶，将酪蛋白酸钾酶解液的 pH 用磷酸调到 4.5 以沉淀大分子的酪蛋白和多肽，离心或过滤去除沉淀，得上清液。测定上清液中 IPP、LPP、VPP、VVVPP 和 VVVPPF 的含量，如表 9.5 所示。

表 9.5 酶解液上清液中 ACE 抑制肽的浓度（相对于底物酪蛋白浓度）

单位：mmol/g 蛋白质

水解时间/h	IPP	LPP	VPP	VVVPP	VVVPPF
1	0.9	1.4	<0.05	4.3	<0.05
2	2.0	0.8	<0.05	4.6	<0.05

续表

水解时间/h	IPP	LPP	VPP	VVVPP	VVVPPF
3	0.8	2.7	<0.05	4.6	<0.05
4	0.8	2.6	<0.05	4.2	<0.05
8	0.7	3.0	<0.05	3.6	<0.05
24	0.7	3.1	0.1	2.8	<0.05

由表 9.5 可见，上清液中 IPP 浓度在水解 2h 后达到最大值，随后呈下降趋势。上清液中 IPP 浓度的降低可能是 IPP 被进一步降解。此外，IPP 的最大浓度仅为 LPP 浓度的 60% 左右，而 IPP 序列同时存在于 β - 酪蛋白和 κ - 酪蛋白，这一结果表明 IPP 主要水解 κ - 酪蛋白中 $A_{107}I_{108}$ 肽键，对于 β - 酪蛋白中 N_{73} - I_{74} 肽键，脯氨酸特异性蛋白酶水解效率较低。上清液中 LPP 浓度随水解时间的延长逐渐变大，脯氨酸特异性蛋白酶从 β - 酪蛋白中水解 P150L151 肽键。上清液中 VVVPPF 和 VPP 的浓度一直很低，VVVPP 的浓度在水解 2h 时达到最大值，随后呈下降趋势。这表明脯氨酸特异性蛋白酶对 β - 酪蛋白中 P81V82 肽段有高的水解效率，但对于 V83V84 肽段的水解效率较低，导致 VPP 的含量非常低；同理，这一结果还表明脯氨酸特异性蛋白酶对 P86F87 肽段有较高的水解效率。

将上述 ACE 抑制肽数据转化成肽摩尔浓度相对于上清液中总蛋白质的话，ACE 抑制肽的浓度提高了 3~5 倍，如表 9.6 所示。将酪蛋白水解 3h 得到的酶解液，沉淀去渣得上清液，将上清液浓缩，喷雾干燥得到酶解物粉末。LPP 在上清液中浓度达到了 10.0mmol/g 蛋白质，在酶解物粉末中浓度达到 6.5mg/g 酶解物粉末；IPP 在上清液中浓度达到了 3.1mmol/g 蛋白质，在酶解物粉末中浓度达到 2.5mg/g 粉末。这表明通过酸沉淀、离心去渣等简单的工艺即可把 ACE 抑制肽的浓度显著提高。

表 9.6　酪蛋白酸钾酶解液中 ACE 抑制肽的浓度（相对于上清液蛋白质浓度）

单位：mmol/g 蛋白质

水解时间/h	IPP	LPP	VPP	VVVPP	VVVPPF
1	4.8	7.1	0.1	22.5	<0.05
2	3.4	8.0	0.1	18.9	<0.05
3	3.1	10.0	0.1	17.0	<0.05
4	2.4	8.5	0.1	13.7	<0.05
8	1.9	8.4	0.1	10.0	<0.05
24	1.5	7.1	0.3	6.4	<0.05

将酪蛋白和酶解物粉末进行氨基酸组成分析，具体结果，如表9.7所示。由表9.7可见，酶解物粉末中脯氨酸的含量提高了1倍。

表9.7　　　酪蛋白及其水解产物的氨基酸组成分析　　　单位：g/100g

氨基酸	酪蛋白	水解产物	氨基酸	酪蛋白	水解产物
赖氨酸	6.9	7.4	丙氨酸	4.5	3.4
精氨酸	2.8	2.3	缬氨酸	7.1	9.6
组氨酸	2.2	3.7	蛋氨酸	2.3	3.9
天冬氨酸	6.5	3.2	异亮氨酸	5.0	4.1
苏氨酸	4.3	3.0	亮氨酸	9.2	9.0
丝氨酸	6.7	4.3	酪氨酸	3.9	2.4
谷氨酸	18.9	12.5	苯丙氨酸	4.0	3.9
脯氨酸	12.3	24.1	甘氨酸	3.5	3.2

9.2.1.3　利用曲霉复合蛋白酶水解酪蛋白制备 ACE 抑制肽

荷兰联合利华公司的研究人员发现以酪蛋白为底物，添加2%～10%质量分数（以酪蛋白计）来源于米曲霉的复合蛋白酶（内肽酶、外肽酶和蛋白酶），且 X–脯氨酸二肽基氨肽酶活力为400U/kg或以上，酶解产物中 ACE 抑制三肽 IPP、VPP 和 LPP 的含量较高，且酶解产物没有苦味。此外，采用瑞士乳杆菌对酪蛋白进行发酵处理，下面对其研究成果进行介绍。

研究者对市面上常见商品化蛋白酶的蛋白质水解酶活力和 X–脯氨酸二肽基氨肽酶活力进行了分析，具体如表9.8所示。

表9.8　常见商品化蛋白酶的蛋白质水解酶和 X–脯氨酸二肽基氨肽酶活力

实例	酶名称	来源	供应商	蛋白质水解酶活力/（U/kg）	X–脯氨酸二肽基氨肽酶活力/（U/kg）
1	真菌蛋白酶浓缩物	米曲霉	Genencor	1219	730
2	Umamizyme	米曲霉	Amano	2112	2768
A		瑞士乳杆菌	ND	ND	ND
B	Proleather	枯草芽孢杆菌	Amano	2618	107
C	Multifect P–3000	枯草芽孢杆菌	Genencor	2547	23
D	Multifect Neutral	解淀粉芽孢杆菌	Genencor	1603	26

续表

实例	酶名称	来源	供应商	蛋白质水解酶活力/（U/kg）	X－脯氨酸二肽基氨肽酶活力/（U/kg）
E	肽酶 R	米根霉	Amano	ND	ND
F	Protex 6L	地衣芽孢杆菌	Genencor	4287	13
G	Promod 280P	枯草芽孢杆菌	Biocatalyst	ND	ND
H	胃蛋白酶	猪胃	Biocatalyst	低于检出限	0
I	GC106	黑曲霉	Genencor	低于检出限	13
3	Promod 194P	曲霉属	Biocatalyst	1025	483
4	真菌蛋白酶浓缩物	米曲霉	Genencor	1219	730
5	Umamizyme	米曲霉	Amano	2112	2768
K	风味蛋白酶	米曲霉	Novozymes	357	117

注：ND 为未测定。

例 1 和例 2 以 9% 的灭菌脱脂乳粉为原料，分别添加酪蛋白重量 5% 的真菌蛋白酶浓缩物（fungal protease concentrate）和鲜味蛋白酶（Umamizyme），在 50℃，pH 为 7.0 的条件下水解 6h，灭酶，得水解液。

例 3~5 以及比较例 A~I 以 9% 的灭菌脱脂奶粉为原料，接种瑞士乳杆菌发酵 8h，使发酵乳的 pH 下降到 4.6，用氢氧化钾或氢氧化钙中和，巴氏杀菌后分别添加酪蛋白重量 5% 的蛋白酶，如表 9.8 所示，在 50℃，pH 为 7.0 条件下水解 6h，灭酶，得水解液。水解液中 ACE 三肽的浓度如表 9.9 所示。

表 9.9　　　　　　　　　不同水解液中 ACE 三肽的浓度

实例	底物	IPPL 浓度/（μmol/L）	VPP 浓度/（μmol/L）	IPP 浓度/（μmol/L）	LPP 浓度/（μmol/L）	水解度/%
1	灭菌酪蛋白溶液	2	293	331	207	39
2	灭菌酪蛋白溶液	0	350	413	367	55
A	灭菌酪蛋白溶液	23	96	83	0	ND
B	发酵乳	13	49	40	0	19
C	发酵乳	13	56	40	0	14
D	发酵乳	33	44	58	0	19
E	发酵乳	25	45	62	0	23
F	发酵乳	14	89	38	0	15

续表

实例	底物	IPPL 浓度/ （μmol/L）	VPP 浓度/ （μmol/L）	IPP 浓度/ （μmol/L）	LPP 浓度/ （μmol/L）	水解度/%
G	发酵乳	17	81	76	0	6
H	发酵乳	26	91	85	0	3
I	发酵乳	0	90	87	54	3
3	发酵乳	3	88	99	88	28
4	发酵乳	0	427	421	285	37
5	发酵乳	0	320	354	375	52

9.2.1.4 具有血管紧张素转化酶抑制作用的新型降血压肽

森永乳业株式会社的研究人员公开了一种具有血管紧张素转化酶抑制作用的降血压肽（Met – Lys – Pro），其 ACE 抑制 IC_{50} 值较 Ile – Pro – Pro、Val – Pro – Pro 和 Leu – Leu – Trp 降低近一个数量级。下面介绍其制备方法。

向 100g 酪蛋白中加入 900g 水，并使酪蛋白在其中良好地分散。然后，加入氢氧化钠将溶液的 pH 调至 7.0 使酪蛋白完全溶解。将酪蛋白水溶液在 85℃加热处理 10min 灭菌，冷却至 50℃，添加氢氧化钠将溶液的 pH 调至 9.5 后，向溶液中加入 100800 活力单位的 Biopuraze sp – 20 （Nagase 公司）、168000 活力单位的 Protease N（天野公司）和 58800 活力单位的 PTN 6.0S （诺维信公司）。当酪蛋白的水解度达到 24.1 时，在 80℃加热 6min 使蛋白酶失活终止酶解反应，并冷却到 10℃。用截留分子质量为 3000u 的超滤膜过滤，取透过液，浓缩，冷冻干燥，得 85g 冻干产物。冻干产物中 Met – Lys – Pro 的含量为 0.05%。以 0.05mg/kg 体重 Met – Lys – Pro 给药大鼠，服药 2h 后大鼠血压明显下降，证明 Met – Lys – Pro 具有降血压活性。如表 9.10 所示。

表 9.10　　　　　　　不同 ACE 抑制肽的降血压活性

肽的种类	ACE IC_{50}/（μmol/L）
Met – Lys – Pro	0.5
Val – Pro – Pro	6
Ile – Pro – Pro	4
Leu – Leu – Trp	2.2

9.2.2　阿片肽制备技术

阿片肽（opioid peptides）又称鸦片肽、安神麻醉肽、类吗啡活性肽，是研究得最早最广泛的一类活性肽，可以直接作用于神经系统发挥生理活性。阿片肽的主要生理活性有镇静止痛、诱导睡眠、心搏迟缓、延长胃肠蠕动和刺激胃肠激素的释放等。研究表明，在预处理的婴儿乳制品中添加一定量的阿片肽可减少婴儿的啼哭并延长他们的睡眠时间，从而有利于婴儿的生长发育。阿片肽可能增强或抑制免疫功能，亦即双向调节功能，但其具体机制尚不明确，有待于进一步探讨研究。阿片肽分为内源性阿片肽和外源性阿片肽两大类型。

内源性阿片肽是在体内合成，存在于动物体脑神经末梢的吗啡样作用物质，特征是 N 末端具吗啡序列（Tyr – Gly – Gly – Phe – Met/Leu），如脑啡肽、内啡肽和强啡肽。它们都可作为激素和神经递质与体内的 μ、δ、κ 受体结合，具有镇静、止痛、促进睡眠、呼吸抑制、抑制心搏迟缓、增强耐受性及依赖性等作用。

外源性阿片肽存在于外源性食物中。最早发现类吗啡活性肽的是德国学者 Brantl 及其同事。1979 年 Brantl 等从喂饲牛乳的豚鼠回肠纵行肌毛细血管中发现了呈阿片肽活性的物质，它是含有 7 个氨基酸残基的寡肽，为 β – 酪蛋白 f60 ~ 66 氨基酸残基片段，其序列为 Tyr – Pro – Phe – Pro – Gly – Pro – Ile，命名为酪啡肽（β – casomorphin – 7）。它与 μ 型受体有良好的亲和力，并呈现出类吗啡活性所具有的特征，如依赖性、呼吸抑制性等特征。后来发现该七肽可以从 C 端逐级水解，产生一系列 β – 酪啡肽：六肽、五肽和四肽，其中以五肽生物学活性最强，而端酰胺化能增加阿片肽的功能，称为 Morphiceptin。Meisel 等则从饲喂牛酪蛋白的微型猪空肠食糜中分离到一个阿片肽，对应 β – 酪蛋白第 60 ~ 70 氨基酸残基片断 Tyr – Pro – Phe – Pro – Gly – Pro – Ile – Pro – Asn – Ser – Leu，称为 β – CM – 11，是 β – CM – 7 的前体。一般来讲，从含 3 个氨基酸到含 7 个氨基酸的小肽均称为 β – 酪啡肽，7 个以上则称 β – 酪啡肽前体。研究结果表明：对于所有不同数量氨基酸残基的酪啡肽，要保持其生物活性，N 末端 Tyr – Pro – Phe – 氨基酸结构不能改变，这种结构是其与阿片受体结合不可缺少的，所有类型的 β – 酪啡肽都是 β – CM – 11 的 C 末端丢掉一或多个氨基酸残基形成的。β – 酪啡肽由于脯氨酸的含量高，可避免被胃蛋白酶、胰蛋白酶、胰凝乳蛋白酶降解。但当它被肠吸收后，会被肠黏膜上的肽基 – 二肽酶Ⅳ（DPIV）降解成 X – Pro（N 末端）二肽类物质。β-酪啡肽-7及其前提物质在人体循环系统中的半衰期大约是几分钟，对成人难以发挥安神和类吗啡效果，糖基化后，其半衰期增强到近1h。

Yoshikawa等分别根据人的α-酪蛋白和牛乳的κ-酪蛋白的氨基酸序列，人工合成了具有Tyr-X-Phe或者Tyr-X_1-X_2-Phe结构的小肽，经生物学活性检测表明，这些小肽都具有较强的类吗啡活性，其中，Tyr-Pro-Phe-Val的类吗啡活性最强。

在绵羊乳、水牛乳的β-酪蛋白的相应位置也有相似的氨基酸序列。此外，在α-酪蛋白、κ-酪蛋白、乳清蛋白的水解物中也发现了类吗啡活性肽的存在。

另外，Yoshikawa和Chiba等从牛乳κ-酪蛋白的胃蛋白酶及胰蛋白酶水解产物中还发现了具有吗啡拮抗活性的小肽（opioid antagonist peptide）。在这些类吗啡拮抗肽中，用胰蛋白酶对牛乳κ-酪蛋白进行水解，得到的对应于牛乳κ-酪蛋白25～34的氨基酸序列片段（Tyr-Ile-Pro-Ile-Gln-Tyr-Val-Leu-Ser-Arg）被称为casoxin C，具有较高的吗啡拮抗活性。如再对这些肽的制备分离过程中进行甲基化处理，得到的甲基化产物的生物学活性比天然肽高得多。

在生物分析和受体研究中，发现这些多肽都具有抑制纳洛酮（naloxone）的吗啡活性。来源于乳蛋白质的类吗啡活性肽被称为非典型的吗啡活性肽。这些乳源类吗啡活性肽与典型的内源性的吗啡活性肽，如脑啡肽（enkephalin）、内啡肽（endorphin）、强啡肽（dynorphin）等，在N末端的结构序列上有较大的不同。典型的吗啡肽一般来源于其前体物质，如脑啡肽原（proenkephalin）、强啡肽原（prodynorphin）、鸦片黑色素（proopiomelanocortin）等。外源与内源吗啡肽的共同的结构特点是在其氨基末端第三或第四位上存在有酪氨酸残基（α-酪蛋白吗啡肽除外）和另一个芳香族氨基酸残基，如苯丙氨酸或者是酪氨酸，即具有Tyr-Pro-X_1-Phe（Tyr）-X_2-Phe（Tyr）这样的结构。这一结构特点对于该肽对吗啡受体的结合是非常重要的，当去除酪氨酸残基后，将导致其全部生物学活性丧失。位于第二位的脯氨酸也是类吗啡活性肽的生物学活性所必需的，因为它可以维持酪氨酸和苯丙氨酸侧链适当的伸展方向。

后来又发现来源于人β-酪蛋白的阿片活性肽有f51～57、f51～54、f51～55、f41～44等4个氨基酸片断，其中f51～57排列顺序与牛的β-CM-7相似，只是在第4、5位上不同（Tyr-Pro-Phe-Val-Gln-Pro-Ile），其阿片活性比牛β-CM-7低4～5倍。

　　Loukas 等 1983 年报道牛乳 α_{s1} – 酪蛋白的三个水解片断 f90 ~ 95、f90 ~ 96、f91 ~ 96 同样具有阿片活性，而且均为 δ 受体的选择性配体。同年 Ermisch 等通过给鼠注射标记的 β – CM – 5 后发现这种阿片肽可以很轻松地通过血脑屏障，从而与脑内的阿片受体结合。据 Chabance 报道，成年人在大量饮用牛乳后，在其胃肠道内能检测到多种酪蛋白水解产生的酪啡肽片断，这些阿片肽可以直接作用于消化道中的阿片肽受体以影响胃肠道的运动或者作为胃肠道激素的外源性调节剂，也可能在小肠刷状缘降解成更小的疏水性阿片肽，穿过肠黏膜进入外周血液，再透过血脑屏障与中枢阿片受体结合，从而发挥其镇痛、呼吸抑制、促进睡眠、调节行为、刺激摄食等作用。如表 9.11 所示。

表 9.11　　　　　　　　外源性阿片肽的一级结构及来源

外源性阿片肽	氨基酸序列	来源	作用
β – casomorphins	YPFPGPIPNSL（f60 ~ 70）	β – 酪蛋白（牛）	阿片
	YPFPGPI（f60 ~ 66）	β – 酪蛋白（牛）	受体
	YPFPG（f60 ~ 64）	β – 酪蛋白（牛）	激动
	YPFVQPI（f51 ~ 57）	β – 酪蛋白（人）	剂
	YPFV（f51 ~ 54）	β – 酪蛋白（人）	
	YPFVQ（f51 ~ 55）	β – 酪蛋白（人）	
	YPSF（f41 ~ 44）	β – 酪蛋白（人）	
α – casomorphins	RYLGYLE（f90 ~ 96）	α_{S1} – 酪蛋白（牛）	阿片
	RYLGYL（f90 ~ 95）	α_{S1} – 酪蛋白（牛）	
	YLGYLE（f91 ~ 96）	α_{S1} – 酪蛋白（牛）	
γ – casomorphins	YPVEPFTE（f114 ~ 121）	β – 酪蛋白	
α – lactorphin	YGLF（f50 ~ 53）	α – 乳清蛋白	
β – lactorphin	YLLF（f102 ~ 105）	α – 乳清蛋白	
serorphin	YGFQNA（f399 ~ 404）	牛血清白蛋白（BSA）	
casoxins A	YPSYGLN（f35 ~ 41）	κ – 酪蛋白	
casoxins B	YPYY（f58 ~ 61）	κ – 酪蛋白	
casoxins C	YIPIQYVLSR（f25 ~ 34）	κ – 酪蛋白	受体
casoxins D	YVPFPPF（f158 ~ 164）	α_{S1} – 酪蛋白（人）	拮抗
lactorferroxin A	YLGSGY – OCH$_3$（f318 ~ 323）	乳铁蛋白	剂
lactorferroxin B	RYYGY – OCH$_3$（f536 ~ 540）	乳铁蛋白	
lactorferroxin C	KYLGPQY – OCH$_3$（f673 ~ 679）	乳铁蛋白	

9.2.3　免疫调节肽的制备技术

牛乳蛋白质本身含有多种具有免疫调节作用的物质，如免疫球蛋白、补体、EGF（表皮生长因子）、IGF（胰岛素类生长因子）和 TGF（转化生长因子）等。大量试验表明牛乳蛋白质一级结构中隐含有多种免疫调节肽（immunostimulating peptides）或免疫刺激肽序列，经胰酶、胰蛋白酶、胃蛋白酶、胰凝乳蛋白酶等消化道蛋白酶水解后可释放到水解产物中。这些免疫活性肽不仅能增强机体的免疫力，在生物体内起重要的免疫调节作用，而且还刺激机体淋巴细胞的增殖和增强巨噬细胞的吞噬能力，提高机体抗病原物质的感染能力。免疫调节肽是继阿片肽之后从酪蛋白酶解产物中发现的第 2 种活性肽，由 Jolles 等首先报道，是从人乳胃蛋白酶水解物中分离出来的具有刺激吞噬功能的肽类。之后又从人乳胃蛋白酶水解物中得到六肽 Val – Glu – Pro – Ile – Pro – Tyr（人 β – 酪蛋白 54 ~ 59 片段）和 2 种三肽：Gly – Leu – Phe（α – 乳清蛋白 51 ~ 53 片段）和 Leu – Leu – Thy（β – 酪蛋白的 191 ~ 193 片段）。在体外，这 2 种肽能激活鼠腹膜巨噬细胞吞噬绵羊红细胞，静脉注射这 2 种肽能增强鼠对肺炎球菌感染的抵抗力，且发现 Gly – Leu – Phe、Val – Glu – Pro – Ile – Pro – Tyr 可与人巨噬细胞表面的特异位点结合。

9.2.3.1　来源于酪蛋白的免疫调节肽

从 α_{s1} – 酪蛋白的胰蛋白酶酶解产物中分离得到的一种具有免疫刺激活性的小肽，氨基酸组成与排列与 α_{s1} – 酪蛋白的 194 ~ 199 残基序列相当，具有较强的刺激巨噬细胞吞噬的能力，作用于鼠腹膜巨噬细胞所需剂量为 0.05 μmol/L，静脉注射这种活性肽可保护小鼠免受肺炎克氏杆菌感染。Lahov E 等用凝乳酶水解 α_{s1} – 酪蛋白得到一种名叫 Isracidin 的多肽，该肽对应于牛 α_{s1} – 酪蛋白 N 端 1 ~ 23 片段，在小鼠感染之前静脉注射 Isracidin 可保护小鼠免受葡萄球菌的感染，而静脉注射 Isracidin 可增强感染白色假丝酵母的小鼠的吞噬反应。试验发现乳房注射 Isracidin 可防止母牛和绵羊乳腺炎的发生。Hata 等（1998）从牛 α_{s1} – 酪蛋白的胰蛋白酶水解物中分离鉴定出一种富含磷酸丝氨酸的多肽（对应于 α_{s1} – 酪蛋白的 59 ~ 79 氨基酸序列片段），它能够刺激体外培养的小鼠脾细胞的增殖和抗体的产生。来源于 α_{s2} – 酪蛋白的水解产物中分离出 KNTMEHVSSSEESI-ISQETYKQEKNMAINPSK（对应 α_{s2} – 酪蛋白 N 端 1 ~ 23 片段）也具有较好的免疫调节功能。

9.2.3.2 来源于 β – 酪蛋白的免疫调节肽

Laffieneur 等（1996）研究表明 β – 酪蛋白的乳酸菌发酵产物能与单核巨噬细胞和 T 辅助淋巴细胞（Th）Thl 相互作用，从而具有免疫调节活性。Coste 等（1992）从牛 β – 酪蛋白的胃蛋白酶 – 凝乳酶消化产物中分离鉴定出一种免疫活性肽 Tyr – Gln – Gln – Pro – Val – Leu – Gly – Pro – Val – Arg – Gly – Pro – Phe – Pro – Ile – Ile – Val（β – 酪蛋白 193 ~ 209 片段），该 17 肽能够刺激预先致敏的大鼠淋巴结细胞和未致敏的大鼠脾淋巴细胞增殖。进一步研究发现该 17 肽能够上调无菌和有菌小鼠骨髓巨噬细胞第二类主要组织相容性抗原（MHC – Ⅱ）分子的表达，并提高这些巨噬细胞的吞噬作用，而对细胞因子如白细胞介素 – 1α、IL – $l\beta$、IL – 12 和肿瘤坏死因子 – α 的分泌只产生微小的影响。研究表明，牛 β – 酪蛋白中富含磷酸丝氨酸（Glu14 – SerP – Leu – SerP – SerP – SerP – Gin – Glu21）的 C 端 1 ~ 28 序列片段具有显著的促丝裂活性，能够刺激脂多糖（LPS）诱导的小鼠 B 淋巴细胞和植物凝集素（PHA）、刀豆素 A（Con A）诱导的小鼠 T 淋巴细胞的增殖以及提高淋巴细胞培养物中的免疫球蛋白（IsG + IgM + IgA）或 IgA 水平。

9.2.3.3 来源于 κ – 酪蛋白的免疫调节肽

Sutas 等（1996a）研究发现，来自于 κ – 酪蛋白胃蛋白酶 – 胰蛋白酶消化产物的肽显著提高促丝裂原诱导的人淋巴细胞的增殖，而且来源于 κ – 酪蛋白的胰蛋白酶酶解物的肽 Phe – Phe – Ser – Asp – Lys（κ – 酪蛋白 17 ~ 21 片段）体外能够促进抗体的产生以及增强鼠和人巨噬细胞的吞噬活性。同时，Phe – Phe – Ser – Asp – Lys 具有很强的免疫细胞毒性和抗菌活性。另外，Tyr – Gly（κ – 酪蛋白 38 ~ 39 片段）是值得注意的免疫调节肽。二肽很容易通过胃肠道完整吸收进入血液循环从而到达其作用的靶细胞。体外试验表明，Tyr – Gly 在 10^{-11} mol/L 浓度下就能够显著提高 Con A 诱导的人外周血淋巴细胞的增殖，在 10^{-4} mol/L 浓度时达到最高值。近来，Tyr – Gly 已用于人免疫缺陷病毒感染的免疫疗法。Hadden（1991）用 Tyr – Gly 和 Tyr – Gly – Gly 注射 93 位艾滋病综合征患者发现，二肽或三肽能显著地增强艾滋病患者的抗感染能力，降低艾滋病患者的死亡率。Migliore – Samour 等研究发现，酪蛋白经酶水解后获得了两条免疫刺激肽（对应于人乳 β – 酪蛋白第 54 ~ 59 个氨基酸残基的六肽 Val – Glu – Pro – Ile – Pro – Tyr 和来源于人乳 κ – 酪蛋白的三肽 Gly – Phe – Leu），这些小肽不仅在体外试验中可以刺激小鼠吞噬细胞的活性，而且在人体内也可刺激巨噬细胞的吞噬活性，防止鼠肺炎克雷勃氏（Klebsiella pneumoniae）细菌的感染。Kayser 等也证实了来源于牛乳蛋白的小肽可以调节人外周血液淋巴细胞的增殖。

9.2.3.4　免疫调节肽的制备方法

荷兰贡特尔伯姆等发现以牛、骆驼、山羊、绵羊这些动物的酪蛋白和乳清蛋白以及大豆蛋白、水稻蛋白、油菜蛋白、羽扁豆蛋白、酵母和豌豆蛋白为原料，添加胰蛋白酶/胰凝乳蛋白酶进行酶解，制备富含分子质量从 1000～5000u 肽段的酶解物，并部分去唾液酸化后，与寡肽（N－乙酰神经氨酸、N－乙醇酰神经氨酸以及酸性寡聚己糖）混合后，具有预防和/或治疗与免疫系统的疾病，免疫系统发育失调相关的疾病，自身免疫反应、过敏、肿瘤等疾病。

以牛酪蛋白为原料，以 10% 的浓度溶解于 60℃ 的温水中，巴氏杀菌后，冷却到 45℃，用氢氧化钠调节 pH 至 7.2，分别加入胰蛋白酶（E/S = 1∶150），45℃ 水解 180min 后，再加入相同量的胰凝乳蛋白酶，在 45℃ 水解 30min 后，升温至 90℃ 保持 10min 灭酶，得到水解物，水解物的分子质量大部分介于 1000～3000u。

将水解产物以 10% 的浓度溶解于水中，用盐酸将溶液 pH 调节至 1.75，在 50℃ 保温搅拌 8h，或 60℃ 保温搅拌 5h，或 70℃ 保温搅拌 3h，用氢氧化钠调节溶液 pH 至 6.6～6.8，即可得到去唾液酸化的寡肽和唾液酸混合物。

9.2.4　酪蛋白磷酸肽的活性、制备方法及分离方法

9.2.4.1　酪蛋白磷酸肽的来源及结构特点

酪蛋白磷酸肽（caseinophosphopeptides，CPPs）是以牛乳酪蛋白为原料，经过酶解、分离、纯化而得到的含有成簇磷酸丝氨酸（phospho－serine，Ser－P）残基的天然生物活性肽。1950 年，Mellander 报告了酪蛋白的胰蛋白酶部分分解物中含有一种富磷多肽，可以抵抗蛋白酶的进一步分解，与钙、铁离子具有亲和性，在无需增加维生素 D 的条件下，促进了佝偻病患儿骨骼的发育，并将之命名为酪蛋白磷酸肽（CPPs）。Reeves 在体外（in vitro）将 CPPs 分离，阐明了它对钙离子的亲和性。内藤等在 20 世纪 70 年代从给予酪蛋白的大鼠肠腔内容物中，首次成功分离到 CPPs，证明其与体外制备的 CPPs 性质相似，具有较强的结合钙、铁离子

的功能，可防止钙离子在小肠内生成磷酸钙沉淀，提高钙离子的溶解度，促进钙离子的吸收和利用。

CPPs 有 α 和 β 两种，它们分别由 α_{s1} – 酪蛋白、α_{s2} – 酪蛋白和 β – 酪蛋白水解而生成。α_{s1} – CPPs（43 ~ 79）是从 α_{s1} – 酪蛋白的 N 末端第 43 个氨基酸残基开始，到第 79 个氨基酸残基结束，含有 7 个 Ser – P，分子质量为 4600u。它有可能进一步水解成 43 ~ 58、59 ~ 79 两个片断，N/P 为 7.2。α_{s2} – CPPs（46 ~ 70）从 α_{s2} – 酪蛋白的 N 末端第 46 个氨基酸残基开始，到第 70 个氨基酸残基结束，含有 4 个 Ser – P。而 β – CPPs（1 ~ 25）则是从 β – 酪蛋白 N 末端的第 1 个氨基酸残基开始，到第 25 个氨基酸残基结束，含有 4 个 Ser – P，分子质量为 3100u，N/P 为 8.0。

典型的 CPPs 的主要功能区域为其一级结构中的 3 个连续磷酸丝氨酸连接 2 个谷氨酸（ – SerP⁻ – SerP⁻ – SerP⁻ – Glu – Glu）。具有这种核心结构的 CPPs 分子中带有高度负电荷，能抵抗胃肠消化蛋白酶的进一步降解，从而在体内发挥生理功能。因 Ser – P 在酪蛋白中的位置不同，酶解所产生的 CPPs 也不同，所以不同的 CPPs 的生理活性实际上也是有所区别的。

CPPs 具有良好的溶解性，在 pH 为 2.0 ~ 10.0 时，其溶解性均高于 90%，pH 为 4.0 时略有降低。CPPs 较酪蛋白具有更好的起泡性和泡沫稳定性。CPPs 的储存稳定性和加工稳定性良好。CPPs（粉末）在 5℃，25℃条件下保存 2 年，第 1 年和第 2 年测定其阻止 Ca 沉淀率分别为 99% 和 97%。0.4% CPPs 水溶液 pH 调整到 3.0、4.0、7.0，然后 120℃加热 15min，阻止 Ca 沉淀率分别为 99%、97%、94%，酸性环境比中性环境下具有更好的稳定性。制作不同 pH（pH3.0、4.5、7.0）的饮料，25℃，保存 6 个月观察它的稳定性，阻止 Ca 沉淀率分别为 98%、95%、92%，中性环境中稳定性稍差。180℃焙烤 15min，CPPs 的阻止 Ca 沉淀率降低为 88%。

CPPs 去磷酸化后就不再具有高效的结合二价离子的能力，因此在使用时应避免碱性环境中强热处理。部分食品中含有磷酸酶等各种具有脱磷活力的酶时，当它们与 CPPs 配合使用时，要先将酶失活方可配合。此外，食物成分中的植酸、食物纤维及磷酸等能抑制 Ca 的吸收。因此当与含有这些成分的食品原料配合时，要充分考虑到它的存在。CPPs 具有促进 Ca 吸收的效果，但 CPPs 单独使用时并不显示效果，必须与 Ca 盐配合使用才有效。

CPPs 对钙的结合量随温度的升高而减少，随 pH 的升高而增加；CPPs 对阻止磷酸钙沉淀的作用随温度的升高和溶液的钙磷比增加而下降；

随氮磷摩尔比降低，CPPs 阻止磷酸钙沉淀形成的最低有效浓度下降；对于不同的钙磷比，CPPs 的氮磷摩尔比越小，保持在溶液中的钙量越多，但每摩尔磷保持钙的摩尔数随氮磷摩尔比的降低而降低。

9.2.4.2 酪蛋白磷酸肽的生理活性

（1）促进钙、铁、锌等矿物质的吸收 Ca 吸收模式为，在小肠上部为主动运输，小肠下部为被动扩散。Ca 吸收的比例后者远多于前者。在 Ca 的被动扩散中，可溶性 Ca 浓度越高吸收率就越高。CPPs 具有抵抗消化酶分解的作用，它的一部分到达小肠下部，可阻止 Ca 和 P 形成不溶性的盐，其结果可促进 Ca 的吸收。因此，CPPs 在小肠下部以被动扩散的方式促进 Ca 的吸收。

（2）防止龋齿 CPPs 能凭借高钙磷浓度梯度促进牙釉质早期人工龋的再矿化，其原理是 CPPs 磷酸丝氨酸簇结合钙后，以非晶体形式定位在牙蚀部位。磷酸丝氨酸钙盐提供自由的 Ca^{2+} 和 PO_4^{3-} 缓冲液，减少釉质的脱矿，从而有效防止牙蚀细菌的侵蚀和造成脱矿物质的侵入。许多口腔护理产品已经应用了 CPPs。

（3）免疫调节功能 研究表明，在小鼠饲料中添加 CPPs 能提高血清中 IgG 和 IgA 等抗体的水平，使肠道内的抗原特异性 IgA 和总 IgA 显著提高，这表明 CPPs 对提高黏膜免疫力也有很大的促进作用。给 3 周龄仔猪每 1kg 饲料中添加 5g CPPs，饲养 5 周后表明对体重增加无明显影响，但是提高了血清和粪便中的 IgG 和 IgM 水平，对乳球蛋白特异的 IgA 比对照组要高得多。还有学者研究发现，给产前 2 个月至断奶的母猪补充 CPPs，粪中 IgA 和血清 IgG 明显提高，产仔时乳中 IgA 和 IgG 有所提高。CPPs 结构中起免疫调节作用的部位是含有 3 个氨基酸残基的小肽且 N 端和 C 端分别是一个磷酸丝氨酸残基，即 SerP – X – SerP 结构。

（4）诱导细胞凋亡 CPPs 促肿瘤细胞凋亡的作用已在人肠上皮腺瘤细胞 HT – 29、Caco2 细胞、白血病细胞 HL – 60 以及神经胶质瘤细胞 PC12 等细胞模型上得到证实。β – CPPs 可以触发上述肿瘤细胞凋亡。Ferraretto 等研究后得出结论，由 β – CN（1~25）4P 导致的钙流入 HT – 29 细胞依赖于磷酸化的"酸性基序"和前面的 N 端区域。

（5）提高体外受精能力 通过牛、猪的体外试验表明，CPPs 可明显促进精子进入卵细胞的能力和体外精卵细胞融合，从而提高卵细胞的受精率。这是因为 CPPs 可促进精子对 Ca^{2+} 的吸收，增强精子顶体的反应力，提高精子对卵细胞的穿透力。β – CPPs 能够增加细胞对二价离子的吸收、促进受精过程的进行并对细胞增生产生影响。

（6）安全性　作为 Ca 和蛋白质供给源在很早以前就被人们食用的酸牛乳、乳酪等发酵乳制品中就含有 CPPs，另外，饮用牛乳后在消化器官内，酪蛋白分解生成的成分中也有 CPPs，从人们长时间的食品生活经验看，CPPs 的安全性没有问题。CPPs 的安全性用大白鼠经口投喂、急性毒性试验及细菌的致突变性试验结果得到确认。

SD 系雌雄大白鼠（4~6 周龄）一次经口投喂急性毒性试验：CPPs 用玉米油制成悬浊液，1~3h 分 2~4 次每 kg 体重 10g 投喂试验，投与后第 1、4、8、15d 测定体重，连续观察 14d，第 15d 对致死动物进行解剖。在刚投喂之后有立毛现象，除此以外未发现异常现象，有个别个体体重增加较少，解剖后未发现异常现象。CPPs 的 LD_{50} 为 10g 以上。

用沙门氏菌及大肠杆菌的突变菌株进行 CPPs 的致突变性试验。细菌悬液、肝脏组织匀浆液及被检物的混合液，接种在营养缺陷型培养基上培养 3d 后计数增殖的菌落数。所有 CPPs 组及对照组均没有菌落生长。细菌试验证明 CPPs 无致突变活性。

9.2.4.3　酪蛋白磷酸肽的制备方法

20 世纪 80 年代后期，在长期深入的研究基础上，CPPs 的性质和作用机制趋于明朗化，被形象地称为 "矿物质的载体"。1989 年底，日本首先将 CPPs 实现工业化生产，推出含有 CPPs 的功能食品。丹麦也于 1991 年实现 CPPs 商品化。此外，美国、澳大利亚、德国、法国等国家均进行积极的研究。我国广州市轻工研究所于 1991 年开始 CPPs 的研究，1995 年通过技术鉴定，并实现工业化生产。国内对 CPPs 的研究较多，集中在制备、分离以及功效试验上。冯凤琴等分别对 CPPs 的 N/P 比与持钙功能之间的关系及其体外功能性质进行了研究，表明当 N/P 比较小时，CPPs 的纯度较高，磷酸基的含量高，结合钙离子的能力也较强，阻止磷酸钙形成的效果也比较好。1999 年冯凤琴等将离子交换色谱、凝胶过滤色谱、高压液相色谱及毛细管色谱等分离纯化技术结合使用，从胰酶酶解酪蛋白得到酪蛋白磷酸肽制品中分离出 3 个纯组分，并对各组分的氨基酸组成和 N 末端 2~3 个氨基酸序列进行了分析测定，从而确定了 3 个组分的结构分别是 α_{s1}（61~79）、α_{s1}（43~79）和 β（7~24）。吴思方等对固定化酶法生产 CPPs 的工艺条件进行了研究，获得了分子质量大小为 5000u、N/P 比为 4.23 的 CPPs。江南大学的胡俊刚研究了阴离子树脂和阳离子树脂对酪蛋白磷酸肽的初级品 N/P（摩尔比 r 为 7.52）的纯化效果，焦宇知用碱性蛋白酶水解酪蛋白，用 TNBS 法监测酪蛋白的水解度（DH），运用纳滤技术改善产品质量；同时还研究了不同 rN/rP（摩尔比）

的 CPPs 结合钙离子和亚铁离子的能力。牟光庆比较了 CPPs 同酪蛋白之间在溶解性、起泡性及乳化性等理化性质方面的差异，指出 CPPs 在 pH 为 2.0~10.0，溶解性除在 pH 为 4.0 约为 90% 外，其他均高于 90%，且随 pH 增高而增大。

David McDonagh 等利用 28 种商业化蛋白酶在 50℃，pH 为 7.0~8.0 的条件下水解酪蛋白酸钠制备 CPPs，采用 pH - stat 法测定水解度，以水解曲线变平为水解终点，比较了水解产物在水解度、CPPs 得率、钙结合能力、钙溶解能力和分子质量分布方面的差别。从水解度来看，Bioprotease N100L、Proteinase L660 和 Protease DS 的水解度最高，分别达到 22.1%、21.1% 和 20.2%，而 Corolase PS、Debitrase 和 Corolase 7092 的水解度最低，分别达到 3.8%、4.1% 和 5.2%；从 CPPs 的得率来看，Bioprotease N100L、Pancreatin 和 Chymotrypsin 的得率最高，分别达到 16.0%、11.6% 和 11.4%，而 Protease DS、Corolase 7092 和 Proteinase L660 的得率最低，分别达到 3.4%、4.3% 和 5.3%；从钙结合能力来看，Pancreatin、Bioprotease N100L 和 Trypsin 的水解产物钙结合能力最强，分别达到 0.61、0.61 和 0.60g/g，而 Alcalase 0.6L、Debitrase 和 Corolase 7092 的水解产物钙结合能力最差。从钙溶解能力来看，Pancreatin、Bioprotease N100L 和 PTN Special 的钙溶解能力最强。显而易见，胰蛋白酶和 Bioprotease N100L 的水解产物具有得率高、钙溶解能力强等优点，其中胰蛋白酶是最广泛使用的，用于制备 CPPs 的酶制剂。如表 9.12 所示。

表 9.12　不同商业化蛋白酶水解酪蛋白酸钠制备 CPPs 的得率及性质

蛋白酶种类	pH	水解度/%	得率/%	钙结合能力/(g/g)	钙溶解能力/(g/g)
Alcalase 0.6L	7.5	17.2	7.5	0.40	14.7
Alcalase 2.4L	7.5	15.4	9.7	0.52	16.2
Bioprotease N100L	7.5	22.1	16.0	0.61	19.1
Bromelain	7.0	8.1	8.4	0.49	8.8
Chymotrypsin	8.0	8.1	11.4	0.55	10.3
Corolase PP	8.0	7.8	9.8	0.57	11.8
Corolase PN	7.5	8.3	9.6	0.55	10.3
Corolase PS	7.5	3.8	6.8	0.55	8.8
Corolase 7092	7.5	5.2	4.3	0.47	11.8
Debitrase	7.5	4.1	8.6	0.42	10.3

续表

蛋白酶种类	pH	水解度/%	得率/%	钙结合能力/(g/g)	钙溶解能力/(g/g)
Fungal Protease[1]	8.0	11.1	10.6	0.55	16.2
Fungal Protease[2]	8.0	9.2	8.3	0.56	13.2
HT Proteolytic 200	8.0	19.8	6.5	0.58	7.4
Neutral protease	7.5	8.4	9.8	0.55	14.7
中性蛋白酶	7.5	8.5	9.2	0.54	16.2
Panazyme	7.5	10.2	6.7	0.49	10.3
Pancreatin	8.0	11.6	11.6	0.61	24.0
PEM 2500S	8.0	13.7	9.9	0.59	14.7
PEM 3700S	8.0	12.1	9.8	0.57	14.7
Promod	8.0	13.3	8.2	0.51	11.8
复合蛋白酶	8.0	15.4	7.8	0.59	11.8
Protease DS	8.0	20.2	3.4	0.52	10.3
Proteinase L660	8.0	21.1	5.3	0.59	7.4
Proteinase 200	8.0	16.4	7.8	0.51	11.8
PTN Special[3]	8.0	16.5	9.4	0.55	14.7
PTN Special[4]	8.0	11.2	9.2	0.51	19.1
胰蛋白酶	8.0	8.0	8.3	0.60	14.7

注：[1] 为来源于 Quest 公司；[2] 为来源于 Novozymes 公司；[3] 为造粒状；[4] 为粉末状。

　　根据 Adamson 和 Reynolds 的方法，酪蛋白酸钠水解物调 pH 至 4.6 静置沉淀蛋白质、离心取上清液，用 2mol/L 氢氧化钠溶液调 pH 至 7.0，添加氯化钙至溶液质量浓度 10g/L 后，室温下沉淀 1h；添加乙醇至溶液浓度为 50%（体积分数），进一步沉淀，$6000 \times g$ 离心 10min，收集沉淀即为 CPPs 富集组分。利用 GP – HPLC 对 CPPs 富集组分进行分子质量分布测定，结果如表 9.13 所示。

表 9.13　　不同商业化蛋白酶酪蛋白水解产物的分子质量分布　　单位:%

蛋白酶种类	分子质量分布			
	>5ku	5~3ku	3~1ku	<1ku
Alcalase 0.6L	10.11	24.33	45.44	20.12
Alcalase 2.4L	9.99	20.89	40.96	28.16
Bioprotease N100L	1.50	15.50	55.51	27.49
Bromelain	3.13	27.98	34.99	33.90

续表

蛋白酶种类	分子质量分布			
	>5ku	5~3ku	3~1ku	<1ku
Chymotrypsin	3.33	25.44	30.95	40.28
Corolase PN	6.72	30.30	30.43	32.55
Corolase PP	1.75	41.17	23.34	33.74
Corolase PS	8.95	24.00	47.97	19.08
Corolase 7092	2.00	40.67	34.21	23.12
Debitrase	0.00	2.39	97.61	38.56
Fungal Protease[1]	8.99	46.34	32.99	11.58
Fungal Protease[2]	3.21	34.98	21.00	40.81
HT Proteolytic 200	7.89	52.76	23.89	15.46
Neutral protease	11.23	14.54	34.98	39.25
中性蛋白酶	11.00	17.83	30.00	41.17
Panazyme	2.33	34.01	25.67	37.99
Pancreatin	0.06	10.30	36.91	52.73
PEM 2500S	3.00	27.95	32.13	36.92
PEM 3700S	2.22	25.01	40.34	32.43
Promod	5.76	41.02	24.90	21.88
复合蛋白酶	0.00	26.00	25.67	48.33
Protease DS	0.99	17.34	39.00	42.67
Proteinase 200	5.00	34.01	32.11	28.88
Proteinase L660	0.00	8.58	32.19	59.23
PTN Special[3]	0.06	20.3	35.51	44.13
PTN Special[4]	0.00	19.99	35.55	44.46
胰蛋白酶	5.32	31.71	39.33	23.64

注：[1]为来源于 Quest 公司；[2]为来源于 Novozymes 公司；[3]为造粒状；[4]为粉末状。

结合表9.12和表9.13可见，水解度、CPPs 得率、钙结合能力、钙溶解能力以及 CPPs 富集组分的分子质量分布之间并无明显相关性。如水解度为 11.6% 的 Pancreatin 水解产物中分子质量大于 5ku 的组分占 0.06%，3~5ku 的组分占 10.30%，1~3ku 的组分占 36.91%，小于 1ku 的组分占 52.73%；而水解为 11.1% 的 Fungal Protease 水解产物中分子质量大于 5ku 的组分占 8.99%，3~5ku 的组分占 46.34%，1~3ku 的组分占 32.99%，小于 1ku 的组分占 11.58%。造成这一结果的主要原因是不同蛋白酶的酶切位点不同。

Richard J. FitzGerald 等以酪蛋白酸钠为原料，添加 0.2% 的胰蛋白酶，37℃ 水解 3h，根据 Adamson 和 Reynolds 的方法富集 CPPs，利用 nano – HPLC ESI – QTOF MS/MS 对 CPPs 富集组分进行一级结构鉴定，结果如表 9.14 所示。

表 9.14 **酪蛋白酸钠胰蛋白酶 CPPs 富集组分的肽序列**

	肽段	肽序列
α_{s1} – 酪蛋白	f8 ~ 22	HQGLPQEVLNENLLR
	f23 ~ 34	FFVAPFPEVFGK
	f24 ~ 34	FVAPFPEVFGK
	f35 ~ 58	EKVNELS * KDIGS * ES * TEDQAMEDIK
	f35 ~ 58	EKVNELSKDIGS * ES * TEDQAMEDIK
	f35 ~ 59	EKVNELS * KDIGS * ES * TEDQAMEDIKQ
	f37 ~ 58	VNELS * KDIGS * ES * TEDQAMEDIK
	f37 ~ 58	VNELSKDIGS * ES * TEDQAMEDIK
	f37 ~ 59	VNELS * KDIGS * ES * TEDQAMEDIKQ
	f42 ~ 58	KDIGS * ES * TEDQAMEDIK
	f43 ~ 58	DIGSES * TEDQAMEDIK
	f43 ~ 58	DIGS * ES * TEDQAMEDIK
	f43 ~ 59	DIGSES * TEDQAMEDIKQ
	f43 ~ 59	DIGS * ES * TEDQAMEDIKQ
	f43 ~ 66	DIGS * ES * TEDQAMEDIKQMoEAESIS
	f80 ~ 90	HIQKEDVPSER
	f91 ~ 100	YLGYLEQLLR
	f92 ~ 100	LGYLEQLLR
	f104 ~ 119	YKVPQLEIVPNS * AEER
	f104 ~ 119	YKVPQLEIVPNSAEER
	f105 ~ 119	KVPQLEIVPNS * AEER
	f106 ~ 119	VPQLEIVPNS * AEER
	f110 ~ 119	EIVPNS * AEER
	f125 ~ 151	EGIHAQQKEPMIGVNQELAYFYPELFR
	f133 ~ 144	EPMIGVNQELAY
	f133 ~ 151	EPMIGVNQELAYFYPELFR
	f136 ~ 151	IGVNQELAYFYPELFR
	f165 ~ 193	YYVPLGTQYTDAPSFSDIPNPIGSENSEK
	f166 ~ 193	YVPLGTQYTDAPSFSDIPNPIGSENSEK
	f194 ~ 199	TTMPLW

续表

	肽段	肽序列
κ - 酪蛋白	f25 ~ 30	YIPIQY
	f25 ~ 34	YIPIQYVLSR
	f35 ~ 63	YPSYGLNYYQQKPVALINNQFLPYPYYAK
	f69 ~ 81	SPAQILQWQVLSN
	f69 ~ 86	SPAQILQWQVLSNTVPAK
	f112 ~ 169	KNQDKTEIPTINTIASGEPTSTPTTEAVESTVATLEDS * PEVIESPPEINTVQVTSTAV
	f113 ~ 169	NQDKTEIPTINTIASGEPTSTPTTEAVESTVATLEDS * PEVIESPPEINTVQVTSTAV
	f117 ~ 169	TEIPTINTIASGEPTSTPTTEAVESTVATLEDS * PEVIESPPEINTVQVTSTAV
	f124 ~ 169	TIASGEPTSTPTTEAVESTVATLEDS * PEVIESPPEINTVQVTSTAV
α_{s2} - 酪蛋白	f1 ~ 24	KNTMoEHVS * S * S * EESIIS * QETYKQEK
	f1 ~ 24	KNTMEHVS * S * S * EESIIS * QETYKQEK
	f1 ~ 24	KNTMEHVS * SS * EESIIS * QETYKQEK
	f2 ~ 24	NTMEHVS * S * S * EESIIS * QETYKQEK
	f81 ~ 91	ALNEINQFYQK
	f92 ~ 113	FPQYLQYLYQGPIVLNPWDQVK
	f99 ~ 113	LYQGPIVLNPWDQVK
	f101 ~ 113	QGPIVLNPWDQVK
	f115 ~ 125	NAVPITPTLNR
	f126 ~ 136	EQLSTS * EENSK
	f126 ~ 136	EQLS * TS * EENSK
	f126 ~ 137	EQLS * TS * EENSKK
	f137 ~ 149	KTVDMES * TEVFTK
	f137 ~ 150	KTVDMES * TEVFTKK
	f138 ~ 149	TVDMES * TEVFTK
	f138 ~ 149	TVDMoES * TEVFTK
	f138 ~ 150	TVDMoES * TEVFTKK
	f161 ~ 165	LNFLK
	f174 ~ 181	FALPQYLK
	f189 ~ 197	AMKPWIQPK

续表

肽段		肽序列
β-酪蛋白	f1~16	RELEELNVPGEIVES*L
	f1~25	RELEELNVPGEIVES*LSSSEESITR
	f1~25	RELEELNVPGEIVES*LS*S*EESITR
	f1~25	RELEELNVPGEIVESLS*S*EESITR
	f1~25	RELEELNVPGEIVESLS*SEESITR
	f1~54	RELEELNVPGEIVESLS*SEESITRINKKIEKFQSEEQ QQT-EDELQDKIHPFAQ
	f30~48	IEKFQS*EEQQQTEDELQDK
	f30~52	IEKFQS*EEQQQTEDELQDKIHPF
	f33~48	FQS*EEQQQTEDELQDK
	f33~48	FQSEEQQQTEDELQDK
	f33~52	FQS*EEQQQTEDELQDKIHPF
	f33~54	FQS*EEQQQTEDELQDKIHPFAQ
	f33~56	FQS*EEQQQTEDELQDKIHPFAQTQ
	f33~58	FQS*EEQQQTEDELQDKIHPFAQTQSL
	f49~68	IHPFAQTQSLVYPFPGPIPN
	f53~68	AQTQSLVYPFPGPIPN
	f69~97	SLPQNIPPLTQTPVVVPPFLQPEVMGVSK
	f108~113	EMPFPK
	f144~169	MHQPHQPLPPTVMFPPQSVLSLSQSK
	f170~176	VLPVPQK
	f177~183	AVPYPQR
	f179~183	PYPQR
	f184~190	DMPIQAF
	f184~202	DMPIQAFLLYQEPVLGPVR
	f191~202	LLYQEPVLGPVR
	f192~202	LYQEPVLGPVR
	f203~209	GPFPIIV

注：S*为磷酸丝氨酸；Mo为氧化蛋氨酸。

利用这一方法鉴定从酪蛋白酸钠 CPPs 富集物中鉴定出 86 种多肽或寡肽，45 种肽类物质含有磷酸丝氨酸，其中 25 种肽类物质含有 1 个磷酸丝氨酸，10 种肽类物质含有 2 个磷酸丝氨酸，6 种肽类物质含有 3 个磷酸丝氨酸，4 种肽类物质含有 4 个磷酸丝氨酸。

9.2.4.4　酪啡肽、抗菌肽、糖巨肽和酪蛋白磷酸肽的联产工艺

西华大学袁永俊等人公开了一种酪啡肽、抗菌肽、糖巨肽和酪蛋白磷酸肽的联产工艺，包括以下步骤：① 酪蛋白抗菌肽的制备：在 97 份 100mg/mL 酪蛋白溶液中加入 3 份 100mg/mL 胰蛋白酶溶液，调节酶解液 pH 为 8.5，在 55℃恒温条件下水解 2.5h，之后使用分子质量为 3000u 和 10000u 的超滤膜对水解液进行超滤，收集分子质量 3000~10000u 的酶水解液冷冻干燥即得到酪蛋白抗菌肽；② 酪蛋白磷酸肽（CPPs）的制备：取步骤①中剩余的酶水解液继续水解 1h，在 4℃条件下，10000r/min 离心 20min 除去未水解的大分子物质和溶液中的杂质，沉淀收集备用，向上清液中加入 10%（V/V）$CaCl_2$ 和无水乙醇，使两者在溶液中的终浓度分别为 1% 和 50%，上清液室温放置过夜，在 4℃条件下，10000r/min 离心 20min，收集沉淀，用无水乙醇经过 3 次洗涤沉淀，最终沉淀即是酪蛋白磷酸肽（CPPs）；③ 酪蛋白糖巨肽和酪蛋白酪啡肽的制备：取步骤①和步骤②中剩余的酶水解残留物质，调节 pH 至 1.6 使沉淀溶解，配制成为 10mg/mL 溶液，按照胃蛋白酶与酶解液质量比 1∶100 在温度 55℃、pH 为 1.6 条件下水解 2h，调节水解液 pH 为 4.6，4℃条件下，10000r/min 离心 20min，取上清液备用，回调 pH 到 7.0，此时水解液中酪蛋白糖巨肽以多倍体存在，其分子质量为 20000~40000u，而酪蛋白酪啡肽分子质量小于 1000u，使用分子质量为 1000u 的超滤膜对上清液进行超滤分离，酪蛋白糖巨肽位于分子质量大于 1000u 的组分中，而酪蛋白酪啡肽位于分子质量小于 1000u 的组分中，分别冷冻干燥两种组分。

联产工艺中以大肠杆菌为指示菌，测出其抑菌圈大小为 19.43mm，得率为 18.831mg/g；CPPs 得率为 11.41mg/g，氮磷比为 10.27；酪蛋白糖巨肽唾液酸回收率为 40.13%，得率为 1.693mg/g；β-酪啡肽-5 含量为 0.0297mg/mg，得率为 0.1257mg/g，β-酪啡肽-7 含量 0.03054mg/mg，得率为 0.1292mg/g。

9.2.5　抗焦虑肽的制备技术

焦虑和紧张是现代社会的一种非常普遍的现象，引起焦虑的常见诱因是导致冲突的情境和事件。焦虑表现在身体方面的障碍有呼吸急促、心慌、胸闷、肌肉痉挛、头痛、失眠、两手湿冷、多尿等；表现在心理方面的障碍有注意力涣散、肾张不安、精神恍惚、踌躇不决、抑郁多梦等。当人体长期不断承受焦虑或慢性精神压力时，身体会积

压成疾或造成精神和情绪失调，进而容易产生系列的健康问题，包括睡眠品质欠佳、失眠、记忆力欠佳、精神不集中、消化功能失调和营养吸收力欠佳、腹部脂肪囤积和体重上升、皱纹、脸色黯淡无光、皮肤问题及皮肤发疹、抵抗力减弱、心血管问题和高血压、性生活障碍等。

9.2.5.1　利用固定化胰蛋白酶制备抗焦虑十肽

1998 年法国 Ingredia 公司的研究人员发现位于牛乳 α_{s1} – CN 一级结构的 91 ~ 100 位的十肽 Tyr – Leu – Gly – Tyr – Leu – Glu – Gln – Leu – Leu – Arg（YLGYLEQLLR）具有缓解轻度压力焦虑和镇定安眠的作用，命名为 α – casozepine。其研究成果介绍如下。

干酪素（酪蛋白，casein，CN）包括 α_{s1} – 酪蛋白（α_{s1} – CN）、α_{s2} – 酪蛋白（α_{s2} – CN）、β – 酪蛋白（β – CN）和 κ – 酪蛋白（κ – CN），其中 α_{s1} – CN 和 α_{s2} – CN 又统称为 α_{s} – 酪蛋白（α_{s} – CN），α_{s1} – CN 约占 α_{s} – CN 的 90% 以上。α_{s} – CN 约占到干酪素总量的 47%，是乳源生物活性肽的重要来源。现今，要想获得来自于 α_{s} – CN 的活性肽，生产原料多是干酪素，制备的肽浓度低，杂质含量高。如以 α_{s} – CN 为底物水解制备生物活性肽，则可以有效减少后续富集浓缩流程，提高目标肽的浓度 2.1 倍以上。

酪蛋白组分分离方法通常可分为化学沉淀法、色谱法、低温过滤法 3 种。色谱法尤其 Re – HPLC 受到大批量制备的限制；低温过滤法在低温时因溶液黏度增大而降低效率；化学沉淀法条件温和，操作简单易行，可以大批量制备，现介绍如下。

将鲜牛乳在 4℃，3000r/min 条件下离心 20min，去除上层脂肪制成脱脂乳。脱脂乳用去离子水稀释 2 倍后，用 1mol/L HCl 溶液调节 pH 至 4.6，酪蛋白逐渐沉淀，3000r/min 离心 15min 分离沉淀即为酪蛋白。将酪蛋白按 1:20（g/mL）溶解于 6.6mol/L 的尿素溶液中，用去离子水稀释 2 倍后，用 1mol/L HCl 溶液调节 pH 至 4.6，3000r/min 离心 15min，取沉淀按 1:20（g/mL）溶解于 3.3mol/L 的尿素溶液中，4℃下保存 30min，同时配制 4.0mol/L CaCl₂ 溶液。蛋白质溶液低温 30min 后取出，缓慢加入 CaCl₂ 溶液（1/9 蛋白质溶液体积）快速搅拌，此时有沉淀产生，3000r/min 离心 15min 取沉淀。沉淀再次溶解于 6.6mol/L 尿素溶液后，调节溶液 pH 至 4.6 产生沉淀，3000r/min 离心 15min。取沉淀以 1:6 比例（g/mL）溶解于 6.6mol/L 尿素中，加入等体积无水乙醇，逐滴加入 2mol/L 的乙酸铵溶液，快速搅拌直至沉淀不变为止。3000r/min 离心

15min，取上清液用去离子水稀释乙醇浓度至 10%，调节 pH 至 4.6 产生沉淀，3000r/min 离心 15min，收集沉淀并用蒸馏水透析、冻干即得到 $\alpha_s - CN$。由于 $\alpha_{s1} - CN$ 约占 $\alpha_s - CN$ 的 90% 以上，再将 $\alpha_s - CN$ 分离为 $\alpha_{s1} - CN$ 和 $\alpha_{s2} - CN$ 对提高目标肽在酶解液中浓度意义不大。将纯化后的 $\alpha_s - CN$ 组分以 0.002g/mL 溶于水中，采用缓冲溶液调节 pH 至 8.5，添加固定化胰蛋白酶，缓慢搅拌下 37℃ 水解 1h，离心去除固定化胰蛋白酶，得酪蛋白水解物。

Tyr – Leu – Gly – Tyr – Leu – Glu – Gln – Leu – Leu – Arg 位于 $\alpha_{s1} - CN$ 一级结构的 91~100 位，是 $\alpha_s - CN$ 的胰蛋白酶水解产物中分离出的一种十肽，分子质量为 1267u。以 $\alpha_{s1} - CN$ 为底物，采用胰蛋白酶进行水解，其理论最大产率为 5.37%。采用超滤技术、离子交换技术、等电点沉淀技术等分离技术集成可进一步提高 $\alpha_{s1} - CN$ 水解液中目标肽的浓度。动物试验表明含有 Tyr – Leu – Gly – Tyr – Leu – Glu – Gln – Leu – Leu – Arg 的 $\alpha_{s1} - CN$ 水解物已经具有类似苯二氮平（benzodi-azepine – type）的作用。目前 $\alpha_{s1} - CN$ 水解物已以 Lactium 为商品名进行销售，具有缓解轻度焦虑和睡眠障碍的作用。Lactium 的化学组成如表 9.15 所示。

表 9.15 　　　　　　　　　Lactium 的化学组成

化学分析	含量/%	化学分析	含量/%
水分	5	钙	0.3
脂肪	0.5	镁	0.04
蛋白质（×6.38）	75	磷	0.7
乳糖	<1	钠	4.4
$\alpha_{s1} - CN$（f91~100）	>1.8	钾	0.1

9.2.5.2　利用胃蛋白酶 + 胰酶制备抗焦虑肽

东京大学的研究者 Takafumi Mizushige 等发现除了 YLGYLEQLLR（α – casozepine）具有抗焦虑活性外，其降解产物 Tyr – Leu 和 Tyr – Leu – Gly 也具有抗焦虑活性。以合成的 VPSERYLGYLEQLLR（对应 $\alpha_{s1} - CN$ 序列 f86~100）为底物，研究了胃蛋白酶、胰酶、胰蛋白酶、胰凝乳蛋白酶、弹性蛋白酶、羧肽酶 A 和羧肽酶 B 对 Tyr – Leu 和 Tyr – Leu – Gly 产率的影响。如表 9.16 所示。

表 9.16　　　　　不同蛋白酶对 Tyr – Leu 和 Tyr – Leu – Gly 产率的影响

底物及酶的种类	产率/%　（摩尔分数）			
	YL	YLG	YLGY	YLGYL
VPSERYLGYLEQLLR				
胃蛋白酶	ND	ND	ND	ND
胃蛋白酶 + 胰酶	5.8	53.2	ND	ND
胃蛋白酶 + 胰蛋白酶	ND	ND	35.3	25.5
胃蛋白酶 + 胰凝乳蛋白酶	ND	ND	ND	ND
胃蛋白酶 + 弹性蛋白酶	10.2	7.0	20.2	15.9
胃蛋白酶 + 胰蛋白酶 + 羧肽酶 A	3.2	28.0	ND	ND
胃蛋白酶 + 胰蛋白酶 + 羧肽酶 B	0.1	12.9	0.4	12.6
YLGYL				
羧肽酶 A	34.2	14.2	ND	ND
羧肽酶 B	6.8	32.2	ND	ND
YLGY				
羧肽酶 A	16.8	24.5	ND	ND
羧肽酶 B	4.1	39.7	ND	ND

注：ND 为未测定。

由表 9.16 可见，以合成的 VPSERYLGYLEQLLR 为底物，胃蛋白酶 + 胰酶组合水解产物中 Tyr – Leu 和 Tyr – Leu – Gly 两种肽的含量最高，其中 Tyr – Leu – Gly 的摩尔浓度是 Tyr – Leu 的 10 倍左右。胃蛋白酶、胃蛋白酶 + 胰蛋白酶以及胃蛋白酶 + 胰凝乳蛋白酶的水解产物中几乎不含有 Tyr – Leu 和 Tyr – Leu – Gly。胃蛋白酶、胃蛋白酶 + 胰酶以及胃蛋白酶 + 胰凝乳蛋白酶的水解产物几乎不含有 YLGY 和 YLGYL。胃蛋白酶、胰酶、胰蛋白酶、胰凝乳蛋白酶、弹性蛋白酶、羧肽酶 A 和羧肽酶 B 对 VPSERYLGYLEQLLR 的水解位点，如图 9.8 所示。

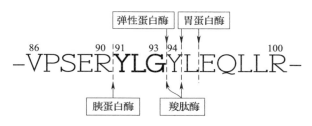

图 9.8　系列消化酶对 VPSERYLGYLEQLLR 的水解位点

以 1g α_s - 酪蛋白为底物，添加胃蛋白酶和胰酶水解，所得 Tyr – Leu – Gly 及其衍生物的含量，如表 9.17 所示。

表 9.17　α_s - 酪蛋白水解产物中 Tyr – Leu – Gly 及其衍生物的含量

肽的种类	含量/mg
Tyr – Leu	0.3
Tyr – Leu – Gly	3.7
Tyr – Leu – Gly – Tyr	ND
Tyr – Leu – Gly – Tyr – Leu	ND

注：ND 为未测定。

α_s - 酪蛋白经胃蛋白酶和胰酶水解后得到的产物富含 Tyr – Leu 和 Tyr – Leu – Gly，经小鼠试验证明口服具有抗焦虑作用。

9.2.6　酪蛋白糖巨肽的制备技术

9.2.6.1　酪蛋白糖巨肽的来源及结构特点

酪蛋白糖巨肽（casein glycomacropepride，CGMP）是指凝乳酶降解 κ - 酪蛋白的 f105 ~ 106 肽键产生的可溶性的、富含糖链的片段，由 64 个氨基酸残基构成，富含糖基和磷酸基。乳清中 CGMP 的含量仅次于乳球蛋白和乳白蛋白，占乳清总蛋白的 20% ~ 30%。CGMP 不含芳香氨基酸（Phe、Trp、Tyr），也不含 Cys，仅有一个蛋氨酸，故它的 UV 吸收光谱除了 280nm 外，205 ~ 217nm 处也有吸收，因此经常用 210nm 或 280nm 处的 UV 吸收差来评价 CGMP 的纯度。牛的 CGMP 有 A 和 B 两种遗传变异型，其不同在于该多肽链的 136 位和 148 位的氨基酸不同，A 型的 136 位和 148 位残基氨基酸分别为 Thr 和 Asp，而 B 型为 Ile 和 Ala。CGMP 的等电点介于 4 ~ 5，溶解度高，热稳定性强。一般来说，CGMP 多肽链的分子质量约为 9ku，当 pH 大于 4.0 时，CGMP 倾向形成凝胶状的四聚体、五聚体；当 pH 小于 3.0 时，则倾向于形成单体、二聚体。CGMP 最主要的糖基化位点为 Thr121、Thr131、Thr133、Thr136、Thr142 和 Thr165，Thr135、Ser141 和 Ser142 也是潜在的糖基化位点，Ser149 为丝氨酸磷酸化部位。与唾液酸相连的五种糖链分别由 N – acetyleneuraminyl（NeuAc）、galactosyl（Gal）、N – acetylgalactosamine（Gal – NAc）组成。单糖：Gal-NAc – O – R（0.8%）；二糖：Gal β1 – 3GalNAc – O – R（6.3%）；三糖：Gal β1 – 3（NeuAc α2 – 6）GalNAc – O – R（18.5%）；四糖：NeuAc α2 – 3Gal β1 – 3（NeuAc α2 – 6）GalNAc – O – R（56%）。CGMP 中支链

氨基酸含量丰富而 Met 含量低，这非常适合肝病患者的膳食组成。CGMP 不含 Phe，因此可作为苯丙酮尿症患者饮食成分，但 Thr 含量高，有可能会引起高苏氨酸症。补充 CGMP 还可增加锌离子的吸收。此外 CGMP 中的唾液酸对其生物活性也是十分重要的。体内动物试验表明，外源供给唾液酸能增加大脑中的神经节苷酯，改善学习能力。

酪蛋白糖巨肽的生理保健功能包括：① 双歧杆菌增殖因子，CGMP 较低浓度下也具有明显的增殖效果；② 抑制胃酸分泌，起到降解食欲、控制饮食的作用；③ 抑制病原体包括病毒和细菌等黏附至细胞，保护机体免受病原体的感染；④ 抑制霍乱等的毒素与受体的结合，作为有效的毒素中和剂；⑤ 调理肠道微生物，促进肠道中有益菌丛的生长，抑制如大肠杆菌等有害菌的生长；⑥ CGMP 具有独特的氨基酸组成，特别是几乎不含有芳香族氨基酸，可作为苯丙酮酸尿患者的膳食中首选的成分；⑦ 具有抑制口腔内细菌如 *Streptococci* 和 *Actinomyces* 的附着效果，可防止齿垢形成以及龋齿；⑧ CGMP 含有较多的支链氨基酸（如缬氨酸和异亮氨酸），可用于许多肝病的治疗，支链氨基酸与芳香族氨基酸的比率系数越大，其效果越好。此外，最近一些研究表明，由 CGMP 再降解所得的一些小肽链还具有类鸦片拮抗、抑制血小板凝集、降低血压等作用。

CGMP 是高度亲水性的大分子，带负电荷。CGMP 在 pH 为 1~5 溶解度最低，但不受温度影响。CGMP 另外一个重要特性就是良好的乳化特性。碱性条件下 CGMP 的乳化能力最强，在 pH 为 4.5~5.5 乳化能力最弱。CGMP 的热稳定性使得其乳化作用更持久，尤其在中性和碱性范围内。这种碱性条件下的乳化稳定性使得 CGMP 在某些加工变化范围宽的食品中尤其具有优势。另外，也有关于 CGMP 具有较高发泡性的报道。

9.2.6.2 酪蛋白糖巨肽的制备方法

目前关于 CGMP 的制备分离技术主要有两类：一是以乳清为原料，基于中性条件下 CGMP 形成共价结合的聚集体、在酸性条件下解离的性质，采用超滤技术进行分离。这方法工艺简单，但由于乳清中存在较高含量的 β-乳球蛋白和 α-乳白蛋白，其分子质量与 CGMP 单体、CGMP 四聚体相近，因此超滤的选择性不高。WO94/15952 利用 CGMP 的热稳定性，采用热处理使其他乳清蛋白完全变性然后离心除去，得到 CGMP 溶液。变性法分离彻底、产品质量较好，但乳清蛋白由于变性功能性质大受影响，质量劣化。而且前述的方法主要以干酪乳清（乳清蛋白）为原料分离 CGMP，这在国外属于干酪副产物利用，具有资源优势，但我国乳清资源较为有限，因此开展酪蛋白特异性酶水解分离制备 CGMP 的途径较符合我国国情。近年来色谱分离技术，如疏水色谱、离子交换色谱（EP0488589）凝胶过滤色谱技术进展较快，为分离纯化工艺提供了新的选择，而且分离效果良好，但分离介质昂贵，分离规模小。国内已有少量 CGMP 的制备分离报道，主要是以酪蛋白为原料采用蛋白酶切方式制备以抗菌为目标的广谱酪蛋白肽，但水解条件极端，特异性不高，因此得率不高，产物分离纯化步骤繁琐，难以工业化。

浙江工业大学孟祥河等公开了以酪蛋白为原料，通过酶解、超滤制备酪蛋白糖巨肽的方法，具体工艺如下。

（1）酪蛋白溶于 pH 为 2.0~7.6 的缓冲液中，加入胃蛋白酶、胰蛋白酶或胃蛋白酶和胰蛋白酶的混合酶于 30~37℃酶解 2~5h，酶加入量以酶活计为 400~800IU/g 酪蛋白。

（2）酶解结束后冷却至 0~4℃，以高氯酸调 pH 为 4.5~4.8，并于 0~4℃保温酸沉 5~10h，离心，取上清液进行下一步操作。

（3）上清液用平均截留分子质量为 3000~5000u 的聚砜膜超滤浓缩，得到截留液 1 以去离子水稀释后继续以平均截留分子质量为 3000~5000u 的聚砜膜超滤，重复多次直至流出液电导小于 500ms/cm，得到浓缩液用平均截留分子质量 30000~100000u 的聚砜膜超滤浓缩，得到截留液 2 干燥得到所述酪蛋白糖巨肽。

9.3　酶解降低牛乳蛋白过敏性

牛乳含有多种蛋白质，是优质的营养食品，但也是较易引起过敏的食物之一。婴儿及儿童的牛乳过敏发生率为 2%~6%，成人的发生率则较小，为 0.1%~0.5%。绝大多数的牛乳蛋白都具有潜在的致敏性，但目前普遍认为酪蛋白、β-乳球蛋白及 α-乳白蛋白是主要的过敏原，而牛血清白蛋白、免疫球蛋白及乳铁蛋白是次要过敏原。在婴幼儿配方乳粉的生产研究中，研究者最早引入了低致敏性的水解牛乳蛋白或者水解大豆蛋白来改善或者降低牛乳潜在的过敏危害。

利用水解蛋白是获得低敏配方的最好方法，即对蛋白质结构进行修饰从而大大减少具有抗原活性物质的量。目前，根据牛乳蛋白水解的程度，可将水解蛋白分为两种，一种是适度水解蛋白配方（partially hydrolyzed formula，PHF），又称为部分水解配方；另外一种是完全水解蛋白配方（extensively hydrolyzed formula，EHF），又称为深度水解配方。完全水解配方是将牛乳蛋白通过加热、超滤、水解等特殊工艺降低蛋白质成分的抗原性，使其终产物大多为二肽、三肽和少量的游离氨基酸。过敏原独特型表位的空间构象和序列大大减少，显著降低了抗原性。由于蛋白酶水解牛乳蛋白的酶切位点与产生过敏的 IgE 结合片段不尽一致，因此部分水解配方和深度水解配方都不能完全消除过敏。尽管如此，美国儿科学会（AAP）及欧洲儿科过敏及免疫协会（ESPACI）等组织还是向牛乳蛋白过敏且母乳不足的婴儿推荐 EHF，同时确认 PHF 具有预防过敏的作用。研究证明完全水解蛋白配方与氨基酸配方对特应性皮炎的治疗效果相似，完全水解蛋白配方与氨基酸配方都能支持婴儿正常的生长发育。适度水解蛋白配方是对牛乳蛋白进行适度的水解，利用蛋白酶切断肽链，使之成为小肽段，改变牛乳蛋白的表位（抗原决定基），从而降低蛋白质的抗原性，但还保留微量抗原活性。由于保留了部分抗原性，婴儿持续少量牛乳蛋白抗原的摄入可以诱导免疫耐受。因此，适度水解蛋白配方通常推荐用于特应性高风险婴儿的初级干预，以及牛乳过敏的婴儿经过一段时间的完全水解配方治疗后，症状缓解后的续贯治疗，以期诱导耐受。完全水解蛋白配方和适度水解蛋白配方在过敏的初级预防方面的效果孰优孰劣，目前尚无定论。适度水解蛋白配方曾被多项临床研究证实具有预防过敏效果，被推荐作为婴幼儿预防过敏的早期膳食干预。Halken 等发现完全水解蛋白配方喂养有非常好的临床效果，但适度水解蛋白配方喂养在介导对牛乳蛋白和其他食物蛋白质的耐受性方面也有良好的效果，并且还可促进对吸入性抗原耐受性。有大量研究显示，适度水解配方可降低婴儿特应性皮炎的发生，并且这种预防效果可持续到 3 岁以后。采用 TSKgel G2000SWXL 柱，室温，磷酸盐缓冲液为流动相，检测波长为 214nm，对某低过敏牛乳蛋白原料供应商的部分水解牛乳蛋白产品进行分子质量分布测定，发现尽管这两个产品均为低过敏部分水解牛乳蛋白，但其分子质量差异较大，具体如表 9.18 所示。

表 9.18　　　　　　低过敏水解牛乳蛋白的分子质量分布　　　　　　单位:%

分子质量分布	>50ku	30~50ku	10~30ku	5~10ku	<5ku
产品 1	62.16	2.16	28.53	2.51	4.65
产品 2	9.00	13.68	73.10	2.41	1.81

牛乳蛋白水解度并不是其抗原性变化的唯一重要因素，所使用的蛋白酶也对其抗原性有重要影响。以 β - 乳球蛋白为原料，利用不同蛋白酶进行水解，间接竞争抑制 ELISA 分析表明不同蛋白酶降低 β - 乳球蛋白抗原性的效率明显不同，如表 9.19 所示。

表 9.19 不同蛋白酶降低 β - 乳球蛋白抗原性的效率

蛋白酶	水解位点	水解度/%	ARI = RF/DH
胰蛋白酶	6	13.8	362
地衣芽孢杆菌蛋白酶	15	3.5	143
胰凝乳蛋白酶	3	4.7	19
木瓜蛋白酶	8	11.7	14
枯草杆菌蛋白酶	很多	8.2	12
碱性蛋白酶	很多	19.2	12
镰刀霉蛋白酶	6	9.1	2

注：ARI 为抗原性降低指数；RF 为抗原降低倍数；DH 为水解度。

在采用酶解法去除牛乳蛋白过敏原的众多研究当中，通过比较可以发现，胰蛋白酶、胰凝乳蛋白酶和碱性蛋白酶是处理效果较好的三种酶。任大喜等采用间接竞争 ELISA 法检测胰蛋白酶水解牛乳蛋白过程中主要过敏蛋白质 β - 乳球蛋白、酪蛋白和牛血清白蛋白（BSA）的抗原抑制率的变化情况。结果表明，胰蛋白酶水解的最适条件为温度 45℃，E/S 为 0.5%，水解时间 1h。在此水解条件下乳蛋白的总致敏性降低最多，其中 β - 乳球蛋白下降（55.93 ±3.63）%，酪蛋白下降（90.53 ±5.27）%，牛血清白蛋白下降（57.44 ±5.02）%。

沈小琴等选择木瓜蛋白酶、胃蛋白酶、胰蛋白酶、复合蛋白酶、风味蛋白酶、碱性蛋白酶、中性蛋白酶在同一水解模式下水解乳清蛋白，重点研究酶种类不同引起的水解特异性对过敏原的影响，结果表明，除了胃蛋白酶水解物抗原性降低小于 20% 外，其他水解物抗原性降低率都在 83% 以上，效果非常显著。其中碱性蛋白酶水解物的效果最佳达到 99.72%，说明其抗原表位几乎全部被破坏，其次是木瓜蛋白酶水解物。Nakamura 等发现 Alcalase2.4L、木瓜蛋白酶 ω - 40 和 proleather 可显著降低乳清蛋白的抗原性，且酶解产物无苦味，其中以木瓜蛋白酶 ω - 40 效果最佳。郑海等在前人研究的基础上，以碱性蛋白酶为水解酶，应用旋转正交设计建立了预测乳清蛋白抗原性在不同水解条件下的变化模型，最终优选确定了以水解物的 α - LA 抑制率和 β - LG 抑制率为响应值的最佳水解条件分别为：pH 为 9.60，水解温度为 50.4℃，E/S 为 5153U/g 和 pH 为 8.46，水解温度为 47.6℃，E/S 为 5310U/g。

1995 年布里斯托尔 - 迈尔斯斯奎步公司公开了一种将酪蛋白和乳清蛋白混合物的抗原性降低至少 95% 的方法，具体如下：混合包括 40% ~

80% 的乳清蛋白以及 20% ~60% 的酪蛋白，添加牛乳蛋白总重量 0.4% ~
1.2% 的胰蛋白酶和胰凝乳蛋白酶进行水解，水解温度为 30 ~50℃，水解
pH 为 6.5 ~8.0，水解时间为 2 ~6h，其中胰蛋白酶和胰凝乳蛋白酶的酶
活力比值为 1.5 ~10。当乳蛋白的水解度达到 4% ~10% 时，优选 5% ~
7% 时，灭酶。该发明进一步公开了水解产物的平均分子质量为 2000u，
最大分子质量为 19000u。采用 TSKG – 2000SWXL 柱，37℃，TFA 和乙腈
的氯化钾溶液为流动相，检测波长为 214nm，酶解产物的分子质量分布
为：分子质量大于 5000u 的肽段占 8.2% （摩尔质量，g/mol）；分子质量
小于 5000u 且大于 3000u 的肽段占 14.5% ；分子质量小于 3000u 且大于
2000u 的肽段占 15.8% ；分子质量小于 2000u 且大于 1000u 的肽段占
26.2% ；分子质量小于 1000u 且大于 500u 的肽段占 17.8% ；分子质量小
于 500u 的肽段占 17.5% 。

　　雪印惠乳业株式会社的研究者公开了一种以乳清蛋白为原料，控制
水解制备脂肪累积抑制剂的方法。他们发现：在 50 ~70℃ 的温度和 pH
在 6 ~10 条件下热变性乳清蛋白的同时，使用选自由木瓜蛋白酶、蛋白
酶 S、Proleather、Thermoase、碱性蛋白酶和 Protin – A 中的至少之一的
耐热性蛋白酶水解乳清蛋白，并加热灭酶，制备乳清蛋白水解物。所述
乳清蛋白水解物具有 10ku 以下的分子质量分布，其中主峰出现在200 ~
3ku 的范围内，还具有 2 ~8 的 APL （平均肽链长度），均相对于全部组
分总量的 20% 以下的游离氨基酸含量和 20% 以上的支链氨基酸含量，
以及抗原性为 β – 乳球蛋白抗原性的 1/100000 以下。使用截留分子质
量为 1 ~20ku 的超滤膜对酶解产物进行超滤处理可进一步提高酶解产物
的生物活性。

　　[例 1] 向 1L 10% 乳清蛋白水溶液中，每克乳清蛋白添加 50U 木瓜
蛋白酶和 150U Proleather （Amano Enzyme Inc.），将 pH 调整到 8，并在
55℃下随着乳清蛋白的变性进行酶水解 6h。通过在 100℃下加热反应溶液
至少 15s 使酶失活。离心后，收集上清液并干燥以产生乳清蛋白水解物。
所获得的乳清蛋白水解物 1 具有不高于 10ku 的分子质量范围，分子质量
主峰在 1.3ku，APL 为 7.2，相对于产物总质量的游离氨基酸含量为
18.9% 。根据抑制 ELISA 法测定，乳清蛋白水解物的抗原性为 β – 乳球蛋
白抗原性的 1/100000 以下，产量（即反应溶液离心后获得的上清液的干
重相对于总反应溶液的干重的百分比）为 80.3% 。

　　[例 2] 向 1L 10% 乳清蛋白水溶液中，每克乳清蛋白添加 50U 木瓜
蛋白酶和 150U Proleather，在 pH 为 8 和 50℃ 的温度下进行酶水解 3h。然
后，升温至 55℃并保持在 55℃条件下 3h，以便在变性乳清蛋白的同时继

续酶水解。通过在 100℃下加热至少 15s 来使酶失活。先用具有截留分子质量 10ku 的 UF 膜（STC corporation），然后用具有截留分子质量 300u 的 MF 膜（STC corporation）处理反应溶液。收集浓缩（未透过）组分并干燥以产生乳清蛋白水解物 2。

小鼠喂养试验证明，乳清蛋白水解物 1 和乳清蛋白水解物 2 具有抑制脂肪累积的生理活性。

9.4 乳清蛋白选择性水解技术

9.4.1 选择性水解 β - 乳球蛋白富集 α - 乳白蛋白

如前所述，人乳中 β - 乳球蛋白含量甚微，且 β - 乳球蛋白是婴儿配方奶粉中的主要过敏原，因此，制备富含 α - 乳白蛋白低 β - 乳球蛋白含量的产品可降低牛乳乳清的过敏原。此外，β - 乳球蛋白也是多种生物活性肽的前提物质，通过选择性酶解 β - 乳球蛋白结合膜处理，可进一步富集生物活性肽。

Schmidt 和 Poll 等报道，胰蛋白酶几乎不能水解 α - 乳白蛋白，可水解 β - 乳球蛋白，且 β - 乳球蛋白 A 的酶解敏感性高于 β - 乳球蛋白 B。2008 年 Konrad 和 Kleinschmidt 利用 β - 乳球蛋白对胰蛋白酶的酶解敏感性，采用胰蛋白酶在 42℃、pH 为 7.7 的条件下水解乳清蛋白，并利用膜过滤技术对酶解液进行分离富集，制备出纯度为 90% ~95% 的 α - 乳白蛋白，但 α - 乳白蛋白的收得率仅为 15%。Cheison 等系统研究了胰蛋白酶在不同 pH 和温度对乳清蛋白各种蛋白质的酶解敏感性。如图 9.9 所示。

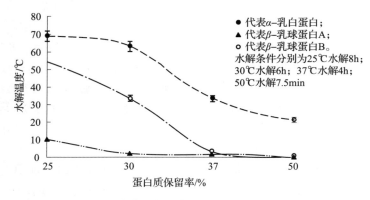

图 9.9 pH 为 7.0 时胰蛋白酶在不同温度下对乳清蛋白水解效率

　　在 pH 为 7.0，25℃条件下水解 8h，乳清蛋白水解液中 α - 乳白蛋白的残留率为 69.27%，β - 乳球蛋白 A 的残留率为 10.48%，β - 乳球蛋白 B 的残留率为 54.55%；在 pH 为 7.0，30℃条件下水解 6h，乳清蛋白水解液中 α - 乳白蛋白的残留率为 63.56%，β - 乳球蛋白 A 的残留率为 2.00%，β - 乳球蛋白 B 的残留率为 34.01%；在 pH 为 7.0，37℃条件下水解 4h，乳清蛋白水解液中 α - 乳白蛋白的残留率为 33.50%，β - 乳球蛋白 A 的残留率为 2.73%，β - 乳球蛋白 B 的残留率为 0.91%；在 pH 为 7.0，50℃条件下水解 7.5min，乳清蛋白水解液中 α - 乳白蛋白的残留率为 20.29%，β - 乳球蛋白 A 和 β - 乳球蛋白 B 未检出。在 50℃下，β - 乳球蛋白 A 和 B 均以单聚体形式存在，在这一条件下水解未见明显选择性。如图 9.10 所示。

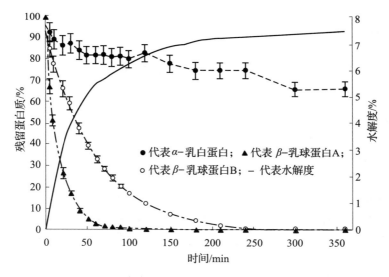

图 9.10　pH 为 7.8，25℃下胰蛋白酶对乳清蛋白的水解效率

　　在 pH 为 7.8，25℃条件下，乳清蛋白水解液中所有的 β - 乳球蛋白 A 在 2h 内全部被降解，β - 乳球蛋白 B 的残留量为 12.79%，α - 乳白蛋白的残留量为 82.81%，如图 9.10 所示。在 pH 为 7.8，30℃条件下水解 6h 后，水解液中 β - 乳球蛋白 B 的残留量为 0.18%，α - 乳白蛋白的残留量为 66.19%。在 pH 为 7.8，37℃条件下水解 30min，水解液中 β - 乳球蛋白 B 全部被水解，β - 乳球蛋白 A 的残留量为 0.44%，α - 乳白蛋白的残留量为 54.54%。在 pH 为 7.8，50℃下进行水解，胰蛋白酶对 α - 乳白蛋白、β - 乳球蛋白 A 和 β - 乳球蛋白 B 未表现出明显的选择性。

在 pH 为 8.5，25℃ 条件下，水解液中 β – 乳球蛋白 A 在水解 40min 后全部被降解，β – 乳球蛋白 B 的残留量为 5.19%，α – 乳白蛋白的残留量为 83.86%；水解 2h 后，水解液中 α – 乳白蛋白的残留量为 67.87%，未检测出完整的 β – 乳球蛋白。在 pH 为 8.5，30℃ 条件下，水解液中 β – 乳球蛋白 A 和 B 在水解 1h 后全部被降解，α – 乳白蛋白的残留量为 40.33%。显然，在 pH 为 8.5，25℃ 条件下水解乳清蛋白最有利于纯化 α – 乳白蛋白，所得乳清蛋白水解液经膜过滤后，α – 乳白蛋白的理论纯度达到94%。

2013 年浙江贝因美科工贸股份有限公司公开了一种生物复合蛋白酶水解降低浓缩乳清蛋白粉中 β – 乳球蛋白的方法。申请人发现，利用复合酶（胰蛋白酶、中性蛋白酶和木瓜蛋白酶）对乳清蛋白进行水解，可选择性地酶解 β – 乳球蛋白。其中胰蛋白酶、中性蛋白酶和木瓜蛋白酶的质量比为：8 ~ 10: 1: 0.5 ~ 1。

9.4.2　选择性水解 α – 乳白蛋白富集 β – 乳球蛋白

介于未折叠和已折叠之间的中间状态被研究人员称为熔球（molten globule）状态。酸性条件下，α – 乳白蛋白倾向形成"熔球状态"，易被胃蛋白酶水解，不易被胰蛋白酶水解。这一特性可用于选择性水解乳清中 α – 乳白蛋白制备富含 β – 乳球蛋白的组分。

研究表明水解液的 pH 和水解温度对 α – 乳白蛋白的水解效率影响最大。当水解液的 pH 从 2.5 提高到 3.5，水解效率提高了 6 倍，尽管酸性蛋白酶 A 的最适 pH 是 2.5。造成这一现象的主要原因是 α – 乳白蛋白会在低 pH 条件下变性和聚集。在 pH 不变的情况下，乳清蛋白的水解效率随水解温度的提高而提高。从选择性酶解的角度来看，当 pH 从 2.5 上升到 3.5 时，有利于优先降解 α – 乳白蛋白；同样的，水解温度从 30℃ 上升到 37.5℃ 有利于优先降解 α – 乳白蛋白，但进一步提高水解温度到 45℃，酸性蛋白酶 A 的选择性降低。乳清蛋白的浓度对乳清蛋白的选择性水解也有一定影响。乳清蛋白浓度为 5% 时，酶解液中 α – 乳白蛋白易被降解；进一步提高乳清蛋白的浓度，则不利于 α – 乳白蛋白的降解。选择性水解乳清蛋白中 α – 乳白蛋白制备富含 β – 乳球蛋白水解液的最优酶解参数是乳清蛋白浓度为 5%，pH 为 3.0，水解温度 37.5℃ 水解 120min。如图 9.11、图 9.12 和图 9.13 所示。

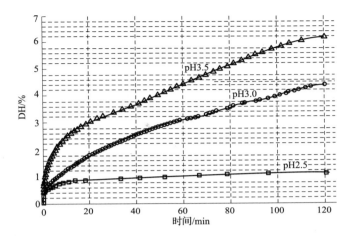

图 9.11　37.5℃、pH 呈酸性条件下，蛋白酶 A 对乳清蛋白水解效率的影响

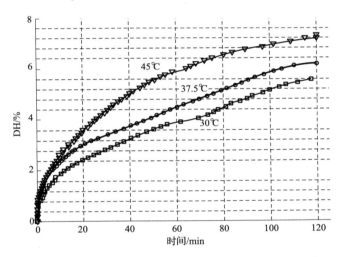

图 9.12　pH 为 3.5 条件下，酸性蛋白酶 A 对乳清蛋白水解效率的影响

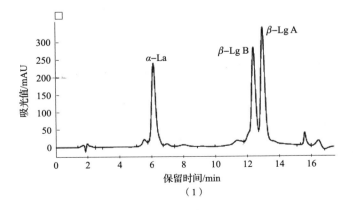

（1）

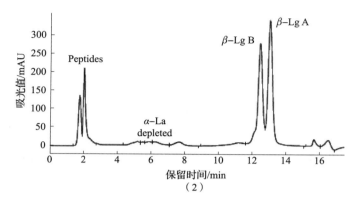

图 9.13　水解处理对乳清蛋白含量的影响

（1）水解前；（2）水解后

9.4.3　乳清蛋白水解制备美白肽

皮肤的颜色主要由黑素、血红蛋白、类胡萝卜素等着色成分在表皮及真皮内的种类、数量决定。这些成分不是固定不变的，而是受各种外在、内在因素所控制的。黑素色素在皮肤内主要由黑素细胞合成，因紫外线刺激、激素分泌、周围的角化细胞所释放的刺激因子而被活化。黑素色素的主要作用在于缓和由紫外线造成的皮肤病。但是，因为黑素合成过于亢进，进而因其代谢异常会引起局部的色素沉积即所谓的褐斑及雀斑等，成为美容上的大问题。

作为改善色素在皮肤上沉积的作用机制，可考虑抑制黑素细胞内的黑素生成、使已形成的黑素还原、促进表皮内黑素的排出、针对黑素细胞选择毒性。其中，作为美白作用物质，广泛使用具有还原作用的 L - 抗坏血酸及其衍生物，但未能得到充分的美白效果。此外，黑素合成酶中的作为酪氨酸酶抑制物质的氢醌、熊果苷、曲酸、甘草提取物或胎盘提取物等被作为美白剂使用，但这些物质在稳定性、安全性等方面仍存在问题，所以希望开发出新型的美白剂。

雪印惠乳业株式会社的研究者发现的以乳清蛋白为原料，在 pH6 ~ 10、20 ~ 55℃下使用蛋白质水解酶将乳清蛋白酶解，使其升温至 50 ~ 70℃，在 pH6 ~ 10、50 ~ 70℃下使用耐热蛋白质水解酶使未水解的乳清蛋白发生热变性同时进行酶解，再将其加热使酶失活后，通过截留分子质量为 1 ~ 20ku 的超滤（UF）膜进行浓缩得到的乳清蛋白水解产物，其具有抑制酪氨酸酶、黑色素生成的活力。进一步对乳清蛋白水解物的性质进行限制如下：① 分子质量分布为 10ku 以下且主峰为 200～3000u；② APL（平均肽链长）为 2～8；③ 游离氨基酸含量为 20% 以下；④ 抗原性为 β - 乳球蛋白抗原性的 1/10000 以下；⑤ 通过截留分子质量为 1～20ku 的超滤（UF）膜处理进行浓缩。下面举例进行说明。

100g/L 乳清蛋白溶液，调 pH 至 8.0，加入木瓜蛋白酶 50U/g 蛋白、Proleather150U/g 蛋白，55℃水解 6h 后，100℃灭酶 15s，离心取上清液，冷冻干燥得乳清蛋白水解物。所得到的乳清蛋白水解物（HW）的分子质量分布为 10ku 以下、主峰为 1.3ku、APL 为 7.2、相对于全部组成成分的游离氨基酸含量为 18.9%。通过 Inhibition ELISA 法测定相对于 β - 乳球蛋白的抗原性降低为 1/10000 以下时，蛋白质回收率为 80.3%，苦味与 0.01% 的盐酸奎宁溶液接近。乳清蛋白水解物在 0.1%（w/w）时，对酪氨酸酶活力的抑制率为 26.7%；在 1%（w/w）对酪氨酸酶活力的抑制率为 40.8%。

9.4.4 乳清蛋白水解制备皮肤改善肽

皮肤是生物体和外界之间的界面，且具有防止机体失水并防止生物有害物质（如来自外界的微生物和过敏原等）侵入的皮肤屏障机能。角质层中的角质细胞间脂质和皮脂等起到这些皮肤屏障的机能。角质层的含水量必须为 10%～20%，才能实现正常机能和维持健康状态。因此，通过皮肤屏障机能而在角质层保留的水分可维持皮肤的柔软性和弹性。当角质层中的含水量降低时，皮肤失去了柔软性并变硬，从而发生龟裂。粗糙皮肤不仅具有不良外观，还是引起皮肤病的初期阶段，且粗糙皮肤有病理意义。此外，通过改善粗糙皮肤状态，干且薄的皮肤表面可以变得光滑，从而使细小皱纹得以改善。已知当角质层的皮肤屏障机能劣化时，相比于健康状态皮肤水分流失显著，即观察到经表皮失水量（transepidermal water loss，TEWL）增加。TEWL 与屏障机能和角质层的保湿功能密切相关，并被用作皮肤屏障机能的指标。因此，通过增加皮肤的含水量，或降低 TEWL 或抑制 TEWL 的增加可保持皮肤处于健康状态。

近年来，人们已经开始对皮肤机制的研究了，且已证明皮肤的干燥感和粗糙皮肤的宏观原因除了随着年龄增长，新陈代谢的衰减导致的影响之外，还复杂地涉及到阳光（紫外线）、干燥和氧化等因素。已经发现由该因素引起的这些影响显著地减少了作为真皮主要基质成分的胶原纤维的量。当由胶原纤维维持的保持皮肤张力和弹性的机制被紫外线等作用破坏时，皮肤会出现皱纹或松弛度增加。由于胶原分子可以保留水分，因此可维持皮肤在湿润状态，当由外部因素导致胶原破坏时，皮肤会变得干燥和粗糙。因此，可通过改善作为真皮层主要成分之一的胶原的生物合成来防止皮肤的皱纹和松弛，从而保持皮肤在健康状态。

雪印惠乳业株式会社的研究人员发现：以哺乳动物如牛、山羊、绵羊或人等的乳中制备的乳清及其聚集体、粉末或纯化产物为原料，在 pH 为 6～10，20～55℃条件下使用蛋白酶将乳清蛋白水解，加热反应混合物至 50～70℃，在热变性的同时在 pH 为 6～10，50～70℃条件下使用耐热性蛋白酶来将未水解的乳清蛋白水解，并通过加热使所述蛋白酶失活，得到水解度为 25% 以上、分子质量为 10ku 以下及其主峰分子质量（main molecular weight peak）为 200～3000u、其平均肽链长度（APL）为 2～8、游离氨基酸含量占总氮为 20% 以下、抗原性为 β-乳球蛋白抗原性的 1/10000 以下的水解物。该乳清蛋白水解液具有显著的皮肤保湿作用和皮肤胶原产生促进作用，并可对保湿或保护皮肤、防止或改善粗糙皮肤、防止皮肤皱纹和防止或治疗皮肤弹性下降有作用。

向 1L 10% 乳清蛋白水溶液中添加木瓜蛋白酶（50U/g 乳清蛋白）和 Proleather（150U/g 乳清蛋白）。将混合物的 pH 调节至 8 后，在 55℃条件下将乳清蛋白水解及变性 6h。在 100℃条件下加热反应液 15s 以上使蛋白酶失活，并离心。收集上清液并将其干燥从而获得乳清蛋白水解物。乳清蛋白水解物的分子质量分布为 10ku 以下，主峰分子质量为 1.3ku，APL 为 7.2 以及游离氨基酸含量为 18.9%。乳清蛋白水解物具有 β-乳球蛋白抗原性的 1/10000 以下的抗原性（抑制 ELISA 法测定）。水解率为 28%，收率（即上清液的干重对原料的干重的比例）为 80.3%，苦味与 0.01% 的盐酸奎宁溶液接近。

将 13 周龄的无毛小鼠（Hos：HR-1）用于该试验。分设投与生理盐水的组（组 A），以 2mg/kg 体重投与乳清蛋白水解物的组（组 B），以 5mg/kg 体重投与乳清蛋白水解物的组（组 C），以 10mg/kg 体重投与乳清蛋白水解物的组（组 D），使用探头每天一次对各小鼠经口投与，持续 3 周。在试验的开始和结束时测定各小鼠尾巴的含水量和各小鼠尾巴的经表皮失水量，且试验结束时该值（含水量和经表皮失水量）计算为相对于假定试验开始时的值为 100 的比例（增加率）。使用水分测定仪（cormeometer）和水分流失测定仪（tewameter）分别测定皮肤的含水量和经表皮失水量。如表 9.20 所示。

表 9. 20   乳清蛋白水解物对小鼠皮肤的含水量和经表皮失水量的影响

组别	含水量增加率/%	经表皮失水量增加率/%
组 A	89	103
组 B	124	86
组 C	148	83
组 D	153	80

9.4.5   乳清蛋白水解提高干酪得率

干酪是将乳、脱脂乳、部分脱脂乳或以上乳的混合物经凝乳后，分离乳清得到的新鲜或成熟的产品。未经发酵成熟的产品称为新鲜干酪；经长时间发酵成熟而制成的产品称为成熟干酪，国际上将这两种干酪统称为天然干酪。乳清蛋白可以从乳清中回收并加工成乳清蛋白制品，如乳清蛋白浓缩物（WPC）和乳清蛋白分离物（WPI）。在干酪生产过程中，添加乳清蛋白或乳清蛋白排出不完全会导致加热时融化能力或流动性下降。基于乳清蛋白的干酪，如 Ricotta 型干酪缺乏传统干酪的光滑和黏性，具有更多粒状纹理和易碎的质地。

诺维信公司、诺维信北美公司和克尔·汉森公司的研究人员发现采用来自解淀粉芽孢杆菌的金属蛋白酶水解乳清蛋白，并通过 70 ~ 98℃，1 ~ 60min 的热处理，制备的乳清蛋白水解物可提高干酪的产量，且对干酪的融化性能无明显影响。下面举例对其制备工艺及添加效果进行说明。

蛋白质含量为 34% 的乳清蛋白溶于水中得到 30% 的水溶液，调整溶液 pH 至 6.5，分别添加 1% （以乳清蛋白重量计）和 2% 的金属蛋白酶 Ns46013 和 2% 的非金属蛋白酶 SP446，50℃ 下水解 1h，88℃ 下热处理 30min。水解产物进一步在 1000psi （1psi = 6894.76Pa），50℃ 下均质，得乳清蛋白水解物。在干酪制备过程中分别添加上述乳清蛋白水解物，并测定干酪得率和融化能力。如表 9.21 所示。

表 9. 21   乳清蛋白水解物对干酪得率和融化能力的影响

	对照	添加 NS46013 乳清蛋白水解物	添加 SP446 乳清蛋白水解物
收率/%	10. 6	12. 10	12. 3
调整水分含量的收率/%	11. 75	12. 83	12. 6
融化能力	4. 42	4. 19	3. 42

由表 9.21 可见，与对照组干酪的收率相比，无论是添加了由金属蛋白酶 NS46013 或是由非金属蛋白酶 SP446 制备的乳清蛋白水解物，所得干酪的得率均有提高。从熔化能力来看，含有 NS46013 乳清蛋白水解物的融化能力与对照组接近，而含有 SP446 乳清蛋白水解物的干酪较之对照组有明显的差距。

9.4.6 乳清蛋白水解制备具有改善肌肉恢复功能的乳清蛋白水解物

乳清蛋白普遍被健身者和其他运动员用于加速肌肉发育和帮助恢复的过程中。骨骼肌在剧烈运动（特别是离心运动）期间所经受的高强度机械力可诱发机械损伤，继而引发急性炎症反应，发生疼痛和丧失生理能力的情况。另一方面，巨噬细胞在病理生理过程中起着极为重要的作用，巨噬细胞在细菌产物、烟雾等有害成分如甲醛、NO_2 及其他一些氧化产物刺激下，向组织迁移并释放出多种细胞因子如 TNF $- \alpha$、IL $- 8$、IL $- 6$、IL $- 1$ 等，反过来这些细胞因子又可驱使中性粒细胞、T 细胞、嗜酸性粒细胞等向组织迁移，这些细胞和炎性细胞因子是引起气道炎症慢性化和气道严重损伤的重要因子。如果能有效地抑制细胞和炎症细胞因子的释放，就会降低及减轻气道的损伤。

墨累古尔本合作有限公司的研究者发现以乳清蛋白分离物或乳清蛋白浓缩物为原料，采用特定蛋白酶水解至水解度为 0.5% ~10%，可得到的乳清蛋白水解物。在运动后 20min ~ 2h 添加 50mg/kg 体重至 1500mg/kg 体重的所述乳清蛋白水解产物，可缓解由肌肉损伤所致的肌肉功能下降和/或用于促进肌肉损伤恢复和/或用于增强肌肉的生理能力。特定蛋白酶选自国际生物化学与分子生物学联合会（IUBMB）酶命名分类 E. C. 3.4.24.28 中的酶（包括 Amano 公司的蛋白酶 N 和 AB Enzymes 公司的 Colorase N）以及 IUBMB 酶命名分类 E. C. 3.4.21.62 中的酶［包括枯草杆菌蛋白酶 A（Ⅷ型）和 Optimase］。

墨累古尔本合作有限公司的研究者还发现利用这一水解方法可得到的乳清蛋白水解物能够在体外抑制经脂多糖刺激的巨噬细胞中的肿瘤坏死因子（TNF $- \alpha$）的表达。

9.4.7 乳清蛋白酶解 – 美拉德反应制备仔猪诱食配料

断奶仔猪饲养是养猪生产中的重要环节，断奶时仔猪从以采食母乳为主到采食固体饲料的转变及其他断奶应激可造成仔猪出现采食量降低、生长迟缓等现象。对于断奶仔猪来说，没有接触固体饲料的经历，它们的采食经验主要从采食母乳的过程中获得，因此如何让断奶仔猪尽快接受固体饲料是断奶仔猪饲养中的关键。

深圳安佑康牧科技有限公司邵海涛等以乳清蛋白为原料，添加 5 ~ 15 倍重量的水，过胶体磨，添加木瓜蛋白酶、胰蛋白酶、复合蛋白酶中任意一种蛋白酶水解至乳清蛋白的水解度为 10% ~ 20%，80 ~ 95℃保持 10 ~ 30min 灭酶，6000 ~ 8000 × g 离心 15 ~ 30min，采用截流分子质量为 30、50 或 100ku 中任意一种超滤膜透过液，得乳清蛋白酶解液；将乳清蛋白酶解液浓缩至固形物含量为 30% ~ 40%，得酶解浓缩液；在酶解浓缩液中添加浓缩液重量 0.01% ~ 0.3% 的乙基麦芽酚，100 ~ 120℃保温 1 ~ 3h，得到仔猪饲料配料。

表 9.22　水解度和乙基麦芽酚添加量对仔猪进食比例的影响

	添加量/%	24h 内仔猪进食比例/%
空白	—	56.5%
水解度为 10%，0.01% 乙基麦芽酚	0.5%	78.5%
水解度为 15%，0.05% 乙基麦芽酚	0.5%	81.3%
水解度为 20%，0.3% 乙基麦芽酚	0.5%	79.6%
乙基麦芽酚	0.05%	68.9%
乳清蛋白水解物	0.5%	59.4%

注：仔猪进食比例 = 断奶后开始进食的仔猪占总仔猪的比例。

由表 9.22 可见，按该方法制备的仔猪饲料配料以 0.5% 的重量比例添加到商品断奶仔猪饲料中，24h 内仔猪进食比例可达到 80% 左右，而单纯添加乙基麦芽酚得到的值仅为 68.9%，单纯添加乳清蛋白水解物得到的值仅为 59.4%，空白样 24h 内仔猪进食比例为 56.5%。这表明添加该发明制备的仔猪饲料配料可显著提高断奶仔猪饲料的诱食效果并可显著缩短断奶仔猪不进食时间。

表 9.23　水解度和乙基麦芽酚添加量对平均每天采食时间的影响

	添加量/%	平均日采食量/g	平均每天采食时间/min
空白	—	288	46
仔猪饲料配料 1 号	0.5	341	49
仔猪饲料配料 2 号	0.5	338	51

续表

	添加量/%	平均日采食量/g	平均每天采食时间/min
仔猪饲料配料 3 号	0.5	343	50
乙基麦芽酚	0.05	310	47
乳清蛋白水解物	0.5	290	46

从表 9.23 可见，按该发明方法制备的仔猪饲料配料以 0.5% 的重量比例添加到商品断奶仔猪饲料中，其平均日采食量和平均每天采食时间均显著高于空白组、乙基麦芽酚组合乳清蛋白水解物组。

9.4.8　乳蛋白水解物改善乳酪品质

乳酪，有人称之为乳酪、干酪、芝士等，是通过将牛乳、脱脂乳或部分脱脂乳，或以上乳的混合物凝结后排放出液体而得到的新鲜或成熟的产品。目前，全球 40% 的液态乳用于乳酪的加工。德国、美国、法国、意大利等 30 多个乳酪产量比较大的国家和地区，其产量占全球乳酪产量的 80%。乳酪凝结中的第一步是水解 κ - 酪蛋白中的 Phe_{105} - Met_{106} 键，这导致酪蛋白 C 末端部分的糖巨肽（GMP）会被释放出来。GMP 的释放最终会导致酪蛋白胶束的凝结。加入凝结剂到酪蛋白出现絮凝之间的时间为凝结（clotting）时间。酪蛋白形成凝胶的速度以及凝胶的紧密度与加入的凝乳酶的量、钙离子浓度、温度和 pH 有关。

加入凝乳酶前对牛乳进行热处理具有多种益处。一方面，热处理延长了液体乳的保质期，允许更长的运输和储存时间。另一方面，热处理会导致乳酪产率的显著增加，可多达 10% 或更多。但经高温处理的酪蛋白产生的乳酪质量较差，表现在结块时间增长、形成的凝乳较弱、较细，较之未经过热处理的乳酪含有更多的水分。较为脆弱的凝乳还会导致乳酪在挤压期间乳酪凝乳损失增加。这一现象的原因尚不明确，一种解释是 κ - 酪蛋白 GMP 的部分已与 β - 乳球蛋白发生了相互作用，这导致凝乳酶无法有效地与 Phe_{105} - Met_{106} 键接触，从而抑制了 κ - 酪蛋白的水解。另一种解释是热处理诱导了磷酸钙的沉淀。第三种解释是乳清蛋白在热处理期间变性，与酪蛋白胶束联结，由此干扰了酪蛋白胶束 - 胶束的相互作用。因此，解决经高热的乳在乳酪生产中的缺陷是工业化的需要，也是人们的期望。帝斯曼公司的研究者发现，在乳酪制作工艺中，向经加热的乳中加入蛋白水解产物、肽或肽的混合物使得乳结块时间缩短延长。此外，加入蛋白水解产、肽或肽的混合物使得通常出现于这类情况中的凝乳脆弱性减少。

乳清蛋白水解物的制备方法如下：将质量分数 10% 乳清蛋白溶解于水中，使用盐酸或氢氧化钠调节至蛋白酶的适当的 pH，添加 5% 的蛋白酶（以乳清蛋白计），60℃ 水解 4h 后，85℃ 热处理 10min 灭酶，调节 pH 至 5.0，离心去除不溶性沉淀，冷冻干燥上清液，得乳清蛋白水解物。

表 9.24 不同蛋白酶制备的乳清蛋白水解产物对乳酪凝结时间和凝乳强度的影响

用于乳清水解的蛋白酶	r/min	k_{20}/min
无蛋白酶，未加热的乳，未加乳清蛋白	15	38
无蛋白酶，经高温的乳，未加乳清蛋白	25	140
Alcalase^{TM}（枯草杆菌蛋白酶）	15	75
Protease SP446	26	125
Fromase L2000	20	125
脯氨酸内切蛋白酶	24	125
Collupuline^{TM}（木瓜蛋白酶）	10	80
Collupuline + PSE	15	88
Alcalase + PSE	18	100

r 表示乳凝结时间，这是开始形成凝胶所需要的时间；k_{20} 表示凝乳紧实时间，这是从开始形成凝胶到达到 20mm 宽度所需要的时间。表 9.25 中数据清楚显示：乳清蛋白水解产物对与凝结时间和凝乳强度的影响取决于用于乳清水解的蛋白酶种类。广谱内切蛋白酶，例如丝氨酸蛋白酶——枯草杆菌蛋白酶（alcalase）和木瓜蛋白酶（collupuline），这两种单独或与 PSE 组合能将经高热的乳的结块时间降低至未加热的乳的水平，或者甚至更低（对 collupuline 而言）。此外，经高热的液体乳添加乳清蛋白水解物后，其凝乳强度会显著增加。而高度特异性的蛋白酶 SP446、FromaseL2000 和脯氨酸内切蛋白酶在所用的条件下，不能导致结块时间或凝乳强度的强烈降低。

表 9.25 不同肽类对乳酪凝结时间和凝乳强度的影响

二肽	剂量/（g/L）	r/min	k_{20}/min
无	—	36	180
Glu	1.5	36	180
Glu – Glu	0.2	30	130
Glu – Glu	0.5	29	120
Glu – Glu	1.0	27	100

续表

二肽	剂量/（g/L）	r/min	k_{20}/min
Glu – Glu	1.5	25	95
Lys – Lys	1.5	27	115
Leu – Leu	1.5	36	180
Ala – Ala	1.5	36	180

表9.25 中的结果表明，较没有加入肽的情况，在 pH 范围为 6.5 ~ 6.7，带负电荷氨基酸侧链的 Glu – Glu 二肽最大改善了 r 和 k_{20} 值，而加入游离谷氨酸则没有效果。Glu – Glu 二肽的改善效果呈剂量依赖性。在 pH 范围为 6.5 ~ 6.7 时，带正电荷氨基酸侧链的 Lys – Lys 二肽也展示出降低的 r 和 k_{20} 值的效果，但是改善较之相近浓度下的 Glu – Glu 二肽的效果明显小。不含带电荷侧链的 Leu – Leu 二肽和 Ala – Ala 二肽对 r 和 k_{20} 值没有影响。显然，肽必须含有电荷氨基酸侧链，特别是带负电荷的氨基酸侧链，以具有改善凝结时间和凝乳强度的功能。

9.4.9 乳蛋白控制水解制备具有预防或治疗糖尿病的二肽

糖尿病是一组由多病因引起的以慢性高血糖为特征的终身性代谢性疾病，可分为Ⅰ型糖尿病和Ⅱ型糖尿病。目前，治疗轻度或中度Ⅱ型糖尿病患者的方法主要有饮食疗法和运动疗法。通过限制饮食中淀粉的含量、运动促进葡萄糖的代谢使血糖值稳定。但从糖尿病的预防或防止糖尿病恶化的角度来看，饮食疗法更加方便可行。因此，预防糖尿病或防止其恶化的食品或食品配料具有广泛的市场前景。

餐后血糖值上升是糖尿病患者的常见症状，如血糖持续较高的话，可能引发大血管、微血管受损并危及心、脑、肾、周围神经、眼睛、足等。据世界卫生组织统计，糖尿病并发症高达 100 多种，糖尿病是目前已知并发症最多的一种疾病。因此，抑制餐后血糖升高是预防和治疗Ⅱ型糖尿病的有效手段。目前常见的药物包括糖摄取抑制药的 α – 葡萄糖苷酶抑制剂、作为胰岛素分泌促进药的磺酰脲剂等。

胰岛素是生物体内唯一的通过促进肝脏的糖代谢，引起肌肉细胞或脂肪细胞的糖摄取的亢进，从而使血糖值降低的激素。胰岛素与细胞膜上的胰岛素受体（insulin receptor, IR）结合后，将存在于 IR 的细胞内部分的酪氨酸激酶活化，使胰岛素受体底物（insulin receptor substrates，IRSs）家族中的酪氨酸磷酸化。被酪氨酸磷酸化的 IRSs 使磷脂酰肌醇－3－激酶（PI3K）活化，随后进行若干信号传递，将细胞内潜在的 GLUT4 移动至细胞膜上，进而促进肌肉细胞或脂肪细胞代谢糖。

株式会社明治的研究者森藤雅史等发现，以酪蛋白、大豆蛋白、小麦谷蛋白、乳清蛋白及牛肉中的至少一种为原料，利用曲霉菌属源的蛋白酶或芽孢杆菌属源的蛋白酶中的一种以上胰蛋白酶和/或胃蛋白酶组合进行水解，水解产物中富含 Ile－Leu、Ile－Trp、Ala－Leu、Val－Leu、Gly－Leu、Asp－Leu、Lys－Ile、Leu－Leu、Ile－Ile、Leu－Ile、Ile－Asn、Leu－Ala、Leu－Glu、Leu－Val 及 Ile－Val。上述二肽具有促进肌肉细胞的糖摄取作用、预防和治疗糖尿病或血糖值上升以及快速消除疲劳，提高运动持久力的作用。

将酪蛋白、大豆蛋白、小麦谷蛋白、乳清蛋白及牛肉各 50g 分别溶解于 1L 水中。将各溶液的 pH 调整为 7.0 后，加热至 50℃，保温。向溶液中加入 500mg 芽孢杆菌属源的蛋白酶 Protease M（Amano Enzymes，Inc.）和 500mg 曲霉菌属源的蛋白酶 Protease N（Amano Enzymes，Inc.），水解8h，然后加热 10min 使蛋白酶失活。将所获得的溶液通过冷冻干燥制成粉末状，溶于 0.1% 三氟乙酸（TFA）水溶液中稀释 1000 倍（体积比），在下述条件下使用 LC/MS 对 Ile－Leu、Ile－Trp、Ala－Leu、Val－Leu、Gly－Leu、Asp－Leu、Lys－Ile、Leu－Leu、Ile－Ile、Leu－Ile、Ile－Asn、Leu－Ala、Leu－Glu、Leu－Val 及 Ile－Val 的含量进行定量，结果如表 9.26 所示。

表 9.26　　　　　　不同原料水解物中二肽含量的变化　　　　单位：g/100g

	Ile－Leu	Ile－Trp	Ala－Leu	Val－Leu	Gly－Leu	Asp－Leu	Lys－Ile	Leu－Leu
酪蛋白水解物	0.64	0	1.27	2.98	0.48	0.09	3.50	0.80
大豆蛋白水解物	1.98	0.12	2.30	3.49	0.44	0.22	3.59	0.28
小麦谷蛋白水解物	2.22	0	1.01	2.56	0.32	0.00	2.38	0.12
乳清蛋白水解物	3.82	0.37	1.53	4.70	0.36	0.09	4.82	1.56
牛肉水解物	2.45	0.11	2.71	3.40	0.48	0.44	5.26	0.40

续表

	Ile – Ile	Leu – Ile	Ile – Asn	Leu – Ala	Leu – Glu	Leu – Val	Ile – Val
酪蛋白水解物	0.07	0.13	4.63	0.36	3.95	0.49	1.80
大豆蛋白水解物	0.11	0.09	3.58	0.46	3.50	0.16	0.48
小麦谷蛋白水解物	0.40	0.04	0.39	0.13	2.26	0.09	0.24
乳清蛋白水解物	0.04	0.18	3.98	0.74	4.35	0.34	0.24
牛肉水解物	0.27	0.11	1.73	0.51	4.58	0.18	0.78

从通过冷冻干燥制成粉末状的 10g 乳清蛋白水解物中，用 1L 的 0%、50%、60%、70%、80%、90%、95% 乙醇（乙醇相对于乙醇水溶液总体的体积%），提取出 Ile – Leu 及 Ile – Trp。将提取液以浓缩蒸发器进行浓缩后，通过冷冻干燥制成粉末。将粉末在 0.1% 三氟乙酸水溶液中稀释 1000 倍（体积比），采用 LC – MS 对 Ile – Leu 及 Ile – Trp 进行定量分析。结果如表 9.27 所示。用 90% 乙醇提取的提取物中含有 Ile – Leu 及 Ile – Trp 最多，如表 9.27 所示。

表 9.27　不同乙醇浓度对 Ile – Leu 和 Ile – Trp 提取效率的影响

单位：g/100g

乙醇浓度/%	Ile – Leu	Ile – Trp
0	3.82	0.37
50	3.65	0.35
60	3.65	0.35
70	3.65	0.36
80	3.67	0.42
90	7.42	0.72
95	1.82	0.20

由表 9.28 可见，添加 Ile – Leu 和 Ile – Trp 可显著促进肌肉细胞对糖摄取速度，速度可分别达到 1.88 和 1.92μmol/（min·g 肌肉）。此外，酪蛋白水解物也可提高肌肉细胞对糖的摄取速度，但略低于 Ile – Leu 和 Ile – Trp 的效果。

表 9. 28   **Ile – Leu 和 Ile – Trp 对肌肉细胞的糖摄取速度的影响**

单位：μmol∕（min·g 肌肉）

肌肉细胞的糖摄取速度	
对照（无添加）	0. 95 ± 0. 10
1 mmol∕L Ile – Leu	1. 88 ± 0. 40
1 mmol∕L Ile – Trp	1. 92 ± 0. 31
130 mg∕L 蛋白质水解物	1. 45 ± 0. 20

参考文献

[1] Adamson N J, Reynolds E C. Characterization of tryptic casein phosphopeptides prepared under industrially relevant conditions [J]. Biotechnology and Bioengineering, 1995, 45 (3): 196 – 204.

[2] Adamson N J, Reynolds E C. Characterization of casein phosphopeptides prepared using alcalase: Determination of enzyme specificity [J]. Enzyme and Microbial Technology, 1996, 19 (3): 202 – 207.

[3] Cheison S C, Leeb E, Toro – Sierra J, et al. Influence of hydrolysis temperature and pH on the selective hydrolysis of whey proteins by trypsin and potential recovery of native alpha – lactalbumin [J]. International Dairy Journal, 2011, 21 (3): 166 – 171.

[4] Cheison S C, Bor E K, Faraj A K, et al. Selective hydrolysis of α – lactalbumin by acid protease A offers potential for β – lactoglobulin purification in whey proteins [J]. LWT – Food Science and Technology, 2012, 49 (1): 117 – 122.

[5] Laurent Miclo, Emmanuel Perrin, Alain Driou, et al. Use of a decapeptide with benzodiazepine – type activity for preparing medicines and food supplements: US5846939 [P].

[6] Luppo Edens, Andre Leonardus Roos, Christianus Van Platerink. Blood pressure lowering protein hydrolysates: US20090042809 A1 [P].

[7] Lorenzen P C, Meisel H. Influence of trypsin action in yoghurt milk on the release of caseinophosphopeptide – rich fractions and physical properties of the fermented products [J]. International Journal of Dairy Technology, 2005, 58 (2): 119 – 124.

[8] Nakamura, T. Studies on enzymatic production of hypoallergenic food from milk protein [R] //Snow Brand Milk Products Co. Ltd. Japan. Technical

Research Report. 1994.

[9] McDonagh D, FitzGerald R J. Production of caseinophosphopeptides (CPPs) from sodium caseinate using a range of commercial protease preparations [J]. International Dairy Journal, 1998, 8 (1): 39 – 45.

[10] Miclo L, Perrin E, Driou A, et al. Characterization of alpha – casozepine, a tryptic peptide from bovine alpha (s1) – casein with benzodiazepine – like activity. [J]. Faseb Journal, 2001, 15 (8): 1780.

[11] Lorenzen P C, Meisel H. Influence of trypsin action in yoghurt milk on the release of caseinophosphopeptide – rich fractions and physical properties of the fermented products [J]. International Journal of Dairy Technology, 2005, 58 (2): 119 – 124.

[12] Lahov E., Regelson W. Antibacterial and Immunostimulating casein – derived substances from milk: Casecidin, isracidin peptides [J]. Food & Chemical Toxicology, 1996, 34 (1): 131 – 145.

[13] Schmidt D G, Poll J K. Enzymatic hydrolysis of whey proteins. Hydrolysis of α – lactalbumin and β – lactoglobulin in buffer solutions by proteolytic enzymes [J]. Nederlands Melk en Zuiveltijdschrift, 1991, 45 (4): 225 – 240.

[14] Mizushige T. Characterization of Tyr – Leu – Gly, a novel anxiolytic – like peptide released from bovine α_s – casein. [J]. Faseb Journal, 2013, 27 (7): 2911 – 2917.

[15] Zhu Y S, FitzGerald R J. Caseinophosphopeptide enrichment and identification [J]. International Journal of Food Science & Technology, 2012, 47 (10): 2235 – 2242.

[16] Zhu Y S, FitzGerald R J. Direct nano HPLC – ESI – QTOF MS/MS analysis of tryptic caseinophosphopeptides [J]. Food Chemistry, 2010, 123 (3): 753 – 759.

[17] S. B. 马丁内兹, 小 H. L. 李尔利, D. J. 尼科斯. 乳蛋白部分水解产物及其制备方法: 94106575. 8 [P].

[18] 蔡木易. 食源性肽研究进展 [J]. 北京工商大学学报（自然科学版）, 2012, 30 (5): 1 – 10.

[19] 段涛. 酪蛋白磷酸肽功能研究进展 [J]. 食品与药品, 2009, 11 (5): 53.

[20] 顾浩峰, 张富新, 张怡, 等. 乳制品中生物活性肽的研究进展 [J]. 食品工业科技, 2013, 34 (2): 370 – 381.

［21］刘纳. 酪蛋白组分分离、纯化研究［D］. 成都：西华大学，2010.

［22］渡边达也，加藤健，上野宏，等. 美白剂：20088000 5795. 8［P］.

［23］加藤健，上野宏，小野裕子，等. 美肌剂：201280012423. 4［P］.

［24］米歇尔·罗尼，安德鲁·布朗，潘玉，等. 包含乳清蛋白及水解产物的用于改善肌肉恢复的制剂：200780021776. X［P］.

［25］托马斯·L·索伦森，萨布里·A·马德科尔，桑亚·米姆斯·巴尼特. 乳清蛋白水解产物：03812811. X［P］.

［26］任大喜，王德国，郭鸽，等. 胰蛋白酶水解降低乳蛋白过敏的研究［J］. 中国食品学报，2009，9（5）：49－57.

［27］沈小琴，郑海，罗永康，等. 酶解对乳清蛋白抗原性影响的研究［J］. 中国乳品工业，2006，34（6）：12－15.

［28］郑海，沈小琴，布冠好，等. 碱性蛋白酶水解乳清蛋白过敏原条件的优化［J］. 中国乳品工业，2007，35（4）：4－9.

［29］袁永俊，张良，杜军，等. 一种酪啡肽、抗菌肽、糖巨肽和酪蛋白磷酸肽的联产工艺：ZL201210218734. 8［P］.

［30］于江虹. 酪蛋白磷酸肽（CPP）的生理活性及其在功能食品中的应用［J］. 中国食品添加剂，1995（1）：14－20.

［31］邵海涛，徐国武，陈国寿. 一种仔猪饲料配料及其制备方法和应用：ZL201310152030［P］.

［32］田村吉隆，宫川博，山田明男，等. 具有血管紧张素转化酶抑制作用的新型肽：ZL02827026. 6［P］.